미적분으로 이해하는 물리학 학습 가이드 I

문제풀이로 배우는

운동 법칙

Self Study

Essential Calculus-based Physics Study Guide Workbook I :

The Laws of Motion

Chris McMullen 지음

유태훈 옮김

$$y_{cm} = \frac{1}{m}\int y\,dm$$

$$y_{cm} = \frac{\sigma}{m}\int_{r=0}^{R}\int_{\theta=0}^{\pi}(r\sin\theta)\,r\,dr\,d\theta$$

$$y_{cm} = \frac{\sigma}{m}\int_{r=0}^{R} r^2[-\cos\pi-(-\cos 0)]\,dr$$

$$y_{cm} = \frac{2\sigma}{m}\int_{r=0}^{R} r^2\,dr = \frac{2\sigma R^3}{3m}$$

$$y_{cm} = \frac{2\sigma R^3}{3}\frac{2}{\sigma\pi R^2} = \frac{4R}{3\pi}$$

$$m = \int dm = \int \sigma\,dA = \frac{\sigma\pi R^2}{2}$$

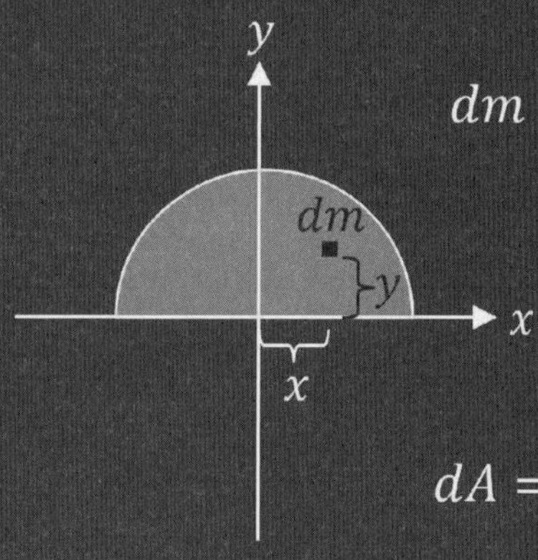

$$dm = \sigma dA$$

$$dA = rdrd\theta$$

$$y = r\sin\theta$$

도서출판 학산미디어

Essential Calculus – based Physics Study Guide Workbook
Vol. 1 The Laws of Motion

by Chris McMullen

Updated edition: February, 2017

머리말

이 책의 목적은 기초 물리학에서 널리 사용되는 필수적인 문제 풀이 방법을 배우고 이를 실제로 적용해 보고 익히는 것이다. 이 책은 모든 유형의 문제를 빠짐없이 전부 다루어 학생들의 기를 죽게 만들기보다는 대부분의 학생들이 이 분야에서 주로 사용하는 중요한 방법과 기법을 다루는 데 초점을 맞추고 있다.

이 책은 강의용 교재보다는 보조 자료나 보충 교재로 사용하기에 적합하다. 각 장에는 필수 정보가 간략하게 설명되어 있고 문제풀이 방법이 이용하기 쉽게 정리되어 있으며 문제풀이를 수행하는 절차를 단계별로 보여주는 예제가 실려 있다. 이 책을 이렇게 구성한 것은 기초 물리학을 가르치려는 의도가 아니라 수업이나 강의 교재에서 이미 기초 물리학을 배운 학생들이 시간을 절약해서 효율적으로 복습을 할 수 있게 하기 위함이다. 예제를 더 많이 풀고 싶고 더 많은 내용을 더 자세히 알고 싶으면 강의 교재를 읽고 강의 노트를 살펴보기 바란다.

이 책에 수록된 모든 연습문제는 책의 본문에 실려 있는 예제에서 단계별로 문제를 풀 때 사용한 방법들과 동일한 방식을 적용하여 풀 수 있다. 본문의 예제를 공부한 다음에는 예제를 풀 때 사용한 단계를 차례대로 주의 깊게 밟아가며 연습문제를 풀어보기 바란다. 많은 연습문제들은 몇 개의 소문제로 나뉘어 있어서 학생들이 문제를 푸는 과정을 잘 따라가도록 안내하고 있다. 연습문제의 답은 문제와 함께 같은 쪽에 실려 있다. 책의 맨 뒤에 수록되어 있는 힌트, 중간 해답, 설명 절에는 힌트, 중간 단계들 대한 해답, 풀이 과정을 단계별로 안내하는 설명 글, 그리고 문제를 풀 때 학생들이 흔히 맞닥뜨리는 사항들에 대한 설명이 실려 있어 추가로 도움을 받을 수 있다.

이 책의 모든 문제는 전자계산기를 사용하지 않고도 풀 수 있다. 계산기를 사용해도 되지만 계산기 없이도 기본적인 수학 계산을 할 수 있다는 것은 아주 중요한 능력이다.

저자 소개

크리스 맥멀런(Chris McMullen)

크리스 맥멀런(Chris McMullen)은 루이지애나의 노스웨스턴 주립대학교(Northwestern State University of Louisiana)에서 물리학을 가르치고 있으며 학술 서적을 저술하는 활동도 함께 하고 있습니다. 맥멀런 박사는 강의실이나 책에서 만나는 학생들에게 자신이 가진 지식을 나누어주는 것은 물론이고 학생들에게 배움의 동기를 부여하고 참여를 유도하는 일에도 큰 관심을 기울이고 있습니다. 그는 2002년 오클라호마 주립대학교(Oklahoma State University)에서 고에너지 물리학(high-energy physics)[입자 물리학((particle physics)] 분야에서 박사학위를 받았습니다. 캘리포니아 출신인 맥멀런 박사는 노스리지(Northridge)의 캘리포니아 주립 대학교(California State University)에서 전자스핀 공진(electron spin resonance) 분야에서 석사학위를 받았습니다. 맥멀런 박사는 물리 선생님으로 활동하는 동안에 많은 학생이 기본적인 수학 실력이 부족하여 어려움을 겪는 것을 목격했습니다. 모든 연령대의 학생이 자신의 수준에 맞춰 기본 수학 기술을 습득할 수 있도록 돕기 위해 맥멀런 박사는 산수, 분수, 대수, 삼각함수를 쉽게 배우는 데 활용할 수 있는 워크북 형식의 수학책을「수학 실력 향상 시리즈(Your Math Fluency Series)」라는 이름으로 여러 권 출판했습니다. 맥멀런 박사는 물리학 교과서 이외에도 천문학과 화학의 기본 개념을 소개하는 책을 포함하여 다양한 과학 서적을 출판했습니다. 맥멀런 박사는 가르치는 일에 열정을 쏟고 있습니다. 그가 가르치는 동안에 교실에서 일어난 변화를 경험하고 그가 수업 시간에 이끄는 대화형 토론에 참여한 많은 학생과 이를 지켜본 사람들은 깊은 인상을 받았습니다. 맥멀런 박사는 학생들에게 물리학에 대한 관심과 재미를 불러일으키기 위해 칠판에 원숭이를 그려가며 물리학 예제와 문제를 푸는 강의법을 사용하는 것으로 유명합니다. 그가 바라는 것은 학생들이 원숭이에게 바나나를 던지고 웃으며 스트레스를 풀면서 행복하게 물리학 공부를 하는 모습입니다.

옮긴이 소개

유태훈(thyoo@dongyang.ac.kr)

연세대학교에서 학사, 석사, 박사학위를 받았다. 삼성전자 정보통신 연구소의 연구원을 거쳐 현재 동양미래대학교 정보통신공학과 교수로 재직하고 있다. 2003~2004년 미국 시라큐스 대학(Syracuse University)에서 객원연구원(visiting scholar)으로 활동했다. 주요 연구 분야는 전자기 해석, 초고주파 시스템 해석과 설계, 안테나 해석과 설계, EMI/EMC 등이다. 지금까지 「EMC를 고려한 PCB 설계기술(M. I. Montrose)」(진한엠엔비, 2006), 「전자기학(C.R. Paul)」(생능출판사, 2010), 「EMC 공학(H. W. Ott)」(학산미디어, 2014 학술원 우수학술도서 선정), 「전자기학(Arlon T. Adams, Jay Kyoon Lee)」(한빛아카데미, 2022), 「최신 안테나 공학(Y. Huang, K. Boyle)」(한빛아카데미, 2014), 「EMC 제품설계(Tim Williams)」(학산미디어, 2022), 「맥스웰 방정식 완벽해부(Daniel Fleisch)」(학산미디어, 2016), 「공학도를 위한 매트랩(Holly Moore)」(퍼스트북, 2017), 「문제풀이로 배우는 전자기학(Chris McMullen)」(학산미디어, 2022)를 비롯하여 다수의 전자기학, 안테나 공학, EMC 공학, 회로이론, 매트랩 원서를 우리말로 옮겼다.

옮긴이 머리말

우리는 세상을 살아가며 날마다 다양한 자연현상을 경험합니다. 물리학은 물질(matter)의 움직임(motion)으로 모든 자연현상의 원리를 설명합니다. 17세기 뉴턴이 처음 알아낸 물질의 움직임에 관한 세 가지 법칙은 사람이 관찰하고 경험할 수 있는 규모의 물질에 대해서는 보편적으로 완벽하게 적용됩니다. 그래서 21세기 오늘에도 이를 사용하여 우리 주변에서 일어나는 자연현상 대부분의 원인과 과정과 결과를 정확하게 분석하고 미래를 확실하게 예측할 수 있습니다. 뉴턴은 기존 수학으로는 자신이 발견한 운동법칙을 표현할 수 없어 새로운 수학을 만들었는데 바로 '미분 · 적분'입니다. 여러분이 공부할 이 책, 「문제풀이로 배우는 운동 법칙」에서는 그 옛날 뉴턴이 발견한 제1, 제2, 제3 운동법칙을 적용하여 다양한 물리 문제를 역시 뉴턴이 고안한 미적분 기법으로 풀어 답을 알아내는 방법을 배웁니다.

세상 곳곳에는 물질로 이루어진 수많은 물체들이 존재합니다. 이러한 물체들이 움직이다가 접촉하고 부딪치며 상호작용을 할 때 나타나는 것이 바로 자연현상(물리현상)입니다. 어떤 물체의 운동 상태가 변하려면, 다시 말해 멈춰있는 물체가 움직이고 움직이는 물체가 멈추고 움직이는 물체의 빠르기나 진행방향이 변하려면 '무언가'가 그 물체에 작용해야 할 것입니다. 이를 뉴턴은 '힘(force)'이라고 불렀습니다. 그렇다면 '힘'은 어떻게 생겨나고 어떻게 물체에 작용할까요? 모든 물질은 '질량(mass)'과 '전하(electric charge)'라는 두 가지 기본 '양'을 모두 가지고 있습니다. 물질이 가진 '질량'에서 '중력'이라는 힘이 생겨나고 '전하(량)'에서 '전자기력'이라는 힘이 생겨납니다. 그런데 '힘'은 작용할 대상이 없으면 아무런 의미가 없습니다. 따라서 힘이 존재하려면 물질은 적어도 두 개가 있어야 합니다. 뉴턴은 힘이란 '두 개'의 물질이 '같은 크기', '반대 방향'으로 동시에 주고받는 상호작용임을 밝혔습니다(제3법칙). '질량1'은 '중력'을 발생시켜 '질량2'을 끌어당깁니다(힘은 상호작용이므로 동시에 질량2도 질량1을 같은 크기의 중력으로 끌어당깁니다), '전하1'은 '전자기력'을 발생시켜 '전하2'를 끌어당깁니다(여기서도 반대 과정이 성립).

이 세상에는 중력과 전자기력 말고도 '강한 핵력'과 '약한 핵력'이라는 힘이 더 있습니다. '핵력'이라는 이름에서 짐작할 수 있듯이 이 두 힘은 미치는 범위가 원자핵 내부에 지나지 않아 우리 일상에는 영향을 주지 않습니다. 따라서 우리 주변에 중력이 아닌 어떤 힘이 존재하면 그 힘은 전자기력이 분명합니다. 이 책을 읽다가 중력이 아닌 다른 이름(마찰력, 수직력, 저항력, 장력, 스프링 복원력 등)이 언급되면 그 힘은 전자기력을 다른 이름으로 부르는 것이라고 생각하면 됩니다. 다시 말해 우리 주변에 존재하는 '힘'의 종류는 '중력'과 '전자기력'뿐입니다.

중력과 전자기력 가운데 어느 힘이 더 강할까요? '전자(electron)'는 세상에 존재하는 가장 작은 물체 가운데 하나인데 전자도 물질로 되어 있으므로 '질량'과 '전하'를 모두 가지고 있습니다. 이 두 '양'에 의해 두 개의 전자 사이에서 각각 작용하는 중력의 크기와 전자기력의 크기를 비교해보면 '전자기력'이 무려 10^{42}배나 큽니다. 이 책과 함께 같은 물리학 시리즈에 속하는 책으로 2022년에 출판된 「문제풀이로 배우는 전기자기학」(유태훈 옮김, 학산미디어)에서는 전자 사이에 작용하는 중력은 무시하고 오로지 전자기력만을 다루는데, 이래도 되는 까닭은 바로 여기에 있습니다.

우리가 사는 세상을 이해하려면 '뉴턴의 운동 법칙'과 '전자기학'을 알아야 합니다. 수학을 사용하지 않고 글이나 그림만으로 배울 수도 있습니다. 하지만 이름난 물리학자 켈빈(Kelvin)이 지적한대로 "어떤 연구 대상을 수학적으로(수치로) 나타내지 못하면 그에 대한 지식은 부족하고 불완전한 것"이 될 수밖에 없습니다. 뉴턴이 새로운 수학 – 미분과 적분 – 을 스스로 만들어 낸 것도 바로 이런 이유 때문입니다. 이 책은 원저자가 머리말에서 밝혔듯이 강의용 교재보다는 보조 교재나 보충 교재로 사용하기에 더 적합합니다. 물론 강의의 성격에 따라서는 강의용 교재로도 충분히 쓸 수 있습니다. 이 책의 특징은 '문제풀이'를 통해 물리학을 배운다는 데 있습니다. 또한 일반적인 물리학 책과는 달리 많은 주제들 중에서 중요하고 기본이 되는 것들을 선정하여 집중적으로 다루고 있습니다. 선정된 주제들을 다루는 방법에 있어서도 관련 내용을 상세히 설명하기 보다는 정의를 중심으로 기본 법칙과 방정식을 간단히 언급하고 문제풀이를 집중적으로 수행하고 있습니다.

이 책은 공학을 공부할 때 꼭 갖추어야 할 자질인, 체계적으로 문제를 푸는 방법을 몸에 익힐 수 있도록 문제를 푸는 순서를 단계별로 상세하게 안내하고 있습니다. 각 단계에서는 아주 기초적이며 사소한 수학공식부터 계산 방법에 이르기까지 친절하게 설명을 하고 있습니다. 이 정도로 친절하고 자세한 설명은 다른 책에서는 찾아보기 어렵습니다. 특히 미분과 적분이라는 단어를 보면 겁을 내는 학생이라면 이 책으로 물리학 공부에 도전해 보기 바랍니다. 미분과 적분이 어렵기는 하기만 이 책에서는 기초 미적분 방법은 물론 기초 연산 방법과 삼각함수 사용법도 함께 설명하고 있어서 복습하는 기회를 가질 수 있습니다. 이 책에서 채택하고 있는 '체계적 문제풀이를 통한 개념 학습 방법'은 특히 수학적 기초가 부족해서 공학을 공부하는 데 자신감을 잃은 학생들에게 큰 도움이 될 것입니다.

2023년 6월
유태훈

이 책에 대하여

사전 지식

이 책은 「물리학 시리즈」의 제1권이다. 이 책을 공부하기에 앞서 다음과 같은 사항들을 미리 갖추는 것이 바람직하다.

- **기초 미적분 방법**: 다항식을 미분하는 방법과 적분하는 방법. 이 방법을 복습하기 위해 이 책의 2장에서 필수적인 기초 미적분을 다루고 있다.
- **기초 연산 방법**: 동류항 계산 방법, 미지수 구하는 방법, 이차방정식 푸는 방법, 치환법 적용 방법. 이 방법을 복습하기 위해 이 책의 1장에서 필수적인 기초 연산 방법을 다루고 있다.
- **삼각함수 사용법**: 복습을 위해 이 책의 9장에서 필수적인 삼각함수 사용법을 다루고 있다.
- **기초 기하학**: 원의 면적, 직사각형의 둘레와 같이 기하학에서 다루는 여러 가지 도형의 항목들을 구하는 방법. 복습을 위해 이 책의 5장에서 유용한 기하학 공식을 다루고 있다.
- 이 책을 공부하는 데 사전 물리학 지식은 필요하지 **않다**.

용도

- 이 책은 물리학 강의를 듣거나, 물리학 교재를 읽으면서 공부하거나, 물리학의 기초를 복습하는 학생을 위한 학습 보조 및 보충 자료로서 적합하다.
- 이 책의 목표는 학생들이 가장 필수적인 자료를 빨리 찾을 수 있도록 돕는 것이다.

기본 콘셉트

- 각 장에서 문제를 푸는 방법을 이해하는 데 필요한 개념, 정의, 법칙, 방정식들을 다룬다.
- 이 책은 물리학의 모든 개념들을 하나도 빠짐없이 상세히 다루고 있지 않다. 그 대신, 문제를 푸는 데 사용되는 대부분의 물리학 개념들을 다루고 있다.

전략

- 모든 장에는 '문제풀이 방법'이 차근차근 설명되어 있어서 각 장의 맨 뒤에 나오는 문제들을 체계적으로 풀 수 있게 하고 있다.
- 이 책은 일반적인 물리 교과서에서 흔히 볼 수 있는 유형의 기본 문제들을 다루고 있다.

도움말

- 모든 장에는 각 장을 대표하는 여러 개의 예제가 실려 있고 예제마다 단계별로 나뉘어 풀이와 설명이 이루어지고 있다. 이러한 예제들을 공부하면서 학생들은 각 장의 맨 뒤에 수록된 비슷한 연습문제들을 푸는 방법을 익히게 된다.
- 각 장의 연습문제에 수록된 모든 문제에는 답이 함께 표시되어 있다. 이 책의 **맨 뒤에는** 힌트, 중간 해답, 풀이 과정을 단계별로 안내하는 설명글, 그리고 문제를 풀 때 학생들이 흔히 맞닥뜨리는 사항들에 대한 설명이 실려 있다. 이 부분은 여러분이 문제를 푸는 것을 옆에서 도와주는 선생님과 같은 역할을 해준다.

차례

01
필수 기본 연산

미분, 적분을 잘하지 못하는 이유를 찾아보면 기본 연산에 능숙하지 못하기 때문인 경우가 흔히 있다.

관련 용어

x^n로 표시된 거듭제곱 식에 들어있는 n을 x의 **거듭제곱**(power) 또는 x의 **지수**(exponent)라고 한다. x는 **밑**(base)이라고 한다. 즉 밑^{지수} 형태이다.

필수 개념

다음 연산은 미적분에서 자주 사용되는 연산 규칙이다.

- 밑이 같은 두 거듭제곱 수의 곱셈은 지수끼리 더한다.

$$x^m x^n = x^{m+n}$$

- 밑이 같은 두 거듭제곱 수의 나눗셈은 지수끼리 뺀다.

$$\frac{x^m}{x^n} = x^{m-n}$$

- 거듭제곱 수의 지수에 − 부호가 있으면 역수를 구하라는 의미이다. (다시 말해, − 부호를 없애고 나서 분모로 보낸다).

$$x^{-1} = \frac{1}{x} \quad , \quad x^{-m} = \frac{1}{x^m}$$

- − 부호를 가진 지수가 분모에 있으면 − 부호를 없애고 나서 분자로 옮긴다.

$$\frac{1}{x^{-1}} = x \quad , \quad \frac{1}{x^{-m}} = x^m$$

- 지수가 1인 거듭제곱 수는 지수가 없는 수와 같다.

$$x^1 = x$$

- 모든 수의 0 제곱은 1이다. 단 0은 제외한다(0의 0 제곱은 정의되지 않는다).

$$x^0 = 1 \ (\text{단}, \ x \neq 0)$$

- 괄호 안에 있는 수식을 거듭제곱하면 괄호 안에 있는 모든 수가 똑같이 영향을 받는다.

$$(ax)^m = a^m x^m \quad , \quad (x^m)^n = x^{mn} \quad , \quad (a^m x^n)^p = a^{mp} x^{np}$$

$$\left(\frac{a}{x}\right)^m = \frac{a^m}{x^m} \quad , \quad \left(\frac{1}{x^m}\right)^n = \frac{1}{x^{mn}} = x^{-mn} \quad , \quad \left(\frac{a^m}{x^n}\right)^p = \frac{a^{mp}}{x^{np}} = a^{mp} x^{-np}$$

- 지수가 $\frac{1}{2}$(즉, $\frac{1}{2} = 0.5$ 제곱)이면 2제곱근 계산을 한다.

$$x^{1/2} = \sqrt{x} \quad , \quad x^{-1/2} = \frac{1}{x^{1/2}} = \frac{1}{\sqrt{x}} \quad , \quad (ax)^{1/2} = \sqrt{ax} = \sqrt{a}\sqrt{x} \quad , \quad (ax)^{-1/2} = \frac{1}{\sqrt{ax}}$$

- 지수가 분수일 경우에는 분모의 역수 제곱근 계산을 한다. ($x^{\frac{m}{n}} = x^{m\frac{1}{n}} = x^{\frac{1}{n}m}$, $x^{\frac{1}{n}} = \sqrt[n]{x}$ 이므로)

$$x^{m/n} = \sqrt[n]{x^m} = \left(\sqrt[n]{x}\right)^m$$

- 2제곱근의 답은 두 개다. 물리에서 − 부호의 답을 버려서는 **안 된다.**

$$\sqrt{x^2} = \pm x$$

- 2제곱근을 두 번 곱하면 제곱근이 사라진다.

$$\sqrt{x}\sqrt{x} = x$$

  이 식의 유도과정은 다음과 같다. $\sqrt{x}\sqrt{x} = x^{1/2}x^{1/2} = x^{1/2+1/2} = x^1 = x$.

- 두 개의 분수를 더하거나 뺄 때는 맨 처음에 공통분모를 구한다.

$$\frac{1}{x} + \frac{1}{y} = \frac{1}{x}\frac{y}{y} + \frac{1}{y}\frac{x}{x} = \frac{y}{xy} + \frac{x}{xy} = \frac{y+x}{xy}$$

  예를 들어보자.

$$\frac{1}{2} + \frac{1}{3} = \frac{1}{2}\frac{3}{3} + \frac{1}{3}\frac{2}{2} = \frac{3}{6} + \frac{2}{6} = \frac{3+2}{6} = \frac{5}{6}$$

- 분수의 역수를 구할 때는 분자와 분모를 서로 바꾼다.

$$\left(\frac{x}{y}\right)^{-1} = \frac{y}{x}$$

예를 몇 개 들어보자.

$$\left(\frac{3}{4}\right)^{-1} = \frac{4}{3} \quad , \quad \left(\frac{1}{5}\right)^{-1} = \frac{5}{1} = 5 \quad , \quad 6^{-1} = \frac{1}{6}$$

- 분수를 간단하게 나타내려면 분자와 분모의 최대공약수로 분자와 분모를 각각 나눈다. 아래 예에서는 최대공약수는 4다(다시 말해 분자와 분모를 똑같이 나누는 정수들 가운데 가장 큰 것이 4다).

$$\frac{16}{20} = \frac{16 \div 4}{20 \div 4} = \frac{4}{5}$$

- 두 분수의 곱셈에서는 분자는 분자끼리 곱하고 분모는 분모끼리 곱한다.

$$\frac{a}{b} \times \frac{c}{d} = \frac{ac}{bd}$$

예를 들어보자.

$$\frac{2}{3} \times \frac{6}{7} = \frac{2 \times 6}{3 \times 7} = \frac{12}{21} = \frac{12 \div 3}{21 \div 3} = \frac{4}{7}$$

계산과정에서 $\frac{12}{21}$을 간단히 하기 위해 분자와 분모를 각각 3으로 나누었다.

- 두 분수의 나눗셈에서는 나눗셈 대신에 역수를 취해 곱셈을 한다.

$$\frac{a}{b} \div \frac{c}{d} = \frac{a}{b} \times \frac{d}{c} = \frac{ad}{bc}$$

예를 들어보자.

$$\frac{3}{4} \div \frac{1}{2} = \frac{3}{4} \times \frac{2}{1} = \frac{3 \times 2}{4 \times 1} = \frac{6}{4} = \frac{6 \div 2}{4 \div 2} = \frac{3}{2}$$

계산과정에서 $\frac{6}{4}$을 간단히 하기 위해 분자와 분모를 각각 2로 나누었다.

- 계산 결과를 표준 형식으로 나타내기 위해 분모를 유리화한다. 다음 예에서는 분자와 분모에 각각 $\sqrt{x}$를 곱하고 $\sqrt{x}\sqrt{x} = x$이 되는 연산 규칙을 사용하였다.

$$\frac{1}{\sqrt{x}} = \frac{1}{\sqrt{x}}\frac{\sqrt{x}}{\sqrt{x}} = \frac{\sqrt{x}}{x}$$

예제 x^4x를 간단히 하라.

풀이 문제는 연산규칙 $x^m x^n = x^{m+n}$에서 $m=4$이고 $n=1$($x^1=x$이므로)인 경우다. 따라서

$$x^4x = x^4x^1 = x^{4+1} = x^5$$

가 된다.

예제 계산기를 쓰지 말고 $\frac{10^{-10}10^{24}}{(10^6)^2}$를 계산하라.

풀이 연산규칙 $x^m x^n = x^{m+n}$과 $\frac{x^m}{x^n} = x^{m-n}$과 $(x^m)^n = x^{mn}$을 사용하면

$$\frac{10^{-10}10^{24}}{(10^6)^2} = \frac{10^{-10+24}}{10^{6\times2}} = \frac{10^{14}}{10^{12}} = 10^{14-12} = 10^2 = 10 \times 10 = 100$$

이 된다.

예제 $\frac{x}{\sqrt{x}}$를 간단히 하라.

풀이 이 문제를 푸는 방법은 여러 가지다. 여기서는 $x=x^1$과 $\sqrt{x}=x^{1/2}$, 그리고 연산규칙 $\frac{x^m}{x^n} = x^{m-n}$을 사용해보자. 그러면

$$\frac{x}{\sqrt{x}} = \frac{x^1}{x^{1/2}} = x^{1-1/2} = x^{1/2} = \sqrt{x}$$

이 된다. 또 다른 방법으로 $\sqrt{x}\sqrt{x}=x$의 관계를 이용하면 $x \div \sqrt{x} = \sqrt{x}\sqrt{x} \div \sqrt{x} = \sqrt{x}$로 더욱 간단히 풀 수 있다.($\frac{x}{\sqrt{x}}$는 $x \div \sqrt{x}$로 쓸 수 있다)

예제 $(3x)^{-1/2}$를 표준 형식으로 나타내라.

풀이 연산규칙 $(ax)^{-1/2} = \frac{1}{\sqrt{ax}}$을 이용하자.

$$(3x)^{-1/2} = \frac{1}{\sqrt{3x}}$$

이것을 표준형식으로 나타내려면 분모를 유리화해야 한다. 분자와 분모에 각각 $\sqrt{3x}$를 곱한다. 여기서 $\sqrt{3x}\sqrt{3x}=3x$이다.

$$(3x)^{-1/2}=\frac{1}{\sqrt{3x}}\frac{\sqrt{3x}}{\sqrt{3x}}=\frac{\sqrt{3x}}{3x}$$

예제 다음 분수의 덧셈을 구하라.

$$\frac{1}{\sqrt{x}}+\frac{1}{x}$$

풀이 분수를 더하려면 먼저 공통 분모를 구해야 한다.

$$\frac{1}{\sqrt{x}}+\frac{1}{x}=\frac{1}{\sqrt{x}}\frac{\sqrt{x}}{\sqrt{x}}+\frac{1}{x}=\frac{\sqrt{x}}{x}+\frac{1}{x}=\frac{\sqrt{x}+1}{x}$$

예제 $\sqrt{x}$의 역수를 구하라.

풀이 연산규칙 $x^{1/2}=\sqrt{x}$을 사용한다. $\sqrt{x}$의 역수는 지수의 부호만 −로 바꾸면 되므로 $x^{-1/2}$가 된다. 이것은 $\frac{1}{\sqrt{x}}$와 같다. 분모를 유리화 하면

$$x^{-1/2}=\frac{1}{\sqrt{x}}=\frac{1}{\sqrt{x}}\frac{\sqrt{x}}{\sqrt{x}}=\frac{\sqrt{x}}{x}$$

가 된다. 따라서 $\sqrt{x}$의 역수는 $\frac{\sqrt{x}}{x}$이다.

연습문제

1. 다음 수식을 간단히 하라.

   $x^2x^3x^4 =$

   답: x^9

2. 다음 수식을 간단히 하라.

   $\frac{x^4x^5}{x^6} =$

   답: x^3

3. 다음 수식을 간단히 하라.

   $\frac{x^{-7}}{x^{-8}} =$

   답: x

4. 다음 수식을 간단히 하라.

   $\frac{x^3x^{-6}}{x^{-2}x^5} =$

   답: x^{-6}

5. 다음 수식을 간단히 하라.

   $x\sqrt{x} =$

   답: $x^{3/2}$

6. 다음 수식을 간단히 하라.

   $\frac{x^{3/2}}{\sqrt{x}} =$

   답: x

7. 다음 수식을 표준 형식으로 나타내라.

   $(4x)^{-1/2} =$

   답: $\frac{\sqrt{x}}{2x}$

8. 다음 분수의 뺄셈을 수행하라.

$$\frac{2}{x^2} - \frac{3}{x^3} =$$

답: $\frac{2x-3}{x^3}$

9. 다음 분수의 덧셈을 수행하라.

$$\frac{1}{\sqrt{x}} + \sqrt{x} =$$

답: $\frac{x\sqrt{x} + \sqrt{x}}{x}$

도움이 필요한가요? 책의 맨 뒤에 있는 "힌트"를 참고하세요.

곱셈전개와 인수분해

곱셈 전개 공식은 다음과 같다.

$$x(y+z) = xy + xz$$

다음은 곱셈 전개 공식을 사용한 몇 가지 예이다.

$$2(x+1) = 2x + (2)(1) = 2x + 2$$
$$-(x+1) = -x - 1$$
$$x(x+3) = x^2 + 3x$$
$$-(2-x) = -2 - (-x) = -2 + x$$
$$5x(2x^2+4) = 5x(2x^2) + 5x(4) = 10x^3 + 20x$$

다음 곱셈 전개 공식

$$(w+x)(y+z) = wy + wz + xy + xz$$

은 '포일(foil)'을 기억하면 좋다. foil은 각 항의 곱셈 순서를 말하는 것으로 first(첫째 항끼리) → outside(바깥 항끼리) → inside(안쪽 항끼리) → last(마지막 항끼리)의 머리글자를 뜻한다.

다음은 포일공식을 사용한 예이다.

$$(x+2)(x-3) = x^2 - 3x + 2x - 6 = x^2 - x - 6$$

수식 전개의 반대를 **인수분해**라고 한다. 인수분해를 할 때는 수식에서 공통인수를 찾아야 한다. 다음 예를 살펴보자

$$x^2 + 2x = x(x + 2)$$
$$3x^3 - 6x^2 = 3x^2(x - 2)$$
$$\frac{1}{x^2} + \frac{1}{x} = \frac{1}{x}\left(\frac{1}{x} + 1\right) = \frac{1}{x}\left(\frac{1}{x} + \frac{x}{x}\right) = \frac{1}{x}\left(\frac{1 + x}{x}\right) = \frac{1 + x}{x^2} = \frac{x + 1}{x^2}$$

2제곱근이 들어있는 수식인 경우에는 완전제곱을 인수로 만들어서 표준형식으로 나타내도록 한다. 예를 들어보자.

$$\sqrt{12} = \sqrt{(4)(3)} = \sqrt{4}\sqrt{3} = 2\sqrt{3}$$

예제 포일(foil) 방법으로 다음 곱셈을 전개하라.

$$2x(3x^4 - 8)$$

풀이 $2x(3x^4 - 8) = 2x(3x^4) + 2x(-8) = 6x^5 - 16x$

예제 포일(foil) 방법으로 다음 곱셈을 전개하라.

$$(2x - 3)(4x + 5)$$

풀이 $(2x - 3)(4x + 5) = 2x(4x) + 2x(5) - 3(4x) - 3(5) = 8x^2 + 10x - 12x - 15$

$$(2x - 3)(4x + 5) = 8x^2 - 2x - 15$$

예제 다음 수식을 인수분해하라.

$$10x^6 + 15x^4$$

풀이 두 항의 최대공약수는 $5x^4$이다. 따라서

$$10x^6 + 15x^4 = 5x^4(2x^2 + 3)$$

이다. 검산을 해보자. $5x^4(2x^2) = 10x^6$이고 $5x^4(3) = 15x^4$

예제 $\sqrt{50}$을 표준형식으로 나타내라.

풀이 완전제곱 인수를 찾아보자.

$50=(25)(2)$이고 $5^2=25$이므로 25는 완전제곱이다. 따라서

$$\sqrt{50}=\sqrt{(25)(2)}=\sqrt{25}\sqrt{2}=5\sqrt{2}$$

연습문제

10. $6x(x+9)$를 전개하라.

    답: $6x^2+54x$

11. $-3x^2(5x^6-2x^4)$을 전개하라.

    답: $-15x^8+6x^6$

12. $\sqrt{x}(x+\sqrt{\mathrm{x}})$를 전개하라.

    답: $x^{3/2}+x$

13. 포일(foil)방법을 써서 $(3x+2)(x+5)$를 전개하라.

    답: $3x^2+17x+10$

14. 포일(foil)방법을 써서 $(6x-4)^2$를 전개하라.

    답: $36x^2-48x+16$

15. x^3-4x를 인수분해하라.

    답: $x(x^2-4)$

16. $8x^9+12x^6$을 인수분해하라.

    답: $4x^6(2x^3+3)$

17. $45x^7-18x^5+27x^3$을 인수분해하라.

    답: $9x^3(5x^4-2x^2+3)$

18. $\sqrt{18}$을 표준형식으로 나타내라.

    답: $3\sqrt{2}$

19. $\sqrt{108}$을 표준형식으로 나타내라.

답: $6\sqrt{3}$

도움이 필요한가요? 책의 맨 뒤에 있는 "힌트"를 참고하세요.

이차 방정식 풀이 방법

이차 방정식은 변수를 2제곱한 항(x^2), 제곱하지 않은 항(x), 상수항으로 구성된다. 이차 방정식의 예를 들어보면 다음과 같다.

$$3x^2 + 2x - 5 = 0$$

다음 식은 다른 예이다. 동류항 $6x$와 $2x$는 하나로 합할 수 있다. 그 다음, 항을 순서대로 배열하면 위 식과 같은 형태가 된다.

$$6x + 1 = 8x^2 + 2x$$

$$8x^2 - 4x - 1 = 0$$

이차 방정식을 푸는 방법은 다음과 같다.

- **1단계**: 항이 세 개를 넘으면 동류항끼리 하나로 합한다.
- **2단계**: 세 개의 항을 방정식의 같은 쪽으로 옮긴다. 이때 $ax^2 + bx + c = 0$과 같이 2제곱 항을 첫 번 째, 그 다음에 선형 항, 그 다음에 상수 항을 배열한다.
- **3단계**: 이차 방정식의 계수 a, b, c에 해당하는 수를 알아낸다.
- **4단계**: 다음 이차 방정식의 근의 공식에 3단계에서 구한 a, b, c 값을 대입한다.

$$x = \frac{-b \pm \sqrt{b^2 - 4ac}}{2a}$$

예제 다음 식을 풀어라.

$$5x^2 + 4x = 3x^2 + 6x + 12$$

풀이 동류항을 찾아서 하나로 합해보자. 그러면 $5x^2 - 3x^2$은 $2x^2$이 된다. 또한 $4x - 6x$는 $-2x$가 된다. 이제 남은 세 항을 $ax^2 + bx + c = 0$의 순서로 배열해보자.

$$2x^2 - 2x - 12 = 0$$

a, b, c에 해당하는 수를 구해보면

$$a = 2 \quad , \quad b = -2 \quad , \quad c = -12$$

이다. 이제 이러한 a, b, c 값을 근의 공식에 대입하자.

$$x = \frac{-b \pm \sqrt{b^2 - 4ac}}{2a} = \frac{-(-2) \pm \sqrt{(-2)^2 - 4(2)(-12)}}{2(2)}$$

$$x = \frac{2 \pm \sqrt{4 + 96}}{4} = \frac{2 \pm \sqrt{100}}{4} = \frac{2 \pm 10}{4}$$

$$x = \frac{2 + 10}{4} = \frac{12}{4} = 3 \ \text{ 또는 } \ x = \frac{2 - 10}{4} = \frac{-8}{4} = -2$$

$$x = 3 \text{ 또는 } x = -2$$

주의: 이차 방정식의 근은 일반적으로 두 개다.

연습문제

20. 다음 이차 방정식을 x에 대해서 풀라.

$$2x^2 - 2x - 40 = 0$$

답: −4, 5

21. 다음 이차 방정식을 y에 대해서 풀라.

$$3y - 27 + 2y^2 = 0$$

답: $-\frac{9}{2}$, 3

22. 다음 이차 방정식을 t에 대해서 풀라.

$$6t = 8 - 2t^2$$

답: −4, 1

23. 다음 이차 방정식을 x에 대해서 풀라.

$$1 + 25x - 5x^2 = 8x - 3x^2 + 9$$

답: $\frac{1}{2}$, 8

도움이 필요한가요? 책의 맨 뒤에 있는 “힌트”를 참고하세요.

대입법 사용 풀이방법

대입법을 사용하여 연립방정식을 푸는 방법은 다음과 같다.

경우1: 방정식이 두 개이고 미지수가 두 개(예를 들어 x와 y)인 경우

- **1단계**: 두 방정식 가운데 어느 한 식을 y에 대해 정리한다. 다시 말해, y를 x를 포함하는 항으로 표시한다(y는 좌변에 두고, 우변에는 x를 포함하는 항과 상수 항을 둔다).
- **2단계**: 이렇게 표시한 y 식을 괄호로 묶어 나머지 식의 y에 대입한다.
- **3단계**: 괄호를 포함한 식을 전개한 다음에 x를 구한다.
- **4단계**: 맨 처음에 정리한 y 식에 3단계에서 구한 x를 대입하여 y를 구한다.

경우2: 방정식이 세 개이고 미지수가 세 개(예를 들어 x와 y와 z)인 경우

- **1단계**: 세 방정식 가운데 어느 한 식을 z에 대해 정리한다. 즉 z를 x와 y를 포함하는 항으로 표시한다(z는 좌변에 두고, 우변에는 x와 y를 포함하는 항과 상수 항을 둔다).
- **2단계**: 이렇게 표시한 z 식을 괄호로 묶어 나머지 두 식의 z에 대입한다.
- **3단계**: 괄호를 포함한 식을 전개하면 미지수 두 개(x와 y)로 이루어진 두 개의 방정식을 얻게 된다.
- **4단계**: 위의 경우1에서 사용한 방법으로 x와 y를 구하고 이어서 z를 구한다.

예제 다음 연립방정식을 풀라.

$$5x + 2y = 16$$
$$8x - 3y = 7$$

풀이 첫 번째 방정식을 y에 대해 정리하자. 이를 위해 $5x$를 우변으로 이항하고 좌변과 우변을 각각 2로 나눈다.

$$2y = 16 - 5x$$
$$y = 8 - \frac{5x}{2}$$

이 식을 두 번째 방정식의 y에 대입한다.

$$8x - 3\left(8 - \frac{5x}{2}\right) = 7$$

괄호 앞에 있는 −3을 괄호 안의 두 항에 각각 곱한다. 여기서 음수(−)와 음수(−)를 곱하면 양수(+)가 되므로 $(-3)(-5) = +15$이다.

$$8x - 24 + \frac{15x}{2} = 7$$

이 식에서 x를 구해야 한다. 이를 위해 먼저 위 식의 양변에 24를 각각 더한다.

$$8x + \frac{15x}{2} = 31$$

$8x$와 $\frac{15x}{2}$를 더하기 위해 $8x$를 $\frac{16x}{2}$로 바꾼다.

$$\frac{16x}{2} + \frac{15x}{2} = 31$$
$$\frac{31x}{2} = 31$$
$$x = 2$$

이 x값을 처음에 얻은 y에 대한 식에 대입한다.

$$y = 8 - \frac{5x}{2} = 8 - \frac{5(2)}{2} = 8 - 5 = 3$$

이 방정식의 해는 $x = 2$와 $y = 3$이다.

연습문제

24. 대입법을 사용하여 다음 연립방정식을 풀어 미지수를 구하라.

$$3x + 2y = 18$$
$$8x - 5y = 17$$

답: 4, 3

25. 대입법을 사용하여 다음 연립방정식을 풀어 미지수를 구하라.

$$4y + 3z = 10$$
$$5y - 2z = -22$$

답: −2, 6

26. 대입법을 사용하여 다음 연립방정식을 풀어 미지수를 구하라.

$$3x - 4y + 2z = 44$$
$$5y + 6z = 29$$
$$2x + z = 13$$

답: 2, −5, 9

도움이 필요한가요? 책의 맨 뒤에 있는 “힌트”를 참고하세요.

02
필수 미적분

필수 개념

ax^b로 표시되는 항들로 이루어진 식을 다항식이라고 한다. 여기서 상수 a는 계수라고 하고 b는 x의 거듭제곱(지수)이라고 한다. 예를 들어 $2x^4 + 5x^3 - 4x^2 - 8$은 다항식이다.

$\frac{dy}{dx}$ 기호를 "x에 대한 y의 **도함수**(derivative)"라고 한다. 도함수를 다른 말로 **미분**(differentiation)이라고 하므로 $\frac{dy}{dx}$는 "x에 대한 y의 미분"이라고도 할 수 있다.[1] 기호는 "y를 x대해(또는 x로) 미분한다"고 읽는 것이 보통이다.

다음은 다항식을 구성하는 항인 ax^b를 미분하여 도함수를 구하는 공식이다.

$$\frac{d}{dx}(ax^b) = bax^{b-1}$$

이 공식을 보면 지수 b는 아래로 내려와 계수 a와 곱해지고 지수 b는 1만큼 줄어든다(b에서 $b-1$로). 앞으로 이 공식을 이용해서 예제를 푼다.

다항식의 1계 도함수를 구하는 방법

다항식의 1계 도함수를 구하는 방법, 즉 미분을 하는 다음과 같다.

경우1: ax^b을 x에 대해 미분하여 도함수를 구하는 방법은 다음과 같다.

$$\frac{d}{dx}(ax^b) = bax^{b-1}$$

---

1 (옮긴이) 어떤 함수를 "미분"을 하게 되면 원래 함수와는 다른 함수를 얻게 되는데 이를 미분에 의해 이끌려(導) 나온 함수(函數)라는 뜻으로 "도함수(導函數)"라 한다. 대개 미분과 도함수라는 용어를 서로 같은 것으로 보고 섞어 쓰지만 엄밀히 말해 미분은 도함수를 얻는 과정이나 기법이고 도함수는 미분의 결과이다.

몇 가지 특수한 경우를 살펴보자.

- 변수가 2제곱근 속에 들어있는 경우에는 지수를 분수로 나타낸다. $\sqrt{x} = x^{1/2}$
- 상수가 곱해진 변수가 2제곱근 속에 들어있는 경우에는 다음과 같은 식으로 나타낸다.

$$\sqrt{cx} = (cx)^{1/2} = c^{1/2}x^{1/2}$$

- 변수가 분모에 있는 경우에는 지수를 음수로 표현한다.

$$\frac{1}{x^n} = x^{-n}$$

경우2: 항이 여러 개 있는 경우에는 각 항을 따로따로 미분하여 도함수를 따로따로 구한 다음, 구한 결과를 서로 더한다.

$$\frac{d}{dx}(y_1 + y_2 + \cdots + y_N) = \frac{dy_1}{dx} + \frac{dy_2}{dx} + \cdots + \frac{dy_N}{dx}$$

여기서 $\cdots$ 기호는 "동일한 방식으로 계속"을 뜻한다. 기호 N은 항의 총 개수를 나타낸다. 다음은 항의 개수가 $N = 3$인 경우의 예이다.

$$\frac{d}{dx}(6x^3 - 3x^2 - 12x) = \frac{d}{dx}(6x^3) + \frac{d}{dx}(-3x^2) + \frac{d}{dx}(-12x)$$

이 예에서 $y_1 = 6x^3$, $y_2 = -3x^2$, $y_3 = -12x$이다.

예제 다음과 같이 표현되는 x에 대한 미분을 수행하여 도함수를 구하라.

$$\frac{d}{dx}(3x^4)$$

풀이 $3x^4$와 ax^b를 서로 비교해보면 $a = 3$, $b = 4$이다. 이 값을 미분(도함수) 공식 $\frac{d}{dx}(ax^b) = bax^{b-1}$에 대입한다.

$$\frac{d}{dx}(3x^4) = (4)(3)x^{4-1} = 12x^3$$

예제 다음과 같이 표현되는 t에 대한 미분을 수행하여 도함수를 구하라.

$$\frac{d}{dt}(t^3)$$

풀이 이 미분에서는 일반적으로 사용하는 변수 x 대신에 t가 사용되므로 x의 역할을 t가 대신 한다. 따라서 도함수(미분) 공식은 $\frac{d}{dx}(ax^b) = bax^{b-1}$에서 x를 t로 바꾸어 $\frac{d}{dt}(at^b) = bat^{b-1}$로 쓸 수 있다. t^3과 at^b를 비교하면 $a=1$, $b=3$이다(t^3을 보면 계수가 없는 것처럼 보이지만 $t^3=1 \cdot t^3$이므로 계수는 1이다). 이 두 값을 미분 공식 $\frac{d}{dt}(at^b) = bat^{b-1}$에 대입하면

$$\frac{d}{dt}(t^3) = (3)(1)t^{3-1} = 3t^2$$

이 된다.

예제 다음과 같이 표현되는 t에 대한 미분을 수행하여 도함수를 구하라.

$$\frac{d}{dt}\left(\frac{1}{t}\right)$$

풀이 이 미분에서는 변수로 x 대신에 t가 사용되므로 x의 역할을 t가 대신 한다. 따라서 미분(도함수) 공식은 $\frac{d}{dx}(ax^b) = bax^{b-1}$에서 x를 t로 바꾸어 $\frac{d}{dt}(at^b) = bat^{b-1}$로 쓸 수 있다. $\frac{1}{t}$을 보면 분모에 t가 있으므로 $\frac{1}{t^n} = t^{-n}$ 공식을 사용하면 $\frac{1}{t} = t^{-1}$로 쓸 수 있다. t^{-1}을 at^b와 비교하면 $a=1$, $b=-1$이다(t^{-1}을 보면 계수가 없는 것처럼 보이지만 $t^{-1}=1 \cdot t^{-1}$이므로 계수는 1이다). 이 두 값을 미분 공식 $\frac{d}{dt}(at^b) = bat^{b-1}$에 대입하면

$$\frac{d}{dt}\left(\frac{1}{t}\right) = \frac{d}{dt}(t^{-1}) = (-1)(1)t^{-1-1} = -t^{-2} = -\frac{1}{t^2}$$

이 된다. 맨 마지막 계산과정에서 $t^{-n} = \frac{1}{t^n}$ 공식을 사용하였다.

예제 다음과 같이 표현되는 x에 대한 미분을 수행하여 도함수를 구하라.

$$\frac{d}{dx}(\sqrt{2x})$$

풀이 $\sqrt{x} = x^{1/2}$이므로 $\sqrt{2x} = 2^{1/2}x^{1/2}$로 쓸 수 있다. $2^{1/2}x^{1/2}$을 ax^b와 비교하면 $a=2^{1/2}$, $b=\frac{1}{2}$이다. 이 두 값을 도함수 공식 $\frac{d}{dx}(ax^b) = bax^{b-1}$에 대입하면

$$\frac{d}{dx}(\sqrt{2x}) = \frac{d}{dx}(2^{1/2}x^{1/2}) = \left(\frac{1}{2}\right)(2^{1/2})x^{1/2-1} = \left(\frac{2^{1/2}}{2}\right)x^{-1/2}$$

연산규칙 $\frac{x^m}{x^n} = x^{m-n}$을 사용하면 $\frac{2^{1/2}}{2} = 2^{1/2-1}$이다.

$$\frac{d}{dx}\left(\sqrt{2x}\right) = 2^{1/2-1}x^{-1/2} = 2^{-1/2}x^{-1/2}$$

연산규칙에 따라 $x^{-1} = \frac{1}{x}$이므로 $2^{-1/2}x^{-1/2}$은 $\frac{1}{2^{1/2}x^{1/2}}$이므로 결국 $\frac{1}{\sqrt{2x}}$로 쓸 수 있다. 따라서

$$\frac{d}{dx}\left(\sqrt{2x}\right) = \frac{1}{2^{1/2}x^{1/2}} = \frac{1}{\sqrt{2x}}$$

가 된다. 분모를 유리화하기 위해 분자와 분모에 각각 $\sqrt{2x}$를 곱한다($\sqrt{2x} \cdot \sqrt{2x} = 2x$이므로). 이번 예제의 풀이과정을 이해하기가 어려우면 1장을 복습하기 바란다.

$$\frac{d}{dx}\left(\sqrt{2x}\right) = \frac{1}{\sqrt{2x}}\frac{\sqrt{2x}}{\sqrt{2x}} = \frac{\sqrt{2x}}{2x}$$

예제 다음과 같이 표현되는 x에 대한 미분을 수행하여 도함수를 구하라.

$$\frac{d}{dx}\left(\frac{4x^{1/2}}{5}\right)$$

풀이 $\frac{4x^{1/2}}{5}$을 ax^b와 비교하면 $a = \frac{4}{5}$, $b = \frac{1}{2}$이다. 이 두 값을 미분(도함수) 공식 $\frac{d}{dx}(ax^b) = bax^{b-1}$에 대입하면

$$\frac{d}{dx}\left(\frac{4x^{1/2}}{5}\right) = \left(\frac{1}{2}\right)\left(\frac{4}{5}\right)x^{1/2-1} = \frac{4}{10}x^{-1/2} = \frac{2}{5}x^{-1/2} = \frac{2}{5}\frac{1}{\sqrt{x}}$$

가 된다. 계산과정의 맨 마지막에서 $\frac{4}{10}$은 분자와 분모를 각각 2로 나누어 $\frac{2}{5}$이 되었다. 또한 연산규칙 $x^{-1} = \frac{1}{x}$과 $x^{1/2} = \sqrt{x}$을 함께 사용하여 $x^{-1/2} = \frac{1}{\sqrt{x}}$가 되었다. 수학 문제를 풀 때는 보통은 분자와 분모에 $\sqrt{x}$를 곱해 유리화를 한다($\sqrt{x} \cdot \sqrt{x} = x$이므로). 이번 예제의 풀이과정을 이해하기가 어려우면 1장을 복습하기 바란다.

$$\frac{d}{dx}\left(\frac{4x^{1/2}}{5}\right) = \frac{2}{5}\frac{1}{\sqrt{x}}\frac{\sqrt{x}}{\sqrt{x}} = \frac{2\sqrt{x}}{5x}$$

예제 다음과 같이 표현되는 u에 대한 미분을 수행하여 도함수를 구하라.

$$\frac{d}{du}(2u^3 - 5u^2 + 6)$$

풀이 이 미분에서는 일반적으로 사용하는 변수 x 대신에 u가 사용되므로 x의 역할을 u가 대신한다. 따라서 도함수(미분) 공식은 $\frac{d}{dx}(ax^b) = bax^{b-1}$에서 x를 u로 바꾸어 $\frac{d}{du}(au^b) = bau^{b-1}$로 쓸 수 있다. 문제를 푸는 방법에 따라 먼저 각 항의 도함수를 구한다.

- 첫째 항은 $2u^3$이다. $2u^3$을 au^b를 비교하면 $a=2$, $b=3$이다. 이 두 값을 도함수 공식에 대입하면

$$\frac{d}{du}(2u^3) = (3)(2)u^{3-1} = 6u^2$$

- 둘째 항은 $-5u^2$이다. $-5u^2$을 au^b를 비교하면 $a=-5$, $b=2$이다. 이 두 값을 도함수 공식 $\frac{d}{du}(au^b) = bau^{b-1}$에 대입하면

$$\frac{d}{du}(-5u^2) = (2)(-5)u^{2-1} = -10u^1 = -10u$$

- 셋째 항은 6이다. 6을 au^b를 비교하면 $a=6$, $b=0$이다(연산규칙에 따라 $x^0=1$이므로 이 경우에는 $u^0=1$이다). 이 두 값을 도함수 공식 $\frac{d}{du}(au^b) = bau^{b-1}$에 대입하면

$$\frac{d}{du}(6) = (0)(6)u^{0-1} = 0$$

또는 상수의 도함수(미분)는 0이 된다는 사실을 이용해도 된다. $\left(\frac{d}{dx}c = 0\right)$

$$\frac{d}{du}(6) = (0)$$

최종 답은 위에서 구한 세 항의 도함수를 서로 더하면 되므로 다음과 같다.

$$\frac{d}{du}(2u^3 - 5u^2 + 6) = \frac{d}{du}(2u^3) + \frac{d}{du}(-5u^2) + \frac{d}{du}(6)$$
$$\frac{d}{du}(2u^3 - 5u^2 + 6) = 6u^2 - 10u + 0 = 6u^2 - 10u$$

연습문제

27. 다음과 같이 표현되는 x에 대한 미분을 수행하여 도함수를 구하라.

$$\frac{d}{dx}(6x^5) =$$

답: $30x^4$

28. 다음과 같이 표현되는 t에 대한 미분을 수행하여 도함수를 구하라.

$$\frac{d}{dt}(t) =$$

답: 1

29. 다음과 같이 표현되는 x에 대한 미분을 수행하여 도함수를 구하라.

$$\frac{d}{dx}(2x^{-3}) =$$

답: $-6x^{-4}$

30. 다음과 같이 표현되는 t에 대한 미분을 수행하여 도함수를 구하라.

$$\frac{d}{dt}\left(\frac{3}{t^6}\right) =$$

답: $-18t^{-7}$

31. 다음과 같이 표현되는 x에 대한 미분을 수행하여 도함수를 구하라.

$$\frac{d}{dx}(3x^8 - 6x^5 + 9x^2 - 4) =$$

답: $24x^7 - 30x^4 + 18x$

32. 다음과 같이 표현되는 u에 대한 미분을 수행하여 도함수를 구하라.

$$\frac{d}{du}\left(\frac{1}{\sqrt{u}}\right) =$$

답: $-\frac{\sqrt{u}}{2u^2}$

도움이 필요한가요? 책의 맨 뒤에 있는 “힌트”를 참고하세요.

기본 개념

다음 적분 표현은 함수 y를 x에 대해 **적분**(integral)하는 것이다.

$$\int y\, dx$$

이 적분식이 의미하는 바는 "x에 대해 미분하여 얻은 도함수가 y가 되는 함수를 구하라"이다. 이렇게 구한 함수를 **역도함수**(anti−derivative)라고 한다. 따라서 역도함수를 구하는 것(과정)이 적분이다. 적분을 수행하는 방법은 피적분 함수(위의 적분식에 들어있는 x의 함수 y를 피적분함수라고 한다)의 역도함수를 구하는 것이다. 예를 들어보자.

- 적분식 $\int 3x^2 dx$는 어떤 함수의 도함수가 $3x^2$가 되는지 구하는 것, 다시 말해 $3x^2$의 역도함수를 구하는 것이다.
- $3x^2$의 역도함수는 x^3이다. 이유는? $\frac{d}{dx}(x^3) = 3x^2$이기 때문이다.
- 따라서 $\int 3x^2 dx$의 답은 x^3이다. 하지만 이 답이 유일한 답은 **아니다.**
- $\int 3x^2 dx$의 답이 되는 또 다른 함수는 x^3+9이다. 이유는? $\frac{d}{dx}(x^3+9) = 3x^2$이기 때문이다.
- 따라서 $\int 3x^2 dx$의 답이 될 수 있는 모든 것, 즉 일반해는 x^3+c으로 쓸 수 있다. 여기서 c는 상수이다. 상수의 도함수는 0이기 때문에 상수 c는 모든 역도함수에 나타난다.

ax^b로 표현되는 수식의 역도함수는 그 함수의 도함수를 구하면 ax^b가 되는 함수이다. 도함수를 구하는 방법은 지수를 아래로 내려 계수에 곱한 다음, 지수에서 1을 빼는 것이다. 이 방법을 반대로 하면, 먼저 지수에 1을 더한 다음, 1이 더해진 새로운 지수로 계수를 나누는 것이다. 이렇게 구한 함수에 위에서 살펴본 적분상수 c를 더하면 된다. 따라서

$$\int ax^b\, dx = \frac{ax^{b+1}}{b+1} + c \qquad (b \neq -1)$$

이 된다. 위 공식은 $b \neq -1$인 경우에 성립하는데 $b = -1$이면 이 공식이 성립하는 대신에 다음과 같이 자연로그가 된다. 이 책에서는 $b \neq -1$인 다항식만 다루기로 한다.

$$\int x^{-1}\, dx = \int \frac{dx}{x} = \ln(x) + c$$

물리학에서는 적분상수 c가 없는 정적분을 주로 수행한다. **정적분**은 아래 식에서 보듯이 적분을 수행한 결과에 상한 값과 하한 값을 대입한 다음, 두 값을 서로 빼주는 것이다.

$$\int_{x=x_i}^{x_f} ax^b\, dx = \left[\frac{ax^{b+1}}{b+1}\right]_{x=x_i}^{x_f} = \frac{ax_f^{b+1}}{b+1} - \frac{ax_i^{b+1}}{b+1}$$

정적분에서는 적분상수 c가 뺄셈을 수행하는 과정에서 상쇄되어 사라진다. 다음 예제들을 풀어보면서 정적분을 수행하는 방법을 익혀보자.

다항식을 적분하는 방법

정적분을 푸는 방법은 다음과 같다.

1단계: 피적분함수인 다항식을 적분하여 역도함수를 구한다. ax^b로 표현되는 수식의 역도함수는 다음과 같다. 여기서 a와 b는 상수이며 $b \neq 1$이다.

$$\int ax^b\,dx = \frac{ax^{b+1}}{b+1} + c \qquad (b \neq -1)$$

정적분에서 적분상수 c는 상쇄되므로 무시한다. 몇 가지 특수한 경우를 살펴보자.

- 변수가 2제곱근 속에 들어있는 경우에는 지수를 분수로 나타낸다.

$$\sqrt{x} = x^{1/2}$$

- 상수가 곱해진 변수가 2제곱근 속에 들어있는 경우에는 다음과 같은 식으로 나타낸다.

$$\sqrt{cx} = (cx)^{1/2} = c^{1/2}x^{1/2}$$

- 변수가 분모에 있는 경우에는 지수를 음수로 표현한다.

$$\frac{1}{x^n} = x^{-n}$$

2단계: 항이 여러 개 있는 경우에는 각 항을 따로따로 적분하여 역도함수를 따로따로 구한 다음, 구한 결과를 서로 더한다.

$$\int (y_1 + y_2 + \cdots + y_N)\,dx = \int y_1\,dx + \int y_2\,dx + \cdots + \int y_N\,dx$$

여기서 ⋯ 기호는 "동일한 방식으로 계속"을 뜻한다. 기호 N은 항의 총 개수를 나타낸다. 다음은 항의 개수가 $N = 3$인 경우의 예이다.

$$\int (4x^5 - 2x^3 + 8x)\,dx = \int 4x^5\,dx + \int (-2x^3)\,dx + \int 8x\,dx$$

이 예에서 $y_1 = 4x^5$, $y_2 = -2x^3$, $y_3 = 8x$이다.

3단계: 적분을 수행하여 얻은 역도함수에 상한 값과 하한 값을 대입하여 역도함수의 값을 각각 구하고, 두 값을 서로 빼준다.

$$\int_{x=x_i}^{x_f} ax^b\,dx = \left[\frac{ax^{b+1}}{b+1}\right]_{x=x_i}^{x_f} = \frac{ax_f^{b+1}}{b+1} - \frac{ax_i^{b+1}}{b+1}$$

예제 다음과 같이 표현되는 x에 대한 정적분을 계산하라.

$$\int_{x=1}^{2} 6x^2\,dx$$

풀이 $6x^2$을 ax^b과 비교해보면 $a=6$, $b=2$이다. 이 값을 도함수 공식 $\frac{ax^{b+1}}{b+1}$에 대입한다.

$$\int_{x=1}^{2} 6x^2\,dx = \left[\frac{6x^{2+1}}{2+1}\right]_{x=1}^{2} = \left[\frac{6x^3}{3}\right]_{x=1}^{2} = [2x^3]_{x=1}^{2}$$

여기서 $[2x^3]_{x=1}^{2}$ 표시는 $x=2$일 때 $2x^3$의 값을 계산하고 이어서 $x=1$일 때 $2x^3$의 값을 계산한 다음, 마지막에 두 값을 서로 빼주라는 뜻이다. 즉 $2(2)^3-2(1)^3$이다.

$$\int_{x=1}^{2} 6x^2\,dx = [2x^3]_{x=1}^{2} = 2(2)^3 - 2(1)^3 = 2(8) - 2(1) = 16 - 2 = 14$$

예제 다음과 같이 표현되는 u에 대한 정적분을 계산하라.

$$\int_{u=2}^{4} u\,du$$

풀이 u을 au^b과 비교해보면 $a=1$, $b=1$이다. 이 값을 도함수 공식 $\frac{au^{b+1}}{b+1}$에 대입한다.

$$\int_{u=2}^{4} u\,du = \left[\frac{u^{1+1}}{1+1}\right]_{u=2}^{4} = \left[\frac{u^2}{2}\right]_{u=2}^{4}$$

여기서 $\left[\frac{u^2}{2}\right]_{u=2}^{4}$ 표시는 $u=4$일 때 $\frac{u^2}{2}$의 값을 계산하고 이어서 $u=2$일 때 $\frac{u^2}{2}$의 값을 계산한 다음, 마지막에 두 값을 서로 빼주라는 뜻이다. 즉 $\frac{(4)^2}{2} - \frac{(2)^2}{2}$이다.

$$\int_{u=2}^{4} u\,du = \left[\frac{u^2}{2}\right]_{u=2}^{4} = \frac{(4)^2}{2} - \frac{(2)^2}{2} = \frac{16}{2} - \frac{4}{2} = 8 - 2 = 6$$

예제 다음과 같이 표현되는 x에 대한 정적분을 계산하라.

$$\int_{x=-3}^{-1} 12x^{-2}\,dx$$

풀이 $12x^{-2}$을 ax^b과 비교해보면 $a = 12$, $b = -2$이다. 이 값을 도함수 공식 $\frac{ax^{b+1}}{b+1}$에 대입한다.

$$\int_{x=-3}^{-1} 12x^{-2}\,dx = \left[\frac{12x^{-2+1}}{-2+1}\right]_{x=-3}^{-1} = \left[\frac{12x^{-1}}{-1}\right]_{x=-3}^{-1} = [-12x^{-1}]_{x=-3}^{-1} = \left[-\frac{12}{x}\right]_{x=-3}^{-1}$$

위의 계산과정에서 맨 마지막에 연산규칙 $x^{-1} = \frac{1}{x}$을 사용하였다.

여기서 $\left[-\frac{12}{x}\right]_{x=-3}^{-1}$ 표시는 $x = -1$일 때 $-\frac{12}{x}$의 값을 계산하고 이어서 $x = -3$일 때 $-\frac{12}{x}$의 값을 계산한 다음, 마지막에 두 값을 서로 빼주라는 뜻이다. 즉 $-\frac{12}{-1} - \left(-\frac{12}{-3}\right)$이다. 계산과정에서 −부호에 주의해야 한다. 이 식을 보면 두 수는 $-\frac{12}{x}$에 의해 앞에 −부호를 가진다. 두 수 사이에는 −부호가 있다. 또한 적분의 상한과 하한은 둘 다 −부호를 가진다 ($x_i = -3$, $x_f = -1$). 뺄셈에서 첫째 항 $-\frac{12}{-1}$에는 −부호가 두 개 있고 그 다음에 이어지는 항은 $-\left(-\frac{12}{-3}\right)$와 같이 −부호가 세 개 있다.

$$\int_{x=-3}^{-1} 12x^{-2}\,dx = \left[-\frac{12}{x}\right]_{x=-3}^{-1} = -\frac{12}{-1} - \left(-\frac{12}{-3}\right)$$

−부호를 주의해서 다룬다. −부호가 두 개 연속되면 +부호가 된다. 따라서 $-\frac{12}{-1} = +12$이다. −부호 세 개는 $-\left(-\frac{12}{-3}\right) = -(4) = -4$이다.

$$\int_{x=-3}^{-1} 12x^{-2}\,dx = \left[-\frac{12}{x}\right]_{x=-3}^{-1} = (+12) - (+4) = 12 - 4 = 8$$

예제 다음과 같이 표현되는 t에 대한 정적분을 계산하라.

$$\int_{t=1}^{2} \frac{16}{t^3} dt$$

풀이 $\frac{16}{t^3}$을 보면 t가 분모에 있다. 따라서 연산규칙 $\frac{1}{t^n} = t^{-n}$을 적용하면 $\frac{16}{t^3}$은 $16t^{-3}$으로 쓸 수 있다. $16t^{-3}$을 at^b과 비교해보면 $a = 16$, $b = -3$이다. 이 값을 도함수 공식 $\frac{at^{b+1}}{b+1}$에 대입한다.

$$\int_{t=1}^{2} 16\, t^{-3}\, dt = \left[\frac{16t^{-3+1}}{-3+1}\right]_{t=1}^{2} = \left[\frac{16t^{-2}}{-2}\right]_{t=1}^{2} = [-8t^{-2}]_{t=1}^{2} = \left[-\frac{8}{t^2}\right]_{t=1}^{2}$$

위의 계산과정에서 맨 마지막에 연산규칙 $t^{-2} = \frac{1}{t^2}$을 사용하였다. 여기서 $\left[-\frac{8}{t^2}\right]_{t=1}^{2}$ 표시는 $t = 2$일 때 $-\frac{8}{t^2}$의 값을 계산하고 이어서 $t = 1$일 때 $-\frac{8}{t^2}$의 값을 계산한 다음, 마지막에 두 값을 서로 빼주라는 뜻이다. 즉 $-\frac{8}{2^2} - \left(-\frac{8}{1^2}\right)$이다.

$$\int_{t=1}^{2} \frac{16}{t^3} dt = \left[-\frac{8}{t^2}\right]_{t=1}^{2} = -\frac{8}{2^2} - \left(-\frac{8}{1^2}\right) = -\frac{8}{4} + \frac{8}{1} = -2 + 8 = 6$$

예제 다음과 같이 표현되는 x에 대한 정적분을 계산하라.

$$\int_{x=9}^{36} \sqrt{x}\, dx$$

풀이 연산규칙 $\sqrt{x} = x^{1/2}$을 적용하는 것이 중요하다. $x^{1/2}$을 ax^b과 비교해보면 $a = 1$, $b = \frac{1}{2}$이다(항의 앞에 곱해지는 계수가 없는 경우에는 계수가 1이라고 볼 수 있다). 이 값을 도함수 공식 $\frac{ax^{b+1}}{b+1}$에 대입한다.

$$\int_{x=9}^{36} x^{1/2}\, dx = \left[\frac{x^{1/2+1}}{\frac{1}{2}+1}\right]_{x=9}^{36}$$

공통 배수를 사용하여 $\frac{1}{2} + 1$을 계산하면 $\frac{1}{2} + 1 = \frac{1}{2} + \frac{2}{2} = \frac{1+2}{2} = \frac{3}{2}$이 된다.

$$\int_{x=9}^{36} x^{1/2}\,dx = \left[\frac{x^{3/2}}{3/2}\right]_{x=9}^{36}$$

분자와 분모를 각각 $\frac{3}{2}$로 나눈다. 이렇게 하는 대신 각각 $\frac{2}{3}$을 곱해도 된다.

$$\int_{x=9}^{36} x^{1/2}\,dx = \left[\frac{2x^{3/2}}{3}\right]_{x=9}^{36}$$

여기서 $\left[\frac{2x^{3/2}}{3}\right]_{x=9}^{36}$ 표시는 $x=36$일 때 $\frac{2x^{3/2}}{3}$의 값을 계산하고 이어서 $x=9$일 때 $\frac{2x^{3/2}}{3}$의 값을 계산한 다음, 마지막에 두 값을 서로 빼주라는 뜻이다. 즉 $\frac{2(36)^{3/2}}{3}-\frac{2(9)^{3/2}}{3}$이다.

$$\int_{x=9}^{36} \sqrt{x}\,dx = \frac{2(36)^{3/2}}{3}-\frac{2(9)^{3/2}}{3} = \frac{2\left(\sqrt{36}\right)^3}{3}-\frac{2\left(\sqrt{9}\right)^3}{3} = \frac{2(6)^3}{3}-\frac{2(3)^3}{3} = 144-18=126$$

예제 다음과 같이 표현되는 t에 대한 정적분을 계산하라.

$$\int_{t=1}^{8} \frac{4t^{1/3}}{3}\,dt$$

풀이 $\frac{4t^{1/3}}{3}$을 at^b과 비교해보면 $a=\frac{4}{3}$, $b=\frac{1}{3}$이다. 이 값을 도함수 공식 $\frac{at^{b+1}}{b+1}$에 대입한다.

$$\int_{t=1}^{8} \frac{4t^{1/3}}{3}\,dt = \left[\left(\frac{4}{3}\right)\frac{t^{1/3+1}}{\frac{1}{3}+1}\right]_{t=1}^{8}$$

공통 분모를 사용하여 $\frac{1}{3}+1$을 계산하면 $\frac{1}{3}+1=\frac{1}{3}+\frac{3}{3}=\frac{1+3}{3}=\frac{4}{3}$이 된다.

$$\int_{t=1}^{8} \frac{4t^{1/3}}{3}\,dt = \left[\left(\frac{4}{3}\right)\frac{t^{4/3}}{4/3}\right]_{t=1}^{8}$$

분자와 분모를 각각 $\frac{4}{3}$으로 나누면(또는 분자와 분모에 역수인 $\frac{3}{4}$을 각각 곱하면)

$$\int_{t=1}^{8} \frac{4t^{1/3}}{3}\,dt = \left[\frac{3}{4}\left(\frac{4}{3}\right)t^{4/3}\right]_{t=1}^{8} = \left[t^{4/3}\right]_{t=1}^{8}$$

여기서 $\left[t^{4/3}\right]_{t=1}^{8}$ 표시는 $t=8$일 때 $t^{4/3}$의 값을 계산하고 이어서 $t=1$일 때 $t^{4/3}$의 값을 계산한 다음, 마지막에 두 값을 서로 빼주라는 뜻이다. 즉 $8^{4/3}-1^{4/3}$이다.

$$\int_{t=1}^{8} \frac{4t^{1/3}}{3} dt = \left[t^{4/3}\right]_{t=1}^{8} = 8^{4/3} - 1^{4/3} = \left(\sqrt[3]{8}\right)^4 - \left(\sqrt[3]{1}\right)^4 = 2^4 - 1^4 = 16 - 1 = 15$$

예제 다음 정적분을 수행하라.

$$\int_{x=0}^{1} (15x^4 - 6x^2 + 3)\, dx$$

풀이 적분을 푸는 방법에 따라 먼저 피적분 함수인 다항식의 역도함수를 구한다.

- 첫째 항은 $15x^4$이다. $15x^4$을 ax^b과 비교해보면 $a=15$, $b=4$이다. 따라서

$$\int 15x^4\, dx = \frac{15x^{4+1}}{4+1} = \frac{15x^5}{5} = 3x^5$$

- 둘째 항은 $-6x^2$이다. $-6x^2$을 ax^b과 비교해보면 $a=-6$, $b=2$이다. 따라서

$$\int -6x^2\, dx = \frac{-6x^{2+1}}{2+1} = -\frac{6x^3}{3} = -2x^3$$

- 셋째 항은 3이다. 3을 ax^b과 비교해보면 $a=3$, $b=0$이다. 따라서

$$\int 3\, dx = \frac{3x^{0+1}}{0+1} = \frac{3x^1}{1} = 3x$$

이 세 개의 역도함수를 더한 다음 상한과 하한에 대해 정적분을 계산한다.

$$\int_{x=0}^{1} (15x^4 - 6x^2 + 3)\, dx = [3x^5 - 2x^3 + 3x]_{x=0}^{1}$$
$$= [3(1)^5 - 2(1)^3 + 3(1)] - [3(0)^5 - 2(0)^3 + 3(0)]$$
$$= 3 - 2 + 3 - 0 + 0 - 0 = 4$$

연습문제

33. 다음 정적분을 계산하라.

$$\int_{x=0}^{2} 8x^3\, dx =$$

답: 32

34. 다음 정적분을 계산하라.

$$\int_{t=-5}^{5} t^4\, dt =$$

답: 1250

35. 다음 정적분을 계산하라.

$$\int_{x=3}^{5} 900\, x^{-3}\, dx =$$

답: 32

36. 다음 정적분을 계산하라.

$$\int_{u=1}^{3} \frac{81\, du}{u^4} =$$

답: 26

37. 다음 정적분을 계산하라.

$$\int_{x=4}^{9} \frac{3\, dx}{\sqrt{x}} =$$

답: 6

38. 다음 정적분을 계산하라.

$$\int_{t=1}^{16} 14\, t^{3/4}\, dt =$$

답: 1016

39. 다음 정적분을 계산하라.

$$\int_{x=2}^{4} (12x^3 - 9x^2)\, dx =$$

답: 552

40. 다음 정적분을 계산하라.

$$\int_{x=-1}^{2} (12x^5 + 24x^3 - 48x)\, dx =$$

답: 144

도움이 필요한가요? 책의 맨 뒤에 있는 “힌트”를 참고하세요.

03
일차원 등가속도 운동

관련 용어

- **속도**(velocity) – 속력과 방향을 모두 가지는 양
- **가속도**(acceleration) – 속도의 순간 변화율
- **등가속도**(uniform acceleration) – 일정한 가속도. 시간에 따른 속도의 변화가 일정한 것(속도가 시간에 따라 일정한 비율로 변하는 것)을 말한다.
- **알짜 변위**(net displacement) – 초기 위치에서 최종 위치로 가는 직선. 위치 변화량을 나타냄

중요한 차이점

속도(velocity)는 물체가 움직이는 속력(speed)과 물체가 움직이는 방향을 동시에 알려준다. 속력은 움직이는 물체의 빠르기를 알려주지만 방향에 대한 정보는 없다.

물체가 **가속도**를 가지려면 물체의 **속도가 변해야** 한다.

물체가 초기 위치에서 출발하여 최종 위치에 도달하는 방법(경로)에 따라 총 이동 거리(distance)는 달라지지만 알짜 변위는 달라지지 않는다. 총 이동 거리와는 달리 알짜 변위는 물체의 초기 위치와 최종 위치에 대해 오직 하나의 값으로만 정해진다.

등가속도 방정식

$$\Delta x = v_{x0}t + \frac{1}{2}a_x t^2$$
$$v_x = v_{x0} + a_x t$$
$$v_x^2 = v_{x0}^2 + 2a_x \Delta x$$

기호와 SI 단위

기호	이름	SI 단위
Δx	알짜 변위	m
v_{x0}	초기 속도	m/s
v_x	최종 속도	m/s
a_x	가속도	m/s^2
t	시간	s

일차원 등가속도 문제 풀이 방법

어떤 물체의 가속도가 일정하면 그 물체는 등가속도 운동을 한다. 일차원 등가속도 운동에 관한 문제를 풀 때는 다음과 같은 단계를 밟는다.

1. 운동 경로를 그림으로 그린다. 초기 위치(i), 최종 위치(f), 그리고 $+x$방향을 표시한다.
2. 값이 주어진 양(기지수)과 구해야 할 양(미지수)을 파악한다. 다섯 가지의 양 Δx, v_{x0}, v_x, a_x, t 중에서 세 가지를 알고 있어야 한다. 앞서 살펴본 표에 실려 있는 기호(양)들을 참조하라. 단위를 정확히 알아두면 도움이 된다. 예를 들어 a_x의 단위는 m/s^2이다.
3. 다음 방정식을 이용하여 미지수를 푼다. 미지수인 양이 무엇인지, 어떤 방정식을 사용해야 하는지 생각한다.

$$\Delta x = v_{x0}t + \frac{1}{2}a_x t^2$$
$$v_x = v_{x0} + a_x t$$
$$v_x^2 = v_{x0}^2 + 2a_x \Delta x$$

예제 원숭이가 운전하는 바나나 자동차가 등가속도 운동을 하고 있다. 바나나 자동차가 6.0 m/s^2의 가속도를 유지하면서 4.0 s 동안 달린 거리가 200 m일 때 바나나 자동차의 초기 속도를 구하라.

풀이 단계를 밟아가며 문제를 풀어보자.

1. 먼저 다음과 같이 자동차의 운동 경로를 그리고 기호를 표시한다.

2. 이 예제에서 값을 모르는 미지수는 초기 속도 v_{x0}이다. 값을 아는 양(기지수)은 다음 세 가지이다.

$$v_{x0} = ? \quad , \quad \Delta x = 200\ \text{m} \quad , \quad t = 4.0\ \text{s} \quad , \quad a_x = 6.0\ \text{m/s}^2$$

3. 이 경우에는 등가속도 방정식 세 개 중에서 첫 번째 방정식을 사용하는 것이 가장 간단하다.

$$\Delta x = v_{x0}t + \frac{1}{2}a_x t^2$$

이 식의 기지수 항에 값을 대입한다. 계산식이 복잡해지지 않도록 단위는 맨 나중에 붙이기로 한다.

$$200 = v_{x0}(4) + \frac{1}{2}(6)(4)^2$$

이 식을 간단히 하면

$$200 = 4v_{x0} + 48$$

이 된다. 식의 좌변과 우변에서 각각 48을 빼면 우변에는 미지수 항만 남게 된다.

$$152 = 4v_{x0}$$

좌변과 우변을 각각 4로 나누면 다음과 같이 미지수를 구할 수 있다.

$$v_{x0} = 38\ \text{m/s}$$

추가 예제 38~40쪽에 등가속도 예제가 추가로 실려있다.

연습문제

41. 원숭이가 운전하는 바나나 자동차가 등가속도 운동을 하고 있다. 멈춰있던 바나나 자동차가 6.0 s 동안 달린 거리가 90 m이다. 바나나 자동차의 가속도를 구하라.

① 자동차의 운동 경로를 그린 다음에 초기위치 i, 최종위치 f, $+x$ 방향을 가리키는 화살표를 표시하라.

② 값을 아는 세 개의 기지수 기호(양)를 적고 값과 SI 단위를 함께 써넣어라. **도움말:** 32쪽 표 참조.

________________ ________________ ________________

③ 바나나 자동차의 가속도를 계산한다.

- 세 개의 등가속도 방정식 중에서 가장 적합한 방정식을 적어라.
- 위 ②에서 적은 기지수를 방정식에 대입하라.
- 방정식을 풀어 미지수를 구하라.

답: 5.0 m/s^2

42. 태엽이 달린 장난감 자동차가 6.0 s 동안 −4.0 m/s^{2}의 등가속도 운동을 한다. 자동차의 초기 속도가 15 m/s일 때 자동차의 최종 속도를 구하라.

① 자동차의 운동 경로를 그린 다음에 초기위치 i, 최종위치 f, $+x$ 방향을 가리키는 화살표를 표시하라.

② 값을 아는 세 개의 기지수 기호(양)를 적고 값과 SI 단위를 함께 써넣어라. **도움말:** 32쪽 표 참조.

________________ ________________ ________________

③ 장난감 자동차의 최종 속도를 계산한다.

- 세 개의 등가속도 방정식 중에서 가장 적합한 방정식을 적어라.
- 위 ②에서 적은 기지수를 방정식에 대입하라.
- 방정식을 풀어 미지수를 구하라.

답: −9.0 m/s

43. 원숭이가 운전하는 자동차가 등가속도 운동을 하고 있다. 자동차의 초기 속도는 10 m/s, 최종 속도는 30 m/s, 가속도는 8.0 m/s^{2}일 때 자동차가 달린 거리를 구하라.

① 자동차의 운동 경로를 그린 다음에 초기위치 i, 최종위치 f, $+x$ 방향을 가리키는 화살표를 표시하라.

② 값을 아는 세 개의 기지수 기호(양)를 적고 값과 SI 단위를 함께 써넣어라. **도움말:** 32쪽 표 참조.

________________ ________________ ________________

③ 자동차가 달린 거리를 계산한다.

- 세 개의 등가속도 방정식 중에서 가장 적합한 방정식을 적어라.
- 위 ②에서 적은 기지수를 방정식에 대입하라.
- 방정식을 풀어 미지수를 구하라.

답: 50 m

도움이 필요한가요? 책의 맨 뒤에 있는 "힌트"를 참고하세요.

관련 용어

- **자유 낙하**(free fall) – 물체에 가해지는 힘이 중력 하나일 때 그 물체가 하는 운동
- **중력 가속도**(gravitational acceleration) – 자유 낙하를 하는 물체의 가속도
- **진공**(vacuum) – 어떤 종류의 물질(공기조차)도 존재하지 않는 공간 영역

일반적 가정

대부분의 물리학 수업과 교재에서는 문제에서 별도로 언급을 하지 않는 한, 다음과 같은 가정을 전제로 하고 있다.

- 공기 저항에 의한 영향은 무시한다. 모든 물체는 진공 속에서 낙하를 하는 것으로 가정한다.
- 모든 물체는 지구의 표면 근처에 위치하는 것으로 가정한다.
- 물체가 낙하를 하는 동안 고도의 변화는 아주 작아서 중력 가속도는 변하지 않고 일정한 값을 유지하는 것으로 가정한다.

중요 수치

지구 표면과 달 표면 근처에서 중력 가속도의 값은 반드시 기억하고 있어야 한다.

- 지구 표면 근처에서 중력 가속도 값 $a_y = -9.81\ \mathrm{m/s^2}$
- 달 표면 근처에서 중력 가속도 값 $a_y = -1.62\ \mathrm{m/s^2}$

[주의] 이 책에서는 위의 중력 가속도 값을 **반올림**하여 사용한다. 이렇게 하면 계산기를 쓰지 않고도 문제를 풀 수 있기 때문이다.

- 지구 표면 근처에서 중력 가속도 반올림 값 $a_y \approx -10\ \mathrm{m/s^2}$
- 달 표면 근처에서 중력 가속도 반올림 값 $a_y \approx -\frac{8}{5}\ \mathrm{m/s^2}$

필수 개념

자유 낙하를 하는 물체의 중력 가속도는 일정하다.

- 지구 표면 근처에서 아래쪽으로 자유 낙하를 하는 물체는 1초마다 약 10 m/s씩 속력이 증가한다.
- 지구 표면 근처에서 위쪽으로 자유 낙하를 하는(올라가는) 물체는 1초마다 약 10 m/s씩 속력이 감소한다.

자유 낙하를 하는 물체는 그 물체의 질량이 크든 작든 상관없이 언제나 같은 가속도를 가진다. 따라서 자유 낙하를 하는 물체의 운동은 그 물체가 얼마나 무거운지 가벼운지에 영향을 받지 **않는다**. 다음을 시도해보자. 두 손으로 지우개와 책을 각각 집어 들고 같은 높이에 맞춘다. 두 손을 동시에 놓으면 자유 낙하하는 지우개와 책은 거의 동시에 바닥에 닿는다.

자유 낙하 문제를 푸는 방법

자유 낙하를 하는 물체를 다루는 문제를 풀 때는 다음 단계를 밟는다.

1. 운동 경로를 그림으로 그린다. 초기 위치(i), 최종 위치(f), 그리고 $+y$방향을 표시한다. 물체의 운동과 상관없이 $+y$ 방향을 위쪽으로 정한다.
2. 문제에서 물체가 낙하를 하고 있는 장소가 지구 표면이 아니라고 명시하지 **않은** 경우에는 가속도 값으로 $a_y \approx -10\ \mathrm{m/s^2}$을 사용한다. 달 근처에서는 이 값 대신에 $a_y \approx -\frac{8}{5}\ \mathrm{m/s^2}$을 사용한다.

값이 주어진 양(기지수)과 구해야 할 양(미지수)을 파악한다. 다섯 가지의 양 Δy, v_{y0}, v_y, a_y, t 중에서 세 가지를 알고 있어야 한다. 앞서 설명한 a_y에 대한 **주의** 사항을 읽어보기 바란다. 아래 실려 있는 표의 기호(양)들을 참조하라. 단위를 정확히 알아두면 도움이 된다. 예를 들어 단위가 s로 표시된 기호 t는 시간이다.

3. 다음 방정식을 이용하여 미지수를 푼다. 미지수인 양이 무엇인지, 어떤 방정식을 사용해야 하는지 생각한다.

$$\Delta y = v_{y0}t + \frac{1}{2}a_y t^2$$
$$v_y = v_{y0} + a_y t$$
$$v_y^2 = v_{y0}^2 + 2a_y \Delta y$$

기호와 SI 단위

기호	이름	SI 단위
Δy	알짜 변위	m
v_{y0}	초기 속도	m/s
v_y	최종 속도	m/s
a_y	가속도	m/s^2
t	시간	s

부호를 정하는 방식

다음에 설명하는 방식으로 부호를 정한다.

- 자유 낙하 문제에서 a_y의 부호는 −로 한다.
- 최종 위치(f)가 초기 위치(i)보다 아래쪽에 있으면 Δy의 부호는 −로 한다.
- 물체가 초기 위치(i)에서 아래쪽으로 움직이면 v_{y0}의 부호는 −로 한다.
- 물체가 최종 위치(f)에서 아래쪽으로 운동하면 v_y의 부호는 −로 한다.

중요 사항

자유 낙하에서는 x 대신 y를 사용한다. 이렇게 하는 까닭은 x는 **수평**을 나타내고 y는 **수직**을 나타내기 때문이다.

운동하는 물체가 최종 위치에서 충돌하는 경우, 최종 속도는 충돌 직전(직후가 아님)의 속도를 말한다. 따라서 이 경우에 최종 속도는 0이 **아니다.** (최종 위치가 운동 궤도의 맨 꼭대기인 경우에만 최종 속도는 0이 될 수 있다.)

마찬가지로, 물체를 발사한 위치 또는 물체를 던진 위치가 초기 위치인 경우, 초기 속도는 발사 직후(직전이 아님)의 속도를 말한다. 따라서 이 경우에 초기 속도는 0이 **아니다.** (정지 상태에 있던 물체가 떨어지는 경우에만 초기 속도는 0이 될 수 있다.)

예제 원숭이가 건물 옥상의 난간에 기대어 손에 쥐고 있던 바나나를 떨어뜨렸다. 바나나는 3.0초 후에 땅에 충돌했다. 건물의 높이는 대략 얼마인가?

풀이 먼저 운동 경로를 그림으로 그리고 기호들을 써넣는다. 바나나가 아래로 떨어지고 있지만 $+y$ 방향을 위쪽으로 정한다. 이렇게 하면 다음과 같이 여러 양들을 나타내는 기호들의 부호가 결정된다.

- 최종 위치(f)가 초기 위치(i)보다 아래쪽에 있으므로 Δy의 부호는 $-$이다.
- 물체가 최종 위치(f)에서 아래쪽으로 운동하므로 v_y의 부호는 $-$이다.
- 자유 낙하 문제이므로(즉 중력이 아래 방향으로 작용하므로) a_y의 부호는 $-$이다. 모든 자유 낙하 문제에서는 물체의 운동 방향에 상관없이 a_y의 부호는 $-$이다($+y$ 방향을 위쪽으로 정했으므로).

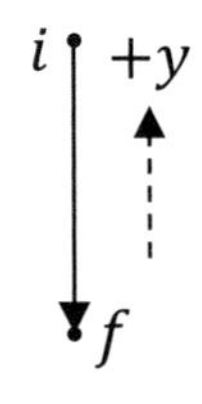

이 문제에서 구해야 할 것(미지수)은 Δy이고 값을 알고 있는 세 개의 양(기지수)은 다음과 같다.

$$\Delta y = ? \quad , \quad t = 3.0\ \text{s} \quad , \quad v_{y0} = 0 \quad , \quad a_y = -9.81\ \text{m/s}^2 \approx -10\ \text{m/s}^2$$

여기서는 계산기 없이도 문제를 풀 수 있도록 가속도 a_y의 값으로 $9.81\ \text{m/s}^2$을 반올림 한 $10\ \text{m/s}^2$을 사용하기로 한다. 위에 적은 미지수와 기지수를 살펴볼 때 등가속도 방정식 세 개 중에서 첫 번째 방정식을 사용하는 것이 가장 간단하다.

$$\Delta y = v_{y0}t + \frac{1}{2}a_y t^2$$

이 식의 기지수 항에 값을 대입한다. 계산식이 복잡해지지 않도록 단위는 맨 나중에 붙이기로 한다.

$$\Delta y = 0(3) + \frac{1}{2}(-9.81)(3)^2 \approx \frac{1}{2}(-10)(3)^2$$

여기서 ≈기호를 사용한 것은 9.81 ≈ 10으로 어림잡았기 때문이다. 이 식을 간단히 하면 다음과 같이 미지수를 구할 수 있다.

$$\Delta y \approx -45 \text{ m}$$

따라서 원숭이의 신장을 무시하면 건물의 높이는 대략 45 m이다. − 부호는 최종 위치(f)가 초기 위치(i)보다 아래에 있음을 나타낸다.

예제 원숭이가 절벽 끝에서 바나나를 30 m/s의 속력으로 위를 향해 똑바로 던졌다. 바나나는 초기 위치에서 35 m 아래에 있는 지면 위로 떨어졌다. 지면에 충돌하기 직전에 바나나의 속력은 얼마인가?

풀이 먼저 운동 경로를 그림으로 그리고 기호들을 써넣는다.

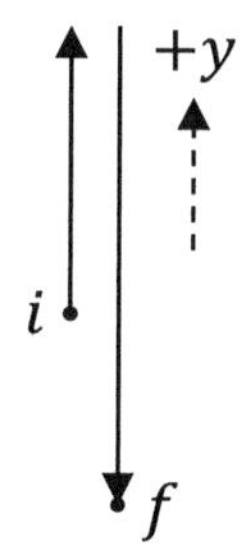

이 문제에서 구해야 할 것(미지수)은 v_y이고 값을 알고 있는 세 개의 양(기지수)는 다음과 같다.

$$v_y = ? \quad , \quad v_{y0} = 30 \text{ m/s} \quad , \quad \Delta y = -35 \text{ m} \quad , \quad a_y = -9.81 \text{ m/s}^2 \approx -10 \text{ m/s}^2$$

여기서는 계산기 없이도 문제를 풀 수 있도록 가속도 a_y의 값으로 9.81 m/s^{2}을 반올림 한 10 m/s^{2}을 사용하기로 한다. 위에 적은 미지수와 기지수를 살펴볼 때 등가속도 방정식 세 개 중에서 세 번째 방정식을 사용하는 것이 가장 간단하다.

$$v_y^2 = v_{y0}^2 + 2a_y\Delta y$$

이 식의 기지수 항에 값을 대입한다. 계산식이 복잡해지지 않도록 단위는 맨 나중에 붙이기로 한다.

$$v_y^2 = (30)^2 + 2(-9.81)(-35) \approx (30)^2 + 2(-10)(-35)$$

여기서 ≈기호를 사용한 것은 $9.81 \approx 10$으로 어림잡았기 때문이다. 이 식을 간단히 하면 다음과 같다.

$$v_y^2 \approx 900 + 700 = 1600$$

위 식의 양변에 제곱근을 취하면 미지수를 구할 수 있다.

$$v_y \approx \sqrt{1600}$$

$(-40)^2$과 $(40)^2$은 모두 1600이므로 가능한 답은 +40과 −40, 이렇게 두 개가 나온다. 이 예제에서는 바나나가 최종 위치에서 아래쪽으로 움직이고 있기 때문에 − 부호가 달린 −40이 답이다.

$$v_y \approx -40 \text{ m/s}$$

따라서 바나나는 지면에 충돌하기 직전에 약 40 m/s의 속력으로 움직였다. (최종 속도에 − 부호가 붙은 것은 바나나가 아래로 움직이기 때문이다. 하지만 속력을 말할 때는 − 부호를 빼고 말하는데 이는 속력에 방향이 포함되어 있지 않기 때문이다.)

주의: 이 예제에서 바나나의 운동 경로를 두 부분(하나는 위로 움직이는 경로, 나머지 하나는 아래로 움직이는 경로)으로 나눌 필요가 없다. 두 부분으로 나누지 않고 하나의 전체 경로로 하여 문제를 풀어도 정답을 구할 수 있다. (실제로 두 부분으로 나누어 문제를 풀어보고 같은 결과가 나오는지 확인해보기 바란다.)

연습문제

44. 원숭이 행성에서, 지상 36 m 높이에 있는 원숭이 우주인이 손에 쥐고 있던 질량 500 g의 바나나를 떨어뜨렸다. 바나나는 4.0 s 후에 지면에 충돌하였다.

① 바나나의 운동 경로를 그린 다음에 초기위치 i, 최종위치 f, $+y$ 방향을 가리키는 화살표를 표시하라.

② 위 ①번에서 그린 그림과 아래 ③번 문제에서 구해야 할 미지수를 참고로 하여 값을 아는 세 개의 기지수 기호(양)를 적고 값과 SI 단위를 함께 써넣어라. **힌트:** 세 개 중에서 하나는 − 값이다.

____________ ____________ ____________

③ 바나나의 가속도를 계산한다.

- 세 개의 등가속도 방정식 중에서 가장 적합한 방정식을 적어라.
- 위 ②번에서 적은 기지수를 방정식에 대입하라.

- 방정식을 풀어 미지수를 구하라.

답: $-\frac{9}{2}$ m/s^2

45. 원숭이가 절벽 끝에서 바나나를 20 m/s의 속력으로 위를 향해 똑바로 던졌다. 바나나는 초기 위치에서 60 m 아래에 있는 지면 위로 떨어졌다.

① 바나나의 운동 경로를 그린 다음에 초기위치 i, 최종위치 f, $+y$ 방향을 가리키는 화살표를 표시하라.

② 위 ①번에서 그린 그림과 아래 ③번 문제에서 구해야 할 미지수를 참고로 하여 값을 아는 세 개의 기지수 기호(양)를 적고 값과 SI 단위를 함께 써넣어라. **힌트**: 세 개 중에서 하나는 − 값이다.

________________ ________________ ________________

③ 바나나의 총 운동 시간을 계산한다.

- 세 개의 등가속도 방정식 중에서 가장 적합한 방정식을 적어라.
- 위 ②번에서 적은 기지수를 방정식에 대입하라.
- 방정식을 풀어 미지수를 구하라.

답: 6.0 s

46. 원숭이 조던이 위를 향해 똑바로 뛰어 올랐다. 정확히 1.0 s 후에 조던은 다시 지면에 도달했다.

① 조던의 운동 경로를 그린 다음에 초기위치 i, 최종위치 f, $+y$ 방향을 가리키는 화살표를 표시하라.

② 위 ①번에서 그린 그림과 아래 ③번 문제에서 구해야 할 미지수를 참고로 하여 값을 아는 세 개의 기지수 기호(양)를 적고 값과 SI 단위를 함께 써넣어라. **힌트**: 세 개 중에서 하나는 − 값이다.

________________ ________________ ________________

③ 조던의 초기 속력을 계산한다.

- 세 개의 등가속도 방정식 중에서 가장 적합한 방정식을 적어라.
- 위 ②번에서 적은 기지수를 방정식에 대입하라.
- 방정식을 풀어 미지수를 구하라.

답: 5.0 m/s

도움이 필요한가요? 책의 맨 뒤에 있는 “힌트”를 참고하세요.

04
미적분을 사용하는 일차원 운동

미적분 기반의 운동 방정식

속도(v_x)는 다음 식에서 보듯이 시간(t)에 대한 위치(x)의 1계 미분이다.

$$v_x = \frac{dx}{dt}$$

가속도(a_x)는 다음 식에서 보듯이 시간(t)에 대한 속도(v_x)의 1계 미분이다. 또는 시간(t)에 대한 위치(x)의 2계 미분이다.

$$a_x = \frac{dv_x}{dt} = \frac{d^2x}{dt^2}$$

알짜 변위(Δx)는 다음 식에서 보듯이 시간(t)에 대한 속도(v_x)의 정적분이다. 앞에서 알짜 변위(위치의 변화량)는 초기 위치에서 최종 위치로 가는 직선임을 배웠다(3장)

$$\Delta x = \int_{t=t_0}^{t} v_x \, dt$$

속도 변화량($v_x - v_{x0}$)는 시간(t)에 대한 가속도(a_x)의 정적분이다. 따라서 최종 속도(v_x)는 다음 식에서 보듯이 초기 속도(v_{x0})에 시간(t)에 대한 가속도(a_x)의 정적분을 더한 것이다.

$$v_x = v_{x0} + \int_{t=t_0}^{t} a_x \, dt$$

기호와 SI 단위

기호	이름	SI 단위
x	위치 좌표	m
Δx	알짜 변위	m
v_{x0}	초기 속도	m/s
v_x	최종 속도	m/s
a_x	가속도	m/s^2
t_0	초기 시간	s
t	시간	s

미적분 기반 일차원 등가속도 문제 풀이 방법

일차원 운동을 다루는 문제에서 위치 x, 속도 v_x 또는 가속도 a_x가 시간 t의 함수로 주어지면 다음 방법을 따른다. 값이 주어진 양과 값을 구해야 하는 양이 무엇인가에 따라 아래에 설명한 방법 중에서 적합한 것을 적용하여 문제를 푼다.

- **시간 t의 함수로 위치 x가 주어진 문제:**

1. 알짜 변위를 구하는 경우: 위치 함수 x에 최종 시간 t를 대입하여 $x(t)$를 구하고, 초기 시간 t_0를 대입하여 $x(t_0)$를 구한다. 이어서 두 결과를 빼준다. **표기법:** $x(t)$는 "시간 t에서의 x값"이다. x 곱하기 t가 아니므로 주의해야 한다.

$$\Delta x = x(t) - x(t_0)$$

2. 속도를 구하는 경우: 위치 함수 x를 시간 t에 대해 미분하여 속도 함수 v_x를 구한다. 이어서 이렇게 구한 속도 함수 v_x에 문제에서 주어진 시간을 대입한다.

$$v_x = \frac{dx}{dt}$$

3. 가속도를 구하는 경우: 위치 함수 x를 시간 t에 대해 연속해서 두 번을 미분하여 가속도 함수 a_x를 구한다. 이어서 이렇게 구한 가속도 함수 a_x에 문제에서 주어진 시간을 대입한다.

$$a_x = \frac{d^2x}{dt^2}$$

- **시간 t의 함수로 속도 v_x가 주어진 문제:**

4. 알짜 변위를 구하는 경우: 문제에서 주어진 시간 t의 범위에 대해 속도 함수 v_x의 정적분을 계산한다.

$$\Delta x = \int_{t=t_0}^{t} v_x \, dt$$

5. 속도를 구하는 경우: 속도 함수 v_x에 문제에서 주어진 시간을 대입한다.

6. 가속도를 구하는 경우: 속도 함수 v_x를 시간 t에 대해 미분한다. 이어서 이렇게 구한 가속도 함수 a_x에 문제에서 주어진 시간을 대입한다.

$$a_x = \frac{dv_x}{dt}$$

- **시간 t의 함수로 가속도 a_x가 주어진 문제:**

7. 알짜 변위를 구하는 경우: 아래 8번 단계를 수행한 다음에 위의 4번 단계를 수행한다. 이때 속도로는 숫자로 된 속도 값이 아닌 4번 단계의 속도 함수를 사용해야 한다.

8. 속도를 구하는 경우: 문제에서 주어진 시간 t의 범위에 대해 가속도 함수 a_x의 정적분을 계산한다. 이어서 계산 결과를 초기 속도에 더해준다.

$$v_x = v_{x0} + \int_{t=t_0}^{t} a_x \, dt$$

9. 가속도를 구하는 경우: 가속도 함수 a_x에 문제에서 주어진 시간을 대입한다.

예제 원숭이의 위치 x가 시간 t에 따라 $x=3t^4$의 함수 관계로 변하고 있다. $t=3.0$ s인 순간에 원숭이의 속도를 구하라.

풀이 속도는 시간 t에 대한 위치 x의 1계 미분이므로

$$v_x = \frac{dx}{dt} = \frac{d}{dt}(3t^4) = (4)(3)t^{4-1} = 12t^3$$

이다. $t=3.0$ s을 속도 함수 v_x에 대입한다.

$$v_x(t=3\ \text{s일 때}) = 12(3)^3 = 12(27) = 324\ \text{m/s}$$

예제 고릴라의 속도 v_x가 시간 t에 따라 $v_x = 9t^2 - 16t$의 함수 관계로 변하고 있다.

(A) $t = 1.0$ s에서 $t = 4.0$ s까지의 시간 동안에 움직인 고릴라의 알짜 변위를 구하라.

풀이 알짜 변위는 시간 t에 대한 속도 v_x의 정적분이므로

$$\Delta x = \int_{t=t_0}^{t} v_x\,dt = \int_{t=1}^{4} (9t^2 - 16t)\,dt$$

이다. 2장에서 배운 방법을 사용하여 위 적분 수식의 각 항을 적분한 다음, 주어진 상한과 하한을 대입하여 정적분을 계산한다. 위의 정적분을 계산하는 데 어려움이 있으면 2장에서 해당 부분을 복습하기 바란다.

$$\Delta x = \left[\frac{9t^{2+1}}{2+1} - \frac{16t^{1+1}}{1+1}\right]_{t=1}^{4} = \left[\frac{9t^3}{3} - \frac{16t^2}{2}\right]_{t=1}^{4} = [3t^3 - 8t^2]_{t=1}^{4}$$

$$\Delta x = [3(4)^3 - 8(4)^2] - [3(1)^3 - 8(1)^2] = (192 - 128) - (3 - 8) = 64 - (-5) = 69\text{ m}$$

(B) $t = 4.0$ s인 순간에 고릴라의 가속도를 구하라.

풀이 가속도는 시간 t에 대한 속도 v_x의 미분이므로

$$a_x = \frac{dv_x}{dt} = \frac{d}{dt}(9t^2 - 16t) = (2)(9)t^{2-1} - (1)(16)t = 18t - 16$$

이다. $t = 4.0$ s을 가속도 함수 a_x에 대입한다.

$$a_x(t = 4\text{ s일 때}) = 18(4) - 16 = 72 - 16 = 56\text{ m/s}^2$$

예제 여우원숭이의 가속도 a_x가 시간 t에 따라 $a_x = 12t$의 함수 관계로 변하고 있다. $t = 0$인 순간에 여우원숭이의 초기 속도가 18 m/s이다. $t = 3.0$ s인 순간에 여우원숭이의 속도를 구하라.

풀이 속도는 시간 t에 대한 가속도 a_x의 정적분에 초기 속도 v_{x0}를 더한 것이므로

$$v_x = v_{x0} + \int_{t=t_0}^{t} a_x\,dt = 18 + \int_{t=0}^{3} 12t\,dt$$

이다. 2장에서 배운 방법을 사용하여 위 적분을 구한 다음, 주어진 상한과 하한을 대입하여 정적분을 계산한다.

$$v_x = 18 + \left[\frac{12t^{1+1}}{1+1}\right]_{t=0}^{3} = 18 + \left[\frac{12t^2}{2}\right]_{t=0}^{3} = 18 + [6t^2]_{t=0}^{3}$$

$$v_x = 18 + 6(3)^2 - 6(0)^2 = 18 + 54 = 72\ \text{m/s}$$

연습문제

47. 바나나 자동차의 위치 x가 시간 t에 따라 다음 함수 관계로 변하고 있다.

$$x = 4t^3 - 8t^2 + 64$$

① 바나나 자동차의 속도를 나타내는 방정식을 구하라.

② $t = 5.0$ s인 순간에 바나나 자동차의 속도를 구하라.

③ 바나나 자동차의 가속도를 나타내는 방정식을 구하라.

④ $t = 7.0$ s인 순간에 바나나 자동차의 가속도를 구하라.

답: ② 220 m/s, ④ 152 m/s^2

48. 여러분이 물리 시험을 보고 있는 도중에 원숭이가 연필을 빼앗아 다음 함수로 주어지는 속도로 달아났다.

$$v_x = \sqrt{2t}$$

① 원숭이의 알짜 변위를 나타내는 방정식을 구하라.

② $t = 2.0$ s에서 $t = 8.0$ s까지 시간 동안에 움직인 원숭이의 알짜 변위를 구하라.

③ 원숭이의 가속도를 나타내는 방정식을 구하라.

④ $t = 8.0$ s인 순간에 원숭이의 가속도를 구하라.

답: ② $\frac{56}{3}$ m, ④ $\frac{1}{4}$ m/s^2

49. 침팬지의 가속도 a_x가 시간 t에 따라 다음 함수 관계로 변하고 있다. $t = 0$ s인 순간에 침팬지의 초기 속도는 18 m/s이다.

$$a_x = 24t^2$$

① 침팬지의 속도를 나타내는 방정식을 구하라.

② $t = 3.0$ s인 순간에 침팬지의 속도를 구하라.

③ 침팬지의 알짜 변위를 나타내는 방정식을 구하라.

④ $t = 0$ s에서 $t = 3.0$ s까지의 시간 동안에 움직인 침팬지의 알짜 변위를 구하라.

답: ② 234 m/s, ④ 216 m

도움이 필요한가요? 책의 맨 뒤에 있는 "힌트"를 참고하세요.

05
필수 기본 기하

기본 기하 공식

도형 종류	양	공식
정사각형 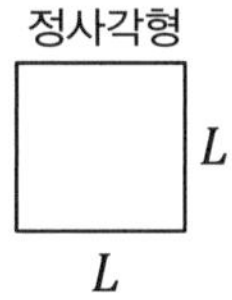	면적	$A = L^2$
직사각형 	둘레	$P = 2L + 2W$
	면적	$A = LW$
삼각형 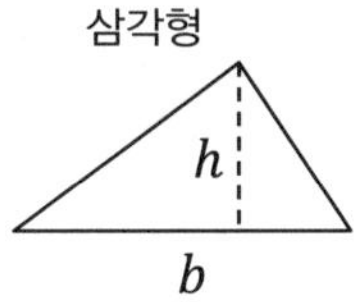	면적	$A = \frac{1}{2}bh$
직각삼각형 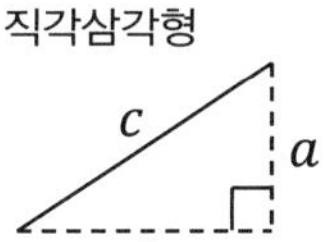	피타고라스 정리	$a^2 + b^2 = c^2$
원 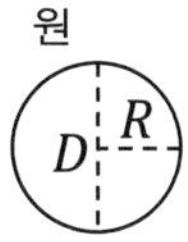	지름	$D = 2R$
	면적	$A = \pi R^2$
	원둘레	$C = \pi D$ $C = 2\pi R$

원호 	호 길이	$s = R\theta$ 주의: θ는 반드시 rad 단위일 것

관련 용어

- **둘레**(perimeter) – 다각형 테두리의 총 거리
- **빗변**(hypotenuse) – 직각삼각형에서 가장 긴 변으로 직각과 마주보는 변. 아래 그림에서 c로 표시된 변이다.
- **변**(leg) – 직각삼각형에서 빗변을 제외한 나머지 두 모서리. 아래 그림에서 각각 a와 b로 표시된 모서리가 바로 변이다.
- **피타고라스 정리**(Pythagorean theorem) – 직각삼각형에서 빗변의 제곱은 나머지 두 변의 제곱의 합과 같다는 정리.

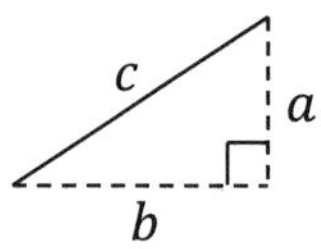

$$a^2 + b^2 = c^2$$

- **원둘레**(circumference) – 원의 테두리의 총 거리
- **호 길이**(arc length) – 원둘레의 일부분의 거리

기호와 SI 단위

기호	이름	SI 단위
P	둘레	m
A	면적	m^2
L	길이	m
W	폭	m
b, h	삼각형의 밑변, 높이	m
a, b	직각삼각형의 두 변	m
c	직각삼각형의 빗변	m
C	원둘레	m

D	지름	m
R	반지름	m
s	호 길이	m
θ	각도	rad

주의: 각도를 나타내는 기호 θ는 그리스 문제 세타(theta)이다.

기하 공식 문제 풀이 방법

기하 공식에 관한 문제를 풀 때는 다음과 같은 단계를 밟는다.

1. 49~50쪽의 표에 있는 기하 공식들 중에서 적합한 것을 선택한다.

2. 선택한 공식에 알고 있는 값들을 대입하여 미지수를 구한다.

예제 아래 그림에 표시한 직사각형의 둘레와 면적을 구하라.

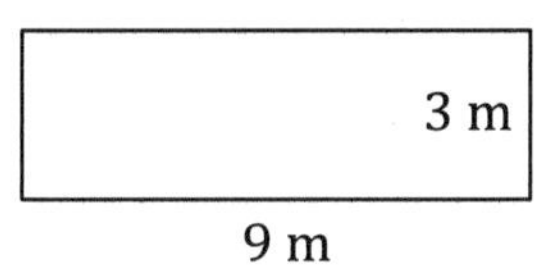

풀이 그림에서 폭과 길이를 구하면

$$L = 9\text{ m} \quad , \quad W = 3\text{ m}$$

이다. 이 값들을 직사각형 둘레 공식에 대입한다.

$$P = 2L + 2W = 2(9) + 2(3) = 18 + 6 = 24\text{ m}$$

폭과 길이를 직사각형 면적 공식에 대입한다.

$$A = LW = (9)(3) = 27\text{ m}^2$$

예제 아래 그림에 표시한 삼각형의 면적을 구하라.

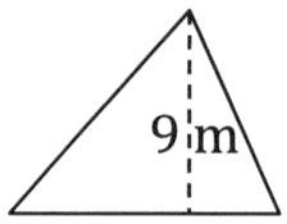

풀이 그림에서 밑변과 높이를 구하면

$$b = 12\ \mathrm{m} \quad , \quad h = 9\ \mathrm{m}$$

이다. 이 값들을 삼각형 면적 공식에 대입한다.

$$A = \frac{1}{2}bh = \frac{1}{2}(12)(9) = 54\ \mathrm{m}^2$$

예제 아래 그림에 표시한 직각삼각형의 빗변의 길이를 구하라.

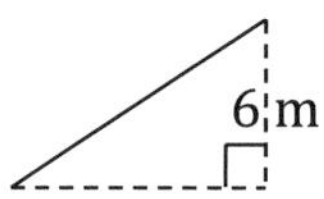

풀이 피타고라스 정리를 사용하자.

$$a^2 + b^2 = c^2$$
$$6^2 + 8^2 = c^2$$
$$36 + 64 = 100 = c^2$$

위 식의 양변에 각각 제곱근을 취하면 다음과 같이 빗변의 길이 c를 구할 수 있다.

$$c = \sqrt{100} = 10\ \mathrm{m}$$

예제 아래 그림에 표시한 직각삼각형에서 값이 표시되어있지 않은 변의 길이를 구하라.

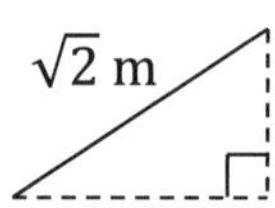

풀이 피타고라스 정리를 사용하자.

$$a^2 + b^2 = c^2$$
$$a^2 + 1^2 = (\sqrt{2})^2$$

앞서 배운 연산 $(\sqrt{x})^2 = \sqrt{x}\sqrt{x} = x$을 참조하면 $(\sqrt{2})^2 = 2$이다. 따라서

$$a^2 + 1 = 2$$

이다. 위 식의 양변에 각각 1을 빼면

$$a^2 = 2 - 1 = 1$$

이다. 위 식의 양변에 제곱근을 취하면 다음과 같이 미지수를 구할 수 있다.

$$a = \sqrt{1} = 1 \text{ m}$$

예제 아래 그림에 표시한 원의 지름, 원둘레, 면적을 구하라.

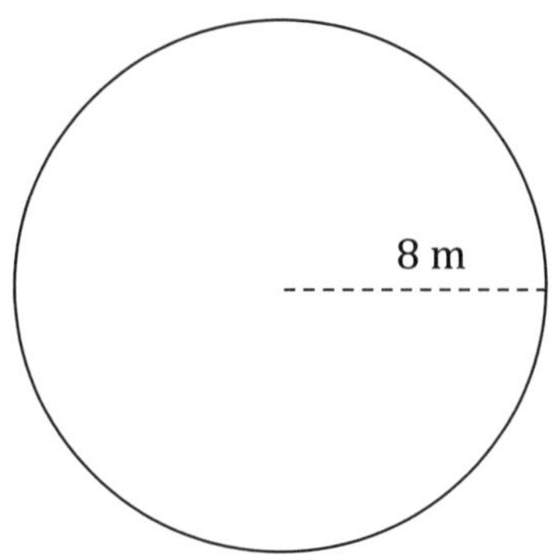

풀이 그림에 표시된 반지름은 다음과 같다.

$$R = 8 \text{ m}$$

이 반지름 값을 지름 공식에 대입한다.

$$D = 2R = 2(8) = 16 \text{ m}$$

다음으로 반지름 값을 원둘레 공식에 대입한다.

$$C = 2\pi R = 2\pi(8) = 16\pi \text{ m}$$

끝으로 반지름 값을 원 면적 공식에 대입한다.

$$A = \pi R^2 = \pi(8)^2 = 64\pi \text{ m}^2$$

연습문제

50. 아래 그림에 표시한 직사각형의 둘레와 면적을 구하라.

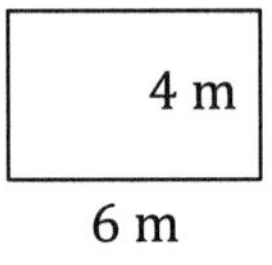

답: 20 m, 24 m^2

51. 아래 그림에 표시한 직각삼각형의 둘레와 면적을 구하라.

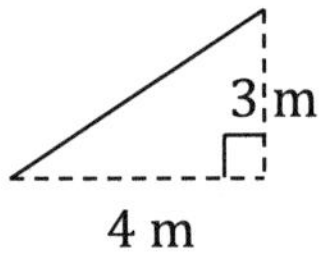

답: 12 m, 6 m^2

52. 어떤 정사각형의 면적이 36 m^{2}이다. 이 정사각형의 둘레를 구하라.

답: 24 m

53. 아래 그림에 표시한 직각삼각형의 빗변의 길이를 구하라.

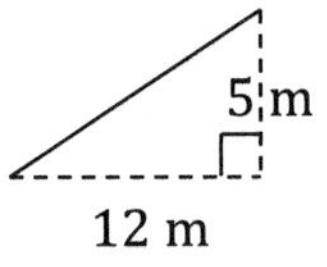

답: 13 m

54. 아래 그림에 표시한 직각삼각형에서 값이 표시되어있지 않은 변의 길이를 구하라.

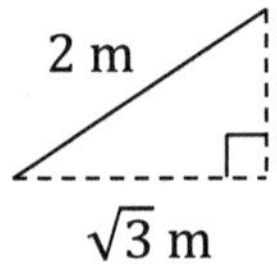

답: 1 m

55. 아래 그림에 표시한 직사각형의 대각선의 길이를 구하라.

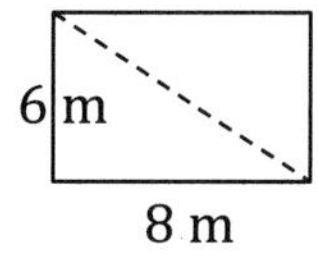

답: 10 m

56. 아래 그림에 표시한 원의 반지름, 원둘레, 면적을 구하라.

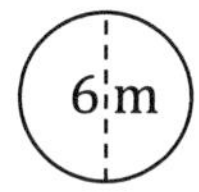

답: 3 m, 6π m, 9π m^2

57. 어떤 원의 면적이 16π m^2일 때, 이 원의 원둘레를 구하라.

답: 8π m

도움이 필요한가요? 책의 맨 뒤에 있는 "힌트"를 참고하세요.

06
운동 그래프

관련 용어

- **기울기**(slope) – 그래프에서 수평에 대해 직선이 기울어진 정도. 수직거리를 수평거리로 나누어 계산한다. 곡선의 경우에 기울기는 접선의 기울기를 가리킨다.
- **면적**(area) – 곡선과 수평축 사이에 들어있는 영역의 넓이

그래프 기울기를 구하는 방법

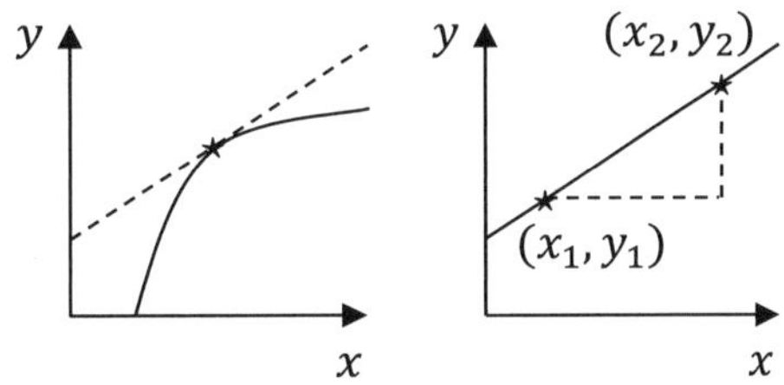

그래프의 기울기를 구할 때는 다음 방법을 사용한다.

1. 그래프가 곡선인 경우, 원하는 점에서 곡선과 만나는 접선을 그린다. 위의 왼쪽 그림을 참조한다.
2. 위 1번 단계에서 그린 직선(곡선이 아님)상에서 어느 정도 떨어져 있는 두 점을 선택한다(너무 가까운 두 점을 선택하면 오차가 상대적으로 커진다). 위의 오른쪽 그림을 참조한다.
3. 두 점의 좌표 (x_1, y_1)과 (x_2, y_2)을 각각 읽는다.

4. 위 3번 단계에서 읽은 좌표들을 다음의 기울기 공식에 대입한다.

$$기울기 = \frac{y_2 - y_1}{x_2 - x_1}$$

그래프 면적을 구하는 방법

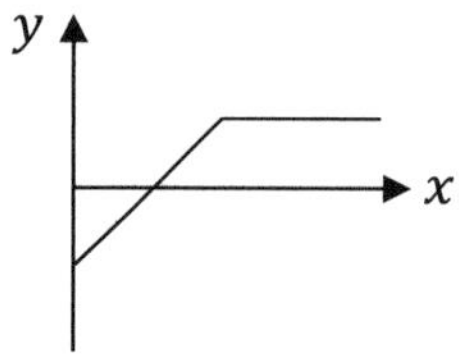

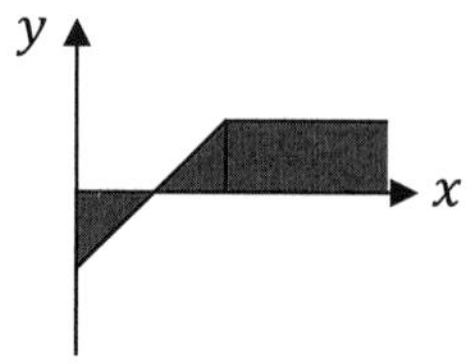

그래프에서 곡선과 수평축 사이에 들어있는 면적을 구할 때는 다음 방법을 사용한다.

1. 그래프에서 곡선과 수평축 사이에 들어있는 영역을 삼각형과 사각형을 사용하여 나눈다. 위의 오른쪽 그림을 참조한다.
2. 위 1번 단계에서 만든 삼각형(들)과 사각형(들)의 면적을 구한다.
3. 위 2번 단계에서 구한 면적들을 모두 더한다.

운동 그래프 문제를 푸는 방법

운동 그래프를 다루는 문제를 풀 때는 먼저 그래프의 수직축이 위치 x, 속도 v_x, 가속도 a_x 중에서 어느 것인지 확인한다.

- **시간 t의 함수인 위치 x의 그래프(수직축: 위치 x, 수평축: 시간 t):**

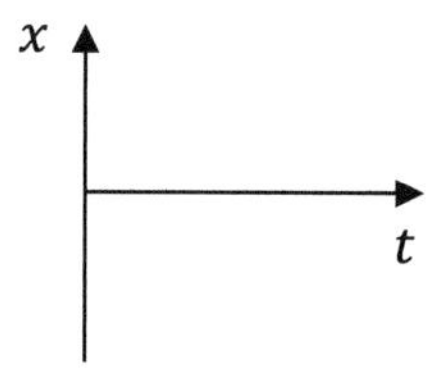

1. 알짜 변위와 총 이동 거리는 그래프를 읽어서 곧바로 구할 수 있다. 총 이동 거리를 구할 때, 앞쪽으로 이동한 각각의 거리는 서로 더한다. 뒤로 이동한 거리는 절댓값을 취해서 서로 더한다(바로 다음에 나오는 예제 참조). 알짜 변위를 구할 때는 공식 $ND = x_f - x_i$을 사용한다. 여기서 x_i는 초기 위치이고 x_f는 최종 위치이다.
2. 속도를 구할 때는 접선의 기울기를 구한다.

- **시간 t의 함수인 속도 v_x의 그래프(수직축: 속도 v_x, 수평축: 시간 t):**

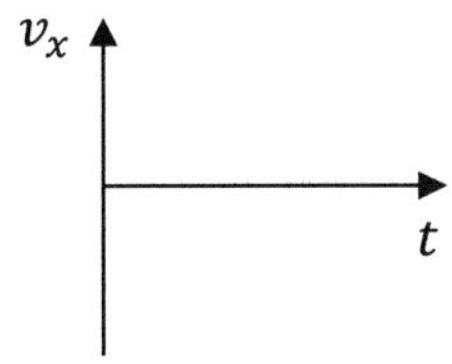

3. 알짜 변위, 또는 총 이동 거리를 구할 때는 그래프의 면적(곡선과 수평축 사이의 면적)을 구한다. 알짜 변위를 구할 때 어떤 면적이든 수평축 아래에 있는 면적은 부호가 −이다. 반면에 총 이동 거리를 구할 때 모든 면적은 (수평축 위에 있든 아래에 있든) 부호가 +이다.

4. 속도는 그래프를 읽어서 곧바로 구할 수 있다.

5. 가속도를 구할 때는 접선의 기울기를 구한다.

- **시간 t의 함수인 가속도 a_x의 그래프(수직축: 가속도 a_x, 수평축: 시간 t):**

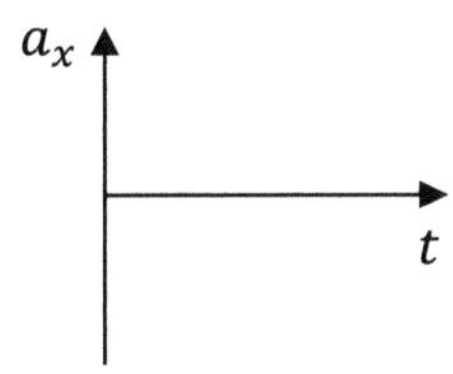

6. 속도의 변화량을 구할 때는 그래프의 면적(곡선과 수평축 사이의 면적)을 구한다. 이때 어떤 면적이든 수평축 아래에 있는 면적은 부호가 −이다. 구한 면적을 다음 공식에 대입한다.

$$v_x = v_{x0} + \text{면적}$$

7. 가속도는 그래프를 읽어서 곧바로 구할 수 있다.

예제 다음 그래프는 시간 t에 따라 바나나 자동차의 위치 x가 변하는 모습을 보여준다.

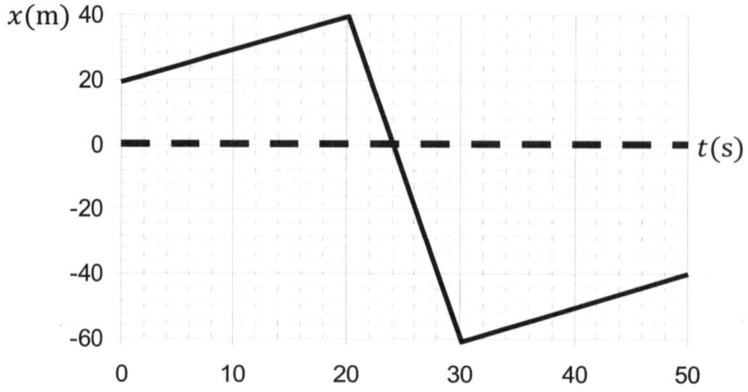

(A) 알짜 변위를 구하라.

풀이 위치 그래프로부터 알짜 변위를 구하기 위해 초기 위치와 최종 위치의 값을 읽어보면 다음과 같다.

$$x_i = 20\text{ m}$$
$$x_f = -40\text{ m}$$

이 두 값을 알짜 변위 공식에 대입한다.

$$ND = x_f - x_i = -40 - 20 = -60\text{ m}$$

(B) 총 이동 거리를 구하라.

풀이 위치 그래프를 세 개의 구간으로 나눈다. 그 다음 각 구간에서 바나나 자동차가 앞쪽으로 또는 뒤쪽으로 얼마만큼의 거리를 이동했는지 구한다. 끝으로 각 이동 거리의 절댓값을 모두 더한다. 이 방법을 적용해보면

- 처음 20 s 동안($t=0$ s에서 $t=20$ s까지): 자동차는 앞쪽으로 20 m를 이동한다($x=20$ m에서 $x=40$ m까지).
- 그 다음 10 s 동안($t=20$ s에서 $t=30$ s까지): 자동차는 뒤로 100 m를 이동한다($x=40$ m에서 $x=-60$ m까지).
- 마지막 20 s 동안($t=30$ s에서 $t=50$ s까지): 자동차는 앞으로 20 m를 이동한다($x=-60$ m에서 $x=-40$ m까지).

각 구간의 이동 거리를 모두 더한다. 이때 절댓값을 사용한다.

$$TDT = |d_1| + |d_2| + |d_3| = |20| + |-100| + |20| = 20 + 100 + 20 = 140\text{ m}$$

(C) $t = 25$ s인 순간에 속도를 구하라.

풀이 위치 그래프로부터 속도를 구하기 위해 기울기를 구한다. 여기서는 $t = 25$ s일 때 직선의 기울기를 구해야 한다. 이 직선의 양쪽 끝점을 선택하자. 이 두 점의 좌표를 읽으면 다음과 같다.

$$(t_1, x_1) = (20\ \text{s}, 40\ \text{m})$$
$$(t_2, x_2) = (30\ \text{s}, -60\ \text{m})$$

이 값들을 기울기 공식에 대입한다.

$$v_x = \frac{x_2 - x_1}{t_2 - t_1} = \frac{-60 - 40}{30 - 20} = \frac{-100}{10} = -10\ \text{m/s}$$

기울기의 부호가 −이므로 속도의 부호도 −이다. 따라서 자동차는 뒤쪽으로 움직인다. 그래프에서 수평축은 시간 t이고 수직축은 위치 x라는 것을 잘 알아두어야 한다.

예제 다음 그래프는 시간 t에 따라 바나나 자동차의 속도 v_x가 변하는 모습을 보여준다.

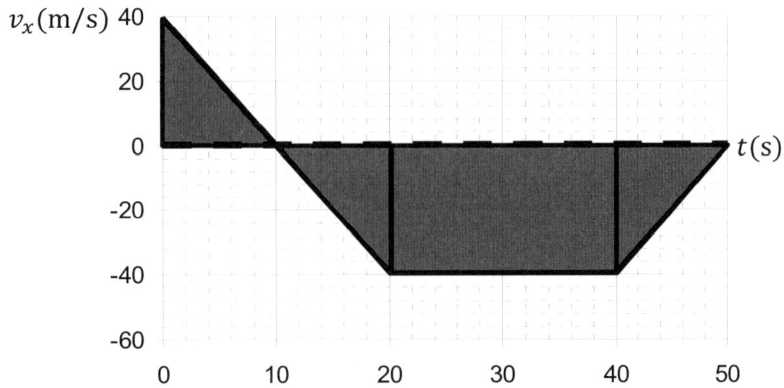

(A) 알짜 변위를 구하라.

풀이 속도 그래프로부터 알짜 변위를 구하기 위해 곡선(이 경우에는 "곡선"이 세 개의 직선으로 이루어져 있다)과 수평축 사이에 있는 짙게 칠해진 영역을 삼각형과 사각형으로 나눈다. 위의 그림을 보면 삼각형 세 개와 직사각형 한 개로 나눌 수 있음을 알 수 있다. 이들 도형의 면적을 구해보자.

$$A_1 = \frac{1}{2}b_1h_1 = \frac{1}{2}(10)(40) = 200\ \mathrm{m}$$
$$A_2 = \frac{1}{2}b_2h_2 = \frac{1}{2}(10)(-40) = -200\ \mathrm{m}$$
$$A_3 = L_3W_3 = (20)(-40) = -800\ \mathrm{m}$$
$$A_4 = \frac{1}{2}b_4h_4 = \frac{1}{2}(10)(-40) = -200\ \mathrm{m}$$

주의: 위의 계산 결과에서 보듯이 나중에 계산한 세 면적은 부호가 −인데 이는 수평축(t축) 아래에 있는 면적이기 때문이다. (단, 총 이동 거리를 구할 때는 면적에 절댓값을 취해 모든 면적을 +부호로 만들어야 한다.)

위의 네 면적을 모두 더하면 알짜 변위를 구할 수 있다.

$$ND = A_1 + A_2 + A_3 + A_4 = 200 - 200 - 800 - 200 = -1000\ \mathrm{m}$$

(B) $t = 30$ s인 순간에 속력을 구하라.

풀이 속도 그래프에서 속도를 구할 때는 그래프를 읽기만 하면 된다. $t = 30$ s일 때 그래프에서 속도 값을 읽으면 −40 m/s이다. 이 값은 자동차가 40 m/s의 속력으로 뒤쪽으로 이동함을 뜻한다. 따라서 $t = 30$ s인 순간, 자동차의 속력은 40 m/s이다.

(C) $t = 45$ s인 순간에 가속도를 구하라.

풀이 속도 그래프로부터 가속도를 구하기 위해 기울기를 구한다. 여기서는 $t = 45$ s일 때 직선의 기울기를 구해야 한다. 이 직선의 양쪽 끝점을 선택하자. 이 두 점의 좌표를 읽으면 다음과 같다.

$$(t_1, v_{1x}) = (40\ \mathrm{s}, -40\ \mathrm{m/s})$$
$$(t_2, v_{2x}) = (50\ \mathrm{s}, 0)$$

이 값들을 기울기 공식에 대입한다.

$$a_x = \frac{v_{2x} - v_{1x}}{t_2 - t_1} = \frac{0 - (-40)}{50 - 40} = \frac{40}{10} = 4.0\ \mathrm{m/s^2}$$

그래프에서 수평축은 시간 t이고 수직축은 속도 v_x라는 것을 잘 알아두어야 한다.

예제 다음 그래프는 시간 t에 따라 바나나 비행기의 가속도 a_x가 변하는 모습을 보여준다. 바나나 비행기의 초기 속도는 50 m/s이다.

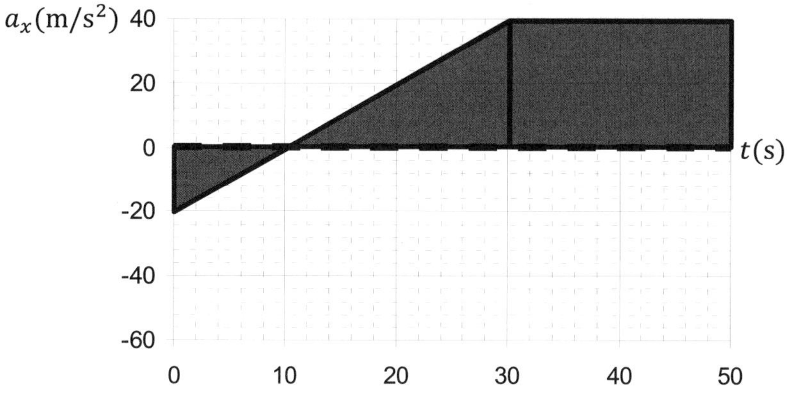

(A) 바나나 비행기의 최종 속도를 구하라.

풀이 가속도 그래프로부터 속도를 구하기 위해 곡선(이 경우에는 "곡선"이 두 개의 직선으로 이루어져 있다)과 수평축 사이에 있는 짙게 칠해진 영역을 삼각형과 사각형으로 나눈다. 위의 그림을 보면 삼각형 두 개와 직사각형 한 개로 나눌 수 있음을 알 수 있다. 이들 도형의 면적을 구해보자.

$$A_1 = \frac{1}{2}b_1h_1 = \frac{1}{2}(10)(-20) = -100\ \mathrm{m}$$
$$A_2 = \frac{1}{2}b_2h_2 = \frac{1}{2}(20)(40) = 400\ \mathrm{m}$$
$$A_3 = L_3W_3 = (20)(40) = 800\ \mathrm{m}$$

주의: 위의 계산 결과에서 보듯이 첫 번째 계산한 면적은 부호가 −인데 이는 수평축(축) 아래에 있는 면적이기 때문이다.

위의 세 면적을 모두 더해 총 면적을 구해보자.

$$\text{면적} = A_1 + A_2 + A_3 = -100 + 400 + 800 = 1100\ \mathrm{m}$$

이 결과를 최종 속도 공식에 대입한다.

$$v_x = v_{x0} + \text{면적} = 50 + 1100 = 1150\ \mathrm{m/s}$$

(B) $t = 20$ s인 순간에 가속도를 구하라.

풀이 가속도 그래프에서 가속도를 구할 때는 그래프를 읽기만 하면 된다. $t = 20$ s일 때 그래프에서 가속도 값을 읽으면 20 m/s^{2}이다.

기울기와 면적을 구하는 까닭

기울기와 면적을 구하는 까닭은 미분, 적분과 관련이 있다.

- 속도는 시간(t)에 대한 위치(x)의 미분이다. 가속도는 시간(t)에 대한 속도(v_x)의 미분이다. 미분은 접선의 기울기를 나타낸다.
- 알짜 변위(위치의 변화량)는 속도(v_x)의 정적분이다. 속도의 변화량은 가속도(a_x)의 정적분이다. 정적분은 곡선 아래의 면적을 나타낸다.

연습문제

58. 원숭이가 지프를 몰고 있다. 다음 그래프는 시간 t에 따라 지프의 위치 x가 변하는 모습을 보여준다.

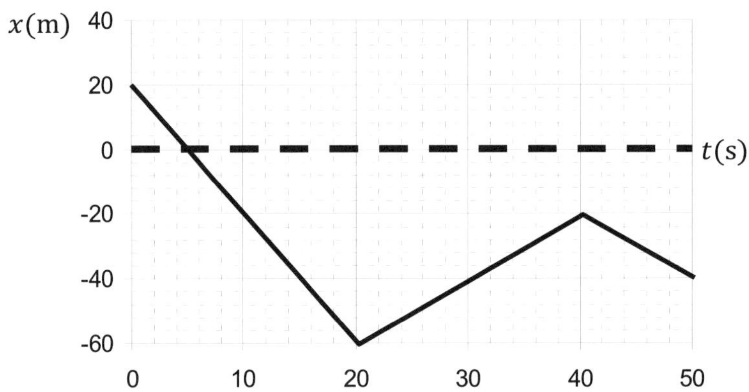

(A) 전체 이동 시간 동안에 총 이동 거리와 알짜 변위를 구하라.

① 다음 중 알맞은 단어에 ○표를 하라.

(좌표 읽기　기울기 구하기　면적 구하기)

② 풀이 과정을 적어라.

(B) $t = 10$ s인 순간에 지프의 속도를 구하라.

① 다음 중 알맞은 단어에 ○표를 하라.

(좌표 읽기　기울기 구하기　면적 구하기)

② 풀이 과정을 적어라.

답: (A) 140 m, −60 m, (B) −4.0 m/s

59. 원숭이가 자전거를 타고 있다. 다음 그래프는 시간 t에 따라 자전거의 속도 v_x가 변하는 모습을 보여준다.

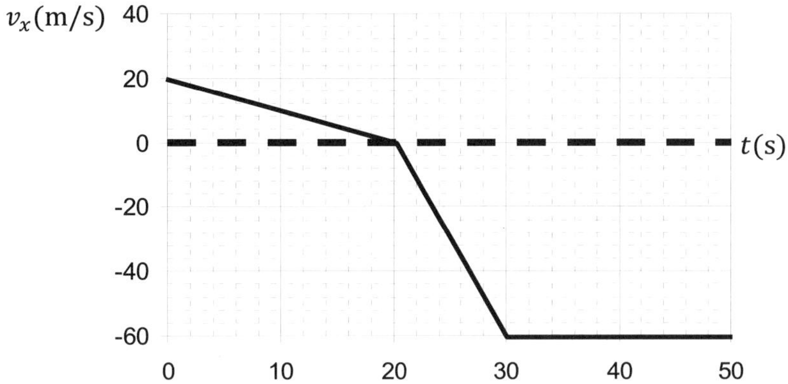

(A) $t = 25$ s인 순간에 자전거의 가속도를 구하라.

① 다음 중 알맞은 단어에 ○표를 하라.

(좌표 읽기　기울기 구하기　면적 구하기)

② 풀이 과정을 적어라.

(B) 전체 이동 시간 동안에 자전거의 알짜 변위를 구하라.

① 다음 중 알맞은 단어에 ○표를 하라.

(좌표 읽기　기울기 구하기　면적 구하기)

② 풀이 과정을 적어라.

답: (A) -6.0 m/s^2, (B) -1.3 km

60. 원숭이가 바나나 비행기를 조종하고 있다. 다음 그래프는 시간 t에 따라 바나나 비행기의 가속도 a_x가 변하는 모습을 보여준다. 바나나 비행기의 초기 속도는 150 m/s이다.

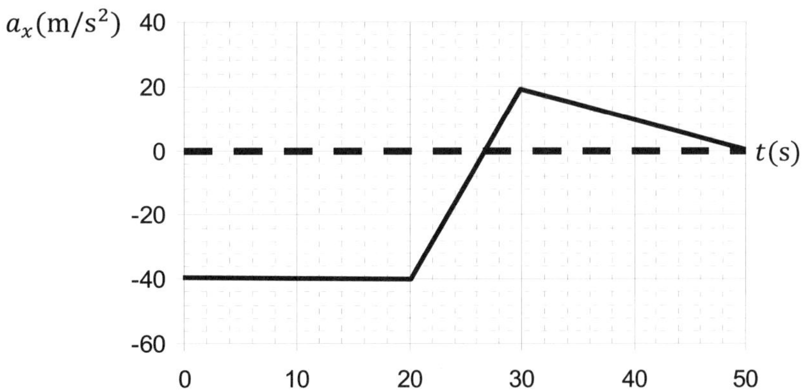

(A) 바나나 비행기의 최종 속도를 구하라.

① 다음 중 알맞은 단어에 ○표를 하라.

(좌표 읽기   기울기 구하기   면적 구하기)

② 풀이 과정을 적어라.

(B) 바나나 비행기의 가속도가 0이 되는 순간을 구하라.

① 다음 중 알맞은 단어에 ○표를 하라.

(좌표 읽기   기울기 구하기   면적 구하기)

② 풀이 과정을 적어라.

답: (A) 약 −545 m/s, (B) 26.7 s, 50.0 s

도움이 필요한가요? 책의 맨 뒤에 있는 “힌트”를 참고하세요.

07
두 물체의 운동

운동하는 두 물체에 관한 문제를 푸는 방법

두 물체가 서로 반대 방향으로 운동을 하거나 두 물체가 서로 같은 방향으로 운동을 하는 문제를 풀 때는 다음과 같은 단계를 밟는다.

1. 두 물체의 운동 경로를 그림으로 그린다. 초기 위치(i_1과 i_2), 최종 위치(f_1과 f_2), 그리고 좌표(x 또는 y)를 표시한다.

2. 값이 주어진 양(기지수)과 구해야 할 양(미지수)을 파악한다. 물체1과 물체2에 해당되는 양을 서로 구별할 수 있도록 양을 나타내는 기호에 아래 첨자를 붙인다. 예를 들어 두 물체의 알짜 변위는 각각 Δx_1, Δx_2로 표시하여 서로 구별할 수 있게 한다. 단, 두 물체의 초기 위치와 최종 위치가 서로 같으면 두 물체의 알짜 변위를 Δx로 같게 표시해도 된다. 두 물체 중에서 어느 한 물체가 먼저 출발을 하면 두 물체의 운동 시간을 t_1, t_2로 표시하여 서로 구별할 수 있게 한다. 단, 두 물체의 출발 시간과 종료 시간이 서로 같으면 두 물체의 운동시간을 t로 같게 표시해도 된다.

3. 아래첨자를 적절히 사용하여 각 물체의 알짜 변위 방정식을 쓴다.

$$\Delta x_1 = v_{10}t_1 + \frac{1}{2}a_1 t_1^2$$
$$\Delta x_2 = v_{20}t_2 + \frac{1}{2}a_2 t_2^2$$

   물체가 수평방향이 아니라 수직방향으로 운동하는 경우에는 x자리에 y를 넣어 사용한다.

특수한 경우: 두 물체 중에서 어느 한 물체가 등속 운동을 하는 경우, 그 물체의 가속도는 0이다(가속도는 시간에 따른 속도의 순간변화율이기 때문이다).

4. **구속 방정식**을 쓴다. 문제에서 거리와 관련한 정보가 주어진 경우, 구속 방정식은 다음과 같은 형태이다.

$$\Delta x_1 + \Delta x_2 = d \quad \text{또는} \quad \Delta x_1 - \Delta x_2 = d$$

문제에서 시간과 관련한 정보(예를 들어 출발시간)가 주어진 경우, 구속 방정식은 다음과 같은 형태이다.

$$t_1 = t_2 + \Delta t \quad \text{또는} \quad t_2 = t_1 + \Delta t$$

앞으로 나오는 예제들을 풀어보면서 구속 방정식을 세우는 방법을 알아보기로 한다.

5. 1장에서 배운 치환법을 사용하여 문제를 푼다. 앞으로 나오는 예제에 이 방법을 적용해본다.

예제 두 마리의 원숭이가 서로 600 m의 거리로 떨어져 있다. 두 원숭이가 서로를 향해 동시에 출발을 해서 달리기 시작했다. 한 원숭이는 정지상태에서 $\frac{1}{2}$ m/s^{2}로 일정하게 가속하고 있고 다른 원숭이는 정지상태에서 $\frac{1}{4}$ m/s^{2}로 일정하게 가속하고 있다. 두 원숭이가 만나는 위치를 구하라.

풀이 먼저 운동 경로를 그림으로 그리고 기호들을 써넣는다. 서로 다른 위치에 있던 두 원숭이가 중간의 어느 한 점에서 만나므로 다음과 같이 그릴 수 있다.

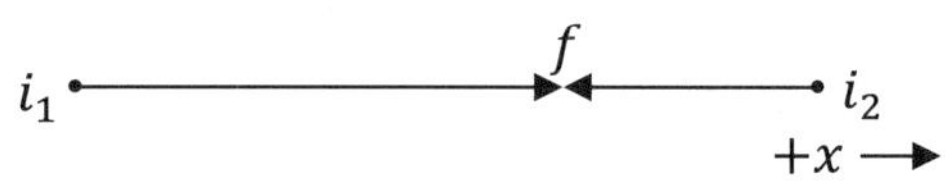

아래첨자를 적절히 사용하여 문제에서 값이 주어진 양(기지수)들을 적어보면 다음과 같다.

$$d = 600\text{ m} \quad , \quad v_{10} = 0 \quad , \quad a_1 = \frac{1}{2}\text{ m/s}^2 \quad , \quad v_{20} = 0 \quad , \quad a_2 = -\frac{1}{4}\text{ m/s}^2$$

이 문제에서는 양을 나타내는 기호에 아래첨자를 사용하여 각 원숭이와 관련한 양들을 서로 구별하기로 한다. 이 문제에서 각 원숭이의 알짜 변위 Δx_1과 Δx_2는 어느 것도 600 m는 될 수 없다. 각 원숭이가 달리는 시간은 서로 같으므로 시간의 경우에는 t_1, t_2라고 하는 대신에 t를 사용한다. 각 원숭이의 알짜 변위를 나타내는 방정식은 다음과 같다.

$$\Delta x_1 = v_{10}t + \frac{1}{2}a_1t^2$$
$$\Delta x_2 = v_{20}t + \frac{1}{2}a_2t^2$$

이 식의 기지수 항에 주어진 값을 대입한다. 계산식이 복잡해지지 않도록 단위는 맨 나중에 붙이기로 한다.

$$\Delta x_1 = 0 + \frac{1}{2}\left(\frac{1}{2}\right)t^2 = \frac{1}{4}t^2$$
$$\Delta x_2 = 0 + \frac{1}{2}\left(-\frac{1}{4}\right)t^2 = -\frac{1}{8}t^2$$

구속 방정식을 써보자. 두 원숭이의 총 이동 거리를 더하면 600 m가 된다. 두 번째 원숭이의 알짜 변위는 –값이 되므로 이 알짜 변위 앞에 – 부호를 넣어 두 원숭이의 알짜 부호가 서로 더해지게 만든다(– 부호 두 개가 연속되면 + 부호로 바뀐다). 따라서 구속 방정식은 다음과 같다.

$$\Delta x_1 - \Delta x_2 = d$$
$$\Delta x_1 - \Delta x_2 = 600$$

알짜 변위 방정식을 구속 방정식에 대입하면 다음과 같다.

$$\frac{1}{4}t^2 - \left(-\frac{1}{8}t^2\right) = 600$$
$$\frac{1}{4}t^2 + \frac{1}{8}t^2 = \left(\frac{1}{4} + \frac{1}{8}\right)t^2 = \left(\frac{2}{8} + \frac{1}{8}\right)t^2 = \frac{3}{8}t^2 = 600$$
$$t = \sqrt{\frac{8}{3}(600)} = \sqrt{\frac{4800}{3}} = \sqrt{1600} = 40\ \mathrm{s}$$

위에서 구한 시간 t를 두 알짜 변위 방정식 중 아무거나(여기서는 Δx_1 방정식) 하나를 골라서 대입하면 다음과 같다.

$$\Delta x_1 = \frac{1}{4}t^2 = \frac{1}{4}(40)^2 = \frac{1}{4}1600 = 400\ \mathrm{m}$$

따라서 두 원숭이는 첫 번째 원숭이가 출발한 곳에서 400 m 떨어진 위치에서 만난다.

예제 고릴라와 침팬지가 도로 위에 나란히 서 있다. 침팬지가 먼저 출발해서 정지상태에서 4.0 m/s^{2}로 일정하게 가속하고 있다. 침팬지가 출발하고 나서 6.0 s 후에 고릴라가 정지상태에서 16.0 m/s^{2}로 일정하게 가속하고 있다. 고릴라가 침팬지를 따라잡는 시간을 구하라.

풀이 먼저 운동 경로를 그림으로 그리고 기호들을 써넣는다. 이 문제에서는 고릴라와 침팬지의 초기 위치와 최종 위치는 서로 같으므로 다음과 같이 그릴 수 있다.

아래첨자를 적절히 사용하여 문제에서 값이 주어진 양(기지수)들을 적어보면 다음과 같다.

$$\Delta t = 6.0\ \mathrm{s} \quad , \quad v_{10} = 0 \quad , \quad a_1 = 4.0\ \mathrm{m/s^2} \quad , \quad v_{20} = 0 \quad , \quad a_2 = 16.0\ \mathrm{m/s^2}$$

이 문제에서는 양을 나타내는 기호에 아래첨자를 사용하여 고릴라와 침팬지와 관련한 양들을 서로 구별한다. 침팬지와 고릴라의 출발시간이 다르므로 시간은 t_1, t_2로 구별한다. t_1과 t_2의 차이는 6.0 s이다. 단, 침팬지와 고릴라의 초기 위치와 최종 위치는 서로 같으므로 알짜 변위의 경우에는 Δx_1과 Δx_2라고 하는 대신에 Δx를 사용한다. 침팬지와 고릴라의 알짜 변위를 나타내는 방정식은 다음과 같다.

$$\Delta x = v_{10}t_1 + \frac{1}{2}a_1 t_1^2$$
$$\Delta x = v_{20}t_2 + \frac{1}{2}a_2 t_2^2$$

이 식의 기지수 항에 주어진 값을 대입한다. 계산식이 복잡해지지 않도록 단위는 맨 나중에 붙이기로 한다.

$$\Delta x = 0 + \frac{1}{2}4t_1^2 = 2t_1^2$$
$$\Delta x = 0 + \frac{1}{2}16t_2^2 = 8t_2^2$$

구속 방정식을 써보자. 침팬지가 고릴라보다 6.0 s만큼 먼저 출발했으므로 침팬지는 그만큼 오래 달린다. 따라서 침팬지가 달린 시간 t_1은 고릴라가 달린 시간 t_2보다 6.0 s만큼 크다. 따라서 구속 방정식은 다음과 같다.

$$t_1 = t_2 + \Delta t$$
$$t_1 = t_2 + 6$$

이 시간에 대한 구속 방정식을 첫 번째 알짜 변위 방정식에 대입하면 다음과 같다.

$$\Delta x = 2t_1^2 = 2(t_2 + 6)^2 = 2(t_2^2 + 12t_2 + 36) = 2t_2^2 + 24t_2 + 72$$

다음과 같이 위 수식을 두 번째 알짜 변위 방정식($\Delta x = 8t_2^2$)과 같게 놓는다(두 개의 알짜 변위 Δx는 서로 같으므로).

$$2t_2^2 + 24t_2 + 72 = 8t_2^2$$

같은 종류의 항(동류항)끼리 모아 계산하면 다음 2차 방정식을 얻는다.

$$-6t_2^2 + 24t_2 + 72 = 0$$

2차 방정식의 근의 공식(1장)을 사용하여 t_2를 구한다.

$$t_2 = \frac{-b \pm \sqrt{b^2 - 4ac}}{2a} = \frac{-24 \pm \sqrt{24^2 - 4(-6)(72)}}{2(-6)} = \frac{-24 \pm \sqrt{2304}}{-12} = \frac{-24 \pm 48}{-12}$$

$$t_2 = -2.0\text{ s} \quad 또는 \quad 6.0\text{ s}$$

따라서 고릴라가 6.0 s동안 달린 다음에 고릴라와 침팬지는 서로 만난다. 다시 말해 침팬지가 출발한 지 12.0 s초 후에 고릴라와 침팬지가 서로 만난다.($t_1 = t_2 + 6 = 6 + 6 = 12.0$ s 이므로)

연습문제

61. 두 마리의 원숭이가 서로 1600 m의 거리로 떨어져 있다. 두 원숭이가 서로를 향해 동시에 출발을 해서 달리기 시작했다. 한 원숭이는 정지상태에서 $\frac{1}{8}$ m/s^{2}로 일정하게 가속하고 있고 다른 원숭이는 정지상태에서 15 m/s의 일정한 속력으로 달리고 있다.

① 운동경로를 그림으로 그리고 초기 위치, 최종 위치, 좌표축을 표시하라.

② 값을 아는 기지수 양(기호)들을 적고 값과 SI 단위를 함께 써넣어라(위의 그림을 참조)

③ 두 원숭이가 서로 만날 때까지 각 원숭이가 이동한 알짜 변위를 구한다.

- 원숭이 하나에 하나씩 알짜 변위를 나타내는 방정식을 적어라. 이때 아래 첨자를 사용하라.
- 구속 방정식을 적어라.
- 방정식을 풀어 미지수를 구하라.

답: 400 m, −1200 m

62. 9.0 m/s의 일정한 속력으로 달리고 있던 고릴라가 침팬지의 바나나를 빼앗고 나서 같은 속력으로 달아나고 있다. 바나나를 빼앗기고 나서 2초 후 침팬지는 정지상태에서 4.0 m/s^{2}로 일정하게 가속하면서 고릴라를 따라가고 있다.

① 운동경로를 그림으로 그리고 초기 위치, 최종 위치, 좌표축을 표시하라.

② 값을 아는 기지수 양(기호)들을 적고 값과 SI 단위를 함께 써넣어라(위의 그림을 참조).

③ 침팬지가 고릴라를 잡을 때까지 침팬지와 고릴라가 이동한 알짜 변위를 구한다.

- 침팬지와 고릴라의 알짜 변위를 나타내는 방정식을 각각 적어라. 이때 아래 첨자를 사용하라.
- 구속 방정식을 적어라.
- 방정식을 풀어 미지수를 구하라.

답: 72 m

63. 90 m 높이의 절벽 위에서 원숭이가 낙하산을 타고 뛰어 내린다. 이와 동시에 절벽 아래에서 원숭이가 40 m/s의 초기 속력으로 바나나를 위쪽으로 던진다. 낙하산을 탄 원숭이의 하강속력은 5.0 m/s로 일정하다.

① 운동경로를 그림으로 그리고 초기 위치, 최종 위치, 좌표축을 표시하라.

② 값을 아는 기지수 양(기호)들을 적고 값과 SI 단위를 함께 써넣어라(위의 그림을 참조)

③ 낙하산을 타고 내려오는 원숭이가 바나나를 잡는 위치를 구한다.

- 원숭이 하나마다 하나씩 알짜 변위를 나타내는 방정식을 적어라. 이때 아래 첨자를 사용하라.
- 구속 방정식을 적어라.
- 방정식을 풀어 미지수를 구하라.

답: 절벽 아래의 지면에서 75 m 위

도움이 필요한가요? 책의 맨 뒤에 있는 “힌트”를 참고하세요.

08
알짜값과 평균값

관련 용어

- **총 이동 거리**(total distance traveled) – 이동한 거리들을 모두 합한 것
- **알짜 변위**(net displacement) – 초기 위치에서 최종 위치로 가는 직선. 위치 변화량을 나타냄

중요한 차이

알짜 변위는 초기 위치(i)와 최종 위치(f) 사이의 가장 짧은 거리를 말한다. 알짜 변위는 초기 위치에서 최종 위치로 가는 동안에 취한 이동 경로에 따라 달라지지 않는다. 총 이동 거리는 이동한 거리들을 모두 합한 것을 말한다. 총 이동 거리는 초기 위치에서 최종 위치로 가는 동안에 취한 이동 경로에 따라 달라진다.

알짜값 또는 평균값을 구하는 방법

물체의 총 이동 거리 또는 알짜 변위를 구하는 문제를 풀 때는 다음과 같은 단계를 밟는다.

1. 물체의 운동 경로를 그림으로 그린다. 초기 위치(i), 최종 위치(f)를 표시한다.
2. 문제에서 요구하는 양을 구한다.
   - 총 이동 거리(total distance traveled, TDT)를 구할 때는 이동 경로를 이루고 있는 각 부분의 이동 거리를 모두 합한다.

- 알짜 변위(net displacement, *ND*)를 구할 때는 초기 위치(*i*)와 최종 위치(*f*) 사이의 가장 짧은 거리를 구한다.

기호와 SI 단위

기호	이름	SI 단위
TDT	총 이동 거리	m
ND	알짜 변위	m

알짜 변위

Δx와 Δy는 알짜 변위(*ND*) 벡터의 성분이다. 물체가 직각삼각형의 밑변(Δx)과 높이(Δy)를 따라 이동하면 알짜 변위의 크기는 피타고라스 정리를 사용하여 $ND = \sqrt{\Delta x^2 + \Delta y^2}$로 구한다. 물체가 직선을 따라 앞쪽과 뒤쪽으로 이동하면 알짜 변위의 크기는 $ND = \Delta x_1 + \Delta x_2 + \cdots + \Delta x_N$로 구한다. 여기서 Δx의 부호는 이동 방향에 따라 +(앞쪽) 또는 −(뒤쪽)가 된다.

예제 원숭이가 동쪽으로 400 m 움직이고 나서 이어서 북쪽으로 300 m 움직였다. 원숭이의 총 이동 거리와 알짜 변위의 크기를 구하라.

풀이 원숭이의 운동 경로를 그림으로 그린다.

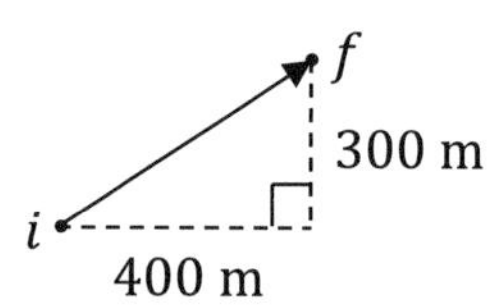

총 이동 거리는 두 길이를 더하여 구할 수 있다.

$$TDT = d_1 + d_2 = 400 + 300 = 700 \text{ m}$$

알짜 변위는 직각삼각형의 빗변의 길이다.

$$ND = \sqrt{d_1^2 + d_2^2} = \sqrt{300^2 + 400^2}$$

위 식을 계산기를 사용하지 않고 구할 때는 다음과 같이 100^2을 공통인수로 뽑아내면 편리하다.

$$ND = \sqrt{100^2(3^2 + 4^2)}$$

이 식에서 $100^2(3^2 + 4^2) = (100 \times 3)^2 + (100 \times 4)^2 = 300^2 + 400^2$이므로 다음과 같이 계산할 수 있다.

$$ND = \sqrt{100^2}\sqrt{3^2 + 4^2} = 100\sqrt{9 + 16} = 100\sqrt{25} = 500 \text{ m}$$

예제 원숭이가 동쪽으로 60 m 움직이고, 이어서 북쪽으로 60 m 움직이고, 이어서 서쪽으로 60 m 움직이고, 이어서 남쪽으로 60 m 움직였다. 원숭이의 총 이동 거리와 알짜 변위의 크기를 구하라.

풀이 원숭이의 운동 경로를 그림으로 그린다.

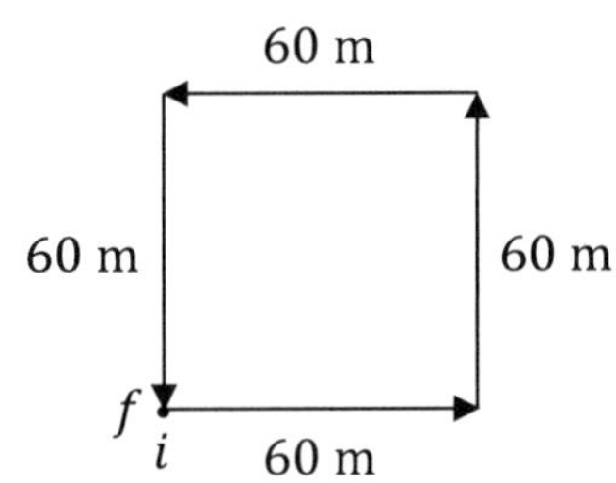

총 이동 거리는 네 길이를 더하여 구할 수 있다.

$$TDT = d_1 + d_2 + d_3 + d_4 = 60 + 60 + 60 + 60 = 240 \text{ m}$$

최종 위치가 초기 위치와 같으므로 알짜 변위는 0이다. 그림을 보면 네 번의 이동 경로가 정사각형을 이루고 있음을 알 수 있다.

연습문제

64. 원숭이가 동쪽으로 15 m 움직이고, 이어서 서쪽으로 70 m 움직이고, 이어서 동쪽으로 35 m 움직였다.

① 운동경로를 그림으로 그리고 초기 위치, 최종 위치를 표시하라.

② 기호들을 사용하여 총 이동 거리를 구하는 방정식을 적어라.

③ 위 ②의 방정식에 값을 대입한 다음, 총 이동 거리를 계산하라.

④ 기호들을 사용하여 알짜 변위를 구하는 방정식을 적어라.

⑤ 위 ④의 방정식에 값을 대입한 다음, 알짜 변위를 계산하라.

답: ③ 120 m, ⑤ 서쪽으로 20 m

도움이 필요한가요? 책의 맨 뒤에 있는 "힌트"를 참고하세요.

관련 용어

- **평균 속력**(average speed) – 총 이동 거리를 경과 시간으로 나눈 것
- **평균 속도**(average velocity) – 알짜 변위를 경과 시간으로 나눈 것
- **평균 가속도**(average acceleration) – 속도의 변화를 경과 시간으로 나눈 것

평균값을 구하는 방법

평균 속력, 평균 속도, 또는 평균 가속도를 구하는 문제를 풀 때는 다음과 같은 단계를 밟는다.

1. 물체의 운동 경로를 그림으로 그린다. 초기 위치(i), 최종 위치(f)를 표시한다.
2. 총 운동 시간(total time, TT)을 구한다.
3. 구해야 할 양에 따라 필요한 양을 구한다.
   - 평균 속력을 구할 때는 총 이동 거리(TDT)를 구한다.
   - 평균 속도를 구할 때는 알짜 변위(ND)를 구한다.
   - 평균 가속도를 구할 때는 초기 속도(v_i)와 최종 속도(v_f)를 구한다.
4. 위 2번 단계와 3번 단계에서 구한 값을 다음 방정식에 대입한다.

$$\text{속력}_{\text{평균}} = \frac{TDT}{TT}$$

$$\text{속도}_{\text{평균}} = \frac{ND}{TT}$$

$$\text{가속도}_{\text{평균}} = \frac{v_f - v_i}{TT}$$

기호와 SI 단위

기호	이름	SI 단위
TT	총 운동시간	s
TDT	총 이동 거리	m
ND	알짜 변위	m
속력$_{평균}$	평균속력	m/s
속도$_{평균}$	평균속도	m/s
가속도$_{평균}$	평균가속도	m/s^2

예제 원숭이가 차를 몰고 40 m/s의 속도로 동쪽으로 120 m만큼 움직이고 나서 이어서 60 m/s의 속도로 서쪽으로 120 m만큼 움직였다. 원숭이의 평균 속력과 평균 속도를 구하라.

풀이 원숭이의 운동 경로를 그림으로 그린다.

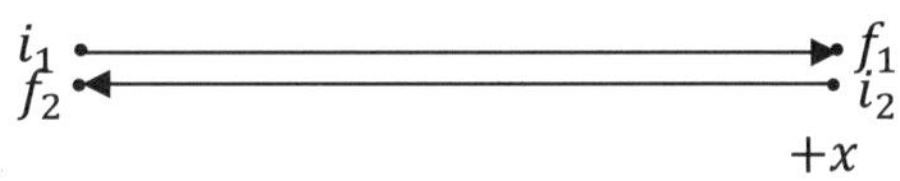

평균 속력은 40 m/s와 60 m/s의 평균인 50 m/s가 **아니다**. 그 까닭은 40 m/s로 달리는 시간이 60 m/s로 달리는 시간보다 길기 때문이다. 따라서 이 문제에서 요구하는 것은 평균이 아니라 가중 평균이므로 다른 방식으로 구해야 한다. 앞서 배운 평균 속력 방정식을 사용하여 평균 속력을 구해보자. 먼저 총 운동시간을 구한다. 각각의 운동에 대해 이동 거리를 속도로 나누어 운동시간을 구해보자.

$$t_1 = \frac{d}{v_1} = \frac{120}{40} = 3.0\ \mathrm{s} \quad , \quad t_2 = \frac{d}{v_2} = \frac{120}{60} = 2.0\ \mathrm{s}$$

따라서 전체 운동을 하는 데 걸리는 총 운동 시간은 다음과 같다.

$$TT = t_1 + t_2 = 3 + 2 = 5.0\ \mathrm{s}$$

총 이동 거리는 다음과 같다.

$$TDT = d + d = 120 + 120 = 240\ \mathrm{m}$$

평균 속력은 총 이동 거리를 총 운동 시간으로 나누면 구할 수 있다.

$$속력_{평균} = \frac{TDT}{TT} = \frac{240}{5} = 48\ \mathrm{m/s}$$

40 m/s로 달리는 시간이 60 m/s로 달리는 시간보다 길기 때문에 예상대로 평균 속력은 50 m/s 보다 작다. 평균 속력은 48 m/s이다. 반면에, 알짜 변위는 0이므로(전체 운동에서 초기 위치와 최종 위치가 같기 때문에) 평균 속도는 0이다.

예제 바나나 자동차가 4.0 s동안에 18 m/s에서 50 m/s로 가속되었다. 평균 가속도를 구하라.

풀이 자동차의 운동 경로를 그림으로 그린다.

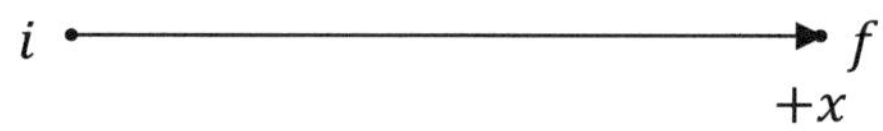

값을 알고 있는 양들을 적어보자.

$$v_i = 18\ \mathrm{m/s} \quad , \quad v_f = 50\ \mathrm{m/s} \quad , \quad TT = 4.0\ \mathrm{s}$$

이 값들을 평균 가속도를 구하는 방정식에 대입한다.

$$\text{가속도}_{\text{평균}} = \frac{v_f - v_i}{TT} = \frac{50 - 18}{4} = \frac{32}{4} = 8.0\ \mathrm{m/s^2}$$

연습문제

65. 고릴라가 스케이트를 타고 3.0 s 동안 서쪽으로 120 m만큼 움직이고, 이어서 7.0 s 동안 동쪽으로 180 m만큼 움직였다.

① 운동경로를 그림으로 그리고 초기 위치(i), 최종 위치(f)를 표시하라.

② 기호들을 사용하여 총 운동 시간을 구하는 방정식을 적어라.

③ 위 ②의 방정식에 값을 대입한 다음, 총 운동 시간을 계산하라.

④ 기호들을 사용하여 총 이동 거리를 구하는 방정식을 적어라.

⑤ 위 ④의 방정식에 값을 대입한 다음, 총 이동 거리를 계산하라.

⑥ 기호들을 사용하여 알짜 변위를 구하는 방정식을 적어라.

⑦ 위 ⑥의 방정식에 값을 대입한 다음, 알짜 변위를 계산하라.

⑧ 기호들을 사용하여 평균 속력을 구하는 방정식을 적어라.

⑨ 위 ⑧의 방정식에 값을 대입한 다음, 평균 속력을 계산하라.

⑩ 기호들을 사용하여 평균 속도를 구하는 방정식을 적어라.

⑪ 위 ⑩의 방정식에 값을 대입한 다음, 평균 속도를 계산하라.

답: ③ 10.0 s, ⑤ 300 m, ⑦ 60 m 동쪽으로, ⑨ 30 m/s, ⑪ 6.0 m/s, 동쪽 방향

66. 침팬지가 4.0 s 동안 동쪽으로 60 m만큼 움직이고, 이어서 16.0 s 동안 남쪽으로 80 m 만큼 움직였다.

① 운동경로를 그림으로 그리고 초기 위치(i), 최종 위치(f)를 표시하라.

② 기호들을 사용하여 총 운동 시간을 구하는 방정식을 적어라.

③ 위 ②의 방정식에 값을 대입한 다음, 총 운동 시간을 계산하라.

④ 기호들을 사용하여 총 이동 거리를 구하는 방정식을 적어라.

⑤ 위 ④의 방정식에 값을 대입한 다음, 총 이동 거리를 계산하라.

⑥ 기호들을 사용하여 알짜 변위의 크기를 구하는 방정식을 적어라.

⑦ 위 ⑥의 방정식에 값을 대입한 다음, 알짜 변위의 크기를 계산하라.

⑧ 기호들을 사용하여 평균 속력을 구하는 방정식을 적어라.

⑨ 위 ⑧의 방정식에 값을 대입한 다음, 평균 속력을 계산하라.

⑩ 기호들을 사용하여 평균 속도의 크기를 구하는 방정식을 적어라.

⑪ 위 ⑩의 방정식에 값을 대입한 다음, 평균 속도의 크기를 계산하라.

답: ③ 20 s, ⑤ 140 m, ⑦ 100 m, ⑨ 7.0 m/s, ⑪ 5.0 m/s

67. 처음에 5.0 m/s의 속도로 동쪽으로 운동하고 있던 고릴라가 4.0 s 동안에 일정하게 가속하여 동쪽으로 25.0 m/s의 속도가 되었다. 이어서 10.0 s 동안 이 속도를 유지했다. 이어서 고릴라는 6.0 s 동안 일정하게 감속하여 멈추었다.

① 운동경로를 그림으로 그리고 초기 위치(i), 최종 위치(f)를 표시하라.

② 기호들을 사용하여 총 운동 시간을 구하는 방정식을 적어라.

③ 위 ②의 방정식에 값을 대입한 다음, 총 운동 시간을 계산하라.

④ 기호들을 사용하여 평균 가속도를 구하는 방정식을 적어라.

⑤ 위 ④의 방정식에 값을 대입한 다음, 평균 가속도를 계산하라.

답: ⑤ -0.25 m/s^2(−부호는 서쪽 방향을 뜻한다)

도움이 필요한가요? 책의 맨 뒤에 있는 “힌트”를 참고하세요.

09
필수 삼각함수

직각삼각형의 삼각함수 공식

기본 삼각 함수로는 사인($\sin\theta$), 코사인($\cos\theta$), 탄젠트($\tan\theta$), 이렇게 세 개가 있다. 직각삼각형에서 이 세 종류의 삼각함수는 세 변 중에서 어느 두 변의 비를 나타낸다.

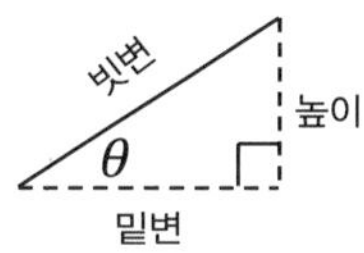

직각삼각형에 삼각함수를 적용할 때는 다음 단계를 밟는다.

1. 직각삼각형을 잘 보고 원하는 각도를 기준으로, 각도에 인접한 변인 밑변과, 각도와 마주보는 변인 높이를 찾는다. 이어서 빗변을 찾는다. 위 그림을 잘 살펴보기 바란다.
2. 필요하면 피타고라스 정리(5장)를 사용하여 값을 모르는 변의 길이를 구한다.
3. 다음 삼각함수 공식에 알맞은 변을 대입한다.

$$\sin\theta = \frac{\text{높이}}{\text{빗변}}$$

$$\cos\theta = \frac{\text{밑변}}{\text{빗변}}$$

$$\tan\theta = \frac{\text{높이}}{\text{밑변}}$$

예제 아래 그림에서 sinθ, cosθ, tanθ를 구하라.

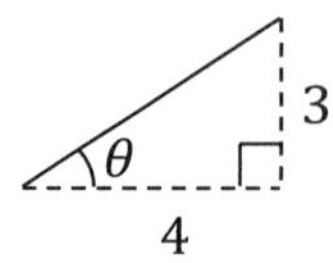

먼저 피타고라스 정리(5장)를 사용하여 값을 모르는 변의 길이를 구한다.

$$c^2 = a^2 + b^2 = 3^2 + 4^2 = 9 + 16 = 25$$
$$c = \sqrt{25} = 5$$

각도 θ를 기준으로 밑변과 높이와 빗변을 찾는다.

높이	3
밑변	4
빗변	5

각 변의 값을 삼각함수 공식에 대입한다.

$$\sin\theta = \frac{\text{높이}}{\text{빗변}} = \frac{3}{5}$$

$$\cos\theta = \frac{\text{밑변}}{\text{빗변}} = \frac{4}{5}$$

$$\tan\theta = \frac{\text{높이}}{\text{밑변}} = \frac{3}{4}$$

연습문제

68. 아래 그림에서 sinθ, cosθ, tanθ를 구하라.

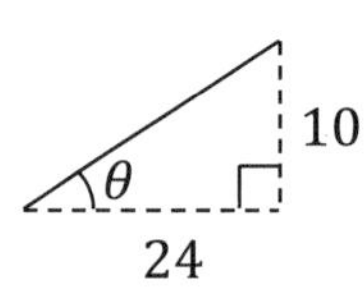

답: $\frac{5}{13}, \frac{12}{13}, \frac{5}{12}$

69. 아래 그림에서 sinθ, cosθ, tanθ를 구하라.

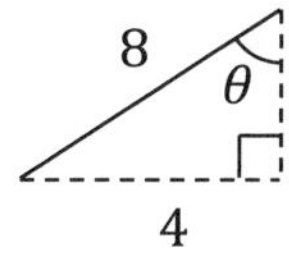

답: $\frac{1}{2}, \frac{\sqrt{3}}{2}, \frac{\sqrt{3}}{3}$

주요 삼각함수 값

θ	0°	30°	45°	60°	90°
sinθ	0	$\frac{1}{2}$	$\frac{\sqrt{2}}{2}$	$\frac{\sqrt{3}}{2}$	1
cosθ	1	$\frac{\sqrt{3}}{2}$	$\frac{\sqrt{2}}{2}$	$\frac{1}{2}$	0
tanθ	0	$\frac{\sqrt{3}}{3}$	1	$\sqrt{3}$	정의되지 않음

주의: $\theta = 90°$일 때 tanθ의 값인 tan90°는 정의되지 않는다($+\infty$ 또는 $-\infty$로 발산)

기억법

위의 주요 삼각함수 값을 정리한 표를 기억하는 방법은 다음과 같다.

1. 0부터 4까지 차례로 쓴다. : 0, 1, 2, 3, 4

2. 각 수의 제곱근을 쓴다. : 0, 1, $\sqrt{2}$, $\sqrt{3}$, 2 ($\sqrt{4} = 2$이다)

3. 각 수를 2로 나눈다. : 0, $\frac{1}{2}$, $\frac{\sqrt{2}}{2}$, $\frac{\sqrt{3}}{2}$, 1 → 이것이 sinθ 값이다.

4. 각 수를 순서를 반대로 하여 쓴다. : 1, $\frac{\sqrt{3}}{2}$, $\frac{\sqrt{2}}{2}$, $\frac{1}{2}$, 0 → 이것이 cosθ 값이다.

5. 위의 두 줄을 서로 나눈다(3번÷4번). : 0, $\frac{\sqrt{3}}{3}$, 1, $\sqrt{3}$, 부정(정의되지 않음) → 이것이 tanθ 값이다.

계산 과정에서 $\frac{1}{\sqrt{3}}$의 분자와 분모에 각각 $\sqrt{3}$을 곱하면 $\frac{1}{\sqrt{3}} = \frac{1 \times \sqrt{3}}{\sqrt{3} \times \sqrt{3}} = \frac{\sqrt{3}}{3}$이다.

주요 삼각함수 값 구하는 방법

제1사분면에서 주요 각도의 사인, 코사인, 탄젠트 값을 구할 때는 다음 단계를 밟는다.

1. 위 삼각함수 표의 맨 윗줄에서 각도를 찾는다(표에 찾는 각도가 없으면 표 대신에 계산기를 사용한다).
2. 원하는 삼각함수가 있는 줄을 찾는다.
3. 삼각함수 값을 읽는다.

예제 30°의 사인, 코사인, 탄젠트 값을 구하라.

풀이 표를 보고 값을 구하면 다음과 같다.

$$\sin 30° = \frac{1}{2} \quad , \quad \cos 30° = \frac{\sqrt{3}}{2} \quad , \quad \tan 30° = \frac{\sqrt{3}}{3}$$

연습문제

70. 주요 각도의 삼각함수 값을 계산하라.

(A) $\sin 60° =$ (B) $\cos 45° =$

(C) $\tan 30° =$ (D) $\sin 45° =$

(E) $\cos 30° =$ (F) $\tan 60° =$

(G) $\sin 90° =$ (H) $\cos 90° =$

(I) $\tan 45° =$ (J) $\sin 30° =$

(K) $\cos 60° =$ (L) $\tan 90° =$

(M) $\sin 0° =$ (N) $\cos 0° =$

(O) $\tan 0° =$　　　　　　　　　　(P) $\sin 60° =$

(Q) $\cos 30° =$　　　　　　　　　　(R) $\tan 45° =$

답: (A) $\frac{\sqrt{3}}{2}$ (B) $\frac{\sqrt{2}}{2}$ (C) $\frac{\sqrt{3}}{3}$ (D) $\frac{\sqrt{2}}{2}$ (E) $\frac{\sqrt{3}}{2}$ (F) $\sqrt{3}$ (G) 1 (H) 0 (I) 1 (J) $\frac{1}{2}$
(K) $\frac{1}{2}$ (L) 정의되지 않음 (M) 0 (N) 1 (O) 0 (P) $\frac{\sqrt{3}}{2}$ (Q) $\frac{\sqrt{3}}{2}$ (R) 1

관련 용어

- **사분면**(quadrant) – x, y로 정의되는 2차원 직각 좌표계의 4개 영역 중 하나. 네 개의 사분면은 아래 그림과 같이 시계 반대 방향으로 I, II, III, V로 각각 표시된다.
- **기준 각도**(reference angle) – $+x$축 또는 $-x$축을 기준으로 한 각도 중에서 가장 작은 각도. (삼각 함수의 인수로 사용되는 각도는 $+x$축을 기준으로 반시계 방향으로 잰 각도이다.)

제 I 사분면을 벗어난 각도의 삼각함수 값

아래 그림과 같이 제I사분면이 아닌 다른 사분면에 있는 각도의 삼각함수 값은 사분면에 따라 – 값이 나온다.

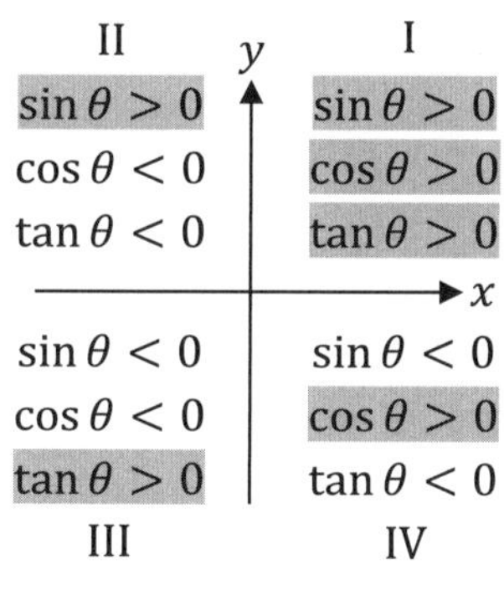

암기법

어느 사분면에서 삼각함수 값이 양수이고 음수인지 기억하는 방법으로 '**올사탄코**(얼싸안고)'라는 단어를 떠올려보자. 제I사분면에서는 '모든' 삼각함수 값이 양수이므로 'all'의 발음을 따서 '**올**(얼)', 제II사분면은 sine 함수만 양수이므로 사인의 앞 글자인 '**사**(싸)', 제III사분면은 tangent 함수만 + 값(양수)이므로 탄젠트의 앞 글자인 '**탄**(안)', 제IV사분면은 cos 함수만 양수이므로 코사인의 앞 글자인 '**코**(고)'를 따서 순서대로 '**올사탄코**(얼싸안고)'라고 한 것이다.[1] 각 사분면에서 나머지 삼각함수들의 값은 모두 − 값(음수)이다.

기준 각도

계산기를 이용하지 않는 경우, 제I사분면을 벗어난 각도의 삼각함수를 다룰 때는 기준 각도를 구하는 방법을 사용해보자. 기준 각도는 $+x$축 또는 $-x$축을 기준으로 측정한 각도 중에서 가장 작은 각도를 말한다. 반면에 삼각 함수의 인수로 사용되는 각도는 $+x$축을 기준으로 반시계 방향으로 잰 각도이다. 이들 각도를 아래 그림에 나타내었다.

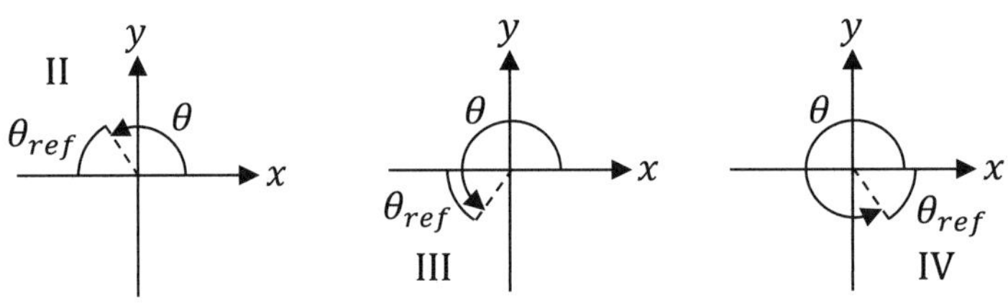

제 I 사분면을 벗어난 각도의 삼각함수 값을 구하는 방법

제I사분면을 벗어나 제II, 제III, 제IV 사분면에 있는 각도의 삼각함수 값을 구할 때는 다음 단계를 밟는다.

1. 주어진 각도 θ가 30° 또는 45°의 정수배인가? 그렇다면 2번 단계로 간다. 각도가 30° 또는 45°의 정수배가 아니면 계산기를 사용한다.
2. 먼저, 각도 θ가 어느 사분면에 있는지 알아낸다.
   - $90° < \theta < 180°$이면 제II사분면이다.
   - $180° < \theta < 270°$이면 제III사분면이다.

1 (옮긴이) "얼싸탄코" 대신에 원서에는 "Apes Study Trig Calculations.(원숭이가 공부합니다, 삼각함수 계산을)"이라는 문장으로 암기하는 방법을 제시하고 있다. 문장을 이루고 있는 네 단어의 첫 글자인 A, S, T, C는 각각 "all(모두)", "sine", "tangent", "cosine"으로 각 사분면에서 + 값이 되는 삼각함수를 나타낸다.

- $270° < \theta < 360°$이면 제IV사분면이다.

3. 다음으로, 삼각함수 값의 부호가 − 인지 + 인지 알아낸다.
   - 제II사분면에서는 사인 함수 값이 +, 코사인과 탄젠트 함수 값은 −이다.
   - 제III사분면에서는 탄젠트 함수 값이 +, 사인과 코사인 함수 값은 −이다.
   - 제IV사분면에서는 코사인 함수 값이 +, 사인과 탄젠트 함수 값은 −이다.
4. 이제 주어진 각도 θ로부터 기준 각도 θ_{ref}를 구한다.
   - 제II사분면에서는 $\theta_{ref} = 180° - \theta$이다.
   - 제III사분면에서는 $\theta_{ref} = \theta - 180°$이다.
   - 제IV사분면에서는 $\theta_{ref} = 360° - \theta$이다.
5. 83쪽에 있는 삼각함수 표를 사용하여 기준 각도에서 삼각함수 값을 구한다.
6. 위의 3번 단계에서 구합 답(부호)과 5번 단계에서 구한 답(값)을 결합하여 최종 답을 구한다. 다음에 나오는 예제를 살펴보기 바란다.
7. 다음의 특수한 경우를 잘 알아두기 바란다.

$$\sin 180° = 0,\ \cos 180° = -1,\ \tan 180° = 0,\ \sin 270° = -1,$$
$$\cos 270° = 0,\ \tan 270° = \text{정의되지 않음}(+\infty \text{ 또는 } -\infty)$$

예제 $\sin 210°$를 구하라.

풀이 210°는 제III사분면에 놓여 있다. sin 함수는 제III사분면에서 − 값을 갖는다. 기준 각도는 다음과 같다.

$$\theta_{ref} = \theta - 180° = 210° - 180° = 30°$$

따라서 다음과 같이 구할 수 있다.

$$\sin 210° = -\sin 30° = -\frac{1}{2}$$

예제 cos315°를 구하라.

풀이 315°는 제IV사분면에 놓여 있다. cos 함수는 제IV사분면에서 + 값을 갖는다. 기준 각도는 다음과 같다.

$$\theta_{ref} = 360° - \theta = 360° - 315° = 45°$$

따라서 다음과 같이 구할 수 있다.

$$\cos 315° = +\cos 45° = \frac{\sqrt{2}}{2}$$

예제 tan120°를 구하라.

풀이 120°는 제II사분면에 놓여 있다. tan 함수는 제II사분면에서 − 값을 갖는다. 기준 각도는 다음과 같다.

$$\theta_{ref} = 180° - \theta = 180° - 120° = 60°$$

따라서 다음과 같이 구할 수 있다.

$$\tan 120° = -\tan 60° = -\sqrt{3}$$

연습문제

71. 표시된 각도에서 각 삼각함수의 값을 계산하라.

(A) sin 150° =

(B) cos 240° =

(C) tan 300° =

(D) sin 315° =

(E) cos 135° =

(F) tan 210° =

(G) sin 240° =

(H) cos 180° =

(I) $\tan 225° =$ (J) $\sin 180° =$

(K) $\cos 270° =$ (L) $\tan 300° =$

(M) $\sin 300° =$ (N) $\cos 330° =$

(O) $\tan 180° =$ (P) $\sin 270° =$

(Q) $\cos 225° =$ (R) $\tan 150° =$

답: (A) $\frac{1}{2}$ (B) $-\frac{1}{2}$ (C) $-\sqrt{3}$ (D) $-\frac{\sqrt{2}}{2}$ (E) $-\frac{\sqrt{2}}{2}$ (F) $\frac{\sqrt{3}}{3}$ (G) $-\frac{\sqrt{3}}{2}$ (H) -1 (I) 1 (J) 0 (K) 0 (L) $-\sqrt{3}$ (M) $-\frac{\sqrt{3}}{2}$ (N) $\frac{\sqrt{3}}{2}$ (O) 0 (P) -1 (Q) $-\frac{\sqrt{2}}{2}$ (R) $-\frac{\sqrt{3}}{3}$

역 삼각함수

역 삼각함수는 다음 질문에 답을 해준다. "삼각함수에 어떤 각도를 넣어주어야 역 삼각함수의 인수를 얻을 수 있을까?"

- 삼각함수 $\sin\theta = x$는 '각도' θ를 인수로 받아들여 그 각도에 해당하는 값(두 변의 비)인 x를 구해 답으로 내놓는다.
- 역 삼각함수 $\sin^{-1}x = \theta$는 '두 변의 비' x를 인수로 받아들여 그에 해당하는 '각도' θ를 구해 답으로 내놓는다.

예를 들어보자.

- $\sin 30°$는 $\frac{1}{2}$이다.
- $\sin^{-1}\left(\frac{1}{2}\right)$는 30° 또는 150°이다. 그 까닭은 $\sin 30°$ 또는 $\sin 150°$를 계산하면 $\frac{1}{2}$이 되기 때문이다.
- 따라서 $\sin^{-1}\left(\frac{1}{2}\right)$은 다음을 묻는 것이다. "$\sin\theta$ 값이 $\frac{1}{2}$이 되는 각도 θ는 얼마인가?"

역 삼각함수 값을 구하는 방법

역 삼각함수 값을 구할 때는 다음 단계를 밟는다.

1. 먼저 역 삼각함수의 인수의 부호를 무시한다. 인수 값이 83쪽에 있는 표의 주요 삼각함수 값 중의 어느 하나와 일치하는가? 일치하면 표에서 그 값에 해당하는 기준 각도를 읽어낸다. 일치하지 않으면 인수 값이 아래 4번 단계에 수록된 특수 값 중의 하나와 일치하는가? 일치하면 아래 수록된 특수 값을 사용한다. 이번에도 일치하지 않으면 계산기를 사용하여 '두 개의 답' 가운데 '하나(첫 번째 답)'를 구한다. (계산기를 사용하는 경우에 '두 번째 답'을 구하기 위해서는 다음과 같은 방법으로 기준각도를 구해야 한다. 먼저 87쪽에 있는 공식을 사용하여 계산기로 얻은 답에 따라 그에 해당하는 기준 각도를 구한다. 이때 계산기로 얻은 각도가 − 값이면 그 값에 360°를 더한 것이 첫번째 답이 되는데 이 첫번째 답으로 부터 공식을 사용하여 기준각도를 구한다. 이렇게 구한 기준 각도로부터 두 번째 답을 계산한다.)
2. 이제 인수의 부호를 고려한다. 특정 삼각함수가 해당 부호를 갖는 사분면 두 개를 구한다.
   - 제I사분면에서는 모든 삼각함수 값이 +이다.
   - 제II사분면에서는 사인 함수 값이 +, 코사인과 탄젠트 함수 값은 −이다.
   - 제III사분면에서는 탄젠트 함수 값이 +, 사인과 코사인 함수 값은 −이다.
   - 제IV사분면에서는 코사인 함수 값이 +, 사인과 탄젠트 함수 값은 −이다.
3. 위 2번 단계에서 구한 **두 개**의 사분면에서 기준 각도 θ_{ref}로부터 각도 θ를 계산한다. 이렇게 구한 두 개의 각도는 역 삼각함수에 대한 두 개의 답이다.
   - 제I사분면에서는 $\theta = \theta_{ref}$이다.
   - 제II사분면에서는 $\theta = 180° - \theta_{ref}$이다.
   - 제III사분면에서는 $\theta = 180° + \theta_{ref}$이다.
   - 제IV사분면에서는 $\theta = 360° - \theta_{ref}$이다.
4. 다음의 특수한 경우를 잘 알아두기 바란다.

$$\sin^{-1}0 = 0° \text{ 또는 } 180°,\ \sin^{-1}(-1) = 270°,\ \cos^{-1}0 = 90° \text{ 또는 } 270°$$
$$\cos^{-1}(-1) = 180°,\ \tan^{-1}0 = 0° \text{ 또는 } 180°,\ \tan^{-1}(+\infty \text{ 또는 } -\infty) = 90° \text{ 또는 } 270°$$

주의: 역 삼각함수의 답은 보통 2개이다.

예제 $\sin^{-1}\left(-\frac{\sqrt{2}}{2}\right)$를 구하라.

풀이 먼저 인수의 부호를 무시하면 $\frac{\sqrt{2}}{2}$만 남는다. 83쪽에 있는 삼각함수 표에 따라

$$\sin 45° = \frac{\sqrt{2}}{2}$$

이다. 따라서 기준 각도는 45°이다. 이제 인수의 부호를 고려한다. 이 문제에서는 인수의 부호가 −이다. sin 함수는 제III사분면과 제IV사분면에서 − 값을 갖는다. 각도 공식을 사용하여 제III사분면과 제IV사분면에서 기준 각도로부터 각도를 계산한다.

$$\theta = 180° + \theta_{ref} = 180° + 45° = 225°$$
$$\theta = 360° - \theta_{ref} = 360° - 45° = 315°$$

따라서 답은 225°와 315°, 이렇게 두 개다.

예제 $\cos^{-1}\left(-\frac{1}{2}\right)$를 구하라.

풀이 먼저 인수의 부호를 무시하면 $\frac{1}{2}$만 남는다. 83쪽에 있는 삼각함수 표에 따라

$$\cos 60° = \frac{1}{2}$$

이다. 따라서 기준 각도는 60°이다. 이제 인수의 부호를 고려한다. 이 문제에서는 인수의 부호가 −이다. cos 함수는 제II사분면과 제III사분면에서 − 값을 갖는다. 각도 공식을 사용하여 제II사분면과 제III사분면에서 기준 각도로부터 각도를 계산한다.

$$\theta = 180° - \theta_{ref} = 180° - 60° = 120°$$
$$\theta = 180° + \theta_{ref} = 180° + 60° = 240°$$

따라서 답은 120°와 240°, 이렇게 두 개다.

예제 $\tan^{-1}\left(\frac{\sqrt{3}}{3}\right)$를 구하라.

풀이 먼저 기준 각도를 구한다. 83쪽에 있는 삼각함수 표에 따라

$$\tan 30° = \frac{\sqrt{3}}{3}$$

이다. 따라서 기준 각도는 30°이다. 이제 인수의 부호를 고려한다. 이 문제에서는 인수의 부호가 +이다. tan 함수는 제I사분면과 제III사분면에서 + 값을 갖는다. 각도 공식을 사용하여 제I사분면과 제III사분면에서 기준 각도로부터 각도를 계산한다.

$$\theta = \theta_{ref} = 30°$$
$$\theta = 180° + \theta_{ref} = 180° + 30° = 210°$$

따라서 답은 30°와 210°, 이렇게 두 개다.

예제 $\sin^{-1}(-1)$을 구하라.

풀이 이 문제는 87쪽에 있는 7번 단계에서 설명한 특수 값 가운데 하나이다. 답은 270°이다.

연습문제

72. 표시된 각도에서 역 삼각함수의 값을 각각 계산하라.

(A) $\sin^{-1}\left(-\frac{\sqrt{3}}{2}\right) =$

(B) $\cos^{-1}\left(\frac{\sqrt{2}}{2}\right) =$

(C) $\tan^{-1}(-1) =$

(D) $\sin^{-1}\left(\frac{1}{2}\right) =$

(E) $\cos^{-1}\left(-\frac{\sqrt{3}}{2}\right) =$

(F) $\tan^{-1}(-\sqrt{3}) =$

(G) $\sin^{-1}\left(\frac{\sqrt{2}}{2}\right) =$

(H) $\cos^{-1}\left(\frac{1}{2}\right) =$

(I) $\tan^{-1}(\sqrt{3}) =$

(J) $\sin^{-1}(1) =$

(K) $\cos^{-1}\left(\frac{\sqrt{3}}{2}\right) =$

(L) $\tan^{-1}(1) =$

(M) $\sin^{-1}\left(\frac{\sqrt{3}}{2}\right) =$

(N) $\cos^{-1}(-1) =$

(O) $\tan^{-1}(0) =$

(P) $\sin^{-1}(0) =$

답: (A) 240°, 300° (B) 45°, 315° (C) 135°, 315° (D) 30°, 150° (E) 150°, 210° (F) 120°, 300° (G) 45°, 135° (H) 60°, 300° (I) 60°, 240° (J) 90° (K) 30°, 330° (L) 45°, 225° (M) 60°, 120° (O) 0°, 180° (P) 0°, 180°

시컨트(Secant), 코시컨트(Cosecant), 코탄젠트(Cotangent)

시컨트(secθ), 코시컨트(cscθ), 코탄젠트(cotθ) 함수는 다음과 같이 기본 삼각함수의 역수로 정의된다.

$$\sec\theta = \frac{1}{\cos\theta} \quad , \quad \csc\theta = \frac{1}{\sin\theta} \quad , \quad \cot\theta = \frac{1}{\tan\theta}$$

특정 각도에서 시컨트, 코시컨트, 코탄젠트 함수의 값을 구하려면 먼저 해당 각도에서 관계있는 삼각함수의 값을 구한 다음에 위에 적은 공식을 사용하여 역수를 취하면 된다. 예를 들어

$$\sec 60° = \frac{1}{\cos 60°} = \frac{1}{1/2} = 1 \div \frac{1}{2} = 1 \times \frac{2}{1} = 2$$

이다.

주의: 코(co)가 붙은 삼각함수끼리는 서로 역수 관계가 없다. 따라서 cosec는 cos의 역수가 **아니라** sin의 역수이다.

삼각함수의 미분

기본 삼각함수의 미분 공식은 다음과 같다.

$$\frac{d}{d\theta}\sin\theta = \cos\theta \quad , \quad \frac{d}{d\theta}\cos\theta = -\sin\theta \quad , \quad \frac{d}{d\theta}\tan\theta = \sec^2\theta$$

$$\frac{d}{d\theta}\sec\theta = \sec\theta\tan\theta \quad , \quad \frac{d}{d\theta}\csc\theta = -\csc\theta\cot\theta \quad , \quad \frac{d}{d\theta}\cot\theta = -\csc^2\theta$$

삼각함수의 적분

기본 삼각함수의 적분 공식은 다음과 같다. 상한과 하한이 없는 부정적분인 경우에는 적분 결과에 적분 상수가 들어간다.

$$\int \sin\theta\, d\theta = -\cos\theta + c \quad , \quad \int \cos\theta\, d\theta = \sin\theta + c$$

$$\int \tan\theta\, d\theta = \ln|\sec\theta| + c \quad , \quad \int \sec\theta\, d\theta = \ln|\sec\theta + \tan\theta| + c$$

$$\int \csc\theta\, d\theta = -\ln|\csc\theta + \cot\theta| + c \quad , \quad \int \cot\theta\, d\theta = \ln|\sin\theta| + c$$

정적분을 수행하려면 먼저 적분 기호 안에 들어가 있는 피적분 함수의 적분을 구하고 그 결과에 적분의 상한과 하한을 각각 대입하여 값을 계산한 다음에 두 계산 결과를 서로 빼 준다. 다음에 나오는 예제를 풀면서 이 방법을 설명한다.

기본 삼각함수의 정적분을 수행하는 방법

기본 삼각함수의 정적분을 구할 때는 다음 단계를 밟는다.

1. 먼저 위에 수록한 적분 공식에 따라 삼각함수 부정적분을 구한다(이때 적분상수 c는 나중에 뺄셈을 할 때 상쇄되어 사라지므로 적지 않아도 된다).
2. 부정적분 결과에 먼저 적분의 상한을 대입하여 계산한다. 이어서 적분의 하한을 대입하여 계산한다.
3. 위 2번 단계에서 구한 두 계산 결과를 서로 뺀다.

예제 정적분 $\int_{\theta=90°}^{180°} \cos\theta\, d\theta$을 계산하라.

풀이 먼저 $\cos\theta$의 부정적분을 계산한다.

$$\int_{\theta=90°}^{180°} \cos\theta\, d\theta = [\sin\theta]_{\theta=90°}^{180°}$$

위에서 $[\sin\theta]_{\theta=90°}^{180°}$ 표시는 $\sin\theta$에 $\theta = 180°$를 대입하여 계산하고, 이어서 $\sin\theta$에 $\theta = 90°$를 대입하여 계산한 다음, 두 결과를 서로 빼라는 의미이다.

$$\int_{\theta=90^\circ}^{180^\circ} \cos\theta \, d\theta = [\sin\theta]_{\theta=90^\circ}^{180^\circ} = \sin 180^\circ - \sin 90^\circ = 0 - 1 = -1$$

제I사분면 밖에서 삼각함수를 계산할 때는 86~87쪽을 참고하면 도움이 된다.

연습문제

73. 다음 정적분을 수행하라.

$$\int_{\theta=180^\circ}^{360^\circ} \sin\theta \, d\theta =$$

답: -2

74. 다음 정적분을 수행하라.

$$\int_{\theta=120^\circ}^{240^\circ} \cos\theta \, d\theta =$$

답: $-\sqrt{3}$

도움이 필요한가요? 책의 맨 뒤에 있는 “힌트”를 참고하세요.

10
벡터 덧셈

관련 용어

- **크기**(magnitude) – 어떤 양이 얼마만큼 있는지(큰지, 강한지) 숫자로 나타낸 것. 단위를 가짐.
- **스칼라**(scalar) – 크기만 가지고 있고 방향은 가지지 **않는** 양
- **벡터**(vector) – 크기와 방향을 모두 가지는 양
- **성분**(component) – 벡터를 좌표 축 위로 사영(projection)한 것. 다음 쪽에 벡터의 성분을 그림으로 나타내었다.
- **합성**(resultant) – 두 개 이상의 벡터를 서로 합하는 것

스칼라와 벡터의 예

속도(velocity)는 벡터의 한 예이다. 속도는 속력(speed)과 방향(direction)을 함께 가진다. 반면에 속력은 크기(얼마나 빠른가)만을 가지므로 스칼라이다. 속도는 크기(얼마나 빠른가)와 방향(어느 쪽으로 움직이는가)을 모두 가지므로 벡터이다. 벡터의 또 다른 예는 힘(force)이다. 힘은 크기(얼마나 큰가)와 방향(어느 쪽으로 가해지는가)을 모두 포함한다. 힘과 달리 질량(mass)은 스칼라이다. 질량은 크기(얼마만큼 많은가)만 있을 뿐 방향은 없다.

표기법

어떤 양 위에 화살표가 있으면 그 양은 벡터이다. (화살표 대신 **굵은 글씨**로 벡터를 표시하는 책들도 많이 있다. 하지만 화살표를 사용하면 더욱 분명하게 구별할 수 있다. 공부나 숙제를 할 때 굵은 글씨로 나타내는 것이 번거로우므로 화살표를 사용한다.) 예를 들어, $\vec{\mathbf{A}}$, $\vec{\mathbf{B}}$와 같이 표기하면 벡터를 나타내고 C, D와 같이 표기하면 스칼라를 나타낸다. 벡터인 양에 화살표가 없으면 이는 벡터의 크기만을 나타내는 것이다. 예를 들어, $\vec{\mathbf{A}}$가 벡터일 때 A는 벡터 $\vec{\mathbf{A}}$의 크기를 나타낸다. 벡터인 양에 아래첨자 x 또는 y를 붙이면 이는 벡터의 성분을 나타내는 것이다. 예를 들어, A_x는 벡터 $\vec{\mathbf{A}}$의 x 성분이다.

그래프 표시

벡터는 화살표를 그려서 눈에 보이게 나타낼 수 있다. 이때 화살표의 길이로 벡터의 크기를 나타낸다. 아래를 보면 다양한 벡터들이 화살표로 표현되어 있다.

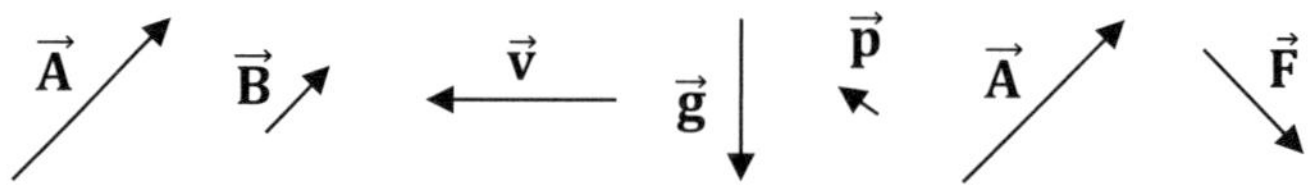

벡터에는 위치에 대한 정보는 들어있지 않으므로 벡터의 길이와 방향을 바꾸지 않고 그대로 유지한 상태로 벡터를 움직일 수 있다(이렇게 움직이는 것을 평행이동이라고 한다). 다시 말해 움직이기 이전과 이후의 벡터는 동일한 벡터이다. 위의 그림에 있는 벡터들을 보면, $\vec{\mathbf{A}}$ 벡터 두 개가 서로 다른 위치에 있다. 그래도 이 두 $\vec{\mathbf{A}}$ 벡터는 동일한 벡터이다. 벡터를 화살표로 그려서 문제를 풀 때 벡터를 움직이는 것(평행이동)이 도움이 될 경우가 많이 있다. (다음에 나오는 **"그래프를 사용한 벡터 덧셈"**을 참조하라.)

벡터의 성분

벡터 $\vec{\mathbf{A}}$의 성분 A_x와 A_y는 아래 그림에서 보듯이 벡터를 각각 x 축과 y 축에 사영하여 구할 수 있다.

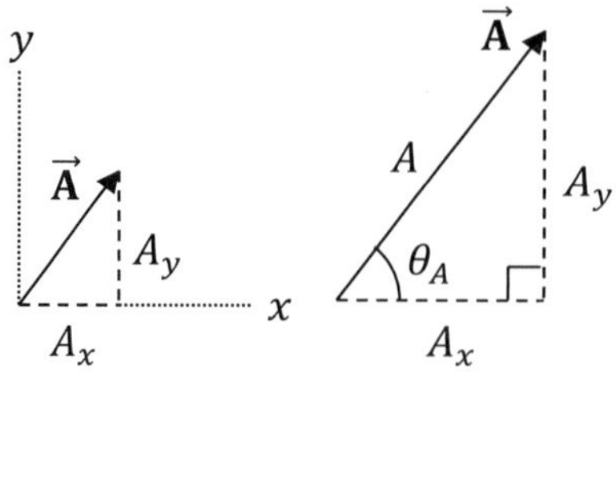

삼각함수를 사용하면 벡터의 크기와 방향으로부터 벡터의 성분을 구할 수 있다. 벡터의 크기가 A이고 방향이 θ_A일 때 그 벡터의 성분 A_x와 A_y는 다음 식으로 구할 수 있다.

$$A_x = A\cos\theta_A \quad , \quad A_y = A\sin\theta_A$$

위 그림에 표시된 직각삼각형에서 x 성분은 θ_A에 인접한 변이므로 코사인이 되고 y 성분은 θ_A와 마주보는 변이므로 사인이 된다. 다음 식을 사용하면 벡터의 성분 A_x와 A_y로부터 벡터의 크기 A와 방향 θ_A를 구할 수 있다.

$$A = \sqrt{A_x^2 + A_y^2} \quad , \quad \theta_A = \tan^{-1}\left(\frac{A_y}{A_x}\right)$$

위 식에서 첫 번째 방정식은 피타고라스 정리로부터 구할 수 있다.

그래프를 사용한 벡터 덧셈

그래프를 이용하여 벡터 덧셈을 나타낼 수 있다. 한 벡터의 "머리"를 다른 벡터의 "꼬리"에 붙인 다음, 두 벡터에서 서로 붙지 않고 남은 꼬리와 머리를 화살표로 잇는다. 이런 방법으로 만들어진 화살표가 두 벡터를 덧셈한 결과이다. 아래 그림에서는 벡터 $\vec{\mathbf{A}}$와 벡터 $\vec{\mathbf{B}}$의 "머리–꼬리 접합" 방법에 의해 두 벡터를 합한 합성 벡터인 $\vec{\mathbf{R}}$가 나오는 과정을 보여주고 있다.

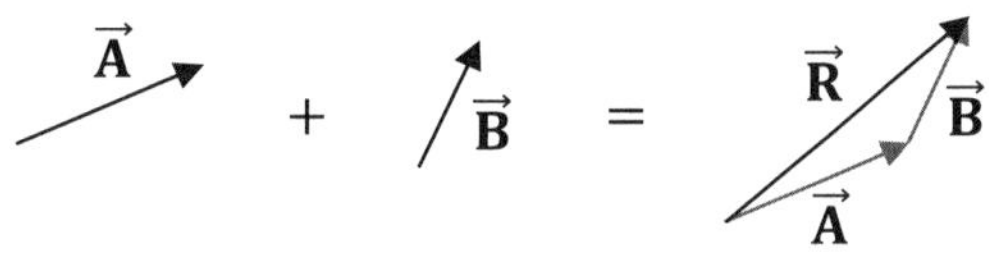

벡터 $\vec{\mathbf{A}}$의 머리를 벡터 $\vec{\mathbf{B}}$의 꼬리에 붙이든, 아니면 벡터 $\vec{\mathbf{B}}$의 머리를 벡터 $\vec{\mathbf{A}}$의 꼬리에 붙이든 상관이 없다. 어느 쪽을 선택하든지 합성 벡터인 $\vec{\mathbf{R}}$는 아래와 같이 평행사변형의 대각선이 되기 때문이다.

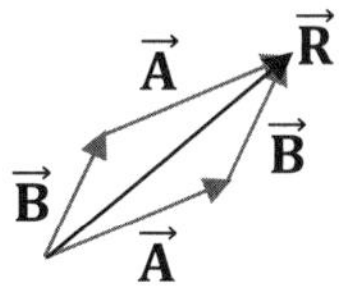

합성 벡터는 첫 번째 벡터의 "꼬리"에서 두 번째 벡터의 "머리"로 가는 화살표가 된다.

벡터 덧셈 방법

벡터 $\vec{\mathbf{A}}$, $\vec{\mathbf{B}}$, $\vec{\mathbf{C}}$, …의 크기가 각각 A, B, C, …이고 방향이 각각 θ_A, θ_B, θ_C, …일 때 아래 수식과 같이 이 벡터들을 전부 더하여 나오는 합성 벡터 $\vec{\mathbf{R}}$의 크기 R과 방향 θ_R을 구해본다.

$$\vec{\mathbf{R}} = \vec{\mathbf{A}} + \vec{\mathbf{B}} + \vec{\mathbf{C}} + \cdots$$

구하는 단계는 다음과 같다.

1. 그래프를 이용하여 벡터 덧셈을 수행한다. 주어진 벡터들의 '머리–꼬리'를 차례로 접합하여 합성 벡터 $\vec{\mathbf{R}}$을 그린다. 여기서 합성 벡터 $\vec{\mathbf{R}}$은 맨 첫 번째 벡터의 "꼬리"에서 맨 마지막 벡터의 "머리"로 가는 화살표가 된다.

2. 주어진 벡터의 성분들을 구한다.

$$\begin{aligned} A_x &= A\cos\theta_A \\ A_y &= A\sin\theta_A \\ B_x &= B\cos\theta_B \\ B_y &= B\sin\theta_B \\ C_x &= C\cos\theta_C \\ C_y &= C\sin\theta_C \end{aligned}$$

   벡터의 개수가 세 개를 넘으면 나머지 벡터에 대해서도 이와 같은 방식으로 성분을 구한다. (문제에서 두 개의 벡터의 덧셈을 하는 경우에는 C_x와 C_y는 무시한다.)

3. 각 성분들의 부호를 살펴본다.
   - 제I사분면에서는 x 성분과 y 성분은 모두 + 부호이다.
   - 제II사분면에서는 x 성분은 − 부호이고 y 성분은 + 부호이다.
   - 제III사분면에서는 x 성분과 y 성분은 모두 − 부호이다.
   - 제IV사분면에서는 x 성분은 + 부호이고 y 성분은 − 부호이다.

4. 주어진 벡터들의 같은 좌표 성분들끼리 서로 더하여 합성 벡터의 성분을 구한다.

$$\begin{aligned} R_x &= A_x + B_x + C_x + \cdots \\ R_y &= A_y + B_y + C_y + \cdots \end{aligned}$$

5. 다음 수식을 사용하여 합성 벡터의 크기와 방향을 구한다.

$$R = \sqrt{R_x^2 + R_y^2}$$

$$\theta_R = \tan^{-1}\left(\frac{R_y}{R_x}\right)$$

6. R_x와 R_y의 부호에 따라 θ_R을 맞게 구했는지 확인한다.

- $R_x > 0$이고 $R_y > 0$이면 θ_R은 0°와 90° 사이의 값을 갖는다.
- $R_x < 0$이고 $R_y > 0$이면 θ_R은 90°와 180° 사이의 값을 갖는다.
- $R_x < 0$이고 $R_y < 0$이면 θ_R은 180°와 270° 사이의 값을 갖는다.
- $R_x > 0$이고 $R_y < 0$이면 θ_R은 270°와 360° 사이의 값을 갖는다.

예제 벡터 $\vec{\mathbf{S}}$의 크기는 4.0 m이고 방향은 150°이다. 벡터 $\vec{\mathbf{P}}$의 크기는 4.0 m이고 방향은 90°이다. 두 벡터를 더하여 나오는 합성 벡터의 크기와 방향을 구하라.

풀이 먼저 두 벡터를 화살표로 그린다. 이어서 아래 그림과 같이 "머리-꼬리 접합" 방법을 사용하여 합성 벡터를 표시한다.

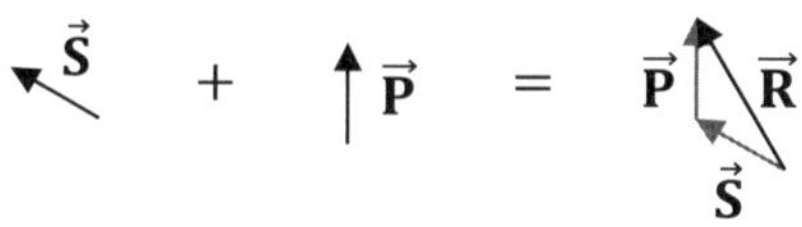

삼각함수를 사용하여 주어진 벡터의 성분들을 구한다.

$$S_x = S\cos\theta_s = 4\cos 150° = -4\cos 30° = -4\left(\frac{\sqrt{3}}{2}\right) = -2\sqrt{3}\ \text{m}$$
$$S_y = S\sin\theta_S = 4\sin 150° = +4\sin 30° = 4\left(\frac{1}{2}\right) = 2\ \text{m}$$
$$P_x = P\cos\theta_P = 4\cos 90° = 4(0) = 0$$
$$P_y = P\sin\theta_B = 4\sin 90° = 4(1) = 4\ \text{m}$$

같은 방향 성분들끼리 서로 더하여 합성 벡터의 성분들을 구한다.

$$R_x = S_x + P_x = -2\sqrt{3} + 0 = -2\sqrt{3}\ \text{m}$$
$$R_y = S_y + P_y = 2 + 4 = 6\ \text{m}$$

피타고라스 정리를 사용하여 합성 벡터의 크기를 구한다.

$$R = \sqrt{R_x^2 + R_y^2} = \sqrt{\left(-2\sqrt{3}\right)^2 + (6)^2} = \sqrt{12 + 36} = \sqrt{48} = \sqrt{(16)(3)} = 4\sqrt{3}\ \text{m}$$

삼각함수를 사용하여 합성 벡터의 방향을 구한다.

$$\theta_R = \tan^{-1}\left(\frac{R_y}{R_x}\right) = \tan^{-1}\left(\frac{6}{-2\sqrt{3}}\right) = \tan^{-1}\left(-\frac{3}{\sqrt{3}}\right) = \tan^{-1}\left(-\sqrt{3}\right)$$

방향을 구하기 위해 먼저 부호를 무시하고 기준 각도를 구한다. $\tan 60° = \sqrt{3}$이므로 기준 각도는 60°이다. tan 함수는 제II사분면과 제IV사분면에서 − 값을 갖는다. 따라서 답은 제II사분면 또는 제IV사분면에 위치해야 한다. 이 문제에서는 합성 벡터가 두 사분면 중에서 제II사분면에 위치한다. 그 까닭은 $R_x < 0$이고 $R_y > 0$이기 때문이다. 각도 공식(9장)을 사용하여 제II사분면에서 기준 각도로부터 각도 θ_R을 계산한다.

$$\theta_R = 180° - \theta_{ref} = 180° - 60° = 120°$$

따라서 합성 벡터의 방향은 120°이다.

연습문제

75. 원숭이 벡터 $\vec{\mathbf{M}}$의 크기는 36☺이고 방향은 240°이다. 바나나 벡터 $\vec{\mathbf{B}}$의 크기는 18☺이고 방향은 120°이다.

(A) 주어진 벡터 $\vec{\mathbf{M}}$과 벡터 $\vec{\mathbf{B}}$의 x 성분과 y 성분을 각각 구하라.

__________ __________ __________ __________

(B) 합성 벡터 $\vec{\mathbf{R}}$의 x 성분과 y 성분을 구하라.

__________ __________

(C) 합성 벡터 $\vec{\mathbf{R}}$의 크기와 방향을 구하라.

합성 벡터 $\vec{\mathbf{R}}$의 크기 = __________

합성 벡터 $\vec{\mathbf{R}}$의 방향 = (   )사분면에서 __________

답: $18\sqrt{3}$☺, 210°, III

76. 고릴라 벡터 $\vec{\mathbf{\Psi}}$의 크기는 $3\sqrt{2}$ N이고 방향은 135°이다. 침팬지 벡터 $\vec{\mathbf{\Phi}}$의 크기는 $6\sqrt{2}$ N이고 방향은 225°이다. 오랑우탄 벡터 $\vec{\mathbf{\Omega}}$의 크기는 12 N이고 방향은 0°이다.

(A) 주어진 벡터 $\vec{\mathbf{\Psi}}$과 벡터 $\vec{\mathbf{\Phi}}$과 벡터 $\vec{\mathbf{\Omega}}$의 x 성분과 y 성분을 각각 구하라.

__________ __________ __________ __________

__________ __________

(B) 합성 벡터 $\vec{\mathbf{R}}$의 x 성분과 y 성분을 구하라.

______________ ______________

(C) 합성 벡터 $\vec{\mathbf{R}}$의 크기와 방향을 구하라.

합성 벡터 $\vec{\mathbf{R}}$의 크기 = ______________

합성 벡터 $\vec{\mathbf{R}}$의 방향 = (   )사분면에서 ______________

답: $3\sqrt{2}$ N, 315°, IV

도움이 필요한가요? 책의 맨 뒤에 있는 "힌트"를 참고하세요.

벡터 뺄셈 방법

벡터 $\vec{\mathbf{A}}$, $\vec{\mathbf{B}}$의 크기가 각각 A, B이고 방향이 각각 θ_A, θ_B일 때 아래 수식과 같이 두 벡터들을 빼서 나오는 합성 벡터 $\vec{\mathbf{C}}$의 크기 C과 방향 θ_C를 구해본다.

$$\vec{\mathbf{C}} = \vec{\mathbf{A}} - \vec{\mathbf{B}}$$

구하는 단계는 다음과 같다.

1. 주어진 벡터의 성분들을 구한다.

$$A_x = A\cos\theta_A$$
$$A_y = A\sin\theta_A$$
$$B_x = B\cos\theta_B$$
$$B_y = B\sin\theta_B$$

2. 각 성분들의 부호를 살펴본다.

- 제I사분면에서는 x 성분과 y 성분은 모두 + 부호이다.
- 제II사분면에서는 x 성분은 − 부호이고 y 성분은 + 부호이다.
- 제III사분면에서는 x 성분과 y 성분은 모두 − 부호이다.
- 제IV사분면에서는 x 성분은 + 부호이고 y 성분은 − 부호이다.

3. 주어진 벡터들의 같은 좌표 성분들끼리 서로 빼서 합성 벡터의 성분을 구한다.

$$C_x = A_x - B_x$$
$$C_y = A_y - B_y$$

주의 사항:

- $\vec{\mathbf{C}}=\vec{\mathbf{A}}-\vec{\mathbf{B}}$ 대신 $\vec{\mathbf{C}}=\vec{\mathbf{B}}-\vec{\mathbf{A}}$를 구하는 경우에는 위의 수식 대신에 $C_x=B_x-A_x$와 $C_y=B_y-A_y$을 사용한다.
- $\vec{\mathbf{C}}=2\vec{\mathbf{A}}+3\vec{\mathbf{B}}$와 같은 형태의 문제를 푸는 경우에는 성분 방정식을 $C_x=2A_x+3B_x$, $C_y=2A_y+3B_y$와 같이 문제를 구성하는 벡터 방정식 동일한 형태로 써준다.

4. 다음 수식을 사용하여 합성 벡터의 크기와 방향을 구한다.

$$C=\sqrt{C_x^2+C_y^2}$$

$$\theta_C=\tan^{-1}\left(\frac{C_y}{C_x}\right)$$

5. C_x와 C_y의 부호에 따라 θ_C을 맞게 구했는지 확인한다.

- $C_x>0$이고 $C_y>0$이면 θ_C은 0°와 90° 사이의 값을 갖는다.
- $C_x<0$이고 $C_y>0$이면 θ_C은 90°와 180° 사이의 값을 갖는다.
- $C_x<0$이고 $C_y<0$이면 θ_C은 180°와 270° 사이의 값을 갖는다.
- $C_x>0$이고 $C_y<0$이면 θ_C은 270°와 360° 사이의 값을 갖는다.

예제 바나나 벡터 $\vec{\mathbf{B}}$의 크기는 20 m이고 방향은 150°이다. 코코넛 벡터 $\vec{\mathbf{C}}$의 크기는 10 m이고 방향은 210°이다. 수박 벡터 $\vec{\mathbf{W}}$는 $\vec{\mathbf{W}}=\vec{\mathbf{B}}-\vec{\mathbf{C}}$로 정의된다. 수박 벡터 $\vec{\mathbf{W}}$의 크기와 방향을 구하라.

풀이 삼각함수를 사용하여 주어진 벡터의 성분들을 구한다.

$$B_x=B\cos\theta_B=20\cos 150°=-20\cos 30°=-20\left(\frac{\sqrt{3}}{2}\right)=-10\sqrt{3}\text{ m}$$

$$B_y=B\sin\theta_B=20\sin 150°=+20\sin 30°=20\left(\frac{1}{2}\right)=10\text{ m}$$

$$C_x=C\cos\theta_C=10\cos 210°=-10\cos 30°=-10\left(\frac{\sqrt{3}}{2}\right)=-5\sqrt{3}\text{ m}$$

$$C_y=C\sin\theta_C=10\sin 210°=-10\sin 30°=-10\left(\frac{1}{2}\right)=-5\text{ m}$$

같은 방향 성분들끼리 서로 빼서 합성 벡터의 성분들을 구한다.

$$W_x=B_x-C_x=-10\sqrt{3}-\left(-5\sqrt{3}\right)=-10\sqrt{3}+5\sqrt{3}=-5\sqrt{3}\text{ m}$$

$$W_y=B_y-C_y=10-(-5)=15\text{ m}$$

피타고라스 정리를 사용하여 합성 벡터 $\vec{\mathbf{W}}$의 크기를 구한다.

$$W = \sqrt{W_x^2 + W_y^2} = \sqrt{\left(-5\sqrt{3}\right)^2 + (15)^2} = \sqrt{75 + 225} = \sqrt{300} = \sqrt{(100)(3)} = 10\sqrt{3}\text{ m}$$

삼각함수를 사용하여 합성 벡터 $\vec{\mathbf{W}}$의 방향을 구한다.

$$\theta_W = \tan^{-1}\left(\frac{W_y}{W_x}\right) = \tan^{-1}\left(\frac{15}{-5\sqrt{3}}\right) = \tan^{-1}\left(-\frac{3}{\sqrt{3}}\right) = \tan^{-1}\left(-\sqrt{3}\right)$$

방향을 구하기 위해 먼저 부호를 무시하고 기준 각도를 구한다. $\tan 60° = \sqrt{3}$이므로 기준 각도는 60°이다. tan 함수는 제II사분면과 제IV사분면에서 − 값을 갖는다. 따라서 답은 제II사분면 또는 제IV사분면에 위치해야 한다. 이 문제에서는 합성 벡터가 두 사분면 중에서 제II사분면에 위치한다. 그 까닭은 $W_x < 0$이고 $W_y > 0$이기 때문이다. 각도 공식(9장)을 사용하여 제II사분면에서 기준 각도로부터 각도 θ_R을 계산한다.

$$\theta_W = 180° - \theta_{ref} = 180° - 60° = 120°$$

따라서 합성 벡터 $\vec{\mathbf{W}}$의 방향은 120°이다.

연습문제

77. 원숭이 털 벡터 $\vec{\mathbf{F}}$의 크기는 16 m이고 방향은 270°이다. 원숭이 꼬리 벡터 $\vec{\mathbf{T}}$의 크기는 $8\sqrt{2}$ m이고 방향은 225°이다. 원숭이 배 벡터 $\vec{\mathbf{B}}$는 $\vec{\mathbf{B}} = \vec{\mathbf{F}} - \vec{\mathbf{T}}$로 정의된다.

(A) 주어진 벡터 $\vec{\mathbf{F}}$과 벡터 $\vec{\mathbf{T}}$의 x 성분과 y 성분을 각각 구하라.

____________ ____________ ____________ ____________

(B) 벡터 $\vec{\mathbf{B}}$의 x 성분과 y 성분을 구하라.

____________ ____________

(C) 벡터 $\vec{\mathbf{B}}$의 크기와 방향을 구하라.

합성 벡터 $\vec{\mathbf{B}}$의 크기 = ____________

합성 벡터 $\vec{\mathbf{B}}$의 방향 = (　)사분면에서 ____________

답: $8\sqrt{2}$ m, 315°, IV

78. 수학 벡터 $\vec{\mathbf{M}}$의 크기는 4.0 N이고 방향은 210°이다. 과학 벡터 $\vec{\mathbf{S}}$의 크기는 3.0 N이

고 방향은 150°이다. 물리 벡터 $\vec{\mathbf{P}}$는 $\vec{\mathbf{P}} = 3\vec{\mathbf{M}} - 2\vec{\mathbf{S}}$로 정의된다.

(A) 주어진 벡터 $\vec{\mathbf{M}}$과 벡터 $\vec{\mathbf{S}}$의 x 성분과 y 성분을 각각 구하라.

__________ __________ __________ __________

(B) 벡터 $\vec{\mathbf{P}}$의 x 성분과 y 성분을 구하라.

__________ __________

(C) 벡터 $\vec{\mathbf{P}}$의 크기와 방향을 구하라.

합성 벡터 $\vec{\mathbf{P}}$의 크기 = __________

합성 벡터 $\vec{\mathbf{P}}$의 방향 = ( )사분면에서 __________

답: $6\sqrt{3}$ N, 240°, III

도움이 필요한가요? 책의 맨 뒤에 있는 "힌트"를 참고하세요.

단위 벡터

단위 벡터는 크기가 1인 벡터를 말한다. 직각좌표계에서 단위 벡터는 아래 그림에서 보듯이 $\hat{\mathbf{x}}$ 벡터와 $\hat{\mathbf{y}}$ 벡터이다. $\hat{\mathbf{x}}$ 벡터의 크기는 1이고 방향은 x축을 따라가는 방향이며 $\hat{\mathbf{y}}$ 벡터의 크기는 1이고 방향은 y축을 따라가는 방향이다.

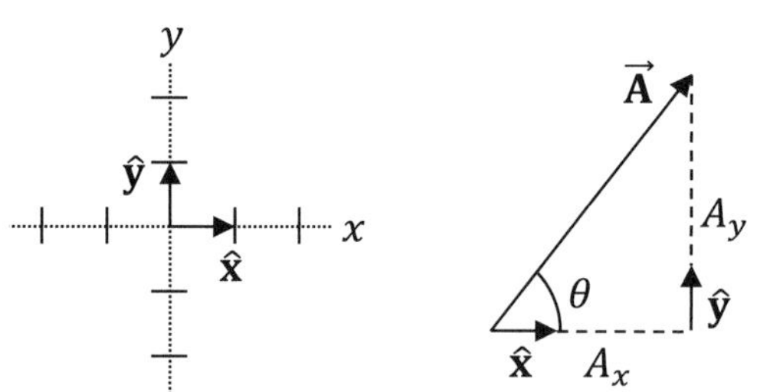

직각좌표계에서 임의의 벡터 $\vec{\mathbf{A}}$는 직각좌표계의 단위 벡터 $\hat{\mathbf{x}}$와 $\hat{\mathbf{y}}$, 그리고 벡터 $\vec{\mathbf{A}}$의 성분인 A_x와 A_y를 사용하여 다음과 같은 형태로 나타낼 수 있다.

$$\vec{\mathbf{A}} = A_x\hat{\mathbf{x}} + A_y\hat{\mathbf{y}}$$

단위 벡터가 포함된 문제를 푸는 방법

문제에 직각좌표계의 단위 벡터 $\hat{\mathbf{x}}$와 $\hat{\mathbf{y}}$가 포함되어 있는 경우에는 문제에서 주어진 것과 문제에서 요구하는 사항에 따라 다음과 같이 문제를 푼다.

- 문제에서 벡터가 $\vec{\mathbf{A}} = A_x\hat{\mathbf{x}} + A_y\hat{\mathbf{y}}$ 와 같은 형태로 주어지고 벡터의 크기와 방향을 구할 것을 요구하는 경우, 먼저 단위 벡터에 곱해져 있는 벡터의 성분인 A_x와 A_y를 알아내고 다음 방정식을 사용하여 크기와 방향을 구한다.

$$A = \sqrt{A_x^2 + A_y^2} \quad , \quad \theta_A = \tan^{-1}\left(\frac{A_y}{A_x}\right)$$

- 문제에서 벡터의 크기 A와 방향 θ_A가 주어지고 벡터를 직각좌표계의 단위 벡터 $\hat{\mathbf{x}}$와 $\hat{\mathbf{y}}$를 사용하여 나타낼 것을 요구하는 경우, 먼저 삼각함수를 사용하여 다음과 같이 벡터의 성분인 A_x와 A_y를 알아낸다.

$$A_x = A\cos\theta_A \quad , \quad A_y = A\sin\theta_A$$

  이어서 이렇게 구한 A_x와 A_y를 다음 방정식에 대입한다.

$$\vec{\mathbf{A}} = A_x\hat{\mathbf{x}} + A_y\hat{\mathbf{y}}$$

- 벡터를 단위 벡터를 사용하여 나타내면 벡터의 덧셈을 쉽게 수행할 수 있다. 다음과 같이 같은 종류의 항(동류항)들끼리 덧셈을 수행하면 합성 벡터 $\vec{\mathbf{R}}$을 구할 수 있다.

$$\vec{\mathbf{R}} = \vec{\mathbf{A}} + \vec{\mathbf{B}} = (A_x + B_x)\hat{\mathbf{x}} + (A_y + B_y)\hat{\mathbf{y}}$$

  여기서 $\vec{\mathbf{R}}$는 $\vec{\mathbf{R}} = R_x\hat{\mathbf{x}} + R_y\hat{\mathbf{y}}$로 쓸 수 있으며 R_x와 R_y는 다음과 같다.

$$R_x = A_x + B_x \quad , \quad R_y = A_y + B_y$$

  합성 벡터 $\vec{\mathbf{R}}$의 크기와 방향은 통상적인 방법으로 다음과 같이 구할 수 있다.

$$R = \sqrt{R_x^2 + R_y^2} \quad , \quad \theta_R = \tan^{-1}\left(\frac{R_y}{R_x}\right)$$

예제 벡터 $\vec{\mathbf{F}} = 3\hat{\mathbf{x}} - 3\hat{\mathbf{y}}$의 크기와 방향을 구하라.

풀이 $\vec{\mathbf{F}} = 3\hat{\mathbf{x}} - 3\hat{\mathbf{y}}$를 벡터의 일반식 $\vec{\mathbf{F}} = F_x\hat{\mathbf{x}} + F_y\hat{\mathbf{y}}$와 비교하여 $\vec{\mathbf{F}}$의 각 성분을 구하면 다음과 같다.

$$F_x = 3 \quad , \quad F_y = -3$$

피타고라스 정리를 사용하여 $\vec{\mathbf{F}}$의 크기를 구한다.

$$F = \sqrt{F_x^2 + F_y^2} = \sqrt{(3)^2 + (-3)^2} = \sqrt{9+9} = \sqrt{18} = \sqrt{(9)(2)} = 3\sqrt{2}$$

삼각함수를 사용하여 $\vec{\mathbf{F}}$의 방향을 구한다.

$$\theta_F = \tan^{-1}\left(\frac{F_y}{F_x}\right) = \tan^{-1}\left(\frac{-3}{3}\right) = \tan^{-1}(-1)$$

방향을 구하기 위해 먼저 부호를 무시하고 기준 각도를 구한다. $\tan 45° = 1$이므로 기준 각도는 45°이다. tan 함수는 제II사분면과 제IV사분면에서 − 값을 갖는다. 이 문제에서는 $\vec{\mathbf{F}}$가 두 사분면 중에서 제IV사분면에 위치하는데 그 까닭은 $F_x > 0$이고 $F_y < 0$이기 때문이다. 각도 공식(9장)을 사용하여 제IV사분면에서 기준 각도로부터 $\vec{\mathbf{F}}$의 방향을 계산한다.

$$\theta_F = 360° - \theta_{ref} = 360° - 45° = 315°$$

예제 벡터 $\vec{\mathbf{P}}$의 크기는 8이고 방향은 180°이다. 벡터 $\vec{\mathbf{P}}$를 직각좌표계의 단위 벡터를 써서 나타내라.

풀이 먼저, 삼각함수를 사용하여 $\vec{\mathbf{P}}$의 x 성분과 y 성분을 구한다.

$$P_x = P\cos\theta_P = 8\cos 180° = 8(-1) = -8$$
$$P_y = P\sin\theta_P = 8\sin 180° = 8(0) = 0$$

다음으로 이렇게 구한 성분들을 $\vec{\mathbf{P}}$ 방정식에 대입한다.

$$\vec{\mathbf{P}} = P_x\hat{\mathbf{x}} + P_y\hat{\mathbf{y}} = -8\,\hat{\mathbf{x}} + 0\,\hat{\mathbf{y}} = -8\,\hat{\mathbf{x}}$$

예제 다음 두 벡터를 더하여 나오는 합성 벡터의 크기와 방향을 구하라.

$$\vec{\mathbf{A}} = 2\,\hat{\mathbf{x}} - 4\,\hat{\mathbf{y}}$$
$$\vec{\mathbf{B}} = -6\,\hat{\mathbf{x}} + 8\,\hat{\mathbf{y}}$$

풀이 단위 벡터가 같은 항들끼리 더하여 합성 벡터 $\vec{\mathbf{R}}$을 구한다.

$$\vec{\mathbf{R}} = \vec{\mathbf{A}} + \vec{\mathbf{B}} = 2\,\hat{\mathbf{x}} - 4\,\hat{\mathbf{y}} - 6\,\hat{\mathbf{x}} + 8\,\hat{\mathbf{y}} = 2\,\hat{\mathbf{x}} - 6\,\hat{\mathbf{x}} - 4\,\hat{\mathbf{y}} + 8\,\hat{\mathbf{y}} = (2-6)\hat{\mathbf{x}} + (-4+8)\,\hat{\mathbf{y}}$$
$$\vec{\mathbf{R}} = -4\,\hat{\mathbf{x}} + 4\,\hat{\mathbf{y}}$$

피타고라스 정리를 사용하여 합성 벡터 $\vec{\mathbf{R}}$의 크기를 구한다.

$$R = \sqrt{R_x^2 + R_y^2} = \sqrt{(-4)^2 + (4)^2} = \sqrt{16+16} = \sqrt{32} = \sqrt{(16)(2)} = 4\sqrt{2}$$

삼각함수를 사용하여 합성 벡터 $\vec{\mathbf{R}}$의 방향을 구한다.

$$\theta_R = \tan^{-1}\left(\frac{R_y}{R_x}\right) = \tan^{-1}\left(\frac{4}{-4}\right) = \tan^{-1}(-1)$$

방향을 구하기 위해 먼저 부호를 무시하고 기준 각도를 구한다. $\tan 45° = 1$이므로 기준 각도는 45°이다. tan 함수는 제II사분면과 제IV사분면에서 − 값을 갖는다. 이 문제에서는 합성 벡터 $\vec{\mathbf{R}}$이 두 사분면 중에서 제II사분면에 위치하는데 그 까닭은 $R_x < 0$이고 $R_y > 0$이기 때문이다($R_x = -4$, $R_y = 4$). 따라서 $\theta_R = 180° - \theta_{ref} = 180° - 45° = 135°$이다.

연습문제

79. 벡터 $\vec{\mathbf{J}} = \sqrt{3}\hat{\mathbf{x}} - \hat{\mathbf{y}}$의 크기와 방향을 구하라.

답: 2, 330°

80. 벡터 $\vec{\mathbf{K}}$의 크기는 4이고 방향은 120°이다. 벡터 $\vec{\mathbf{K}}$를 직각좌표계의 단위 벡터를 써서 나타내어라.

답: $\vec{\mathbf{K}} = -2\,\hat{\mathbf{x}} + 2\sqrt{3}\,\hat{\mathbf{y}}$

81. 다음 두 벡터를 더하여 나오는 합성 벡터의 크기와 방향을 구하라.

$$\vec{\mathbf{V}} = 5\sqrt{3}\,\hat{\mathbf{x}} - 32\,\hat{\mathbf{y}}$$
$$\vec{\mathbf{W}} = 3\sqrt{3}\,\hat{\mathbf{x}} + 8\,\hat{\mathbf{y}}$$

답: $16\sqrt{3}$, 300°

82. 다음과 같은 두 개의 벡터가 있다.

$$\vec{\mathbf{L}} = 7\sqrt{2}\,\hat{\mathbf{x}} + 3\sqrt{2}\,\hat{\mathbf{y}}$$
$$\vec{\mathbf{R}} = 2\sqrt{2}\,\hat{\mathbf{x}} - \sqrt{2}\,\hat{\mathbf{y}}$$

$\vec{\mathbf{Q}} = 3\vec{\mathbf{L}} - 4\vec{\mathbf{R}}$로 정의되는 벡터 $\vec{\mathbf{Q}}$의 크기와 방향을 구하라.

답: 26, 45°

도움이 필요한가요? 책의 맨 뒤에 있는 "힌트"를 참고하세요.

11
발사체 운동

필수 개념

발사체 운동(projectile motion)은 다음과 같이 운동을 성분들로 분해하면 더욱 이해하기 쉽다.

1. 운동의 수직 성분은 1차원 등가속도와 같다. 발사체는 **수직 방향**으로는 **등가속도 운동**을 한다. 운동의 y 성분에는 1차원 등가속도 방정식을 적용한다.

2. 속도의 수평 성분은 일정하게 유지된다. 따라서 **수평 방향**으로는 **가속도가 0인 운동**을 한다. 그 까닭은 발사체를 수평으로 밀거나 당기는 힘이 없기 때문이다. 이러한 운동을 뒷받침하는 개념이 관성(inertia)인데 관성에 대해서는 13장에서 더욱 자세히 살펴본다.

수평 성분을 나타내는 데는 기호 x를, 수직 성분을 나타내는 데는 기호 y를 사용한다.

- $a_x = 0$이므로 v_x는 $v_x = v_{x0}$로 일정하게 유지된다.
- 지표면 근처에서는 $a_y = -9.81\ \mathrm{m/s^2}$이다. (이 값은 반올림하면 $-10\ \mathrm{m/s^2}$이 된다.)

기호와 SI 단위

기호	이름	SI 단위
Δx	알짜 수평 변위	m
Δy	알짜 수직 변위	m
v_0	초기 속력	m/s
θ_0	초기 속도의 방향	°(deg)

v_{x0}	초기 속도의 수평 성분	m/s
v_{y0}	초기 속도의 수직 성분	m/s
v_y	최종 속도의 수직 성분	m/s
v	최종 속력	m/s
θ	최종 속도의 방향	°(deg)
a_y	가속도(수직 방향)	m/s^2
t	시간	s

발사체 운동 문제 풀이 방법

발사체 운동에 관한 문제를 풀 때는 다음과 같은 단계를 밟는다.

1. 운동 경로를 그림으로 그린다. 초기 위치(i), 최종 위치(f), 수평 좌표(x), 수직 좌표(y)를 표시한다. 앞쪽을 x 방향으로 정한다. 물체의 운동 방향에 상관없이 위쪽을 $+y$로 정한다.

2. 다음 방정식을 사용하여 초기 속도의 x 성분과 y 성분을 구한다.

$$v_{x0} = v_0 \cos\theta_0$$
$$v_{y0} = v_0 \sin\theta_0$$

   문제에서 지구 표면이 아닌 다른 장소에서 물체가 자유낙하하고 있다고 명시하지 않으면 가속도 값은 $a = -9.81 \text{ m/s}^2 \approx -10 \text{ m/s}^2$이다. 달 표면 근처에서는 가속도 값으로 $a_y = -1.62 \text{ m/s}^2 \approx -\frac{8}{5} \text{ m/s}^2$을 사용한다.

3. 값이 주어진 양(기지수)과 구해야 할 양(미지수)를 파악한다. 다음 양 Δx, Δy, v_{x0}, v_{y0}, v_y, a_y, t 중에서 네 가지를 알고 있어야 한다. 위 3번 단계에서 a_y에 대해 설명한 내용을 잘 알아두어야 한다. 초기 속력을 구하는 문제가 아닌 경우에는 2번 단계에서 v_{x0}, v_{y0}를 구해야 한다.

4. 다음 방정식을 이용하여 미지수를 푼다. 미지수인 양(기호)가 무엇인지, 어떤 양(기호)들의 값을 알고 있는지 생각한다. 그러면 어떤 방정식을 사용하는 것이 적합할지 선택하는 데 도움이 된다.

$$\Delta x = v_{x0}t$$
$$\Delta y = v_{y0}t + \frac{1}{2}a_y t^2$$
$$v_y = v_{y0} + a_y t$$
$$v_y^2 = v_{y0}^2 + 2a_y\Delta y$$

5. 문제에서 요구하는 것이 최종 속력 또는 최종 속도의 방향인 경우에는 먼저 위의 방정식을 사용하여 v_y를 구하고 이어서 다음 방정식을 사용한다.

$$v = \sqrt{v_{x0}^2 + v_y^2}$$
$$\theta = \tan^{-1}\left(\frac{v_y}{v_{x0}}\right)$$

(위 식에서 v_{x0}는 원래 v_x이지만 발사체 운동에서는 $v_{x0} = v_x$이므로 v_{x0}로 쓸 수 있다.)

부호 설정 규칙

다음의 부호 규칙을 사용하기로 한다.

- 모든 발사체 운동 문제에서 a_y는 − 부호이다. (위쪽 방향을 $+y$로 선택한다.)
- 최종 위치(f)가 초기 위치(i)보다 아래쪽이면 Δy는 − 부호이다.
- 물체가 초기 위치에서 아래로 움직이면 v_{y0}는 − 부호이다.
- 물체가 최종 위치에서 아래로 움직이면 v_y는 − 부호이다.

중요한 차이점

알짜 변위의 성분에는 다음 두 가지가 있다.

- Δx는 알짜 변위의 **수평** 성분이다.
- Δy는 알짜 변위의 **수직** 성분이다.

v의 종류에는 다음과 같이 여러 가지가 있다.

- v_0는 **초기 속도**이며 삼각함수로 이루어진 두 개의 방정식에만 나타난다.
- v_{x0}와 v_{y0}는 둘 다 초기 속력이 아니라 **초기 속도의 성분**들이다.
- v_y는 **최종** 속도의 성분이다.
- v는 **최종** 속력이다.

중요 사항

발사체 운동에서 y는 **수직**이고 x는 **수평**이다.

물체가 최종 위치에서 충돌을 하는 경우, 최종 속도는 충돌 직전(충돌 직후가 아님)의 속도를 의미한다. 이 경우, 최종 속도는 0이 아니다. (최종 속도는 최종 위치가 운동 궤도의 맨 위에 있을 경우에만 0이 된다.)

마찬가지로, 초기 위치가 물체가 발사되거나 던져지는 위치인 경우, 초기 속도는 물체가 발사되거나 던져진 직후를 의미한다. 이 경우, 초기 속도는 0이 아니다. (초기 속도는 물체를 정지 상태에서 떨어뜨린 경우에만 0이 된다.)

다음의 경우에 해당하지 않으면 v_y가 들어있는 두 개의 방정식은 사용하지 않는다.

- **최대 높이(즉, 맨 위의 높이)를 구하는 문제**: 이 경우에는 $v_y = 0$으로 설정하고 Δy를 풀면 된다. 그러나 높이를 계산하는 문제이기는 하지만 문제에서 운동 궤도의 맨 위의 높이를 구하라고 하지 않은 경우에는 $v_y = 0$으로 설정해서는 안 된다.
- **최종 속력 또는 최종 속도의 방향을 구하는 문제**: 이 경우에는 먼저 v_y를 풀고 이어서 '**발사체 운동 문제 풀이 방법**'의 6번 단계에 있는 방정식을 사용한다.
- **최종 속력과 최종 속도의 방향이 주어진 문제**: 이 경우, 삼각함수를 사용하여 최종 속도의 성분들을 구한다. 이어서 값을 알고 있는 네 가지 양 중에서 v_y를 사용한다. 대부분의 문제에서는 최종 속력 값이 주어지지 않는다.

문제에서는 별도로 명시되어있지 않으면 다음과 같은 가정을 하고 있는 것이다.

- 공기 저항의 영향을 무시한다. 모든 물체가 운동하는 공간은 진공이다.
- 모든 물체가 지표면 근처에 있다고 가정한다.
- 고도의 변화가 충분히 작아서 운동 전체가 이루어지는 동안에 중력 가속도는 균일하다고 가정한다.

예제 빌딩 옥상 가장자리에 서있는 원숭이가 수평을 기준으로 30° 위쪽 방향으로 20 m/s의 초기속력으로 바나나를 집어던졌다. 바나나가 평평한 지표면에 부딪히기 직전까지 이동한 거리는 수평방향으로 $30\sqrt{3}$ m이다. 빌딩의 높이를 구하라.

풀이 먼저 다음과 같이 그림을 그린다.

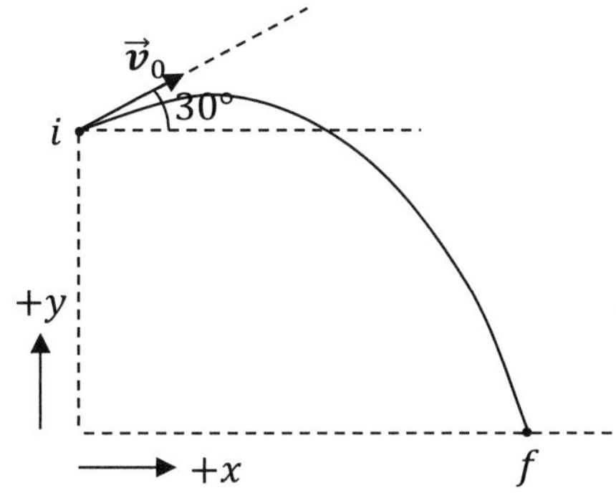

다음 두 개의 삼각함수 방정식을 사용하여 초기 속도의 두 성분을 각각 구한다.

$$v_{x0} = v_0 \cos\theta_0 = 20\cos 30° = 20\left(\frac{\sqrt{3}}{2}\right) = 10\sqrt{3}\ \mathrm{m/s}$$
$$v_{y0} = v_0 \sin\theta_0 = 20\sin 30° = 20\left(\frac{1}{2}\right) = 10\ \mathrm{m/s}$$

이 문제에서 구해야 할 미지수는 Δy이다. 값을 알고 있는 네 개의 양을 함께 표시한다.

$$\Delta y = ?\ , v_{x0} = 10\sqrt{3}\ \mathrm{m/s}\,, v_{y0} = 10\ \mathrm{m/s}\,, \Delta x = 30\sqrt{3}\ \mathrm{m}\,, a_y = -9.81\ \mathrm{m/s^2} \approx -10\ \mathrm{m/s^2}$$

여기서는 9.81 $\mathrm{m/s^2}$을 10 $\mathrm{m/s^2}$으로 반올림하여 계산기 없이도 문제를 풀 수 있도록 한다. 먼저 Δx 방정식을 사용하여 바나나의 운동 시간 t를 구한다.

$$\Delta x = v_{x0}t$$
$$30\sqrt{3} = \left(10\sqrt{3}\right)t$$
$$t = 3.0\ \mathrm{s}$$

이제 Δy 방정식을 사용하여 Δy를 구한다.

$$\Delta y = v_{y0}t + \frac{1}{2}a_y t^2$$
$$\Delta y = 10(3) + \frac{1}{2}(-9.81)(3)^2 \approx 10(3) + \frac{1}{2}(-10)(3)^2$$
$$\Delta y \approx 30 - 45$$
$$\Delta y \approx -15\ \mathrm{m}$$

따라서 빌딩의 높이는 원숭이의 키를 무시하면 약 15 m이다. (Δy의 부호가 −가 된 것은 최종 위치가 초기 위치보다 아래쪽에 있기 때문이다.)

예제 높이가 45 m인 빌딩 옥상 가장자리에 서있는 원숭이가 수평으로 30 m/s의 초기속력으로 바나나를 집어던졌다. 바나나가 평평한 지표면에 부딪히기 직전까지 수평방향으로 이동한 거리를 구하라. 원숭이의 키는 무시한다.

풀이 먼저 다음과 같이 그림을 그린다.

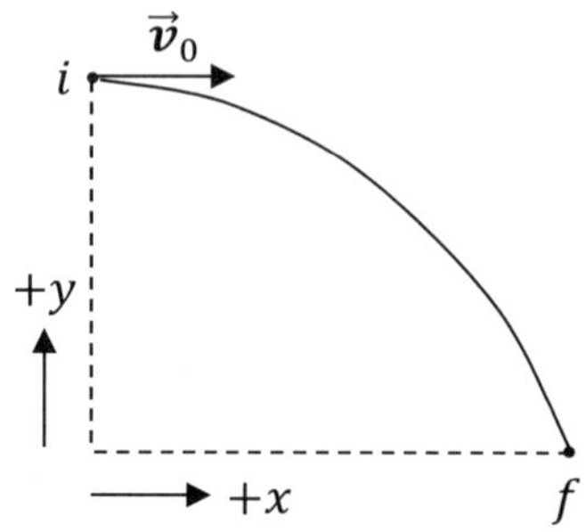

다음 두 개의 삼각함수 방정식을 사용하여 초기 속도의 두 성분을 각각 구한다. 바나나를 수평으로 던졌으므로 발사각도는 $\theta = 0°$이다.

$$v_{x0} = v_0 \cos\theta_0 = 30\cos 0° = 30(1) = 30 \text{ m/s}$$
$$v_{y0} = v_0 \sin\theta_0 = 30\sin 0° = 30(0) = 0$$

이 문제에서 구해야 할 미지수는 Δx이다. 값을 알고 있는 네 개의 양을 함께 표시한다.

$$\Delta x = ? \;,\; v_{x0} = 30 \text{ m/s} \;,\; v_{y0} = 0 \;,\; \Delta y = -45 \text{ m} \;,\; a_y = -9.81 \text{ m/s}^2 \approx -10 \text{ m/s}^2$$

Δy의 부호가 −가 된 것은 최종 위치 f가 초기 위치 i보다 아래쪽에 있기 때문이다. 여기서도 9.81 m/s^2을 10 m/s^2으로 반올림하여 계산기 없이도 문제를 풀 수 있도록 한다. 먼저 Δy 방정식을 사용하여 바나나의 운동 시간 t를 구한다.

$$\Delta y = v_{y0}t + \frac{1}{2}a_y t^2$$
$$-45 = 0(t) + \frac{1}{2}(-9.81)t^2 \approx \frac{1}{2}(-10)t^2$$
$$-45 \approx -5t^2$$
$$9 \approx t^2$$
$$t \approx \sqrt{9} = 3.0 \text{ s}$$

이제 Δx 방정식을 사용하여 Δx를 구한다.

$$\Delta x = v_{x0}t$$
$$\Delta x \approx (30)(3) = 90 \text{ m}$$

연습문제

83. 높이가 60 m인 절벽의 가장자리에 서있는 원숭이가 수평을 기준으로 30° 위쪽 방향으로 40 m/s의 초기속력으로 바나나를 집어던졌다. 바나나는 날아가다가 평평한 지표면에 부딪혔다.

① 바나나의 운동경로를 그림으로 그린 다음에 초기위치 i, 최종 위치 f, $+x$ 방향, $+y$ 방향을 가리키는 화살표를 표시하라.

② 삼각함수 계산을 수행하라.

③ 위 ①에서 그린 그림을 보고 값을 알고 있는 네 개의 양을 단위와 함께 적어라.(**힌트**: 이들 중에서 두 개의 양은 − **부호**이다.)

__________ __________ __________ __________

④ 바나나가 수평으로 이동한 거리를 계산하라(원숭이의 키는 무시한다).

답: $120\sqrt{3}$ m

84. 높이가 80 m인 빌딩의 가장자리에 서있는 원숭이가 수평으로 40 m/s의 초기속력으로 바나나를 집어던졌다. 바나나는 날아가다가 평평한 지표면에 부딪혔다. 원숭이의 키는 무시한다.

① 바나나의 운동경로를 그림으로 그린 다음에 초기위치 i, 최종 위치 f, $+x$ 방향, $+y$ 방향을 가리키는 화살표를 표시하라.

② 삼각함수 계산을 수행하라.

③ 위 ①에서 그린 그림을 보고 값을 알고 있는 네 개의 양을 단위와 함께 적어라.(**힌트**: 이들 중에서 두 개의 양은 − **부호**이다.)

__________ __________ __________ __________

④ 바나나가 평평한 지표면에 부딪히기 직전에 바나나의 최종 속도를 구하라.

답: $40\sqrt{2}$ m/s, 315°

85. 높이가 75 m인 빌딩의 가장자리에 서있는 원숭이가 수평을 기준으로 30° 아래쪽 방향으로 20 m/s의 초기속력으로 물리책을 집어던졌다. 물리책은 날아가다가 평평한 지표면에 부딪혔다. 원숭이의 키는 무시한다.

① 물리책의 운동경로를 그림으로 그린 다음에 초기위치 i, 최종 위치 f, $+x$ 방향, $+y$ 방향을 가리키는 화살표를 표시하다.

② 삼각함수 계산을 수행하라.

③ 위 ①에서 그린 그림을 보고 값을 알고 있는 네 개의 양을 단위와 함께 적어라.(**힌트**: 이들 중에서 세 개의 양은 − **부호**이다.)

____________ ____________ ____________ ____________

④ 물리책이 평평한 지표면에 부딪히기 직전에 수평으로 이동한 거리를 구하라.

답: $30\sqrt{3}$ m

도움이 필요한가요? 책의 맨 뒤에 있는 “힌트”를 참고하세요.

12
미적분으로 해석하는 이차원 운동

위치 벡터

위치 벡터 $\vec{\mathbf{r}}$은 원점에서 물체가 놓인 위치로 가는 벡터로 다음 식으로 쓸 수 있다.

$$\vec{\mathbf{r}} = x\,\hat{\mathbf{x}} + y\,\hat{\mathbf{y}}$$

위치 벡터는 x 좌표와 y 좌표, 또는 x 성분과 y 성분으로 유일하게 정의된다. (위치 벡터 $\vec{\mathbf{r}} = x\,\hat{\mathbf{x}} + y\,\hat{\mathbf{y}}$와 벡터의 일반형 $\vec{\mathbf{A}} = A_x\hat{\mathbf{x}} + A_y\hat{\mathbf{y}}$을 비교해보기 바란다.) 초기 위치 벡터는 $\vec{\mathbf{r}}_0 = x_0\,\hat{\mathbf{x}} + y_0\,\hat{\mathbf{y}}$로 주어진다. 다음과 같이 $\vec{\mathbf{r}}$에서 $\vec{\mathbf{r}}_0$를 빼면 초기 위치에서 최종 위치로 가는 화살표 직선으로 표시되는 알짜 변위 벡터 $\Delta\vec{\mathbf{r}}$를 얻을 수 있다.

$$\Delta\vec{\mathbf{r}} = \vec{\mathbf{r}} - \vec{\mathbf{r}}_0 = (x - x_0)\hat{\mathbf{x}} + (y - y_0)\hat{\mathbf{y}}$$

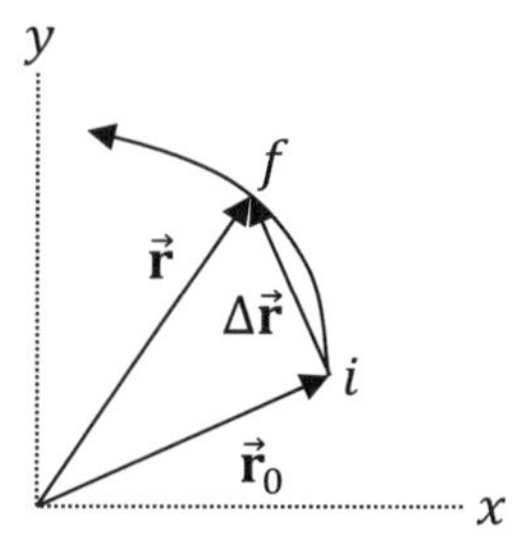

미적분 기반의 운동 방정식

속도 $\vec{\boldsymbol{v}}$는 시간 t에 대한 위치 $\vec{\mathbf{r}}$의 1계 도함수다. 따라서 다음과 같이 위치 $\vec{\mathbf{r}}$을 시간 t에 대해 한 번 미분하여 구할 수 있다.

$$\vec{v} = \frac{d\vec{\mathbf{r}}}{dt}$$

가속도 $\vec{\mathbf{a}}$는 시간 t에 대한 속도 $\vec{v}$의 1계 도함수다. 따라서 속도 $\vec{v}$를 시간 t에 대해 한 번 미분하여 구할 수 있다. 또한 가속도 $\vec{\mathbf{a}}$는 시간 t에 대한 위치 $\vec{\mathbf{r}}$의 2계 도함수도 된다. 따라서 위치 $\vec{\mathbf{r}}$을 시간 t에 대해 두 번 미분하여 구할 수 있다.

$$\vec{\mathbf{a}} = \frac{d\vec{v}}{dt} = \frac{d^2\vec{\mathbf{r}}}{dt^2}$$

알짜 변위 $\Delta\vec{\mathbf{r}}$은 속도 $\vec{v}$를 시간 t에 대해 정적분하여 구할 수 있다.

$$\Delta\vec{\mathbf{r}} = \int_{t=t_0}^{t} \vec{v}\,dt$$

속도의 변화 $\vec{v} - \vec{v}_0$는 가속도 $\vec{\mathbf{a}}$를 시간 t에 대해 정적분하여 구할 수 있다. 따라서 최종 속도 $\vec{v}$는 초기 속도 $\vec{v}_0$에 가속도 $\vec{\mathbf{a}}$의 시간 t에 대한 정적분을 더한 것과 같다.

$$\vec{v} = \vec{v}_0 + \int_{t=t_0}^{t} \vec{\mathbf{a}}\,dt$$

주의: 벡터 미분, 적분을 수행할 때, 단위 벡터인 $\hat{\mathbf{x}}$와 $\hat{\mathbf{y}}$는 상수로 취급한다.

기호와 SI 단위

기호	이름	SI 단위
$\hat{\mathbf{x}}$	x축과 나란한 단위 벡터	단위 없음
$\hat{\mathbf{y}}$	y축과 나란한 단위 벡터	단위 없음
$\vec{\mathbf{r}}_0$	초기 위치 벡터	m
$\vec{\mathbf{r}}$	위치 벡터	m
$\Delta\vec{\mathbf{r}}$	알짜 변위	m
x	수평 위치 좌표	m
Δx	수평 변위	m
y	수직 위치 좌표	m
Δy	수직 변위	m
$\vec{v}_0$	초기 속도 벡터	m/s

$\vec{v}$	속도 벡터	m/s
v_{x0}	초기 속도의 수평 성분	m/s
v_x	속도의 수평 성분	m/s
v_{y0}	초기 속도의 수직 성분	m/s
v_y	속도의 수직 성분	m/s
$\vec{a}$	가속도 벡터	m/s^2
a_x	가속도의 수평 성분	m/s^2
a_y	가속도의 수직 성분	m/s^2
t_0	초기 시간	s
t	시간	s

미적분 기반의 이차원 운동 문제 풀이 방법

단위 벡터 $\hat{\mathbf{x}}$, $\hat{\mathbf{y}}$를 사용하여 표시된 위치 벡터 $\vec{\mathbf{r}}$, 속도 벡터 $\vec{\boldsymbol{v}}$, 또는 가속도 벡터 $\vec{\mathbf{a}}$가 시간 t의 함수로 주어진 문제를 풀 때는 다음 단계를 밟는다. 문제의 유형에 따라 문제를 푸는 방법이 달라진다.

- **시간 t의 함수로 위치 $\vec{\mathbf{r}}$가 주어진 경우:**

1. 알짜 변위 $\Delta\vec{\mathbf{r}}$는 다음과 같은 방법으로 구한다. 먼저 최종 시간을 위치 함수에 대입하여 $\vec{\mathbf{r}}(t)$를 구하고 이어서 초기 시간을 위치 함수에 대입하여 $\vec{\mathbf{r}}(t_0)$를 구한 다음에 이렇게 구한 두 결과를 벡터 뺄셈(10장)을 사용하여 빼준다. **표기법**: $\vec{\mathbf{r}}(t)$는 t에서 계산된 $\vec{\mathbf{r}}$ 값을 뜻한다. '$\vec{\mathbf{r}}$ 곱하기 t'로 착각해서는 안 된다. $\vec{\mathbf{r}}(t_0)$는 초기 시간 t_0에서 계산된 $\vec{\mathbf{r}}$ 값이므로 결국 초기 위치 벡터 $\vec{\mathbf{r}}_0$와 같다.

$$\Delta\vec{\mathbf{r}} = \vec{\mathbf{r}}(t) - \vec{\mathbf{r}}(t_0)$$

2. 속도를 구하는 경우에는 먼저 위치 함수 $\vec{\mathbf{r}}$을 시간 t에 대해 한 번 미분하여 속도 함수 $\vec{\boldsymbol{v}}$를 구하고 이렇게 구한 속도 $\vec{\boldsymbol{v}}$에 원하는 시간을 대입한다.

$$\vec{\boldsymbol{v}} = \frac{d\vec{\mathbf{r}}}{dt}$$

3. 가속도를 구하는 경우에는 먼저 위치 함수 $\vec{\mathbf{r}}$을 시간 t에 대해 연속해서 두 번 미분하여 가속도 함수 $\vec{\mathbf{a}}$를 구하고 이렇게 구한 가속도 $\vec{\mathbf{a}}$에 원하는 시간을 대입한다.

$$\vec{\mathbf{a}} = \frac{d^2\vec{\mathbf{r}}}{dt^2}$$

- **시간 t의 함수로 속도 $\vec{v}$가 주어진 경우:**

4. 알짜 변위 $\Delta\vec{\mathbf{r}}$를 구하는 경우에는 다음 식과 같이 속도 함수 $\vec{v}$를 원하는 시간 간격에 대해 정적분을 구한다.

$$\Delta\vec{\mathbf{r}} = \int_{t=t_0}^{t} \vec{v}\, dt$$

5. 속도를 구하는 경우에는 속도 함수 $\vec{v}$에 원하는 시간을 대입한다.

6. 가속도를 구하는 경우에는 먼저 속도 함수 $\vec{v}$를 시간 t에 대해 미분하여 가속도 함수 $\vec{\mathbf{a}}$를 구하고 이렇게 구한 가속도 $\vec{\mathbf{a}}$에 원하는 시간을 대입한다.

$$\vec{\mathbf{a}} = \frac{d\vec{v}}{dt}$$

- **시간 t의 함수로 가속도 $\vec{\mathbf{a}}$가 주어진 경우:**

7. 알짜 변위 $\Delta\vec{\mathbf{r}}$를 구하는 경우에는 먼저 다음에 나오는 8번 단계를 수행하고 이어서 앞에 나온 4번 단계를 수행한다.

8. 속도 $\vec{v}$를 구하는 경우에는 먼저 가속도 함수 $\vec{\mathbf{a}}$를 원하는 시간 간격에 대해 정적분을 구하고 이어서 이렇게 구한 결과에 초기 속도 $\vec{v}_0$를 더한다.

$$\vec{v} = \vec{v}_0 + \int_{t=t_0}^{t} \vec{\mathbf{a}}\, dt$$

9. 가속도를 구하는 경우에는 가속도 함수 $\vec{\mathbf{a}}$에 원하는 시간을 대입한다.

주의: 107쪽에 있는 **단위 벡터가 포함된 문제를 푸는 방법**을 적용할 필요도 있다.

도움말: 다음에 나오는 예제를 공부하기 전에 4장의 예제를 복습하는 것이 도움이 될 수 있다. 이번 장과 4장의 예제들은 매우 비슷하다. 이번 장의 예제에서는 벡터를 다루고, 운동이 이차원이라는 점이 4장과 다를 뿐이다.

예제 원숭이의 위치 벡터가 $\vec{\mathbf{r}} = 3t^2\hat{\mathbf{x}} - 24t\hat{\mathbf{y}}$로 주어질 때 $t = 4.0$ s인 순간에 원숭이의 속력을 구하라. 위치 벡터의 단위는 m이다.

풀이 속력을 구하기 위해 속도 벡터를 구해보자. 속도는 위치를 시간 t에 대해 한 번 미분하여 구한다.

$$\vec{v} = \frac{d\vec{\mathbf{r}}}{dt} = \frac{d}{dt}(3t^2\,\hat{\mathbf{x}} - 24t\,\hat{\mathbf{y}})$$

단위 벡터 $\hat{\mathbf{x}}$와 $\hat{\mathbf{y}}$는 상수이다. 단위벡터 $\hat{\mathbf{x}}$와 $\hat{\mathbf{y}}$에 대한 미분과 적분을 할 때는 상수를 다룰 때처럼 처리하면 된다. 따라서 $\hat{\mathbf{x}}$와 $\hat{\mathbf{y}}$는 미분 기호와 적분 기호 바깥으로 꺼낼 수 있다.

$$\vec{v} = \hat{\mathbf{x}}\frac{d}{dt}(3t^2) - \hat{\mathbf{y}}\frac{d}{dt}(24t) = 6t\,\hat{\mathbf{x}} - 24\,\hat{\mathbf{y}}$$

시간 $t = 4.0$ s를 속도 함수 $\vec{v}$에 대입한다.

$$\vec{v}(t = 4\text{ s일 때}) = 6(4)\,\hat{\mathbf{x}} - 24\,\hat{\mathbf{y}} = 24\,\hat{\mathbf{x}} - 24\,\hat{\mathbf{y}}$$

문제에서 요구한 것은 $t = 4.0$ s인 순간에 원숭이의 속력이다. 따라서 속도의 성분들로부터 속력을 구해야 한다. 10장에서 배웠듯이 속도 벡터 $\vec{v}$를 $\vec{v} = v_x\hat{\mathbf{x}} + v_y\hat{\mathbf{y}}$와 같은 형태로 나타낼 수 있다. 위에서 구한 $\vec{v} = 24\hat{\mathbf{x}} - 24\hat{\mathbf{y}}$을 $\vec{v} = v_x\hat{\mathbf{x}} + v_y\hat{\mathbf{y}}$와 비교하면 속도의 x 성분과 y 성분은 다음과 같다.

$$v_x = 24\text{ m/s} \quad , \quad v_y = -24\text{ m/s}$$

속력 v는 속도 $\vec{v}$의 크기이다. 따라서 피타고라스 정리를 사용하여 속도의 성분들로부터 속력을 구하면 다음과 같다.

$$v = \sqrt{v_x^2 + v_y^2} = \sqrt{(24)^2 + (-24)^2} = \sqrt{(24)^2(1+1)} = 24\sqrt{2}\text{ m/s}$$

예제 오랑우탄의 가속도 벡터가 $\vec{\mathbf{a}} = 9t^2\hat{\mathbf{x}} - 18\hat{\mathbf{y}}$로 주어졌다. 오랑우탄의 초기 속도는 $\vec{v}_0 = 36\hat{\mathbf{x}}$이다. $t = 2.0$ s인 순간에 오랑우탄의 속도를 구하라.

풀이 속도는 초기 속도에 시간 t에 대한 가속도 함수 $\vec{\mathbf{a}}$의 정적분을 더한 것과 같다.

$$\vec{v} = \vec{v}_0 + \int_{t=t_0}^{t} \vec{\mathbf{a}}\,dt = 36\,\hat{\mathbf{x}} + \int_{t=0}^{2} (9t^2\,\hat{\mathbf{x}} - 18\,\hat{\mathbf{y}})\,dt$$

위의 적분 식에서 각 항의 적분을 구한 다음에 2장에서 배운 방법대로 상한과 하한을 각각 대입하여 계산한다. 단위 벡터 $\hat{\mathbf{x}}$와 $\hat{\mathbf{y}}$는 상수이다.

$$\vec{v} = 36\,\hat{\mathbf{x}} + [3t^3\,\hat{\mathbf{x}} - 18t\,\hat{\mathbf{y}}]_{t=0}^{2}$$
$$\vec{v} = 36\,\hat{\mathbf{x}} + 3(2)^3\,\hat{\mathbf{x}} - (3)(0)^3\hat{\mathbf{x}} - 18(2)\,\hat{\mathbf{y}} - [-18(0)\hat{\mathbf{y}}] = 36\,\hat{\mathbf{x}} + 24\,\hat{\mathbf{x}} - 36\,\hat{\mathbf{y}}$$
$$\vec{v} = 60\,\hat{\mathbf{x}} - 36\,\hat{\mathbf{y}}$$

연습문제

86. 바나나 자동차의 위치가 다음 방정식으로 주어졌다. 여기서 SI 단위는 생략하였다.

$$\vec{\mathbf{r}} = 2t^4\,\hat{\mathbf{x}} - 4t^3\,\hat{\mathbf{y}}$$

① 바나나 자동차의 속도를 나타내는 방정식을 구하라.

② $t = 3.0$ s인 순간에 바나나 자동차의 속도를 구하라.

③ 바나나 자동차의 가속도를 나타내는 방정식을 구하라.

④ $t = 5.0$ s인 순간에 바나나 자동차의 가속도를 구하라.

답: $\vec{\boldsymbol{v}} = 216\hat{\mathbf{x}} - 108\hat{\mathbf{y}}$, $\vec{\mathbf{a}} = 600\hat{\mathbf{x}} - 120\hat{\mathbf{y}}$

87. 바나나 비행기의 속도가 다음 방정식으로 주어졌다. 여기서 SI 단위는 생략하였다.

$$\vec{\boldsymbol{v}} = 8t^3\,\hat{\mathbf{x}} - 9t^2\,\hat{\mathbf{y}}$$

① 바나나 비행기의 알짜 변위를 나타내는 방정식을 구하라.

② $t = 0$에서 $t = 3.0$ s까지 움직인 바나나 비행기의 알짜 변위를 구하라.

③ 바나나 비행기의 가속도를 나타내는 방정식을 구하라.

④ $t = 6.0$ s인 순간에 바나나 비행기의 가속도를 구하라.

답: $\Delta\vec{\mathbf{r}} = 162\hat{\mathbf{x}} - 81\hat{\mathbf{y}}$, $\vec{\mathbf{a}} = 864\hat{\mathbf{x}} - 108\hat{\mathbf{y}}$

도움이 필요한가요? 책의 맨 뒤에 있는 “힌트”를 참고하세요.

13
뉴턴의 운동 법칙

관련 용어

- **속도**(velocity) – 속력과 방향을 모두 가지는 양
- **가속도**(acceleration) – 속도의 순간 변화율
- **운동량**(momentum) – 질량 곱하기 속력. 움직이는 모든 물체는 운동량을 가진다.
- **관성**(inertia) – 물체가 일정한 운동량을 유지하려는 자연의 성질
- **질량**(mass) – 관성의 척도. 물체가 가진 질량이 클수록 관성이 크므로 물체를 가속을 하는 것이 어렵다.
- **무게**(weight) – 물체가 겪는 중력
- **진공**(vacuum) – 물질이 전혀 없는 빈 영역. 공기조차도 없음

중요한 차이

무게는 질량에 중력 가속도를 곱한 것과 같으므로 ($W = mg$) 질량과 무게는 **서로 다른 양**이다.

- 질량은 스칼라량이지만 무게는 벡터량이다. 무게에는 방향이 있지만 질량에는 방향이 없다. 무게의 방향은 무게 중심을 향한다. 질량에는 방향이 없으므로 어떤 방향으로든 질량을 가진 물체를 가속시키는 것은 어렵다.
- 무게의 SI 단위는 킬로그램(kg)이고 무게의 SI 단위는 뉴턴(N)이다. $W = mg$이므로 뉴턴 단위는 kg에 m/s^2를 곱한 것과 같다.

- 물체의 질량은 그 물체가 우주의 어느 위치에 놓여 있든 관계없이 동일하지만, 무게는 위치에 따라 **다르다**. 여러분이 달에 가면 여러분의 질량은 지구와 똑같지만, 몸무게는 약 6분의 1로 줄어든다.

필수 개념

물체를 **가속**하기 위해서는 **속도를 변화**시켜야 한다. 일정한 속도를 가진 물체는 가속도가 0이다.

운동량은 질량과 속도의 곱과 같으므로 움직이는 물체는 모두 운동량을 가지고 있다.

힘은 미는 것 또는 당기는 것을 의미한다. 힘의 예를 몇 가지 살펴보면 다음과 같다. 무게는 **중력**(gravitational force)으로 끌어당기는 힘이다. 줄의 **장력**(tension)은 줄의 양쪽 끝에 달려있는 물체를 당기는 힘이다. **마찰력**(friction)은 두 물체가 서로에 대해 미끄러지는 것을 줄이려고 하는 저항력이다. 여러분이 바닥 위에 서 있을 때, 여러분을 위로 밀어주는 수직력(normal force)이 여러분을 떠받치고 있다.

뉴턴의 운동 법칙

뉴턴(Issac Newton)이 도입한 세 가지 운동 법칙은 물체의 움직임을 이해하는 데 가장 기본이 된다.

1. **뉴턴의 운동 제1법칙**: 모든 물체는 일정한 운동량을 유지하려는 자연의 성질[이 성질을 관성(inertial)이라고 함]을 가지고 있다. 다시 말해 물체의 질량 중심은 외부 힘이 작용하지 않는 한 일정한 속도로 움직인다.
2. **뉴턴의 운동 제2법칙**: 일정한 질량을 가진 물체에 가해지는 알짜힘은 물체의 질량에 가속도를 곱한 것과 같다.

$$\sum \vec{\mathbf{F}} = m\vec{\mathbf{a}}$$

발사된 로켓과 같이 질량이 변하는 물체의 경우(25장), 뉴턴의 제2법칙에 따라 알짜힘은 시간에 대한 운동량($\vec{\mathbf{P}}$)의 미분과 같다.

$$\sum \vec{\mathbf{F}} = \frac{d\vec{\mathbf{p}}}{dt}$$

표기법: 그리스 대문자 시그마(Σ)는 '더해서 얻는 합(summation)'을 나타내는 기호이다. 위 방정식의 좌변의 의미는 (벡터 덧셈 방식으로) 여러 개의 힘을 더해서 얻는 합이다.

3. 뉴턴의 운동 제3법칙: 한 물체(물체 A)가 다른 물체(물체 B)에 힘을 가하면, 물체 B도 물체 A에 (물체 A가 물체 B에 가하는 힘과) 크기는 같고 방향은 반대인 힘을 동시에 가한다. 뉴턴의 제3 법칙은 다음 방정식으로 간결하게 나타낼 수 있다.

$$\vec{\mathbf{F}}_{AB} = -\vec{\mathbf{F}}_{BA}$$

필수 개념

뉴턴의 제1법칙은 **관성의 법칙**이라고도 말하는데 이는 물체가 일정한 운동량을 유지하려는 자연의 고유한 성질이 '관성'이기 때문이다. 물체의 질량이 변하지 않는다는 말은 관성이 변하지 않는 다는 것을 의미하므로 물체에 외부에서 힘이 작용하지 않는 한 물체는 일정한 속도를 유지한다. 다시 말해 가속도가 0인 상태를 유지한다. 또 달리 말하면 물체는 일정한 속도를 유지하며 일직선으로 움직인다.

뉴턴의 제3법칙은 다음과 같이 기술되기도 한다. 모든 **작용**(action)에는 그것과 크기가 같고 방향이 반대인 **반작용**(reaction)이 '동시에' 일어난다. 대부분의 학생들은 '작용과 반작용'의 관점에서 생각하는 것보다 '같은 크기의 반대 방향인 두 힘'으로 생각할 때 제3법칙과 관련된 개념이 담긴 물리 문제를 더욱 잘 이해한다. 하지만 실제로 '작용'은 물체 A가 물체 B에 가하는 힘이고, 작용과 크기가 같고 방향이 반대인 '반작용'은 물체 B가 물체 A에 가하는 힘이다.

뉴턴의 제3법칙을 떠받치는 가장 주된 개념은 **모든 힘은 상호적**이며, **모든 힘은 쌍으로 온다**는 것이다. 다음에 나오는 예제와 연습문제에서 알 수 있듯이 만약 물체 A와 물체 B를 확실히 찾아내기만 하면 뉴턴의 제3법칙을 적용하는 것은 쉽다.

뉴턴의 운동법칙에 관한 개념적 연구

뉴턴의 운동 법칙(다시 말해, 속도, 가속도, 운동량, 질량, 무게, 힘, 관성과 관련한 개념)을 적용하는 문제를 풀 때는 다음과 같은 점을 고려해야 한다.

1. 직관에 따라 추측하는 것을 삼가라: 뉴턴의 운동 법칙과 관련된 개념들이 직관과는 다르다고 생각하는 학생들이 많이 있다. 이는 학생들이 종종 직관에 의존해 부정확한 추측을 하고 있음을 뜻한다. 뉴턴의 법칙을 적용하여 개념적 문제를 푸는 훈련을 하면 우리의 직관을 다듬고, 뉴턴의 법칙과 일상에서 우리의 경험이 서로 어긋나지 않게 만들 수 있다.

2. 법칙, 개념, 정의에 따라 판단을 이끌어내도록 하라.

3. 막히거나 확신이 서지 않을 때는 논리와 근거를 바탕으로 한 판단을 통해 정확한 답을 구할 수 있음을 기억하라. 답을 알아내기 위해 할 수 있는 데까지 최선을 다한 다음, 책의 맨 뒤에 있는 '힌트'에 수록되어 있는 연습문제 설명을 살펴본다.

예제 원숭이가 스케이트보드를 타고 있다. 스케이트보드가 도로 가장자리 연석에 충돌하면서 멈추었다. 이때 원숭이는 어떻게 되는가?

풀이 원숭이는 "계속 움직인다." 이 문제에는 뉴턴의 제1법칙과 관련된 개념이 들어있다. 원숭이는 관성을 가지고 있으므로 스케이트보드가 갑자기 멈추어도 일정한 운동량을 유지하며 계속 앞으로 나아간다.

예제 바나나 한 상자의 질량이 두 배로 늘어났다. 늘어나기 전과 동일한 가속도를 얻기 위해서 필요한 힘은 얼마인가?

풀이 "두 배"의 힘이 필요하다. 이 문제에서는 뉴턴의 제2법칙이 사용된다. 이 법칙을 나타내는 방정식은 $\Sigma\vec{\mathbf{F}} = m\vec{\mathbf{a}}$로, 알짜힘은 질량에 가속도를 곱한 것과 같다. 질량 m을 두 배로 늘린 상태에서 가속도 $\vec{\mathbf{a}}$를 그대로 유지하려면 알짜힘 $\Sigma\vec{\mathbf{F}}$를 두 배로 늘려야 한다.

$$\vec{\mathbf{a}} = \frac{\sum\vec{\mathbf{F}}}{m} = \frac{2\sum\vec{\mathbf{F}}}{2m}$$

예제 원숭이가 200 N의 힘으로 바나나를 밟을 때 동시에 바나나가 원숭이에게 가하는 힘은 얼마인가?

풀이 200 N이다. 이 문제에서는 뉴턴의 제3법칙이 사용된다. 제3법칙을 적용할 때는 두 물체, A와 B를 찾아내야 한다. 이 문제에서 서로 힘을 가하는 두 물체는 원숭이(물체 A)와 바나나(물체 B)이다. 물체 A와 물체 B가 서로에게 가하는 힘은 $\vec{\mathbf{F}}_{AB} = -\vec{\mathbf{F}}_{BA}$로 원숭이가 바나나에 가하는 힘은 바나나가 원숭이에게 가하는 힘과 크기는 같고 방향은 반대이다.

연습문제

88. 밑줄 친 부분에 들어갈 단어나 문장을 써라.

(A) 물체가 가속도를 갖는 다는 것은 물체의 ________________ 것이다.

(B) 일정한 속도로 동쪽을 향해 수평으로 달리는 기차 안에 있는 승객이 X가 표시된 기차 바닥을 향해 바나나를 똑바로 떨어뜨렸다. 바나나는 ________________에 떨어질 것이다.

(C) 동쪽을 향해 수평으로 달리는 기차 안에 있는 승객이 기차가 감속하는 동안에 X가 표시된 기차 바닥을 향해 바나나를 똑바로 떨어뜨렸다. 바나나는 ____________ 에 떨어질 것이다.

(D) 질량이 150 kg인 축구 선수가 8 m/s의 속력으로 달리다가 제자리에 가만히 서 있던 질량이 60 kg인 치어리더와 충돌하였다. 충돌 순간에 축구 선수가 치어리더에 가한 힘은 치어리더가 축구 선수에 가한 힘과 비교할 때 ______________

(E) 질량이 150 kg인 축구 선수가 8 m/s의 속력으로 달리다가 제자리에 가만히 서있던 질량이 60 kg인 치어리더와 충돌하였다. 충돌 과정에서 축구 선수가 경험하는 가속도의 크기는 치어리더가 경험하는 가속도의 크기와 비교할 때 ____________

(F) 모든 물체는 가속도를 _________ 유지하려는 자연의 성질을 가지고 있다.

(G) 총을 발사하는 순간에 총을 쏘는 사람은 뉴턴의 ______________ 법칙에 따라 뒤로 밀리는 반동이 일어나는 것을 경험한다.

(H) 25 m/s의 일정한 속력으로 움직이는 배 위에 있는 원숭이가 똑바로 위쪽으로 대포를 발사하였다. 그러면 발사된 포탄은 ________________에 떨어질 것이다.

(I) 원숭이가 질량이 500 g인 파리채를 25 N의 힘으로 휘둘러 모기를 때렸다. 파리채가 모기를 치는 순간에 모기가 파리채에 가하는 힘은 ______________ 이다.

답: (A) 속력이 변한다는 (B) X 표시 위 (C) X 표시에서 더 동쪽 (D) 같다
(E) 작다 (F) 0으로 (G) 제3법칙 (H) 대포 (I) 25 N

89. 밑줄 친 부분에 들어갈 단어나 문장을 써라.

(A) 달 표면에서의 중력은 지구 표면에서의 중력의 1/6이다. 지구에서 질량이 24 kg인 원숭이가 달에 가면 질량은 ____________ kg이 되고 무게는 ____________ N이 된다.

(B) 모든 물체는 자신의 _________이 변하는 것에 저항하는 자연의 성질을 가진다.

(C) 질량이 600 kg인 고릴라가 질량이 200 kg인 원숭이와 정면충돌을 했다. 충돌 순간에 고릴라가 받는 힘은 원숭이가 받는 힘과 비교할 때 ____________, 고릴라가 경험하는 가속도의 크기는 원숭이가 경험하는 가속도의 크기와 비교할 때 ____________

(D) 질량과 속도를 곱하면 ________을(를) 얻는다.

(E) 질량과 가속도를 곱하면 ________을(를) 얻는다.

(F) 지구가 달에 가하는 힘은 달이 지구에 가하는 힘과 비교할 때 ____________

(G) 원숭이가 일정한 속력으로 달리면서도 가속도를 경험하기 위해서는 __________ 한다.

(H) 원숭이에 작용하는 알짜힘이 0일 때, 원숭이는 ___________가 없고, ___________가 일정하다.

(I) 진공 속에서 지표면에서 같은 높이에 있던 바나나와 깃털을 동시에 떨어뜨렸다. 바나나가 지표면에 도달하는 시간은 깃털이 지표면에 도달하는 시간과 비교할 때 ________

(J) 원숭이가 마찰이 전혀 없는 얼음판 위에 오도 가도 못한 채 서있다. 원숭이가 가진 것이라고는 바나나 한 개뿐이다. 원숭이가 ______________________ (하)면 집으로 되돌아갈 수 있다.

답: (A) 24 kg, 40 N (B) 운동량 (C) 같고, 작다 (D) 운동량 (E) 알짜힘 (F) 같다 (G) 달리는 방향을 바꾸어야 (H) 가속도, 속도 (I) 같다 (J) 집이 있는 곳과 정반대 방향으로 바나나를 던지

90. 다음 물음에 답하라.

(A) 아래 그림에서 보듯이 왼쪽에 놓인 골프공이 금속으로 된 원호 모양의 통로 속으로 들어갔다 빠져 나오고 있다. 점선은 골프공의 경로를 나타낸다. 통로를 빠져나온 골프공이 진행하는 경로는 A~E 중에서 어디인가?

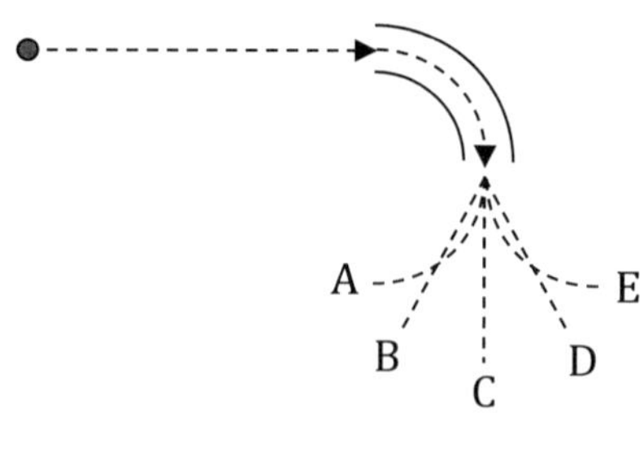

(B) 비행기가 오른쪽을 향해 수평방향으로 비행하고 있다. 아래 그림의 왼쪽 맨 꼭대기 위치에서 비행기가 바나나가 담긴 상자를 아래로 떨어뜨렸다. 바나나 상자가 낙하하는 경로는 A~E 중에서 어디인가?

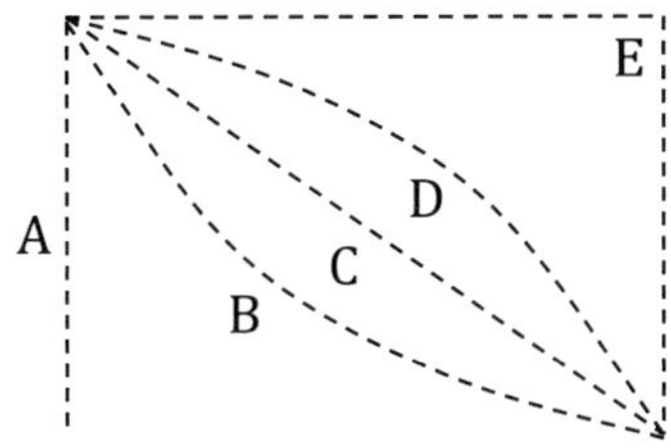

(C) 질량이 0.2 kg인 바나나와 질량이 20 kg인 바나나가 담긴 상자가 지표면 위의 같은 높이에 위치해 있다. 바나나와 상자를 동시에 떨어뜨릴 때 어느 것이 지표면에 먼저 도달하는가?

(D) 지표면 위의 같은 높이에서 총알 한 발이 오른쪽으로 수평으로 발사되었다. 이와 동시에 또 하나의 총알이 정지 상태에서 똑바로 아래로 떨어졌다. 두 총알 중에서 어느 총알이 지표면에 먼저 도달하는가?

(E) 자동차의 후방 거울에 목걸이가 매달려 있다. 자동차가 속도를 높일 때 목걸이는 어느 쪽으로 기울어지는가? 속도를 낮출 때 목걸이는 어느 쪽으로 기울어지는가? 평평한 도로를 따라 일정한 속도로 달리고 있을 때 목걸이는 어느 쪽으로 기울어지는가? 일정한 속력으로 왼쪽으로 회전할 때 목걸이는 어느 쪽으로 기울어지는가?

답: (A) C (B) D (C) 바나나와 상자가 동시에 도달 (D) 두 총알이 동시에 도달
(E) 뒤쪽, 앞쪽, 똑바로 아래쪽(기울어지지 않음), 오른쪽

자세한 설명은 책의 맨 뒤에 있는 “힌트”를 참고하세요.

14
뉴턴의 제2법칙 응용

필수 개념

뉴턴의 운동 제2법칙에 따르면, 다음 식과 같이 물체에 작용하는 알짜힘($\Sigma\vec{\mathbf{F}}$)은 물체의 질량(m)과 물체의 가속도($\vec{\mathbf{a}}$)를 곱한 것과 같다.

$$\sum \vec{\mathbf{F}} = m\vec{\mathbf{a}}$$

위의 방정식의 좌변에는 힘의 벡터 덧셈(10장)이 들어있다. 벡터 덧셈을 하는 데 사용하는 기본 개념은 벡터를 x 성분과 y 성분으로 분해하는 것이다. 따라서 뉴턴의 제2법칙을 적용하여 문제를 풀 때는 위의 방정식을 그대로 적용하는 대신에 다음과 같이 성분 형태로 방정식을 사용한다.

$$\sum F_x = ma_x \quad , \quad \sum F_y = ma_y$$

위의 첫 번째 방정식은 물체에 작용하는 힘의 x 성분들의 합(ΣF_x)이 물체의 질량(m)과 물체의 가속도의 x 성분(a_x)을 곱한 것과 같다는 의미이다. 두 번째 방정식은 y 성분에 대해 동일한 의미를 갖는다.

기호와 SI 단위

기호	이름	SI 단위
m	질량	kg
mg	무게(중력)	N

F	힘	N
N	수직력	N
f	마찰력	N
μ	마찰계수	단위 없음
T	장력	N
P, D, L	여러 종류의 힘	N
a_x	가속도의 수평 성분	m/s^2
a_y	가속도의 수직 성분	m/s^2

단위관련 주의사항

뉴턴(N) 단위는 1 kg 곱하기 1 m/s^2과 같다.

$$1\ \mathrm{N} = 1\ \mathrm{kg} \cdot \mathrm{m/s^2}$$

뉴턴의 제2법칙($\Sigma\vec{\mathbf{F}} = m\vec{\mathbf{a}}$)에 따라 알짜힘(단위: N)은 질량(단위: kg) 곱하기 가속도(단위: m/s^2)와 같으므로 단위 사이에 위와 같은 관계가 성립하게 된다. N 단위로 힘을 구하기 위해 계산을 수행할 때는 kg 단위의 질량 값과 m/s^2 단위의 가속도 값을 서로 곱하면 된다. 단위는 킬로그램(kg), 미터(m), 초(s)를 사용하는 SI 단위로 변환하는 것이 좋다.

힘의 종류

다음은 물리학 문제에서 널리 사용하는 힘의 종류이다.

- 중력장(gravitational field)이 존재하는 곳에 놓인 모든 물체에는 **무게**라는 힘(즉 **중력**)이 가해진다. 무게 W는 질량 m과 중력가속도 g의 곱이다.

$$W = mg$$

- 물체가 표면과 접촉하고 있을 때, 표면은 물체에 수직력 N을 가한다. **수직력**의 방향은 표면과 수직을 이룬다.

- 한 물체가 다른 물체에 대해 미끄러질 때, 물체에는 **운동 마찰력**(kinetic friction) f가 가해진다. 운동 마찰력 f_k는 운동 마찰계수 μ_k와 수직력 N의 곱이다.

$$f_k = \mu_k N$$

- 물체가 표면에 접촉한 상태로 정지해 있을 때, **정지 마찰력**(static friction) f_s는 정지 마찰계수 μ_s와 수직력 N의 곱과 같거나 작다.

$$f_s \leq \mu_s N$$

위 식을 보면 등식이 아니라 부등식이 들어있다.[1] 마찰력은 물체가 미끄러짐을 멈추게 하는 방향으로 작용하여 속력이 늦어지게 하므로 물체의 속력을 제한할 수 있다. 대부분의 물리 문제에서는 물체가 정지해 있든 움직이고 있든 마찰력을 다룰 때는 μN을 사용하기 때문에, 실제로 부등식은 별로 신경을 쓸 필요가 없다.

- 물체가 줄에 연결되면 줄에는 **장력** T가 발생한다.[2] 하나의 줄에 두 개의 물체가 연결되어 있을 때, 뉴턴의 제3법칙에 따라 어느 한 물체에 작용하는 힘(장력)은 나머지 한 물체에 작용하는 힘과 크기는 같고 방향은 반대이다.
- **스프링**(spring, 용수철)은 물체에 **복원력**(restoring force, 되돌림힘) $k\Delta x$를 가한다. 스프링에 대해서는 15장에서 자세히 살펴본다.
- 지금까지 살펴본 힘 이외에 다른 종류 힘을 들어보면 사람의 미는 힘(push) 또는 당기는 힘(pull) P, 자동차의 구동력(drive force) D, 헬리콥터의 양력(lift force, 올림힘) L이 있다.

뉴턴의 제2법칙을 사용한 문제 풀이 방법

뉴턴의 제2법칙(힘과 가속도 사이의 관계)을 다루는 문제를 풀 때는 다음과 같은 단계를 밟는다.

1. 각각의 물체에 대해 자유물체도(FBD)를 그린다. 그 다음, 각 물체에 작용하는 모든 힘에 이름을 붙인다. 이때 고려해야 하는 힘은 다음과 같다.
   - 질량 m을 가진 모든 물체에는 **중력**(무게) mg가 가해진다. 각 물체에, **아래 방향**으로 중력 mg를 나타내는 화살표를 그린다. 물체가 여러 개 있는 경우에는 m_1g, m_2g, …와 같이 각 물체의 질량에 아래 첨자를 붙여 각 물체의 중력을 구별한다.
   - 물체가 표면과 접촉하고 있으면 물체에는 **수직력**(normal force) N이 가해진다. 표면과 접촉하고 있는 물체에, **표면에 수직인 방향**으로 수직력 N을 나타내는 화살표를

1 (옮긴이) 이 식에서 $\mu_s N$은 정지 마찰력의 최댓값(즉 최대 정지 마찰력)이다. 어떤 물체가 정지해 있을 때 그 물체에 작용하고 있는 힘이 정지 마찰력인데, 이 힘이 정지 마찰력의 최댓값보다 작아도 물체는 정지해 있을 수 있다. 물체가 정지해 있으려면 마찰력은 표면에 평행인 방향으로 물체에 가해지는 힘과 같은 크기, 반대 방향이어야 한다. 물체에 가해지는 평행 방향 힘이 없으면 정지 마찰력도 없다(0이다). 평행방향 힘이 가해지면 정지 마찰력이 생기고 평행방향 힘이 커지면 정지 마찰력도 커지다가 결국은 물체가 움직이게 되는데 바로 움직이기 직전의 정지 마찰력이 최대 정지 마찰력 $\mu_s N$이다.

2 (옮긴이) 이때 줄이 물체를 잡아당기는 힘을 장력이라고 한다. 줄이 물체를 잡아당기면 뉴턴의 제3법칙에 따라 물체도 장력과 같은 크기, 반대 방향의 힘으로 줄을 잡아당긴다.

그린다. 문제에 수직력이 2개 또는 이보다 많은 경우에는 N_1, N_2, …을 사용한다.

- 물체가 표면과 접촉하고 있으면 물체에는 **마찰력**(friction force) f가 가해진다. 단 문제에서 마찰력이 없는 표면이라고 가정하는 경우는 예외이다. 표면과 접촉한 채 움직이고 있는 물체에, **속도의 방향(물체가 정지해 있는 경우에는 물체가 움직일 것으로 예상되는 방향)과 반대 방향**으로 마찰력 f를 나타내는 화살표를 그린다. 마찰력이 여러 개 있는 경우에는 f_1, f_2, …을 사용한다.
- 물체가 줄(또는 밧줄, 실, 끈 등)에 연결되어 있으면 물체에는 **줄을 따라가는 방향**으로 장력(tension) T가 가해진다. (스프링은 제외: 스프링에 대해서는 다음에 나오는 **중요사항** 참조) 줄에 연결된 물체에, 줄을 따라가는 방향으로 장력 T를 나타내는 화살표를 그린다. 하나의 줄 양 끝에 각각 하나씩 모두 두 개의 물체가 연결되어 있으면 뉴턴의 제3법칙에 따라 두 물체에 각각 작용하는 힘은 **크기는 서로 같고 방향은 서로 반대**이다. 따라서 각 물체에 그리는 화살표의 방향은 반대가 된다. 물체 하나에 두 개의 줄이 연결된 경우에는 물체에는 각각의 줄을 따라가는 방향으로 모두 두 개의 장력 T_1, T_2가 가해진다.
- 물체가 **스프링**에 연결되어 있으면 물체에는 **복원력**(restoring force) $k\Delta x$가 가해진다. 복원력에 대해서는 12장에서 다룬다.
- 문제에 지금까지 설명한 것 말고 또 다른 힘(들)이 포함되어 있는가? 그렇다면 이 힘(들)을 나타내는 화살표를 그리고 이름을 붙인다. 예를 들어 당기는 힘(pull)은 P, 자동차의 구동력(driving force)은 D, 헬리콥터의 양력(lift force)은 L로 표시하고 해당 힘이 가해지는 방향을 따라 화살표를 그린다.

2. 각각의 물체에 대해 그린 자유물체도에 $+x$축과 $+y$축을 그려 넣는다. 물체가 가속하고 있으면 **가속방향을 $+x$축**으로 선택한다. 이러한 방식으로 선택한 경우, 예를 들어 물체가 수평 방향으로 가속하고 있으면 수직 방향으로는 가속이 없으므로 $a_y = 0$이 된다.

3. 각 물체에 대해 뉴턴의 제2법칙을 다음과 같이 x 성분과 y 성분으로 구분한 형태의 수식으로 적는다.

$$\sum F_{1x} = m_1 a_x \quad , \quad \sum F_{1y} = m_1 a_y \quad , \quad \sum F_{2x} = m_2 a_x \quad , \quad \sum F_{2y} = m_2 a_y \quad \cdots$$

4. 위 3번 단계의 수식에서 방정식의 좌변은 각 물체에 작용하는 힘들의 x 성분과 y 성분들의 총합을 계산하는 덧셈 식을 나타낸다. 이를 계산하기 위해 한 번에 한 개의 힘씩 x 성분과 y 성분을 구한다. 이때 힘이 어떤 축을 따라 놓여있는지 잘 살펴본다.

- 힘이 x축이나 y축을 따라 + 방향이나 − 방향을 가리키며 놓여 있는 경우에는 삼각함수를 사용하지 않고 곧바로 x 성분 덧셈 식이나 y 성분 덧셈 식에 집어 넣는다.

- 힘이 x축이나 y축에 대해 어떤 각도를 이루며 어느 한 사분면의 중간에 놓여 있는 경우에는 삼각함수를 사용하여 x 성분과 y 성분을 구한 다음, x 성분 덧셈 식과 y 성분 덧셈 식에 각각 집어넣는다. 이때 각도에 코사인을 취한 것이 각도에 인접한 축 성분이 되므로 나머지 축 성분은 각도에 사인을 취한 것이 된다.

5. 덧셈 식에서 각 항의 부호를 확인한다. 힘을 구성하는 성분들 중에서 $+x$축 방향을 가리키는 성분은 x 성분 덧셈 식에서 + 부호가 된다. $-x$축 방향을 가리키는 성분은 x 성분 덧셈 식에서 − 부호가 된다. y 성분에 대해서도 같은 방식을 적용한다.

6. 방정식을 풀어서 문제에서 요구하는 미지수를 구한다. 다음 사항을 알아두면 계산을 수행하는 데 도움이 된다.

- 문제에서 마찰이 있는 경우에는 다음 단계를 차례로 밟는다. (A) y 성분 덧셈 식에서 수직력 N을 찾는다. (B) 이 수직력 N을 마찰력 수식 $f=\mu N$에 대입한다. (C) 마찰력 수식을 x 성분 덧셈 식에 대입한다.
- 문제에서 하나의 줄 양쪽 끝에 각각 하나씩 모두 두 개의 물체가 연결되어 있는 경우에는 어느 한 x 성분 덧셈 식에는 $+T$가 들어가고 다른 x 성분 덧셈 식에는 $-T$가 들어간다. 따라서 이 두 개의 x 성분 덧셈 식을 서로 더하면 서로 상쇄되어 사라지므로 T 값을 모르더라도 문제를 푸는 데는 상관이 없다.

7. 수치로 값을 대입할 때 중력 가속도 g 값의 부호는 항상 +이다. 그렇지만 중력 가속도가 아닌 다른 가속도의 성분(예를 들어 a_x)의 부호는 +가 될 수도, −가 될 수도 있다.

중요 사항

무게 W를 나타내는 방정식은 $W=mg$, 마찰력 f을 나타내는 방정식은 $f=\mu N$와 같이 특정한 형태로 존재한다. 스프링의 복원력을 나타내는 방정식(15장 참조)도 마찬가지로 특정한 형태로 존재한다.

하지만 이들 힘과는 다르게 수직력 N과 장력 T를 나타내는 특정한 방정식은 **없다**. 수직력 방정식과 장력 방정식은 문제의 유형에 따라 달라진다. 예를 들어 어떤 문제에서는 수직력이 mg와 같아지지만 다른 문제에서는 $mg\cos\theta$와 같아지고 또 다른 문제에서는 $mg-P\sin\theta$와 같아지기도 한다. 따라서 수직력 방정식은 특정한 방정식을 억지로 생각해 얻어내려고 하지 말고 문제를 푸는 과정에서 구해야 한다는 사실을 알아두는 것이 중요하다. 어떤 문제에서 사용한 수직력 방정식을 다른 문제에도 사용하려고 하면 안 된다. 다른 문제에서는 수직력이 다른 식이 될 확률이 높다.

모든 경우의 수직력이나 장력을 나타낼 수 있는 마법과 같은 방정식은 없다. 그렇지만 수식 연산을 통해 이 두 가지 힘은 항상 구할 수 있다. 예를 들어 어떤 문제에서는 y 성분 덧셈 식을 풀어서 수직력 N을 구할 수 있다.

뉴턴의 제2법칙을 능숙하게 적용하기 위해서는 문제의 주요 특징을 잘 살펴보아야 한다. 어떤 문제는 마찰을 특징으로 하고, 어떤 문제는 줄(끈)을 포함하고 있고, 어떤 문제에는 도르래가 있고, 어떤 문제에는 경사면이 들어있고, 어떤 문제에는 스프링이 있고, 어떤 문제에서는 두 개의 물체가 같은 표면을 공유하고 있다. 모든 문제는 이러한 특징 중의 하나 또는 이러한 특징들의 조합이라고 할 수 있다. 앞으로 나오는 예제들을 잘 살펴보기 바란다. 각각의 예제는 이러한 특징들을 다루는 방법을 설명하고 있다. 이러한 특징들을 포함하는 문제를 풀 때는 예제에서와 마찬가지 방법을 적용하면 된다. 뉴턴의 제2법칙을 능숙하게 적용하려면 많은 문제를 풀어보는 실전연습이 필요하다.

예제 아래 그림을 보면 양쪽 끝에 두 개의 바나나가 매달려 있는 줄이 도르래에 걸쳐져 있다. 오른쪽 바나나의 질량은 75 g이고 왼쪽 바나나의 질량은 25 g이다. 줄이 도르래 위를 미끄러져 내려갈 때 마찰력은 없다고 가정한다. 두 바나나의 가속도와 줄의 장력을 구하라.

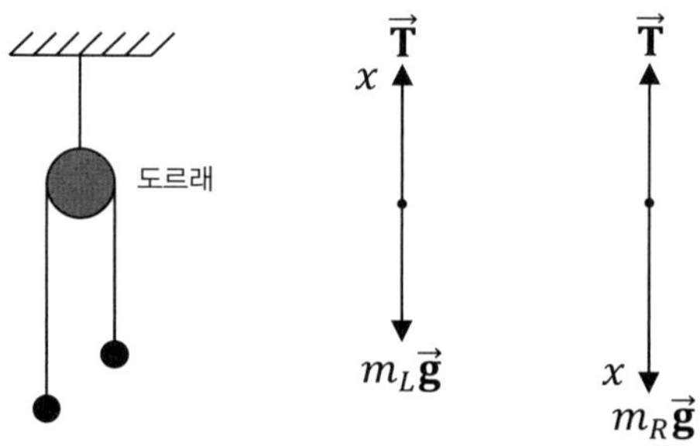

풀이 각 바나나에 대해 자유물체도를 그리고 화살표에 이름을 붙인다. 각 바나나에는 중력(무게)과 장력이 가해진다. 중력(무게)은 각 바나나를 아래쪽 방향으로 당기고 장력은 각 바나나를 위쪽 방향으로 당긴다. 왼쪽 바나나에 가해지는 장력과 오른쪽 바나나에 가해지는 장력은 뉴턴의 제3법칙에 따라 서로 같다. 오른쪽 바나나는 아래로 떨어지는 반면에 왼쪽 바나나는 위로 올라가므로 오른쪽 바나나에 대해서는 아래쪽 방향을 x축으로 선택하고 왼쪽 바나나에 대해서는 위쪽 방향을 $+x$축으로 선택한다. 이것은 x축을 도르래 주위로 감아서 돌린 것으로 생각하면 이해하기 쉬울 것이다. 그러면 오른쪽 바나나의 경우에는 아래쪽 방향이 $+x$ 방향이고 왼쪽 바나나의 경우에는 위쪽 방향이 $+x$ 방향이 되고 두 바나나가 줄로 서로 연결되어 있으므로 두 바나나의 가속도는 크기뿐만 아니라 부호도 같아진다.

각 바나나에 뉴턴의 제2법칙을 적용하면

$$\sum F_{Lx} = m_L a_x \quad , \quad \sum F_{Rx} = m_R a_x$$
$$T - m_L g = m_L a_x \quad , \quad m_R g - T = m_R a_x$$

로 쓸 수 있다. 자유물체도에서 오른쪽 바나나는 $+x$가 아래쪽 방향이고 왼쪽 바나나는 $+x$가 위쪽 방향이므로 두 방정식을 보면 부호가 서로 반대이다. 뉴턴의 제3법칙에서 예상한 바와 같이 장력은 두 방정식에서 부호가 반대이다. 두 방정식에 들어있는 장력을 없애기 위해 두 방정식을 서로 더한 다음, 식을 정리하여 가속도를 계산하면

$$T - m_L g + m_R g - T = m_R g - m_L g = m_L a_x + m_R a_x$$
$$(m_R - m_L)g = (m_L + m_R)a_x$$
$$a_x = \frac{m_R - m_L}{m_L + m_R} g = \frac{75 - 25}{75 + 25}(9.81) \approx \frac{75 - 25}{75 + 25}(10) = \frac{50}{100}(10) = 5.0 \text{ m/s}^2$$

이 된다. 이제 장력을 구하기 위해 원래의 두 방정식 중에서 하나를 고른다. 여기서는 왼쪽 바나나에 대한 방정식인 다음 방정식

$$T - m_L g = m_L a_x$$

을 선택하였다. 왼쪽 바나나의 질량을 g 단위에서 kg 단위로 변환하면(힘을 뉴턴 단위로 구하기 위해서는 SI 단위인 kg을 사용해야 한다),

$$25 \text{ g} = 25 \text{ g} \times \frac{1 \text{ kg}}{1000 \text{ g}} = 0.025 \text{ kg}$$

이 된다. 이렇게 변환한 질량 값과 앞에서 구한 가속도 값을 위의 방정식에 대입하면 장력은 다음과 같이 계산된다.

$$T = m_L(a_x + g) = (0.025)(5 + 9.81) \approx (0.025)(5 + 10) = (0.025)(15) = 0.375 \text{ N} = \frac{3}{8} \text{ N}$$

예제 다음 그림에서 보듯이 원숭이가 질량이 25 kg인 바나나 상자를 수평선을 기준으로 30°만큼 위쪽으로 기울어진 방향으로 200 N의 힘으로 당기고 있다. 바나나 상자와 땅 사이의 마찰계수는 $\frac{1}{\sqrt{3}}$이다. 상자가 정지 상태에서 움직이기 시작할 때 상자의 가속도를 구하라.

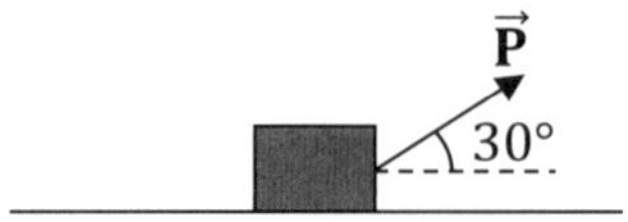

풀이 바나나 상자에 대해 자유물체도를 그리고 화살표에 이름을 붙인다. 중력(무게)은 상자를 아래쪽으로 당긴다. 수직력은 표면에 수직이므로 상자를 위쪽으로 밀어 올린다. 마찰력은 속도의 방향과 반대 방향으로 작용하므로 상자를 왼쪽으로 당긴다. 원숭이가 상자를 당기는 힘은 수평선을 기준으로 30° 위쪽 방향이다. $+x$를 오른쪽 수평 방향으로 선택하면 이 방향이 가속도의 방향이 된다. 그러면 y는 위쪽 방향이 되고 $a = 0$이 된다(상자는 위쪽이나 아래쪽으로 가속되지 않으므로).

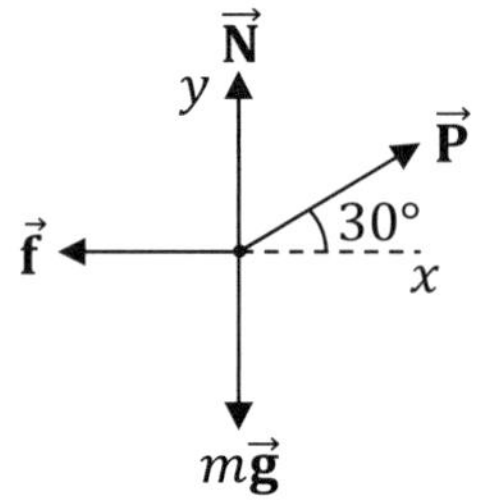

바나나 상자에 뉴턴의 제2법칙을 적용한다. 원숭이가 상자를 당기는 힘 $\vec{\mathbf{P}}$는 x축이나 y축 위에 놓여있지 않으므로 삼각함수를 사용하여 이 힘의 x 성분과 y 성분을 나타낼 수 있다. $\vec{\mathbf{P}}$의 각도 30°가 x축에 인접한 각도이므로 $\vec{\mathbf{P}}$의 x 성분은 코사인(cos30°)이 되고 $\vec{\mathbf{P}}$의 y 성분은 사인(sin30°)이 된다. 상자에 가해지는 나머지 힘들은 모두 x축이나 y축 위에 놓여 있으므로 하나의 성분(x 성분 또는 y 성분)만으로 나타난다. 마찰력의 방향은 왼쪽이므로 부호는 $-$이다($+x$가 오른쪽 방향이므로). 또한 중력의 방향은 아래쪽이므로 부호는 $-$이다($+y$가 위쪽이므로). 이를 고려하여 뉴턴의 제2법칙을 수식으로 쓰면

$$\sum F_x = ma_x \quad , \quad \sum F_y = ma_y$$
$$P\cos 30° - f = ma_x \quad , \quad P\sin 30° + N - mg = 0$$
$$\frac{P\sqrt{3}}{2} - f = ma_x \quad , \quad \frac{P}{2} + N - mg = 0$$

이 된다. 문제에서 마찰력이 존재하므로 두 방정식 중에서 먼저 y 성분 덧셈 식을 사용하여 수직력을 구해보면

$$N = mg - \frac{P}{2} = (25)(9.81) - \frac{200}{2} \approx (25)(10) - \frac{200}{2} = 250 - 100 = 150\ \text{N}$$

이 된다. 여기서 구한 수직력을 마찰력 방정식에 대입하면

$$f = \mu N \approx \frac{1}{\sqrt{3}}(150) = \frac{150}{\sqrt{3}}\frac{\sqrt{3}}{\sqrt{3}} = \frac{150\sqrt{3}}{3} = 50\sqrt{3}\ \mathrm{N}$$

와 같이 마찰력을 구할 수 있다. 이렇게 구한 마찰력을 x 성분 덧셈 식에 대입하면

$$\frac{P\sqrt{3}}{2} - f = \frac{200\sqrt{3}}{2} - 50\sqrt{3} = 100\sqrt{3} - 50\sqrt{3} = 50\sqrt{3} = ma_x$$
$$50\sqrt{3} = 25a_x$$
$$a_x = 2\sqrt{3}\ \mathrm{m/s^2}$$

와 같이 상자의 가속도를 구할 수 있다.

예제 다음 그림과 같이 바나나 상자가 마찰이 없는 경사면을 따라 미끄러져 내려가고 있다. 경사면의 각도가 수평면을 기준으로 30°를 이루고 있을 때 상자의 가속도를 구하라.

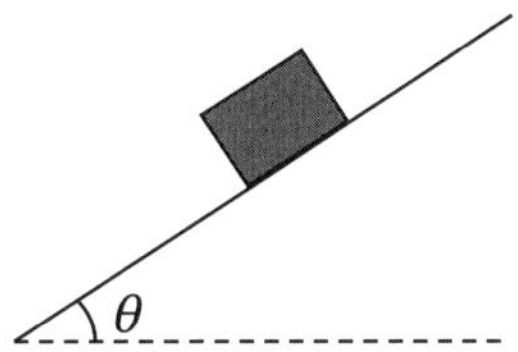

풀이 바나나 상자에 대해 자유물체도를 그리고 화살표에 이름을 붙인다. 중력(무게)은 상자를 아래쪽으로 당긴다. 수직력은 표면과 수직을 이루는 방향으로 상자를 밀어 올린다. **뉴턴의 제2법칙을 사용한 문제 풀이 방법**에 따라 $+x$를 가속도의 방향으로 선택한다. 이렇게 되면 x축 방향은 수평 방향이 아니라 경사면을 따라 왼쪽으로 기울어진 방향이 된다. y축은 x축과 수직을 이루어야 하므로 이 문제에서는 y축 방향은 수직 방향이 아니라 수직력이 작용하는 방향이 된다. y축을 이렇게 선택하면 상자는 경사면에 수직인 방향으로 가속되지 않으므로 $a_y = 0$이 된다. 이렇게 하면 훨씬 쉽게 문제를 풀 수 있다.

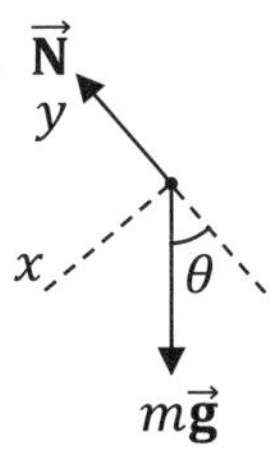

바나나 상자에 뉴턴의 제2법칙을 적용한다. 중력(무게)이 x축이나 y축 위에 놓여 있지 않으므로 삼각함수를 사용하여 이 힘의 x 성분과 y 성분을 나타낼 수 있다. 아래 그림을 살

펴보자.

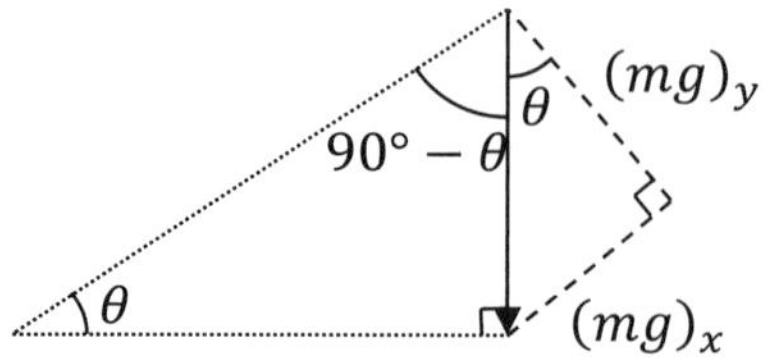

위의 그림을 보면 중력 $m\vec{\mathbf{g}}$의 각도 θ가 y축에 인접한 각도이므로 $m\vec{\mathbf{g}}$의 y 성분은 코사인($\cos\theta$)이 되고 $m\vec{\mathbf{g}}$의 x 성분은 사인($\sin\theta$)이 된다. 수직력은 y축 위에 놓여 있으므로 y 성분만으로 나타난다. 이를 고려하여 뉴턴의 제2법칙을 수식으로 쓰면

$$\sum F_x = ma_x \quad , \quad \sum F_y = ma_y$$
$$mg\sin\theta = ma_x \quad , \quad N - mg\cos\theta = 0$$

가 된다. 위의 두 방정식 중에서 x 성분 덧셈 식의 양변을 질량 m으로 나누면 다음과 같이 가속도를 구할 수 있다.

$$a_x = g\sin\theta = (9.81)\sin 30° \approx 10\sin 30° = 10\left(\frac{1}{2}\right) = 5.0\ \mathrm{m/s^2}$$

예제 아래 그림에서 보듯이 바나나 상자가 트럭 뒤에 실려 있다. 상자와 트럭 사이의 마찰 계수는 $\frac{1}{5}$이다. 트럭이 움직일 때 바나나 상자가 트럭 위에서 뒤로 미끄러지지 않기 위해서는 트럭의 가속도가 얼마 이하가 되어야 하는가?

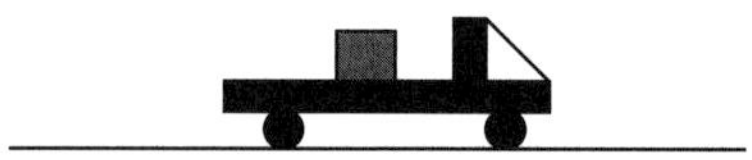

풀이 바나나 상자와 트럭 각각에 대해 자유물체도를 그리고 화살표에 이름을 붙인다. 중력(무게)은 바나나 상자를 아래쪽으로 당긴다. 수직력은 상자를 표면과 수직인 위쪽 방향으로 밀어 올린다. 마찰력은 상자를 오른쪽으로 민다(상자에 작용하는 마찰력의 방향은 상자가 미끌어지는 방향인 뒤쪽 방향과 반대 방향이므로).

트럭에 대해 자유물체도를 그리는 과정은 약간 까다로운 편이다. 트럭은 구동력 D에 의해 앞으로 움직인다. 트럭에는 움직이는 방향과 반대 방향으로 공기 저항에 의한 저항력 F_R이 가해진다. 뉴턴의 제3법칙에 의해 상자는 트럭에 마찰력 f와 크기가 같고 방향이 반대인 힘을 가한다(따라서 상자는 트럭을 왼쪽 방향으로 민다). 트럭에 가해지는 수직력은 하나가 아니라 두 개 – 하나는 지면이 트럭을 수직방향으로 밀어 올리는 힘 N_t이고

다른 하나는 상자가 트럭을 아래로 내리 누르는 힘 N_b − 이다. 이 수직력 N_b는 뉴턴의 제3법칙에 따라 트럭이 상자를 위로 밀어올리는 수직력과 크기는 같고 방향은 반대이다.

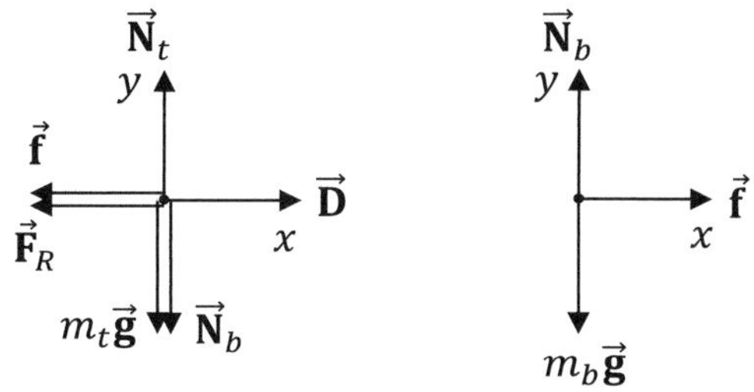

물체에 뉴턴의 제2법칙을 적용한다.

$$\sum F_{tx} = m_t a_x \quad , \quad \sum F_{ty} = m_t a_x \quad , \quad \sum F_{bx} = m_b a_x \quad , \quad \sum F_{by} = m_b a_y$$

$$D - f - F_R = m_t a_x \quad , \quad N_t - N_b - m_t g = 0 \quad , \quad f = m_b a_x \quad , \quad N_b - m_b g = 0$$

문제에 마찰이 존재하므로 성분 덧셈 식을 N_b에 대해 정리하면 다음과 같다.

$$N_b = m_b g$$

이 식을 마찰력 방정식에 대입하면

$$f = \mu N_b = \frac{1}{5} m_b g$$

이 된다. 이 식을 x 성분 덧셈 식에 대입하면

$$f = \frac{1}{5} m_b g = m_b a_x$$

이 된다. 이 식의 양변을 상자의 질량 m_b로 나누면 가속도를 다음과 같이 구할 수 있다.

$$a_x = \frac{g}{5} = \frac{9.81}{5} \approx \frac{10}{5} = 2.0\ \mathrm{m/s^2}$$

연습문제

91. 다음 그림에서 보듯이 질량이 600 kg인 헬리콥터가 12,000 N의 양력을 받으며 똑바로 위로 날아가고 있다. 질량이 150 kg인 스파이가 헬리콥터에 연결된 밧줄에 매달려 있다. 질량이 50 kg인 학생이 스파이가 잡고 있는 또 다른 밧줄에 매달려 있다.

   (A) 각 물체에 대해 자유물체도를 그려라(모두 3개). 각 힘을 나타내는 화살표에 이름을 붙이고 x축과 y축을 표시하라.

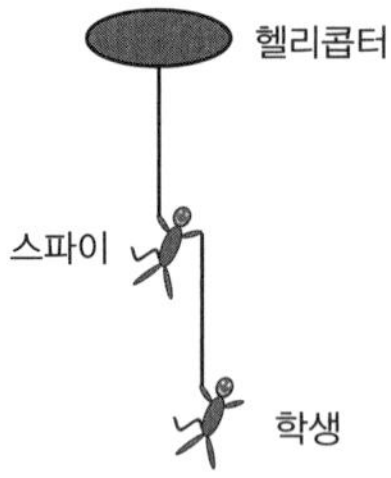

(B) 각 물체에 작용하는 힘들의 덧셈을 나타내는 수식을 적어라. 모두 세 개의 수식이 나올 것이다. 또한 이 세 개의 수식 바로 아랫줄에, 힘을 나타내는 실제 항들의 덧셈이 좌변에 들어가 있는 형태의 수식으로 다시 적어라.

(C) 세 물체로 이루어진 이 시스템의 가속도를 구하라. 또 두 밧줄의 장력을 각각 구하라.

답: 5.0 m/s^2, 3000 N, 750 N

92. 아래 그림에서 보듯이 질량이 30 kg인 원숭이와 20 kg인 바나나 상자가 도르래 위를 지나는 줄을 통해 서로 연결되어 있다. 상자와 지면 사이의 마찰 계수는 0.5이다. 이 시스템은 처음에 정지 상태에 있다.

(A) 각 물체에 대해 자유물체도를 그려라(모두 2개). 각 힘을 나타내는 화살표에 이름을 붙이고 x축과 y축을 표시하라.

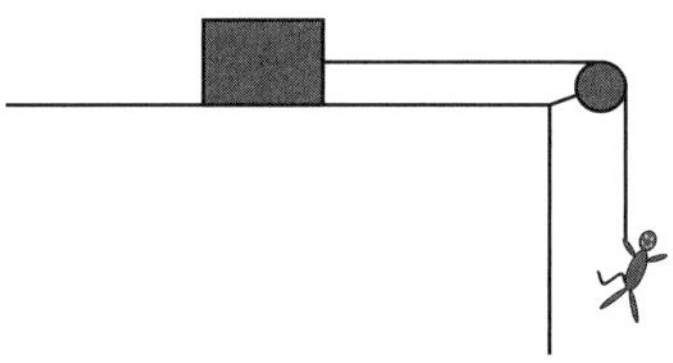

(B) 각 물체에 작용하는 모든 힘에 대해 x 성분과 y 성분의 덧셈을 나타내는 수식을 적어라. 모두 세 개의 수식이 나올 것이다. 또한 이 세 개의 수식의 바로 아랫줄에, 힘을 나타내는 실제 항들의 덧셈이 좌변에 들어가 있는 형태의 수식으로 다시 적어라.

(C) 이 시스템의 가속도를 구하라. 또 줄의 장력을 구하라.

답: 4.0 m/s^2, 180 N

93. 다음 그림과 같이 원숭이가 줄로 서로 연결된 두 바나나 상자를 $300\sqrt{3}$ N의 힘으로 잡아당기고 있다. 왼쪽 바나나 상자의 질량은 $10\sqrt{3}$ kg이고 오른쪽 바나나 상자의 질량은 $30\sqrt{3}$ kg이다. 바나나 상자와 평평한 지면 사이의 마찰 계수는 $\frac{\sqrt{3}}{5}$이다. 이 시스템은 처음에 정지 상태에 있었다.

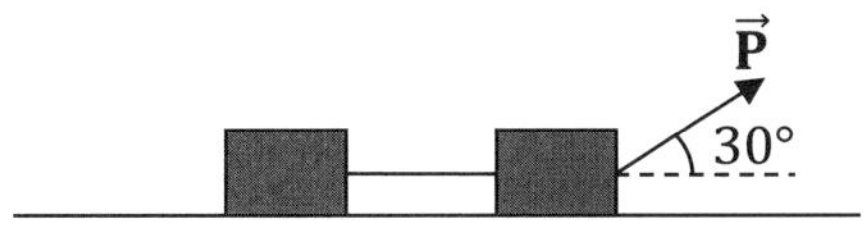

(A) 각 상자에 대해 자유물체도를 그려라(모두 2개). 각 힘을 나타내는 화살표에 이름을 붙이고 x축과 y축을 표시하라.

(B) 각 상자에 작용하는 모든 힘에 대해 x 성분과 y 성분의 덧셈을 나타내는 수식을 적어라. 모두 네 개의 수식이 나올 것이다. 또한 이 네 개의 수식의 바로 아랫줄에, 힘을 나타내는 실제 항들의 덧셈이 좌변에 들어가 있는 형태의 수식으로 다시 적어라.

(C) 이 시스템의 가속도를 구하라. 또 줄의 장력을 구하라.

답: $\frac{5\sqrt{3}}{2}$ m/s^2, 135 N

94. 바나나 상자가 수평면을 기준으로 30°만큼 기울어진 경사면을 따라 미끄러져 내려가고 있다. 바나나 상자와 경사면 사이의 마찰계수는 $\frac{\sqrt{3}}{5}$이다.

(A) 상자에 대해 자유물체도를 그려라. 각 힘을 나타내는 화살표에 이름을 붙이고 x축과 y축을 표시하라.

(B) 상자에 작용하는 모든 힘에 대해 x 성분과 y 성분의 덧셈을 나타내는 수식을 적어라. 모두 두 개의 수식이 나올 것이다. 또한 이 두 개의 수식의 바로 아랫줄에, 힘을 나타내는 실제 항들의 덧셈이 좌변에 들어가 있는 형태의 수식으로 다시 적어라.

(C) 바나나 상자의 가속도를 구하라.

답: 2.0 m/s^2

95. 아래 그림에서 보듯이 마찰이 없는 경사면에 놓인 질량이 40 kg인 바나나 상자와 60 kg인 원숭이가 도르래 위를 지나는 줄을 통해 서로 연결되어 있다. 이 시스템은 처음에 정지 상태에 있었다.

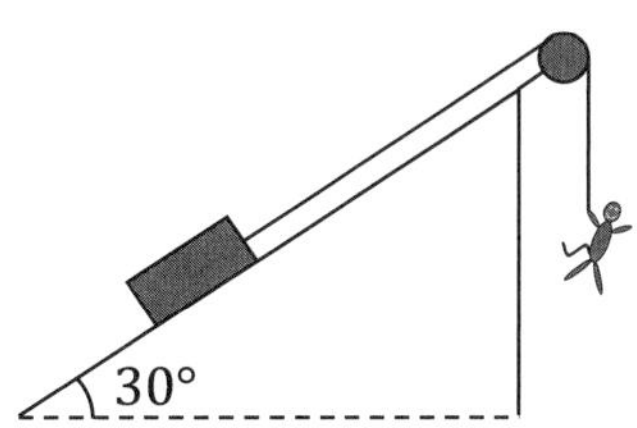

(A) 각 물체에 대해 자유물체도를 그려라(모두 2개). 각 힘을 나타내는 화살표에 이름을 붙이고 x축과 y축을 표시하라.

(B) 각 물체에 작용하는 모든 힘에 대해 x 성분과 y 성분의 덧셈을 나타내는 수식을 적어라. 모두 세 개의 수식이 나올 것이다. 또한 이 세 개의 수식의 바로 아랫줄에, 힘을 나타내는 실제 항들의 덧셈이 좌변에 들어가 있는 형태의 수식으로 다시 적어라.

(C) 각 물체의 가속도를 구하라.

답: 4.0 m/s^2

96. 아래 그림과 같이 질량이 80 kg인 코코넛 상자 위에 40 kg인 바나나 상자가 놓여 있다. 두 상자 사이의 정지 마찰 계수는 $\frac{1}{4}$이고 지면은 마찰이 없다. 원숭이가 위에 있는 바나나 상자를 200 N의 힘으로 수평으로 잡아당기고 있다.

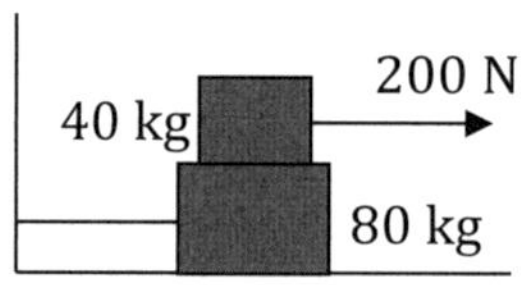

(A) 각 물체에 대해 자유물체도를 그려라(모두 2개). 각 힘을 나타내는 화살표에 이름을 붙이고 x축과 y축을 표시하라.

(B) 각 물체에 작용하는 모든 힘에 대해 x 성분과 y 성분의 덧셈을 나타내는 수식을 적어라. 모두 네 개의 수식이 나올 것이다. 또한 이 네 개의 수식의 바로 아랫줄에, 힘을 나타내는 실제 항들의 덧셈이 좌변에 들어가 있는 형태의 수식으로 다시 적어라.

(C) 위에 있는 바나나 상자의 가속도를 구하라.

(D) 줄의 장력을 구하라.

답: $\frac{5}{2}$ m/s^2, 100 N

도움이 필요한가요? 책의 맨 뒤에 있는 "힌트"를 참고하세요.

15
후크 법칙

관련 용어

- **평형 위치**(equilibrium position) – 스프링의 제자리 위치(아무 힘도 가해지지 않은 경우의 자연적 위치). 스프링의 위치가 평형 위치에서 벗어나면 스프링은 평형 위치를 중심으로 양쪽으로 왔다 갔다 하면서 진동한다.
- **평형 위치에서 벗어난 변위**(displacement from equilibrium) – 스프링이 평형 위치로부터 벗어난 알짜 변위. 이 변위는 스프링이 평형에서 벗어나 있는 거리와 방향을 함께 알려준다.
- **스프링 상수**(spring constant) – 스프링의 강성(stiffness)을 나타내는 척도. 스프링의 강성이 클수록 스프링 상수 값이 크다.
- **복원력**(restoring force) – 평형 위치에서 벗어난 스프링이 평형 위치로 되돌아가려고 하는 힘

후크 법칙

스프링이 평형 위치에서 벗어나면 후크 법칙에 따라 스프링은 평형 위치를 향하는 방향으로 **복원력** F_r을 가한다. 이때 복원력은 평형 위치에서 벗어난 변위 Δx에 비례한다. 후크 법칙(Hooke's law)을 수식으로 쓰면 다음과 같다.

$$F_r = -k\Delta x$$

위 식에서 비례상수 k를 스프링 상수라고 한다. 수식에 들어있는 – 부호는 복원력의 방향이 평형 위치에서 벗어난 변위의 방향과 반대임을 나타낸다. 다시 말해 복원력의 방향

은 스프링의 위치가 평형 위치에 대해 어느 쪽에 놓여 있든 항상 평형 위치를 가리키는 방향이다.

- 평형 위치에 있던 스프링을 눌러 압축하면 스프링의 복원력은 스프링을 펼쳐서 평형 위치로 되돌린다.
- 평형 위치에 있던 스프링을 펼쳐 늘리면 스프링의 복원력은 스프링을 다시 압축시켜서 평형 위치로 되돌린다.

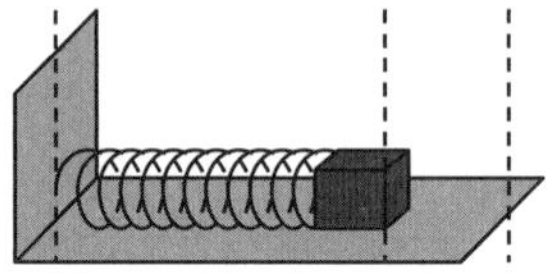

기호와 SI 단위

기호	이름	SI 단위
k	스프링 상수	N/m 또는 kg/s^2
Δx	평형 위치에서 벗어난 변위	m
F_r	복원력	N

단위 관련 유의사항

다음 후크 법칙에 있는 스프링 상수 k의 SI 단위를 구해보자.

$$F_r = -k\Delta x$$

위의 후크 법칙 수식을 다음과 같이 k에 대해 정리한다.

$$k = -\frac{F_r}{\Delta x}$$

위 식에서 복원력 F_r의 SI 단위는 뉴턴(Newton, N), 변위 Δx의 SI 단위는 미터(meter, m)이므로 위 식의 분자와 분모 각각에 해당하는 SI 단위를 대입하면 k의 SI 단위는 $\frac{\mathrm{N}}{\mathrm{m}}$가 된다. 뉴턴(N)을 다른 형식으로 표현하면

$$1\ \mathrm{N} = 1\ \mathrm{kg} \cdot \mathrm{m/s^2}$$

이다. 이 관계를 이용하면 $\frac{\mathrm{N}}{\mathrm{m}}$는 다음과 같음을 알 수 있다.

$$1\frac{\text{N}}{\text{m}} = 1\frac{\text{kg}}{\text{s}^2}$$

따라서 스프링 상수 k의 SI 단위는 N/m 또는 kg/s^2이다.

뉴턴의 제2법칙을 적용하여 스프링 문제를 푸는 방법

스프링과 관련된 문제에 뉴턴의 제2법칙을 적용하려면 14장에 자세히 설명되어 있는 **뉴턴의 제2법칙을 사용한 문제풀이 방법**과 함께 다음에 설명되어 있는 단계를 따라 스프링을 다루도록 한다.

1. 자유물체도에 복원력을 나타내는 화살표를 그린다. 이때 화살표의 방향은 평형 위치를 향해야 한다. 그러고 나서 이 화살표 힘에 스프링 $k|\Delta x|$(스프링 상수에 평형 위치에서 벗어난 변위의 절댓값을 곱한 것)을 써 넣는다. 여기서 변위에 절댓값을 취하고 후크 법칙 수식에 들어있는 − 부호를 넣지 않은 까닭은 − 부호를 화살표 방향으로 나타냈기 때문이다. (다시 말해 부호는 방향을 나타내므로 화살표를 그리면 화살표에 이미 부호가 포함된 것이다. 평형 위치를 가리키는 화살표 방향이 바로 − 부호가 의미하는 방향이다.)
2. 스프링의 길이를 따라 $+x$축을 선택한다.
3. 힘의 성분들을 더할 때 스프링의 복원력 $k|\Delta x|$을 포함시킨다. 이 복원력은 x 성분 덧셈에만 들어간다(위 2번 단계와 같이 선택한 경우). 복원력은 삼각함수 형태로는 표시되지 않는다(문제에서 복원력이 아닌 다른 힘은 삼각함수 형태로 표시될 수 있음). x 성분 덧셈을 할 때 자유물체도에 그려진 복원력 화살표가 $+x$ 방향이면 $+k|\Delta x|$가 되고 화살표가 $-x$ 방향이면 표시된 $-k|\Delta x|$가 된다.
4. 14장의 문제풀이 방법을 따른다.

예제 아래 그림에서 보듯이 마찰이 없는 수평면 위에 스프링 상수가 80 N/m인 스프링이 놓여 있다. 스프링의 왼쪽 끝은 벽에 붙어 있고 스프링의 오른쪽 끝에는 12 kg의 바나나 상자가 달려있다. 스프링을 평형 위치에서 6.0 cm만큼 오른쪽으로 당겨 스프링을 늘렸다 놓았을 때 스프링의 가속도를 구하라.

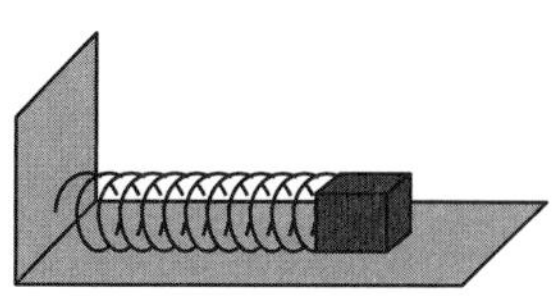

풀이 상자에 대해 자유물체도를 그리고 상자에 작용하는 힘(기호와 화살표)들과 x, y축을 표시한다. 중력을 나타내는 화살표는 아래 방향으로 그리고 수직력은 위쪽 방향으로 그린다. 스프링은 물체에 왼쪽 방향으로 복원력 $k\Delta x$를 가한다.

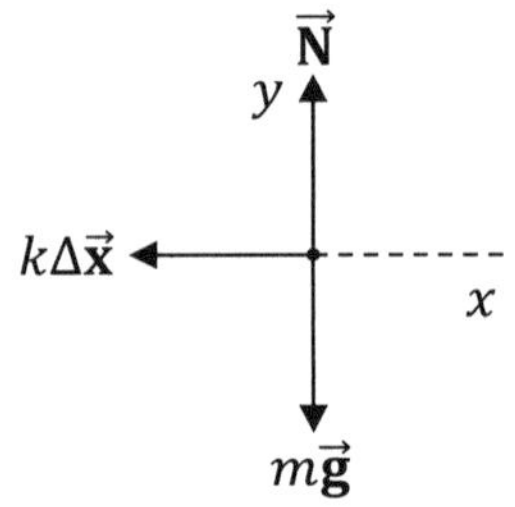

바나나 상자에 뉴턴의 제2법칙을 적용한다. 위 그림에서 복원력은 $+x$축 방향과 반대를 향하므로 − 부호가 된다. 상자는 수평면으로만 움직이므로 수직방향 가속도 성분은 $a_y = 0$이다(상자는 위나 아래로 가속되지 않으므로).

$$\sum F_x = ma_x \quad , \quad \sum F_y = ma_y$$
$$-k|\Delta x| = ma_x \quad , \quad N - mg = 0$$

x 성분 덧셈에서 가속도를 풀기 위한 식을 구하면 다음과 같다.

$$-\frac{k|\Delta x|}{m} = a_x$$

cm는 SI 단위가 아니므로 cm 단위를 m 단위로 변환하면

$$6.0 \text{ cm} = 6.0 \text{ cm} \times \frac{1 \text{ m}}{100\ cm} = \frac{6}{100} \text{ m}$$

이다. 스프링 상수 값 $k = 80$ N/m, 평형 위치에서 벗어난 변위 값 $|\Delta x| = 6/100$ m, 질량 값 $m = 12$ kg을 위에서 구한 가속도 식에 대입하면

$$a_x = -\frac{k|\Delta x|}{m} = -\frac{80}{12}\cdot\frac{6}{100} = -\frac{(80)(6)}{(12)(100)} = -\frac{(80)(6)}{(100)(12)} = -\left(\frac{4}{5}\right)\left(\frac{1}{2}\right) = -\frac{2}{5} \text{ m/s}^2$$

가 된다. 여기서 − 부호는 상자가 움직이는 방향이 왼쪽임을 나타낸다($+x$축을 오른쪽 방향으로 선택했으므로).

예제 아래 그림에서 보듯이 위쪽에 놓인 수평면에 스프링이 수직으로 매달려 있다. 스프링의 위쪽 끝은 수평면에 붙어 있고 스프링의 아래쪽 끝에는 5 kg의 바나나 상자가 달려있다. 수직으로 놓인 스프링의 수직 평형 위치는 스프링이 수평으로 놓일 때의 평형 위치보다 25 cm만큼 더 길다. 스프링 상수를 구하라.

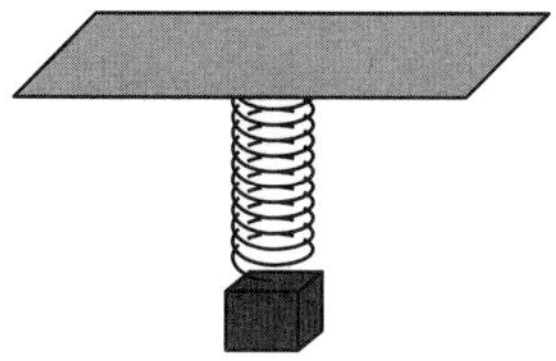

풀이 상자에 대해 자유물체도를 그리고 상자에 작용하는 힘(기호와 화살표)들과 x축을 표시한다. 상자에 작용하는 중력 mg를 나타내는 화살표는 아래 방향이고 스프링이 상자에 가하는 복원력 $k\Delta x$는 위쪽 방향이다. 아래로 당겨져 늘어난 스프링이 원래의 길이로 되돌아가려고 하므로 복원력은 위쪽 방향으로 작용한다.

바나나 상자에 뉴턴의 제2법칙을 적용한다.

$$\sum F_x = ma_x$$
$$k|\Delta x| - mg = ma_x$$

문제에서 스프링은 수직 평형 위치에서 정지해 있으므로 가속도는 0이다. 따라서

$$k|\Delta x| - mg = 0$$

이다. cm는 SI 단위가 아니므로 변위 Δx의 cm 단위를 m 단위로 변환하면

$$25\text{ cm} = 25\text{ cm} \times \frac{1\text{ m}}{100\ cm} = \frac{25}{100}\text{ m} = \frac{1}{4}\text{ m}$$

이다. 위 수식을 스프링 상수 k에 대해 정리한 다음 질량 $m = 5$ kg, 중력 가속도 $g = 9.81$ kg m/s^2, 평형 위치에서 벗어난 변위 $|\Delta x| = 1/4$ m를 대입하면

$$k = \frac{mg}{|\Delta x|} = \frac{5(9.81)}{1/4} \approx \frac{5(10)}{1/4} = \frac{50}{1/4}$$

가 된다. 연산 규칙에 따르면 분수로 나누는 것은 그 분수의 역수를 곱하는 것과 같으므로

$$k \approx 50 \div \frac{1}{4} = 50 \times \frac{4}{1} = 200 \text{ N/m}$$

가 된다. 따라서 스프링 상수는 200 N/m이다.

연습문제

97. 아래 그림에서 보듯이 바닥의 수평면 위에 스프링 상수가 45 N/m인 스프링이 놓여 있다. 스프링의 왼쪽 끝은 벽에 붙어 있고 스프링의 오른쪽 끝에는 3 kg의 바나나 상자가 달려있다. 상자와 수평면 사이의 마찰계수는 1/4이다. 스프링을 평형 위치에서 50 cm만큼 오른쪽으로 당겨 스프링을 늘렸다 놓았을 때 스프링의 가속도를 구하라.

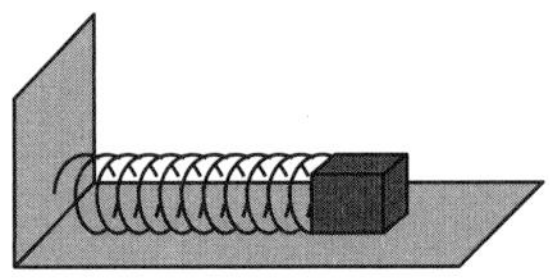

(A) 상자에 대해 자유물체도를 그려라. 자유물체도에 상자에 작용하는 각각의 힘을 모두 적어 넣고 x 좌표와 y 좌표를 그려 넣어라.

(B) 상자에 작용하는 모든 힘에 대해 x 성분과 y 성분을 나타내는 식을 적어라. 모두 두 개의 식이 나올 것이다. 또한 이 두 개의 수식의 바로 아랫줄에, 힘을 나타내는 실제 항들의 덧셈이 좌변에 들어가 있는 형태의 수식으로 다시 적어라.

(C) 바나나 상자의 가속도를 구하라.

답: -5.0 m/s^2 (− 부호는 왼쪽 방향을 나타낸다)

98. 다음 그림에서 보듯이 마찰이 없는 기울어진 평면 위에 스프링이 놓여 있다. 스프링의 위쪽 끝은 평면의 끝에 붙어 있고 스프링의 아래쪽 끝에는 36 kg의 바나나 상자가 달려있다. 기울어진 스프링의 평형 위치는 스프링이 수평으로 놓일 때의 평형 위치보다 4.0 cm만큼 더 길다.

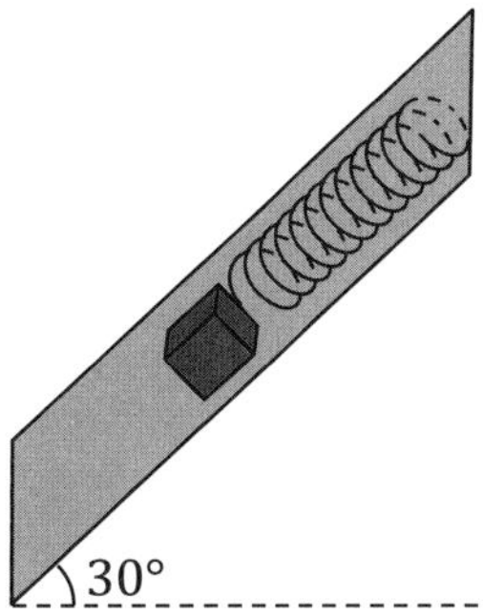

(A) 상자에 대해 자유물체도를 그려라. 자유물체도에 상자에 작용하는 각각의 힘을 모두 적어 넣고 x 좌표와 y 좌표를 그려 넣어라.

(B) 상자에 작용하는 모든 힘에 대해 x 성분과 y 성분을 나타내는 식을 적어라. 모두 두 개의 식이 나올 것이다. 또한 이 두 개의 수식의 바로 아랫줄에, 힘을 나타내는 실제 항들의 덧셈이 좌변에 들어가 있는 형태의 수식으로 다시 적어라.

(C) 스프링 상수를 구하라.

답: 45 N/m

도움이 필요한가요? 책의 맨 뒤에 있는 "힌트"를 참고하세요.

16
등속 원운동

관련 용어

- **등속 원운동**(uniform circular motion) – 일정한 속력으로 원을 그리며 움직이는 물체의 운동. '등속'은 같은 속력이라는 뜻을 나타내는 용어임.
- **구심 ~**(centripetal ~) – '원의 중심을 향하여 (안쪽으로) 가는 ~'이라는 의미를 나타내는 용어. 등속 원운동에서 가속도의 방향은 구심 방향이므로 등속 원운동을 하는 물체에 가해지는 힘 가운데 적어도 한 개의 힘은 구심 방향, 다시 말해 원의 중심을 향하여 안쪽으로 가는 방향이어야 한다.
- **원심 ~**(centrifugal ~) – '원의 중심에서 멀어져 (바깥쪽으로) 가는 ~'이라는 의미를 나타내는 단어. 등속 원운동을 하는 사람은 바깥쪽으로 밀어내는 힘이 자신에게 가해지는 느낌을 받는데 이 힘을 원심력(centrifugal force)이라고 한다. 그렇지만 사람이 느끼는 이 원심력은 관성에 의해 나타나는 결과일 뿐 실제로는 존재하지 않는 가상의 힘이다.
- **각속력**(angular speed) – 각도의 순간 변화율(159쪽 그림에서 보듯이 원의 중심에서 측정)
- **주기**(period) – 원을 한 바퀴 회전하는 데 걸리는 시간.
- **진동수**(주파수, frequency) – 1초 동안 회전수(진동수)

등속 원운동 방정식

구심 가속도 a_c는 다음 식에서 보듯이 속력 v와 반지름 R에 따라 값이 달라진다.

$$a_c = \frac{v^2}{R}$$

속력 v는 **각속력** ω에 비례한다.

$$v = R\omega$$

속력 v는 총 이동 거리 s를 총 소요 시간 t로 나누어 구할 수 있다. 원 둘레 길이 $C = 2\pi R$을 주기 T로 나누어도 같은 결과를 얻는다.

$$v = \frac{s}{t} = \frac{C}{T} = \frac{2\pi R}{T}$$

각속력 ω는 각도 θ를 총 소요시간 t로 나누어 구할 수 있다. 또한 한 바퀴 회전 각도 2π를 주기 T로 나누거나 2π에 진동수 f를 곱해도 같은 결과를 얻는다.

$$\omega = \frac{\theta}{t} = \frac{2\pi}{T} = 2\pi f$$

진동수(주파수) f와 **주기** T는 역수 관계이다.

$$f = \frac{1}{T}$$

아래 식에서 보듯이 **총 이동 거리** s는 각도 θ에 비례한다. 단, 이 식에서 각도 θ의 단위는 라디안(radian)이다.

$$s = R\theta$$

구심력(원 중심을 향하는 안쪽 방향의 알짜 힘)은 뉴턴의 제2법칙에 따라 질량에 구심 가속도를 곱하여 구할 수 있다.

$$\sum F_{in} = ma_c$$

기호와 SI 단위

기호	이름	SI 단위
a_c	구심 가속도	m/s^2
v	속력	m/s
ω	각속력	rad/s

s	총 이동 거리(호 길이)	m
C	원둘레	m
R	반지름	m
D	지름	m
θ	각도	rad
t	시간	s
T	주기	s
f	진동수(주파수)	Hz
m	질량	kg
F	힘	N

주의: 각속력을 나타내는 ω 기호는 그리스 소문자 오메가(omega)이다.

필수 개념

등속 원운동을 하는 물체는 속력이 일정하지만 물체가 진행하는 방향, 다시 말해 속도의 방향이 변하기 때문에 가속도를 가진다. 이러한 유형의 가속도를 구심 가속도라고 한다. 구심 가속도는 원의 중심을 향한다.

뉴턴의 제2법칙에 따라 구심 가속도는 구심력에 의해 발생한다.

$$\sum F_{in} = ma_c$$

물체에 여러 힘이 작용하는 경우, 적어도 하나의 힘은 안쪽 방향(원의 중심)을 향해야 한다. 따라서 반드시 안쪽 방향을 향하는 힘 성분이 존재해야 한다.

우리가 일정한 속도로 원을 그리면서 움직이면 원의 중심에서 바깥쪽으로 밀쳐지는 힘이 우리 몸에 가해지는 느낌을 받는다. 이 힘을 원심력이라고 부르는데 사실 이 원심력은 실제로 존재하는 힘이 아니라 관성에 의해 나타나는 현상일 뿐이다. 원운동을 하는 우리 몸은 관성에 의해 원의 접선을 따라 일직선으로 가려고 하는 성질이 있으므로 매순간 원에서 벗어나려고 하는 느낌을 받게 되는 것이다.

중요한 차이점

등속 원운동을 설명하는 데 사용되는 양(기호)들 중에는 양의 종류마다 유사한 기호 쌍이 여러 개 있다. 다음에 설명하는 기호들을 혼동하지 않는 것이 중요하다.

- 소문자 t는 시간(time)을 가리키는 기호로 물체의 총 이동 시간을 나타낸다. 반면에 대문자 T는 주기(period)를 가리키는 기호로 물체가 원을 정확히 한 바퀴 돌아 제자리에 오는 데 걸리는 시간을 나타낸다.
- 소문자 s는 거리(distance)를 가리키는 기호로 물체의 총 이동 거리를 나타낸다. 반면에 대문자 C는 원둘레(circumference)를 가리키는 기호로 물체가 원을 정확히 한 바퀴 돌아 제자리에 올 때까지 이동한 거리를 나타낸다.
- 소문자 v는 물체의 속력(speed)을 가리키는 기호로 단위는 m/s이다. 반면에 소문자 ω는 물체의 각속력(angular speed)을 가리키는 기호로 단위는 rad/s이다.
- 소문자 f는 주파수(진동수, frequency)를 가리키는 기호이다. 그런데 f는 마찰력(friction force)을 가리키는 데에도 사용된다. 따라서 이 둘을 구별하려면 f가 어떤 의미로 사용되고 있는지 주의를 기울여야 한다. 단위를 살펴보면 것도 구별하는 데 도움이 되는데 주파수(진동수)의 SI 단위는 헤르츠(Hz)이고 마찰력의 SI 단위는 뉴턴(N)이다.

단위 관련 유의사항

각도 θ의 단위로는 **라디안**(radian), **회전**(revolution), **도**(degree)와 같이 여러 개가 있다. 그러나 이 가운데 SI 단위는 라디안 하나뿐이다. 다음 방정식은 **각도 θ의 단위가 라디안(radian, 줄여서 rad)인 경우에만 성립**한다. 따라서 θ의 단위가 도(degree, 줄여서 deg, 기호로는 °) 또는 회전(revolution, 줄여서 rev)인 경우에는 먼저 라디안 단위로 변환한 다음에 방정식을 사용해야 한다.[1]

$$s = R\theta$$

이와 비슷하게 다음 방정식도 **ω의 단위가 rad/s인 경우에만 성립**한다. ω의 단위가 rev/s인 경우에는 먼저 rad/s 단위로 변환한 다음에 방정식을 사용해야 한다.

$$v = R\omega$$

rev 단위, deg 단위, rad 단위 사이의 관계는 다음과 같다.

$$1\ \text{rev} = 360° = 2\pi\ \text{rad}$$

---

1 (옮긴이) 방정식 $s = R\theta$에서 θ의 단위는 rad이다. 이 식에서 각 항의 단위만을 다시 살펴보면 원호의 길이 s의 단위는 m, 반지름 R의 단위도 m이므로 θ의 단위는 $\frac{m}{m} = 1$(상수)이 되어 결국 단위가 사라진다. 따라서 **rad 단위는 실제로는 단위가 없는 단위**이다. $s = R$(호 길이 = 반지름)일 때 각도 θ는 단위 라디안, 즉 1 rad이 되는데 이때의 호 길이가 원 중심에 대해 만드는 각도 θ를 deg 단위로 구해보면 $57.3 = \left(\frac{180}{\pi}\right)$deg가 된다. 따라서 1 rad = 57.3 deg이다.

참고로 deg 단위를 나타내는 데 ° 기호를 사용하기도 한다.

° 단위와 rad 단위 사이의 관계는 다음과 같이 쓸 수 있다.

$$180° = \pi \text{ rad}$$

단위를 잘 살펴보면 문제에서 주어지는 양이 무엇인지 알아내는 데 도움이 된다. 예를 들어, 0.25 rad/s라고 주어진 양은 단위가 rad/s이므로 각속력 ω이다. 또한 6.0 m/s라고 주어진 양은 단위가 m/s이므로 속력 v이다. 그러나 30 s라고 주어진 양은 시간 t일 수도, 주기 T일 수도 있다. 또한 4.0 m로 주어진 양은 거리 s, 원둘레 C, 반지름 R, 지름 D 중에서 어느 것도 될 수 있다. 이러한 경우에는 문제를 주의를 기울여 읽고 정확한 기호의 양을 선택해야 한다. 진동수(주파수)의 SI 단위인 헤르츠(Hz) 단위는 초(s) 단위의 역수이다.

$$\text{Hz} = \frac{1}{\text{s}}$$

이러한 단위 관계는 방정식 $f = 1/T$로부터 쉽게 이해할 수 있다.

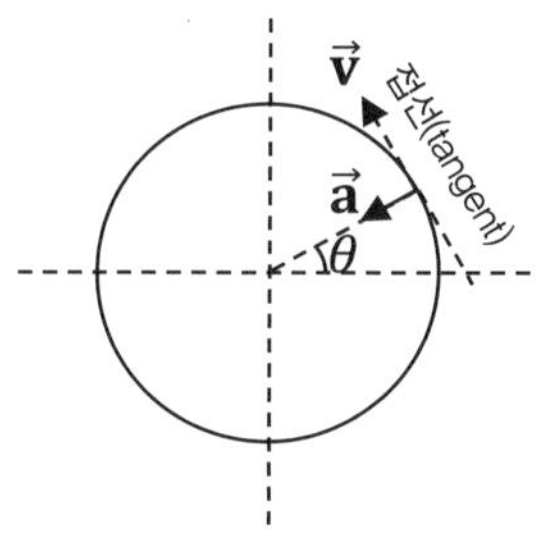

등속 원운동 문제 풀이 방법

등속 원운동(물체가 일정한 속도로 원을 그리면서 움직이는 운동)에 관한 문제를 풀 때는 다음과 같은 단계를 밟는다.

1. 값이 주어진 양(기지수)들을 차례로 적는다. 이 양들을 기호로 표시하고 주어진 숫자 값과 단위를 함께 적는다. 이때 단위와 이름을 잘 보면서 기호를 정확하게 나타내야 한다. 또한 문제에서 구해야 하는 양(미지수)과 기호를 파악해야 한다.
   - 단위가 m/s인 값은 속력 v이다.
   - 단위가 rad/s의 값은 각속력 ω이다.
   - 단위가 rev/s의 값은 각속력 ω이다. 수식에 대입하기 위해서는 rad/s 단위로 변환해야 한다.
   - 단위가 m/s^2의 값은 구심 가속도 a이다.
   - 단위가 Hz인 값은 진동수(주파수) f이다.

- 단위가 rev인 값은 각도 θ이다. 값을 수식에 대입하기 위해서는 rad 단위로 변환해야 한다.
- 단위가 s인 값은 총 시간 t 또는 주기 T이다.
- 단위가 m인 값은 총 이동 거리 s 또는 원둘레 C 또는 지름 D 또는 반지름 R이다.
- 단위가 kg인 값은 질량 m이다.
- 단위가 N인 값은 힘 F이다. 이 힘은 구심력 또는 특정한 다른 힘이다.

2. 등속 원운동에서 사용되는 여러 개의 방정식들을 살펴본다. 이들 중에서도 값이 주어진 양(미지수)과 값을 구해야 하는 양(미지수)을 포함하고 있는 방정식들을 살펴본다.
3. 적합한 방정식을 선택하고 방정식을 풀어서 문제에서 요구하는 미지수를 구한다.
4. 문제에서 회전수(rev 단위)를 구해야 하는 경우, θ를 구한 다음에 2π rad = 1 rev의 관계를 이용하여 rad 단위를 rev 단위로 변환한다. 이와 반대로 문제에서 회전수가 주어진 경우에는 먼저 rev 단위를 rad 단위로 변환하여 θ를 구해야 한다.
5. 문제에서 구심력을 구해야 하는 경우, $\Sigma F_{in} = ma_c$와 같이 질량에 구심 가속도를 곱하면 된다. 이와 반대로 문제에서 구심력이 주어진 경우에도 구심력을 질량 곱하기 구심 가속도와 같다고 놓고 문제를 풀면 된다.
6. 문제에서 위의 5번 단계에서 설명한 것보다 더 많은 뉴턴의 제2법칙을 적용해야 하는 경우, 17장에서 설명하는 **뉴턴의 제2법칙을 적용한 등속 원운동 문제 풀이 방법**을 참조한다.

예제 원숭이가 운전하고 있는 바나나 자동차가 30 m/s의 일정한 속도로 지름 40 m의 원을 그리며 달리고 있다. 바나나 자동차의 가속도를 구하라.

풀이 먼저, 값을 알고 있는 양과 구해야 하는 양의 목록을 만들어 보자.

$$D = 40\text{ m} \quad , \quad v = 30\text{ m/s} \quad , \quad a_c = ?$$

지름으로부터 반지름을 구하면

$$R = \frac{D}{2} = \frac{40}{2} = 20\text{ m}$$

이다. 구심 가속도 방정식에 대입하면 다음과 같이 답을 구할 수 있다.

$$a_c = \frac{v^2}{R} = \frac{(30)^2}{20} = \frac{900}{20} = 45\text{ m/s}^2$$

예제 원숭이가 운전하고 있는 바나나 자동차가 60 m/s의 일정한 속도로 지름 30 m의 원을 그리며 달리고 있다. 바나나 자동차의 각속력을 구하라.

풀이 먼저, 값을 알고 있는 양과 구해야 하는 양의 목록을 만들어 보자.

$$D = 30\ \text{m} \quad , \quad v = 60\ \text{m/s} \quad , \quad \omega = ?$$

지름으로부터 반지름을 구하면

$$R = \frac{D}{2} = \frac{30}{2} = 15\ \text{m}$$

이다. 속력과 각속력 사이의 관계를 나타내는 방정식에 대입하면 다음과 같이 답을 구할 수 있다.

$$v = R\omega$$

$$\omega = \frac{v}{R} = \frac{60}{15} = 4.0\ \text{rad/s}$$

예제 원숭이가 4.0 s의 주기로 지름 32 m의 원을 그리며 스케이트를 타고 있다. 원숭이의 가속도를 구하라.

풀이 먼저, 값을 알고 있는 양과 구해야 하는 양의 목록을 만들어 보자.

$$D = 32\ \text{m} \quad , \quad T = 4.0\ \text{s} \quad , \quad a_c = ?$$

지름으로부터 반지름을 구하면

$$R = \frac{D}{2} = \frac{32}{2} = 16\ \text{m}$$

이다. 가속도 방정식에는 속력이 들어있으므로 먼저 원숭이의 속력을 구해보자.

$$v = \frac{2\pi R}{T} = \frac{2\pi(16)}{4} = 8\pi\ \text{m/s}$$

이제 속력을 구심 가속도 방정식에 대입하면 다음과 같이 답을 구할 수 있다.

$$a_c = \frac{v^2}{R} = \frac{(8\pi)^2}{16} = \frac{64\pi^2}{16} = 4\pi^2\ \text{m/s}^2$$

예제 원숭이가 0.5 s의 주기로 원을 그리며 달리기를 하고 있다. 원숭이의 진동수(주파수)를 구하라.

풀이 먼저, 값을 알고 있는 양과 구해야 하는 양의 목록을 만들어 보자.

$$T = 0.50\text{ s} \quad , \quad f = ?$$

진동수(주파수)는 주기의 역수이므로 다음과 같이 구할 수 있다.

$$f = \frac{1}{T} = \frac{1}{0.5} = 2.0\text{ Hz}$$

예제 원숭이가 총 2분(min)의 시간 동안 8.0 m/s의 속력으로 원을 그리며 달리기를 한다. 원숭이가 달린 총 거리를 구하라.

풀이 먼저, 값을 알고 있는 양과 구해야 하는 양의 목록을 만들어 보자.

$$v = 8.0\text{ m/s} \quad , \quad t = 2.0\text{ min.} \quad , \quad s = ?$$

시간 t의 단위를 분(min)에서 초(s)로 변환한다.

$$t = 2.0\text{ min.} \times \frac{60\text{ s}}{1\text{ min.}} = 120\text{ s}$$

속력 v와 시간 t를 다음 방정식에 대입하면 총 거리를 구할 수 있다.

$$v = \frac{s}{t}$$
$$s = vt = (8)(120) = 960\text{ m}$$

예제 원숭이가 원을 그리며 달리기를 하고 있다. 원숭이는 총 1분(min)의 시간 동안 원을 12 회전(rev)을 한다. 원숭이의 주기와 진동수(주파수)를 구하라.

풀이 먼저, 값을 알고 있는 양과 구해야 하는 양의 목록을 만들어 보자.

$$\theta = 12\text{ rev} \quad , \quad t = 1.0\text{ min.} \quad , \quad T = ? \quad , \quad f = ?$$

각도 θ의 값을 수식에 대입하기 위해서는 rev 단위를 rad 단위로 변환해야 한다.

$$\theta = 12 \text{ rev} \times \frac{2\pi \text{ rad}}{1 \text{ rev}} = 24\pi \text{ rad}$$

시간 t의 단위를 분(min)에서 초(s)로 변환한다.

$$t = 1.0 \text{ min.} \times \frac{60 \text{ s}}{1 \text{ min.}} = 60 \text{ s}$$

각속력과 관련한 방정식은 다음과 같이 두 가지 형태로 쓸 수 있다.

$$\omega = \frac{\theta}{t} = \frac{2\pi}{T}$$

위 수식에서 오른쪽에 있는 등호 양변의 분자와 분모를 X자 형태로 서로 곱하고 나서 T에 대해 정리한 다음에 위에서 변환한 값들을 대입하면

$$T = \frac{2\pi t}{\theta} = \frac{2\pi(60)}{24\pi} = \frac{120}{24} = 5.0 \text{ s}$$

와 같이 주기를 구할 수 있다. 진동수(주파수)는 주기의 역수이므로 다음과 같이 구할 수 있다.

$$f = \frac{1}{T} = \frac{1}{5} \text{ Hz}$$

예제 원숭이가 반지름이 15 m인 원을 따라 회전하는 동안 총 120π m의 거리를 이동한다. 원숭이가 원을 따라 돈 회전수를 구하라.

풀이 먼저, 값을 알고 있는 양과 구해야 하는 양의 목록을 만들어 보자.

$$s = 120\pi \text{ m} \quad , \quad R = 15 \text{ m} \quad , \quad \theta = ?$$

각도 θ의 값을 구하기 위해 다음과 같이 호 길이 방정식을 사용한다.

$$s = R\theta$$

$$\theta = \frac{s}{R} = \frac{120\pi}{15} = 8\pi \text{ rad}$$

각도 θ의 단위를 rad 단위에서 회전수를 나타내는 rev 단위로 변환한다.

$$\theta = 8\pi \text{ rad} \times \frac{1 \text{ rev}}{2\pi \text{ rad}} = 4.0 \text{ rev}$$

연습문제

99. 원숭이가 총 4분(min)의 시간 동안 $\frac{1}{2}$ rad/s의 각속력으로 지름이 12 m인 원을 그리며 스케이트를 타고 있다.

값을 알고 있는 양과 구해야 하는 양의 목록을 적는다. 이때 수치와 함께 단위도 함께 적도록 한다.

______________ ______________ ______________

① 원숭이의 속력을 구하라.

② 원숭이의 가속도를 구하라.

③ 원숭이가 움직인 총 이동 거리를 구하라.

④ 원숭이의 주기를 구하라.

⑤ 원숭이의 회전수를 구하라.

답: 3.0 m/s, $\frac{3}{2}$ m/s^2, 720 m, 4π s, $\frac{60}{\pi}$ rev

100. 원숭이가 4.0 m/s의 일정한 속력으로 원을 그리며 달리고 있다. 원숭이가 8π s의 주기로 원을 돈 회전수는 $\frac{20}{\pi}$ rev이다.

값을 알고 있는 양과 구해야 하는 양의 목록을 적는다. 이때 수치와 함께 단위도 함께 적도록 한다.

______________ ______________ ______________

① 원숭이의 각속력을 구하라.

② 원의 반지름을 구하라.

③ 원숭이의 가속도를 구하라.

④ 원숭이가 움직인 총 이동 거리를 구하라.

⑤ 원숭이의 진동수(주파수)를 구하라.

답: $\frac{1}{4}$ rad/s, 16 m, 1.0 m/s^2, 640 m, $\frac{1}{8\pi}$ Hz

도움이 필요한가요? 책의 맨 뒤에 있는 "힌트"를 참고하세요.

17
등속 원운동과 뉴턴의 제2법칙의 적용

필수 개념

등속 원운동에 뉴턴의 제2법칙을 적용하는 경우, x축과 y축 성분으로 나누어 작업하는 대신, 다음과 같이 원과 관련이 있는 세 가지 방향(아래 그림 참조)으로 나누어 작업할 수 있다.

- 안쪽(in) 방향은 원의 중심을 가리키는 방향이다.
- 접선(tan) 방향은 원에 접하는 선(접선)을 따라가는 방향이다.
- z 방향은 원이 놓인 평면에 수직인 방향이다.

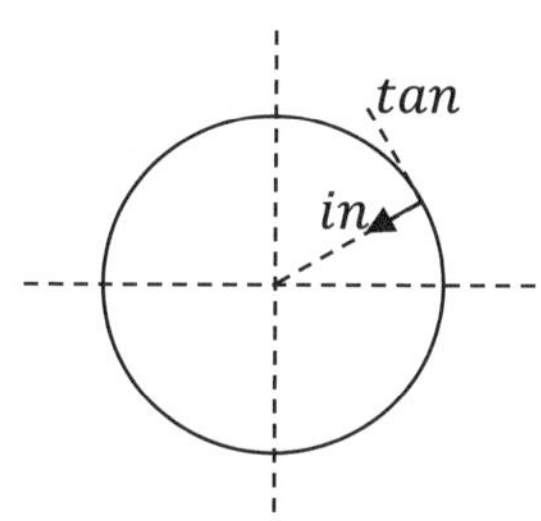

등속 원운동에서 가속도의 방향은 '구심'이다. 구심은 원의 중심을 가리키는 방향을 뜻한다. 따라서 어떤 물체에 가해지는 여러 개의 힘의 성분들 중에서 원의 중심을 가리키는 안쪽 방향 힘 성분들의 합(덧셈)은 '물체의 질량×구심 가속도'와 같다. 또한 나머지 힘 성분들의 합은 0이 된다.

$$\sum F_{in} = ma_c \quad , \quad \sum F_{tan} = 0 \quad , \quad \sum F_z = 0$$

주의: 위의 그림과 위의 수식에 표시되어 있는 *tan* 글자는 "tangential'의 줄임말로 접선 방향을 뜻한다. 삼각함수의 하나인 탄젠트(tangent)가 아니니 헷갈리지 않도록 주의해야 한다. 탄젠트 함수는 tanθ와 같이 tan 다음에 각도를 나타내는 인수가 반드시 따라온다는 사실을 기억하면 쉽게 구별할 수 있다. 따라서 *tan* 다음에 아무런 숫자나 문자가 붙어있지 않으면 이는 접선 방향을 나타낸다.

중요한 차이점

등속 원운동에서 θ 기호는 두 가지 의미로 사용되므로 내용을 주의 깊게 살펴봐야 한다.

- 16장에서는 θ가 물체가 원운동을 할 때 원둘레를 따라 이동한 **거리에 해당하는 회전각도**(원의 중심에 대해 움직인 각도)를 가리킨다.
- 17장에서 θ는 16장과 다른 의미로 사용된다. θ는 자유물체도에서 삼각함수의 각도이다. 17장의 첫 번째 예제에서 θ는 수직방향을 기준으로 줄이 기울어진 각도를 가리킨다.

이번 17장의 θ는 16장의 θ와는 다른 것이므로 반드시 구별해서 올바르게 사용해야 한다.

뉴턴의 제2법칙을 적용한 등속 원운동 문제 풀이 방법

등속 원운동과 관련된 문제에 뉴턴의 제2법칙을 적용하려면 14장에 자세히 설명되어 있는 **뉴턴의 제2법칙을 사용한 문제 풀이 방법**과 함께 다음에 설명되어 있는 단계를 밟아가며 등속 원운동을 다루도록 한다.

1. 14장(스프링과 관련된 문제인 경우에는 15장)에서 설명한 문제풀이 방법에 따라 자유물체도를 그린다. 원운동이라고 해서 지금까지 다루지 않은 새로운 힘이 있어야 하는 것은 아니다. 예를 들어, 자유물체도에 "구심력"이라고 표시한 화살표를 그려 넣어서는 안 된다. 원운동에서는 적어도 한 개의 힘이 원의 중심을 향하는 안쪽 방향 성분을 가지는데 이 힘은 '장력' 또는 '마찰력'과 같은 통상적인 힘 중의 하나이지 별도의 새로운 힘은 아니다. (다시 말해 안쪽 방향 힘 성분들의 합인 ΣF_{in}을 "구심력"이라는 이름으로 부르는 것일 뿐이다.)
2. 다음과 같이 좌표를 써 넣는다.
   - 안쪽(*in*) 방향은 원의 중심을 가리키는 방향이다. 물체의 위치에서 원의 중심을 향하는 방향으로 *in*축을 나타내는 직선을 그린다.
   - 접선(*tan*) 방향은 원에 접하는 선(접선)을 따라가는 방향이다. 접선을 그려서 *tan* 축을 나타낸다.

- z 방향은 원이 놓인 평면에 수직인 방향이다. 평면에 수직인 방향으로 직선을 그려(⊙ 표시) z축을 나타낸다.

3. 등속 원운동을 하는 물체에 대해 뉴턴의 제2법칙을 다음과 같이 쓴다.

$$\sum F_{in} = ma_c \quad , \quad \sum F_{tan} = 0 \quad , \quad \sum F_z = 0$$

4. 14장에서 설명한 방법을 따른다.

5. 구심 가속도는 다음과 같이 쓸 수 있다.

$$a_c = \frac{v^2}{R}$$

6. 이번 16장에서는 등속 원운동과 관련하여 다음 방정식들이 사용될 수 있다.

$$v = R\omega$$
$$v = \frac{s}{t} = \frac{C}{T} = \frac{2\pi R}{T}$$
$$\omega = \frac{\theta}{t} = \frac{2\pi}{T} = 2\pi f$$
$$f = \frac{1}{T}$$
$$s = R\theta$$

예제 아래 그림에서 보듯이 원숭이가 줄에 매단 바나나를 수평으로 원을 그리며 빙글빙글 돌리고 있다. 원의 반지름은 1.0 m이고 이 원을 따라 회전하는 바나나의 속력은 $\sqrt{10}$ m/s이다. 수직선을 기준으로 줄이 기울어진 각도를 구하라.

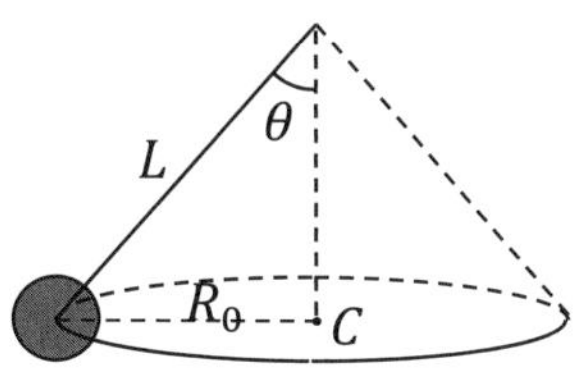

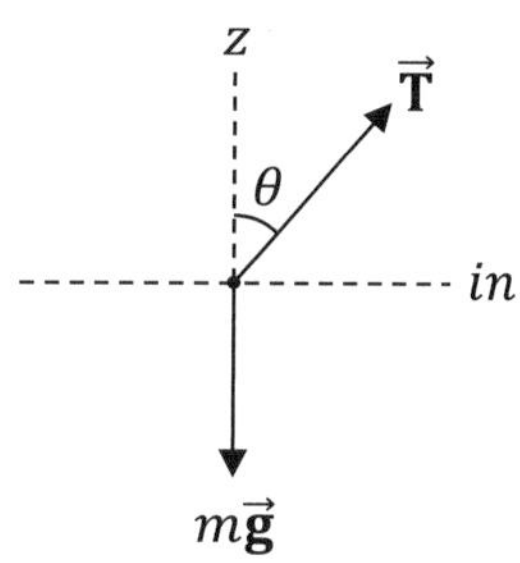

옆에서 본 그림

풀이 위의 왼쪽 그림을 보면 바나나는 수평으로 원을 그리며 운동을 하고 있고 줄은 원뿔 모양을 만들면서 운동을 하고 있다. 바나나에 대해 자유물체도를 그린다. 장력은 줄을 따라가는 방향으로 바나나를 당긴다. 중력은 아래 방향으로 바나나를 당긴다. 안쪽(in)

방향은 위의 오른쪽 그림에 표시된 것처럼 수평 원의 중심을 가리킨다. 접선 방향은 책의 지면과 수직인 방향(지면에서 밖으로 나오는 방향, ⊙)이다. 이 문제에서는 접선 방향 성분으로 작용하는 힘이 없으므로 접선 방향은 고려하지 않아도 된다. z 방향은 위쪽 방향(즉 원이 놓인 평면에 수직인 방향)이다.

바나나에 뉴턴의 제2법칙을 적용해보자. 장력의 경우, z 성분은 θ와 접해있는 직선 방향의 성분이므로 θ에 cos을 취하고 안쪽(in) 성분은 θ와 접해있지 않고 마주보는 직선 방향의 성분이므로 θ에 sin을 취해 구한다. 중력은 $-z$축을 따라 놓여 있으므로 z 성분 덧셈식에만 나타난다. 등속 원운동과 관련된 문제에서 가속도는 원의 중심을 향해 안쪽을 가리키는 방향이므로 다음의 방정식으로 쓸 수 있다.

$$\sum F_{in} = ma_c \quad , \quad \sum F_z = 0$$
$$T\sin\theta = ma_c \quad , \quad T\cos\theta - mg = 0$$

위의 방정식에서 중력 항을 등호의 오른쪽으로 옮긴다.

$$T\sin\theta = ma_c \quad , \quad T\cos\theta = mg$$

이제 위의 두 방정식을 서로 나누어보자.

$$\frac{T\sin\theta}{T\cos\theta} = \frac{ma_c}{mg}$$
$$\frac{\sin\theta}{\cos\theta} = \frac{a_c}{g}$$

sin 함수를 cos 함수로 나눈 것은 tan 함수와 같으므로

$$\tan\theta = \frac{a_c}{g}$$

이 된다. 16장에서 배운 구심 가속도 방정식 $a_c = \frac{v^2}{R}$을 이용하면

$$\tan\theta = a_c\frac{1}{g} = \frac{v^2}{R}\frac{1}{g} = \frac{\left(\sqrt{10}\right)^2}{(1)(9.81)} \approx \frac{\left(\sqrt{10}\right)^2}{10} = 1$$
$$\theta = \tan^{-1}(1) = 45°$$

와 같이 기울어진 각도를 구할 수 있다.

예제 자동차가 수평으로 놓인 도로 표면을 따라 반지름이 80 m인 원을 그리며 일정한 속도로 회전하고 있다. 타이어와 도로 사이의 마찰 계수는 1/2이다. 자동차가 안전하게 회전할 수 있는 최대 속도를 구하라.

풀이 자동차의 자유물체도를 그리고 자동차에 가해지는 힘들을 나타내는 화살표를 그리고 이름을 표시한다. 중력 mg는 자동차를 아래쪽으로 당기고 수직력 N은 위로 밀어올린다. 구동력 D는 자동차를 앞쪽으로 밀고 공기 저항에 의한 저항력 F_R은 자동차를 뒤쪽으로 민다. 정지 마찰력 f_s는 자동차를 안쪽으로 민다. 도로와 타이어 사이의 마찰력은 자동차가 회전을 하는 데 필요한 구심 가속도를 자동차에 제공한다. 만일 마찰이 없다면(겨울철 빙판길처럼) 자동차는 회전을 하지 못한다. 뉴턴의 제3법칙에 따라 사람이 걸을 때 발로 지면에 힘을 가해 지면을 밀면 지면은 크기가 같고 방향이 반대인 힘으로 발을 미는 것처럼, 자동차가 회전을 하면서 타이어가 지면에 힘을 가하면 지면은 타이어에 크기가 같고 방향이 반대인 힘을 가한다. 자동차는 원의 안쪽 방향이나 바깥쪽 방향으로 움직이지 않고 접선 방향으로 움직이고 있으므로 자동차의 마찰력은 정지 마찰력이다.

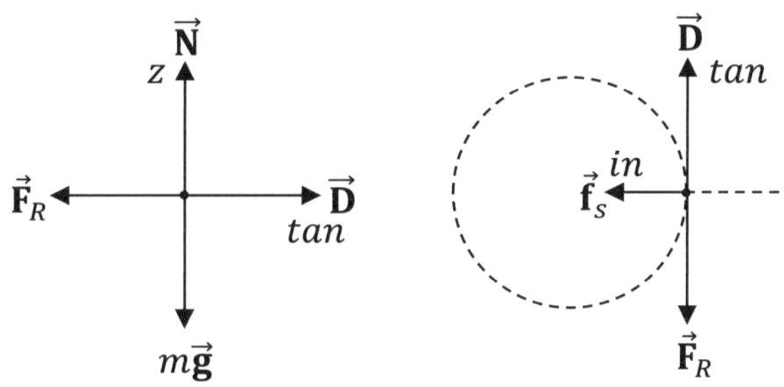

옆에서 본 그림   위에서 본 그림

자동차에 뉴턴의 제2법칙을 적용해보자.

$$\sum F_{in} = ma_c \quad , \quad \sum F_{tan} = 0 \quad , \quad \sum F_z = 0$$
$$f_s = ma_c \quad , \quad D - F_R = 0 \quad , \quad N - mg = 0$$

z 성분 덧셈식을 풀면

$$N = mg$$

이 된다. 수직력 방정식을 정지마찰력 방정식(14장)에 대입하면

$$f_s \leq \mu_s mg$$

이 된다. 이 방정식을 안쪽 성분 덧셈 방정식에 대입하면

$$f_s = ma_c \leq \mu_s mg$$
$$a_c \leq \mu_s g$$

이 된다. 구심 가속도 방정식(16장)을 이용하면

$$a_c = \frac{v^2}{R} \le \mu_s g$$

$$v \le \sqrt{\mu_s g R} = \sqrt{\frac{1}{2}(9.81)(80)} \approx \sqrt{\frac{1}{2}(10)(80)} = \sqrt{400} = 20\ \text{m/s}$$

을 얻는다. 따라서 자동차가 안전하게 원운동을 하기 위해서는 자동차의 속도가 20 m/s 보다 빨라서는 안 된다.

연습문제

101. 아래 그림에서 보듯이, 놀이공원에 있는 어떤 놀이 기구에는 지름이 $48\sqrt{3}$ m인 원반이 지상에서 높은 위치에 수평으로 놓여 있다. 원반 가장자리에는 길이가 $32\sqrt{3}$ m인 줄이 여러 개 매달려 있고 줄 끝에는 그네가 하나씩 달려 있다. 원반이 회전하면 그네는 아래 그림과 같이 수직선을 기준으로 30°의 각도를 이루며 바깥쪽으로 벌어진다. 어느 한 그네에는 25 kg의 원숭이가 앉아있는데 이 원숭이는 수평 방향으로 원을 그리며 회전하고 있다.

(A) 원숭이에 대해 자유물체도를 그려라. 자유물체도에 원숭이에 작용하는 각 힘을 적어 넣고 안쪽(*in*) 방향과 *z* 방향 좌표를 그려 넣어라.

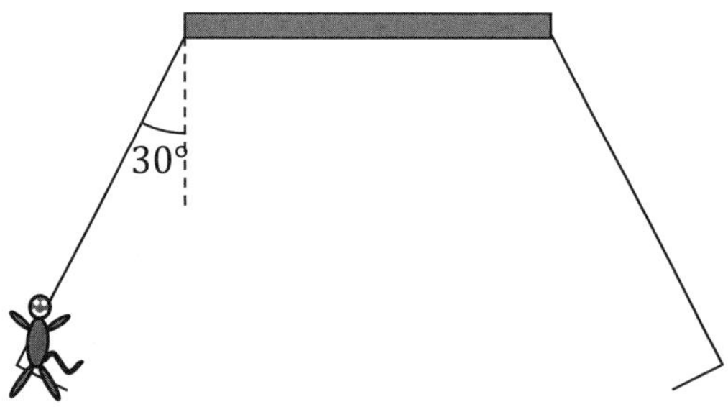

(B) 원숭이에게 작용하는 모든 힘에 대해 *in* 성분 덧셈식과 *z* 방향 성분 덧셈식을 써라. 또한 두 덧셈식의 바로 아랫줄에, 힘을 나타내는 실제 항들의 덧셈이 좌변에 들어가 있는 형태의 수식으로 다시 적어라.

(C) 그네 좌석의 질량이 5.0 kg일 때 원숭이가 탄 그네를 매단 줄의 장력을 구하라.

(D) 원숭이의 속력을 구하라.

답: $200\sqrt{3}$ N, 20 m/s

102. 원숭이가 질량이 500 g인 쥐의 꼬리를 잡고 4.0 m/s의 일정한 속도로 수직 방향으로 원을 그리며 쥐를 돌리고 있다. 원의 반지름은 200 cm이다.

주의: 이전의 문제에서는 수평 방향으로 원운동을 한 반면에 이 문제에서는 수직 방향으로 원운동을 하고 있다. 따라서 문제 풀이는 이전 문제와 전혀 다르다.

(A) 수직으로 놓인 원의 맨 아래 위치에 있는 쥐에 대해 자유물체도를 그려라. 자유물체도에 쥐에 작용하는 각 힘을 적어 넣고 안쪽(*in*) 방향과 접선(*tan*) 방향 좌표를 그려 넣어라.

(B) 쥐에게 작용하는 모든 힘에 대해 *in* 성분 덧셈식을 써라. (이 문제에서는 *in* 성분 덧셈식 하나만으로 충분하다.) 또한 덧셈식의 바로 아랫줄에, 힘을 나타내는 실제 항들의 덧셈이 좌변에 들어가 있는 형태의 수식으로 다시 적어라.

(C) 쥐의 가속도를 구하라.

(D) 쥐가 수직으로 놓인 원의 맨 아래 위치에 올 때 쥐의 꼬리에 가해지는 장력을 구하라.

답: 8.0 m/s^2, 9.0 N

103. 아래 그림에서 보듯이 놀이공원에 큰 원통 모양의 방이 회전하는 놀이기구가 있다. 이 놀이기구에 질량이 50 kg인 원숭이가 벽에 기대어 서 있다. 원통 방이 일정한 각속도로 회전하는 동안에 방의 바닥은 없어지지만 원숭이는 바닥 아래로 미끄러져 내려가지 않고 벽에 그대로 붙어 있으므로 원통 아래로 떨어지지 않는다. 원숭이와 벽 사이의 마찰 계수는 $\frac{1}{4}$이고 원통 방의 반지름은 10 m이다.

(A) 원숭이에 대해 자유물체도를 그려라. 자유물체도에 원숭이에 작용하는 각 힘을 적어 넣고 안쪽(*in*) 방향과 *z* 방향 좌표를 그려 넣어라.

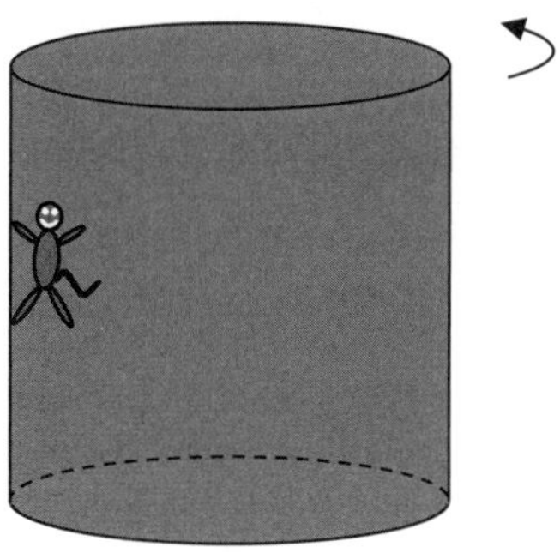

(B) 원숭이에게 작용하는 모든 힘에 대해 *in* 성분 덧셈식과 *z* 방향 성분 덧셈식을 써라. 또한 두 덧셈식의 바로 아랫줄에, 힘을 나타내는 실제 항들의 덧셈이 좌변에 들어가 있는 형태의 수식으로 다시 적어라.

(C) 원숭이가 아래로 미끄러져 내려가지 않기 위해 필요한 원숭이의 최소 가속도를 구하라.

(D) 원숭이가 아래로 미끄러져 내려가지 않기 위해 필요한 원숭이의 최소 속력을 구하라.

답: 40 m/s^2, 20 m/s

104. 아래 그림을 보면 지름이 $180\sqrt{3}$ m인 자동차 경주용 원형 트랙이 있다. 이 경기장의 도로면은 수평면을 기준으로 30° 만큼 기울어져 있다. 그림에 표시된 경주용 자동차는 이 책의 지면 밖으로 나오는 방향으로 달리고 있다. 트랙의 도로면은 마찰이 없다.

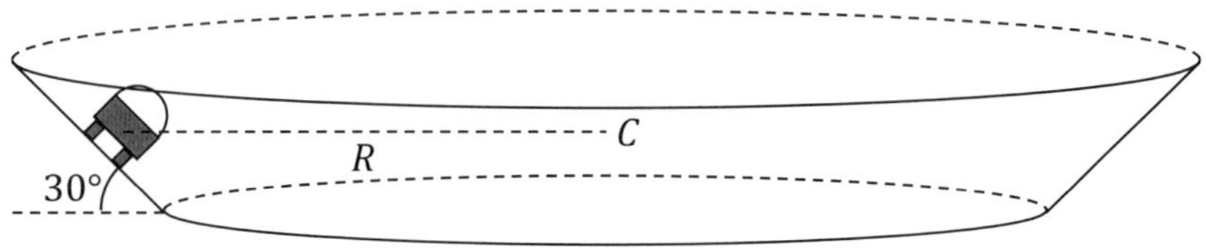

옆에서 본 그림

(A) 경주용 자동차에 대해 자유물체도를 그려라. 자유물체도에 자동차에 작용하는 각 힘을 적어 넣고 안쪽(in) 방향과 z 방향 좌표를 그려 넣어라.

(B) 자동차에게 작용하는 모든 힘에 대해 in 방향 성분 덧셈식과 z 방향 성분 덧셈식을 써라. 또한 두 덧셈식의 바로 아랫줄에, 힘을 나타내는 실제 항들의 덧셈이 좌변에 들어가 있는 형태의 수식으로 다시 적어라.

(C) 자동차가 기울어진 도로면 아래로 미끄러져 내려가지 않기 위해 필요한 자동차의 최소 속력을 구하라.

답: 30 m/s

도움이 필요한가요? 책의 맨 뒤에 있는 “힌트”를 참고하세요.

18
뉴턴의 중력 법칙

관련 용어

- **질량**(mass) – 관성의 크기를 나타내는 척도. 물체가 가진 질량이 클수록 관성이 크므로 물체를 가속을 하는 것이 어렵다.
- **무게**(weight) – 물체가 겪는 (물체에 가해지는) 중력
- **중력 가속도**(gravitational acceleration) – 자유낙하를 하는 물체의 가속도
- **운동량**(momentum) – 질량 곱하기 속력. 움직이는 모든 물체는 운동량을 가진다.

뉴턴의 중력 법칙

뉴턴의 중력 법칙에 따라 질량을 가진 두 물체는 각각의 질량에 정비례하고 두 질량 사이의 간격(거리)의 제곱에 반비례하는 힘인 **중력**(gravitational force)으로 서로를 끌어당긴다.

$$F_g = G\frac{m_1 m_2}{R^2}$$

뉴턴의 중력법칙에 들어있는 비례상수를 중력상수라고 한다.

$$G = 6.67 \times 10^{-11}\ \frac{\mathrm{N{\cdot}m^2}}{\mathrm{kg^2}} \approx \frac{20}{3} \times 10^{-11}\ \frac{\mathrm{N{\cdot}m^2}}{\mathrm{kg^2}} = \frac{2}{3} \times 10^{-10}\ \frac{\mathrm{N{\cdot}m^2}}{\mathrm{kg^2}}$$

중력을 다른 말로 **무게**(weight)라고 한다. 무게는 다음 공식에서 보듯이 질량 곱하기 중력 가속도이다.

$$F_g = mg$$

뉴턴의 중력법칙의 양변을 두 개의 질량 중 어느 하나로 나누면 행성이나 달과 같은 거대한 천체가 만들어내는 중력 가속도 방정식을 얻는다.

$$g = G\frac{m_p}{R^2}$$

기호와 SI 단위

기호	이름	SI 단위
F_g	중력	N
m	질량	kg
R	간격(거리)	m
G	중력 상수	$\frac{\mathrm{N \cdot m^2}}{\mathrm{kg^2}}$ 또는 $\frac{\mathrm{m^3}}{\mathrm{kg \cdot s^2}}$
g	중력 가속도	$\mathrm{m/s^2}$

중요한 차이점

기호 F_g는 N 단위의 중력을 나타내고 기호 g는 $\mathrm{m/s^2}$ 단위의 중력 가속도를 나타낸다.

기호 g가 $\mathrm{m/s^2}$ 단위의 중력 가속도를 나타내는 반면에 기호 G는 $\frac{\mathrm{N \cdot m^2}}{\mathrm{kg^2}}$ 단위의 중력상수를 나타낸다. g 값은 위치에 따라 다르다. 예를 들어 g 값은 지구 표면 근처에서 9.81 $\mathrm{m/s^2}$이고 달 표면 근처에서 1.62 $\mathrm{m/s^2}$이다. G는 보편 상수로서 그 값은 모든 곳에서 $6.67 \times 10^{-11} \frac{\mathrm{N \cdot m^2}}{\mathrm{kg^2}}$이다.

단위관련 주의사항

중력 상수 G의 SI 단위는 뉴턴의 중력 법칙 수식을 G에 대해 정리하여 구할 수 있다.

$$G = \frac{F_g R^2}{m_1 m_2}$$

위 식에서 $\frac{F_g R^2}{m_1 m_2}$의 SI 단위를 구하면 G의 SI 단위는 $\frac{\mathrm{N \cdot m^2}}{\mathrm{kg^2}}$가 된다. 14장에서 힘의 단위인 뉴턴(N)은 다음과 같음을 배웠다.

$$1\ \mathrm{N} = \frac{\mathrm{kg \cdot m}}{\mathrm{s^2}}$$

이 식을 $\frac{\mathrm{N \cdot m^2}}{\mathrm{kg^2}}$에 대입하면 G의 SI 단위는 $\frac{\mathrm{m^3}}{\mathrm{kg \cdot s^2}}$로도 쓸 수 있다.

거듭제곱 연산

거듭제곱과 관련하여 1장에서 배운 다음 연산 규칙(1장)을 기억하면 도움이 된다.

$$x^a x^b = x^{a+b}$$

$$\frac{x^a}{x^b} = x^{a-b}$$

$$x^{-a} = \frac{1}{x^a}$$

$$\frac{1}{x^{-a}} = x^a$$

$$x^0 = 1$$

$$(x^a)^b = x^{ab}$$

$$(ax)^b = a^b x^b$$

중력 관련 문제 풀이 방법

중력과 관련된 문제를 풀 때는 문제의 유형에 따라 다음과 같은 단계를 밟는다.

1. 간단한 중력 문제는 값을 알고 있는 양(기지수)들과 값을 구해야 할 양(미지수)을 나타내는 기호 목록을 만든 다음, 적합한 방정식을 선택하고 이 방정식을 풀어 미지수를 구한다. 다음은 중력 문제를 푸는 데 사용되는 세 가지 방정식이다.

   - 중력 방정식:

   $$F_g = G\frac{m_1 m_2}{R^2}$$

   - 중력 가속도 방정식:

   $$g = G\frac{m_p}{R^2}$$

   - 무게(중력) 방정식:

   $$F_g = mg$$

값이 주어진 기호가 어떤 양을 나타내는지 알아내려면 단위와 설명하는 문구를 살펴보면 된다. 또한 값을 구해야 할 기호가 무엇인지 알아내야 한다.

- $\mathrm{m/s^2}$ 단위로 주어진 값은 가속도로 중력 가속도 g가 여기에 해당한다.
- kg 단위로 주어진 값은 질량 m이다.

- N 단위로 주어진 값은 힘으로 중력(또는 무게) F_g가 여기에 해당한다.

다음 상수의 값은 잘 기억하고 있어야 한다.

- 모든 곳에서 $G = 6.67 \times 10^{-11} \frac{\text{N·m}^2}{\text{kg}^2} \approx \frac{20}{3} \times 10^{-11} \frac{\text{N·m}^2}{\text{kg}^2} \approx \frac{2}{3} \times 10^{-10} \frac{\text{N·m}^2}{\text{kg}^2}$
- 지구 표면 근처에서 $g = 9.81\ \text{m/s}^2 \approx 10\ \text{m/s}^2$
- 달 표면 근처에서 $g = 1.62\ \text{m/s}^2 \approx \frac{8}{5}\text{m/s}^2$

2. 문제에서 예를 들어 "지구보다 질량이 5배 더 큰 ~"과 같이 질량, 반지름 또는 중력 가속도의 비(ratio)가 주어진 경우에는 다음에 나오는 예제에서 보듯이 비를 취한다.
3. 두 개의 질량이 서로 떨어져 있을 때 알짜 중력장이 0이 되는 위치를 구해야 할 때는 두 질량이 각각 만들어내는 중력장 수식을 서로 같게 놓는다. 또한 그림을 보고 R_1과 R_2에 대해 방정식을 적는다. 그 다음 연립방정식을 풀어 답을 구한다. 이 문제 풀이 방법을 다음에 나오는 예제에서 볼 수 있다.
4. 두 개의 서로 다른 질량(예: 지구와 달)이 만들어내는 알짜 중력장을 구해야 할 때는 각 질량에 대해 중력 가속도 공식을 사용한 다음, 벡터 덧셈(10장)을 수행한다. 이 문제 풀이 방법을 다음에 나오는 예제에서 볼 수 있다.
5. 인공위성 문제는 19장을 참조한다.

반올림 주의 사항

G를 $6.67 \times 10^{-11} \frac{\text{N·m}^2}{\text{kg}^2}$에서 $\frac{2}{3} \times 10^{-10} \frac{\text{N·m}^2}{\text{kg}^2}$로 반올림하면 하지 않은 때와 약간의 차이가 발생한다.

예제 여우별의 질량이 4.0×10^{30} kg이다. 여우별에는 질량이 6.0×10^{24} kg인 토끼행성이 있다. 여우별 중심과 토끼행성 중심 사이의 거리는 2.0×10^{11} m이다. 여우별과 토끼행성 사이의 중력을 구하라.

풀이 기지수와 미지수와 목록을 만든다.

$$G \approx \frac{2}{3} \times 10^{-10} \frac{\text{N·m}^2}{\text{kg}^2} \quad , \quad m_1 = 4.0 \times 10^{30}\ \text{kg} \quad , \quad m_2 = 6.0 \times 10^{24}\ \text{kg}$$

$$R = 2.0 \times 10^{11}\ \text{m} \quad , \quad F_g = ?$$

이들 값을 뉴턴의 중력 법칙 수식에 대입한다.

$$F_g = G\frac{m_1 m_2}{R^2} \approx \left(\frac{2}{3}\times 10^{-10}\right)\frac{(4\times 10^{30})(6\times 10^{24})}{(2\times 10^{11})^2}$$

계산을 할 때는 거듭제곱끼리 따로 계산하면 편리하다.

$$F_g \approx \frac{(2)(4)(6)}{(3)(2)^2}\times\frac{10^{-10}10^{30}10^{24}}{(10^{11})^2} = 4\times\frac{10^{-10+30+24}}{10^{22}} = 4\times\frac{10^{44}}{10^{22}} = 4.0\times 10^{22}\ \mathrm{N}$$

예제 늑대행성의 질량은 8.1×10^{24} kg이고 반지름은 3.0×10^{6} m이다. 늑대행성 표면 근처의 중력 가속도를 구하라.

풀이 기지수와 미지수와 목록을 만든다.

$$G \approx \frac{2}{3}\times 10^{-10}\ \frac{\mathrm{N{\cdot}m^2}}{\mathrm{kg^2}} \quad , \quad m_p = 8.1\times 10^{24}\ \mathrm{kg} \quad , \quad R = 3.0\times 10^{6}\ \mathrm{m} \quad , \quad g = ?$$

이들 값을 중력 가속도 방정식에 대입한다.

$$g = G\frac{m_p}{R^2} \approx \left(\frac{2}{3}\times 10^{-10}\right)\frac{(8.1\times 10^{24})}{(3\times 10^{6})^2}$$

계산을 할 때는 거듭제곱끼리 따로 계산하면 편리하다.

$$g \approx \frac{(2)(8.1)}{(3)(3)^2}\times\frac{10^{-10}10^{24}}{(10^{6})^2} = 0.6\times\frac{10^{-10+24}}{10^{12}} = 0.6\times\frac{10^{14}}{10^{12}} = 0.6\times 10^{2} = 60\ \mathrm{m/s^2}$$

예제 질량이 지구의 15배이고 반지름이 지구의 5배인 행성이 있다. 이 행성 표면 근처의 중력 가속도 값을 구하라.

풀이 기호를 사용하여 문제에서 주어진 질량의 비와 반지름의 비를 아래와 같이 나타낸다.

$$\frac{m_p}{m_e} = 15 \quad , \quad \frac{R_p}{R_e} = 5$$

행성과 지구의 중력 가속도 비를 취한다.

$$\frac{g_p}{g_e} = \frac{\dfrac{Gm_p}{R_p^2}}{\dfrac{Gm_e}{R_e^2}} = \frac{Gm_p}{R_p^2}\div\frac{Gm_e}{R_e^2} = \frac{Gm_p}{R_p^2}\times\frac{R_e^2}{Gm_e} = \frac{m_p}{m_e}\frac{R_e^2}{R_p^2} = \left(\frac{m_p}{m_e}\right)\left(\frac{R_e}{R_p}\right)^2 = (15)\left(\frac{1}{5}\right)^2 = \frac{3}{5}$$

양변에 지구의 중력 가속도를 곱한다.

$$g_p = \frac{3}{5}g_e = \frac{3}{5}(9.81) \approx \frac{3}{5}(10) = 6.0\ \mathrm{m/s^2}$$

예제 아인이라는 행성의 질량은 9.0×10^{24} kg이다. 아인 행성에는 4.0×10^{22} kg의 질량을 가진 슈타인이라는 위성이 있다. 아인의 중심과 슈타인의 중심 사이의 거리는 8.0×10^{8} m이다. 알짜 중력장이 0이 되는 위치를 구하라.

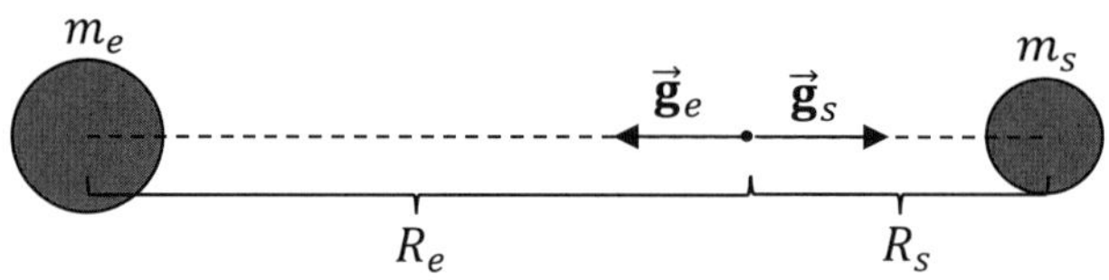

풀이 행성과 위성 사이의 영역에서 두 중력장은 반대 방향이 된다. 그 영역에 있는 어떤 위치에서는 행성이 만들어내는 중력장과 위성이 만들어내는 중력장이 같고 방향이 반대가 되므로 두 중력장이 상쇄된다. 이 위치를 구하기 위해 두 중력장의 크기를 서로 같게 놓는다($g_e = g_s$).

$$G\frac{m_e}{R_e^2} = G\frac{m_s}{R_s^2}$$
$$\frac{m_e}{R_e^2} = \frac{m_s}{R_s^2}$$

방정식의 양변을 X자 형태로 곱한다.

$$R_s^2 m_e = R_e^2 m_s$$

미지수는 R_e와 R_s 두 개이지만 방정식은 하나뿐이다. 따라서 방정식이 하나 더 필요하다. 위의 그림에서 R_e와 R_s를 더하면 아인 행성과 슈타인 위성의 중심 사이의 거리 d가 되므로

$$R_e + R_s = d$$

이다. 여기서 $d = 8.0\times10^{8}$ m이다. 이 방정식에서 미지수 중 하나(여기서는 R_s)에 대해 정리하면

$$R_s = d - R_e$$

이 된다. 이 식을 앞에서 구한 방정식의 R_s에 대입한다.

$$(d - R_e)^2 m_e = R_e^2 m_s$$

좌변의 제곱항을 계산한 다음, 정리를 하면 R_e에 대한 이차 방정식이 나온다. 이렇게 얻은 이차 방정식을 풀어도 되지만 이 경우에는 양변에 제곱근을 취하면 이차 방정식을 풀지 않아도 답을 구할 수 있다. 이제 양변에 제곱근을 취하면

$$(d - R_e)\sqrt{m_e} = \pm R_e\sqrt{m_s}$$

이 된다. $\sqrt{x^2} = \pm x$이므로 위 식에서 부호가 ±가 되었다. 예를 들어, $(+2)^2 = 4$이고 $(-2)^2 = 4$이므로 4의 답은 +2와 −2, 두 개이다. 따라서 R_e를 풀 때 두 가지 부호를 모두 고려해야 한다.

$$d\sqrt{m_e} - R_e\sqrt{m_e} = \pm R_e\sqrt{m_s}$$
$$d\sqrt{m_e} = R_e\sqrt{m_e} \pm R_e\sqrt{m_s} = R_e\left(\sqrt{m_e} \pm \sqrt{m_s}\right)$$
$$R_e = \frac{d\sqrt{m_e}}{\sqrt{m_e} \pm \sqrt{m_s}}$$

제곱근의 부호가 + 일 때만 올바른 답이 나온다.

$$R_e = \frac{(8 \times 10^8)\sqrt{9 \times 10^{24}}}{\sqrt{9 \times 10^{24}} + \sqrt{4 \times 10^{22}}} = \frac{(8 \times 10^8)(3 \times 10^{12})}{3 \times 10^{12} + 2.0 \times 10^{11}} = \frac{24 \times 10^{20}}{3.2 \times 10^{12}} = 7.5 \times 10^8 \text{ m}$$

주의: 위의 예제와 바로 다음 예제에서 R은 행성이나 위성의 반지름이 아니다. 이들 예제에서 R은 행성(위성)의 중심으로부터의 떨어진 거리이다. 행성(위성)의 표면에서 g를 구하는 문제에서 R은 행성(위성)의 반지름이다. (다음 예제와 마지막 예제에서는 R이 반지름이 아니다.) 앞서 풀어본 두 번째 예제와 세 번째 예제에서 R은 행성(위성)의 반지름이었다.

예제 뉴 행성의 질량은 5.4×10^{25} kg이다. 턴 행성의 질량은 1.8×10^{25} kg이다. 아래 그림에서 $R_n = 6.0 \times 10^8$ m이고 $R_t = 4.0 \times 10^8$ m이다. 그림에서 X로 표시된 점에서 알짜 중력장의 크기를 구하라.

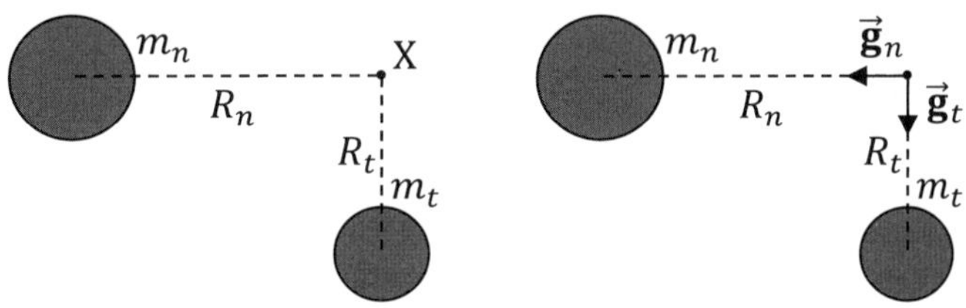

풀이 맨 처음 할 일은 지정된 위치에서 두 행성이 각각 만들어내는 중력장의 크기를 구하는 것이다. R_n과 R_t은 두 행성의 반지름이 아니라는 것에 주의해야 하는데 이는 우리가 구해야 하는 것은 두 행성 표면에서의 중력 가속도가 아니라 두 행성 사이 영역에 있는 X점

이기 때문이다.

$$g_n = G\frac{m_n}{R_n^2} \approx \left(\frac{2}{3}\times 10^{-10}\right)\frac{(5.4\times 10^{25})}{(6\times 10^8)^2} = \frac{(2)(5.4)}{(3)(6)^2}\times\frac{10^{-10}10^{25}}{(10^8)^2} = \frac{10.8}{108}\times 10^{-1} = \frac{1}{100}\ \mathrm{m/s^2}$$

$$g_t = G\frac{m_t}{R_t^2} \approx \left(\frac{2}{3}\times 10^{-10}\right)\frac{(1.8\times 10^{25})}{(4\times 10^8)^2} = \frac{(2)(1.8)}{(3)(4)^2}\times\frac{10^{-10}10^{25}}{(10^8)^2} = \frac{3.6}{48}\times 10^{-1} = \frac{3}{400}\ \mathrm{m/s^2}$$

위에서 구한 두 중력장을 더할 때는 벡터로 취급하여 더해야 한다(10장). 여기서 $\vec{\mathbf{g}}_n$은 크기는 $\frac{1}{100}$ m/s^{2}이고 방향은 위 그림에서 왼쪽을 가리키는 반면에 $\vec{\mathbf{g}}_t$는 크기는 $\frac{3}{400}$ m/s^{2}이고 방향은 아래쪽을 가리킨다. 10장에서 배운 벡터 덧셈의 모든 단계를 밟아가며 답을 구할 수 있지만 이 문제에서 $\vec{\mathbf{g}}_n$와 $\vec{\mathbf{g}}_t$의 방향이 서로 수직임을 알면 더 간단히 풀 수 있다. 두 벡터가 서로 수직을 이루고 있으므로 피타고라스 정리를 사용하여 알짜 중력장의 크기를 구할 수 있다.

$$g_{net} = \sqrt{g_n^2 + g_t^2} \approx \sqrt{\left(\frac{1}{100}\right)^2 + \left(\frac{3}{400}\right)^2}$$

계산기를 사용하지 않는 경우에는 $\left(\frac{1}{100}\right)^2$을 공통인수로 하여 제곱근 밖으로 빼내면 계산이 간편하다. 물론 이렇게 하지 않고 바로 계산해도 같은 답이 나온다.

$$g_{net} = \sqrt{\left(\frac{1}{100}\right)^2}\sqrt{1^2 + \left(\frac{3}{4}\right)^2} = \frac{1}{100}\sqrt{1+\frac{9}{16}} = \frac{1}{100}\sqrt{\frac{16}{16}+\frac{9}{16}}$$

$$g_{net} = \frac{1}{100}\sqrt{\frac{25}{16}} = \frac{1}{100}\frac{5}{4} = \frac{1}{80}\ \mathrm{m/s^2}$$

연습문제

105. 바 행성의 반지름은 6.0×10^7 m이다. 바 행성 표면 근처의 중력 가속도는 20 m/s^{2}이다.

(A) 바 행성의 질량을 구하라.

(B) 바 행성은 나나라는 이름의 위성을 가지고 있다. 질량이 2.0×10^{22} kg인 나나 위성은 반지름이 4.0×10^9 m인 원 궤도를 따라 바 행성 주위를 공전하고 있다. 바 행성과 나나 행성 사이의 중력을 구하라.

답: 1.08×10^{27} kg, 9.0×10^{19} N

106. (A) 어떤 행성이 반지름은 지구 반지름의 5배, 표면 중력은 지구 표면 중력의 3배이다. 이 행성의 질량은 지구의 질량의 몇 배인가?

(B) 어떤 행성이 질량은 지구 질량의 6배, 표면 중력은 지구 표면 중력의 96배이다. 이 행성의 반지름은 지구 반지름의 몇 배인가?

답: 75배, $\frac{1}{4}$배

107. 원 행성의 질량은 1.6×10^{25} kg이다. 원 행성에는 질량이 2.5×10^{23} kg인 숭이라는 이름의 위성이 있다. 원 행성의 중심과 숭이 위성의 중심 사이의 거리는 9.0×10^{8} m이다. 알짜 중력장이 0이 되는 위치를 구하라.

답: 원 행성에서 8.0×10^{8} m만큼 떨어진 위치

108. 코코 행성의 질량은 3.0×10^{24} kg이다. 넛 행성의 질량은 6.0×10^{24} kg이다. 코코 행성의 중심과 넛 행성의 중심 사이의 거리는 4.0×10^{8} m이다. 이 두 행성의 중심 사이 거리의 정확히 절반이 되는 지점에서 알짜 중력장의 크기와 방향을 구하라.

답: 크기는 $\frac{1}{200}$ m/s^2, 방향은 넛 행성쪽

도움이 필요한가요? 책의 맨 뒤에 있는 "힌트"를 참고하세요.

19
위성 운동

관련 용어

- **위성**(satellite) – 어떤 천체 주위를 도는 물체.
- **지구 동기**(geosynchronous) – "지구의 자전 주기와 일치하는 ~"의 뜻을 가진 단어. 따라서 지구 동기 궤도(geosynchronous orbit)는 지구의 자전 주기와 일치하는 지구 주위의 궤도를 가리키므로 지구 동기 궤도 위성(geosynchronous orbit satellite)이 지구 주위를 도는 공전주기는 24시간이다.

위성 방정식

일정한 속력으로 원을 그리며 움직이고 있는 위성을 생각해 보자. 위성에 가해지고 있는 알짜 힘은 중력이다. 원의 중심을 향해 안쪽으로 작용하는 이 중력에 의해 구심 가속도가 발생한다. 17장에서 설명한 방법대로 뉴턴의 제2법칙을 위성의 등속 원운동에 적용하면

$$\sum F_{in} = m_s a_c$$

이 된다. 위 식의 좌변에 있는 알짜 힘에 뉴턴의 중력 법칙을 나타내는 방정식 $F_g = G\frac{m_p m_s}{R^2}$을 대입하면

$$G\frac{m_p m_s}{R^2} = m_s a_c$$

이 된다. 크게 원을 그리며 행성 주위를 돌고 있는 것이 위성이므로 위 식의 우변에 있는 질량에는 위성의 질량이 들어간다. 위 식의 양변을 위성의 질량으로 나누면 위성의 가속

도 a_c를 구할 수 있다.

$$a_c = G\frac{m_p}{R^2}$$

16장에서 설명한 구심 가속도 방정식 $a_c = \frac{v^2}{R}$을 사용하면

$$\frac{v^2}{R} = G\frac{m_p}{R^2}$$

을 얻는다. 양변에 R을 곱하면 다음과 같이 위성의 속력 v를 구할 수 있다.

$$v^2 = G\frac{m_p}{R} \quad \text{또는} \quad v = \sqrt{G\frac{m_p}{R}}$$

16장에서 배운 방정식 $v = \frac{2\pi R}{T}$을 사용하여 위성의 주기를 구해보자.

$$\left(\frac{2\pi R}{T}\right)^2 = G\frac{m_p}{R} \quad \text{또는} \quad \frac{4\pi^2 R^2}{T^2} = G\frac{m_p}{R}$$

등호의 좌변과 우변을 X자로 곱하여 정리하면 다음과 같이 주기를 구할 수 있다.

$$4\pi^2 R^3 = Gm_p T^2$$

$$T^2 = \frac{4\pi^2 R^3}{Gm_p} \quad \text{또는} \quad T = 2\pi\sqrt{\frac{R^3}{Gm_p}}$$

여기서 R은 위성 공전 궤도의 반지름이다. R이 행성의 반지름이 **아님**에 주의해야 한다.

위성 문제 풀이 방법

원형 궤도를 따라 일정한 속력으로 움직이는 위성 문제를 풀 때는 다음 단계를 따른다.

1. 값이 주어진 양(기지수)들을 차례로 적는다. 이 양들을 기호로 표시하고 주어진 숫자 값과 SI 단위를 함께 적는다. 문제에서 위성을 가리키는 데 '지구 동기'라는 용어가 나타나면 자동적으로 주기는 $T = 24$ hour(시간)이 된다[필요에 따라 hour(시간)는 나중에 second(초)로 변환해야 한다]. 그러나 문제에서 '지구 동기'라는 말이 없으면 주기로 24 hour을 사용하면 안 된다. 중력상수의 값 $G = 6.67 \times 10^{-11}\frac{\text{N}\cdot\text{m}^2}{\text{kg}^2} \approx \frac{20}{3} \times 10^{-11}\ \frac{\text{N}\cdot\text{m}^2}{\text{kg}^2} \approx \frac{2}{3} \times 10^{-10}\ \frac{\text{N}\cdot\text{m}^2}{\text{kg}^2}$도 잘 알고 있어야 한다.
2. 값을 알고 있는 양(기지수)과 값을 구해야 양(미지수)을 잘 파악하고 다음 내용을 참고하여 적합한 방정식을 사용한다. **주의:** 문제에서 다음에 나오는 방정식들을 곧바로 적용하여 계산하기 전에 해당 방정식을 먼저 유도할 것을 요구하는 경우, 바로 앞에서 설명한 유도과정을 옮겨 적은 다음에 방정식을 구하고 그 방정식에 값을 대입하면 된다.

- m_p와 R을 알고 위성의 속력을 구하는 경우

$$v = \sqrt{G\frac{m_p}{R}}$$

- R과 T를 알고 위성의 속력을 구하는 경우

$$v = \frac{2\pi R}{T}$$

- m_p와 R을 알고 위성의 가속도를 구하는 경우

$$a_c = G\frac{m_p}{R^2}$$

- v와 R을 알고 위성의 가속도를 구하는 경우

$$a_c = \frac{v^2}{R}$$

- m_p와 R을 알고 위성의 주기를 구하는 경우

$$T = 2\pi\sqrt{\frac{R^3}{Gm_p}}$$

- v와 R을 알고 위성의 주기를 구하는 경우

$$T = \frac{2\pi R}{v}$$

3. 등속 원운동 방정식(16장)을 사용하여 각속도 ω와 같이 다른 양을 계산해야 할 수도 있다. 이 경우에는 다음 방정식을 사용하여 각속력을 구한다.

$$\omega = \frac{v}{R} \quad \text{또는} \quad \omega = \frac{2\pi}{T}$$

4. 위성의 고도 h를 구하는 경우에는 궤도 반지름 R에서 행성의 반지름 R_p를 뺀다.

$$h = R - R_p$$

기호와 SI 단위

기호	이름	SI 단위
m_p	원 궤도의 중심 부근에 있는 큰 천체(행성)의 질량	kg
m_s	위성의 질량	kg
R	위성 궤도 반지름	m
R_p	행성의 반지름	m
h	고도	m
G	중력 상수	$\frac{N \cdot m^2}{kg^2}$ 또는 $\frac{m^3}{kg \cdot s^2}$
a_c	구심 가속도	m/s^2
v	속력	m/s
T	위성 회전 주기	s
ω	각속력	rad/s

예제 원숭이 행성의 질량이 3.6×10^{25} kg이다. 위성이 반지름이 6.0×10^8 m의 원형 궤도를 따라 행성 주위를 공전한다. 위성의 궤도 속력을 구하라.

풀이 기지수와 미지수와 목록을 만든다.

$$G \approx \frac{2}{3} \times 10^{-10}\ \frac{\text{N·m}^2}{\text{kg}^2} \quad , \quad m_p = 3.6 \times 10^{25}\ \text{kg} \quad , \quad R = 6.0 \times 10^8\ \text{m} \quad , \quad v = ?$$

이들 값을 속력 방정식에 대입한다.

$$v = \sqrt{G\frac{m_p}{R}} \approx \sqrt{\left(\frac{2}{3} \times 10^{-10}\right)\frac{(3.6 \times 10^{25})}{(6 \times 10^8)}} = \sqrt{\frac{(2)(3.6)}{(3)(6)}\frac{10^{-10}10^{25}}{10^8}} = \sqrt{\frac{7.2}{18}\frac{10^{15}}{10^8}} = \sqrt{\frac{2}{5}10^7}$$

계산 과정에서 $\frac{7.2}{18}$을 약분하여 $\frac{2}{5}$이 되었다(두 분수를 소수점을 써서 나타내면 0.4로 서로 같다. 확인해보기 바란다). 10^7을 $10^6 \times 10$으로 다시 쓰면 $10^6 = 10^3 10^3$이므로 $\sqrt{10^6} = 10^3$이 되어 계산 과정이 좀 더 간편해진다.

$$v \approx \sqrt{\frac{2}{5}10^7} = \sqrt{\frac{2}{5}10^6 10} = \sqrt{\frac{20}{5}10^6} = \sqrt{4 \times 10^6} = 2.0 \times 10^3\ \text{m/s} = 2.0\ \text{km/s}$$

(계산기를 사용하면 당연히 답을 훨씬 쉽게 얻을 수 있다. 계산기를 사용하지 않는 경우에는 위에서 사용한 방법이 계산하는 데 도움이 된다. 이 방법이 유용한 경우가 많이 있다.)

주의: 계산기 없이 문제를 풀기 위해 G를 $6.67 \times 10^{-11}\ \frac{\text{N}\cdot\text{m}^2}{\text{kg}^2}$에서 $\frac{2}{3} \times 10^{-10}\ \frac{\text{N}\cdot\text{m}^2}{\text{kg}^2}$로 반올림한다. 이렇게 하면 다음 예제에서 보듯이 계산 결과에 약간의 차이가 발생한다.

예제 침팬지 행성의 질량은 4.5×10^{25} kg이다. 위성이 반지름 3.0×10^{7} m인 원형 궤도를 따라 행성 주위를 공전한다. 위성의 공전주기를 구하라.

풀이 기지수와 미지수와 목록을 만든다.

$$G \approx \frac{2}{3} \times 10^{-10}\ \frac{\text{N}\cdot\text{m}^2}{\text{kg}^2} \quad , \quad m_p = 4.5 \times 10^{25}\ \text{kg} \quad , \quad R = 3.0 \times 10^{7}\ \text{m} \quad , \quad T = ?$$

이들 값을 주기 방정식에 대입한다.

$$T = 2\pi\sqrt{\frac{R^3}{Gm_p}} \approx 2\pi\sqrt{\frac{(3 \times 10^7)^3}{\left(\frac{2}{3} \times 10^{-10}\right)(4.5 \times 10^{25})}} = 2\pi\sqrt{\frac{(3)^3}{\left(\frac{2}{3}\right)(4.5)} \times \frac{(10^7)^3}{10^{-10}10^{25}}} = 2\pi\sqrt{\frac{27}{3}\frac{10^{21}}{10^{15}}}$$

$$T \approx 2\pi\sqrt{9 \times 10^6} = 2\pi(3 \times 10^3) = 6\pi \times 10^3\ \text{s} = 6000\pi\ \text{s}$$

예제 호랑이 행성의 질량은 1.35×10^{26} kg이고 반지름은 3.0×10^{6} m이다. 위성이 30 km/s의 속력으로 원형 궤도를 따라 행성 주위를 공전한다. 위성의 고도를 구하라.

풀이 기지수와 미지수와 목록을 만든다.

$$G \approx \frac{2}{3} \times 10^{-10}\ \frac{\text{N}\cdot\text{m}^2}{\text{kg}^2} \quad , \quad m_p = 1.35 \times 10^{26}\ \text{kg} \quad , \quad R_p = 3.0 \times 10^{6}\ \text{m}$$

$$v = 30\ \text{km/s} \quad , \quad h = ?$$

지금까지 풀어본 예제들과는 달리 이 예제에서는 위성의 궤도 반지름 R이 아닌 행성의 반지름 R_p가 주어졌다. 또한 주어진 속력의 단위가 km/s이므로 방정식에 대입하기 전에 다음과 같이 SI 단위인 m/s로 변환해야 한다.

$$v = 30\ \text{km/s} = 30 \times 10^3\ \text{m/s} = 3.0 \times 10^4\ \text{m/s}$$

고도 h를 구하기 위해서는 먼저 위성의 궤도 반지름 R을 알아야 한다. 이를 위해 주어진 값들을 고려하여 적합한 속력 방정식을 골라보자.

$$v = \sqrt{G\frac{m_p}{R}}$$

양변을 제곱한다.

$$v^2 = G\frac{m_p}{R}$$

양변에 R을 곱하고 이어서 양변을 v^2으로 나누면 R에 대한 수식을 얻을 수 있다. 이렇게 얻은 수식에 주어진 값들을 대입한다.

$$R = G\frac{m_p}{v^2} \approx \left(\frac{2}{3}\times 10^{-10}\right)\frac{(1.35\times 10^{26})}{(3\times 10^4)^2} = \frac{(2)(1.35)}{(3)(3)^2}\frac{10^{-10}10^{26}}{(10^4)^2} = \frac{2.7}{27}\frac{10^{16}}{10^8} = \frac{1}{10}\times 10^8$$
$$R \approx 1.0\times 10^7\ \text{m}$$

고도 h는 위에서 구한 위성의 궤도 반지름 R에서 행성의 반지름 R_p를 빼서 구할 수 있다.

$$h = R - R_p \approx 1.0\times 10^7 - 3.0\times 10^6 = 10.0\times 10^6 - 3.0\times 10^6 = 7.0\times 10^6\ \text{m}$$

연습문제

109. Φ_6 행성의 질량은 1.2×10^{24} kg이다. 위성은 반지름이 2.0×10^7 m인 원형 궤도를 따라 Φ_6 주위를 돌고 있다.

(A) 위성의 궤도 속력을 구하라.

(B) 위성의 궤도 주기를 구하라.

답: 2.0 km/s, $2\pi\times 10^4$ s

110. 위성은 적도 위의 지구 정지 궤도를 따라 원을 그리며 지구 주위를 돌고 있다. 지구의 질량은 근삿값으로 $\approx 6.0\times 10^{24}$ kg이다. 위성의 궤도 반지름을 구하라.

답: $72\times\left(\frac{2}{\pi^2}\right)^{\frac{1}{3}}\times 10^6$ m. 소수점을 사용해서 나타내면 4.23×10^7 m

도움이 필요한가요? 책의 맨 뒤에 있는 “힌트”를 참고하세요.

20
스칼라 곱

기본 개념

벡터 $\vec{\mathbf{A}}$와 벡터 $\vec{\mathbf{B}}$ 사이의 **스칼라 곱**(scalar product)은 $\vec{\mathbf{A}} \cdot \vec{\mathbf{B}}$로 표시한다. 스칼라 곱을 다른 말로 **점곱**(dot product)이라고도 한다. 스칼라 곱 $\vec{\mathbf{A}} \cdot \vec{\mathbf{B}}$는 벡터 $\vec{\mathbf{A}}$를 벡터 $\vec{\mathbf{B}}$ 위로 투영[1](projection)한 것에 B를 곱하는 연산이다(벡터 $\vec{\mathbf{B}}$를 벡터 $\vec{\mathbf{A}}$ 위로 투영한 것에 A를 곱해도 결과는 마찬가지이다). $\vec{\mathbf{A}}$와 $\vec{\mathbf{B}}$는 벡터이지만 $\vec{\mathbf{A}} \cdot \vec{\mathbf{B}}$의 연산 결과는 스칼라이다. 따라서 $\vec{\mathbf{A}} \cdot \vec{\mathbf{B}}$는 크기만 있고 방향은 없다.

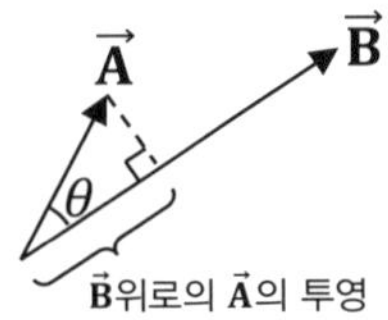

스칼라 곱 방정식

스칼라 곱을 나타내는 방법에는 두 가지가 있다.

- 주어진 벡터의 성분들을 알고 있는 경우, 다음 방정식을 사용하여 스칼라 곱을 계산한다.

$$\vec{\mathbf{A}} \cdot \vec{\mathbf{B}} = A_x B_x + A_y B_y + A_z B_z$$

1 (옮긴이) 사영(projection), 또는 정사영(orthogonal projection)이라고도 한다.

- 두 벡터 $\vec{\mathbf{A}}$와 $\vec{\mathbf{B}}$의 크기와 두 벡터 사이의 각도를 알고 있는 경우, 다음 방정식을 사용하여 스칼라 곱을 계산한다.

$$\vec{\mathbf{A}} \cdot \vec{\mathbf{B}} = AB\cos\theta$$

- 다음에 나오는 예제에서 보듯이 위의 두 방정식을 함께 사용하여 두 벡터 사이의 각도를 구할 수 있다.

10장에서 다루었듯이 어떤 벡터($\vec{\mathbf{A}}$)라도 구성 성분들(A_x, A_y, A_z)과 단위 벡터($\hat{\mathbf{x}}$, $\hat{\mathbf{y}}$, $\hat{\mathbf{z}}$)를 사용하여 다음과 같이 나타낼 수 있다.

$$\vec{\mathbf{A}} = A_x\hat{\mathbf{x}} + A_y\hat{\mathbf{y}} + A_z\hat{\mathbf{z}}$$

스칼라 곱을 구하거나 적용하는 방법

두 벡터 사이의 스칼라 곱을 계산하거나 두 벡터 사이의 각도를 구하려면 다음 방법을 사용한다.

- 주어진 벡터의 성분들을 알고 있는 경우, 다음 식을 사용한다.

$$\vec{\mathbf{A}} \cdot \vec{\mathbf{B}} = A_xB_x + A_yB_y + A_zB_z$$

- 주어진 두 벡터의 크기와 두 벡터 사이의 각도를 알고 있는 경우, 다음 식을 사용한다.

$$\vec{\mathbf{A}} \cdot \vec{\mathbf{B}} = AB\cos\theta$$

- 두 벡터 사이의 각도를 구하려면 위의 첫 번째 방법으로 스칼라 곱을 계산한 다음 두 번째 방법의 방정식을 사용하여 θ를 구한다. 주어진 벡터의 크기는 피타고라스 정리를 사용하여 다음 식으로 구한다.

$$A = \sqrt{A_x^2 + A_y^2 + A_z^2}$$

스칼라 곱 교환법칙

스칼라 곱은 교환법칙이 성립하므로 $\vec{\mathbf{B}} \cdot \vec{\mathbf{A}} = \vec{\mathbf{A}} \cdot \vec{\mathbf{B}}$이다.

단위 벡터 사이의 스칼라 곱

10장에서 $\hat{\mathbf{x}}$는 $+x$ 축을 가리키는 단위 벡터, $\hat{\mathbf{y}}$는 $+y$ 축을 가리키는 단위 벡터, $\hat{\mathbf{z}}$는 $+z$ 축을 가리키는 단위 벡터임을 배웠다. $\hat{\mathbf{x}}$와 $\hat{\mathbf{x}}$ 사이의 스칼라 곱 $\hat{\mathbf{x}}\cdot\hat{\mathbf{x}}$은 1이다. 이는 $\hat{\mathbf{x}}$와 그 자신($\hat{\mathbf{x}}$) 사이의 각도는 0°이기 때문이다. 공식 $\vec{\mathbf{A}}\cdot\vec{\mathbf{B}}=AB\cos 0°$을 사용하면 $\hat{\mathbf{x}}\cdot\hat{\mathbf{x}}=(1)(1)\cos 0°=1$이다. $\hat{\mathbf{x}}$와 $\hat{\mathbf{y}}$ 사이의 각도는 90°이므로 $\hat{\mathbf{x}}\cdot\hat{\mathbf{y}}=(1)(1)\cos 90°=0$이다. 단위 벡터 사이의 모든 스칼라 곱은 다음과 같다.

$$\hat{\mathbf{x}}\cdot\hat{\mathbf{x}}=1 \quad , \quad \hat{\mathbf{y}}\cdot\hat{\mathbf{y}}=1 \quad , \quad \hat{\mathbf{z}}\cdot\hat{\mathbf{z}}=1$$
$$\hat{\mathbf{x}}\cdot\hat{\mathbf{y}}=0 \quad , \quad \hat{\mathbf{y}}\cdot\hat{\mathbf{z}}=0 \quad , \quad \hat{\mathbf{z}}\cdot\hat{\mathbf{x}}=0$$
$$\hat{\mathbf{y}}\cdot\hat{\mathbf{x}}=0 \quad , \quad \hat{\mathbf{z}}\cdot\hat{\mathbf{y}}=0 \quad , \quad \hat{\mathbf{x}}\cdot\hat{\mathbf{z}}=0$$

예제 벡터 $\vec{\mathbf{A}}=2\hat{\mathbf{x}}-3\hat{\mathbf{y}}+4\hat{\mathbf{z}}$이고 벡터 $\vec{\mathbf{B}}=5\hat{\mathbf{x}}-6\hat{\mathbf{y}}-7\hat{\mathbf{z}}$일 때 (A) 두 벡터 사이의 스칼라 곱을 구하라. (B) 두 벡터 사이의 각도를 구하라.

풀이 (A) $\vec{\mathbf{A}}=2\hat{\mathbf{x}}-3\hat{\mathbf{y}}+4\hat{\mathbf{z}}$와 $\vec{\mathbf{A}}=A_x\hat{\mathbf{x}}+A_y\hat{\mathbf{y}}+A_z\hat{\mathbf{z}}$을 비교하면 $A_x=2$, $A_y=-3$, $A_z=4$이다. 마찬가지 방식을 적용하면 $B_x=5$, $B_y=-6$, $B_z=-7$이다. 두 가지 스칼라 곱 방정식 중에서 다음 방정식을 골라 대입하면 다음과 같다.

$$\vec{\mathbf{A}}\cdot\vec{\mathbf{B}}=A_xB_x+A_yB_y+A_zB_z=(2)(5)+(-3)(-6)+(4)(-7)=10+18-28=0$$

(B) 또 다른 스칼라 곱 방정식을 사용하면

$$\vec{\mathbf{A}}\cdot\vec{\mathbf{B}}=AB\cos\theta$$
$$0=AB\cos\theta$$

두 벡터의 크기 A와 B는 0이 아니므로 다음과 같이 사이 각도를 구할 수 있다.

$$\cos\theta=0$$
$$\theta=\cos^{-1}(0)=90°$$

예제 벡터 $\vec{\mathbf{A}}=2\hat{\mathbf{x}}-\hat{\mathbf{z}}$와 벡터 $\vec{\mathbf{B}}=5\hat{\mathbf{x}}-\sqrt{55}\hat{\mathbf{y}}$ 사이의 각도를 구하라.

풀이 (A) $\vec{\mathbf{A}}=2\hat{\mathbf{x}}-\hat{\mathbf{z}}$와 벡터 $\vec{\mathbf{A}}=A_x\hat{\mathbf{x}}+A_y\hat{\mathbf{y}}+A_z\hat{\mathbf{z}}$을 비교하면 $A_x=2$, $A_y=0$, $A_z=-1$이다. 마찬가지 방식을 적용하면 $B_x=5$, $B_y=-\sqrt{55}$, $B_z=0$이다. 두 벡터의 스칼라 곱을 계산하면

$$\vec{\mathbf{A}}\cdot\vec{\mathbf{B}} = A_xB_x + A_yB_y + A_zB_z = (2)(5) + (0)\left(-\sqrt{55}\right) + (-1)(0) = 10 + 0 + 0 = 10$$

이 된다. 주어진 두 벡터의 크기를 계산하면

$$A = \sqrt{A_x^2 + A_y^2 + A_z^2} = \sqrt{2^2 + 0^2 + (-1)^2} = \sqrt{5}$$

$$B = \sqrt{B_x^2 + B_y^2 + B_z^2} = \sqrt{5^2 + (-\sqrt{55})^2 + 0^2} = \sqrt{80} = \sqrt{(16)(5)} = 4\sqrt{5}$$

이다. 또 다른 스칼라 곱 방정식을 사용하면 다음과 같이 사이 각도를 구할 수 있다.

$$\vec{\mathbf{A}}\cdot\vec{\mathbf{B}} = AB\cos\theta$$

$$10 = \left(\sqrt{5}\right)\left(4\sqrt{5}\right)\cos\theta = (4)(5)\cos\theta = 20\cos\theta$$

$$\cos\theta = \frac{10}{20} = \frac{1}{2}$$

$$\theta = \cos^{-1}\left(\frac{1}{2}\right) = 60°$$

연습문제

111. 벡터 $\vec{\mathbf{A}} = 6\hat{\mathbf{x}} + \hat{\mathbf{y}} + 3\hat{\mathbf{z}}$와 벡터 $\vec{\mathbf{B}} = 2\hat{\mathbf{x}} + 8\hat{\mathbf{y}} + 4\hat{\mathbf{z}}$ 사이의 스칼라 곱을 구하라.

    답: 32

112. 벡터 $\vec{\mathbf{A}} = 2\hat{\mathbf{x}} - \hat{\mathbf{y}} + 6\hat{\mathbf{z}}$와 벡터 $\vec{\mathbf{B}} = -3\hat{\mathbf{x}} + 2\hat{\mathbf{y}} + 5\hat{\mathbf{z}}$ 사이의 스칼라 곱을 구하라.

    답: 22

113. 벡터 $\vec{\mathbf{A}} = 3\hat{\mathbf{y}} + 4\hat{\mathbf{z}}$와 벡터 $\vec{\mathbf{B}} = 9\hat{\mathbf{x}} - 3\hat{\mathbf{y}} - \hat{\mathbf{z}}$ 사이의 스칼라 곱을 구하라.

    답: −13

114. 벡터 $\vec{\mathbf{A}} = 12\hat{\mathbf{x}} + 4\hat{\mathbf{y}} - 16\hat{\mathbf{z}}$와 벡터 $\vec{\mathbf{B}} = 2\hat{\mathbf{x}} - 24\hat{\mathbf{y}} - 6\hat{\mathbf{z}}$ 사이의 스칼라 곱을 구하라.

    답: 24

115. 벡터 $\vec{\mathbf{A}} = 3\hat{\mathbf{y}} - 3\hat{\mathbf{z}}$와 벡터 $\vec{\mathbf{B}} = -6\hat{\mathbf{y}} + 6\hat{\mathbf{z}}$ 사이의 각도를 구하라.

    답: 180°

115. 벡터 $\vec{\mathbf{A}} = 3\hat{\mathbf{x}} - \sqrt{3}\hat{\mathbf{y}} + 2\hat{\mathbf{z}}$와 벡터 $\vec{\mathbf{B}} = \sqrt{3}\hat{\mathbf{x}} - \hat{\mathbf{y}} + 2\sqrt{3}\hat{\mathbf{z}}$ 사이의 각도를 구하라.

    답: 30°

    도움이 필요한가요? 책의 맨 뒤에 있는 "힌트"를 참고하세요.

21
일과 일률

관련 용어

- **변위**(displacement) – 초기 위치에서 최종 위치로 가는 직선
- **일**(work) – 물체에 어떤 힘을 가했을 때 이 힘과 힘이 가해진 방향으로 움직인 거리를 곱한 것을 일이라고 한다. 따라서 일이 수행되려면 물체에 가해지는 힘이 있어야 하고 동시에 이 힘에 의해 물체의 위치가 변해야 한다.
- **일률**(power) – 시간에 따른 일의 변화율(일의 순간 변화율)을 일률이라고 한다. 다시 말해, 단위 시간 동안 수행되는 일의 양이 일률이다.

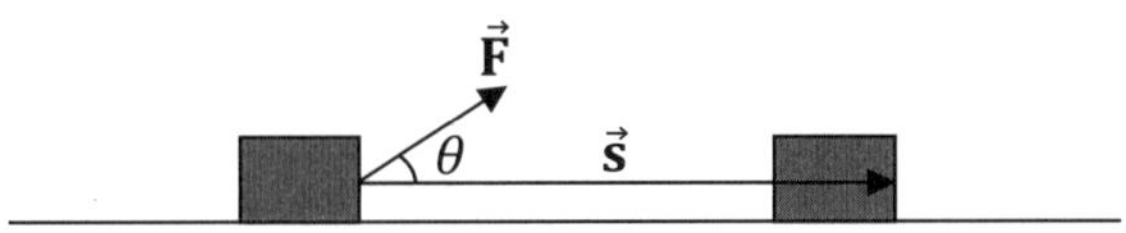

일 방정식

특정 힘 $\vec{\mathbf{F}}$에 의해 수행된 일 W은 다음 수식에서 보듯이 변위 $d\vec{\mathbf{s}}$에 대해 초기 위치 i에서 최종 위치 f까지 그 힘 $\vec{\mathbf{F}}$를 적분한 것과 같다.

$$W = \int_i^f \vec{\mathbf{F}} \cdot d\vec{\mathbf{s}} = \int_{x=x_0}^{x} F_x\, dx + \int_{y=y_0}^{y} F_y\, dy + \int_{z=z_0}^{z} F_z\, dz$$

힘 $\vec{\mathbf{F}}$가 일정하면 위의 적분식은 다음 수식에서 보듯이 힘 $\vec{\mathbf{F}}$와 변위 $\vec{\mathbf{s}}$ 사이의 스칼라 곱(20장)으로 간단히 쓸 수 있다. 변위 벡터는 초기 위치 i에서 최종 위치 f로 가는 직선으

로 수식으로 쓰면 $\vec{\mathbf{s}} = \Delta x\hat{\mathbf{x}} + \Delta y\hat{\mathbf{y}} + \Delta z\hat{\mathbf{z}}$와 같다(이것은 12장에서 설명한 $\Delta\vec{\mathbf{r}}$과 동일한 것이다). 여기서 각도 θ는 $\vec{\mathbf{F}}$와 $\vec{\mathbf{s}}$ 사이의 각도이다.

$$W = \vec{\mathbf{F}} \cdot \vec{\mathbf{s}} = F_x\Delta x + F_y\Delta y + F_z\Delta z = F\ s\cos\theta$$

물체에 작용하는 힘이 중력일 때, 이 힘은 mg이다. 중력이 가해지는 동안에 물체의 높이가 Δh만큼 변할 때 수행되는 일은 다음 식으로 표현된다.

$$W_g = -mg\Delta h$$

물체의 높이가 천문학적 규모로 크게 변하는 경우에 중력에 의해 수행되는 일 W_g는 중력 상수 G, 행성의 질량 m_p과 물체의 질량 m, 행성의 중심에서 물체 중심까지의 거리 R을 고려해서 구해야 한다. 다음 수식은 뉴턴의 중력법칙(18장)을 R_0에서 R까지 적분하여 W_g를 구한 것이다.

$$W_g = Gm_pm\left(\frac{1}{R} - \frac{1}{R_0}\right)$$

물체에 작용하는 힘이 마찰력일 때, 이 힘의 크기는 μN이고 방향(각도)은 180°이다(마찰력 벡터의 방향은 변위 벡터 방향과 반대이므로). $\cos 180° = -1$이므로 마찰력에 의해 수행된 일은 부호가 −이다. 마찰력은 보존이 되지 않으므로(non−conservative) 마찰력에 의해 수행되는 일은 W_{nc}로 표기한다. 마찰력이 가해지는 동안에 물체가 거리(변위가 아님) s만큼 움직일 때 수행되는 일은 다음 식으로 표현된다.

$$W_{nc} = -\mu\ N\ s$$

물체에 작용하는 힘이 수직력일 때, 이 힘의 방향은 언제나 변위에 수직이기 때문에 $\cos 90° = 0$이 되어 수직력에 의해 수행되는 일은 없다.

$$W_N = 0$$

스프링에 의해 수행되는 일 W_s는 스프링 상수 k와 평형 위치에서 벗어난 변위 Δx(평형 위치를 원점으로 잡은 경우, 변위는 x)를 고려해서 구해야 한다. 평형 위치에서 벗어난 스프링이 평형 위치를 향하여 움직이는 경우에는 스프링이 수행하는 일의 부호가 +이고 평형 위치에서 멀어지는 방향으로 움직이는 경우에는 스프링이 수행하는 일의 부호가 −이다. 다음 수식은 후크 법칙(15장)을 x에 대해 적분하여 W_s를 구한 것이다.

$$W_s = \pm\frac{1}{2}kx^2$$

알짜 일 W_{net}를 구할 때는 알짜 힘 ΣF_x를 사용한다. 알짜 힘은 뉴턴의 제2법칙에 따라 ma_x와 같다.

$$W_{net} = (\sum F_x)s \ \text{또는} \ W_{net} = ma_x s$$

기호와 SI 단위

기호	이름	SI 단위
$\vec{F}$	힘	N
$\vec{s}$	변위	m
$d\vec{s}$	미소 변위	m
θ	$\vec{F}$와 $\vec{s}$ 사이의 각도	° 또는 rad
W	일	J
m	질량	kg
g	중력 가속도	m/s^2
Δh	높이의 변화	m
G	중력 상수	$\frac{N \cdot m^2}{kg^2}$ 또는 $\frac{m^3}{kg \cdot s^2}$
m_p	큰 천체(행성)의 질량	kg
R	행성의 중심에서 떨어진 거리	m
μ	마찰 계수	단위 없음
N	수직력	N
k	스프링 상수	N/m 또는 kg/s^2
x	평형 위치에서 벗어난 스프링의 변위	m
a_x	가속도의 x 성분	m/s^2

수행된 일의 양을 구하는 방법

수행된 일을 구하는 방법은 문제에서 다루는 힘의 유형에 따라 달라진다. 문제에서 설명하는 힘이나 일의 유형에 따라 다음과 같은 방법으로 적합한 방정식을 선택한다.

1. 고도(높이) 변화가 작은 경우에 수행된 일:

$$W_g = -mg\Delta h$$

여기서 Δh는 고도 변화이다. 최종 위치 f가 초기 위치 i보다 높으면 부호는 $-$이고 최종 위치 f가 초기 위치 i보다 낮으면 부호는 $+$이다.

2. 고도 변화가 상당히 큰 경우(예를 들어, 높은 산을 오르거나 우주로 로켓을 발사하는 경우)에 수행된 일:

$$W_g = Gm_p m\left(\frac{1}{R} - \frac{1}{R_0}\right)$$

3. 마찰력에 의해 수행된 일(비보존적 일):

$$W_{nc} = -\mu N s$$

여기서 s는 이동 거리이다. 수직력 N을 구할 때는 자유물체도를 그리고 $\Sigma F_y = 0$으로 놓는다(14장).

4. 수직력에 의해 수행된 일은 $\theta = 90°$이고 $\cos 90° = 0$이므로 0이다.

$$W_N = 0$$

5. 스프링에 의해 수행된 일:

$$W_s = \pm\frac{1}{2}kx^2$$

스프링이 평형 위치 쪽으로 움직이는 경우에는 일의 부호가 +이고 평형 위치에서 멀어지는 쪽으로 움직이는 경우에는 일의 부호가 −이다.

6. 알짜 일을 구하는 방법에는 알고 있는 양이 알짜 힘(ΣF_x)인가 아니면 가속도(a_x)인가에 따라 다음 두 가지가 있다.

$$W_{net} = \left(\sum F_x\right)s \text{ 또는 } W_{net} = ma_x s$$

ΣF_x를 구하는 방법은 14장을, a_x와 관련해서는 3장~4장을 참고하라.

7. $\vec{\mathbf{s}} = \Delta x\hat{\mathbf{x}} + \Delta y\hat{\mathbf{y}} + \Delta z\hat{\mathbf{z}}$와 같은 형식으로 주어진 변위를 따라 가해지는 일정한 힘이 $\vec{\mathbf{F}} = F_x\hat{\mathbf{x}} + F_y\hat{\mathbf{y}} + F_z\hat{\mathbf{z}}$와 같은 형식으로 주어진 경우에 수행된 일은 스칼라 곱(20장)과 같다.

$$W = \vec{\mathbf{F}}\cdot\vec{\mathbf{s}} = F_x\Delta x + F_y\Delta y + F_z\Delta z$$

8. 힘의 크기 F, 변위의 크기 s, $\vec{\mathbf{F}}$와 $\vec{\mathbf{s}}$ 사이의 각도 θ가 주어진 경우, 수행된 일은 삼각함수를 사용한 스칼라 곱(20장)으로 구한다.

$$W = \vec{\mathbf{F}}\cdot\vec{\mathbf{s}} = F\, s\cos\theta$$

9. 직각좌표 x, y, z의 함수로 힘이 주어진 경우에는 203쪽에 설명된 방법대로 다음 적분을 수행하여 일을 구한다.

$$W = \int_{x=x_0}^{x} F_x \, dx + \int_{y=y_0}^{y} F_y \, dy + \int_{z=z_0}^{z} F_z \, dz$$

단위 관련 유의사항

일의 SI 단위는 줄(joule, 줄여서 J)이다. 다음의 일 방정식으로부터 J 단위를 다른 형태로 나타내보자.

$$W = F\, s \cos\theta$$

위 식으로부터 줄(J)은 다음과 같이 뉴턴(N) 곱하기 미터(m)와 같음을 알 수 있다.

$$1\,\mathrm{J} = 1\,\mathrm{N \cdot m}$$

14장에서 뉴턴은 다음과 같이 킬로그램(kg), 미터(m), 초(s)를 사용하여 나타낼 수 있음을 배웠다.

$$1\,\mathrm{N} = 1\,\mathrm{kg \cdot m/s^2}$$

이 두 관계식을 사용하면 줄(J) 단위는 다음과 같다.

$$1\,\mathrm{J} = 1\,\frac{\mathrm{kg \cdot m^2}}{\mathrm{s^2}}$$

예제 원숭이가 30 kg의 바나나 상자를 땅에서 2.0 m만큼 들어 올렸다. 원숭이가 중력을 거슬러 수행한 일을 구하라.

풀이 중력이 수행한 일을 구해보자.

$$W_g = -mg\Delta h = -(30)(9.81)(2-0) \approx -(30)(10)(2) = -600\,\mathrm{J}$$

최종 위치 f가 초기 위치 i보다 위에 있으므로 중력이 한 일의 부호는 (−)이다. 그런데 이 문제에는 함정이 있다. 문제에서 요구한 것은 "중력이 수행한 일"이 아니라 "중력에 거슬러" 원숭이가 수행한 일이다. "~에 거슬러"라는 단어는 그 반대를 뜻하므로 이 문제의 답은 +600 J이다. 중력은 물체를 아래로 떨어뜨리려고 하지만 이 예제에서는 상자가 위로 올라갔기 때문에 중력이 수행한 일의 부호는 (−)가 된다. 상자는 중력과 "반대 방향인" 위로 올라갔기 때문에 중력에 "거슬러" 원숭이가 수행한 일의 부호는 (+)가 된다.

예제 30 kg의 바나나 상자가 경사면을 따라 4.0 m의 거리를 내려오면서 6.0 m/s^{2}의 일정한 가속도로 속력이 증가하였다. 이 시스템이 수행한 알짜 일을 구하라.

풀이 가속도가 들어있는 방정식을 사용하여 수행된 일을 구해보자.

$$W_{net} = ma_x s = (30)(6)(4) = 720\text{ J}$$

이 시스템에서 수행된 일의 부호는 (+)가 되는데 이는 가속도의 방향과 변위의 방향이 동일하기 때문이다. 만일 문제에서 요구한 것이 시스템"이" 수행한 일이 아니라 시스템"에 대해" 수행한 일이었다면 부호는 (−)가 되어야 하므로 이 경우에 답은 −720 J이다.

예제 원숭이가 15 kg의 바나나 상자를 스프링에 대고 밀었더니 스프링은 평형 위치에서 2 m만큼 벗어나 압축되었다. 스프링 상수가 30 N/m일 때 스프링이 수행한 일을 구하라.

풀이 스프링이 평형 위치에서 멀어지는 방향으로 움직였기 때문에 스프링이 수행한 일의 부호는 (−)이다.

$$W_s = -\frac{1}{2}kx^2$$

$$W_s = -\frac{1}{2}(30)(2)^2 = -60\text{ J}$$

문제에서 요구한 것이 스프링"이" 수행한 일이 아니라 스프링"에 대해" 또는 원숭이"가" 수행한 일이었다면 부호는 반대로 (+)가 되어야 한다. 따라서 스프링에 대해 수행한 일 또는 원숭이가 수행한 일은 +60 J이고 스프링이 수행한 일은 −60 J이다.

예제 침팬지가 2.0 kg의 바나나 다발을 8.0 m 거리만큼 수평으로 운반하고 있다. 중력이 수행한 일을 구하라.

풀이 물체(바나나 다발)가 이동하는 동안에 물체의 높이가 변하지 않는다. 따라서 $\Delta h = 0$이므로 $W_g = 0$이 되어 중력이 수행한 일은 없다.

예제 행성 v_{10}의 질량은 9.0×10^{24} kg이다. 질량이 8000 kg인 위성이 타원형 궤도를 따라 v_{10} 주위를 공전하고 있다. 위성의 궤도 반지름이 4.0×10^7 m에서 3.0×10^7 m로 줄어드는 동안에 중력이 수행한 일을 구하라.

풀이 이 문제에서 위성의 고도 변화는 앞선 예제와는 달리 천문학적 규모이므로 중력이 수행한 일을 나타내는 방정식으로 앞선 예제와는 다른 방정식을 사용해야 한다. 여기서 $R_0 = 4.0 \times 10^7$ m는 초기 위치이고 $R = 3.0 \times 10^7$ m는 최종 위치이다(위성의 위치가 $R_0 = 4.0 \times 10^7$ m에서 $R = 3.0 \times 10^7$ m로 이동했다).

$$W_g = Gm_p m\left(\frac{1}{R} - \frac{1}{R_0}\right) \approx \left(\frac{2}{3} \times 10^{-10}\right)(9 \times 10^{24})(8 \times 10^3)\left(\frac{1}{3 \times 10^7} - \frac{1}{4 \times 10^7}\right)$$

계산기를 사용하지 않는 경우에는 항들을 다시 배치하여 거듭제곱끼리 모은 다음에 10^7을 약분하면 계산이 간단해진다.

$$W_g \approx \frac{(2)(9)(8)}{(3)} \times \frac{10^{-10}10^{24}10^3}{10^7}\left(\frac{1}{3} - \frac{1}{4}\right) = 48 \times \frac{10^{17}}{10^7}\left(\frac{4}{12} - \frac{3}{12}\right) = 48 \times 10^{10}\left(\frac{1}{12}\right)$$

$$W_g \approx 4.0 \times 10^{10} \text{ J}$$

위성이 행성에 더 가까워졌으므로 중력이 수행한 일의 부호는 (+)이다.

예제 아래 그림에서 보듯이 60 kg의 바나나 상자가 반지름이 25 m인 1/4 원 모양 언덕의 표면을 따라 미끄러져 내려오고 있다. 수직력이 수행한 일을 구하라.

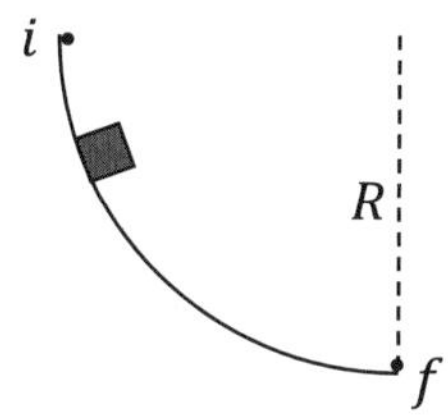

풀이 수직력은 표면에 수직이므로 힘 $\vec{\mathbf{F}}$와 변위 $\vec{\mathbf{s}}$ 사이의 각도는 90°이다. $\cos 90° = 0$이므로 $W_N = 0$이 되어 수직력이 수행한 일은 없다.

예제 40 kg의 바나나 상자를 수평면을 따라 5.0 m만큼 움직였다. 상자와 수평면 사이의 마찰 계수가 $\frac{1}{4}$일 때 마찰력이 수행한 일을 구하라.

풀이 먼저 바나나 상자에 대해 자유물체도를 그린 다음 수직력을 구해보자.

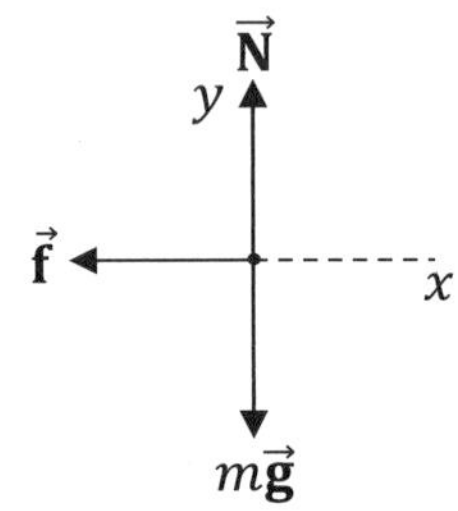

수직력을 계산하기 위해 힘의 y 성분 덧셈식을 써본다.

$$\sum F_y = ma_y$$
$$N - mg = 0$$
$$N = mg$$

상자가 수평 방향으로만 가속되고 수직 방향으로는 가속되지 않으므로 $a_y = 0$으로 놓는다. 위에서 구한 수직력 수식을 마찰력이 수행한 일을 나타내는 방정식에 대입한다.

$$W_{nc} = -\mu N s = -\mu mg s = -\frac{1}{4}(40)(9.81)(5) \approx -\frac{1}{4}(40)(10)(5) = -500 \text{ J}$$

마찰력에 의해 시스템의 역학적 에너지가 줄어들므로 마찰력이 수행한 일의 부호는 (−)이다.

예제 $\vec{\mathbf{F}} = 3\hat{\mathbf{x}} - 2\hat{\mathbf{y}}$ N으로 표현되는 힘으로 인해 $\vec{\mathbf{s}} = 4\hat{\mathbf{x}} - 5\hat{\mathbf{y}}$ m로 표현되는 변위가 생겼다. 이 힘이 수행한 일을 구하라.

풀이 힘이 일정하므로($\hat{\mathbf{x}}$와 $\hat{\mathbf{y}}$는 단위 벡터로 크기(1)와 방향이 일정하고 식 $3\hat{\mathbf{x}} - 2\hat{\mathbf{y}}$는 변수가 하나도 없고 모두 상수로만 되어 있으므로) 수행한 일은 힘과 변위의 스칼라 곱과 같다.

$$W = \vec{\mathbf{F}} \cdot \vec{\mathbf{s}} = F_x \Delta x + F_y \Delta y + F_z \Delta z = (3)(4) + (-2)(-5) = 12 + 10 = 22 \text{ J}$$

예제 아래 그림에서 보듯이 원숭이가 80 N의 힘으로 6.0 kg의 바나나 상자를 경사면을 따라 위로 당기고 있다. 힘의 방향과 경사면의 방향은 동일하다. 상자가 경사면을 따라 위쪽으로 5.0 m만큼 이동하는 동안에 원숭이가 수행한 일을 구하라.

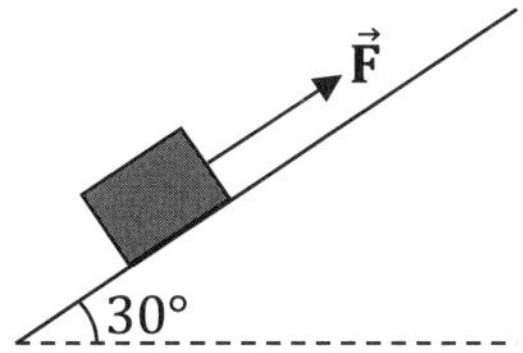

풀이 힘이 일정하므로 스칼라 곱 방정식을 사용하여 일을 구한다.

$$W = \vec{\mathbf{F}} \cdot \vec{\mathbf{s}} = F\, s \cos\theta = (80)(5)\cos 0° = 400\ \mathrm{J}$$

이 예제에서 주의할 점은 위 수식에서 알 수 있듯이 각도는 0°라는 사실이다. 이 문제에서 요구하는 것은 원숭이가 당기는 힘에 의해 수행되는 일이고 이 힘의 방향은 변위의 방향(경사면을 따라가는 방향)과 동일하기 때문이다. 일 방정식에서 각도 θ는 힘과 변위 사이의 각도이다.

도움말: 신중하게 생각하여 힘의 방향과 변위의 방향을 그려야 한다. 두 방향을 제대로 그리면 방정식에 사용할 올바른 각도를 쉽게 구할 수 있다.

연습문제

117. 원숭이가 50 kg의 바나나 상자를 떨어뜨려 상자가 1.5 m만큼 아래로 내려왔다. 중력이 수행한 일을 구하라.

 답: 750 J

118. 원숭이가 스프링에 힘을 가했더니 스프링이 평형 위치에서 4.0 m만큼 늘어났다. 스프링 상수가 8.0 N/m일 때 스프링이 수행한 일을 구하라.

 답: −64 J

119. 코코넛 행성은 질량이 5.0×10^{24} kg이고 반지름은 4.0×10^{6} m이다. 300 kg의 로켓이 코코넛 행성 표면에서 고도 4.0×10^{6} m까지 올라갈 때 중력이 수행한 일을 구하라.

 답: -1.25×10^{10} J

120. 정지 상태에 있던 200 kg의 바나나 자동차가 5.0 s 동안 일정하게 가속되어 60 m/s의 속력에 도달할 때 수행된 일을 구하라.

답: 360 kJ

121. 20 kg의 원숭이가 30° 경사면을 따라 8.0 m만큼 미끄러져 내려갔다. 원숭이와 경사면 사이의 마찰 계수는 $\frac{\sqrt{3}}{4}$이다.

(A) 중력이 수행한 일을 구하라.

(B) 마찰력이 수행한 일을 구하라.

(C) 수직력이 수행한 일을 구하라.

(D) 알짜 일을 구하라.

답: 800 J, −600 J, 0, 200 J

122. $\vec{\mathbf{F}} = 2\hat{\mathbf{x}} + 6\hat{\mathbf{y}}$ N으로 표현되는 힘으로 인해 $\vec{\mathbf{s}} = 3\hat{\mathbf{x}} - 8\hat{\mathbf{y}}$ m로 표현되는 변위가 생겼다. 이 힘이 수행한 일을 구하라.

답: −42 J

123. $\vec{\mathbf{F}} = 7\hat{\mathbf{x}} - 9\hat{\mathbf{y}} + 5\hat{\mathbf{z}}$ N으로 표현되는 힘으로 인해 $\vec{\mathbf{s}} = 6\hat{\mathbf{x}} - \hat{\mathbf{z}}$ m로 표현되는 변위가 생겼다. 이 힘이 수행한 일을 구하라.

답: 37 J

124. 원숭이가 300 N의 힘으로 바나나 상자를 비스듬히 위로 잡아당기는 동안 바나나 상자는 수평으로 12 m를 이동하였다. 원숭이가 당기는 힘의 방향과 변위 방향 사이의 각도가 60°일 때 원숭이가 수행한 일을 구하라.

답: 1.8 kJ

125. 아래 그림에서 보듯이 원숭이가 20 kg의 바나나 상자를 160 N의 힘으로 수평면에 대해 30°의 각도도 위로 당기고 있다. 상자와 수평면 사이의 마찰 계수는 $\frac{\sqrt{3}}{6}$이다. 상자는 7.0 m만큼 이동하였다.

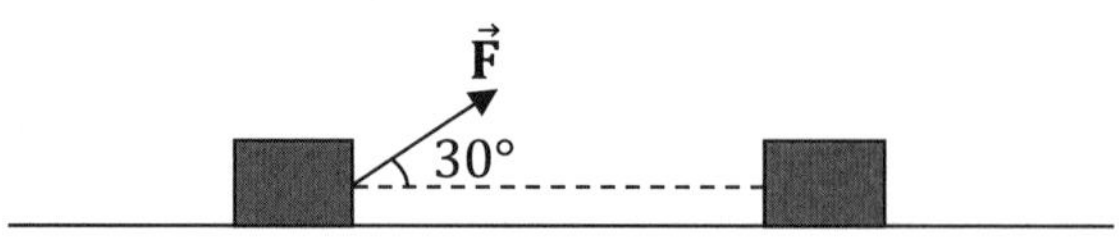

(A) 원숭이가 수행한 일을 구하라.

(B) 마찰력이 수행한 일을 구하라.

(C) 수직력이 수행한 일을 구하라.

답: $560\sqrt{3}$ J, $-140\sqrt{3}$ J, 0

도움이 필요한가요? 책의 맨 뒤에 있는 "힌트"를 참고하세요.

일 적분 수행하는 방법

문제에서 힘이 직각좌표 x, y, z의 함수로 주어지는 경우에는 다음 단계를 따라 일 적분을 수행한다.

1. 힘의 x 성분, y 성분, z 성분을 각각 찾는다. 힘이 $\vec{\mathbf{F}} = F_x\hat{\mathbf{x}} + F_y\hat{\mathbf{y}} + F_z\hat{\mathbf{z}}$와 같이 직각좌표계로 표현된 경우에는 단위 벡터 $\hat{\mathbf{x}}$, $\hat{\mathbf{y}}$, $\hat{\mathbf{z}}$의 계수인 F_x, F_y, F_z가 각각 힘의 x 성분, y 성분, z 성분이다.
2. 일 적분 방정식을 적는다.

$$W = \int_{x=x_0}^{x} F_x\,dx + \int_{y=y_0}^{y} F_y\,dy + \int_{z=z_0}^{z} F_z\,dz$$

3. 위 1번 단계의 F_x, F_y, F_z 식을 위 2번 단계의 적분에 대입한다.
4. F_x를 x의 함수로만 나타낸다. F_x가 x와 y 모두의 함수라면 초기 위치에서 최종 위치까지의 경로 방정식을 사용하여 y를 x에 관한 식[x가 포함된 항(들)과 상수]으로 나타낸다.
5. F_y를 y의 함수로만 나타낸다. F_y가 x와 y 모두의 함수라면 초기 위치에서 최종 위치까지의 경로 방정식을 사용하여 x를 y에 관한 식[y가 포함된 항(들)과 상수]으로 나타낸다.
6. 위 4번 단계와 5번 단계와 마찬가지 방식으로 F_z를 z의 함수로 나타낸다.
7. 2장과 9장의 방법을 사용하여 F_x, F_y, F_z에 대해 적분을 수행한다.

지금부터 이 방법을 사용하여 예제들을 풀어보자.

예제 원숭이가 바나나 상자에 $\vec{\mathbf{F}} = 6x^2\hat{\mathbf{x}}$의 힘을 가하는 동안에 상자는 (2.0 m, 0)에서 (3.0 m, 0)까지 직선을 따라 이동하였다. 원숭이가 수행한 일을 구하라.

풀이 힘 $\vec{\mathbf{F}} = 6x^2\hat{\mathbf{x}}$과 $\vec{\mathbf{F}} = F_x\hat{\mathbf{x}} + F_y\hat{\mathbf{y}} + F_z\hat{\mathbf{z}}$을 비교하면 $F_x = 6x^2$, $F_y = 0$, $F_z = 0$이다. F_x, F_y, F_z를 일 적분 방정식에 대입한다. 상자가 (2.0 m, 0)에서 (3.0 m, 0)으로 이동하므로

x 성분 적분 범위는 $x_0 = 2$에서 $x = 3$까지이다.

$$W = \int_{x=x_0}^{x} F_x\,dx + \int_{y=y_0}^{y} F_y\,dy + \int_{z=z_0}^{z} F_z\,dz = \int_{x=2}^{3} 6x^2\,dx + 0 + 0$$

이 적분은 2장에서 배운 방법을 사용하여 수행할 수 있다.

$$W = \int_{x=2}^{3} 6x^2\,dx = \left[6\frac{x^{2+1}}{2+1}\right]_{x=2}^{3} = \left[6\frac{x^3}{3}\right]_{x=2}^{3} = [2x^3]_{x=2}^{3}$$

$2x^3$에 상한과 하한을 각각 대입하여 계산하면 다음과 같다.

$$W = 2(3)^3 - 2(2)^3 = 2(27) - 2(8) = 54 - 16 = 38\text{ J}$$

예제 원숭이가 바나나 상자에 $\vec{\mathbf{F}} = y^2\hat{\mathbf{x}} - xy\,\hat{\mathbf{y}}$의 힘을 가하는 동안에 상자는 (2.0 m,1.0 m)에서 (2.0 m, 4.0 m)까지 직선을 따라 이동하였다. 원숭이가 수행한 일을 구하라.

풀이 힘 $\vec{\mathbf{F}} = y^2\hat{\mathbf{x}} - xy\,\hat{\mathbf{y}}$과 $\vec{\mathbf{F}} = F_x\hat{\mathbf{x}} + F_y\hat{\mathbf{y}} + F_z\hat{\mathbf{z}}$을 비교하면 $F_x = y^2$, $F_y = -xy$, $F_z = 0$이다. F_x, F_y, F_z를 일 적분 방정식에 대입한다. 상자가 (2.0 m,1.0 m)에서 (2.0 m, 4.0 m)으로 이동하므로 x 성분 적분 범위는 $x_0 = 2$에서 $y = 2$까지이고 y 성분 적분 범위는 $y_0 = 1$에서 $y = 4$까지이다.

$$W = \int_{x=x_0}^{x} F_x\,dx + \int_{y=y_0}^{y} F_y\,dy + \int_{z=z_0}^{z} F_z\,dz = \int_{x=2}^{2} y^2\,dx - \int_{y=1}^{4} xy\,dy + 0 = 0 - \int_{y=1}^{4} xy\,dy + 0$$

x 성분 적분은 하한과 상한이 모두 2로 동일하기 때문에 0이다. y 성분 적분은 피적분함수에 x가 포함되어 있어서 아직 y에 대해서는 적분을 할 수 없다. 여기서 중요한 것은 상자가 (2.0 m, 1.0 m)에서 (2.0 m, 4.0 m)까지 직선으로 이동하기 때문에 이동하는 동안에 x 값은 계속해서 2로 유지되고 있음을 알아차리는 것이다. 따라서 x는 상수 2이므로 $x = 2$를 y 성분 적분에 대입하여 계산하면

$$W = -\int_{y=1}^{4} xy\,dy = -\int_{y=1}^{4} 2y\,dy = -\left[2\frac{y^{1+1}}{1+1}\right]_{y=1}^{4} = -\left[2\frac{y^2}{2}\right]_{y=1}^{4} = -[y^2]_{y=1}^{4}$$

이 된다. y^2에 상한과 하한을 대입하여 계산하면 다음을 얻는다.

$$W = -(4^2 - 1^2) = -(16 - 1) = -15\ \text{J}$$

예제 원숭이가 바나나 상자에 $\vec{\mathbf{F}} = y\hat{\mathbf{x}} + xy\hat{\mathbf{y}}$의 힘을 가하는 동안에 상자는 $y = 2x$로 주어지는 직선을 따라 (0, 0)에서 (3.0 m, 6.0 m)까지 이동하였다. 원숭이가 수행한 일을 구하라.

풀이 힘 $\vec{\mathbf{F}} = y\hat{\mathbf{x}} + xy\hat{\mathbf{y}}$과 $\vec{\mathbf{F}} = F_x\hat{\mathbf{x}} + F_y\hat{\mathbf{y}} + F_z\hat{\mathbf{z}}$을 비교하면 $F_x = y$, $F_y = xy$, $F_z = 0$이다. F_x, F_y, F_z를 일 적분 방정식에 대입한다. 상자가 (0, 0)에서 (3.0 m, 6.0 m)로 이동하므로 x 성분 적분 범위는 $x_0 = 0$에서 $x = 3$까지이고 y 성분 적분 범위는 $y_0 = 0$에서 $y = 6$까지이다.

$$W = \int_{x=x_0}^{x} F_x\,dx + \int_{y=y_0}^{y} F_y\,dy + \int_{z=z_0}^{z} F_z\,dz = \int_{x=0}^{3} y\,dx + \int_{y=0}^{6} xy\,dy + 0$$

위 적분 수식을 보면 x에 대한 적분식의 피적분 함수에는 y가 들어있고 y에 대한 적분식의 피적분 함수에는 x가 들어있어서 곧바로 적분을 할 수가 없다. 상자가 방정식 $y = 2x$로 표현되는 직선을 따라 이동하므로 $y = 2x$를 x에 대한 적분식의 피적분 함수인 y에 대입한다. 또한 직선 방정식 $y = 2x$를 x에 대해 정리하면 $x = \frac{y}{2}$가 되는데 이 식을 y에 대한 적분식의 피적분 함수의 x 자리에 대입을 한다.

$$W = \int_{x=0}^{3} 2x\,dx + \int_{y=0}^{6} \frac{y}{2}y\,dy = \int_{x=0}^{3} 2x\,dx + \int_{y=0}^{6} \frac{y^2}{2}dy = [x^2]_{x=0}^{3} + \left[\frac{y^3}{6}\right]_{y=0}^{6}$$

$$W = 3^2 - 0^2 + \frac{6^3}{6} - \frac{0^3}{6} = 9 + 36 = 45\ \text{J}$$

연습문제

126. 침팬지가 파인애플 상자에 $\vec{\mathbf{F}} = 15y^4\hat{\mathbf{y}}$의 힘을 가하는 동안에 상자는 (0, −1.0 m)에서 (0, 2.0 m)까지 직선을 따라 이동하였다. 침팬지가 수행한 일을 구하라.

    답: 99 J

127. 여우원숭이가 포도 상자에 $\vec{\mathbf{F}} = x\hat{\mathbf{x}} + y^2\hat{\mathbf{y}}$의 힘을 가하는 동안에 상자는 (2.0 m, 3.0 m)에서 (4.0 m, 6.0 m)까지 직선을 따라 이동하였다. 여우원숭이가 수행한 일을 구하라.

    답: 69 J

128. 고릴라가 코코넛 상자에 $\vec{\mathbf{F}} = xy\hat{\mathbf{x}} + x^2\hat{\mathbf{y}}$의 힘을 가하는 동안에 상자는 $y = x^2$으로 주어지는 곡선을 따라 (0, 0)에서 (4.0 m, 16.0 m)까지 이동하였다. 고릴라가 수행한 일을 구하라.

답: 192 J

도움이 필요한가요? 책의 맨 뒤에 있는 "힌트"를 참고하세요.

일률 방정식

순간 일률(instantaneous power) P는 다음 식에서 보듯이 일 W를 시간 t에 대해 미분한 것이다.

$$P = \frac{dW}{dt}$$

평균 일률(average power) $\bar{P}$는 다음 식에서 보듯이 일 W를 그 일을 수행하는 데 걸린 시간 t로 나눈 것이다.

$$\bar{P} = \frac{W}{t}$$

힘 $\vec{\mathbf{F}}$가 일정하면 평균 일률은 다음 식에서 보듯이 힘 $\vec{\mathbf{F}}$와 평균 속도 $\bar{\vec{\boldsymbol{v}}}$의 스칼라 곱과 같다.

$$\bar{P} = \vec{\mathbf{F}} \cdot \bar{\vec{\boldsymbol{v}}} = F_x \bar{v}_x + F_y \bar{v}_y + F_z \bar{v}_z = F\,\bar{v}\cos\theta$$

평균 속도 $\bar{\vec{\boldsymbol{v}}}$는 다음 식에서 보듯이 변위 $\vec{\mathbf{s}}$를 시간 t로 나눈 것과 같다(8장).

$$\bar{\vec{\boldsymbol{v}}} = \frac{\vec{\mathbf{s}}}{t}$$

중요한 차이점

순간 일률을 나타내는 방정식에는 미분이 들어가지만 평균 일률을 나타내는 방정식에는 미분이 들어가지 않는다. 따라서 문장에서 어떤 일률을 말하고 있는지 주의해서 살펴봐야 한다.

일률을 구하는 방법

문제에서 요구하는 것이 순간 전력인지 평균 전력인지에 따라 문제를 푸는 방법이 달라진다.

- 순간 일률 P는 일 W를 시간 t에 대해 미분하여 구한다.

$$P = \frac{dW}{dt}$$

- 평균 일률은 주어진 값이 무엇인가에 따라 구하는 방법이 달라진다.
    - **방법 1**: 수행된 일 W를 구한 다음, 이를 경과 시간 t로 나누어 구한다.

    $$\bar{P} = \frac{W}{t}$$

    195쪽과 203쪽에 있는 문제 풀이 방법을 참고하면 문제를 푸는 데 도움이 된다. 3장~4장의 방정식을 사용하여 시간 t를 구할 필요도 있다.

    - **방법 2**: 힘 $\vec{\mathbf{F}}$가 일정하면 평균 일률은 힘 $\vec{\mathbf{F}}$와 평균 속도 $\bar{\vec{\boldsymbol{v}}}$의 스칼라 곱으로 구한다.

    $$\bar{P} = \vec{\mathbf{F}} \cdot \bar{\vec{\boldsymbol{v}}} \quad \text{또는} \quad \bar{P} = F_x \bar{v}_x + F_y \bar{v}_y + F_z \bar{v}_z \quad \text{또는} \quad \bar{P} = F\,\bar{v}\cos\theta$$

    여기서 θ는 $\vec{\mathbf{F}}$와 $\bar{\vec{\boldsymbol{v}}}$사이의 각도이다.

기호와 SI 단위

기호	이름	SI 단위
$\vec{\mathbf{F}}$	힘	N
$\bar{\vec{\mathbf{v}}}$	평균 속도	m/s
θ	$\vec{\mathbf{F}}$와 $\bar{\vec{\mathbf{v}}}$ 사이의 각도	° 또는 rad
W	일	J
P	순간 일률	W
$\bar{P}$	평균 일률	W
t	시간	s

단위 관련 유의사항

일률의 SI 단위는 와트(watt, 줄여서 W)이다. 다음의 일률 방정식으로부터 와트(W) 단위를 다른 형태로 나타내보자.

$$P = \frac{dW}{dt}$$

와트(W)는 줄(J) 나누기 초(s)와 같다.

$$1\ \mathrm{W} = 1\ \frac{\mathrm{J}}{\mathrm{s}}$$

앞서 줄(J) 단위는

$$1\ \mathrm{J} = 1\ \frac{\mathrm{kg \cdot m^2}}{\mathrm{s^2}}$$

임을 배웠다. 이 식을 이용하면 와트(W) 단위는 다음과 같다.

$$1\ \mathrm{W} = 1\ \frac{\mathrm{kg \cdot m^2}}{\mathrm{s^3}}$$

1 마력(horse power, 줄여서 hp)은 746 와트와 같다. (1 hp = 746 W)

일을 나타내는 기호 *W*(기울임꼴)와 일률의 단위를 나타내는 W(정자체)를 혼동하지 않도록 주의해야 한다.

- 일 *W*의 단위는 줄(J)이다.
- 일률 *P*의 단위는 와트(W)이다.

예제 원숭이가 4.0 s 동안에 300 J의 일을 수행하는 모터를 설계하였다. 이 모터가 공급하는 평균 일률을 구하라.

풀이 일 *W*와 시간 *t*가 포함된 다음의 평균 일률 방정식을 사용한다.

$$\bar{P} = \frac{W}{t} = \frac{300}{4} = 75\ \mathrm{W}$$

예제 원숭이가 수평을 기준으로 60°의 각도로 위쪽으로 40 N의 힘을 바나나 상자에 가하고 있다. 원숭이가 상자에 힘을 가하는 동안에 상자는 수평으로 3.0 m/s의 일정한 속력으로 이동하고 있다. 원숭이가 바나나 상자에 전달하는 평균 일률을 구하라.

풀이 평균 속력이 포함된 다음의 평균 일률 방정식을 사용한다.

$$\bar{P} = F\,\bar{v}\cos\theta = (40)(3)\cos 60° = (40)(3)\left(\frac{1}{2}\right) = 60\text{ W}$$

계산 과정에서 각도 θ는 힘과 속도 사이의 각도이므로 60°이다.

예제 원숭이가 $W = 4t^3$의 수식으로 표시되는 일을 수행하였다. (A) $t = 5.0$ s인 시각의 순간 일률을 구하라. (B) $t = 0$에서 $t = 5.0$ s까지의 평균 일률을 구하라.

풀이 (A) 순간 일률은 일을 시간에 대해 미분한 것이다. 미분은 2장의 방법을 사용하여 구할 수 있다.

$$P = \frac{dW}{dt} = \frac{d}{dt}(4t^3) = (3)(4)t^{3-1} = 12t^2$$

위에서 구한 수식의 t에 지정된 시각을 대입하면 순간 일률을 계산할 수 있다.

$$P(t = 5\text{일 때}) = 12(5)^2 = 12(25) = 300\text{ W}$$

(B) 평균 전력은 수행된 일을 경과 시간으로 나눈 값과 같다.

$$\bar{P} = \frac{W}{t} = \frac{4t^3}{t} = 4t^2$$

경과 시간은 5.0 s이므로 이 값을 위에서 구한 수식의 t에 대입하면 평균 전력을 계산할 수 있다.

$$\bar{P} = 4(5)^2 = 4(25) = 100\text{ W}$$

예제 원숭이가 상자에 $\vec{\mathbf{F}} = 3\hat{\mathbf{x}} + 5\hat{\mathbf{y}}$의 형태로 주어지는 힘을 가하는 동안에 상자가 $\bar{\vec{v}} = -2\hat{\mathbf{x}} + 4\hat{\mathbf{y}}$의 형태로 주어지는 평균 속도로 이동하였다. 원숭이가 공급한 평균 일률을 구하라.

풀이 평균 일률은 힘 $\vec{\mathbf{F}}$와 평균 속도 $\bar{\vec{\boldsymbol{v}}}$의 스칼라 곱(20장)으로 구한다. $\vec{\mathbf{F}} = 3\hat{\mathbf{x}} + 5\hat{\mathbf{y}}$와 $\vec{\mathbf{F}} = F_x\hat{\mathbf{x}} + F_y\hat{\mathbf{y}} + F_z\hat{\mathbf{z}}$을 비교하면 $F_x = 3$, $F_y = 5$, $F_z = 0$이다. 마찬가지 방식을 적용하면 $\bar{v}_x = -2$, $\bar{v}_y = 4$, $\bar{v}_z = 0$이다. 이 값들을 스칼라 곱으로 표현된 일률 방정식에 대입한다.

$$\bar{P} = \vec{\mathbf{F}} \cdot \bar{\vec{\boldsymbol{v}}} = F_x\bar{v}_x + F_y\bar{v}_y + F_z\bar{v}_z$$
$$\bar{P} = (3)(-2) + (5)(4) + (0)(0) = -6 + 20 + 0$$
$$\bar{P} = 14\ \mathrm{W}$$

연습문제

129. 원숭이가 $W = 72\sqrt{t}$로 표시되는 일을 수행하였다. (A) $t = 9.0$ s인 시각에서 순간 일률을 구하라. (B) $t = 0$에서 $t = 9.0$ s까지의 평균 일률을 구하라.

답: 12 W, 24 W

130. 원숭이가 상자에 $\vec{\mathbf{F}} = 8\hat{\mathbf{x}} - 2\hat{\mathbf{y}}$의 형태로 주어지는 힘을 가하는 동안에 상자가 $\bar{\vec{\boldsymbol{v}}} = 6\hat{\mathbf{x}} - \hat{\mathbf{y}}$의 형태로 주어지는 평균 속도로 이동하였다. 원숭이가 공급한 평균 일률을 구하라.

답: 50 W

131. 정지 상태에 있던 20 kg의 바나나 자동차가 일정한 속도로 가속되어 5.0 s 후에 60 m/s의 속력에 도달하였다. 자동차에 전달된 평균 일률을 구하라.

답: 72 kW

도움이 필요한가요? 책의 맨 뒤에 있는 "힌트"를 참고하세요.

22
에너지 보존

관련 용어

- **에너지**(energy) – 일을 할 수 있는 능력, 다시 말해 물체에 힘을 가해 물체를 이동시킬 수 있는 능력을 말한다.
- **위치 에너지**(potential energy) – 위치의 변화에 의해 수행되는 일의 양(다시 말해 물체의 위치를 바꾸는 데 필요한 일의 양). 모든 유형의 위치 에너지는 저장된 에너지이다.[1] 예를 들어, 중력은 에너지를 저장한다. 물체를 놓으면 중력은 저장된 에너지를 소비하면서 물체의 높이를 변화시키는 일을 수행한다. 마찬가지로 스프링의 복원력은 에너지를 저장한다. 압축된 스프링은 저장된 에너지를 소모하면서 스프링에 매달린 물체를 평형 위치로[그리고 결국에는 평형 위치보다 더 멀리(예를 들어, 스프링을 사용하여 물체를 공중으로 발사하는 경우)] 이동시키는 일을 수행한다.
- **운동 에너지**(kinetic energy) – 운동하고 있는 물체가 가지는 에너지. 다른 말로, 속력을 변화시키기 위해 수행한 일이라고 할 수 있다. 따라서 운동 에너지는 '움직임'이 갖는 에너지이다.
- **비보존적 일**(non-conservative work) – 시스템이 주변 환경과 교환하는 에너지(시스템 내부 에너지의 변화 포함). 많은 운동 관련 문제에서 비보존적 일은 마찰력과 같은 저

---

1 (옮긴이) 위치 에너지는 보존력(중력, 스프링 복원력, 전기력 등)으로 인해 시스템의 어떤 '위치'에 저장되는 에너지이다. 낮은 '위치'에 있는 물체(질량)를 높은 어느 '위치'로 들어 올리려면 중력이라는 보존력에 거슬러 일을 해주어야(에너지를 가해주어야)한다. 이때 사용한 에너지가 그 '위치'에 저장된다. 스프링 끝을 잡아 당겨 평형 '위치'에서 다른 '위치'로 옮기려면 복원력이라는 보존력에 거슬러 에너지를 가해주어야 한다. 이때 사용한 에너지가 그 '위치'에 저장된다. 전기력이라는 보존력에 거슬러 물체[전하(량)]의 위치를 바꾸는 경우도 마찬가지로 '위치'에 에너지가 저장된다. 물체(질량, 스프링, 전하)를 잡은 손을 놓으면 보존력(중력, 복원력, 전기력)은 '위치'에 저장된 에너지를 소모하며 일을 수행한다. 보존력에 종류에 따라 중력 위치 에너지, 탄성 위치 에너지, 전기 위치 에너지로 구분한다.

항력에 의해 수행되는 일이다.

- **기준 높이**(reference height) – 모든 높이를 측정하는 데 기준이 되는 좌표계의 원점
- **탈출 속도**(escape speed) – 로켓이 (행성 또는 위성과 같은) 천체의 인력(중력)에서 벗어나는 데 필요한 초기 속도

에너지 보존 법칙

자연계에서 에너지는 보존된다. 완전히 고립된 시스템의 총 에너지는 일정하게 유지된다. 시스템이 완전히 고립되지 않은 경우 에너지는 여전히 보존되지만 시스템과 주변 환경 사이에서 이루어지는 에너지 교환을 고려해야 한다. 에너지는 생성되거나 파괴될 수 없지만 한 유형에서 다른 유형으로 형태가 바뀔 수 있다. 예를 들어, 위치 에너지는 운동 에너지(또는 그 반대)로 변환되거나 역학적 에너지가 열에너지로 변환될 수 있다.

에너지 보존 법칙을 수학 방정식으로 표현하면 다음과 같다.

$$PE_0 + KE_0 + W_{nc} = PE + KE$$

여기서 PE는 위치에너지, KE는 운동에너지, W_{nc}는 비보전적 일을 나타낸다. 위 식의 좌변에서 $PE_0 + KE_0$는 시스템의 총 초기 에너지를 나타내고 우변에서 $PE + KE$는 시스템의 총 최종 에너지를 나타낸다. W_{nc}는 시스템과 주변 환경 사이에서 교환되는 에너지(예를 들어, 마찰력에 의해 수행되는 일)를 나타낸다. W_{nc}가 0(비보존적 일이 수행되지 않음을 뜻함)이면 시스템의 총 초기 에너지는 시스템의 총 최종 에너지와 같다.

일-에너지 정리

에너지 보존의 개념을 표현하는 또 다른 방법은 일-에너지 정리를 사용하는 것이다. 일-에너지 정리에 따르면 시스템에서 수행된 알짜 일은 시스템의 운동 에너지 변화와 같다. 이를 방정식으로 표현하면 다음과 같다.

$$W_{net} = \Delta KE = KE - KE_0$$

여기서, 알짜 일 W_{net}에는 비보존 일 W_{nc}와 보존 일 W_c가 모두 포함되므로 $W_{net} = W_{nc} + W_c$이다. 보존력에 의해 수행된 일 W_c는 시스템의 위치 에너지의 변화에 (−) 부호를 붙인 것과 같으므로 $W_c = -\Delta PE = -(PE - PE_0) = PE_0 - PE$이다. 이상의 두 방정식을 일-에너지 정리 방정식에 대입하면 에너지 보존 방정식이 나온다.

$$W_c + W_{nc} = KE - KE_0$$
$$-(PE - PE_0) + W_{nc} = KE - KE_0$$
$$PE_0 + KE_0 + W_{nc} = PE + KE$$

일-에너지 정리는 에너지 보존 법칙과 동일하지만 학생들은 문제를 푸는 과정에서 에너지 보존 법칙을 적용할 때보다 일-에너지 정리를 적용할 때 실수를 더 많이 하는 경향이 있다. 따라서 문제에서 특별히 알짜 일이나 운동 에너지의 변화를 요구하지 않는다면 에너지 보존 법칙을 적용하는 편이 위치 변화와 속도 변화와 관련된 문제를 푸는 방법으로 더 권장할 만하다.

에너지의 형태

에너지의 유형은 다음과 같이 분류할 수 있다.

- 위치 에너지(potential energy, PE)는 위치 변화에 의해 수행되는 일이다.
- 운동 에너지(kinetic energy, KE)는 속력 변화에 의해 수행되는 일이다.
- 비보존적 일(non-conservative work, W_{nc})은 시스템과 주변 환경 간의 에너지 교환(시스템 내부 에너지의 변화 포함)을 포함한다. 대표적인 비보존적 일의 예로 마찰과 같은 저항력에 의해 수행되는 일을 들 수 있다.

다음은 위치 에너지가 위치와 어떻게 관련되는지를 보여주는 두 가지 대표적인 예이다.

- **중력 위치 에너지**는 높이에 따라 달라진다. 물체의 높이가 클수록 중력 위치 에너지는 커진다. 물체가 현재 높이를 유지할 수 있도록 물체에 가해지고 있던 어떤 힘을 제거하면 물체에는 곧바로 중력이 작용하기 시작하여 물체의 높이가 변한다(아래로 떨어진다).
- **스프링 위치 에너지**는 스프링이 평형 위치에서 얼마나 압축되거나 늘어나는지에 따라 달라진다. 스프링이 평형 위치에서 멀리 벗어날수록 스프링은 더 큰 위치 에너지를 가진다. 예를 들어 스프링을 잡아 늘렸다가 놓으면 스프링은 일을 하여 평형 위치를 향해 압축된다.

탈출 속도

이제 곧 풀어볼 예제 중 하나에서 볼 수 있듯이 에너지 보존 법칙을 적용하여 물체의 탈출 속도(escape speed)를 구할 수 있다. 모든 천체에는 물체의 탈출속도가 있다. 탈출 속도란 물체가 천체의 중력을 벗어나기 위해 필요한 초기 속도의 최솟값을 말한다.

우리는 위로 점프하면 다시 아래로 떨어진다. 돌을 위로 던지면 결국에는 다시 땅으로 떨어진다. 그러나 로켓을 충분히 빠른 속도로 로켓을 발사하면 로켓은 지구의 중력을 영원히 벗어날 수 있다. 지구의 탈출 속도는 로켓이 지구의 중력장에서 탈출하기 위해 얼마나 빠르게 움직여야 하는지 정확히 알려준다.

탈출 속도를 계산하는 방법은 로켓이 무한히 멀리 멀어질 때 최종 운동 에너지를 0으로 놓는 것이다. 초기 운동 에너지가 충분하여 마침내 우주의 가장자리에 도달하면 천체의 영향을 피할 수 있다. 예제를 풀어보면서 탈출속도를 계산하는 과정을 자세히 살펴보기로 한다.

기호와 SI 단위

기호	이름	SI 단위
W_{net}	알짜 일	J
PE_0	초기 위치 에너지	J
PE	최종 위치 에너지	J
KE_0	초기 운동 에너지	J
KE	최종 운동 에너지	J
W_{nc}	비보존적 일	J
m	질량	kg
g	중력 가속도	m/s^2
h_0	초기 높이(기준 높이 기준)	m
h	최종 높이(기준 높이 기준)	m
v_0	초기 속력	m/s
v	최종 속력	m/s
G	중력 상수	$\frac{N \cdot m^2}{kg^2}$ 또는 $\frac{m^3}{kg \cdot s^2}$
m_p	큰 천체(행성)의 질량	kg
R	행성의 중심에서 떨어진 거리	m
k	스프링 상수	N/m 또는 kg/s^2
x	평형 위치에서 벗어난 변위	m

에너지 방정식

에너지 보존 법칙은 다음과 같이 수식으로 나타낼 수 있다.

$$PE_0 + KE_0 + W_{nc} = PE + KE$$

에너지는 일을 할 수 있는 능력이기 때문에 위치 에너지에 대한 방정식은 일에 대한 방정식(21장)과 매우 유사하다. 실제로 다음 관계식을 이용하면 일에 대한 방정식으로부터 위치 에너지에 대한 방정식을 구할 수 있다.

$$W_c = -\Delta PE = -(PE - PE_0) = PE_0 - PE$$

- 중력 위치 에너지는 높이(h)에 비례한다. 고도 변화가 천문학적 규모가 아닌 작은 경우:

  $$PE_{g0} = mgh_0 \quad , \quad PE_g = mgh$$

  여기서 높이는 우리가 정한 좌표계의 원점 역할을 하는 기준 높이에 대해 상대적으로 측정된다. 고도 변화가 천문학적 규모인 경우에는 다음 방정식을 사용한다. 여기서 R은 천체(행성 또는 위성) 중심으로부터 측정한 거리이다.

  $$PE_{g0} = -G\frac{m_p m}{R_0} \quad , \quad PE_g = -G\frac{m_p m}{R}$$

- 스프링의 위치 에너지는 평형 위치에서 벗어난 변위 x의 제곱에 비례한다. 여기서 k는 스프링 상수이다.

  $$PE_{s0} = \frac{1}{2}kx_0^2 \quad , \quad PE_s = \frac{1}{2}kx^2$$

운동에너지는 속력 v의 제곱에 비례한다.

$$KE_0 = \frac{1}{2}mv_0^2 \quad , \quad KE = \frac{1}{2}mv^2$$

비보존적 일은 마찰력에 의해 수행되는 일이 대표적이다(21장 참조). 여기서 μ는 마찰 계수이고, N은 수직력(자유물체도를 그린 다음, $\Sigma F_y = ma_y$에서 $a_y = 0$으로 놓고 구함), s는 마찰력이 작용하는 상태에서 총 이동 거리이다.

$$W_{nc} = -\mu Ns$$

일-에너지 정리에 따르면 알짜 일은 운동 에너지의 변화와 같다.

$$W_{net} = \Delta KE = KE - KE_0$$

에너지 보존 문제 풀이 방법

위치의 변화와 속도의 변화를 포함하는 문제를 풀 때는 에너지 보존 법칙을 적용하는 것이 유용하다. 문제에서 가속도가 주어지거나 가속도를 구해야 하는 경우에는 다른 방법(예를 들어, 문제의 특성에 따라 뉴턴의 제2법칙)을 적용하는 것이 더 효율적일 수 있다. 에너지 보존 법칙을 문제에 적용할 때는 다음 단계를 따른다.

1. 경로를 그림으로 그린다. 그러고 나서 초기 위치 i, 최종 위치 f, 기준 높이 RH를 써넣는다. **주의:** 기준 높이 자체는 실제로 사용할 값은 아니다. 기준 높이는 초기 높이(h_0)와 최종 높이(h)를 측정하는 데 기준이 되는 위치를 나타내는 것으로, 좌표계의 원점과 같은 역할을 한다.

2. 문제에 스프링이 들어있는 경우에는 그림에 평형 위치를 나타내는 EQ, 완전히 압축된 위치를 나타내는 FC, 완전히 늘어난 위치를 나타내는 FS를 함께 표시한다.

3. 에너지 보존 법칙을 기호를 사용하여 다음 수식으로 나타낸다.

$$PE_0 + KE_0 + W_{nc} = PE + KE$$

4. 에너지 보존 방정식의 각 항을 다음과 같이 기호로 다시 쓴다.

   - 초기 위치 i에서의 물체의 높이가 기준 높이 RH와 같은지 다른지 확인한다. 다르다면 $PE_{g0} = mgh_0$이다. [단, 높이(고도) 변화가 천문학적 규모일 때는 $PE_{g0} = -G\frac{m_p m}{R_0}$이다.] 같다면 초기 위치에서 물체의 높이가 기준 높이이므로 $PE_{g0} = 0$이다.

   - 물체가 스프링에 매달려 있는 경우, 초기 위치 i에서 스프링이 평형 위치에서 벗어나 압축되거나 늘어나 있는지 확인한다. 벗어나 있다면 $PE_{s0} = \frac{1}{2}kx_0^2$이다. 반면에 초기 위치 i에서 평형 위치 EQ에 있으면 $PE_{s0} = 0$이다.

   - 초기 위치 에너지는 중력 위치 에너지와 스프링 위치 에너지를 모두 포함할 수 있으므로 $PE_0 = PE_{g0} + PE_{s0}$로 쓸 수 있다.

   - 초기 위치 i에서 물체가 움직이고 있는지 확인한다. 움직이고 있다면 $KE_0 = \frac{1}{2}mv_0^2$이고 정지해 있으면 $KE_0 = 0$이다.

   - 초기 위치 i와 최종 위치 f 사이에 비보전적 일이 수행되고 있는지 확인한다. 대표적인 비보전적 일의 예로 마찰력과 같은 저항력을 들 수 있다. 문제에 마찰력이 있으면 $W_{nc} = -\mu Ns$이다. 자유물체도를 그린 다음, $\Sigma F_y = ma_y$에서 $a_y = 0$으로 놓고 수직력 N을 구한다. 비보전적 일이 수행되지 않는 경우에는 $W_{nc} = 0$이다.

- 최종 위치 f에서 물체의 높이가 기준 높이 RH와 같은지 확인한다. 다르다면 $PE_g = mgh$이다. [단, 높이(고도) 변화가 천문학적 규모일 때는 $PE_g = -G\frac{m_p m}{R}$이다.] 같다면 최종 위치에서 물체의 높이가 기준 높이이므로 $PE_g = 0$이다.
- 물체가 스프링에 매달려 있는 경우, 최종 위치 f에서 스프링이 평형 위치에서 벗어나 압축되거나 늘어나 있는지 확인한다. 벗어나 있다면 $PE_s = \frac{1}{2}kx^2$ 이다. 반면에 최종 위치 f에서 평형 위치 EQ에 있으면 $PE_s = 0$이다.
- 최종 위치 에너지는 중력 위치 에너지와 스프링 위치 에너지를 모두 포함할 수 있으므로 $PE = PE_g + PE_s$로 쓸 수 있다.
- 최종 위치 f에서 물체가 움직이고 있는지 확인한다. 움직이고 있다면 $KE = \frac{1}{2}mv^2$이고 정지해 있으면 $KE = 0$이다.

5. 에너지 보존 방정식을 다음과 같이 생각하면 도움이 된다.

$$mgh_0 + \frac{1}{2}kx_0^2 + \frac{1}{2}mv_0^2 - \mu Ns = mgh + \frac{1}{2}kx^2 + \frac{1}{2}mv^2$$

위 수식에서 하나 또는 그 이상의 항이 위 4번 단계에서 언급한 것처럼 0이 되는 경우가 자주 나온다.

6. 대수 연산 규칙을 사용하여 원하는 미지수를 구한다.

아래첨자 관련 유의사항

기호에서 "초기"와 "최종"을 구별하는 것이 매우 중요하다.

- h_0은 초기 높이이다.
- h는 최종 높이이다.
- x_0은 평형 위치에서 벗어나 있는 스프링의 초기 변위이다.
- x는 평형 위치에서 벗어나 있는 스프링의 최종 변위이다.
- v_0은 초기 속력이다.
- v는 최종 속력이다.

기호를 쓸 때 아래첨자 0("영", 영어로는 "naught"라고 함)을 깜빡하고 붙이지 않으면 대수 연산을 잘못 하는 일이 발생할 수 있다. 예를 들어, h_0와 h는 서로 다른 높이이다. 따라서 에너지 보존 법칙 방정식의 좌변에 있는 mgh_0와 우변에 있는 mgh는 서로 다름에도 불구하고 좌변을 아래첨자 0을 빼고 mgh로 쓰면 대수 연산을 하는 과정에서 방정식의 우변에 있는 mgh와 상쇄되어 버리는 일이 생길 수 있다.

기준 높이

경로를 나타내는 그림에서 기준 높이 RH를 써넣는다. 기준 높이는 모든 높이가 측정되는 좌표계의 원점 역할을 한다. 예를 들어 어떤 물체의 높이를 측정할 때 기준을 지면으로 잡을 수도 있고 건물 옥상으로 잡을 수도 있다. 어느 쪽을 기준으로 잡든 물체의 높이 변화는 동일하게 나타난다. 물체의 높이를 측정할 때 선택하는 기준이 바로 기준 높이이다. [방정식 $PE = -G\frac{m_p m}{R}$를 사용할 때 기준 높이는 무한대(무한히 멀리 떨어져 있는 점)이다. 이에 대해서는 다음에 나오는 예제에서 설명하기로 한다.]

예제 아래 그림에서 보듯이 20 m 높이의 마찰이 없는 언덕 위에 놓여 있는 바나나 상자가 정지 상태에서 미끄러져 내려가고 있다. 언덕 아래의 수평면을 따라 움직이는 상자의 속력을 구하라.

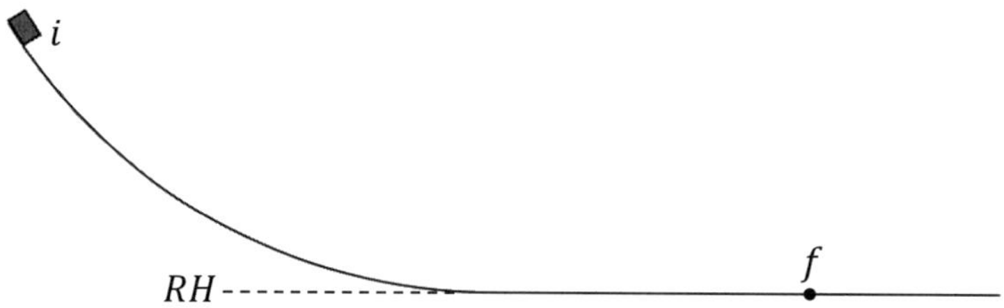

풀이 경로를 그린 다음, 위 그림과 같이 초기 위치 i, 최종 위치 f, 기준 높이 RH를 써 넣는다. 초기 위치 i는 상자가 출발한 위치에 표시하고 최종 위치 f는 수평면(직선 경로)에서 아무 위치에나 표시해도 된다(어느 위치를 잡든 속력은 동일한데 이는 표면에 마찰이 없고 13장에서 배웠듯이 물체는 관성을 가지고 있기 때문이다. 그러나 언덕의 곡선 경로에서는 높이가 변하므로 속력은 위치마다 다르다). 여기서는 기준 높이 RH를 언덕 아래로 선택한다. 에너지 보존 법칙 방정식을 써보자.

$$PE_0 + KE_0 + W_{nc} = PE + KE$$

위 방정식의 각 항을 하나하나 분석해본다.

- i가 RH와 같은 높이가 아니므로 $PE_{g0} = mgh_0$이다.
- i에서 스프링이 평형 위치에서 압축되거나 늘어나지 않았으므로 $PE_{s0} = 0$이다.
- $PE_0 = PE_{g0} + PE_{s0} = mgh_0$

- 상자가 i에서 정지해 있으므로 $KE_0 = 0$이다.
- 마찰력이 없으므로 $W_{nc} = 0$이다.
- f가 RH와 같은 높이이므로 $PE_g = 0$이다.
- f에서 스프링이 평형 위치에서 압축되거나 늘어나지 않았으므로 $PE_s = 0$이다.
- $PE = PE_g + PE_s = 0$
- f에서 상자가 움직이고 있으므로 $KE = \frac{1}{2}mv^2$이다.

위에서 분석한 결과들을 에너지 보존 법칙 방정식에 대입하면 다음 식을 얻는다.

$$mgh_0 = \frac{1}{2}mv^2$$

이 식을 속력 v에 대해 정리한 다음, 값을 대입하면 최종 속력을 구할 수 있다.

$$2gh_0 = v^2$$
$$v = \sqrt{2gh_0} = \sqrt{2(9.81)(20)} \approx \sqrt{2(10)(20)} = \sqrt{400} = 20 \text{ m/s}$$

예제 아래 그림에서 보듯이 바나나 상자가 20 m/s의 초기 속력으로 수평으로 미끄러지고 있다. 상자와 지면 사이의 마찰 계수가 $\frac{1}{2}$일 때 바나나 상자가 미끄러지는 총 거리를 구하라.

풀이 경로를 그린 다음, 위 그림과 같이 초기 위치 i, 최종 위치 f, 기준 높이 RH를 써 넣는다. 초기 위치 i는 상자가 출발한 위치에 표시하고 최종 위치 f는 상자가 미끄러지다가 정지하는 위치에 표시한다. 기준 높이 RH는 지면으로 선택한다. 에너지 보존 법칙 방정식을 써보자.

$$PE_0 + KE_0 + W_{nc} = PE + KE$$

위 방정식의 각 항을 하나하나 분석해본다.

- i가 RH와 같은 높이이므로 $PE_{g0} = 0$이다.
- i에서 스프링이 평형 위치에서 압축되거나 늘어나지 않았으므로 $PE_{s0} = 0$이다.
- $PE_0 = PE_{g0} + PE_{s0} = 0$
- 상자가 i에서 움직이고 있으므로 $KE_0 = \frac{1}{2}mv_0^2$이다.

- 마찰력이 수행하는 일이 있으므로 $W_{nc} = -\mu Ns$이다.
- f가 RH와 같은 높이이므로 $PE_g = 0$이다.
- f에서 스프링이 평형 위치에서 압축되거나 늘어나지 않았으므로 $PE_s = 0$이다.
- $PE = PE_g + PE_s = 0$
- f에서 상자가 정지해있으므로 $KE = 0$이다.

위에서 분석한 결과들을 에너지 보존 법칙 방정식에 대입하면 다음 식을 얻는다.

$$\frac{1}{2}mv_0^2 - \mu Ns = 0$$

수직력을 구하기 위해 상자에 대해 자유물체도를 그려보자. 중력은 상자를 아래로 당긴다. 수직력은 상자를 위로 밀어 올린다. 마찰력은 상자를 뒤로 당긴다(상자의 속력을 늦춘다).

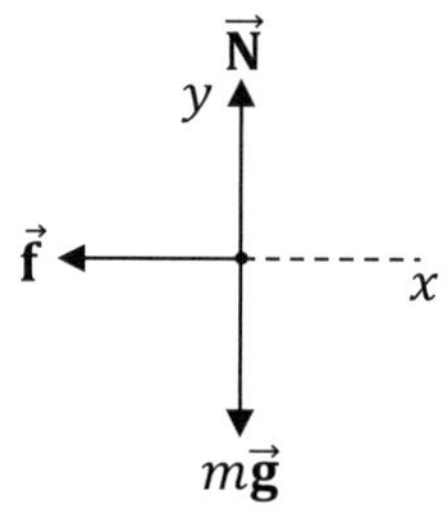

뉴턴의 제2법칙(14장)을 적용한다. 상자는 위쪽이나 아래쪽으로 가속되지 않고 수평으로만 가속되므로 $a_y = 0$으로 놓는다.

$$\sum F_y = ma_y$$
$$N - mg = 0$$
$$N = mg$$

수직력 방정식을 에너지 보존 법칙을 적용하여 얻은 수식에 대입한다.

$$\frac{1}{2}mv_0^2 - \mu Ns = 0$$
$$\frac{1}{2}mv_0^2 - \mu mgs = 0$$

위 수식을 상자가 움직인 거리 s에 대해 정리한 다음, 값을 대입하여 계산한다.

$$\frac{1}{2}v_0^2 = \mu gs$$
$$s = \frac{v_0^2}{2\mu g}$$

$$s = \frac{20^2}{2\left(\frac{1}{2}\right)(9.81)} \approx \frac{20^2}{2\left(\frac{1}{2}\right)(10)} = \frac{400}{10} = 40\text{ m}$$

예제 아래 그림에서 보듯이 진자의 추가 맨 왼쪽 위치에서 정지한 상태에서 시작하여 오른쪽과 왼쪽을 왔다 갔다 하며 원호를 그리면서 움직이고 있다. 진자의 길이는 40 cm이다. 진자가 원호에서 가장 낮은 위치를 통과할 때 진자 추의 속력을 구하라.

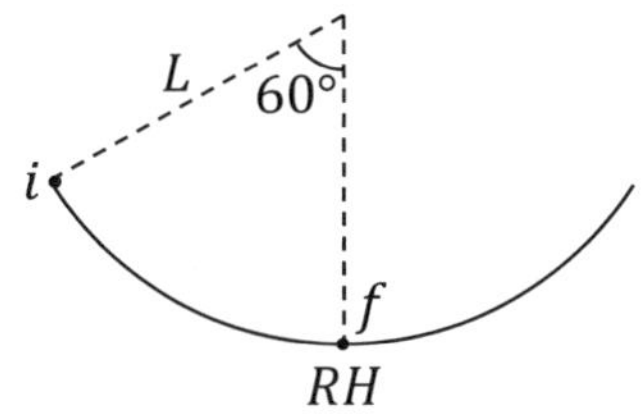

풀이 경로를 그린 다음, 위 그림과 같이 초기 위치 i, 최종 위치 f, 기준 높이 RH를 써 넣는다. 초기 위치 i는 추가 출발한 위치에 표시하고 최종 위치 f는 원호의 맨 아래 위치(속력을 구하는 위치)에 표시한다, 기준 높이 RH는 원호의 맨 아래 위치로 선택한다. 에너지 보존 법칙 방정식을 써보자.

$$PE_0 + KE_0 + W_{nc} = PE + KE$$

위 방정식의 각 항을 하나하나 분석해본다.

- i가 RH와 같은 높이가 아니므로 $PE_{g0} = mgh_0$이다.
- i에서 스프링이 평형 위치에서 압축되거나 늘어나지 않았으므로 $PE_{s0} = 0$이다.
- $PE_0 = PE_{g0} + PE_{s0} = mgh_0$
- 추가 i에서 정지해 있으므로 $KE_0 = 0$이다.
- 마찰력이 없으므로 $W_{nc} = 0$이다.
- f가 RH와 같은 높이이므로 $PE_g = 0$이다.
- f에서 스프링이 평형 위치에서 압축되거나 늘어나지 않았으므로 $PE_s = 0$이다.
- $PE = PE_g + PE_s = 0$
- f에서 추가 움직이고 있으므로 $KE = \frac{1}{2}mv^2$이다.

위에서 분석한 결과들을 에너지 보존 법칙 방정식에 대입하면 다음 식을 얻는다.

$$mgh_0 = \frac{1}{2}mv^2$$

문제에서 주어진 것은 초기 높이 h_0가 아니라 진자의 길이 L이다. 아래 그림을 잘 살펴보면서 초기 위치 h_0를 구해보자.

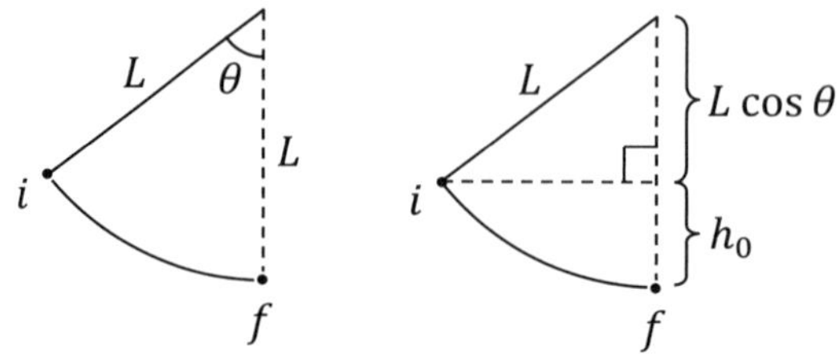

위의 오른쪽 그림을 보면 진자의 길이 L은 두 부분으로 나뉘어 있다.

$$L = h_0 + L\cos\theta$$
$$h_0 = L - L\cos\theta$$

L의 단위를 cm에서 m 단위로 변환하면 $L = 40\text{ cm} = 0.40\text{ m} = \frac{2}{5}\text{ m}$이므로

$$h_0 = \frac{2}{5} - \frac{2}{5}\cos 60° = \frac{2}{5} - \frac{2}{5}\frac{1}{2} = \frac{2}{5} - \frac{1}{5} = \frac{1}{5}\text{ m}$$

이 된다. 에너지 보존 법칙을 적용하여 얻은 수식을 속력 v에 대해 정리한 다음, 값을 대입하면 최종 속력을 구할 수 있다.

$$mgh_0 = \frac{1}{2}mv^2$$
$$2gh_0 = v^2$$
$$v = \sqrt{2gh_0} = \sqrt{2(9.81)\left(\frac{1}{5}\right)} \approx \sqrt{2(10)\left(\frac{1}{5}\right)} = \sqrt{4} = 2.0\text{ m/s}$$

예제 다음 그림에서 보듯이 마찰이 없는 언덕 위에 놓여 있는 바나나 상자가 정지 상태에서 미끄러져 내려가다가 원 모양의 루프를 따라 한 바퀴 회전한 다음, 수평을 따라 계속 움직이고 있다. 바나나 상자가 루프를 안전하게 회전하기 위해서 필요한 최소 초기 높이를 구하라.

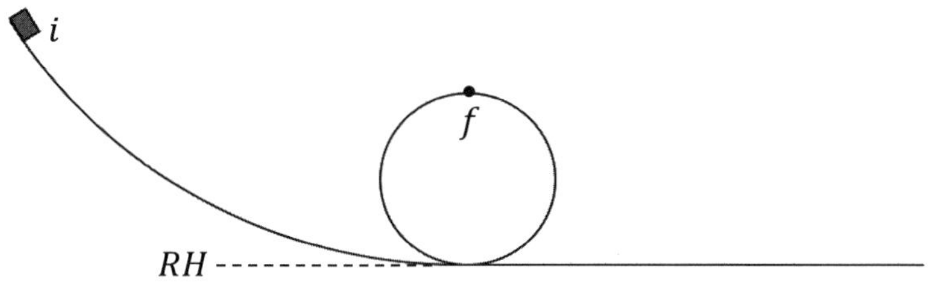

풀이 이 문제를 풀기 위해서는 문제에서 말한 대로 "루프를 따라 안전하게 회전"하기 위해서는 "수직력의 부호가 (+)"가 되어야 함을 이해해야 한다. (+) 부호의 수직력이 존재하기만 하면 바나나 상자는 루프의 표면과 닿아 있게 된다. 수직력이 0 이하가 되면 바나나 상자는 루프 표면에 더 이상 닿지 않고 떨어지게 된다. 따라서 루프 맨 꼭대기 위치에서 수직력은 (+) 부호가 되어야 한다는 조건을 적용하여 이 문제를 풀어보기로 한다. 바나나 상자가 루프 맨 꼭대기 위치에 안전하게 도달하면 관성에 의해 상자는 이 위치를 통과한다. 앞에서도 여러 번 해보았듯이 상자에 대해 자유물체도를 그려 수직력을 구해보자. 상자가 루프 맨 꼭대기 위치에 도달한 순간, 수직력은 상자를 아래쪽(표면에 수직인 방향)으로 밀어낸다. 상자가 원을 그리며 움직이고 있으므로 17장에서 설명한 방법에 따라 안쪽 방향(in)과 접선 방향(tan)으로 작용하는 힘들을 고려한다(x 방향과 y 방향이 아님).

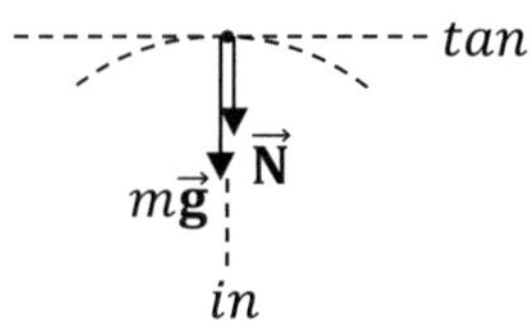

뉴턴의 제2법칙을 적용한다. 구심 가속도 a_c를 고려하면 다음 수식을 얻는다.

$$\sum F_{in} = ma_c$$
$$N + mg = ma_c$$
$$N = m(a_c - g)$$

구심 가속도 a_c가 g보다 크면 수직력의 부호는 (+)이다.

$$N > 0 \;\Rightarrow\; a_c > g$$

여기서 ⇒ 기호는 "~을 의미한다."를 나타낸다. 앞에서 배운 구심 가속도 방정식 $a_c = \frac{v^2}{R}$을 위의 부등식에 대입한다.

$$a_c > g$$
$$\frac{v^2}{R} > g$$
$$v^2 > Rg$$

이제 에너지 보존 개념을 적용하여 초기 높이와 루프 맨 꼭대기에서의 속력과의 관계를 구해본다. 위의 부등식은 지금은 잠시 접어두고 나중에 필요할 때 사용하기로 한다.

경로를 그린 다음, 맨 앞의 그림과 같이 초기 위치 i, 최종 위치 f, 기준 높이 RH를 써 넣는다. 초기 위치 i는 상자가 출발한 위치에 표시하고 최종 위치 f는 루프의 맨 꼭대기 위치에 표시한다. 기준 높이 RH는 수평면으로 선택한다. 에너지 보존 방정식을 써보자.

$$PE_0 + KE_0 + W_{nc} = PE + KE$$

위 방정식의 각 항을 하나하나 분석해본다.

- i가 RH와 같은 높이가 아니므로 $PE_{g0} = mgh_0$이다.
- i에서 스프링이 평형 위치에서 압축되거나 늘어나지 않았으므로 $PE_{s0} = 0$이다.
- $PE_0 = PE_{g0} + PE_{s0} = mgh_0$
- 상자가 i에서 정지해 있으므로 $KE_0 = 0$이다.
- 마찰력이 없으므로 $W_{nc} = 0$이다.
- f가 RH와 같은 높이가 아니므로 $PE_g = mgh$이다.
- f에서 스프링이 평형 위치에서 압축되거나 늘어나지 않았으므로 $PE_s = 0$이다.
- $PE = PE_g + PE_s = mgh$
- f에서 상자가 움직이고 있으므로 $KE = \frac{1}{2}mv^2$이다.

위에서 분석한 결과들을 에너지 보존 법칙 방정식에 대입하면 다음 식을 얻는다.

$$mgh_0 = mgh + \frac{1}{2}mv^2$$
$$gh_0 = gh + \frac{v^2}{2}$$

f는 기준 높이에 대해 지름에 해당하는 높이이므로 $h = 2R$이다.

$$gh_0 = g2R + \frac{v^2}{2}$$

앞에서 구한 부등식 $v^2 > Rg$을 고려하면 위 식은

$$gh_0 > g2R + \frac{Rg}{2}$$
$$h_0 > 2R + \frac{R}{2}$$
$$h_0 > \frac{4R}{2} + \frac{R}{2}$$
$$h_0 > \frac{5R}{2}$$

으로 나타낼 수 있다. 따라서 초기 높이가 반지름의 2.5배 이상이면 바나나 상자는 루프를 안전하게 통과한다. 다시 말해 상자는 루프 표면과 계속해서 접촉하면서 이동한다.

예제 아래 그림에서 보듯이 96 N/m의 스프링 상수를 가진 스프링의 왼쪽 끝은 수직 벽에 고정되어 있고 오른쪽 끝은 6.0 kg의 초콜릿 상자가 연결되어 있다. 상자와 수평면 사이에는 마찰력이 없다. 상자에 힘을 가해 스프링을 평형 위치에서 2.0 m만큼 압축한 다음, 상자에 가한 힘을 제거하였다. 상자가 평형 위치를 통과할 때 상자의 속력을 구하라.

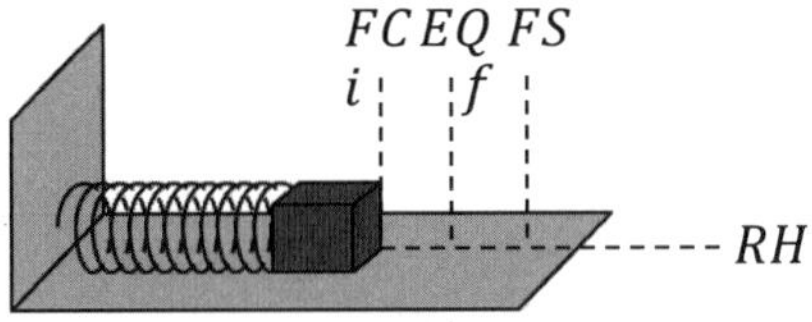

풀이 경로를 그린 다음, 위 그림과 같이 초기 위치 i, 최종 위치 f, 기준 높이 RH를 써 넣는다. 스프링에 대해, 평형 위치에는 EQ, 완전히 압축된 위치에는 FC, 완전히 늘어난 위치에는 FS를 표시한다. 초기 위치 i는 스프링이 완전히 압축된 위치 FC에 표시하고 최종 위치 f는 평형 위치 EQ에 표시한다. 기준 높이 RH는 수평면으로 선택한다. 에너지 보존 방정식을 써보자.

$$PE_0 + KE_0 + W_{nc} = PE + KE$$

위 방정식의 각 항을 하나하나 분석해본다.

- i가 RH와 같은 높이이므로 $PE_{g0} = 0$이다.
- i에서 스프링이 평형 위치에서 압축되어 있으므로 $PE_{s0} = \frac{1}{2}kx_0^2$ 이다.
- $PE_0 = PE_{g0} + PE_{s0} = \frac{1}{2}kx_0^2$
- 상자가 i에서 정지해 있으므로 $KE_0 = 0$이다.
- 마찰력이 없으므로 $W_{nc} = 0$이다.
- f가 RH와 같은 높이이므로 $PE_g = 0$이다.
- f에서 스프링이 평형 위치에 있으므로 $PE_s = 0$이다(스프링이 위치 에너지를 가지려면 스프링은 평형 위치에서 압축되거나 늘어나야 한다).
- $PE = PE_g + PE_s = 0$
- f에서 상자가 움직이고 있으므로 $KE = \frac{1}{2}mv^2$이다.

위에서 분석한 결과들을 에너지 보존 법칙 방정식에 대입하면 다음 식을 얻는다.

$$\frac{1}{2}kx_0^2 = \frac{1}{2}mv^2$$

위 방정식을 속력 v에 대해 정리한 다음 값을 대입하면 최종 속력을 구할 수 있다.

$$kx_0^2 = mv^2$$

$$\frac{kx_0^2}{m} = v^2$$

$$v = \sqrt{\frac{kx_0^2}{m}} = x_0\sqrt{\frac{k}{m}} = 2\sqrt{\frac{96}{6}} = 2\sqrt{16} = (2)(4) = 8.0 \text{ m/s}$$

예제 수박 행성의 질량은 6.0×10^{26} kg이고 반지름은 2.0×10^{6} m입니다. 수박 행성 표면에서 발사된 로켓의 탈출 속도를 구하라.

풀이 경로를 그린 다음, 위 그림과 같이 초기 위치 i, 최종 위치 f, 기준 높이 RH를 써 넣는다. 초기 위치 i는 수박 행성의 표면에 표시하고 최종 위치 f는 무한히 멀리 떨어진 곳에 표시한다. 여기서 f가 무한히 먼 곳이 되어야 하는 까닭은 무엇일까? 로켓이 수박 행성이 가하는 중력의 영향에서 완전히 벗어나기 위해서는 로켓은 행성에서 무한히 멀리 떨어져야 하기 때문이다. 기준높이 RH도 수박 행성에서 무한히 떨어진 곳으로 선택한다. 기준 높이는 중력 위치 에너지가 0인 위치이다. 고도의 변화가 작은 경우(천문학적 규모가 아닌 경우)에 위치 에너지 수식으로 $PE_g = mgh$를 사용한다. 이때 기준 높이는 h가 0이 되는 위치인데, 이는 $h=0$일 때 mgh가 0이 되기 때문이다. 그러나 고도의 변화가 큰 경우(로켓과 같이 고도 변화가 천문학적 규모인 경우)에는 위치 에너지 수식으로 $PE_g = -\frac{Gm_pm}{R}$을 사용한다. 따라서 이때 기준 높이는 R이 무한대인 위치이다(R이 무한대에 가까워지면 $\frac{1}{R}$은 0에 가까워지기 때문이다).

에너지 보존 법칙 방정식을 써보자.

$$PE_0 + KE_0 + W_{nc} = PE + KE$$

위 방정식의 각 항을 하나하나 분석해본다.

- i가 RH와 같은 높이가 아니므로 $PE_{g0} = -\frac{Gm_pm}{R_0}$이다.
- i에서 스프링이 평형 위치에서 압축되거나 늘어나지 않았으므로 $PE_{s0} = 0$이다.
- $PE_0 = PE_{g0} + PE_{s0} = -\frac{Gm_pm}{R_0}$
- 로켓이 행성에서 탈출하기 위해 i에서 움직이고 있으므로 $KE_0 = \frac{1}{2}mv_0^2$이다.
- 마찰력이 없으므로 $W_{nc} = 0$이다.(실제로는 로켓이 행성의 대기권을 통과하는 동안 마찰력이 존재하지만 문제에서 별도로 명시하지 않는 한 항상 대기에 의한 마찰력은 무시한다.)
- f가 RH와 같은 높이이므로(또한 R이 무한대로 가면 $PE_g = -\frac{Gm_pm}{R}$는 0으로 가므로) $PE_g = 0$이다.
- f에서 스프링이 평형 위치에서 압축되거나 늘어나지 않았으므로 $PE_s = 0$이다.
- $PE = PE_g + PE_s = 0$
- 탈출 속력은 로켓이 f에 도달하는 데 필요한 최소 초기 속력이므로 $KE = 0$이다. (로켓이 최종 위치에 도달할 때 로켓의 속력이 0이 아닌 어떤 값을 가지는 경우라면 초기 속력이 더 작았어도 최종 위치에 도달할 수 있었을 것이다.)

위에서 분석한 결과들을 에너지 보존 법칙 방정식에 대입하면 다음 식을 얻는다.

$$-\frac{Gm_pm}{R_0} + \frac{1}{2}mv_0^2 = 0$$

이 식을 초기 속력 v_0에 대해 정리한 다음, 값을 대입하면 초기 속력을 구할 수 있다.

$$\frac{1}{2}mv_0^2 = \frac{Gm_pm}{R_0}$$

$$v_0^2 = \frac{2Gm_p}{R_0}$$

$$v_0 = \sqrt{\frac{2Gm_p}{R_0}} \approx \sqrt{\frac{2\left(\frac{2}{3} \times 10^{-10}\right)(6 \times 10^{26})}{2 \times 10^6}} = \sqrt{\frac{4 \times 10^{16}}{10^6}} = \sqrt{4 \times 10^{10}} = 2.0 \times 10^5 \text{ m/s}$$

따라서 로켓이 수박 행성의 중력을 벗어나려면 최소 2.0×10^5 m/s의 초기 속력이 필요하다. 이 속력이 바로 물체가 수박 행성을 떠나기 위한 탈출 속력이다.

연습문제

132. 원숭이가 80 m 높이의 절벽 가장자리에서 30 m/s의 초기 속력으로, 수평을 기준으로 위쪽 30° 방향으로 교과서를 던졌다. 잠시 후 교과서는 절벽 아래 지면에 떨어졌다.

- 경로를 그림으로 그려라. 그러고 나서 초기 위치 *i*, 최종 위치 *f*, 기준 높이 *RH*를 써넣어라.
- 에너지 보존 법칙을 사용하여 교과서가 지면에 충돌하기 직전에 교과서의 속력을 구하라.

답: 50 m/s

133. 아래 그림에 표시되어 있듯이 바나나 상자의 초기 속력은 40 m/s이다. 바나나 상자는 마찰력이 없는 표면을 따라 이동하다가 휘어진 언덕을 따라 위로 올라간다.

- 경로를 그림으로 그려라. 그러고 나서 초기 위치 *i*, 최종 위치 *f*, 기준 높이 *RH*를 써넣어라.

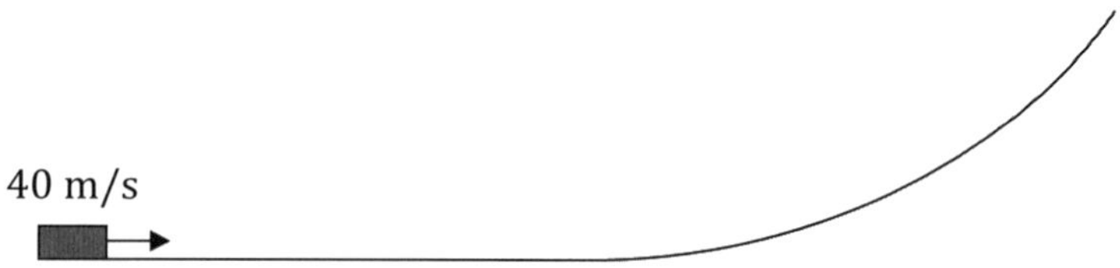

- 바나나 상자의 최대 높이를 구하라.

답: 80 m

134. 원숭이가 10 m 길이의 끈으로 바나나를 묶어 추를 만들었다. 진자는 다음 그림에서 보듯이 맨 왼쪽 위치에서 정지한 상태에서 시작해서 오른쪽과 왼쪽을 왔다 갔다 하며 흔들리고 있다.

- 경로를 그림으로 그려라. 그러고 나서 초기 위치 *i*, 두 개의 최종 위치 f_A과 f_B(A점과 B점), 기준 높이 *RH*를 써넣어라.

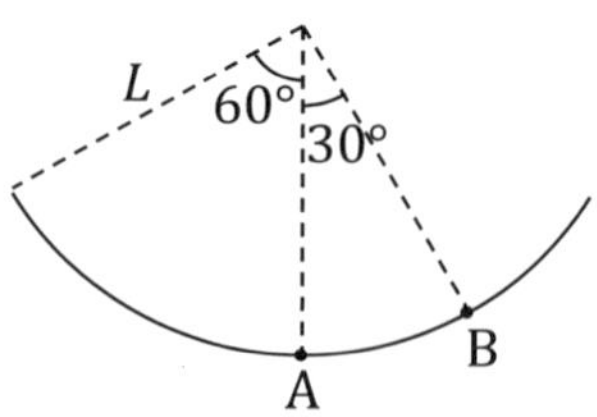

(A) A점에서 바나나의 속력을 구하라.

(B) B점에서 바나나의 속력을 구하라.

답: $10\ \mathrm{m/s}, 10\sqrt{\sqrt{3}-1}\ \mathrm{m/s}$ (소수점으로 나타내면 8.47 m)

135. 아래 그림에서 보듯이 반지름이 20 m인 1/4원 모양 언덕의 꼭대기에 정지해있던 바나나 상자가 언덕 표면을 따라 미끄러져 내려오고 있다. 언덕은 마찰력이 없지만 수평면은 마찰력이 있다. 바나나 상자와 수평면 사이의 마찰 계수는 $\frac{1}{5}$이다. 바나나 상자는 B점에서 멈추었다.

- 경로를 그림으로 그려라. 그러고 나서 초기 위치 i, 두 개의 최종 위치 f_A과 f_B(A점과 B점), 기준 높이 RH를 써넣어라.

(A) A점에서 상자의 속력을 구하라.

(B) A점과 B점 사이의 거리를 구하라.

답: 20 m/s, 100 m

136. 정지 상태에 있던 바나나 상자가 45° 기울어진 경사면을 따라 $240\sqrt{2}$ m의 거리를 미끄러져 내려갔다. 바나나 상자와 경사면 사이의 마찰 계수는 $\frac{1}{4}$이다.

- 경로를 그림으로 그려라. 그러고 나서 초기 위치 i, 최종 위치 f, 기준 높이 RH를 써넣어라.
- 에너지 방법을 사용하여 경사면 아래에서 바나나 상자의 속력을 구하라.

답: 60 m/s

137. 아래 그림에서 보듯이 원숭이가 롤러코스터를 타고 있다. 롤러코스터의 초기 속력은 50 m/s이다. 롤러코스터의 질량은 210 kg이다. 루프의 지름은 35 m이다. 마찰력은 무시한다.

- 경로를 그림으로 그려라. 그러고 나서 초기 위치 i, 최종 위치 f, 기준 높이 RH를 써넣어라.

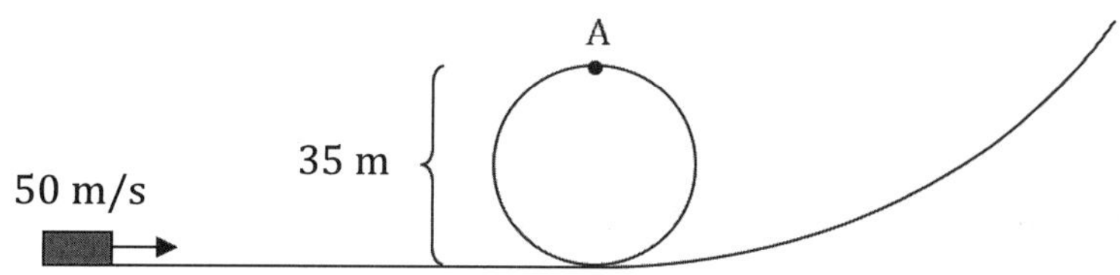

(A) A점에서 롤러코스터의 속력을 구하라.

(B) A점에서 롤러코스터에 가해지는 수직력을 구하라.

답: $30\sqrt{2}$ m/s, 19.5 kN

138. 원숭이가 스프링을 사용하여 질량 $\frac{1}{200}$ kg의 작은 조각을 똑바로 위로 발사하고 있다. 조각에 힘을 가해 스프링을 평형 상태에서 $\frac{1}{8}$ m만큼 압축한 다음, 정지 상태에서 힘을 제거하였더니 조각은 초기 위치에서 최대 45 m 높이까지 올라갔다(초기 위치는 스프링이 완전히 압축된 위치이다).

- 경로를 그림으로 그려라. 그러고 나서 초기 위치 i, 최종 위치 f, 기준 높이 RH를 써 넣어라. 또한 스프링의 평형 위치 EQ, 완전히 압축된 위치 FC를 표시하라.
- 스프링 상수를 구하라.

답: 288 N/m

139. 아래 그림을 보면 75 N/m의 스프링 상수를 가진 스프링의 왼쪽 끝은 수직 벽에 고정되어 있고 오른쪽 끝은 3.0 kg의 초콜릿 상자에 연결되어 있다. 상자와 수평면 사이에는 마찰력이 없다. 상자에 힘을 가해 스프링을 평형 위치에서 5.0 m만큼 압축한 다음, 상자에 가한 힘을 제거하였다.

- 경로를 그림으로 그려라. 그러고 나서 초기 위치 i, 두 개의 최종 위치 f_A과 f_B, 최종 위치 f, 기준 높이 RH를 써 넣어라. 또한 스프링의 평형 위치 EQ, 완전히 압축된 위치 FC, 완전히 늘어난 위치를 나타내는 FS를 표시하라.

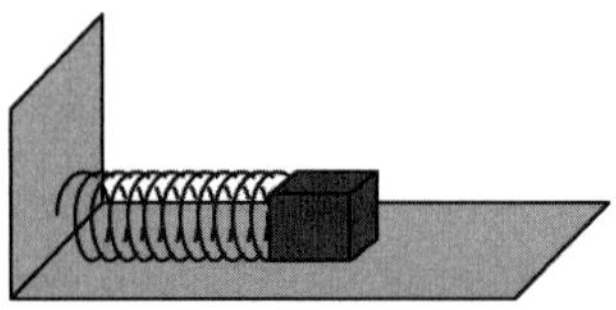

(A) 상자가 평형 위치를 통과할 때 상자의 속력을 구하라.

(B) 스프링이 평형 상태에서 4.0 m만큼 늘어날 때 상자의 속력을 구하라.

답: 25 m/s, 15 m/s

140. 꼬리 행성의 질량은 1.5×10^{26} kg이고 반지름은 2.0×10^{6} m이다.

- 경로를 그림으로 그려라. 그러고 나서 초기 위치 i, 최종 위치 f, 기준 높이 RH를 써넣어라.
- 꼬리 행성의 표면을 떠나는 발사체의 탈출 속력을 구하라.

답: 100 km/s

141. 원숭이 행성의 질량은 3.0×10^{24} kg이다. 자유 낙하 궤적을 따라 이동하는 2000 kg의 로켓이 원숭이 행성의 중심에서 8.0×10^{7} m만큼 떨어진 위치를 통과할 때 로켓의 속력은 $2000\sqrt{19}$ m/s이다.

- 경로를 그림으로 그려라. 그러고 나서 초기 위치 i, 최종 위치 f, 기준 높이 RH를 써넣어라.
- 원숭이 행성의 중심에서 4.0×10^{7} m만큼 떨어진 위치를 통과할 때 로켓의 속력을 구하라.

답: 9000 m/s

도움이 필요한가요? 책의 맨 뒤에 있는 "힌트"를 참고하세요.

23
일차원 충돌

관련 용어

- **운동량**(momentum) – 질량과 속도의 곱
- **충격량**(impulse) – 물체의 운동량 변화
- **탄성 충돌**(elastic collision) – 운동량과 역학적 에너지가 모두 보존되는 충돌
- **비탄성 충돌**(inelastic collision) – 운동량만 보존되는 충돌. 충돌과정에서 역학적 에너지를 잃거나 얻는다.
- **완전 비탄성 충돌**(perfectly inelastic collision) – 충돌 후에 물체가 서로 달라붙는 충돌. 운동량만 보존된다. 충돌과정에서 역학적 에너지를 잃거나 얻는다.
- **역 완전 비탄성 충돌**(inverse perfectly inelastic collision) – 두 물체가 처음에는 함께 있다가 분리되는 과정. 이 과정이 반대로 일어나면 완전 비탄성 충돌처럼 보인다. 충돌과정에서 운동량만 보존되며 역학적 에너지를 잃거나 얻는다.
- **탄동 진자**(ballistic pendulum) – 원호의 맨 아래 위치에 있는 진자에 완전 비탄성 충돌이 일어나 위쪽으로 원호를 그리며 올라가는 진자.

필수 개념

운동량은 질량 곱하기 속도와 같다. 움직이는 모든 물체는 **운동량**을 가진다.

충격량은 운동량의 변화와 같다. 또한 충격량은 평균 힘에 시간 간격을 곱한 것과 같다. 충돌하는 동안 가해지는 평균 힘은 운동량의 변화를 가져온다. 충격량 개념은 유용하다.

예를 들어, 여러분이 건물 옥상에서 뛰어내리는 경우, 착지할 때 충격을 줄이려면 무릎과 다리를 구부리는 게 좋을까, 아니면 똑바로 펴는 게 좋을까? 아마 경험을 통해 이미 답을 알고 있겠지만 충격량 개념을 사용하면 어느 쪽이 좋은지 설명을 할 수 있다. 어느 쪽이든 여러분의 몸(발)이 지면과 충돌하기 전에 여러분은 특정한 초기 운동량을 가진다. 그 값은 여러분의 질량과 초기 속도를 곱한 것과 같다. 최종 운동량도 특정한 값을 가지는데, 충돌 후 여러분이 가지는 최종 운동량은 0이 된다. 따라서 운동량의 변화와 충격량은 특정한 값으로 고정되어 있다. 따라서 조절할 수 있는 것은 충돌이 시작해서 끝날 때까지 걸리는 시간, 즉 시간 간격이다. 충돌 시 무릎과 다리를 구부리면 시간 간격이 늘어난다. 어느 쪽이든 평균 힘에 시간 간격을 곱한 충격량은 동일하므로 시간 간격을 늘리면 지면과 다리가 충돌할 때 지면이 다리에 가하는 평균 힘을 효과적으로 줄일 수 있다. 반면에 다리를 뻣뻣하게 펴면 시간 간격이 줄어들어 평균 힘이 더 커지므로 다리가 부러질 수도 있다.

"탄성" 충돌과 "비탄성" 충돌은 물체가 서로 한데 붙는지 여부에 따라 정해지는 것이 아니라 운동량과 더불어 역학적 에너지도 보존되는지 여부에 따라 구별된다. 물체가 서로 한데 붙는지 여부를 말해주는 용어는 "완전 비탄성" 충돌이다.

충돌 방정식

운동량 $\vec{\boldsymbol{p}}$는 질량 m 곱하기 속도 $\vec{\boldsymbol{v}}$이다.

$$\vec{\boldsymbol{p}} = m\vec{\boldsymbol{v}}$$

충격량 $\vec{\boldsymbol{J}}$는 운동량의 변화 $\Delta\vec{\boldsymbol{p}} = \vec{\boldsymbol{p}} - \vec{\boldsymbol{p}}_0$이다. 또한 충격량은 충돌 힘 $\vec{\boldsymbol{F}}_c$와 충돌 시간 간격 Δt를 곱한 것과 같다.

$$\vec{\boldsymbol{J}} = \Delta\vec{\boldsymbol{p}} = \vec{\boldsymbol{p}} - \vec{\boldsymbol{p}}_0 = \vec{\boldsymbol{F}}_c\Delta t$$

충돌에는 일반적으로 운동량 보존 법칙이 적용된다. 엄밀히 말해, 시스템의 총 운동량은 그 시스템에 작용하는 알짜 외부 힘이 0인 경우에만 보존된다. 그러나 실제로 대부분의 충돌은 매우 짧은 기간 동안만 지속되는데, 이러한 경우에는 시스템에 작용하는 알짜 힘이 0이 아니더라도 시스템의 총 운동량이 보존되는 것으로 어림잡을 수 있다. 특별한 경우가 아니면 충돌과 관련된 문제에서는 시스템에 대해 다음 방정식으로 표현되는 운동량 보존 법칙 방정식을 사용해야 한다.

$$m_1\vec{\boldsymbol{v}}_{10} + m_2\vec{\boldsymbol{v}}_{20} = m_1\vec{\boldsymbol{v}}_1 + m_2\vec{\boldsymbol{v}}_2$$

역학적 에너지는 종종 충돌에 대해 보존되지 **않는다**. 역학적 에너지는 탄성 충돌에서만 보존된다. 탄성 충돌의 경우조차도 역학적 에너지 보존으로 시스템을 나타내는 것은 실용적이지 못한데 이는 운동 에너지 방정식($KE = \frac{1}{2}mv^2$)에 속도의 제곱 항이 들어있기 때문이다. 탄성 충돌의 경우에는 에너지 보존 법칙 방정식 대신 다음에 나오는 방정식을 쓰는 것이 계산이 간편하므로 더 효율적이다. 다음 방정식을 단독으로 사용하지 마라. 탄성 충돌 문제를 풀 때는 위의 운동량 보존 법칙 방정식과 함께 연립 방정식을 만들어 푼다. (다음 방정식은 탄성 충돌에 대해 운동량 보존 법칙과 역학적 에너지 보존 법칙을 결합하여 나온 것이다.) 다음 방정식에서는 좌변과 우변이 물체1과 물체2로 분리되어 있지만 초기와 최종은 분리되어 있지 않고 섞여있다.

$$\vec{v}_{10} + \vec{v}_1 = \vec{v}_{20} + \vec{v}_2$$

다음 두 가지 특별한 경우에 적용되는 운동량 보존 법칙 방정식을 잘 알아 두어야 한다.

- **완전 비탄성 충돌**의 경우, 최종 속도는 동일하다(완전 비탄성 충돌에서는 두 물체가 서로 한데 달라붙기 때문에).

$$m_1\vec{v}_{10} + m_2\vec{v}_{20} = (m_1 + m_2)\vec{v}$$

- **역 완전 비탄성 충돌**의 경우, 초기 속도는 동일하다(역 완전 비탄성 충돌에서는 두 물체는 처음에 서로 한데 붙어 있다가 분리되기 때문에).

$$(m_1 + m_2)\vec{v}_0 = m_1\vec{v}_1 + m_2\vec{v}_2$$

시스템이 얻거나 잃는 운동 에너지의 양을 계산하려면 최종 총 운동 에너지($KE = \frac{1}{2}m_1v_1^2 + \frac{1}{2}m_2v_2^2$)와 초기 총 운동에너지($K_{E0} = \frac{1}{2}m_1v_{10}^2 + \frac{1}{2}m_2v_{20}^2$)를 비교하면 된다. 다음 수식에서 분자는 절댓값으로 되어 있음을 잘 알고 있어야 한다.

$$\%\ \text{변화량} = \frac{|KE - KE_0|}{KE_0} \times 100\%$$

애매한 충돌

문제를 읽다보면 "충돌"처럼은 보이지 않을 수 있는 충돌 유형이 하나 있는데 바로 **역 완전 비탄성 충돌**이 그것이다. 완전 비탄성 충돌은 두 물체의 초기 속도가 같다가 분리되는 경우를 말한다.

부호관련 주의 사항

$\vec{v}$와 같이 기호(문자) 위에 화살표가 있으면 그 기호가 벡터(vector) 양임을 나타낸다. 따라서 화살표가 위에 그어진 기호는 크기는 물론 방향까지도 가지는 양이다. 1차원에서 두 물체가 초기에 반대 방향을 향하고 있으면 반드시 − 부호를 사용해야 올바른 답을 얻을 수 있다.

기호와 SI 단위

기호	이름	SI 단위
$\vec{p}$	운동량	kg·m/s
m	질량	kg
$\vec{v}$	속도	m/s
v	속력	m/s
$\vec{J}$	충격량	N·s
$\Delta\vec{p}$	운동량의 변화	kg·m/s
F_c	평균 충돌 힘	N
Δt	충돌 기간(시간 간격)	s
m_1	물체1의 질량	kg
m_2	물체2의 질량	kg
$\vec{v}_{10}$	물체1의 초기 속도	m/s
$\vec{v}_{20}$	물체2의 초기 속도	m/s
$\vec{v}_1$	물체1의 최종 속도	m/s
$\vec{v}_2$	물체2의 최종 속도	m/s

단위 관련 유의사항

다음의 운동량 방정식으로부터 운동량의 SI 단위는 kg·m/s임을 알 수 있다.

$$\vec{p} = m\vec{v}$$

충격량은 운동량의 변화량과 같으므로($\vec{J} = \Delta\vec{p}$), 충격량의 SI 단위는 운동량과 같다. 그러나 충격량은 $\vec{J} = \vec{F}_c\Delta t$로도 나타낼 수 있으므로 충격량의 SI 단위는 N·s로도 쓸 수 있다. N·s 단위가 충격량의 단위로 더 많이 사용된다.

1차원 충돌 문제 풀이 방법

1차원 충돌 문제를 풀 때는 다음 단계를 밟는다.

1. $+x$축(또는 y축)을 선택한다. 물체가 $-x$ 방향(또는 $-y$ 방향)을 향해 움직이면 속도의 부호는 (−)가 된다.

2. 충돌의 특성에 따라 충돌 문제를 해결하는 방법이 달라진다. 다음은 다양한 유형의 1차원 충돌이다. (2차원 충돌에 대해서는 24장을 참조하라.)

   - 문제에서 두 물체가 충돌 후 서로 한데 달라붙는 것이 분명하거나 문제에서 "**완전 비탄성 충돌**"이라고 언급한 경우에는 다음 방정식을 사용한다.

   $$m_1\vec{v}_{10} + m_2\vec{v}_{20} = (m_1 + m_2)\vec{v}$$

   - 두 물체가 초기에는 한데 붙어 있다가 나중에 분리되면 역 완전 비탄성 충돌이다. 예를 들어, 원숭이가 물에 떠 있는 카누 위를 가로질러 걷는 것(또는 얼음 위에 있는 나무판자 위를 걷는 것)을 들 수 있는데, 초기에는 시스템이 정지해 있거나 원숭이가 단순히 카누를 타고 있다.

   $$(m_1 + m_2)\vec{v}_0 = m_1\vec{v}_1 + m_2\vec{v}_2$$

   - 문제에서 "탄성 충돌"이라고 언급하거나 문제에서 충돌에 대한 역학적 에너지가 보존된다고 언급한 경우에는 다음에 나오는 두 방정식을 사용한다. 연립 방정식은 대입법(1장)을 사용해서 푼다.

   $$m_1\vec{v}_{10} + m_2\vec{v}_{20} = m_1\vec{v}_1 + m_2\vec{v}_2$$
   $$\vec{v}_{10} + \vec{v}_1 = \vec{v}_{20} + \vec{v}_2$$

   - 드물게 나오는 문제로, 물체가 충돌 전이나 후에 서로 한데 달라붙지 않는 비탄성 충돌이 있다. 이 경우에는 다음 방정식만 적용된다. 이러한 문제에서는 네 가지 속도 중 세 가지가 주어질 것이다.

   $$m_1\vec{v}_{10} + m_2\vec{v}_{20} = m_1\vec{v}_1 + m_2\vec{v}_2$$

3. 문제가 충돌에서 잃거나 얻은 운동 에너지의 백분율을 구할 것을 요구하는 경우에는 먼저 $KE = \frac{1}{2}m_1v_1^2 + \frac{1}{2}m_2v_2^2$ 과 $KE_0 = \frac{1}{2}m_1v_{10}^2 + \frac{1}{2}m_2v_{20}^2$을 구한다.

$$\% \text{ 변화량} = \frac{|KE - KE_0|}{KE_0} \times 100\%$$

(탄성 충돌의 경우 % 변화량은 0이 되므로 운동 에너지는 전혀 변하지 않는다.)

예제 북쪽으로 4.0 m/s의 속력으로 이동하고 있는 50 kg의 오랑우탄 레슬러가 남쪽으로 5.0 m/s의 속력으로 이동하는 70 kg의 오랑우탄 레슬러와 정면으로 충돌하였다. 이 레슬링 경기는 마찰이 없는 수평 얼음 위에서 진행되었다. 두 오랑우탄 레슬러는 충돌 후 서로 한데 붙어 있다. 두 레슬러의 최종 속력을 구하라.

풀이 먼저 좌표계를 정한다. 북쪽을 가리키는 방향을 $+x$로 선택한다. 이렇게 선택하면 $\vec{\boldsymbol{v}}_{10}$는 $\hat{\mathbf{x}}$를 따라가고 $\vec{\boldsymbol{v}}_{20}$는 $-\hat{\mathbf{x}}$를 따라간다(10장 참조). 두 오랑우탄은 서로 한데 붙어 있으므로 완전 비탄성 충돌 방정식을 사용한다. 두 오랑우탄의 최종 속도는 동일하다.

$$m_1\vec{\boldsymbol{v}}_{10} + m_2\vec{\boldsymbol{v}}_{20} = (m_1 + m_2)\vec{\boldsymbol{v}}$$
$$(50)(4\hat{\mathbf{x}}) + (70)(-5\hat{\mathbf{x}}) = (50 + 70)\vec{\boldsymbol{v}}$$
$$200\hat{\mathbf{x}} - 350\hat{\mathbf{x}} = -150\hat{\mathbf{x}} = 120\vec{\boldsymbol{v}}$$
$$\vec{\boldsymbol{v}} = -\frac{150}{120}\hat{\mathbf{x}} = -\frac{5}{4}\hat{\mathbf{x}}\ \mathrm{m/s}$$

단위 벡터 $\hat{\mathbf{x}}$가 북쪽을 가리키므로 두 오랑우탄은 충돌 후 남쪽으로 $\frac{5}{4}$ m/s의 속력으로 이동한다. (단위 벡터를 복습하려면 10장의 끝 부분을 참조한다.)

예제 40 kg의 원숭이가 마찰이 없는 수평 얼음 위에서 쉬고 있다. 원숭이는 얼음에 대해 상대속력 4.0 m/s로 10 kg의 수박을 동쪽 방향으로 던졌다(문제에서 "얼음에 대해" 대신에 "원숭이에 대해"라고 언급하면 조금 더 까다로운데, 이 경우에는 벡터 뺄셈으로 속도를 나타내야 한다). 원숭이의 최종 속도를 구하라.

풀이 뉴턴의 제3법칙(13장)을 이용하면 어떤 일이 일어날지 개념적으로 살펴볼 수 있다. 원숭이가 수박에 가하는 힘과 같은 크기로 수박은 원숭이에게 서쪽 방향으로 힘을 가할 것이다. 따라서 원숭이는 서쪽 방향으로 이동할 것이다. 그러나 뉴턴의 제3법칙으로 원숭이가 이동하는 속력을 알 수는 없다. 속력을 구하기 위해서는 운동량 보존 법칙을 사용해야 한다.

먼저 좌표계를 정한다. 동쪽 방향을 $+x$로 선택한다. 이렇게 선택하면 수박의 최종 속도 $\vec{\boldsymbol{v}}_1$은 $\hat{\mathbf{x}}$ 방향을 따라가고 원숭이의 최종 속도 $\vec{\boldsymbol{v}}_2$는 $-\hat{\mathbf{x}}$ 방향을 따라간다. 원숭이와 수박은 처음에는 한데 붙어 있다가 분리된다. 따라서 이것은 역 완전 비탄성 충돌이다. 초기에는 원숭이와 수박이 둘 다 정지해 있기 때문에 초기 속도는 0으로 서로 같다.

$$(m_1+m_2)\vec{\boldsymbol{v}}_0 = m_1\vec{\boldsymbol{v}}_1 + m_2\vec{\boldsymbol{v}}_2$$
$$0 = (10)(4\hat{\mathbf{x}}) + (40)\vec{\boldsymbol{v}}_2$$
$$0 = 40\hat{\mathbf{x}} + 40\vec{\boldsymbol{v}}_2$$
$$-40\hat{\mathbf{x}} = 40\vec{\boldsymbol{v}}_2$$
$$\vec{\boldsymbol{v}}_2 = -\frac{40}{40}\hat{\mathbf{x}} = -1.0\hat{\mathbf{x}}\ \mathrm{m/s}$$

여기서 (−) 부호는 원숭이가 수박을 던진 후 서쪽으로 1.0 m/s의 속력으로 이동함을 가리키는데, 이는 단위벡터 $\hat{\mathbf{x}}$가 동쪽 방향을 가리키기 때문이다.

예제 마찰이 없는 수평 얼음 위에서 북쪽 방향으로 8.0 m/s의 속력으로 이동하는 15 kg의 레몬 상자가 남쪽 방향으로 4.0 m/s의 속력으로 이동하는 25 kg의 오렌지 상자와 정면으로 충돌하였다. 충돌은 탄성충돌이다. 두 상자의 최종 속도를 각각 구하라.

풀이 먼저 좌표계를 정한다. 북쪽을 가리키는 방향을 $+x$로 선택한다. 이렇게 선택하면 레몬 상자의 속도 $\vec{\boldsymbol{v}}_{10}$는 $\hat{\mathbf{x}}$ 방향을 따라가고 오렌지 상자의 속도 $\vec{\boldsymbol{v}}_{20}$는 $-\hat{\mathbf{x}}$ 방향을 따라간다. 탄성 충돌이므로 두 개의 서로 다른 방정식을 사용해야 한다. 먼저 운동량 보존 법칙과 관련한 방정식을 사용한다.

$$m_1\vec{\boldsymbol{v}}_{10} + m_2\vec{\boldsymbol{v}}_{20} = m_1\vec{\boldsymbol{v}}_1 + m_2\vec{\boldsymbol{v}}_2$$
$$(15)(8\hat{\mathbf{x}}) + (25)(-4\hat{\mathbf{x}}) = 15\vec{\boldsymbol{v}}_1 + 25\vec{\boldsymbol{v}}_2$$
$$120\hat{\mathbf{x}} - 100\hat{\mathbf{x}} = 20\hat{\mathbf{x}} = 15\vec{\boldsymbol{v}}_1 + 25\vec{\boldsymbol{v}}_2$$

다음으로 운동량 보존 법칙과 에너지 보존 법칙이 결합된 방정식을 사용한다. 이 방정식은 탄성 충돌에만 적용된다.

$$\vec{\boldsymbol{v}}_{10} + \vec{\boldsymbol{v}}_1 = \vec{\boldsymbol{v}}_{20} + \vec{\boldsymbol{v}}_2$$
$$8\hat{\mathbf{x}} + \vec{\boldsymbol{v}}_1 = -4\hat{\mathbf{x}} + \vec{\boldsymbol{v}}_2$$

이상의 두 방정식을 모두 사용해야 두 상자의 최종 속도 $\vec{\boldsymbol{v}}_1$과 $\vec{\boldsymbol{v}}_2$를 구할 수 있다. 이를 위해 먼저 위의 방정식을 최종 속도 중 하나에 대해 정리한다. 여기서는 $\vec{\boldsymbol{v}}_2$에 대해 정리한다.

$$\vec{\boldsymbol{v}}_2 = 8\hat{\mathbf{x}} + 4\hat{\mathbf{x}} + \vec{\boldsymbol{v}}_1 = 12\hat{\mathbf{x}} + \vec{\boldsymbol{v}}_1$$

위 식을 앞서 운동량 보존 법칙으로 구한 방정식에 대입한다.

$$20\hat{\mathbf{x}} = 15\vec{\boldsymbol{v}}_1 + 25\vec{\boldsymbol{v}}_2$$
$$20\hat{\mathbf{x}} = 15\vec{\boldsymbol{v}}_1 + 25(12\hat{\mathbf{x}} + \vec{\boldsymbol{v}}_1)$$
$$20\hat{\mathbf{x}} = 15\vec{\boldsymbol{v}}_1 + 25(12\hat{\mathbf{x}}) + 25\vec{\boldsymbol{v}}_1$$
$$20\hat{\mathbf{x}} = 40\vec{\boldsymbol{v}}_1 + 300\hat{\mathbf{x}}$$

$$\vec{v}_1 = -\frac{280}{40}\hat{\mathbf{x}} = -7.0\hat{\mathbf{x}}\ \mathrm{m/s}$$

위에서 얻은 $\vec{v}_1$ 값을 앞서 정리한 $\vec{v}_2$ 식에 대입한다.

$$8\hat{\mathbf{x}} + \vec{v}_1 = -4\hat{\mathbf{x}} + \vec{v}_2$$
$$8\hat{\mathbf{x}} + (-7\hat{\mathbf{x}}) = -4\hat{\mathbf{x}} + \vec{v}_2$$
$$\hat{\mathbf{x}} = -4\hat{\mathbf{x}} + \vec{v}_2$$
$$\vec{v}_2 = \hat{\mathbf{x}} + 4\hat{\mathbf{x}} = 5.0\hat{\mathbf{x}}\ \mathrm{m/s}$$

북쪽 방향을 $+x$로 선택했으므로 충돌 후 레몬 상자는 남쪽 방향으로 7.0 m/s의 속력으로 이동하고 오렌지 상자는 북쪽 방향으로 5.0 m/s의 속력으로 이동한다.

예제 초기에 $\hat{\mathbf{x}}$ 방향을 따라 30 m/s로 이동하고 있던 250 kg의 자동차가 뒤에서 들이받혔다. 충돌은 500 ms 동안 지속되었다. 충돌 직후 자동차는 $\hat{\mathbf{x}}$ 방향을 따라 40 m/s로 이동하였다. 평균 충돌 힘을 구하라.

풀이 다음과 같이 충격량을 나타내는 두 종류의 방정식을 결합하여 구한다.

$$\vec{J} = \vec{p} - \vec{p}_0 = \vec{F}_c\Delta t$$
$$\vec{F}_c = \frac{\vec{p} - \vec{p}_0}{\Delta t} = \frac{m\vec{v} - m\vec{v}_0}{\Delta t} = \frac{m(\vec{v} - \vec{v}_0)}{\Delta t} = \frac{250(40\hat{\mathbf{x}} - 30\hat{\mathbf{x}})}{0.5} = 5000\hat{\mathbf{x}}\ \mathrm{N} = 5.0\hat{\mathbf{x}}\ \mathrm{kN}$$

예제 아래 그림에서 보듯이 원숭이가 2.0 kg의 나무 블록에 250 g의 총알을 쏘았다. 총알은 수평으로 이동하다가 나무 블록에 충돌하였다. 나무 블록은 초기에 정지 상태였다. 총알이 나무 블록 내부에 박히면 나무 블록은 수직을 기준으로 한 각도가 60°가 될 때까지 위로 올라간다. 회전축에서 블록의 질량 중심까지 진자의 길이는 250 cm이다. 이러한 구조의 진자를 탄동 진자라고 한다. 충돌 직전 총알의 초기 속력을 구하라.

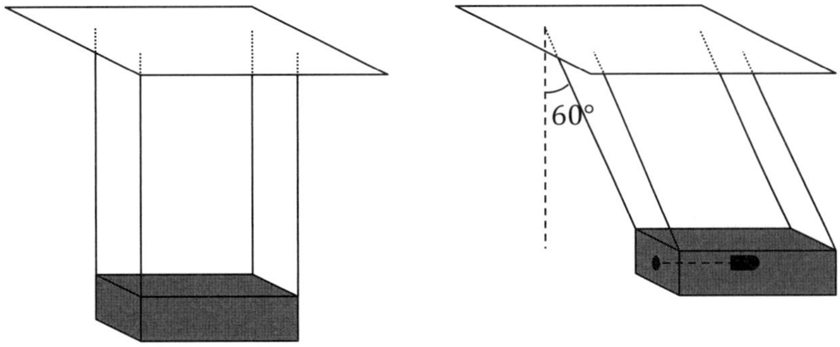

풀이 탄동 진자에서는 다음 과정을 모두 고려해야 한다.

- 진자가 맨 아래 위치에 있을 때 완전 비탄성 충돌이 일어난다.
- 충돌이 일어나면 진자와 탄환은 원호를 그리며 위쪽으로 함께 움직인다.

이 두 과정은 별도로 다루어야 한다.

- 완전 비탄성 충돌의 경우, 운동량만 보존된다. (충돌이 비탄성이므로 충돌 과정에서 역학적 에너지는 보존되지 않는다.)
- 위쪽으로 올라가는 동안에는 역학적 에너지만 보존된다. (진자가 맨 아래 위치에 있을 때는 시스템이 운동량을 가지지만 진자가 위로 올라간 위치에 도달하면 정지한다. 따라서 진자가 위로 올라가는 동안에 운동량은 분명히 손실된다.)

이 예제에서는 최종 위치($\theta = 60°$)에 대한 정보를 제공하면서 충돌 전 총알의 초기 속도를 묻고 있다. 따라서 이 문제를 푸는 순서는 사건이 일어나는 순서와는 반대로 하여, 먼저 위쪽으로 진자가 올라가는 것을 처리한 다음에 충돌을 나중에 처리해야 한다.

위로 올라가는 진자에 대해 에너지 보존 법칙(22장)을 적용한다. 경로를 그린 다음, 위 그림과 같이 초기 위치 i, 최종 위치 f, 기준 높이 RH를 써 넣는다. 초기 위치 i는 충돌이 일어난 직후(비탄성 충돌인 경우에는 역학적 에너지가 보존되지 않으므로)의 위치에 표시하고 최종 위치 f는 원호의 맨 위쪽에 표시한다. 기준 높이 RH는 원호의 맨 아래 위치로 선택한다. 에너지 보존 법칙 방정식을 써보자.

$$PE_{ac} + KE_{ac} + W_{nc} = PE + KE$$

여기서 아래첨자 ac는 충돌 직후(after collision)의 약자이다. 그 이유는 상향 스윙의 초기 위치가 충돌의 최종 위치가 되기 때문이다. 위쪽으로 스윙하는 진자의 초기 속력을 v_0라고 표기하고 충돌의 초기 속력에 똑같은 기호 v_0를 계속해서 사용하여 표기하면 혼란스러울 것이다(두 "초기" 속력은 다르기 때문에). 위쪽으로 올라가는 초기 속력과 충돌에 대한 최종 속력에 v_{ac}를 사용하여 표기하면 덜 혼란스러울 것이다. 위 방정식의 각 항을 하나하나 분석해본다.

- i가 RH와 같은 높이이므로 $PE_{gac} = 0$이다. 아래첨자 ac는 "충돌 직후"를 의미한다는 것을 잘 알고 있어야 한다. 아래 첨자로는 일반적으로 0을 사용하여 PE_{g0}로 쓰는 대신에 여기서는 아래 첨자로 ac를 사용하여 PE_{gac}로 쓴다. 이렇게 하는 까닭은 위로 올라가는 경우에 대해서는 "초기"가, 충돌에 대해서는 "최종"이기 때문이다. 아래 첨자 ac는 "충돌 직후(after collision)"를 나타낸다는 사실을 기억하면 혼란을 피하는 데 도움이 될 것이다.
- i에서 스프링이 평형 위치에서 압축되거나 늘어나지 않았으므로 $PE_{sac} = 0$이다.
- $PE_{ac} = PE_{gac} + PE_{sac} = 0$
- i에서 총알과 진자가 움직이고 있으므로 $KE_{ac} = \frac{1}{2}(m_b + m_p)v_{ac}^2$ 이다.
- 마찰력이 없으므로 $W_{nc} = 0$이다.
- f가 RH와 같은 높이가 아니므로 $PE_g = (m_b + m_p)gh$이다.
- f에서 스프링이 평형 위치에서 압축되거나 늘어나지 않았으므로 $PE_s = 0$이다.
- $PE = PE_g + PE_s = (m_b + m_p)gh$
- f에서 시스템이 정지해있으므로(그렇지 않으면 진자의 위치가 더 높아지므로) $KE = 0$이다.

위에서 분석한 결과들을 에너지 보존 방정식에 대입하면 다음 식을 얻는다.

$$\frac{1}{2}(m_b + m_p)v_{ac}^2 = (m_b + m_p)gh$$

진자의 길이 L과 최종 높이 h 사이의 관계를 구해보자. 기하학을 사용하면 이를 구할 수 있다. 아래 그림을 살펴보자.

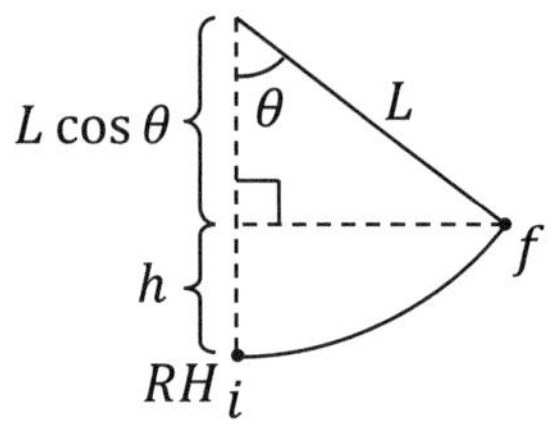

위의 그림에서 왼쪽에 있는 두 수직 거리를 더하면 진자의 길이 L이 된다. L의 단위는 cm 단위에서 m 단위로 변환하여 대입한다.

$$L = h + L\cos\theta$$

$$h = L - L\cos\theta = L(1 - \cos\theta) = \frac{5}{2}(1 - \cos 60°) = \frac{5}{2}\left(1 - \frac{1}{2}\right) = \frac{5}{2}\left(\frac{1}{2}\right) = \frac{5}{4}\text{ m}$$

이제 에너지 보존 법칙으로 얻은 방정식으로 되돌아가 보자.

$$\frac{1}{2}(m_b + m_p)v_{ac}^2 = (m_b + m_p)gh$$

위 식에서 양변의 질량을 서로 상쇄한 다음, 속력에 대해 정리하고 값을 대입하여 계산하면 다음과 같다.

$$v_{ac}^2 = 2gh$$

$$v_{ac} = \sqrt{2(9.81)\left(\frac{1}{4}\right)} \approx \sqrt{2(10)\left(\frac{5}{4}\right)} = \sqrt{25} = 5.0\text{ m/s}$$

이제 충돌을 처리할 준비가 되었다. 총알이 진행하는 방향을 $+x$로 정한다. 진자의 맨 아래 위치에서 일어나는 완전 비탄성 충돌에 대해서는 운동량만 보존되므로 다음 수식으로 나타낼 수 있다.

$$m_b\vec{\boldsymbol{v}}_{b0} + m_p\vec{\boldsymbol{v}}_{p0} = (m_b + m_p)\vec{\boldsymbol{v}}_{ac}$$

총알과 진자를 구별할 수 있도록 아래 첨자로는 일반적으로 사용되는 1과 2 대신 총알을 가리키는 b와 진자를 가리키는 p를 선택한다. 충돌의 최종 속도인 $\vec{\boldsymbol{v}}_{ac}$는 위로 올라가는 진자의 초기 속도와 같다. v_{ac}는 앞에서 이미 구하였다. 진자는 초기에 정지 상태에 있으므로 $\vec{\boldsymbol{v}}_{p0} = 0$이다. 총알의 질량 m_b를 g 단위에서 kg 단위로 변환한다. 그러면 250 g은 $\frac{1}{4}$ kg이 된다. 이제 총알의 초기 속도를 구해보자.

$$m_b\vec{\boldsymbol{v}}_{b0} + m_p\vec{\boldsymbol{v}}_{p0} = (m_b + m_p)\vec{\boldsymbol{v}}_{ac}$$
$$\frac{1}{4}\vec{\boldsymbol{v}}_{b0} + 2(0) = \left(\frac{1}{4} + 2\right)(5\hat{\mathbf{x}})$$
$$\frac{1}{4}\vec{\boldsymbol{v}}_{b0} = \left(\frac{1}{4} + \frac{8}{4}\right)(5\hat{\mathbf{x}})$$
$$\frac{1}{4}\vec{\boldsymbol{v}}_{b0} = \left(\frac{9}{4}\right)(5\hat{\mathbf{x}}) = \frac{45}{4}\hat{\mathbf{x}}$$
$$\vec{\boldsymbol{v}}_{b0} = 45\hat{\mathbf{x}}\text{ m/s}$$

총알은 초기에 $\hat{\mathbf{x}}$ 방향을 따라 45 m/s의 속력으로 이동한다. 여기서 단위 벡터 $\hat{\mathbf{x}}$는 241쪽의 그림에서 수평으로 오른쪽을 가리킨다. 단위 벡터에 대해서는 10장에서 설명하였다.

연습문제

142. 한 원숭이가 질량이 500 g인 바나나를 머리 위에 올려놓았다. 다른 원숭이가 질량 250 g의 화살로 바나나를 쏘았다. 화살은 바나나에 꽂혔다. 화살은 충돌 직전에 수평으로 45 m/s의 속력으로 이동하였다. 충돌 직후 바나나와 화살의 속력을 구하라.

    답: 15 m/s

143. 초기에 50 kg의 원숭이가 250 kg의 카누에 앉아 있었다. 카누는 초기에 호수에 대해 상대적으로 정지해 있었다. 원숭이가 카누의 한쪽 끝에서 다른 쪽 끝까지 남쪽 방향으로 3.0 m/s(물에 대해 상대적으로)의 속력으로 걷기 시작하였다. 원숭이가 남쪽으로 갈 때 카누의 속력을 구하라.

    답: 북쪽 방향으로 $\frac{3}{5}$ m/s

144. 마찰력이 없는 수평 얼음 위에서 동쪽 방향으로 5.0 m/s의 속력으로 이동하는 6.0 kg의 바나나 상자가 서쪽 방향으로 4.0 m/s의 속력으로 이동하는 12.0 kg 사과 상자와 정면으로 충돌하였다.

    (A) 충돌이 완전 비탄성인 경우에 각 상자의 최종 속도를 구하라.

    (B) 충돌이 탄성인 경우에 각 상자의 최종 속도를 구하라.

    답: 서쪽 방향으로 1.0 m/s, 서쪽 방향으로 7.0 m/s와 동쪽 방향으로 2.0 m/s

145. 마찰이 없는 수평 얼음 위에서 북쪽 방향으로 16.0 m/s의 속력으로 이동하는 3.0 kg의 코코넛 상자가 남쪽 방향으로 6.0 m/s의 속력으로 이동하는 9.0 kg의 자몽 상자와 정면으로 충돌하였다. 충돌은 탄성 충돌이며 250 ms 동안 지속되었다.

    (A) 각 상자의 최종 속도를 구하라.

    (B) 평균 충돌력의 크기를 구하라.

    답: 남쪽 방향으로 17 m/s, 북쪽 방향으로 5.0 m/s, 396 N

146. 아래 그림에서 보듯이 반지름이 5.0 m인 1/4원 모양 언덕의 꼭대기에 정지해있던 20 kg의 바나나 상자가 언덕 표면을 따라 미끄러져 내려오고 있다. 언덕과 수평면은 모두 마찰이 없다. 바나나 상자가 A점에 도달하면 초기에 A점에 정지해 있던 30 kg 파인애플 상자와 충돌한다. 두 개의 상자는 충돌 후에 서로 한데 달라붙는다. 상자의 최종 속력을 구하라.

    답: 4.0 m/s

도움이 필요한가요? 책의 맨 뒤에 있는 “힌트”를 참고하세요.

24
이차원 충돌

필수 개념

운동량 $\vec{\boldsymbol{p}}$와 속도 $\vec{\boldsymbol{v}}$는 벡터이다. 운동량 보존을 나타내는 방정식은 다음 식에서 보듯이 벡터 덧셈이다.

$$m_1\vec{\boldsymbol{v}}_{10} + m_2\vec{\boldsymbol{v}}_{20} = m_1\vec{\boldsymbol{v}}_1 + m_2\vec{\boldsymbol{v}}_2$$

벡터를 더할 때는 벡터의 성분들을 사용하면 된다(10장). 2차원 충돌의 경우, 속도의 x 성분과 y 성분을 사용하여 운동량 보존 법칙을 다음과 같이 나타낼 수 있다.

$$m_1 v_{10x} + m_2 v_{20x} = m_1 v_{1x} + m_2 v_{2x}$$
$$m_1 v_{10y} + m_2 v_{20y} = m_1 v_{1y} + m_2 v_{2y}$$

운동량은 운동의 x 성분과 y 성분에 대해 각각 보존된다.

2차원 충돌 방정식

초기 속도는 삼각함수를 사용하여 x 방향과 y 방향 성분들로 분해할 수 있다. 이들 방정식은 10장에서 설명한 **벡터 덧셈 방법**의 1번, 2번 단계이다(10장). 아래 수식에서 v_{10}과 v_{20}은 물체의 초기 속력이고 θ_{10}과 θ_{20}은 초기 속도의 방향이다.

$$v_{10x} = v_{10}\cos\theta_{10} \quad , \quad v_{20x} = v_{20}\cos\theta_{20}$$
$$v_{10y} = v_{10}\sin\theta_{10} \quad , \quad v_{20y} = v_{20}\sin\theta_{20}$$

2차원 충돌에서 운동량 보존은 두 가지 구성 성분에 대해 개별적으로 나타낼 수 있다.

$$m_1 v_{10x} + m_2 v_{20x} = m_1 v_{1x} + m_2 v_{2x}$$
$$m_1 v_{10y} + m_2 v_{20y} = m_1 v_{1y} + m_2 v_{2y}$$

탄성 충돌의 경우에는 운동량 외에 역학적 에너지도 보존된다.

$$\frac{1}{2} m_1 v_{10}^2 + \frac{1}{2} m_2 v_{20}^2 = \frac{1}{2} m_1 v_1^2 + \frac{1}{2} m_2 v_2^2$$

특히 주목해야 할 경우는 동일한 질량($m_1 = m_2 = m$)을 가진 물체 사이의 2차원 탄성 충돌이다. 이 특별한 경우, 두 최종 속도의 방향은 서로 수직이다. θ_1과 θ_2에 대응하는 기준 각도(9장)를 사용하면 다음 식으로 나타낼 수 있다.

$$\theta_{1ref} + \theta_{2ref} = 90°$$

각 물체의 최종 속력은 피타고라스 정리로부터 구할 수 있고 최종 속력의 방향은 역탄젠트 함수로 계산할 수 있다. 이 방정식은 10장의 **벡터 덧셈 방법**의 5번 단계와 같다.

$$v_1 = \sqrt{v_{1x}^2 + v_{1y}^2} \quad , \quad v_2 = \sqrt{v_{2x}^2 + v_{2y}^2}$$
$$\theta_1 = \tan^{-1}\left(\frac{v_{1y}}{v_{1x}}\right) \quad , \quad \theta_2 = \tan^{-1}\left(\frac{v_{2y}}{v_{2x}}\right)$$

기호와 SI 단위

기호	이름	SI 단위
m_1	물체1의 질량	kg
m_2	물체2의 질량	kg
$\vec{v}_{10}$	물체1의 초기 속도	m/s
$\vec{v}_{20}$	물체2의 초기 속도	m/s
v_{10}	물체1의 초기 속력	m/s
v_{20}	물체2의 초기 속력	m/s
θ_{10}	물체1의 초기 방향	°
θ_{20}	물체2의 초기 방향	°
v_{10x}	물체1의 초기 속도의 x 성분	m/s
v_{10y}	물체1의 초기 속도의 y 성분	m/s
v_{20x}	물체2의 초기 속도의 x 성분	m/s
v_{20y}	물체2의 초기 속도의 y 성분	m/s

$\vec{v}_1$	물체1의 최종 속도	m/s
$\vec{v}_2$	물체2의 최종 속도	m/s
v_1	물체1의 최종 속력	m/s
v_2	물체2의 최종 속력	m/s
θ_1	물체1의 최종 방향	°
θ_2	물체2의 최종 방향	°
v_{1x}	물체1의 최종 속도의 x 성분	m/s
v_{1y}	물체1의 최종 속도의 y 성분	m/s
v_{2x}	물체2의 최종 속도의 x 성분	m/s
v_{2y}	물체2의 최종 속도의 y 성분	m/s

2차원 충돌 문제 풀이 방법

2차원 충돌 문제를 풀 때는 다음 단계를 밟는다.

1. (x, y) 좌표축을 선택한다(문제에서 주어지지 않은 경우).

2. 초기 속력 v_{10}, v_{20}와 초기 방향 θ_{10}, θ_{20}로부터 다음 관계식을 사용하여 초기 속도의 x와 y 방향 성분을 구한다.

$$v_{10x} = v_{10}\cos\theta_{10} \quad , \quad v_{20x} = v_{20}\cos\theta_{20}$$
$$v_{10y} = v_{10}\sin\theta_{10} \quad , \quad v_{20y} = v_{20}\sin\theta_{20}$$

각도 θ_{10}와 θ_{20}는 $+x$을 기준으로 반시계방향으로 측정한 값이다.

3. 충돌의 특성에 따라 충돌 문제를 해결하는 방법이 달라진다. 다음은 물리 문제에서 자주 나오는 다양한 유형의 2차원 충돌이다.

- 문제에서 두 물체가 충돌 후 서로 한데 달라붙는 것이 분명하거나 문제에서 "완전 비탄성 충돌"이라고 언급한 경우에는 다음 방정식을 사용한다.

$$m_1v_{10x} + m_2v_{20x} = (m_1 + m_2)v_x$$
$$m_1v_{10y} + m_2v_{20y} = (m_1 + m_2)v_y$$

- 문제에서 "탄성 충돌"이라고 언급하거나 문제에서 충돌에 대한 역학적 에너지가 보존된다고 언급한 경우에는 다음에 방정식을 사용한다.

$$m_1v_{10x} + m_2v_{20x} = m_1v_{1x} + m_2v_{2x}$$
$$m_1v_{10y} + m_2v_{20y} = m_1v_{1y} + m_2v_{2y}$$

$$\frac{1}{2}m_1v_{10}^2 + \frac{1}{2}m_2v_{20}^2 = \frac{1}{2}m_1v_1^2 + \frac{1}{2}m_2v_2^2$$

- 탄성 충돌에서 두 물체의 질량이 같은 경우($m_1 = m_2$)에는 다음 방정식을 사용한다. ($m_1 = m_2$이므로 세 개의 방정식 중에서 앞에 나오는 두 방정식은 원래의 운동량 보존 법칙 방정식에서 질량이 상쇄된 것이다.)

$$v_{10x} + v_{20x} = v_{1x} + v_{2x}$$
$$v_{10y} + v_{20y} = v_{1y} + v_{2y}$$
$$\theta_{1ref} + \theta_{2ref} = 90°$$

4. 최종 속도의 각 방향 성분(v_{1x}, v_{1y}, v_{2x}, v_{2y})로부터 다음 관계식을 사용하여 최종 속력 v_1과 v_2, 그리고 최종 속력의 방향 θ_1과 θ_2를 구한다.

- 완전 비탄성 충돌의 경우

$$v = \sqrt{v_x^2 + v_y^2}$$
$$\theta = \tan^{-1}\left(\frac{v_y}{v_x}\right)$$

- 완전 탄성 충돌의 경우

$$v_1 = \sqrt{v_{1x}^2 + v_{1y}^2} \quad , \quad v_2 = \sqrt{v_{2x}^2 + v_{2y}^2}$$
$$\theta_1 = \tan^{-1}\left(\frac{v_{1y}}{v_{1x}}\right) \quad , \quad \theta_2 = \tan^{-1}\left(\frac{v_{2y}}{v_{2x}}\right)$$

예제 북쪽으로 30 m/s로 이동하는 200 kg의 바나나 자동차가 서쪽으로 $60\sqrt{3}$ m/s로 이동하는 100 kg의 바나나 자동차와 충돌하였다. 충돌 후 두 바나나 자동차는 한데 달라붙었다. 충돌 직후 두 바나나 자동차의 속력과 방향을 구하라.

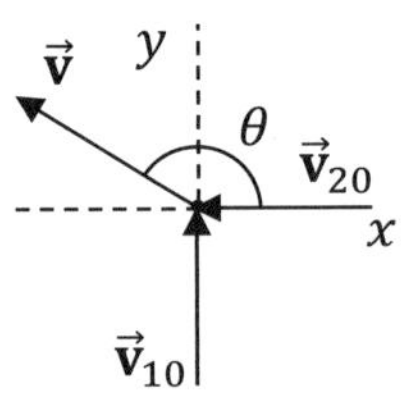

풀이 먼저 좌표계를 정한다. 동쪽을 가리키는 방향을 $+x$로, 북쪽을 가리키는 방향을 $+y$로 선택한다. 이렇게 선택하면 $\theta_{10} = 90°$로 $+y$ 방향을 가리키고 $\theta_{20} = 180°$로 $-x$ 방향을 가리킨다. 초기 속도를 x 성분과 y 성분으로 분해하면 다음과 같다.

$$v_{10x} = v_{10}\cos\theta_{10} = 30\cos 90° = 0 \quad , \quad v_{20x} = v_{20}\cos\theta_{20} = 60\sqrt{3}\cos 180° = -60\sqrt{3}\ \text{m/s}$$
$$v_{10y} = v_{10}\sin\theta_{10} = 30\sin 90° = 30\ \text{m/s} \quad , \quad v_{20y} = v_{20}\sin\theta_{20} = 60\sqrt{3}\sin 180° = 0$$

두 바나나 자동차가 서로 한데 붙어 있으므로 완전 비탄성 충돌 방정식을 사용한다. 두 자동차의 최종 속도는 동일하다.

$$m_1 v_{10x} + m_2 v_{20x} = (m_1 + m_2)v_x$$
$$200(0) + 100\left(-60\sqrt{3}\right) = (200 + 100)v_x$$
$$-6000\sqrt{3} = 300v_x$$
$$v_x = \frac{-6000\sqrt{3}}{300} = -20\sqrt{3}\ \text{m/s}$$
$$m_1 v_{10y} + m_2 v_{20y} = (m_1 + m_2)v_y$$
$$200(30) + 100(0) = (200 + 100)v_y$$
$$6000 = 300v_y$$
$$v_y = \frac{6000}{300} = 20\ \text{m/s}$$

위에서 구한 최종 속도의 성분들을 사용하여 최종 속도의 크기(속력)와 방향을 구하면 다음과 같다.

$$v = \sqrt{v_x^2 + v_y^2} = \sqrt{\left(-20\sqrt{3}\right)^2 + (20)^2} = \sqrt{1200 + 400} = \sqrt{1600} = 40\ \text{m/s}$$
$$\theta = \tan^{-1}\left(\frac{v_y}{v_x}\right) = \tan^{-1}\left(\frac{20}{-20\sqrt{3}}\right) = \tan^{-1}\left(-\frac{1}{\sqrt{3}}\right) = \tan^{-1}\left(-\frac{1}{\sqrt{3}}\frac{\sqrt{3}}{\sqrt{3}}\right) = \tan^{-1}\left(-\frac{\sqrt{3}}{3}\right)$$

기준각도는 30°이다. 하지만 기준각도는 답이 아니다. v_x가 음수이고 v_y가 양수이므로 최종속도의 방향 θ는 다음과 같이 제2사분면에 위치한다. 기준각도 30°에 대한 제2사분면 각도는 다음과 같다.

$$\theta_{II} = 180° - \theta_{ref} = 180° - 30° = 150°$$

예제 4.0 m/s의 속도로 이동하던 당구공(당구공1)이 정지해 있던 다른 당구공(당구공2)과 충돌하였다. 두 당구공의 질량은 서로 같다. 충돌 후 당구공1은 충돌 전 이동방향(초기 속도 방향)에 대해 60°만큼 위로 기울어진 직선을 따라 2.0 m/s로 이동하였다. 이 충돌은 탄성 충돌이다. 당구공1과 당구공2의 최종 속도의 크기와 방향을 각각 구하라.

풀이 먼저 좌표계를 설정한다. 당구공1의 이동방향(초기 속도 방향)을 $+x$로 정하고 이 방향에 수직인 방향을 $+y$로 선택한다. 이렇게 선택하면 $\theta_{10} = 0°$($+x$ 방향)가 된다. 당구공2는 처음에 정지 상태이므로 $v_{20}=0$이다. 두 당구공의 초기 속도를 x 성분과 y 성분으로 분해하면 다음과 같다.

$$v_{10x} = v_{10}\cos\theta_{10} = 4\cos 0° = 4\ \mathrm{m/s} \quad , \quad v_{20x} = v_{20}\cos\theta_{20} = 0$$
$$v_{10y} = v_{10}\sin\theta_{10} = 4\sin 0° = 0 \quad , \quad v_{20y} = v_{20}\sin\theta_{20} = 0$$

문제에서 질량이 같은 두 당구공이 탄성 충돌을 하였으므로($m_1=m_2=m$) 다음과 같이 방정식을 쓸 수 있다.

$$v_{10x} + v_{20x} = v_{1x} + v_{2x}$$
$$4 + 0 = 4 = v_{1x} + v_{2x}$$
$$v_{10y} + v_{20y} = v_{1y} + v_{2y}$$
$$0 + 0 = 0 = v_{1y} + v_{2y}$$
$$v_{2y} = -v_{1y}$$
$$\theta_{1ref} + \theta_{2ref} = 90°$$
$$60° + \theta_{2ref} = 90°$$
$$\theta_{2ref} = 30°$$

문제를 잘 읽어보면 당구공1의 최종 속도의 크기(속력)와 방향이 주어졌으므로 이를 사용하여 당구공1의 최종 속도의 x 성분과 y 성분을 다음과 같이 구할 수 있다.

$$v_{1x} = v_1\cos\theta_1 = 2\cos 60° = 1.0\ \mathrm{m/s}$$
$$v_{1y} = v_1\sin\theta_1 = 2\sin 60° = \sqrt{3}\ \mathrm{m/s}$$

이 값들을 앞서 구한 방정식에 대입하면 당구공2의 최종 속도의 x 성분과 y 성분을 다음과 같이 구할 수 있다.

$$4 = v_{1x} + v_{2x}$$
$$4 = 1 + v_{2x}$$
$$v_{2x} = 4 - 1 = 3.0\ \mathrm{m/s}$$
$$v_{2y} = -v_{1y} = -\sqrt{3}\ \mathrm{m/s}$$

위에서 구한 당구공2의 최종 속도의 성분들을 사용하여 최종 속도의 크기(속력)와 방향을 구하면 다음과 같다.

$$v_2 = \sqrt{v_{2x}^2 + v_{2y}^2} = \sqrt{(3)^2 + \left(-\sqrt{3}\right)^2} = \sqrt{9+3} = \sqrt{12} = \sqrt{(4)(3)} = 2\sqrt{3}\ \mathrm{m/s}$$
$$\theta_2 = \tan^{-1}\left(\frac{v_{2y}}{v_{2x}}\right) = \tan^{-1}\left(\frac{-\sqrt{3}}{3}\right)$$

기준각도는 30°이다. 하지만 v_{2x}가 양수이고 v_{2y}가 음수이므로 θ_2는 다음과 같이 제4사분면에 위치한다.

$$\theta_2 = \theta_{IV} = 360° - \theta_{ref} = 360° - 30° = 330°$$

연습문제

147. 북쪽으로 20 m/s로 이동하는 300 kg의 바나나 자동차가 동쪽으로 40 m/s로 이동하는 200 kg의 바나나 자동차와 충돌하였다. 충돌 후 두 바나나 자동차는 서로 한데 붙었다. 충돌 직후 바나나 자동차의 속력을 구하라.

    답: 20 m/s

148. 질량이 서로 같은 두 대의 바나나 자동차가 교차로에서 충돌하여 서로 한데 달라붙었다. 충돌 전에 바나나 자동차 한 대는 남쪽으로 20 m/s로 이동하고 있었다. 충돌 후 두 대의 바나나 자동차는 남서쪽으로 $10\sqrt{2}$ m/s로 이동하였다. 충돌하기 전에 다른 바나나 자동차 한 대의 초기 속도의 크기(속력)와 방향을 구하라.

    답: 20m/s, 서쪽으로 이동

149. $6\sqrt{3}$ m/s로 이동하는 당구공이 정지해 있던 동일한 질량의 다른 당구공과 충돌하였다. 충돌한 당구공은 원래 진행하던 방향에서 60°만큼 방향이 틀어진 직선을 따라 $3\sqrt{3}$ m/s로 이동하였다. 이 충돌은 탄성 충돌이다. 정지해 있던 당구공의 최종 속도의 크기(속력)와 방향을 구하라.

    답: 9.0 m/s, 330°

    도움이 필요한가요? 책의 맨 뒤에 있는 "힌트"를 참고하세요.

25
로켓 추진

관련 용어

추진(propulsion) – 힘에 의해 앞으로 나아가는 작용. 로켓 추진은 뉴턴의 제3법칙에 따라 로켓이 기체를 분사할 생기는 반작용인 추력을 말한다. (아래 나오는 필수 개념 참조)

관성 기준계(inertial reference frame) – 일정한 속도로 이동하는 좌표계. (로켓이 가속되면 로켓에 부착된 좌표계는 관성 기준계 역할을 하지 않는다.)

추력(thrust) – 기체 분사에 대한 반작용으로 로켓에 가해지는 힘.

자유 낙하(free fall) – 기체를 방출하지 않아 추력이 가해지지 않는 로켓의 상태. 로켓에 작용하는 힘이 중력 하나일 때 로켓은 자유 낙하 궤도에 있다.

페이로드(payload) – 연료를 제외한 로켓의 질량.

연소 시간(burn time) – 로켓이 연료를 연소하는 데 소요되는 시간

소진(burnout) – 로켓의 연료가 모두 연소된 것

필수 개념

로켓 추진은 뉴턴의 제3법칙(13장)에 따라 작동한다. 로켓이 기체(gas)를 분사하면 기체는 로켓이 기체에 가하는 힘과 크기는 같고 방향은 반대인 힘을 로켓에 가한다. 이 원리는 사람이 걷거나 차를 운전할 때 작동하는 원리와 근본적으로 동일하다. 사람이 걸을 때 신발은 뒤쪽으로 지면에 힘을 가하고, 지면은 이 힘과 크기는 같고 방향이 반대인 힘으로 신발을 앞으로 밀어낸다.

뉴턴의 제2법칙은 로켓 추진의 경우에는 형식이 달라진다. 13장~14장에서 알짜 힘 $\Sigma\vec{\mathbf{F}}$은 질량 m에 가속도 $\vec{\mathbf{a}}$를 곱한 방정식으로 표현된다. 하지만 이 방정식은 질량이 변하지 않는 물체인 경우에 해당된다. 로켓이 기체를 분출하면 로켓의 질량이 계속 변하므로 기체를 분사하는 로켓에 작용하는 알짜 힘을 질량 곱하기 가속도로 쓰는 것은 올바르지 않다. 이 경우에는 뉴턴의 제2법칙을 다음 방정식과 같이 더욱 일반적인 형태로 적용해야 한다.

$$\sum \vec{\mathbf{F}} = \frac{d\vec{\mathbf{p}}_{tot}}{dt}$$

여기서 $\vec{\mathbf{p}}_{tot}$는 시스템의 총 운동량이다. 23장~24장에서 운동량 $\vec{\mathbf{p}}$는 질량 m과 속도 $\vec{\boldsymbol{v}}$의 곱으로 표시됨을 배운 바 있다.

일반적인 형태의 뉴턴의 제2법칙에서 질량 m이 변하지 않고 일정한 경우에는 $\frac{d\vec{\mathbf{p}}}{dt} = m\frac{d\vec{\boldsymbol{v}}}{dt} = m\vec{\mathbf{a}}$이 성립하므로 우리에게 익숙한 형태의 제2법칙으로 간단해진다. 하지만 로켓 추진의 경우에는 질량 m은 변하므로 상수가 아니다.

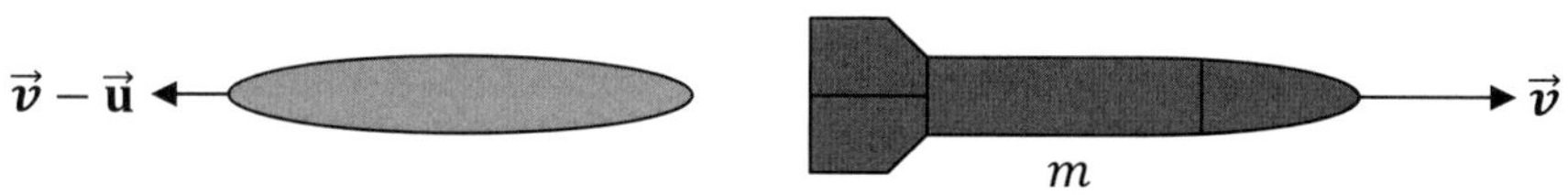

기준계

로켓 문제에서는 다음 두 가지 기준계를 사용한다.

- 관성 기준계는 속도가 일정한 좌표계이다.
- 로켓의 속력이나 방향이 변하는 경우에 로켓의 기준계는 비관성 기준계이다.

속도의 측정 결과는 어떤 물체(로켓 또는 기체)에 대해 어떤 기준계를 사용하느냐에 따라 달라진다.

- $\vec{\boldsymbol{v}}$는 관성 기준계에서 측정한 로켓의 순간속도이다.
- $\vec{\mathbf{u}}$는 로켓에 대한 분사된 기체의 순간 속도이다.
- $\vec{\boldsymbol{v}} - \vec{\mathbf{u}}$는 관성 기준계에서 측정한 분사된 기체의 순간 속도이다.

로켓 추진에 적용되는 뉴턴의 제2법칙

여기서는 로켓과 연소되지 않은 연료와 분출되는 기체를 모두 포함하는 시스템을 정의한다. 뉴턴의 제2법칙을 사용하여 로켓에 작용하는 알짜 외력과 시스템의 총 운동량 사이의 관계를 나타내면 다음과 같다.

$$\sum \vec{\mathbf{F}} = \frac{d\vec{\mathbf{p}}_{tot}}{dt}$$

시스템의 운동량은 일반적으로 보존되지 않는다. 로켓은 행성, 달, 항성(별) 등의 천체에 의해 생성된 외부 중력의 영향을 받는다. 로켓의 순간 속도와 분출되는 기체의 순간 속도(바로 앞에서 설명한 기준계의 내용 참조)를 사용하여 뉴턴의 제2법칙을 쓰면 다음과 같다.

$$\sum \vec{\mathbf{F}} = m\frac{d\vec{\boldsymbol{v}}}{dt} + \vec{\mathbf{u}}\frac{dm}{dt}$$

로켓의 추력($\vec{\mathbf{F}}_t$)은 다음과 같다.

$$\vec{\mathbf{F}}_t = -\vec{\mathbf{u}}\frac{dm}{dt}$$

추력 방정식을 사용하여 뉴턴의 제2법칙을 다시 쓰면 다음과 같다.

$$\vec{\mathbf{F}}_t + \sum \vec{\mathbf{F}} = m\frac{d\vec{\boldsymbol{v}}}{dt}$$

연소율(burn rate)

로켓의 연소율 R_b는 시간에 따른 연료량의 순간 변화율(연료가 얼마나 빠르게 연소되는지를 나타내는 비율)이다.

$$R_b = \left|\frac{dm}{dt}\right|$$

페이로드 방정식

페이로드 m_p는 연료를 제외한 로켓의 질량을 말한다. 페이로드를 모든 연료가 포함된 로켓의 질량인 로켓의 초기 질량 m_0로 나누어 다음과 같이 비로 표현하기도 한다.

$$r_p = \frac{m_p}{m_0}$$

초기 질량 m_0은 페이로드 m_p에 연료의 초기 질량 m_{f0}을 더한 것과 같다.

$$m_0 = m_p + m_{f0}$$

최종 질량 m은 페이로드 m_p에 남은 연료 질량 m_f을 더한 것과 같다.

$$m = m_p + m_f$$

초기 질량에 대한 최종 질량의 비는 다음과 같다.

$$\frac{m}{m_0} = \frac{m_p + m_f}{m_p + m_{f0}}$$

위의 질량비는 연료를 모두 사용하게 되면($m_f \to 0$일 때) 결국 r_p와 같아진다.

특수한 경우: 중력이 균일하고 연소율이 일정할 때

연소율이 일정하고 중력장이 균일하다고 어림잡을 수 있는 경우, 뉴턴의 제2법칙은 다음과 같이 쓸 수 있다.

$$F_t - mg = m\frac{dv_y}{dt}$$

추력의 정의 $\left(F_t = -u\frac{dm}{dt}\right)$를 사용하면 위 식은 다음과 같이 나타낼 수 있다.

$$-u\frac{dm}{dt} - mg = m\frac{dv_y}{dt}$$

이 미분방정식의 해는 다음과 같다.[1]

$$v_y = v_{y0} - gt_b + u\ln\left(\frac{m_0}{m}\right)$$

연소 시간 t_b는 연소율 R_b와 다음과 같은 관계를 가진다.

$$m - m_0 = R_b t_b$$

특별한 경우: 무중력 상태

중력이 작용하지 않는 무중력 영역에서, 뉴턴의 제2법칙은 다음과 같이 간단해진다.

$$-u\frac{dm}{dt} = m\frac{dv_y}{dt}$$

1 이 책은 문제를 푸는 방법에 초점을 맞추고 있다. 이러한 미분 방정식을 푸는 데 사용되는 미적분에 대해 알고 싶다면 고급 미적분 기반의 물리학 책이나 역학 책을 참조하기 바란다.

이 미분방정식의 해는 다음과 같다.

$$v_y = v_{y0} + u \ln\left(\frac{m_0}{m}\right)$$

기호와 SI 단위

기호	이름	SI 단위
m_0	로켓의 초기 질량(모든 연료 포함)	kg
m_{f0}	로켓의 초기 연료 질량	kg
m	로켓의 질량 + 미연소 연료 질량	kg
m_f	로켓에 남아 있는 연료 질량	kg
m_p	페이로드(연료를 제외한 로켓 질량)	kg
r_p	페이로드 m_p와 초기 질량 m_0의 질량비	없음
y	위치 좌표	m
v_{y0}	로켓의 초기 속도의 y 성분	m/s
v_y	로켓 속도의 y 성분	m/s
$\vec{\mathbf{v}}$	관성기준계에 대한 로켓의 상대 순간 속도	m/s
$\vec{\mathbf{u}}$	로켓에 대한 분사 기체의 상대 순간 속도	m/s
$\vec{\mathbf{v}}-\vec{\mathbf{u}}$	관성기준계에 대한 분사 기체의 상대 순간 속도	m/s
$\vec{\mathbf{p}}_{tot}$	시스템의 총 운동량	kg·m/s
g	중력 가속도	m/s^2
a_y	가속도의 y 성분	m/s^2
$\vec{\mathbf{F}}$	힘	N
$\vec{\mathbf{F}}_t$	로켓의 추력	N
R_b	로켓 연료의 순간 연소율	kg/s
t	시간	s
t_b	연소시간(연료가 연소되는 데 걸리는 시간)	s

로켓 추진 문제 풀이 방법

기초 물리학 과정에서 다루는 로켓 추진 문제는 대부분 아래 2번 단계에서 설명하는 것처럼 두 종류로 나눌 수 있다. 이러한 로켓 추진 시스템과 관련한 문제를 풀 때는 다음 단계를 밟는다.

1. 값을 알고 있는 양(기지수)들과 값을 구해야 할 양(미지수)을 나타내는 기호 목록을 만든다. 이때 바로 앞 쪽에 실린 기호 표를 참조한다(SI 단위에도 주의하도록 한다). 비슷한 양(질량을 나타내는 5개의 다른 기호 등)을 잘 구별할 수 있도록 문제를 주의 깊게 읽는다.

2. 관련된 방정식을 잘 골라서 사용한다. 이미 값을 알고 있는 양과 값을 구해야 하는 양이 무엇인지 잘 생각한다. 먼저 로켓 추진 문제에 적용되는 방정식을 모두 나열한 다음, 대표적인 두 가지 특수한 경우를 검토한다. 다음은 서로 다른 다섯 가지 질량을 사이의 관계를 나타내는 방정식이다.

$$r_p = \frac{m_p}{m_0} \quad , \quad m_0 = m_p + m_{f0} \quad , \quad m = m_p + m_f \quad , \quad \frac{m}{m_0} = \frac{m_p + m_f}{m_p + m_{f0}}$$

단위가 kg/s인 연소율 R_b는 다음과 같이 정의된다.

$$R_b = \left|\frac{dm}{dt}\right|$$

연소율 R_b가 일정한 경우, 연소율은 다음과 같이 연소 시간 t_b를 써서 나타낼 수 있다.

$$m - m_0 = -R_b t_b$$

로켓의 추력 $\vec{\mathbf{F}}_t$는 다음 식으로 정의된다. 여기서 기체의 속도 $\vec{\mathbf{u}}$는 관성 좌표계가 아닌 로켓에 대한 상대속도이다.

$$\vec{\mathbf{F}}_t = -\vec{\mathbf{u}}\frac{dm}{dt}$$

다음은 두 가지 특수한 경우에 적용되는 방정식이다.

- 연소율이 일정하고 중력장이 거의 균일한 조건에서 1차원 로켓 추진인 경우, 최종 속도 v_y는 로켓에 대한 분사된 기체의 상대 속도 u와 연소 시간 t_b를 사용하여 다음 식으로 나타낼 수 있다.

$$v_y = v_{y0} - gt_b + u\ln\left(\frac{m_0}{m}\right)$$

이 경우에 뉴턴의 제2법칙은 다음과 같은 형태가 된다.

$$F_t - mg = ma_y$$

- 중력이 거의 작용하지 않는 무중력 조건에서 1차원 로켓 추진인 경우, 최종 속도 v_y는 로켓에 대한 분사된 기체의 상대 속도 u를 사용하여 다음과 같이 쓸 수 있다.

$$v_y = v_{y0} + u \ln\left(\frac{m_0}{m}\right)$$

무중력 문제인 경우에 뉴턴의 제2법칙은 다음과 같은 형태가 된다.

$$F_t = ma_y$$

예제 원숭이가 직접 만든 로켓을 정지 상태에서 똑바로 위로 발사한다. 로켓의 초기 질량의 80%는 물이다. 연료로 사용되는 물의 연소율은 50 kg/s로 일정하며 연소된 물은 로켓에 대해 200 m/s의 상대속도로 증기 형태로 로켓에서 분사된다. 로켓의 연료는 발사된 지 10초 후에 완전히 소모된다. 연료가 완전히 소모된 순간 로켓의 속도와 가속도를 구하라. 단, 중력가속도는 일정($g \approx 10\ m/s^2$)한 것으로 가정한다.

풀이 위쪽 방향으로 $+y$를 선택한다. 그러면 연료가 완전히 소모된 순간에 속도의 y 성분 v_y는 다음과 같이 구할 수 있다.

$$v_y(t_b) = v_{y0} - gt_b + u \ln\left(\frac{m_0}{m}\right) = 0 - (9.81)(10) + (200) \ln\left(\frac{1}{r_p}\right)$$

페이로드의 질량은 로켓 초기 질량의 20%이므로 $r_p = \frac{1}{5}$이다. $g \approx 10\ m/s^2$으로 가정하여 위 식을 다시 계산하면 다음과 같다.(자연로그 in(5)의 값을 구하려면 계산기가 필요하다.)

$$v_y(t_b) \approx -(10)(10) + (200) \ln\left(\frac{1}{1/5}\right) = -100 + (200) \ln(5) = 222\ \mathrm{m/s}$$

로켓의 추력은 다음과 같다.

$$F_t = -u\frac{dm}{dt} = -(200)(-50) = 10\ \mathrm{kN}$$

로켓이 발사된 후에는 질량 m은 시간에 따라 감소하므로 위 식에서 $\frac{dm}{dt}$ 값의 부호는 −이다(음수). 로켓의 가속도는 뉴턴의 제2법칙을 적용한 수식으로 구할 수 있다.

$$F_t - mg = ma_y$$

연료가 완전히 소모된 순간에 로켓의 질량은 페이로드의 질량과 같으므로

$$a_y(t_b) = \frac{F_t}{m_p} - g$$

이 된다. 가속도를 구하려면 먼저 페이로드의 질량을 알아야 한다. 연소율이 일정하므로 $m - m_0 = -R_b t_b$이고 $m_p - m_0 = -R_b t_b$이다. 연료의 초기 질량은 $m_{f0} = m_0 - m_p = R_b t_b = 50(10) = 500$ kg이다. 페이로드의 질량은 로켓의 초기 질량의 20%, 다시 말해 $\frac{1}{5}$이므로

$$r_p = \frac{m_p}{m_0} = \frac{m_0 - m_{f0}}{m_0} = \frac{1}{5}$$
$$5m_0 - 5m_{f0} = m_0$$
$$4m_0 = 5m_{f0}$$
$$m_0 = \frac{5m_{f0}}{4} = \frac{5(500)}{4} = 625 \text{ kg}$$

이다. 따라서 페이로드의 질량은 다음과 같다.

$$m_p = m_0 - m_{f0} = 625 - 500 = 125 \text{ kg}$$

따라서 연료가 완전히 소모된 순간에 로켓의 가속도는 다음과 같이 구할 수 있다.

$$a_y(t_b) = \frac{F_t}{m_p} - g = \frac{10{,}000}{125} - 9.81 \approx \frac{10{,}000}{125} - 10 = 70 \text{ m/s}^2$$

연료인 물이 완전히 소모된 순간에 로켓은 중력의 약 7배에 해당하는 가속도로 위로 가속되고 있음을 알 수 있다.

연습문제

150. 로켓의 추력에 견주어 중력을 무시할 수 있는 깊은 우주에서 2,000 kg의 로켓(연료 제외)이 가장 가까운(비록 상당히 먼 거리이기는 하지만) 항성을 기준으로 200 m/s의 상대 초기 속도로 움직이고 있다. 로켓의 페이로드의 질량은 연료를 포함한 총 로켓 질량의 25%이다. 로켓의 최종 속력이 600 m/s가 될 때까지 로켓을 가속하기 위해 연료는 50 kg/s의 일정한 연소율로 소모되며 이 과정에서 로켓을 기준으로 한 상대속도가 1500 m/s인 기체가 로켓에서 분사된다.

주의: 이 문제에서는 자연 로그 값을 계산하기 위해 계산기가 필요하다.

(A) 로켓이 최종 속력에 도달하기 위해 소모되는 연료 질량의 백분율(%)을 구하라.

(B) 로켓이 최종 속력에 도달하는 데 걸리는 시간을 구하라.

답: 31%, 37 s

151. 6,000 kg의 연료를 실은 3,000 kg의 로켓(연료 제외)이 100 m/s의 초기 속력으로 지구에서 위쪽으로 올라가면서 가속하고 있다. 연료의 연소율은 일정하며 12 s 후에 로켓의 속력은 500 m/s가 되었다. 로켓을 기준으로 기체의 상대 분사 속력은 2000 m/s이다. 로켓의 초기 고도는 충분히 낮기 때문에 이 시간 동안 중력 가속도는 9.81 m/s^{2}에서 거의 달라지지 않으므로 중력 가속도는 일정한 것으로 가정할 수 있다.

주의: 이 문제에서는 자연 로그 값을 계산하기 위해 계산기가 필요하다.

(A) 로켓 속력이 500 m/s에 도달하기 위해 소모되는 연료 질량의 백분율(%)을 구하라.

(B) 연소율을 구하라.

(C) 추력을 구하라.

(D) 초기 가속도를 구하라.

(E) 최종 가속도를 구하라.

답: 34%, 171 kg/s, 342 kN, 28 m/s^2, 39 m/s^2

도움이 필요한가요? 책의 맨 뒤에 있는 "힌트"를 참고하세요.

26
적분 기법과 좌표계

치환적분 방법

치환을 하여 적분을 할 때는 다음과 같은 단계를 차례로 따른다.

1. $x = x(u)$ 형태의 치환을 시도해본다. $x = x(u)$ 라는 표현은 원래의 변수 x는 이제 새로운 변수인 u의 함수가 되었음을 뜻하는 것이다. 이 치환을 이용하여 원래의 적분 $\int_{x=x_0}^{x} f(x)dx$을 새로운 적분 $\int_{u=u_0}^{u} g(u)du$로 변환한 다음, 이미 알려진 적분법을 사용하여 이 새로운 적분계산을 수행한다. 널리 사용되는 두 가지 치환방법은 다음과 같다.
   - **다항식** 치환법 : (예) $\int (6x+4)^3\,dx$에서 $u = 6x+4$로 치환한다.
   - **삼각함수** 치환법: 이 치환법은 이차 함수에 제곱근을 취한 형태의 수식에 널리 사용된다. 이 치환법의 핵심은 삼각함수 항등식 $\sin^2 u + \cos^2 u = 1$ 또는 $\tan^2 u + 1 = \sec^2 u$의 관계를 이용하여 두 개의 항을 한 개의 항으로 간단하게 하는 데 있다.
     - (예) $\int \sqrt{a^2 - x^2}\,dx$에서 $x = a\sin u$로 치환한다. $1 - \sin^2 u = \cos^2 u$이기 때문이다.
     - (예) $\int \sqrt{x^2 + a^2}\,dx$에서 $x = a\tan u$로 치환한다. $\tan^2 u + 1 = \sec^2 u$이기 때문이다.
     - (예) $\int \sqrt{x^2 - a^2}\,dx$에서 $x = a\sec u$로 치환한다. $\sec^2 u - 1 = \tan^2 u$이기 때문이다.
2. 함수 $x = x(u)$를 미분하여 du를 dx에 대해 정리한다. 그러고 나서 한 변은 u에 대해 미분한 다음 du를 곱한다. 이어서 다른 변은 x에 대해 미분한 다음 dx를 곱한다. 다음에 나오는 예제를 살펴보기 바란다.
3. 위의 2번 단계에서 얻은 방정식을 dx에 대해 푼다.
4. 원래 변수 x에 대한 적분의 상한과 하한을, 새로운 변수 u에 대한 적분의 상한과 하한으로 변환한다. 이때 위의 1번 단계에서 치환한 방정식을 이용한다.

5. 원래 적분에서 다음 세 가지를 치환한다.
   - 먼저, x를 u의 함수로 바꾼다(1번 단계).
   - 그 다음, dx를 위의 3번 단계에서 얻은 방정식으로 바꾼다. 이때 du를 빠뜨려서는 안 된다.
   - 마지막으로 x에 대한 적분의 상한과 하한을 위의 4번 단계에서 얻은 u에 대한 적분의 상한과 하한으로 바꾼다.
6. 여러분은 u에 관한 항들만으로 이루어진 새로운 적분계산을 수행할 수 있어야 한다. 경우에 따라서는 위의 1번 단계에서 시도한 치환이 예상대로 되지 않기도 한다. 이럴 때는 다른 방식으로 치환을 다시 시도하면 된다. 처음에 시도한 치환에서 무엇이 잘못되었는지 잘 따져보면 제대로 작동하는 치환을 수행하는 데 도움이 될 수 있다. 예제를 공부하고 연습문제를 풀면서 작동 원리를 생각해보는 과정을 통해 더욱 능숙하게 적분을 할 수 있다.
7. 변수 u에 대해 새로운 적분을 수행한다. 필요한 경우에는 2장과 9장을 복습하기 바란다.

예제 다음 정적분을 계산하라.

$$\int_{x=1}^{3} (8x-4)^3\, dx$$

풀이 $u = 8x - 4$의 치환을 사용한다. 이제 $u = 8x - 4$를 미분하자.

- 좌변: $\frac{d}{du}(u) = 1$. 양변에 du를 곱하면 $d(u) = 1du$가 된다.
- 우변: $\frac{d}{dx}(8x-4) = 8$.. 양변에 dx를 곱하면 $d(8x-4) = 8dx$가 되고 결국 $du = 8dx$가 된다.

따라서 $u = 8x - 4$의 미분은 $du = 8dx$가 된다. 이를 dx에 대해 풀면 $dx = \frac{1}{8}du$가 된다.

$$u = 8x - 4 \quad , \quad dx = \frac{1}{8}du$$

이제 적분의 상한과 하한을 바꾼다. x에 대한 적분의 하한 1과 상한 3을 $u = 8x - 4$에 대입하면

$$u(x=1) = 8(1) - 4 = 8 - 4 = 4$$
$$u(x=3) = 8(3) - 4 = 24 - 4 = 20$$

이 된다. 따라서 u에 대한 새로운 적분은

$$\int_{x=1}^{3} (8x-4)^3\, dx = \int_{u=4}^{20} u^3 \frac{du}{8} = \frac{1}{8} \int_{u=4}^{20} u^3\, du$$

이 된다. 이제 2장에서 배운 방법에 따라 u에 대해 적분을 수행하면 다음과 같다.

$$\frac{1}{8} \int_{u=4}^{20} u^3\, du = \frac{1}{8}\left[\frac{u^{3+1}}{3+1}\right]_{u=4}^{20} = \frac{1}{8}\left[\frac{u^4}{4}\right]_{u=4}^{20} = \frac{1}{8}\frac{(20)^4}{4} - \frac{1}{8}\frac{(4)^4}{4} = 5000 - 8 = 4992$$

예제 다음 정적분을 계산하라.

$$\int_{x=0}^{\pi/3} \sin\left(2x + \frac{\pi}{6}\right) dx$$

풀이 $u = 2x + \frac{\pi}{6}$의 치환을 사용한다. 이제 $u = 2x + \frac{\pi}{6}$를 미분하자.

- 좌변: $\frac{d}{du}(u) = 1$. 양변에 du를 곱하면 $d(u) = 1du$가 된다.
- 우변: $\frac{d}{dx}\left(2x + \frac{\pi}{6}\right) = 2$. 양변에 dx를 곱하면 $d\left(2x + \frac{\pi}{6}\right) = 2dx$가 되고 결국 $du = 2dx$가 된다.

따라서 $u = 2x + \frac{\pi}{6}$의 미분은 $du = 2dx$가 된다. 이를 dx에 대해 풀면 $dx = \frac{1}{2}du$가 된다.

$$u = 2x + \frac{\pi}{6} \quad , \quad dx = \frac{1}{2}du$$

이제 적분의 상한과 하한을 바꾼다. x에 대한 적분의 하한 0과 상한 $\frac{\pi}{3}$를 $u = 2x + \frac{\pi}{6}$에 대입하면

$$u(x=0) = 2(0) + \frac{\pi}{6} = \frac{\pi}{6}$$
$$u\left(x = \frac{\pi}{3}\right) = 2\left(\frac{\pi}{3}\right) + \frac{\pi}{6} = \frac{2\pi}{3} + \frac{\pi}{6} = \frac{4\pi}{6} + \frac{\pi}{6} = \frac{4\pi + \pi}{6} = \frac{5\pi}{6}$$

이 된다. 따라서 u에 대한 새로운 적분은

$$\int_{x=0}^{\pi/3} \sin\left(2x + \frac{\pi}{6}\right) dx = \int_{u=\pi/6}^{5\pi/6} \sin(u) \frac{du}{2} = \frac{1}{2} \int_{u=\pi/6}^{5\pi/6} \sin(u)\, du$$

이 된다. 이제 9장에서 배운 방법에 따라 u에 대해 적분을 수행하면 다음과 같다.

$$\frac{1}{2}\int_{u=\pi/6}^{5\pi/6} \sin(u)\,du = \frac{1}{2}[-\cos u]_{u=\pi/6}^{5\pi/6} = \frac{1}{2}\left(-\cos\frac{5\pi}{6}\right) - \frac{1}{2}\left(-\cos\frac{\pi}{6}\right) = \frac{1}{2}\frac{\sqrt{3}}{2} + \frac{1}{2}\frac{\sqrt{3}}{2} = \frac{\sqrt{3}}{2}$$

예제 다음 정적분을 계산하라.

$$\int_{x=\sqrt{3}}^{3} \frac{dx}{\sqrt{x^2+9}}$$

풀이 x^2+9는 x^2+3^2으로 쓸 수 있다. 이는 x^2+a^2에서 $a=3$인 경우에 해당한다. 치환 적분 풀이 방법에 따라 $x=3\tan u$로 치환하자. 이 방정식을 미분하면

- 좌변: $\frac{d}{dx}(x) = 1$. 양변에 dx를 곱하면 $d(x)=1dx$가 된다.
- 우변: $\frac{d}{du}(3\tan u) = 3\sec^2 u$. 양변에 du를 곱하면 $d(3\tan u)=3\sec^2 u\,du$가 되고 결국 $dx=3\sec^2 u\,du$가 된다.

따라서 $x=3\tan u$의 미분은 $dx=3\sec^2 u\,du$가 된다. 원래 적분에 대해 다음 두 개의 치환을 수행한다.

$$x = 3\tan u \quad , \quad dx = 3\sec^2 u\ du$$

이제 적분의 상한과 하한을 바꾼다. $x=3\tan u x$을 u에 대해 풀면 $u=\tan^{-1}\left(\frac{x}{3}\right)$가 되므로,

$$u(x=\sqrt{3}) = \tan^{-1}\left(\frac{\sqrt{3}}{3}\right) = 30°$$

$$u(x=3) = \tan^{-1}\left(\frac{3}{3}\right) = \tan^{-1}(1) = 45°$$

이 된다. 따라서 u에 대한 새로운 적분은

$$\int_{x=\sqrt{3}}^{3} \frac{dx}{\sqrt{x^2+9}} = \int_{u=30°}^{45°} \frac{3\sec^2 u\ du}{\sqrt{(3\tan u)^2+9}} = \int_{u=30°}^{45°} \frac{3\sec^2 u\ du}{\sqrt{9\tan^2 u+9}}$$

이 된다. 피적분 함수의 분모에서 9를 제곱근 밖으로 뽑아내면

$$\sqrt{9\tan^2 u+9} = \sqrt{9(\tan^2 u+1)} = 3\sqrt{\tan^2 u+1}$$

이 되므로

$$\int_{x=\sqrt{3}}^{3} \frac{dx}{\sqrt{x^2+9}} = \int_{u=30°}^{45°} \frac{3\sec^2 u \ du}{3\sqrt{\tan^2 u + 1}}$$

이 된다. 삼각함수 항등식 $\tan^2 u + 1 = \sec^2 u$을 이용하면 $\sqrt{\tan^2 u + 1}$을 $\sqrt{\sec^2 u}$로 바꿀 수 있다. 따라서

$$\int_{x=\sqrt{3}}^{3} \frac{dx}{\sqrt{x^2+9}} = \int_{u=30°}^{45°} \frac{\sec^2 u \ du}{\sqrt{\sec^2 u}} = \int_{u=30°}^{45°} \frac{\sec^2 u \ du}{\sec u} = \int_{u=30°}^{45°} \sec u \, du$$

이 된다. 9장에 배운 적분공식 $\int \sec\theta \ d\theta = \ln|\sec\theta + \tan\theta|$을 참고하면

$$\int_{u=30°}^{45°} \sec u \, du = [\ln|\sec u + \tan u|]_{u=30°}^{45°} = \ln|\sec 45° + \tan 45°| - \ln|\sec 30° + \tan 30°|$$

$$\int_{u=30°}^{45°} \sec u \, du = \ln|\sqrt{2}+1| - \ln\left|\frac{2\sqrt{3}}{3} + \frac{\sqrt{3}}{3}\right| = \ln\left(\frac{\sqrt{2}+1}{\frac{2\sqrt{3}}{3}+\frac{\sqrt{3}}{3}}\right) = \ln\left(\frac{\sqrt{2}+1}{\sqrt{3}}\right) = \ln\left(\frac{\sqrt{6}+\sqrt{3}}{3}\right)$$

이 된다. 위의 계산과정에서 로그 항등식 $\ln\left(\frac{x}{y}\right) = \ln x - \ln y$을 사용하였다. 또한 분모를 유리화하였다.

연습문제

152. 다음 정적분을 계산하라.

$$\int_{x=0}^{15} \left(\frac{x}{5} - 1\right)^4 dx =$$

답: 33

153. 다음 정적분을 계산하라.

$$\int_{x=0}^{2\pi} \cos\left(\frac{\pi}{2} - \frac{x}{6}\right) dx =$$

답: 3

154. 다음 정적분을 계산하라.

$$\int_{x=0}^{\sqrt{3}} \frac{dx}{\sqrt{1+x^2}} =$$

답: $\ln(2+\sqrt{3})$

155. 다음 정적분을 계산하라.

$$\int_{x=0}^{2} \sqrt{4-x^2}\, dx =$$

답: π

다중적분을 푸는 방법

이중 적분이나 삼중 적분과 같은 다중 적분을 수행할 때는 다음과 같은 단계를 밟는다.

1. 다중 적분에서 미분요소의 표기 순서(예를 들어 $dxdy$ 또는 $dydx$)는 필요에 따라 바꿀 수 있다. 예를 들어 적분을 $\iint f(x, y)dxdy$로 쓰든지 $\iint f(x, y)dydx$로 쓰든지 적분한 결과는 똑같이 나온다. 중요한 것은(상한, 하한이 변수로 주어진 경우), 실제로 어느 미분요소에 대한 적분을 먼저 수행하는가이다. 적분에 표기된 미분요소의 순서대로 적분을 수행해야 하는 것은 아니다. 적분 순서는 적분의 상한과 하한을 살펴보고 정하면 된다(아래의 2번 단계).

2. 다중 적분 중에서 어느 변수(미분요소)의 상한과 하한 값이 변수로 되어있는지 찾아서 그 변수(미분요소)에 대한 적분을 먼저 수행해야 한다. 다음에 나오는 예들을 살펴보면서 어느 변수(미분요소)에 대한 적분을 먼저 수행할지 결정하는 방법을 익히도록 한다.

   - 아래 예에서는 y의 상한이 변수 x의 함수이다. y의 상한에 변수가 들어있으므로 먼저 y에 대해 적분을 수행한 다음에 x에 대해 적분을 수행한다.

$$\int_{x=0}^{1}\int_{y=0}^{x^2} f(x,y)\,dxdy = \int_{x=0}^{1}\left(\int_{y=0}^{x^2} f(x,y)\,dy\right)dx$$

   - 아래 예에서는 x의 상한이 변수 y의 함수이다. x의 상한에 변수가 들어있으므로 먼저 x에 대해 적분을 수행한 다음에 y에 대해 적분을 수행한다.

$$\int_{x=0}^{4y}\int_{y=-8}^{8} f(x,y)\,dxdy = \int_{y=-8}^{8}\left(\int_{x=0}^{4y} f(x,y)\,dx\right)dy$$

- 아래 예에서는 x와 y의 모든 상한과 하한이 상수이다. 이러한 경우에는 어떤 순서로 적분을 해도 상관이 없다.

$$\int_{x=0}^{2}\int_{y=-1}^{1} f(x,y)\,dxdy = \int_{x=0}^{2}\left(\int_{y=-1}^{1} f(x,y)\,dy\right)dx = \int_{y=-1}^{1}\left(\int_{x=0}^{2} f(x,y)\,dx\right)dy$$

주의: 위의 적분 방정식에서, 우변의 첫 번째 적분 식과 두 번째 적분 식을 살펴보면 어느 변수(미분요소)에 대한 적분을 먼저 수행하는지가 괄호로 구분되어 있다. 이 경우, 첫 번째 적분 식은 변수 y에 대한 적분을 먼저 수행하고 이어서 x에 대한 적분을 수행함을 나타낸다. 두 번째 적분 식은 x에 대한 적분을 먼저 수행하고 이어서 y에 대한 적분을 수행함을 나타낸다.

3. 어느 한 변수에 대해 적분을 수행할 때는 나머지 독립변수(들)는 상수로 취급하면 된다. 예를 들어,

- x에 대해 적분을 수행할 때는, y와 z는 상수로 취급한다.
- y에 대해 적분을 수행할 때는, x와 z는 상수로 취급한다.
- z에 대해 적분을 수행할 때는, x와 y는 상수로 취급한다.

4. 첫 번째 적분을 수행하면서 상한과 하한에 대해 계산을 완전히 끝마치고 나서 두 번째 적분을 수행한다.

5. 삼중적분을 하는 방법은 이중적분과 동일하다. 단 이중적분은 한 번에 적분 하나씩 모두 두 번을 수행하고, 삼중적분은 한 번에 적분 하나씩 모두 세 번을 수행한다.

다음 예제를 풀면서 이중적분과 삼중적분을 수행하는 방법을 설명하기로 한다.

예제 다음 이중적분을 수행하라.

$$\int_{x=0}^{2}\int_{y=0}^{\sqrt{x}} x^2y^3\,dxdy$$

풀이 y의 상한이 x의 함수이므로 y에 대한 적분을 먼저 수행해야 한다.

$$\int_{x=0}^{2}\int_{y=0}^{\sqrt{x}} x^2y^3\,dxdy = \int_{x=0}^{2}\left(\int_{y=0}^{\sqrt{x}} x^2y^3\,dy\right)dx$$

y에 대해 적분을 할 때는 x는 상수처럼 취급하면 된다. 따라서 다음과 같이 x^2은 y에 대한 적분기호 밖으로 빼낼 수 있다(x^2을 x에 대한 적분기호 밖으로 빼내지 않도록 주의한다). 다시 말해 $\int cf(y)dy = c\int f(y)dy$와 같은 방법을 적용한다.

$$\int_{x=0}^{2}\left(\int_{y=0}^{\sqrt{x}} x^2y^3\,dy\right)dx = \int_{x=0}^{2} x^2\left(\int_{y=0}^{\sqrt{x}} y^3\,dy\right)dx$$

먼저 괄호 안에 있는 y에 대한 정적분을 수행한다. 이렇게 하면 다중 적분을 수행하는 방법을 배울 때 실수를 줄일 수 있다.

$$\int_{x=0}^{2} x^2\left(\int_{y=0}^{\sqrt{x}} y^3\,dy\right)dx = \int_{x=0}^{2} x^2\left(\left[\frac{y^{3+1}}{3+1}\right]_{y=0}^{y=\sqrt{x}}\right)dx = \int_{x=0}^{2} x^2\left(\left[\frac{y^4}{4}\right]_{y=0}^{y=\sqrt{x}}\right)dx$$

$$\int_{x=0}^{2} x^2\left(\left[\frac{y^4}{4}\right]_{y=0}^{y=\sqrt{x}}\right)dx = \int_{x=0}^{2} x^2\left(\frac{\left(\sqrt{x}\right)^4}{4} - \frac{(0)^4}{4}\right)dx = \int_{x=0}^{2} x^2\left(\frac{x^2}{4}\right)dx = \int_{x=0}^{2} \frac{x^4}{4}dx$$

이제 남은 x에 대한 적분을 수행한다(2장에서 배운 방법 참조).

$$\int_{x=0}^{2} \frac{x^4}{4}dx = \frac{1}{4}\left[\frac{x^{4+1}}{4+1}\right]_{x=0}^{x=2} = \frac{1}{4}\left[\frac{x^5}{5}\right]_{x=0}^{x=2} = \frac{2^5}{20} - \frac{0^5}{20} = \frac{32}{20} - 0 = \frac{32}{20} = \frac{8}{5}$$

예제 다음 이중적분을 수행하라.

$$\int_{x=0}^{3}\int_{y=-1}^{1} 2xy^2\,dxdy$$

풀이 모든 상한과 하한이 상수이므로, 이 예제에서는 적분을 수행하는 순서는 중요하지 않다.

$$\int_{x=0}^{3}\int_{y=-1}^{1} 2xy^2\,dxdy = \int_{x=0}^{3}\left(\int_{y=-1}^{1} 2xy^2\,dy\right)dx$$

y에 대해 적분을 할 때, x는 상수로 취급한다. 따라서 다음과 같이 $2x$는 y에 대한 적분 바깥으로 빼낼 수 있다.

$$\int_{x=0}^{3} 2x\left(\int_{y=-1}^{1} y^2\,dy\right)dx = \int_{x=0}^{3} 2x\left(\left[\frac{y^3}{3}\right]_{y=-1}^{y=1}\right)dx = \int_{x=0}^{3} 2x\left(\frac{1^3}{3}-\frac{(-1)^3}{3}\right)dx$$

$$\int_{x=0}^{3} 2x\left(\frac{1}{3}+\frac{1}{3}\right)dx = \int_{x=0}^{3} 2x\frac{2}{3}dx = \frac{4}{3}\int_{x=0}^{3} x\,dx = \frac{4}{3}\left[\frac{x^2}{2}\right]_{x=0}^{x=3} = \frac{4}{3}\frac{(3)^2}{2}-\frac{4}{3}\frac{(0)^2}{2} = 6$$

예제 다음 이중적분을 수행하라.

$$\int_{x=y^2}^{4y^2}\int_{y=0}^{6}\frac{y}{\sqrt{x}}dxdy$$

풀이 x의 상한, 하한이 y의 함수이므로 x에 대한 적분을 먼저 수행해야 한다.

$$\int_{x=y^2}^{4y^2}\int_{y=0}^{6}\frac{y\,dxdy}{\sqrt{x}} = \int_{y=0}^{6}\left(\int_{x=y^2}^{4y^2}\frac{ydx}{\sqrt{x}}\right)dy$$

x에 대해 적분을 할 때는 y는 상수처럼 취급하면 된다. 따라서 다음과 같이 y는 x에 대한 적분 밖으로 빼낼 수 있다.

$$\int_{y=0}^{6}\left(\int_{x=y^2}^{4y^2}\frac{y}{\sqrt{x}}dx\right)dy = \int_{y=0}^{6} y\left(\int_{x=y^2}^{4y^2}\frac{dx}{\sqrt{x}}\right)dy$$

먼저 $\frac{1}{\sqrt{x}}=x^{-1/2}$로 쓴다. $x^{-1/2}$를 ax^b와 비교하면 $a=1$, $b=-\frac{1}{2}$인 경우이다. ax^b의 적분은 $\frac{ax^{b+1}}{b+1}$이므로 $x^{-1/2}$의 적분은

$$\frac{(1)x^{-1/2+1}}{-1/2+1} = \frac{x^{1/2}}{1/2} = \frac{\sqrt{x}}{1/2} = \sqrt{x} \div \frac{1}{2} = \sqrt{x}\left(\frac{2}{1}\right) = 2\sqrt{x}$$

이 된다. 위의 계산과정에서 맨 마지막에 분모를 없애기 위해 분모 $\frac{1}{2}$의 역수인 $\frac{2}{1}$을 곱했다. 따라서 $\int\frac{dx}{\sqrt{x}} = 2\sqrt{x}$이므로 원래의 적분 식은 다음과 같다.

$$\int_{y=0}^{6} y\left(\int_{x=y^2}^{4y^2}\frac{dx}{\sqrt{x}}\right)dy = \int_{y=0}^{6} y\left(\left[2\sqrt{x}\right]_{x=y^2}^{x=4y^2}\right)dy$$

이제 $2\sqrt{x}$에 하한 $x=y^2$과 상한 $x=4y^2$을 대입하여 계산하면

$$\int_{y=0}^{6} y\left(\left[2\sqrt{x}\right]_{x=y^2}^{x=4y^2}\right) dy = \int_{y=0}^{6} y\left(2\sqrt{4y^2} - 2\sqrt{y^2}\right) dy$$

이 된다. 여기서,

$$2\sqrt{4y^2} = 2\sqrt{4}\sqrt{y^2} = 2(2)\sqrt{y^2} = 4\sqrt{y^2}$$

이므로

$$\int_{y=0}^{6} y\left(2\sqrt{4y^2} - 2\sqrt{y^2}\right) dy = \int_{y=0}^{6} y\left(4\sqrt{y^2} - 2\sqrt{y^2}\right) dy$$

이 된다. 여기서 $\sqrt{y^2} = y$이므로

$$\int_{y=0}^{6} y\left(4\sqrt{y^2} - 2\sqrt{y^2}\right) dy = \int_{y=0}^{6} y(4y - 2y)\, dy = \int_{y=0}^{6} y(2y)\, dy = \int_{y=0}^{6} 2y^2\, dy$$

이 된다. 이제 남은 y에 대한 적분을 수행한다.

$$\int_{y=0}^{6} 2y^2\, dy = 2\left[\frac{y^{2+1}}{2+1}\right]_{y=0}^{y=6} = 2\left[\frac{y^3}{3}\right]_{y=0}^{y=6} = \frac{2(6)^3}{3} - \frac{2(0)^3}{3} = 144$$

예제 다음 삼중적분을 수행하라.

$$\int_{x=-1}^{2} \int_{y=0}^{x^2} \int_{z=0}^{y} xy\, dx\, dy\, dz$$

풀이 y와 z의 상한이 모두 변수를 포함하고 있으므로 y와 z에 대한 적분을 먼저 수행해야 한다. 여기서는 y와 z에 대한 적분 중에서 z에 대한 적분을 먼저 수행해야 하는데, 그 까닭은 무엇일까? z에 대한 적분의 상한이 y이므로 z에 대한 적분을 수행한 다음에야 y에 대한 적분을 할 수 있기 때문이다. 따라서 맨 먼저, z에 대한 적분을 수행해보자.

$$\int_{x=-1}^{2} \int_{y=0}^{x^2} \left(\int_{z=0}^{y} xy\, dz\right) dy\, dx$$

z에 대해 적분을 할 때는 x와 y는 상수처럼 취급하면 된다. 따라서 xy는 z에 대한 적분기호 밖으로 빼낼 수 있다. 그러면 z에 대한 적분은 간단히 $\int dz = z$로 구할 수 있다. z에 대한 적분 계산을 수행하면

$$\int_{x=-1}^{2}\int_{y=0}^{x^2} xy\left(\int_{z=0}^{y} dz\right) dy\,dx = \int_{x=-1}^{2}\int_{y=0}^{x^2} xy\left([z]_{z=0}^{z=y}\right) dy\,dx = \int_{x=-1}^{2}\int_{y=0}^{x^2} xy(y-0)\,dy\,dx$$

가 된다. 이 식을 간단히 하면

$$\int_{x=-1}^{2}\int_{y=0}^{x^2} xy(y)\,dy\,dx = \int_{x=-1}^{2}\int_{y=0}^{x^2} xy^2\,dy\,dx$$

가 되어 앞서 풀어본 예제와 같은 형태의 이중적분이 된다. y의 상한이 x를 포함하고 있으므로 y에 대한 적분을 먼저 수행한다.

$$\int_{x=-1}^{2}\int_{y=0}^{x^2} xy^2\,dy\,dx = \int_{x=-1}^{2}\left(\int_{y=0}^{x^2} xy^2\,dy\right)dx$$

y에 대해 적분을 할 때는 x는 상수처럼 취급하면 된다. 따라서 x는 y에 대한 적분기호 밖으로 빼낼 수 있다. y에 대해 적분을 수행하면

$$\int_{x=-1}^{2} x\left(\int_{y=0}^{x^2} y^2\,dy\right)dx = \int_{x=-1}^{2} x\left(\left[\frac{y^{2+1}}{2+1}\right]_{y=0}^{x^2}\right)dx = \int_{x=-1}^{2} x\left(\left[\frac{y^3}{3}\right]_{y=0}^{x^2}\right)dx$$

$$\int_{x=-1}^{2} x\left(\left[\frac{y^3}{3}\right]_{y=0}^{x^2}\right)dx = \int_{x=-1}^{2} x\left(\frac{(x^2)^3}{3}-\frac{(0)^3}{3}\right)dx = \int_{x=-1}^{2} x\left(\frac{x^6}{3}\right)dx = \int_{x=-1}^{2} \frac{x^7}{3}dx$$

이 된다. 위의 계산과정에서 마지막 단계에서는 연산규칙 $(x^m)^n = x^{mn}$와 $x^m x^n = x^{m+n}$를 사용했다. 이제 마지막 하나 남은 x에 대한 적분을 수행한다.

$$\int_{x=-1}^{2} \frac{x^7}{3}dx = \left[\frac{x^{7+1}}{(3)(7+1)}\right]_{x=-1}^{2} = \left[\frac{x^8}{24}\right]_{x=-1}^{2} = \frac{2^8}{24}-\frac{(-1)^8}{24} = \frac{256}{24}-\frac{1}{24} = \frac{255}{24} = \frac{85}{8}$$

연습문제

156. 다음 이중적분을 계산하라.

$$\int_{x=0}^{2}\int_{y=0}^{x^3} xy\,dxdy =$$

답: 16

157. 다음 이중적분을 계산하라.

$$\int_{x=0}^{5}\int_{y=0}^{4} x^3y^4\,dxdy =$$

답: 32,000

158. 다음 이중적분을 계산하라.

$$\int_{x=0}^{4}\int_{y=0}^{9} \sqrt{xy}\,dxdy =$$

답: 96

159. 다음 이중적분을 계산하라.

$$\int_{x=0}^{3}\int_{y=0}^{x} 6(x-y)\,dxdy =$$

답: 27

160. 다음 삼중적분을 계산하라.

$$\int_{x=0}^{2}\int_{y=0}^{x^2}\int_{z=0}^{y} 27z^2\,dx\,dy\,dz =$$

답: 128

161. 다음 삼중적분을 계산하라.

$$\int_{x=0}^{z}\int_{y=0}^{\sqrt{x}}\int_{z=0}^{9} 14xy^2\,dx\,dy\,dz =$$

답: 5832

도움이 필요한가요? 책의 맨 뒤에 있는 "힌트"를 참고하세요.

좌표계

물리학 문제에서는 문제에서 제시하는 기하학적 구조에 잘 맞는 좌표계를 선택하면 좀 더 쉽게 문제를 풀 수 있다. 27장과 32장에서는 이와 관련한 예제를 몇 개 풀어본다.

- **직각좌표계**(cartesian coordinate). 모서리(가장자리)는 직선이고 면은 평평한 구조(삼각형이나 육면체 등)를 다루는 문제는 직각좌표계[데카르트(Cartesian) 좌표계라고도 함]를 사용하면 좀 더 쉽게 풀 수 있는 것이 보통이다.

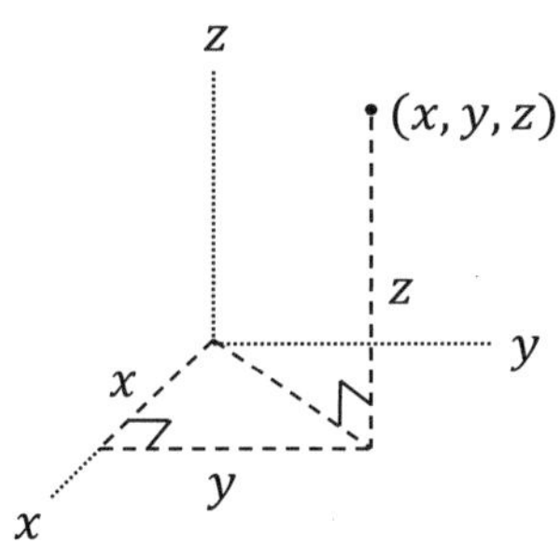

  - x는 x축을 따라가며 측정한 거리다. 위의 그림에서 x는 책의 지면을 뚫고 밖으로 나오는 방향을 따라가며 측정한 거리다.
  - y는 y축을 따라가며 측정한 거리다. 위의 그림에서 y는 오른쪽 방향을 따라가며 측정한 거리다.
  - z는 z축을 따라가며 측정한 거리다. 위의 그림에서 z는 위쪽 방향을 따라가며 측정한 거리다.

- **극좌표계**(polar coordinate). 원형 구조[원, 링(고리), 원호 등]를 다루는 문제는 2차원 극좌표계를 사용하면 좀 더 쉽게 풀 수 있는 것이 보통이다.

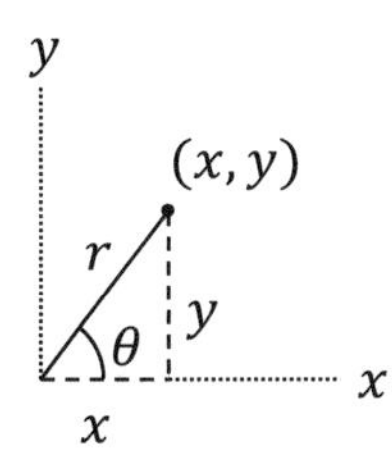

- r은 원점에서 반지름 방향(바퀴살처럼 중심에서 곧게 밖으로 뻗어나가는 방향)을 따라가며 측정한 거리다.
- θ는 x축을 기준으로 반시계방향으로 돌면서 측정한 각도이다.

- **원통좌표계**(cylindrical coordinate). 중심축에 대해 대칭인 구조(원통, 원뿔, 나선 등)를 다루는 문제는 원통좌표계를 사용하면 좀 더 쉽게 풀 수 있는 것이 보통이다.

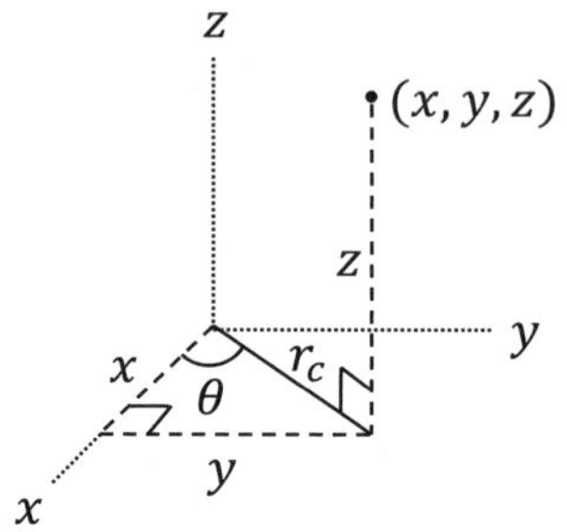

- r_c는 z축(원점이 아님)을 중심으로 하는 수평면에서 반지름 방향(바퀴살처럼 곧게 밖으로 뻗어나가는 방향)을 따라가며 측정한 거리다.
- θ는 x축을 기준으로 반시계방향으로 돌면서 측정한 각도이다.
- z는 z축을 따라가며 측정한 거리다. 위의 그림에서 z는 위쪽 방향을 따라가며 측정한 거리다.

원통좌표계는 2차원 극좌표에 z 좌표를 결합한 것으로 볼 수도 있다.

- **구좌표계**(spherical coordinate). 구(공) 모양 구조(공 모양의 입체, 반구 모양의 껍질 등)를 다루는 문제는 구좌표계를 사용하면 좀 더 쉽게 풀 수 있는 것이 보통이다.

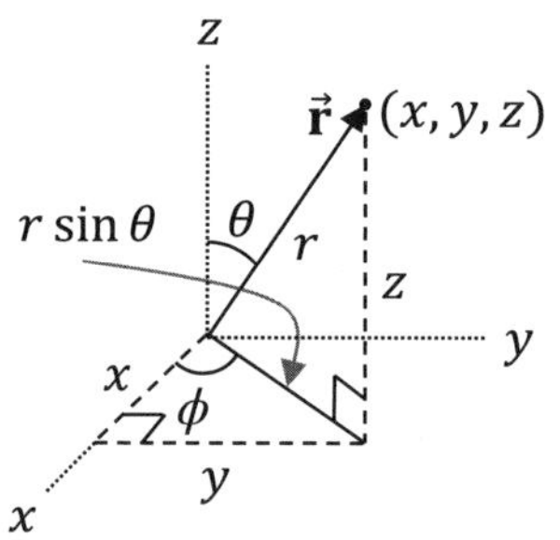

- r은 원점을 중심으로 반지름 방향(바퀴살처럼 곧게 밖으로 뻗어나가는 방향)을 따라가며 측정한 거리다.
- θ는 z축을 기준으로 아래쪽으로 돌면서 측정한 각도이다.
- ϕ는 xy 평면으로 투영한 다음에 x축을 기준으로 반시계 방향으로 돌면서 측정한 각도이다. ϕ는 그리스문자 화이(phi)이다.

중요한 차이점

구좌표계의 r은 원통좌표계의 r_c와는 다르다는 것을 꼭 알아야 한다. r은 원점을 중심으로, 수평, 수직을 포함하여 모든 방향으로 곧게 밖으로 뻗어나가는 반면, r_c는 z축을 중심으로, 수평으로만 모든 방향으로 곧게 밖으로 뻗어나간다.

각도 θ와 ϕ는 물리학 책과 수학 책에서 서로 반대로 정의하는 경우가 종종 있다. 따라서 물리학과 벡터 미적분학을 동시에 공부하는 경우에는 이 두 각도의 정의에 항상 주의를 기울여야만 하는 어려움이 있다.

물리학에서는 ϕ가 일정한 점들로 이루어진 도형은 수직 대원(great vertical circle)이 된다. 수직 대원을 경도(longitude)라고 부른다. 반면에 θ가 일정한 점들로 이루어진 도형은 수평원(horizontal circle)이 된다. 수평원을 위도(latitude)라고 부른다. 아래 그림에서 보듯이 적도를 제외하면 모든 위도가 만드는 수평원의 크기는 모든 경도가 만드는 원보다 크기가 작다.

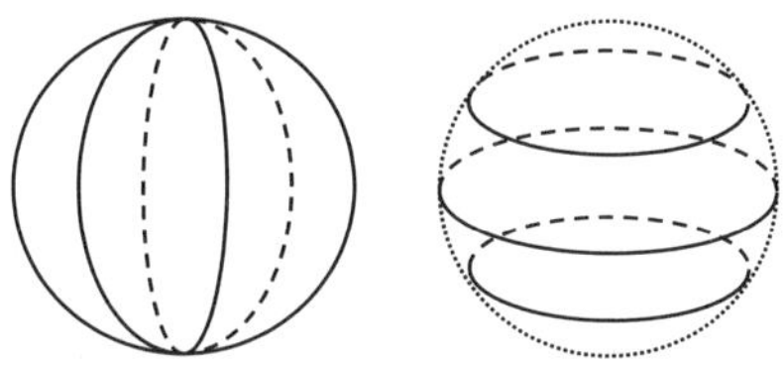

서로 다른 좌표계 사이의 변환

2차원 극좌표의 r, θ와 직각좌표계의 x, y 사이의 관계는 다음 식으로 쓸 수 있다.

$$x = r\cos\theta \quad , \quad y = r\sin\theta$$
$$r = \sqrt{x^2 + y^2} \quad , \quad \theta = \tan^{-1}\left(\frac{y}{x}\right)$$

원통좌표계의 r_c, θ, z와 직각좌표계의 x, y, z 사이의 관계는 다음 식으로 쓸 수 있다. (z는 두 좌표계에서 서로 동일하다).

$$x = r_c\cos\theta \quad , \quad y = r_c\sin\theta$$
$$r_c = \sqrt{x^2 + y^2} \quad , \quad \theta = \tan^{-1}\left(\frac{y}{x}\right)$$

구좌표계의 r, θ, ϕ와 직각좌표계의 x, y, z 사이의 관계는 다음 식으로 쓸 수 있다.

$$x = r\sin\theta\cos\phi \quad , \quad y = r\sin\theta\sin\phi \quad , \quad z = r\cos\theta$$
$$r = \sqrt{x^2 + y^2 + z^2} \quad , \quad \theta = \cos^{-1}\left(\frac{z}{r}\right) \quad , \quad \phi = \tan^{-1}\left(\frac{y}{x}\right)$$

미소 요소

미소 호 길이(differential arc length)는 일반적으로 ds로 표시한다. ds에 대해 적분을 수행하면 호의 전체 길이 s를 구할 수 있다($s = \int ds$). 호의 전체 길이 s는 유한한 반면에 미소 호 길이 ds는 무한히 짧다.

- x축에 평행한 직선인 경우에는 $ds = dx$를 사용한다. y축에 평행한 직선인 경우에는 $ds = dy$를 사용한다. z축에 평행한 직선인 경우에는 $ds = dz$를 사용한다.
- 2차원 극좌표에서 반지름이 R인 원호인 경우에는 $ds = Rd\theta$를 사용한다. **표기법**: 대문자 R은 상수(반지름)인 반면 소문자 r은 변수이다.

미소 면적 요소(differential area element)는 일반적으로 dA로 표시한다. dA에 대해 적분을 수행하면 표면적 A를 구할 수 있다($A = \int dA$). 표면적은 미소 면적 요소에 대해 이중 적분을 수행하여 구한다. 다음에 나오는 예제를 풀면서 이에 대해 살펴보기로 한다.

- 직선으로 완전하게 둘러싸인 평평한 표면(예를 들어, 삼각형 또는 사각형)이 xy 평면에 놓여 있는 경우, 이 표면이 차지하는 영역의 미소 면적 요소로 $dA = dx\,dy$를 사용한다.
- 2차원 극좌표에서 모서리 중의 하나가 원형인 평평한 표면(예를 들어, 내부가 채워진 반원 또는 피자조각)인 경우, 이 표면이 차지하는 영역의 미소 면적 요소로 $dA = r\,dr\,d\theta$를 사용한다.
- 구좌표에서 반지름이 R인 공 모양의 표면(예를 들어 얇은 반구 껍질)인 경우, 이 표면이 차지하는 영역의 미소 면적 요소로 $dA = R^2 \sin\theta\, d\theta\, d\theta$를 사용한다. 여기서 R은 r과는 달리 상수이다.

미소 부피 요소(differential volume element)는 일반적으로 dV로 표시한다. dV에 대해 적분을 수행하면 부피 V를 구할 수 있다($V = \int dV$). 부피는 미소 부피 요소에 대해 삼중적분을 수행하여 구한다. 다음에 나오는 예제를 풀면서 이에 대해 살펴보기로 한다.

- 평평한 면과 직선 모서리로 이루어진 입체(예를 들어, 육면체)인 경우, 이 입체의 미소 부피 요소로 $dV = dx\,dy\,dz$를 사용한다.
- 원통형 입체(예를 들어, 원통 또는 원뿔)인 경우, 이 입체의 미소 면적 요소로 $dV = r_c dr_c d\theta\, dz$ 사용한다.
- 공 모양 입체(예를 들어, 반구)인 경우, 이 입체의 미소 면적 요소로 $dV = r^2 \sin\theta\, dr\, d\theta\, d\phi$ 사용한다.

적분으로 호 길이, 표면적, 부피를 구하는 방법

길이, 면적, 부피에 대해 적분을 수행할 때는 다음과 같은 단계를 밟는다.

1. 먼저, 적절한 좌표를 사용하여 미소 요소를 나타낸다.
    - x축에 평행한 직선인 경우에는 $ds = dx$를 사용한다.
    - y축에 평행한 직선인 경우에는 $ds = dy$를 사용한다.
    - z축에 평행한 직선인 경우에는 $ds = dz$를 사용한다.
    - 반지름이 R인 원호인 경우에는 $ds = Rd\theta$를 사용한다.
    - 내부가 채워진 사각형 또는 삼각형과 같은 다각형인 경우에는 $dA = dx\,dy$을 사용한다.
    - 내부가 채워진 반원이나 파이조각 같은 모양의 표면인 경우에는 $dA = r\,dr\,d\theta$를 사용한다.
    - 반지름이 R인 공의 표면인 경우에는 $dA = R^2 \sin\theta\, d\theta d\phi$를 사용한다.
    - 육면체와 같은 다면체 입체인 경우에는 $dV = dx\,dy\,dz$를 사용한다.
    - 원통 또는 원뿔 입체인 경우에는 $dV = r_c dr_c d\theta dz$를 사용한다.
    - 반구처럼 공 모양 입체의 일부분인 경우에는 $dV = r^2 \sin\theta\, dr\, d\theta d\phi$를 사용한다.
2. ds에 대한 적분은 단일 적분(선적분), dA에 대한 적분은 이중 적분(면적분), dV에 대한 적분은 삼중 적분(부피적분)이다.
3. 적분 영역을 모두 포함할 수 있도록 각 적분 변수의 상한과 하한을 정한다. 다음에 나오는 예제를 보면서 이 방법을 익히도록 한다.
4. 이번 장에서 배운 방법들을 사용하여 적분을 수행한다.

예제 호 길이를 적분하여 원 둘레의 길이를 구하라.

풀이 원호의 경우, 미소 길이 요소는 $ds = R\,d\theta$이다. 원 호의 길이를 구하려면 θ에 대해 적분을 수행해야 한다. 원 전체의 둘레는 다음과 같이 θ를 0에서 2π 라디안(radian)까지 변화시키면 얻을 수 있다.

$$C = \int ds = \int_{\theta=0}^{2\pi} R d\theta$$

원호의 길이에 대해 적분을 할 때는 반지름 R은 상수이다. 따라서 다음과 같이 R을 적분기호 밖으로 꺼낼 수 있다. (이와 달리 면적에 대해 적분을 할 때는 미소 면적 요소가 $dA = r\,dr\,d\theta$인데, 이때는 반지름 r이 변수이다.)

$$C = R \int_{\theta=0}^{2\pi} d\theta = R[\theta]_{\theta=0}^{2\pi} = R(2\pi - 0) = 2\pi R$$

이 결과는 원 둘레의 길이를 나타내는 방정식(5장)과 일치한다.

예제 아래 그림과 같은 삼각형의 면적을 이중적분으로 구하라.

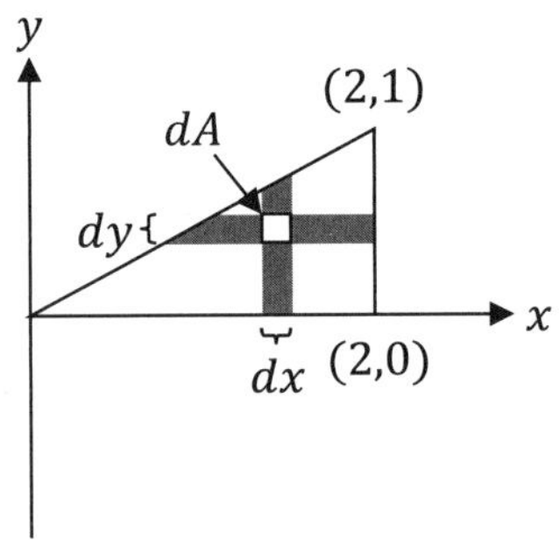

풀이 삼각형의 면적을 구하기 위해, 미소 면적 요소로 $dA = dx\,dy$을 사용한다. 이를 사용하여 삼각형의 면적을 구하려면 x와 y에 대해 모두 적분을 수행해야 한다. 언뜻 생각하면 x를 0에서 2까지, y를 0에서 1까지 변화시키면 될 것 같은데, 이렇게 해서는 안 된다. 만일 이렇게 하면 삼각형의 면적이 아니라 사각형의 면적이 계산된다. 그림을 잘 살펴보면 x 좌표의 값을 0에서 2까지 변화시킬 때, 이에 해당하는 y 좌표의 값은 삼각형의 빗변을 따라가며 0에서 1까지 사이에서 변한다(즉 y는 x의 종속변수이다).

y에 대한 적분의 상한을 정확하게 구하기 위해서는 삼각형의 빗변을 나타내는 직선의 방정식을 알아야 한다. 이 직선의 기울기는 $\frac{y_2-y_1}{x_2-x_1} = \frac{1-0}{2-0} = \frac{1}{2}$이며 y절편(y축과 만나는 점, 다시 말해 $x = 0$일 때의 y값)은 0이다. 직선의 일반식은 $y = mx + b$이므로, 빗변을 나타내는 직선의 방정식은 $y = \frac{1}{2}x + 0$이다. 따라서 x값이 $x = 0$에서 $x = 4$까지 변할 때, y값은 $y = 0$에서 $y = \frac{1}{2}x$까지 변한다. 그러므로 적분의 상한은 빗변을 나타내는 직선의 방정식이 된다. 위 그림에서 진하게 표시한 부분을 잘 살펴보라. 적분의 상한과 하한을 써서 적분 식을 나타내면

$$A = \int dA = \int_{x=0}^{2} \int_{y=0}^{\frac{x}{2}} dydx$$

이 된다. y의 상한에 x가 들어있으므로 y에 대한 적분을 먼저 수행해야 한다. y에 대한 적분과 x에 대한 적분을 차례로 수행하면

$$A = \int_{x=0}^{2} \left(\int_{y=0}^{\frac{x}{2}} dy \right) dx = \int_{x=0}^{2} \left([y]_{y=0}^{y=\frac{x}{2}} \right) dx = \int_{x=0}^{2} \left(\frac{x}{2} - 0 \right) dx = \int_{x=0}^{2} \frac{x}{2} dx$$

$$A = \int_{x=0}^{2} \frac{x}{2} dx = \left[\frac{x^2}{4} \right]_{x=0}^{x=2} = \frac{2^2}{4} - \frac{0^2}{4} = \frac{4}{4} = 1$$

이 된다. 물론 삼각형의 면적을 구하는 데 적분을 사용하지 않아도 된다. "삼각형 면적 = 밑변 × 높이 ÷ 2"의 공식(5장)을 사용하면 $A = \frac{1}{2}bh = \frac{1}{2}(2)(1) = 1$를 간단히 구할 수 있다. 삼각형은 모양이 단순하므로 쉽게 면적을 구할 수 있지만 적분으로 면적을 구할 수밖에 없는 경우도 많이 있다. (면적은 단일 적분으로 계산할 수 있지만 물리학에서 사용하는 적분 중에는 이중적분이나 삼중적분이 아니면 풀 수 없는 것들도 있다. 따라서 다중적분을 풀 수 있는 능력을 반드시 갖추고 있어야 한다.)

예제 이중적분을 사용하여 내부가 채워진 원의 면적을 구하라.

풀이 내부가 채워진 원의 면적을 구하기 위해 미소 면적 요소로 $dA = rdrd\theta$을 사용한다. 이를 사용하여 원의 면적을 구하려면 r과 θ에 대해 모두 적분을 수행해야 한다.

바로 전에 살펴본 예제와는 달리 r과 θ에 대한 상한과 하한은 모두 상수이다. 적분 범위는 다음과 같다.

- $0 \le r \le R$
- $0 \le \theta \le 2\pi$

R은 상수(원의 반지름)인 반면 r은 적분 변수임을 잘 알아야 한다. 임의의 θ값에 대해 변수 r은 0에서 R까지 변한다(즉 θ와 r은 서로 독립적으로 변한다). 이와 달리 앞의 예제에서는 y의 상한이 x값에 따라 달라진 바 있다.

$dA = rdrd\theta$를 면적 적분에 대입하면

$$A = \int dA = \int_{r=0}^{R} \int_{\theta=0}^{2\pi} rdrd\theta$$

이 된다. 모든 상한, 하한이 상수이므로 이 이중적분은 어떤 순서로 적분을 수행해도 상관이 없다.

$$A = \int_{r=0}^{R} \left(\int_{\theta=0}^{2\pi} rd\theta \right) dr$$

θ에 대해 적분을 할 때 독립변수 r은 상수로 취급할 수 있다. 따라서 다음과 같이 r을 θ 적분 바깥으로 꺼낼 수 있다(이때 r을 r에 대한 적분 바깥으로 꺼내지 않도록 주의해야 한다).

$$A = \int_{r=0}^{R} r \left(\int_{\theta=0}^{2\pi} d\theta \right) dr = \int_{r=0}^{R} r[\theta]_{\theta=0}^{2\pi} dr = \int_{r=0}^{R} r(2\pi - 0)\, dr = \int_{r=0}^{R} 2\pi r\, dr$$

$$A = \int_{r=0}^{R} 2\pi r\, dr = 2\pi \int_{r=0}^{R} r\, dr = 2\pi \left[\frac{r^2}{2} \right]_{r=0}^{R} = 2\pi \left(\frac{R^2}{2} - \frac{0^2}{2} \right) = 2\pi \frac{R^2}{2} = \pi R^2$$

예상한대로 반원의 면적은 $A = \pi R^2$(5장)이다.

연습문제

162. 이중적분을 사용하여 다음 삼각형의 면적을 구하라.

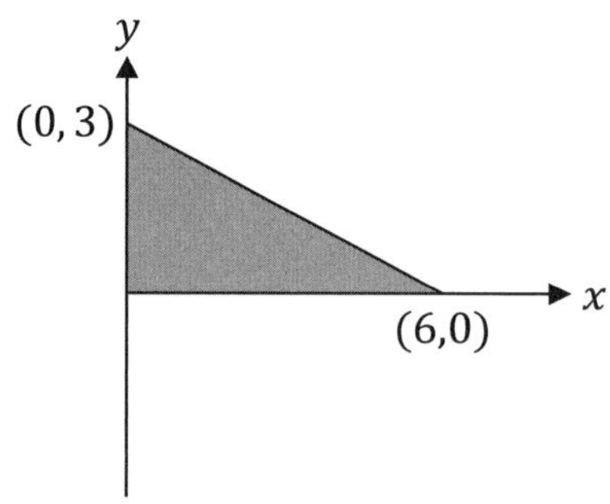

답: 9

163. 안쪽 지름이 R_1, 바깥쪽 지름이 R_2인 원형 링(고리)이 있다. 이중적분을 사용하여 이 링의 면적을 구하라.

답: $\pi(R_2^2 - R_1^2)$

도움이 필요한가요? 책의 맨 뒤에 있는 “힌트”를 참고하세요.

27
질량 중심

개별 시스템의 질량 중심을 구하는 방법

여러 개의 개별 물체로 이루어진 시스템의 질량 중심을 구할 때는 다음 단계를 따른다(여러 개의 개별 물체가 아닌 하나의 막대나 원반과 같은 연속적 물체의 질량 중심을 다루는 경우에는 291~299쪽을 참조하라.)

1. 시스템을 이루고 있는 각 개별 물체의 중심 좌표가 주어지지 않은 경우에는 중심 좌표의 (x, y) 값을 각각 구한다. 예를 들어, 개별 물체의 모양이 원 또는 정사각형이고 물체가 균일한 경우에는 그 물체의 중심은 원 또는 정사각형의 기하학적 중심(geometric center)에 위치한다. 물체가 다른 형태의 도형일 때는 291쪽의 방법을 참조한다.
2. 각 물체의 질량과 중심의 (x, y) 좌표를 아래 공식에 대입한다.

$$x_{cm} = \frac{m_1x_1 + m_2x_2 + \cdots + m_Nx_N}{m_1 + m_2 + \cdots + m_N}$$

$$y_{cm} = \frac{m_1y_1 + m_2y_2 + \cdots + m_Ny_N}{m_1 + m_2 + \cdots + m_N}$$

   여기서 ⋯ 기호는 중간의 항들을 표시하지 않았음을 나타내는 생략 부호이며, 아래첨자 N은 시스템을 이루고 있는 물체의 개수를 나타낸다.

3. 시스템의 질량 중심은 (x_{cm}, y_{cm})에 위치한다.
4. z 좌표가 있으면 같은 방법으로 z_{cm}을 구한다. 이때 질량 중심의 좌표는 (x_{cm}, y_{cm}, z_{cm})이 된다.

기호와 SI 단위

기호	이름	SI 단위
m_i	물체 i의 질량	kg
x_i	물체 i의 x 좌표	m
y_i	물체 i의 y 좌표	m
N	시스템을 구성하는 물체 개수	단위 없음
x_{cm}	질량 중심의 x 좌표	m
y_{cm}	질량 중심의 y 좌표	m
(x_{cm}, y_{cm})	질량 중심의 좌표	m

예제 30 kg 원숭이와 60 kg 원숭이가 서로 12 m 만큼 떨어져 서 있다. 이 시스템의 질량 중심을 구하라.

풀이 이 문제에서 좌표계를 설정한다. 30 kg 원숭이를 원점에 두고 $+x$축의 방향을 60 kg 원숭이를 향하도록 선택한다. 이렇게 하면 $(x_1, y_1) = (0, 0)$이고 $(x_2, y_2) = (12\text{ m}, 0)$이다. 이 시스템을 이루고 있는 물체의 개수 $N=2$이므로 다음과 같이 질량 중심 공식을 사용한다.

$$x_{cm} = \frac{m_1x_1 + m_2x_2}{m_1 + m_2} = \frac{(30)(0) + (60)(12)}{30 + 60} = \frac{720}{90} = 8.0\text{ m} \quad \text{또한 } y_{cm} = 0$$

예제 아래와 같이 세 개의 정사각형으로 이루어진 시스템이 있다. 각 정사각형의 밀도는 균일하고 모서리의 길이는 6.0 m이다. 이 시스템의 질량 중심을 구하라.

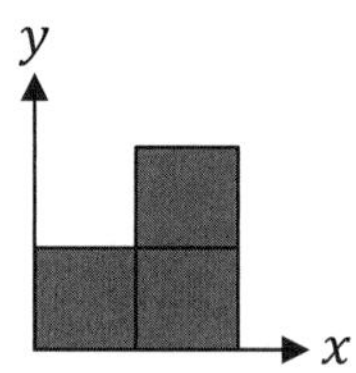

풀이 크기가 6.0 m×6.0 m인 세 정사각형의 중심 좌표를 각각 구한다. 각 사각형의 중심에 점을 찍어 표시한다(또는 각 사각형의 중심에 점을 찍고 x축과 y축을 따라 3.0 m 단위로 눈금을 표시하고 값을 써 넣는다).

- 왼쪽 정사각형: (3.0 m, 3.0 m)
- 오른쪽 아래 정사각형: (9.0 m, 3.0 m)
- 오른쪽 위 정사각형: (9.0 m, 9.0 m)

각 정사각형의 질량은 모두 동일하다. 이 질량을 m_s라고 하자. 물체의 개수가 $N=3$일 때 다음과 같이 질량 중심 공식을 사용한다.

$$x_{cm} = \frac{m_1x_1 + m_2x_2 + m_3x_3}{m_1 + m_2 + m_3} = \frac{3m_s + 9m_s + 9m_s}{m_s + m_s + m_s} = \frac{21m_s}{3m_s} = 7.0 \text{ m}$$
$$y_{cm} = \frac{m_1y_1 + m_2y_2 + m_3y_3}{m_1 + m_2 + m_3} = \frac{3m_s + 3m_s + 9m_s}{m_s + m_s + m_s} = \frac{15m_s}{3m_s} = 5.0 \text{ m}$$

따라서 세 개의 정사각형으로 이루어진 복합 물체의 질량 중심은 (7.0 m, 5.0 m)에 위치한다.

예제 25 kg의 원숭이가 길이가 24 m, 질량이 125 kg인 널빤지의 오른쪽 끝에 서 있다. 널빤지 아래에 받침점을 놓아 이 시스템이 균형을 이루게 하려고 한다. 받침점의 위치를 구하라.

풀이 이 시스템은 질량 중심에서 균형을 이룬다. 이 문제에 대해 좌표계를 설정한다. 널빤지의 왼쪽 끝을 원점으로 정하고 $+x$축이 원숭이를 향하도록 한다. 이렇게 선택하면 판자의 중심은 $(x_1, y_1) = (12 \text{ m}, 0)$이 되고 원숭이의 위치는 $(x_2, y_2) = (24 \text{ m}, 0)$이 된다. 물체의 개수가 $N=2$일 때 다음과 같이 질량 중심 공식을 사용한다.

$$x_{cm} = \frac{m_1x_1 + m_2x_2}{m_1 + m_2} = \frac{(125)(12) + (25)(24)}{125 + 25} = \frac{2100}{150} = 14 \text{ m} \quad \text{또한} \quad y_{cm} = 0$$

예제 다음 그림에서 보듯이 반지름이 6.0 m이고 내부가 균일하게 채워진 원반에 반지름이 3.0 m인 원형 구멍이 뚫려있다. 이 물체의 질량 중심을 구하라.

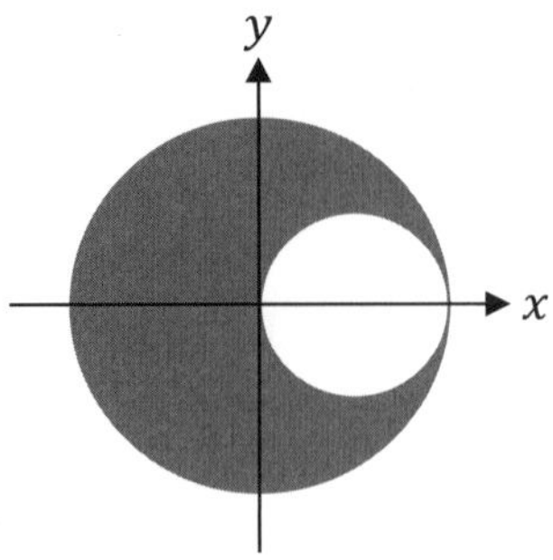

풀이 이 문제를 풀기 위해 아래 그림과 같이 구멍이 뚫린 물체에 그 구멍에 해당하는 도형을 더하면 완전한 원이 되는 관계를 이용해보자.

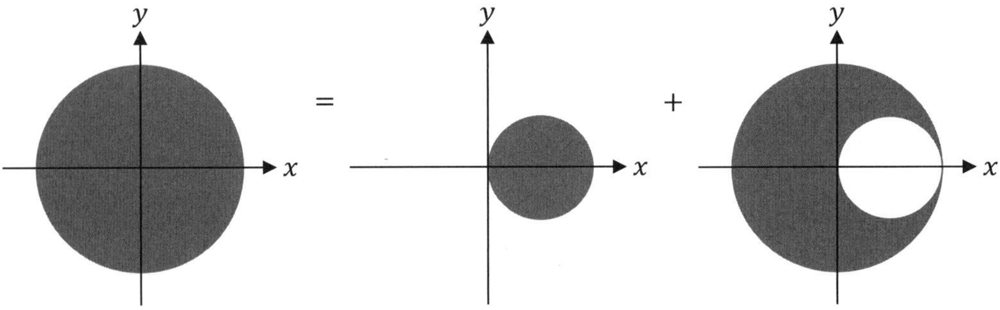

완전한 원에 대해 질량 중심 방정식을 써보면 다음과 같다(세 도형 모두 $y_{cm}=0$이므로 여기서는 x에 대해서만 방정식을 작성한다). 여기서 x_1과 x_2는 각각 작은 원과 구멍 뚫린 원의 질량 중심이다.

$$x_{cm} = \frac{m_1 x_1 + m_2 x_2}{m_1 + m_2}$$

완전한 원의 중심은 원점에 놓여 있으므로 질량 중심의 x 좌표는 $x_{cm}=0$이 된다. 하지만 이것은 문제에서 구하는 질량 중심이 아니다. 문제에서 구해야 하는 것은 x_2(구멍 뚫린 원의 질량 중심)이다. x_1은 작은 원의 질량 중심이다. 작은 원의 중심이 원점에서 3.0 m 떨어져 있으므로 $x_1=3.0$ m이다. 이 값을 질량 중심 방정식에 대입하면

$$0 = \frac{3m_1 + m_2 x_2}{m_1 + m_2}$$

이 된다. 세 개의 물체는 밀도가 균일하므로 질량은 면적에 비례한다. 원의 넓이는 π 곱하기 반지름 제곱이라는 것을 기억하라. 작은 원의 질량 m_1과 큰 원의 질량 m_L의 질량은 다음과 같이 나타낼 수 있다.

$$m_1 = \sigma\pi R_S^2 = \sigma\pi(3)^2 = 9\sigma\pi$$
$$m_L = \sigma\pi R_L^2 = \sigma\pi(6)^2 = 36\sigma\pi$$

표기법: 큰 원을 가리키는 데는 아래 첨자 L을, 작은 원에는 아래 첨자 1을, 원래 모양에는 아래 첨자 2를 사용한다. 그리스 소문자 시그마 σ는 비례 상수(질량 밀도)이다. 질량은 면적에 비례한다.

구멍이 뚫린 원의 질량 m_2는 큰 원의 질량 m_L에서 작은 원의 질량 m_1을 빼면 구할 수 있으므로

$$m_2 = m_L - m_1 = 36\sigma\pi - 9\sigma\pi = 27\sigma\pi$$

이 된다. 이 식을 앞서 구한 큰 원에 대한 질량 중심 방정식에 대입하면

$$0 = \frac{3(9\sigma\pi) + (27\sigma\pi)x_2}{9\sigma\pi + 27\sigma\pi} = \frac{3(9\sigma\pi) + (27\sigma\pi)x_2}{36\sigma\pi}$$

이 된다. 위 식의 양변에 분모 $36\sigma\pi$를 곱하면 우변은 0이 된다(0과 곱해지므로). 따라서 여기서 알 수 있는 연산 개념은 다음과 같다. 어떤 분수를 0이 되게 하려면 분자를 0이 되게 하면 된다(0을 어떤 값으로 나누든 0이 되므로). 따라서 위 식을 정리하면

$$0 = 3(9\sigma\pi) + (27\sigma\pi)x_2$$
$$0 = 27\sigma\pi + 27\sigma\pi x_2$$

이 된다. 양변을 $\sigma\pi$로 나누면 식에서 $\sigma\pi$가 사라지므로 다음과 같이 질량 중심을 구할 수 있다.

$$0 = 27 + 27x_2$$
$$-27 = 27x_2$$
$$x_2 = -\frac{27}{27} = -1.0 \text{ m}$$

연습문제

164. 150 g의 바나나 한 개와 350 g의 바나나 다발이 250 cm 만큼 서로 떨어져 있다. 이 시스템의 질량 중심을 구하라.

   답: 150 g 바나나에서 175 cm (또는 바나나 다발에서는 75 cm)

165. 바나나 세 개가 다음과 같은 질량과 위치 좌표를 가지고 있다. 이 시스템의 질량 중심의 위치를 구하라.

   - 위치 좌표 (7.0 m, 1.0 m), 질량 200 g
   - 위치 좌표 (6.0 m, 3.0 m), 질량 500 g
   - 위치 좌표 (2.0 m, −4.0 m), 질량 800 g

   답: (4.0 m, −1.0 m)

166. 아래 그림을 보면 가로로 놓인 길이 20.0 cm의 직사각형 조각과 세로로 놓인 폭 4.0 cm의 직사각형 조각으로 이루어진 T자 형태의 물체가 있다. 두 조각의 밀도는 모두 균일하다(하지만 두 조각의 밀도는 다르다). 가로 조각의 질량은 6.0 kg이고 세로 조각의 질량은 18.0 kg이다. 이 물체가 균형을 이루기 위해 물체 아래에 받침점을 놓아야 할 위치를 구하라.

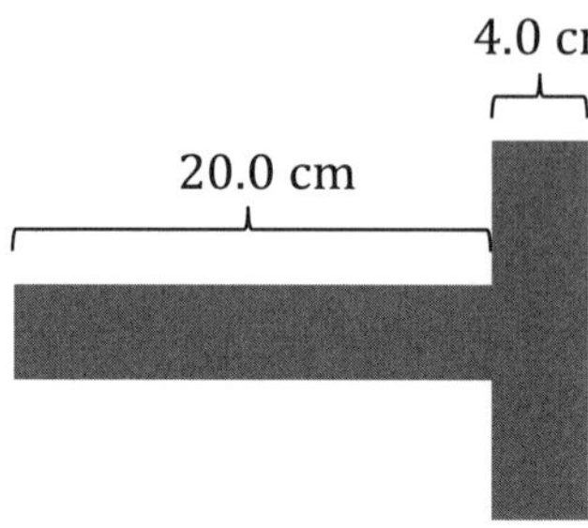

답: 가로 조각과 세로 조각이 만나는 위치에서 1.0 cm 왼쪽

167. 아래 그림에서 짙게 색칠한 시스템의 질량 중심을 구하라. 여기서, 색칠한 각 정사각형은 밀도가 동일하고 한 모서리의 길이가 20 m이다.

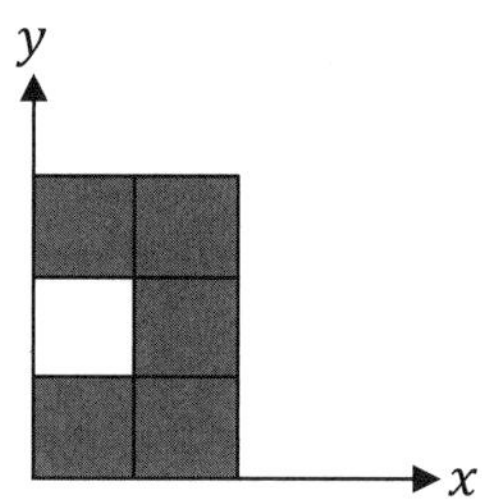

답: (22 m, 30 m)

168. 아래 그림에서 보듯이 반지름이 8.0 m이고 내부가 균일하게 채워진 원반에 반지름이 2.0 m인 원형 구멍이 뚫려있다. 이 물체의 질량 중심을 구하라.

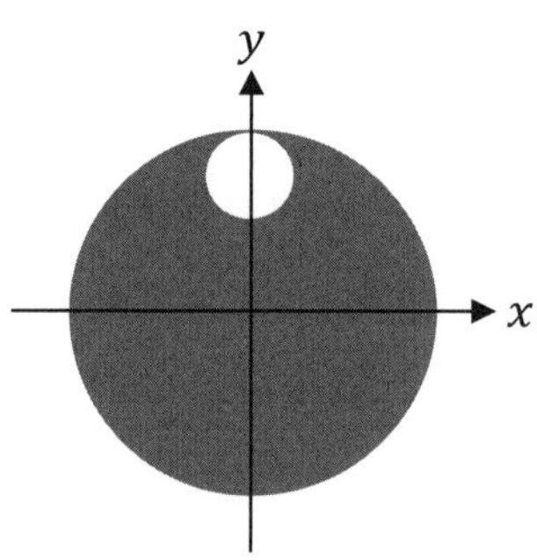

답: $(0, -\frac{2}{5}\text{ m})$

도움이 필요한가요? 책의 맨 뒤에 있는 "힌트"를 참고하세요.

질량 중심 적분을 수행하는 방법

막대나 삼각형과 같은 연속적인 물체의 질량 중심을 구할 때는 다음과 같은 단계를 밟는다.

1. 물체를 그린다. 물체 내부의 적당한 위치에 대표하는 미소질량을 하나 그려 넣고 dm 이라고 표시한다. 원점 또는 축 위에는 dm을 그리지 않도록 한다(단, 물체가 막대이고 그 막대가 축을 따라 놓여 있어 막대의 모든 점이 축 위에 놓여 있는 경우에는 축 위에 그려 넣을 수밖에 없다). 물체를 구성하는 모든 dm을 전부 합하는 과정(즉 적분 과정)을 머릿속으로 그려본다. dm에서 y축으로 가는 수평선을 그리고 이 거리를 x로 표시한다. 마찬가지로 dm에서 x축으로 가는 수직선을 그리고 이 거리를 y로 표시한다. 다음에 나오는 예제의 그림을 참조하기 바란다.

2. 다음의 질량 중심 적분식을 사용한다.

$$x_{cm} = \frac{1}{m}\int x\,dm \quad , \quad y_{cm} = \frac{1}{m}\int y\,dm \quad , \quad z_{cm} = \frac{1}{m}\int z\,dm$$

3. 구조에 따라 dm을 다음 중 하나로 바꾼다.
   - 막대 또는 원호와 같은 구조의 호 길이: $dm = \lambda ds$.
   - 삼각형, 원반(disk), 얇은 공(구) 껍질과 같은 구조의 면적: $dm = \sigma dA$.
   - 정육면체, 반구와 같은 구조의 3차원 입체: $dm = \rho dV$

4. 문제의 구조에 가장 적합한 좌표계를 선택하고 26장의 방법을 사용하여 위의 3번 단계에서 나타낸 ds, dA, dV를 다음 식으로 치환한다.
   - x축에 평행한 직선인 경우에는 $ds = dx$를 사용한다.
   - y축에 평행한 직선인 경우에는 $ds = dy$를 사용한다.
   - 반지름이 R인 원호인 경우에는 $ds = Rd\theta$를 사용한다.
   - 내부가 채워진 사각형 또는 삼각형과 같은 다각형인 경우에는 $dA = dx\,dy$을 사용한다.
   - 내부가 채워진 반원이나 파이조각 같은 모양의 표면인 경우에는 $dA = r\,dr\,d\theta$를 사용한다.
   - 반지름이 R인 공의 표면인 경우에는 $dA = R^2 \sin\theta\, d\theta\, d\phi$를 사용한다.
   - 육면체와 같은 다면체 입체인 경우에는 $dV = dx\,dy\,dz$를 사용한다.
   - 원통 또는 원뿔 입체인 경우에는 $dV = r_c dr_c d\theta\, dz$를 사용한다.
   - 반구처럼 공 모양 입체의 일부분인 경우에는 $dA = r^2 \sin\theta\, dr\, d\theta\, d\phi$를 사용한다.

5. 밀도가 균일한지, 불균일한지 파악한다.
   - 밀도가 균일하면 λ, σ, ρ를 적분기호 밖으로 꺼낼 수 있다.
   - 밀도가 불균일하면 λ, σ, ρ는 적분기호 안에 그대로 남겨 둔다.
6. 위의 4번 단계에서 선택한 좌표계에 따라 피적분함수의 모든 좌표를 다음 식을 사용하여 치환한다.
   - 직각 좌표계 : x, y, z를 그대로 사용한다.
   - 2차원 극 좌표계 : $x = r\cos\theta$, $y = r\sin\theta$
   - 원통 좌표계 : $x = r_c\cos\theta$, $y = r_c\sin\theta$
   - 구 좌표계 : $x = r\cos\theta\cos\phi$, $y = r\sin\theta\sin\phi$, $z = r\cos\theta$
7. 적분 중에서 ds에 대한 적분은 단일 적분이고 dA에 대한 적분은 이중 적분이며 dV에 대한 적분은 삼중 적분이다. 26장에서 자세히 설명한 바와 같이 적분 영역 전체를 모두 포함하도록 적분 변수의 상한과 하한을 정한다. 2장, 9장, 26장에서 설명하는 방법을 사용하여 적분을 수행한다.
8. 다음 적분을 수행하여 물체의 총 질량 m을 구한다.

$$m = \int dm$$

   이때 위의 3번 단계~6번 단계에서 설명한 치환을 사용한다. 위의 7번 단계에서 사용한 것과 동일한 상한, 하한을 사용한다.
9. 위의 8번 단계가 끝나면 여기서 구한 m 값을 질량 중심 적분식(2번 단계)의 m 자리에 대입한다. 그 결과로 나오는 수식을 간단히 정리한다.
10. 시스템의 질량 중심은 (x_{cm}, y_{cm}, z_{cm})에 위치한다.

기호와 SI 단위

기호	이름	SI 단위
dm	미소 질량 요소	kg
m	물체의 총 질량	kg
x, y, z	dm의 직각 좌표	m, m, m
r, θ	dm의 극 좌표	m, rad

r_c, θ, z	dm의 원통 좌표	m, rad, m
r, θ, ϕ	dm의 구 좌표	m, rad, rad
λ	선 질량 밀도	kg/m
σ	면 질량 밀도	kg/m^2
ρ	부피 질량 밀도	kg/m^3
ds	미소 길이 요소	m
dA	미소 면적 요소	m^2
dV	미소 부피 요소	m^3
x_{cm}	질량 중심의 x 좌표	m
y_{cm}	질량 중심의 y 좌표	m

주의: λ, σ, ρ 기호는 각각 그리스 소문자 람다(lambda), 시그마(sigma), 로(rho)이다.

예제 균일하지 않은 막대의 왼쪽 끝은 원점에, 오른쪽 끝은 (3.0 m, 0)에 위치해있다. 막대의 선 질량 밀도는 $\lambda = \beta x$이다. 여기서 β는 상수이다. 막대의 질량 중심을 구하라.

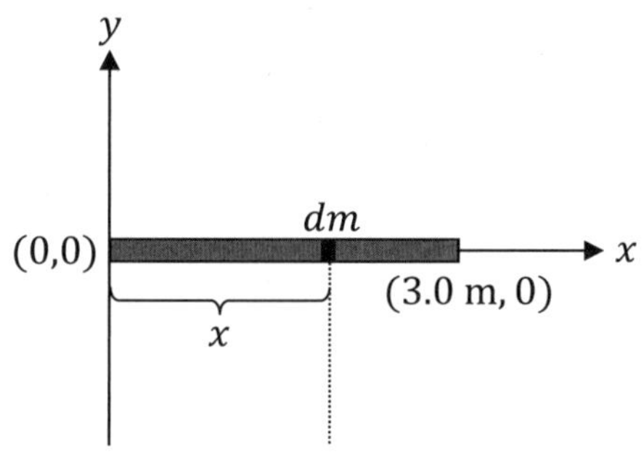

풀이 먼저 문제를 그림으로 그려보자. 대표 미소 질량 하나를 그림의 막대 안에 그려 넣고 dm이라고 표시한다. 적분을 한다는 것은 막대 전체를 구성하는 모든 dm을 전부 합하는 것이다. 질량 중심 적분을 수식으로 쓰면 다음과 같다.

$$x_{cm} = \frac{1}{m}\int x\, dm$$

가느다란 막대의 경우 $dm = \lambda ds$이므로 적분식은

$$x_{cm} = \frac{1}{m}\int x\lambda\, ds$$

가 된다. 막대가 x축을 따라 놓여 있으므로 직각 좌표계를 사용하고 미소 호 길이는 $ds = dx$로 쓴다. 적분의 하한과 상한은 각각 막대의 길이 범위 $0 \le x \le 3.0$ m의 양쪽 끝에 해당하므로 적분식은

$$x_{cm} = \frac{1}{m} \int_{x=0}^{3} x\lambda\, dx$$

가 된다. 막대의 밀도가 균일하지 않으므로 적분기호 밖으로 λ를 꺼낼 수 없다. 그 대신 문제에서 주어진 λ에 $\lambda = \beta x$를 대입한다.

$$x_{cm} = \frac{1}{m} \int_{x=0}^{3} x(\beta x)\, dx$$

β는 상수이므로 적분기호 밖으로 나올 수 있다.

$$x_{cm} = \frac{\beta}{m} \int_{x=0}^{3} x^2\, dx = \frac{\beta}{m}\left[\frac{x^3}{3}\right]_{x=0}^{3} = \frac{\beta}{m}\left(\frac{3^3}{3} - \frac{0^3}{3}\right) = \frac{9\beta}{m}$$

이제 막대의 총 질량을 구해보자. 앞에서와 마찬가지 방식으로 대입을 하면서 적분을 수행하면

$$m = \int dm = \int \lambda\, ds = \int_{x=0}^{3} (\beta x)\, dx = \beta \int_{x=0}^{3} (x)\, dx = \beta\left[\frac{x^2}{2}\right]_{x=0}^{3} = \beta\left(\frac{3^2}{2} - \frac{0^2}{2}\right) = \frac{9\beta}{2}$$

이 된다. 이렇게 구한 m의 수식을 위에서 구한 x_{cm}의 수식에 대입한다.

$$x_{cm} = \frac{9\beta}{m} = 9\beta \div m = 9\beta \div \left(\frac{9\beta}{2}\right) = 9\beta\left(\frac{2}{9\beta}\right) = 2.0 \text{ m}$$

이렇게 구한 $x_{cm} = 2.0$ m가 맞는 답인지 개념적으로 살펴보자. 막대가 균일하다면 질량 중심은 막대의 기하 중심인 원점에서 1.5 m 떨어진 위치가 될 것이다. 하지만 이 문제에서 막대는 균일하지 않다. 균일하지 않은 막대의 밀도는 x에 비례($\lambda = \beta x$)하므로 막대의 오른쪽 끝에 가까울수록(x 값이 더 크므로) 질량이 더 크다. 따라서 질량 중심은 기하학적 중심보다 더 오른쪽에 있어야 한다. 문제에서 구한 질량 중심 ($x_{cm} = 2.0$ m)는 예측대로 기하 중심 1.5 m보다 더 오른쪽에 있다.

예제 아래 그림에서 내부가 채워진 균일한 삼각형의 질량 중심의 위치를 구하라.

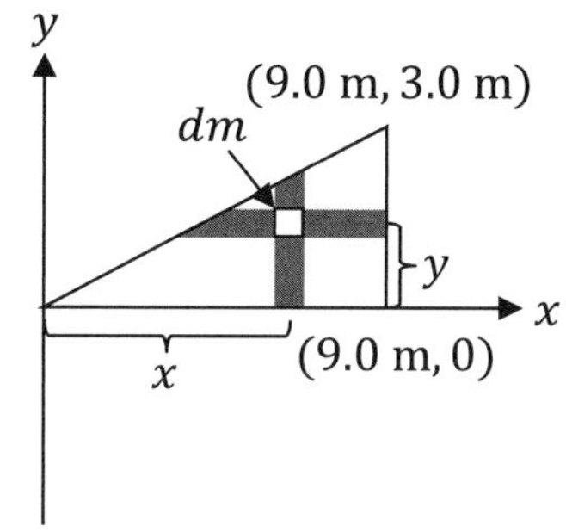

풀이 먼저 문제를 그림으로 그려보자. 대표 미소 질량 하나를 그림의 삼각형 안에 그려 넣고 dm이라고 표시한 다음 추가로 x, y라고 써 넣는다. 적분을 한다는 것은 삼각형 전체를 구성하는 모든 dm을 전부 합하는 것이다. 질량 중심 적분을 수식으로 쓰면 다음과 같다.

$$x_{cm} = \frac{1}{m}\int x\,dm \quad , \quad y_{cm} = \frac{1}{m}\int y\,dm$$

내부가 채워진 삼각형의 경우(선을 구부려 만든 삼각형과는 달리) $dm = \sigma dA$이므로 적분식은

$$x_{cm} = \frac{1}{m}\int x\sigma\,dA \quad , \quad y_{cm} = \frac{1}{m}\int y\sigma\,dA$$

가 된다. 삼각형의 경우에는 직각좌표계를 사용하고 미소 면적 요소는 $dA = dxdy$로 쓴다. 적분의 하한과 상한을 구하기 위해서는 26장에서 풀어본 삼각형 예제처럼 x 좌표 값이 0에서 9.0 m까지 변할 때, 이에 해당하는 y 좌표의 값이 따라가며 변하는 빗변의 직선 방정식을 구해야 한다. 이 직선의 기울기는 $\frac{y_2-y_1}{x_2-x_1} = \frac{3-0}{9-0} = \frac{1}{3}$이며 y절편은 0이다. 직선의 일반식은 $y = mx + b$이므로, 빗변을 나타내는 직선의 방정식은 $y = \frac{1}{3}x + 0$이다. 따라서 x값이 $x = 0$에서 $x = 9$까지 변할 때, y값은 $y = 0$에서 $y = \frac{1}{3}x$까지 변한다. 위 그림에서 진하게 표시한 부분을 잘 살펴보라. 문제에서 주어진 삼각형의 밀도는 균일하므로 σ는 적분기호 밖으로 나올 수 있다.

$$x_{cm} = \frac{\sigma}{m}\int_{x=0}^{9}\int_{y=0}^{\frac{x}{3}} x\,dy\,dx \quad , \quad y_{cm} = \frac{\sigma}{m}\int_{x=0}^{9}\int_{y=0}^{\frac{x}{3}} y\,dy\,dx$$

y의 상한에 x가 들어있으므로 y에 대한 적분을 먼저 수행해야 한다. x_{cm}을 계산하는 이중 적분 수식에 들어있는 x는 y에 대한 적분에서는 적분기호 밖으로 꺼낼 수 있지만 x에 대한 적분에서는 적분기호 밖으로 꺼낼 수 없다.

$$x_{cm} = \frac{\sigma}{m}\int_{x=0}^{9} x \int_{y=0}^{\frac{x}{3}} dy\, dx = \frac{\sigma}{m}\int_{x=0}^{9} x\left(\int_{y=0}^{\frac{x}{3}} dy\right) dx = \frac{\sigma}{m}\int_{x=0}^{9} x\left([y]_{y=0}^{y=\frac{x}{3}}\right) dx$$

$$x_{cm} = \frac{\sigma}{m}\int_{x=0}^{9} x\left(\frac{x}{3} - 0\right) dx = \frac{\sigma}{m}\int_{x=0}^{9} \frac{x^2}{3} dx = \frac{\sigma}{m}\left[\frac{x^3}{(3)(3)}\right]_{x=0}^{x=9} = \frac{\sigma}{m}\left(\frac{9^3}{9} - \frac{0^3}{9}\right) = 9^2\frac{\sigma}{m} = \frac{81\sigma}{m}$$

y_{cm}을 계산하는 이중적분에서도 마찬가지로 y에 대한 적분을 먼저 수행해야 한다. 적분 수식에 들어 있는 y는 y에 대한 적분에서는 적분기호 밖으로 꺼낼 수 없다. y_{cm}을 구하는 이중적분과 x_{cm}을 구하는 이중적분 과정을 잘 비교해보기 바란다.

$$y_{cm} = \frac{\sigma}{m}\int_{x=0}^{9}\int_{y=0}^{\frac{x}{3}} y\, dy\, dx = \frac{\sigma}{m}\int_{x=0}^{9}\left(\int_{y=0}^{\frac{x}{3}} y\, dy\right) dx = \frac{\sigma}{m}\int_{x=0}^{9}\left(\left[\frac{y^2}{2}\right]_{y=0}^{y=\frac{x}{3}}\right) dx$$

$$y_{cm} = \frac{\sigma}{m}\int_{x=0}^{9}\left[\frac{\left(\frac{x}{3}\right)^2}{2} - \frac{0^2}{2}\right] dx = \frac{\sigma}{m}\int_{x=0}^{9} \frac{x^2}{(9)(2)} dx = \frac{\sigma}{18m}\left[\frac{x^3}{3}\right]_{x=0}^{x=9} = \frac{\sigma}{m}\left(\frac{9^3}{54} - \frac{0^3}{54}\right) = \frac{27}{2}\frac{\sigma}{m}$$

이제 삼각형의 총 질량을 구해보자. 앞에서와 마찬가지 방식으로 대입을 하면서 적분을 수행하면

$$m = \int dm = \int \sigma\, dA = \sigma\int_{x=0}^{9}\int_{y=0}^{\frac{x}{3}} dy\, dx = \sigma\int_{x=0}^{9}\left(\int_{y=0}^{\frac{x}{3}} dy\right) dx = \sigma\int_{x=0}^{9}\left([y]_{y=0}^{y=\frac{x}{3}}\right) dx$$

$$m = \sigma\int_{x=0}^{9}\left(\frac{x}{3} - 0\right) dx = \sigma\int_{x=0}^{9}\frac{x}{3} dx = \sigma\left[\frac{x^2}{(3)(2)}\right]_{x=0}^{x=9} = \sigma\left(\frac{9^2}{6} - \frac{0^2}{6}\right) = \frac{81\sigma}{6} = \frac{27\sigma}{2}$$

이 된다. 이렇게 구한 m의 수식을 위에서 구한 x_{cm}과 y_{cm}의 수식에 대입한다.

$$x_{cm} = \frac{81\sigma}{m} = 81\sigma \div m = 81\sigma \div \left(\frac{27\sigma}{2}\right) = 81\sigma\left(\frac{2}{27\sigma}\right) = (3)(2) = 6.0\text{ m}$$

$$y_{cm} = \frac{27}{2}\frac{\sigma}{m} = \frac{27\sigma}{2} \div m = \frac{27\sigma}{2} \div \left(\frac{27\sigma}{2}\right) = \frac{27\sigma}{2}\left(\frac{2}{27\sigma}\right) = 1.0\text{ m}$$

삼각형의 질량 중심은 (6.0 m, 1.0 m)에 위치한다. 맨 앞에 나온 그림의 삼각형에 이 위치를 표시해보고 예상과 일치하는지 검토해본다.

예제 내부가 채워진 균일한 반원이 있다. 반지름이 3.0 cm인 이 반원은 아래 그림과 같이 xy 평면상에서 $+y$ 방향을 향해 놓여 있다. 반원이 놓인 위치는 "완전한" 원이라고 가정할 때 그 중심이 원점인 곳이다. 반원의 질량 중심을 구하라.

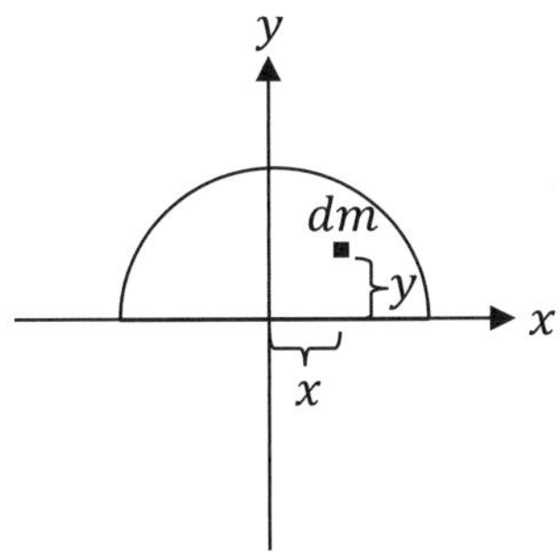

풀이 먼저 문제를 그림으로 그려보자. 대표 미소 질량 하나를 그림의 반원 안에 그려 넣고 dm이라고 표시한 다음 추가로 x, y라고 써 넣는다. 적분을 한다는 것은 반원 전체를 구성하는 모든 dm을 전부 합하는 것이다. 반원은 y축에 대해 대칭이므로 질량 중심의 x 좌표는 $x_{cm}=0$인 것이 분명하다. 질량 중심의 y 좌표를 구하는 적분을 수식으로 쓰면 다음과 같다.

$$y_{cm}=\frac{1}{m}\int y\,dm$$

내부가 채워진 반원의 경우(선을 구부려 만든 반원과는 달리) $dm=\sigma dA$이므로 적분식은

$$y_{cm}=\frac{1}{m}\int y\sigma\,dA$$

가 된다. 반원의 경우에는 극 좌표계를 사용하고 미소 면적 요소는 $dA=rdrd\theta$로 쓴다. 따라서 r과 θ 모두에 대해 적분을 해주어야 한다. 앞의 예제와는 달리 r과 θ의 하한과 상한은 다음과 같이 모두 상수이다.

- $0\le r\le 3.0$ cm
- $0\le\theta\le\pi$(원 전체가 아니라 반원이므로)

모든 θ 값에 대해 변수 r의 적분 범위는 0부터 3.0 cm까지이다. 앞의 예제에서 y의 상한이 x의 값에 따라 달라졌던 것과 비교해보기 바란다. 미소 면적 요소 $dA=r\,dr\,d\theta$를 위의 질량 중심 적분식에 대입한다. 문제에서 주어진 반원의 밀도는 **균일**하므로 적분기호 밖으로 σ를 꺼낼 수 있다.

$$y_{cm} = \frac{1}{m}\int y\sigma\, dA = \frac{\sigma}{m}\int y\, dA = \frac{\sigma}{m}\int_{r=0}^{3}\int_{\theta=0}^{\pi} y\,(rdrd\theta) = \frac{\sigma}{m}\int_{r=0}^{3}\int_{\theta=0}^{\pi} yr\, dr\, d\theta$$

y는 변수이기 때문에 적분기호 밖으로 y를 꺼낼 수 **없다**. 적분을 해야 하는 모든 dm마다 y의 값이 달라진다(위 그림 참조). 따라서 26장에서 설명한 2차원 극좌표에 대한 치환식 $y = r\sin\theta$를 사용한다. 모든 하한과 상한이 상수이므로 이 이중적분은 어떤 변수에 대한 적분을 먼저 수행해도 상관이 없다.

$$y_{cm} = \frac{\sigma}{m}\int_{r=0}^{3}\int_{\theta=0}^{\pi}(r\sin\theta)\, r\, dr\, d\theta = \frac{\sigma}{m}\int_{r=0}^{3}\left(\int_{\theta=0}^{\pi} r^2\sin\theta\, d\theta\right)dr$$

θ에 대해 적분을 할 때는 독립변수 r을 상수로 취급한다. 따라서 θ에 대해 적분을 할 때는 r^2을 적분기호 밖으로 꺼낼 수 있다(그러나 r에 대해 적분을 할 때는 r^2을 적분기호 밖으로 꺼낼 수 없으므로 주의해야 한다).

$$y_{cm} = \frac{\sigma}{m}\int_{r=0}^{3} r^2\left(\int_{\theta=0}^{\pi}\sin\theta\, d\theta\right)dr$$

9장에서 배운 사인 함수의 적분을 참고로 하면

$$y_{cm} = \frac{\sigma}{m}\int_{r=0}^{3} r^2[-\cos\theta]_{\theta=0}^{\pi}\, dr = \frac{\sigma}{m}\int_{r=0}^{3} r^2[-\cos\pi - (-\cos 0)]\, dr$$

$$y_{cm} = \frac{\sigma}{m}\int_{r=0}^{3} r^2[-(-1)+1]\, dr = \frac{\sigma}{m}\int_{r=0}^{3} r^2(1+1)\, dr = \frac{\sigma}{m}\int_{r=0}^{3} 2r^2\, dr = \frac{2\sigma}{m}\int_{r=0}^{3} r^2\, dr$$

$$y_{cm} = \frac{2\sigma}{m}\left[\frac{r^3}{3}\right]_{r=0}^{3} = \frac{2\sigma}{m}\left(\frac{3^3}{3} - \frac{0^3}{3}\right) = \frac{2\sigma}{m}\left(\frac{27}{3}\right) = \frac{2\sigma}{m}(9) = \frac{18\sigma}{m}$$

이 된다. 이제 반원의 총 질량을 구해보자. 앞에서와 마찬가지 방식으로 대입을 하면서 적분을 수행하면

$$m = \int dm = \int \sigma\, dA = \sigma\int_{r=0}^{3}\int_{\theta=0}^{\pi} r\, dr\, d\theta = \sigma\int_{r=0}^{3} r\left(\int_{\theta=0}^{\pi} d\theta\right)dr = \sigma\int_{r=0}^{3} r[\theta]_{\theta=0}^{\pi}\, dr$$

$$m = \sigma\int_{r=0}^{3} r(\pi - 0)\, dr = \sigma\int_{r=0}^{3} \pi r\, dr = \sigma\pi\int_{r=0}^{3} r\, dr = \sigma\pi\left[\frac{r^2}{2}\right]_{r=0}^{3} = \sigma\pi\left(\frac{3^2}{2} - \frac{0^2}{2}\right)$$

$$m = \sigma\pi\left(\frac{9}{2}\right) = \frac{9\pi\sigma}{2}$$

이 된다. 이 된다. 이렇게 구한 m의 수식을 위에서 구한 y_{cm}의 수식에 대입한다.

$$y_{cm} = \frac{18\sigma}{m} = 18\sigma \div m = 18\sigma \div \left(\frac{9\pi\sigma}{2}\right) = 18\sigma\left(\frac{2}{9\pi\sigma}\right) = \frac{4}{\pi}\ \text{cm}$$

이렇게 구한 $y_{cm} = \frac{4}{\pi}$ cm가 맞는 답인지 개념적으로 살펴보자. 앞에 있는 그림을 살펴보면 반원의 위쪽 부분보다는 아래쪽 부분의 질량이 더 크다는 것을 알 수 있다. 따라서 y_{cm}은 반원 높이의 절반보다 작은 값이 되어야 한다. 반원 높이의 절반은 $\frac{R}{2} = \frac{3}{2} = 1.5$ cm이므로 $\frac{4}{\pi}$ cm = 1.27 cm와 비교해보자. 문제에서 구한 질량 중심 (y_{cm} = 1.27 cm)는 예측대로 반원 높이의 절반인 1.5 cm보다 더 작다.

연습문제

169. 균일하지 않은 막대의 왼쪽 끝은 원점에, 오른쪽 끝은 (0, 5.0 m)에 위치해있다. 막대의 선 질량 밀도는 $\lambda = \beta\sqrt{y}$이다. 여기서 β는 상수이다. 막대의 질량 중심을 구하라.

 답: (0, 3.0 m)

170. 아래 그림과 같이 내부가 채워진 균일한 삼각형의 질량 중심의 위치를 구하라.

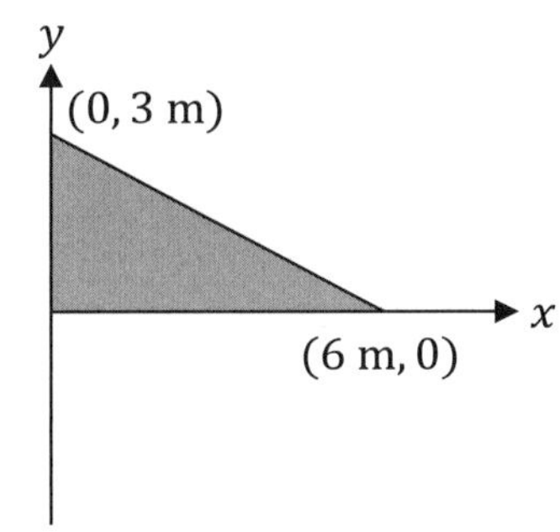

 답: (2.0 m, 1.0 m)

171. 다음 그림과 같이 반원 모양의 고리(내부가 채워져 있지 않음에 주의) 조각이 있다. 이 반원 고리는 원숭이가 반지름이 6.0 cm인 원형 고리(중심은 원점)를 반으로 자른 다음에 아래쪽 절반($-y$쪽)을 버리는 방법으로 만들어서 위쪽 절반($+y$쪽)만 남은 것이다. 이 반원 조각의 질량 중심을 구하라.

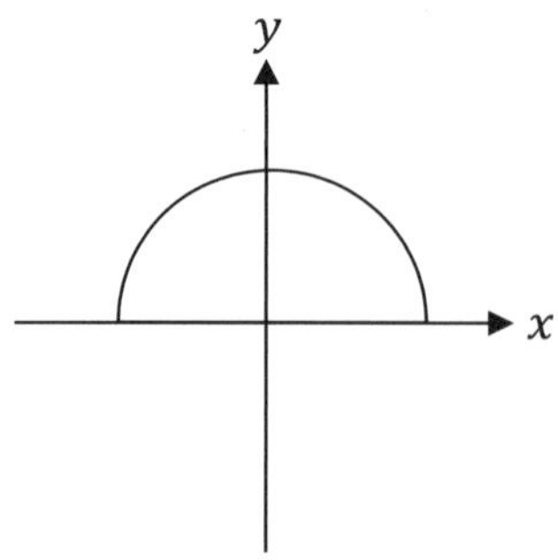

답: $\left(0, \frac{12}{\pi}\text{ cm}\right)$

172. 원숭이 섬은 곡선 $y=x^2$과 직선 $y=4$로 경계가 지정된 영역이다. 원숭이 섬의 질량 밀도는 $\sigma=2$이다. SI 단위는 편의상 생략하였다. 해적 원숭이가 원숭이 섬의 질량 중심에 보물을 묻었다. 보물이 묻힌 곳의 (x, y) 좌표를 구하라.

답: $\left(0, \frac{12}{5}\text{ m}\right)$

173. 아래 그림에서 진하게 칠한 반원 고리의 내부 반지름은 7.0 cm, 외부 반지름은 14.0 cm이다. 반원 고리의 질량 밀도는 $\sigma(r)=\beta r$이다. 여기서 β는 상수이다. 질량 중심의 위치를 구하라.

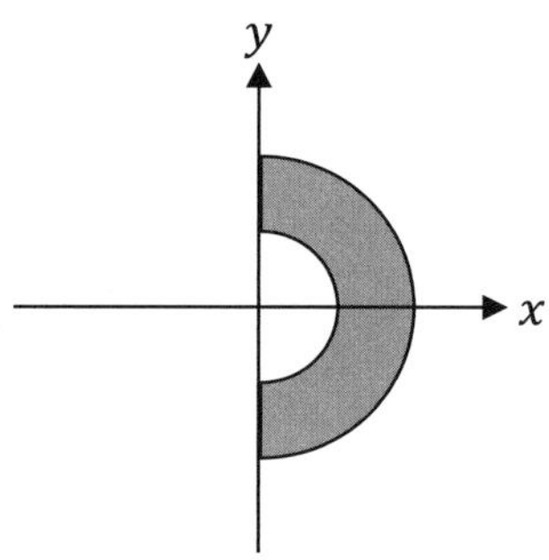

답: $\left(\frac{45}{2\pi}\text{ cm}, 0\right)$

도움이 필요한가요? 책의 맨 뒤에 있는 "힌트"를 참고하세요.

28
등각가속도 운동

관련 용어

- **각속도**(angular velocity) – 원운동을 하는 물체의 회전 각도의 순간 변화율
- **접선 속도**(tangential velocity) – 곡선 경로의 접선 방향의 속도 성분. 선속도(line velocity)라고도 함
- **호 길이**(arc length) – 곡선 경로를 따라 이동한 거리
- **각가속도**(angular acceleration) – 각속도의 순간 변화율
- **접선 가속도**(tangential acceleration) – 속력(접선 속도)의 순간 변화율
- **구심 가속도** – 원운동을 하는 물체의 속도(속력과 방향 모두)의 순간 변화율. 항상 원의 중심을 향하므로 구심 가속도라고 함
- **가속도** – 속도의 순간 변화율
- **등각가속도** – 각가속도가 일정한 운동, 다시 말해 각속도의 변화율이 일정한 운동을 가리킴

중요한 차이점

각도 양(각도와 관련된 양)과 접선 양(길이와 관련된 양)은 단위가 다르다. 비슷한 양을 구별할 때는 단위를 잘 살펴봐야 한다.

- **각도의 변화량** $\Delta\theta$의 단위는 rad이고 호(또는 선) 길이의 변화량 Δs의 단위는 m이다.
- **각속도** ω의 단위는 rad/s이고 접선속도 v_T의 단위는 m/s이다.

- **각가속도** α의 단위는 rad/s^{2}이고 접선가속도 a_T의 단위는 m/s^{2}이다.

등각가속도 방정식

등각가속도 방정식은 다음과 같다.

$$\Delta\theta = \omega_0 t + \frac{1}{2}\alpha t^2 \quad , \quad \omega = \omega_0 + \alpha t \quad , \quad \omega^2 = \omega_0^2 + 2\alpha\Delta\theta$$

접선 양(길이, 속도, 가속도)을 사용하여 등각가속도 방정식을 다시 쓰면 다음과 같다.

$$\Delta s = v_{T0} t + \frac{1}{2}a_T t^2 \quad , \quad v_T = v_{T0} + a_T t \quad , \quad v_T^2 = v_{T0}^2 + 2a_T\Delta s$$

각도 양과 접선 양의 관계는 원의 반지름 R을 써서 다음과 같이 나타낼 수 있다.

$$\Delta s = R\Delta\theta \quad , \quad v_T = R\omega \quad , \quad a_T = R\alpha$$

접선 가속도는 속력이 어떻게 변하는지를 설명하는 반면에, 구심 가속도(16장)는 속도의 크기(속력)는 물론 속도의 방향이 어떻게 변하는지를 설명한다. 다음의 구심 가속도 방정식을 잘 기억해야 한다.

$$a_c = \frac{v^2}{R}$$

총 가속도의 크기는 접선 성분과 구심 성분을 써서 다음과 같이 구할 수 있다.

$$a = \sqrt{a_T^2 + a_c^2}$$

미분형 각가속도 방정식

미분을 써서 각속도 ω와 각가속도 α는 다음과 같이 표현할 수 있다.

$$\omega = \frac{d\theta}{dt} \quad , \quad \alpha = \frac{d\omega}{dt}$$

기호와 SI 단위

기호	이름	SI 단위
$\Delta\theta$	각 변화량	rad
ω_0	초기 각속도	rad/s
ω	최종 각속도	rad/s
α	각 가속도	rad/s^2
t	시간	s
Δs	호 길이 변화량	m
v_{T0}	초기 접선 속도	m/s
v_T	최종 접선 속도	m/s
a_T	접선 가속도	m/s^2
a_c	구심 가속도	m/s^2
a	가속도	m/s^2

주의: 각속도를 나타내는 기호인 α는 그리스 소문자 알파(alpha)이다.

단위 관련 유의사항

단위는 문제에 주어진 양이 무엇인지 알아내는 데 도움이 될 수 있다. 예를 들어, rad/s^2로 단위가 표시되는 양은 α 한 가지이며 m/s로 표시되는 양은 v_{T0}와 v_T, 이렇게 두 가지이다.

반지름을 포함하는 세 가지 방정식($\Delta s = R\Delta\theta$, $v_T = R\omega$, $a_T = R\alpha$)에서 각도 양은 반드시 라디안 단위(rad)를 사용하여 표시되어야 한다($\Delta\theta$의 단위는 rad, ω의 단위는 rad/s, α의 단위는 rad/s^2). 그러나 등각가속도 방정식에서는 단위를 좀 더 유연하게 사용해도 된다. 일관성만 유지한다면 라디안 단위 'rad'는 물론이고 회전(revolution) 단위 'rev'를 사용할 수 있다. $1\ rev = 2\pi\ rad$라는 관계를 잘 기억하기 바란다.

등각가속도 문제풀이 방법

물체의 각가속도가 운동하는 동안 일정하게 유지되면 물체는 등각가속도를 경험한다. 등각가속도 문제를 풀 때는 다음 단계를 밟는다.

1. 값을 알고 있는 양(기지수)들과 값을 구해야 할 양(미지수)을 파악한다.

2. 미지수를 구하는 데 적합한 방정식을 선택한다. 이미 값을 알고 있는 양과 값을 구해야 하는 양이 무엇인지 잘 생각하면 적합한 방정식을 고르는 데 도움이 된다.

   - 등각가속도 방정식은 다음과 같다.

$$\Delta\theta = \omega_0 t + \frac{1}{2}\alpha t^2$$
$$\omega = \omega_0 + \alpha t$$
$$\omega^2 = \omega_0^2 + 2\alpha\Delta\theta$$

     위의 방정식은 여러 가지 각도 양($\Delta\theta$, ω_0, ω, α)을 알고 있을 때 유용하다.

   - 동일한 방정식을 접선 양을 사용하여 나타낼 수 있다.

$$\Delta s = v_{T0} t + \frac{1}{2}a_T t^2$$
$$v_T = v_{T0} + a_T t$$
$$v_T^2 = v_{T0}^2 + 2a_T\Delta s$$

     위의 방정식은 여러 가지 접선 양(Δs, v_{T0}, v_T, a_T)을 알고 있을 때 유용하다.

   - 각도 양과 접선 양을 함께 사용해야 할 경우에는 다음 방정식이 도움이 된다.

$$\Delta s = R\Delta\theta$$
$$v_T = R\omega$$
$$a_T = R\alpha$$

     위의 세 가지 방정식을 사용할 때는 각도 양으로 반드시 라디안 단위를 사용해야 한다. 각도 양의 단위에 회전(rev)이 포함된 경우에는 먼저 회전(rev) 단위를 라디안(rad) 단위로 변환하도록 한다(1 rev = 2π rad).

   - 문제에서 회전수를 구해야 하는 경우에는 먼저 $\Delta\theta$를 구하고 필요한 경우에 라디안 단위(rad)를 회전수 단위(rev)로 변환한다.

   - 가속도(각가속도, 접선 가속도 또는 구심 가속도가 아니라)를 구하려면 다음 공식을 사용한다.

$$a = \sqrt{a_T^2 + a_c^2}$$

     다음 구심 가속도 공식을 기억하라.

$$a_c = \frac{v^2}{R}$$

예제 원숭이가 일정한 각가속도로 원을 그리며 달리고 있다. 원숭이는 정지 상태에서 시작하여 총 8.0 s 동안 4.0 회전(rev)을 완료하였다. 원숭이의 각가속도를 구하라.

풀이 이 문제에서 구해야 할 미지수는 α이다. 값을 알고 있는 양을 적어보자. 각도는 rev 단위(또는 deg 단위 또는 rad 단위)로 나타낼 수 있으므로 4.0 rev는 결국 각도 양 $\Delta\theta$를 의미한다. 세 가지 순수 각도 방정식만 사용하는 경우에는 라디안으로 변환할 필요가 없다(하지만 반지름이 포함된 방정식을 사용하는 경우에는 먼저 rad 단위로 변환해야 한다).

$$\alpha = ? \quad , \quad \Delta\theta = 4.0 \text{ rev} \quad , \quad \omega_0 = 0 \quad , \quad t = 8.0 \text{ s}$$

($v_{T0} = R\omega_0$이므로 $v_{T0} = 0$이라는 사실도 알 수 있다.) 이를 바탕으로 등각가속도의 첫 번째 방정식인 다음 식을 사용하는 것이 가장 간단하다.

$$\Delta\theta = \omega_0 t + \frac{1}{2}\alpha t^2$$

이 방정식에 값이 주어진 양을 대입한다. 번거로움을 피하기 위해 단위는 생략하기로 한다.

$$4 = 0(8) + \frac{1}{2}\alpha(8)^2$$
$$4 = 32\alpha$$
$$\alpha = \frac{1}{8} \text{ rev/s}^2$$

$\Delta\theta$ 단위를 rad(라디안)이 아닌 rev(회전)으로 하였기 때문에 답은 rad/s^2이 아닌 rev/s^2으로 나왔다. 순수한 각도 방정식을 사용하여 문제를 푸는 경우에는 일관성만 지키면(즉 모든 과정에서 rad이나 rad 단위 중에서 어느 한 단위만을 사용하며 이들을 섞어서 사용하지 않음) 이러한 상황을 해결할 수 있다. 그러나 R이 포함된 방정식을 포함하여 다른 유형의 방정식인 경우에는 rad만을 사용해야 한다. 확실하지 않은 경우 rev 대신 rad 단위를 사용하는 것이 좋다.

예제 원숭이 한 마리가 지름이 50 cm인 세워진 타이어 안에 들어가 있다. 다른 원숭이가 이 타이어를 밀어 버렸다. 타이어는 6.0 회전(rev)을 하고 넘어졌다. 타이어의 등각가속도는 $-\frac{1}{3}$ rev/s^2이다. 타이어의 초기 속력을 구하라.

풀이 이 문제에서 구해야 할 미지수는 v_{T0}이다. 값을 알고 있는 양을 적어보자. 반지름을 SI 단위로 변환하면 $R = \frac{D}{2} = 25 \text{ cm} = \frac{1}{4}$ m이다.

$$v_{T0} = ? \quad , \quad R = \frac{1}{4}\text{ m} \quad , \quad \Delta\theta = 6.0\text{ rev} \quad , \quad \omega = 0 \quad , \quad \alpha = -\frac{1}{3}\text{ rev/s}^2$$

먼저 ω_0를 구해보자.

$$\omega^2 = \omega_0^2 + 2\alpha\Delta\theta$$
$$0 = \omega_0^2 + 2\left(-\frac{1}{3}\right)6 = \omega_0^2 - 4$$
$$\omega_0 = \sqrt{4}\text{ rev/s} = 2.0\text{ rev/s} = 4\pi\text{ rad/s}$$

반지름을 사용하여 초기 접선 속도를 구해보자. 여기서 ω_0는 반드시 rad/s 단위여야 한다.

$$v_{T0} = R\omega_0 = \frac{1}{4}(4\pi) = \pi\text{ m/s}$$

연습문제

174. 원숭이가 운전하는 바나나 자동차가 원을 그리며 달리고 있다. 자동차의 초기 각속력은 8.0 rev/s이고 등각가속도 16.0 rev/s^{2}을 유지하면서 6.0 회전(rev)을 하였다. 아래 물음에 답하라.

- 값이 주어진 세 가지 양의 기호와 단위를 적어라.

__________ __________ __________

(A) 6.0 회전(rev)을 하는 동안에 걸리는 시간을 구하라.

(B) 최종 각속력을 구하라.

답: (A) $\frac{1}{2}$ s, (B) 16 rev/s

175. 원숭이가 운전하는 바나나 자동차가 원을 그리며 달리고 있다. 자동차의 초기 각속력은 $\frac{1}{5}$ rev/s이고 1분 동안 움직이는 동안의 등각각속도는 $\frac{1}{20}$ rev/s^{2}이다.

- 값이 주어진 세 가지 양의 기호와 단위를 적어라.

__________ __________ __________

(A) 1분 동안 회전수를 구하라.

(B) 원의 반지름이 15 m일 때 자동차의 최종 속력을 구하라.

답: (A) 102 rev, (B) 96π m/s

29
벡터 곱

관련 용어

- **행렬**(matrix) – 여러 숫자나 문자를 행(가로)과 열(세로)로 배열한 것
- **행렬식**(determinant) – 행렬에 적용하는 연산 중 하나로 연산 결과는 하나의 숫자로 나옴(다음에 나오는 내용 참조).
- **여인수**(cofactor) – 행렬에서 특정 행과 열이 교차하는 부분의 숫자(또는 기호). 다음 절에서 3×3 행렬의 여인수 하나를 설명하기로 한다.

행렬식

2×2 행렬의 행렬식을 구할 때는 다음과 같이 주 대각선의 원소(수 또는 기호)를 서로 곱한 것(왼쪽 위 원소×오른쪽 아래 원소)에서 교차 대각선의 원수를 곱한 것(오른쪽 위 원소×왼쪽 아래 원소)을 뺀다.[1]

$$\begin{vmatrix} a & b \\ c & d \end{vmatrix} = ad - bc$$

3×3 행렬의 행렬식을 구하는 방법으로 여인수 방법이 있다. 행렬에서 맨 위 행의 원소들이 여인수 역할을 한다. 여인수가 포함된 행과 열의 원소를 모두 지우면 소행렬이 하나 나온다. 아래는 3×3 행렬에서 여인수 a와 a의 소행렬을 보여주고 있다.

---

1 행렬식을 계산할 때 교차 대각선의 계산 순서를 $b \times c$로 하는 것이 $c \times b$로 하는 것보다 좋다. 행렬식이 숫자나 문자로 이루어져 있는 경우에 $bc = cb$이므로 어떤 순서로 해도 계산 결과인 $ad - bc$와 $ad - cb$는 동일하므로 문제가 되지 않는다. 하지만 고급 수학 과정에서는 행렬식에 미분 연산자가 들어 있는 경우도 있는데 이때는 순서가 중요해진다.

$$\begin{pmatrix} a & b & c \\ d & e & f \\ g & h & i \end{pmatrix}$$

3×3 행렬의 행렬식은 다음과 같이 맨 위 행의 각 원소를 여인수로 삼고, 여인수마다 각 여인수에 해당하는 2×2 소행렬의 행렬식을 곱한 다음, 이들을 모두 더하는 방식으로 구할 수 있다. 이때 각 곱셈 식 앞에 붙는 부호는 +와 −를 번갈아가며 붙인다.

$$\begin{vmatrix} a & b & c \\ d & e & f \\ g & h & i \end{vmatrix} = a\begin{vmatrix} e & f \\ h & i \end{vmatrix} - b\begin{vmatrix} d & f \\ g & i \end{vmatrix} + c\begin{vmatrix} d & e \\ g & h \end{vmatrix} = aei - afh - bdi + bfg + cdh - ceg$$

3×3 행렬의 행렬식을 구하는 또 하나의 방법은 다음과 같다. 먼저 다음과 같이 행렬에서 가장 왼쪽에 있는 두 개의 열을 행렬의 오른쪽에 덧붙인다. 이제 오른쪽으로 세 개의 대각선 방향을 따라 원소들을 각각 곱한 뒤에 그 결과를 모두 더하고, 다음에는 왼쪽으로 세 개의 대각선 방향을 따라 원소들을 각각 곱한 뒤에 그 결과에 − 부호를 붙이고 모두 더한다.

$$\begin{vmatrix} a & b & c & a & b \\ d & e & f & d & e \\ g & h & i & g & h \end{vmatrix} = aei + bfg + cdh - ceg - afh - bdi$$

벡터 곱 방정식

10장에서 모든 벡터는 그 구성 성분 A_x, A_y, A_z과 직각 좌표계의 단위 벡터 $\hat{\mathbf{x}}$, $\hat{\mathbf{y}}$, $\hat{\mathbf{z}}$를 사용하여 다음과 같은 형태로 나타낼 수 있음을 배웠다.

$$\vec{\mathbf{A}} = A_x\hat{\mathbf{x}} + A_y\hat{\mathbf{y}} + A_z\hat{\mathbf{z}}$$

벡터 곱(다른 말로 가위 곱) $\vec{\mathbf{A}} \times \vec{\mathbf{B}}$은 아래 수식과 같이 3×3 행렬식으로 정의된다. 이 행렬식에서 맨 위 행에는 직각좌표계의 단위 벡터가, 가운데 행에는 벡터 곱에서 앞에 위치한 벡터의 직각좌표 성분이, 맨 아래 행에는 뒤에 위치한 벡터의 직각좌표 성분이 배치된다.

$$\vec{\mathbf{A}} \times \vec{\mathbf{B}} = \begin{vmatrix} \hat{\mathbf{x}} & \hat{\mathbf{y}} & \hat{\mathbf{z}} \\ A_x & A_y & A_z \\ B_x & B_y & B_z \end{vmatrix} = \hat{\mathbf{x}}\begin{vmatrix} A_y & A_z \\ B_y & B_z \end{vmatrix} - \hat{\mathbf{y}}\begin{vmatrix} A_x & A_z \\ B_x & B_z \end{vmatrix} + \hat{\mathbf{z}}\begin{vmatrix} A_x & A_y \\ B_x & B_y \end{vmatrix}$$

$$\vec{\mathbf{A}} \times \vec{\mathbf{B}} = (A_yB_z - A_zB_y)\hat{\mathbf{x}} - (A_xB_z - A_zB_x)\hat{\mathbf{y}} + (A_xB_y - A_yB_x)\hat{\mathbf{z}}$$

$$\vec{\mathbf{A}} \times \vec{\mathbf{B}} = A_yB_z\hat{\mathbf{x}} - A_zB_y\hat{\mathbf{x}} + A_zB_x\hat{\mathbf{y}} - A_xB_z\hat{\mathbf{y}} + A_xB_y\hat{\mathbf{z}} - A_yB_x\hat{\mathbf{z}}$$

벡터 곱의 크기를 나타내는 $\|\vec{\mathbf{A}} \times \vec{\mathbf{B}}\|$는 스칼라 곱(20장)과 유사하지만 다음 식에서 보듯이 코사인 대신에 사인이 들어간다.

$$\|\vec{\mathbf{A}} \times \vec{\mathbf{B}}\| = AB \sin\theta$$

여기서 각도 θ는 두 벡터 $\vec{\mathbf{A}}$와 $\vec{\mathbf{B}}$ 사이의 각도이다.

필수 개념

두 벡터 $\vec{\mathbf{A}}$와 $\vec{\mathbf{B}}$ 사이의 벡터 곱 $\vec{\mathbf{A}}\times\vec{\mathbf{B}}$는 아래 그림과 같이 벡터 $\vec{\mathbf{A}}$를 나타내는 화살표의 머리에 벡터 $\vec{\mathbf{B}}$를 나타내는 화살표의 꼬리를 붙여서 만들어지는 평행 사변형의 면적을 나타낸다. 스칼라 곱 $\vec{\mathbf{A}}\cdot\vec{\mathbf{B}}$를 계산한 결과는 스칼라가 된다(다시 말해, $\vec{\mathbf{A}}\cdot\vec{\mathbf{B}}$를 계산한 결과는 방향이 없고 크기만 가지는 양이다), 하지만 벡터 곱 $\vec{\mathbf{A}}\times\vec{\mathbf{B}}$를 계산한 결과는 벡터가 된다(다시 말해 $\vec{\mathbf{A}}\times\vec{\mathbf{B}}$를 계산한 결과는 크기는 물론 방향까지 가지는 양이다). 벡터 곱의 방향은 두 벡터 $\vec{\mathbf{A}}$와 $\vec{\mathbf{B}}$를 모두 포함하는 평면(아래 그림에서 평행 사변형이 놓인 평면)에 수직이다.

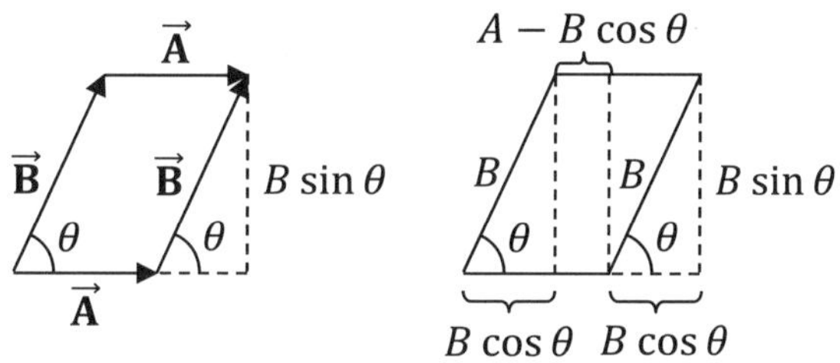

위 그림에서 보듯이 평행사변형을 두 개의 직각삼각형과 그 사이에 있는 얇은 직사각형으로 나누어보자. 그러면 평행사변형의 면적이 다음과 같다는 것을 쉽게 알 수 있다.

$$A_p = 2A_t + A_r = 2\frac{1}{2}(B\cos\theta)(B\sin\theta) + (A - B\cos\theta)(B\sin\theta) = AB\sin\theta$$

이 면적 AB sinθ가 바로 $\|\vec{\mathbf{A}}\times\vec{\mathbf{B}}\| = AB$ sinθ의 크기와 같다.

표기 방법

식 $\vec{\mathbf{A}}\times\vec{\mathbf{B}}$에서 가위(×) 표시는 벡터 곱(가위 곱)을 나타내며 곱셈 결과는 벡터가 된다. 반면에 식 $\vec{\mathbf{A}}\times\vec{\mathbf{B}}$에서 점(·) 표시는 스칼라 곱(점 곱)을 나타내며 곱셈 결과는 스칼라가 된다. 벡터가 아닌 보통의 수를 곱할 때는 가위(×) 표시를 사용해도 되고 점(·) 표시를 사용해도 된다. 예를 숫자 3과 2의 곱은 $3\times2 = 3\cdot2 = (3)(2) = 6$이다. 그러나 벡터와 벡터의 곱셈에서는 가위(×) 표시와 점(·) 표시를 마음대로 써서는 안 된다. 다시 말해 $\vec{\mathbf{A}}\times\vec{\mathbf{B}}$와 $\vec{\mathbf{A}}\cdot\vec{\mathbf{B}}$는 전혀 다른 곱셈이다.

벡터 곱의 반교환 성질

벡터 곱에서는 $\vec{\mathbf{B}} \times \vec{\mathbf{A}} = -\vec{\mathbf{A}} \times \vec{\mathbf{B}}$의 관계가 성립하는데 벡터 곱의 이러한 성질을 반교환(anti-commutativity)이라고 한다. 또한 $\vec{\mathbf{A}} \times \vec{\mathbf{A}} = 0$에서 알 수 있듯이 어떤 벡터라도 자기 자신과의 벡터 곱은 0이 된다는 사실을 잘 기억하고 있으면 도움이 된다.

단위 벡터 사이의 벡터 곱

벡터 곱 $\hat{\mathbf{x}} \times \hat{\mathbf{y}}$의 결과는 앞서 배운 $\vec{\mathbf{A}} \times \vec{\mathbf{B}}$의 결과에서 $\vec{\mathbf{A}} = \hat{\mathbf{x}}$와 $\vec{\mathbf{B}} = \hat{\mathbf{y}}$인 경우이다. $\vec{\mathbf{A}} = \hat{\mathbf{x}}$은 일반 표현식 $\vec{\mathbf{A}} = A_x\hat{\mathbf{x}} + A_y\hat{\mathbf{y}} + A_z\hat{\mathbf{z}}$에서 $A_x = 1$, $A_y = A_z = 0$인 경우이다. 마찬가지로 $\vec{\mathbf{B}} = \hat{\mathbf{y}}$은 $B_x = B_z = 0$, $B_y = 1$인 경우이다. 이렇게 구한 성분들을 사용하여 행렬식으로 $\hat{\mathbf{x}} \times \hat{\mathbf{y}}$을 구해보면 다음과 같다.

$$\hat{\mathbf{x}} \times \hat{\mathbf{y}} = \begin{vmatrix} \hat{\mathbf{x}} & \hat{\mathbf{y}} & \hat{\mathbf{z}} \\ A_x & A_y & A_z \\ B_x & B_y & B_z \end{vmatrix} = \begin{vmatrix} \hat{\mathbf{x}} & \hat{\mathbf{y}} & \hat{\mathbf{z}} \\ 1 & 0 & 0 \\ 0 & 1 & 0 \end{vmatrix} = \hat{\mathbf{z}}$$

마찬가지 방법으로 직각 좌표계의 다른 단위 벡터들 사이의 벡터 곱을 계산한 결과는 다음과 같다.

$$\begin{aligned} \hat{\mathbf{x}} \times \hat{\mathbf{x}} = 0 \quad &, \quad \hat{\mathbf{y}} \times \hat{\mathbf{y}} = 0 \quad , \quad \hat{\mathbf{z}} \times \hat{\mathbf{z}} = 0 \\ \hat{\mathbf{x}} \times \hat{\mathbf{y}} = \hat{\mathbf{z}} \quad &, \quad \hat{\mathbf{y}} \times \hat{\mathbf{z}} = \hat{\mathbf{x}} \quad , \quad \hat{\mathbf{z}} \times \hat{\mathbf{x}} = \hat{\mathbf{y}} \\ \hat{\mathbf{y}} \times \hat{\mathbf{x}} = -\hat{\mathbf{z}} \quad &, \quad \hat{\mathbf{z}} \times \hat{\mathbf{y}} = -\hat{\mathbf{x}} \quad , \quad \hat{\mathbf{x}} \times \hat{\mathbf{z}} = -\hat{\mathbf{y}} \end{aligned}$$

기억 방법

단위 벡터들 사이의 가위곱을 구한 결과가 어떤 것이 양수이고 어떤 것이 음수인지 기억하는 방법을 하나 설명한다. 벡터 곱은 순환 성질을 가지고 있다. 다시 말해 단위 벡터들은 $\hat{\mathbf{x}} \to \hat{\mathbf{y}} \to \hat{\mathbf{z}} \to \hat{\mathbf{x}} \to \hat{\mathbf{y}} \to \cdots$의 순서에 따라 순환한다. 따라서 $\hat{\mathbf{x}} \times \hat{\mathbf{y}}$의 결과는 $+\hat{\mathbf{z}}$가 되고, $\hat{\mathbf{y}} \times \hat{\mathbf{z}}$의 결과는 $+\hat{\mathbf{x}}$가 되고 $\hat{\mathbf{z}} \times \hat{\mathbf{x}}$의 결과는 $+\hat{\mathbf{y}}$가 된다. 이 계산 결과가 모두 + 부호가 된 것은 단위 벡터의 곱셈 순서가 순환 순서를 따르기 때문이다. 하지만 단위 벡터의 곱셈 순서가 순환 순서와 반대이면(순서를 따르지 않으면) $\hat{\mathbf{z}} \times \hat{\mathbf{y}} = -\hat{\mathbf{x}}$와 같이 계산 결과는 − 부호가 된다.

벡터 곱을 구하는 방법

벡터 곱 $\vec{\mathbf{C}} = \vec{\mathbf{A}} \times \vec{\mathbf{B}}$을 계산할 때는 다음과 같은 단계를 밟는다.

- 주어진 두 벡터의 성분들을 아는 경우, 다음 행렬식을 구한다.

$$\vec{\mathbf{C}} = \vec{\mathbf{A}} \times \vec{\mathbf{B}} = \begin{vmatrix} \hat{\mathbf{x}} & \hat{\mathbf{y}} & \hat{\mathbf{z}} \\ A_x & A_y & A_z \\ B_x & B_y & B_z \end{vmatrix} = \hat{\mathbf{x}} \begin{vmatrix} A_y & A_z \\ B_y & B_z \end{vmatrix} - \hat{\mathbf{y}} \begin{vmatrix} A_x & A_z \\ B_x & B_z \end{vmatrix} + \hat{\mathbf{z}} \begin{vmatrix} A_x & A_y \\ B_x & B_y \end{vmatrix}$$

벡터 곱을 구한 다음에 벡터 곱의 크기를 구하고 싶으면 다음과 같이 삼차원 피타고라스 정리를 사용한다.

$$C = \|\vec{\mathbf{A}} \times \vec{\mathbf{B}}\| = \sqrt{C_x^2 + C_y^2 + C_z^2}$$

(행렬식으로 구한 C_x의 수식에서 C는 $\hat{\mathbf{x}}$의 계수이고, C_y는 $\hat{\mathbf{y}}$의 계수이고, C_z는 $\hat{\mathbf{z}}$의 계수로 $\vec{\mathbf{C}} = \hat{\mathbf{x}}C_x + \hat{\mathbf{y}}C_y + \hat{\mathbf{z}}C_z$이다.)

- 주어진 두 벡터 사이의 각도와 함께 두 벡터의 크기를 안다면 다음과 같이 삼각함수를 사용하여 벡터의 크기를 구할 수 있다.

$$C = \|\vec{\mathbf{A}} \times \vec{\mathbf{B}}\| = AB \sin\theta$$

예제 $\vec{\mathbf{A}} = 2\hat{\mathbf{x}} - \hat{\mathbf{y}} + 3\hat{\mathbf{z}}$와 $\vec{\mathbf{B}} = \hat{\mathbf{x}} + 4\hat{\mathbf{y}} - 2\hat{\mathbf{z}}$ 사이의 벡터 곱을 구하라.

풀이 $\vec{\mathbf{A}} = 2\hat{\mathbf{x}} - \hat{\mathbf{y}} + 3\hat{\mathbf{z}}$와 $\vec{\mathbf{A}} = A_x\hat{\mathbf{x}} + A_y\hat{\mathbf{y}} + A_z\hat{\mathbf{z}}$를 비교하면 $A_x = 2$, $A_y = -1$, $A_z = 3$이다. 마찬가지로 $B_x = 1$, $B_y = 4$, $B_z = -2$이다. 이 값들을 행렬식 형태로 된 벡터곱 공식에 대입한다.

$$\vec{\mathbf{A}} \times \vec{\mathbf{B}} = \begin{vmatrix} \hat{\mathbf{x}} & \hat{\mathbf{y}} & \hat{\mathbf{z}} \\ A_x & A_y & A_z \\ B_x & B_y & B_z \end{vmatrix} = \begin{vmatrix} \hat{\mathbf{x}} & \hat{\mathbf{y}} & \hat{\mathbf{z}} \\ 2 & -1 & 3 \\ 1 & 4 & -2 \end{vmatrix} = \hat{\mathbf{x}} \begin{vmatrix} -1 & 3 \\ 4 & -2 \end{vmatrix} - \hat{\mathbf{y}} \begin{vmatrix} 2 & 3 \\ 1 & -2 \end{vmatrix} + \hat{\mathbf{z}} \begin{vmatrix} 2 & -1 \\ 1 & 4 \end{vmatrix}$$

$$\vec{\mathbf{A}} \times \vec{\mathbf{B}} = \hat{\mathbf{x}}[(-1)(-2) - (3)(4)] - \hat{\mathbf{y}}[(2)(-2) - (3)(1)] + \hat{\mathbf{z}}[(2)(4) - (-1)(1)]$$

$$\vec{\mathbf{A}} \times \vec{\mathbf{B}} = \hat{\mathbf{x}}(2 - 12) - \hat{\mathbf{y}}(-4 - 3) + \hat{\mathbf{z}}(8 + 1)$$

$$\vec{\mathbf{A}} \times \vec{\mathbf{B}} = -10\hat{\mathbf{x}} - (-7)\hat{\mathbf{y}} + 9\hat{\mathbf{z}}$$

$$\vec{\mathbf{A}} \times \vec{\mathbf{B}} = -10\hat{\mathbf{x}} + 7\hat{\mathbf{y}} + 9\hat{\mathbf{z}}$$

예제 $\vec{\mathbf{A}}$의 크기는 4이고 $\vec{\mathbf{B}}$의 크기는 8이다. $\vec{\mathbf{A}}$와 $\vec{\mathbf{B}}$ 사이의 각도는 60°이다. $\vec{\mathbf{C}} = \vec{\mathbf{A}} \times \vec{\mathbf{B}}$일 때 $\vec{\mathbf{C}}$의 크기를 구하라.

풀이 삼각함수를 사용한 벡터 곱 계산 수식을 사용한다.

$$C = \|\vec{\mathbf{A}} \times \vec{\mathbf{B}}\| = AB\sin\theta$$

$$C = (4)(8)\sin 60° = 32\left(\frac{\sqrt{3}}{2}\right) = 16\sqrt{3}$$

연습문제

176. 두 벡터 $\vec{\mathbf{A}} = 5\hat{\mathbf{x}} + 2\hat{\mathbf{y}} + 4\hat{\mathbf{z}}$와 $\vec{\mathbf{B}} = 3\hat{\mathbf{x}} + 4\hat{\mathbf{y}} + 6\hat{\mathbf{z}}$ 사이의 벡터 곱을 구하라.

    답: $-4\hat{\mathbf{x}} - 8\hat{\mathbf{y}} + 14\hat{\mathbf{z}}$

177. 두 벡터 $\vec{\mathbf{A}} = 3\hat{\mathbf{x}} - 2\hat{\mathbf{z}}$와 $\vec{\mathbf{B}} = 8\hat{\mathbf{x}} - \hat{\mathbf{y}} - 4\hat{\mathbf{z}}$ 사이의 벡터 곱을 구하라.

    답: $-2\hat{\mathbf{x}} - 4\hat{\mathbf{y}} - 3\hat{\mathbf{z}}$

178. $\vec{\mathbf{A}} = -\hat{\mathbf{y}} + \hat{\mathbf{z}}$와 $\vec{\mathbf{B}} = \hat{\mathbf{x}} - \hat{\mathbf{z}}$일 때 $\vec{\mathbf{C}}$를 구하라. 단 $\vec{\mathbf{C}} = \vec{\mathbf{A}} \times \vec{\mathbf{B}}$이다.

    답: $\vec{\mathbf{C}} = \hat{\mathbf{x}} + \hat{\mathbf{y}} + \hat{\mathbf{z}}$

179. $\vec{\mathbf{A}}$의 크기는 3이고 $\vec{\mathbf{B}}$의 크기는 4이다. $\vec{\mathbf{A}}$와 $\vec{\mathbf{B}}$ 사이의 각도는 150°이다. $\vec{\mathbf{C}} = \vec{\mathbf{A}} \times \vec{\mathbf{B}}$일 때 $\vec{\mathbf{C}}$의 크기를 구하라.

    답: 6

    도움이 필요한가요? 책의 맨 뒤에 있는 "힌트"를 참고하세요.

30
토크

관련 용어

- **지렛대 팔**(lever arm) – 힘의 작용선과 회전축을 연결하는 수직 거리(아래 그림 참조).
- **강체**(rigid body) – 회전할 때 모양이 유지되는 물체.
- **토크**(torque) – $\vec{\mathbf{r}}$(아래 그림 참조) 벡터와 힘 벡터 $\vec{\mathbf{F}}$ 사이의 벡터 곱. 알짜 토크는 강체의 각운동량을 변화시킨다.
- **받침점**(fulcrum) – 강체가 회전하는 지지점
- **힌지**(hinge) – 강체가 회전하는 중심점에 위치한 접합점(회전축)

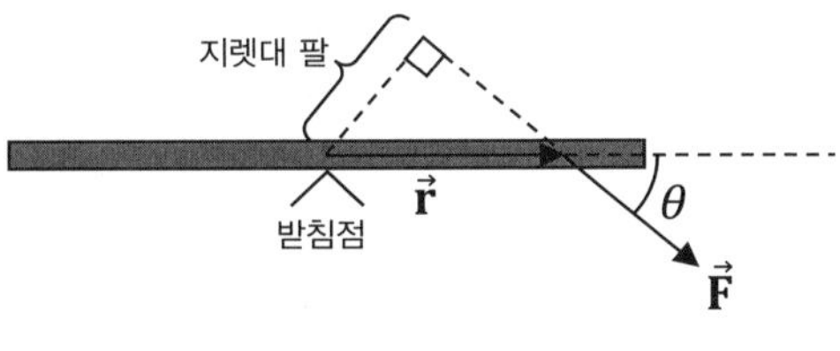

필수 개념

토크 $\vec{\boldsymbol{\tau}}$는 벡터 $\vec{\mathbf{r}}$과 힘 $\vec{\mathbf{F}}$ 사이의 벡터 곱(29장)이다.

$$\vec{\boldsymbol{\tau}} = \vec{\mathbf{r}} \times \vec{\mathbf{F}}$$

토크 방정식에서 $\vec{\mathbf{r}}$은 회전축에서 $\vec{\mathbf{F}}$가 가해지는 지점(작용점)으로 가는 벡터이다(아래 그림 참조). 토크의 크기는 29장에서 배운 방정식에 의해 다음과 같이 주어진다. 여기서 θ는 $\vec{\mathbf{r}}$과 $\vec{\mathbf{F}}$ 사이의 각도이다.

$$\tau = r\,F\sin\theta$$

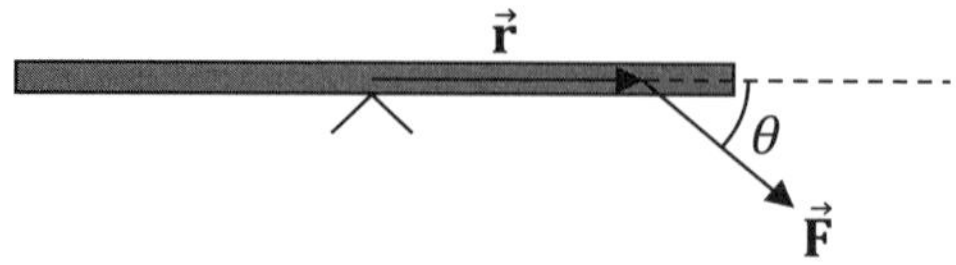

토크는 지렛대 팔에 따라 달라진다.

- 기하학적으로 지렛대 팔은 앞에서 맨 처음에 나온 그림에 표시한 방법으로 구할 수 있다. 힘 벡터를 따라 선이 쭉 뻗어 있다고 생각한다. 이 힘의 선과 회전축 사이를 직선으로 연결하는데, 이때 회전축에서 나온 선이 이 힘의 선과 **수직**으로 만나도록 한다. 이렇게 수직으로 연결한 선을 **지렛대 팔**(lever arm)이라고 한다.
- 실제로 지렛대 팔은 r(위 그림에서 $\vec{\mathbf{r}}$의 크기)에 θ($\vec{\mathbf{r}}$과 $\vec{\mathbf{F}}$ 사이의 각도)의 사인(sine)을 곱하여 구할 수 있다.

$$\text{지렛대 팔} = r\sin\theta$$

알짜 힘은 물체의 운동량을 변화시킨다(그 결과, 가속도가 발생한다). 마찬가지로 알짜 토크는 강체의 각운동량을 변화시킨다(그 결과, 각가속도가 발생한다).

토크를 구하는 방법

토크를 구하는 방법에는 벡터 표현식을 사용하는 방법과 벡터의 크기를 사용하는 방법이 있다.

- $\vec{\mathbf{r}}$과 $\vec{\mathbf{F}}$가 $\vec{\mathbf{r}} = x\hat{\mathbf{x}} + y\hat{\mathbf{y}} + z\hat{\mathbf{z}}$와 $\vec{\mathbf{F}} = F_x\hat{\mathbf{x}} + F_y\hat{\mathbf{y}} + F_z\hat{\mathbf{z}}$의 형태로 주어져 벡터의 성분을 아는 경우에는 다음과 같이 행렬식을 사용하여 구한다(29장).

$$\vec{\boldsymbol{\tau}} = \vec{\mathbf{r}} \times \vec{\mathbf{F}} = \begin{vmatrix} \hat{\mathbf{x}} & \hat{\mathbf{y}} & \hat{\mathbf{z}} \\ x & y & z \\ F_x & F_y & F_z \end{vmatrix} = \hat{\mathbf{x}}\begin{vmatrix} y & z \\ F_y & F_z \end{vmatrix} - \hat{\mathbf{y}}\begin{vmatrix} x & z \\ F_x & F_z \end{vmatrix} + \hat{\mathbf{z}}\begin{vmatrix} x & y \\ F_x & F_y \end{vmatrix}$$

  벡터 곱을 구한 다음에 토크의 크기를 알아내려면 3차원 피타고라스 정리를 사용하면 된다.

$$\tau = \|\vec{\mathbf{r}} \times \vec{\mathbf{F}}\| = \sqrt{\tau_x^2 + \tau_y^2 + \tau_z^2}$$

  (여기서 τ_x는 행렬식으로 구한 $\vec{\boldsymbol{\tau}}$에서 $\hat{\mathbf{x}}$의 계수, τ_y는 $\hat{\mathbf{y}}$의 계수, τ_z는 $\hat{\mathbf{z}}$의 계수이다.)

- $\vec{\mathbf{r}}$과 $\vec{\mathbf{F}}$ 각각의 크기와 $\vec{\mathbf{r}}$과 $\vec{\mathbf{F}}$ 사이의 각도를 아는 경우에는 삼각함수를 이용하여 벡터 곱의 크기를 구할 수 있다. 이를 위해 벡터 $\vec{\mathbf{r}}$와 벡터 $\vec{\mathbf{F}}$를 둘 다 그린다. 이때,

○ 벡터 $\vec{\mathbf{r}}$은 회전축에서 $\vec{\mathbf{F}}$가 가해지는 점으로 가는 화살표 직선이다.

○ 벡터 $\vec{\mathbf{F}}$는 토크를 발생시키는 힘이다.

다음 공식을 사용하여 토크의 크기를 구한다.

$$\tau = \left\|\vec{\mathbf{r}} \times \vec{\mathbf{F}}\right\| = r\,F\sin\theta$$

위 방정식에서 θ는 $\vec{\mathbf{r}}$과 $\vec{\mathbf{F}}$ 사이의 각도이다.

기호와 SI 단위

기호	이름	SI 단위
r	회전축과 힘이 가해지는 점 사이의 거리	m
F	힘	N
θ	$\vec{\mathbf{r}}$과 $\vec{\mathbf{F}}$ 사이의 각도	° 또는 rad
τ	토크	Nm

주의: τ 기호는 그리스 소문자 타우(tau)이다.

단위 관련 유의사항

토크의 SI 단위는 Nm(뉴턴×미터)이다. Nm 대신 mN로 쓰면 밀리뉴턴과 혼동될 수 있으므로 순서를 바꾸지 않는 것이 좋다.

Nm은 J(줄)과 같은 단위이지만 토크는 일이나 에너지의 척도가 아니므로 J로 쓰지는 않는다. (이렇게 구별하는 것은 rad 단위와 관련이 있다. 회전하는 강체에 토크가 작용하는 경우, 토크에 회전한 각도를 곱하면 회전하는 동안에 수행된 일이 된다. 회전하는 동안 수행된 일은 J 단위로 측정되는데 토크에 rad 단위의 각도가 곱해져서 J 단위가 되게 만든다. 회전에 의해 수행되는 일의 단위는 J로 측정되는 반면, 토크는 Nm 단위로 측정된다.)

$N = kg \cdot m/s^2$의 관계를 이용하면 토크의 SI 단위를 $kg \cdot m^2/s^2$으로 나타낼 수도 있다.

예제 아래 그림을 보면 20 kg 상자가 널빤지 위에 있다. 상자는 받침점에서 4.0 m 떨어져 있다. 상자의 무게가 널빤지에 가하는 토크를 구하라.

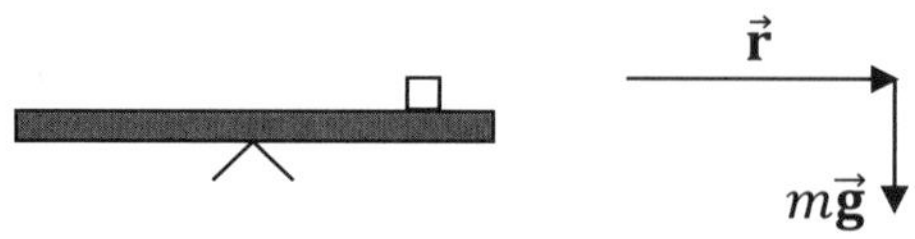

<u>**풀이**</u> 벡터 $\vec{\mathbf{r}}$와 벡터 $\vec{\mathbf{F}}$를 그린다. 주어진 힘 $\vec{\mathbf{F}}$는 상자의 무게 $m\vec{\mathbf{g}}$이고 $\vec{\mathbf{r}}$은 받침점에서 흰색 상자로 가는 화살표이다. 이 예제에서 $r = 4.0$ m, $F = mg = (20)(9.81) \approx (20)(10) = 200$ N이고 $\theta = 90°$($\vec{\mathbf{r}}$과 $m\vec{\mathbf{g}}$는 수직이므로)이다.

$$\tau = r\,F\sin\theta = (4)(200)\sin 90° = (4)(200)(1) = 800\text{ Nm}$$

예제 아래 그림을 보면 받침점 위에 막대가 수평으로 놓여 있다. 원숭이가 받침점에서 오른쪽으로 3.0 m 떨어진 곳의 막대 위에 못을 박았다. 원숭이는 못 주위에 끈을 묶고 그림에 표시된 방향으로 80 N의 힘으로 끈을 당겼다. 원숭이가 막대에 가하는 토크를 구하라.

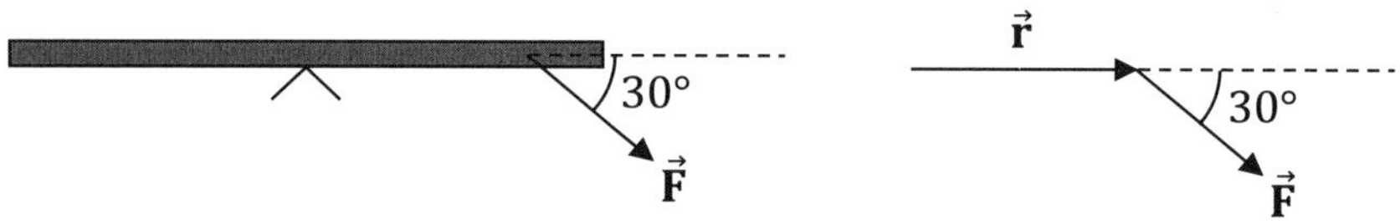

<u>**풀이**</u> 벡터 $\vec{\mathbf{r}}$와 벡터 $\vec{\mathbf{F}}$를 그린다. 주어진 힘 $\vec{\mathbf{F}}$는 원숭이가 당기는 힘이다. 이 예제에서 $r = 3.0$ m, $F = 80$ N, $\theta = 30°$이다.

$$\tau = r\,F\sin\theta = (3)(80)\sin 30° = (3)(80)\left(\frac{1}{2}\right) = 120\text{ Nm}$$

예제 아래 그림과 같이 길이가 4.0 m이고 질량이 9.0 kg인 막대의 한쪽 끝이 힌지로 바닥에 연결되어 있어 막대가 회전할 수 있다(따라서 막대는 그림에 표시된 위치에서 수평이 되는 위치인 바닥에 닿을 때까지 회전한다). 아래 표시된 위치에서 막대의 무게로 인해 막대에 가해지는 순간 토크를 구하라.

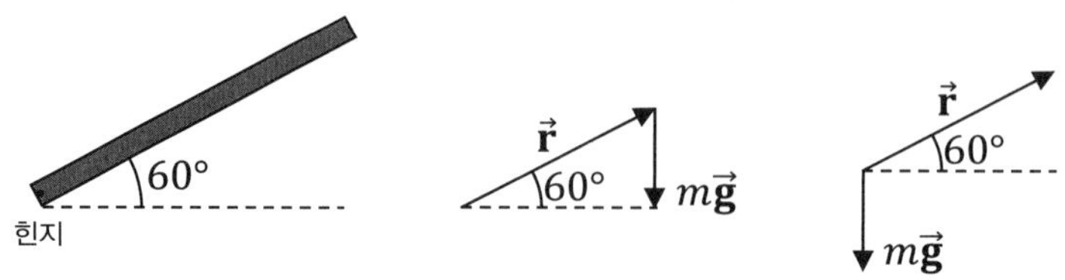

풀이 벡터 $\vec{\mathbf{r}}$와 벡터 $\vec{\mathbf{F}}$를 그린다. 주어진 힘 $\vec{\mathbf{F}}$는 막대의 무게 $m\vec{\mathbf{g}}$이고 $\vec{\mathbf{r}}$은 받침점에서 $m\vec{\mathbf{g}}$로 가는 화살표이다. 이 예제에서 $r = \frac{L}{2} = \frac{4}{2} = 2.0$ m (힌지에서 막대의 중심까지의 거리이다. 이렇게 한 것은 막대의 중심이 중력이 평균적으로 작용하는 지점이기 때문이다). $m\vec{\mathbf{g}}$를 평행하게 이동하여 $\vec{\mathbf{r}}$의 꼬리에 맞추면 θ를 더욱 쉽게 구할 수 있다(위의 맨 오른쪽 그림 참조).

$$\tau = r\,F\sin\theta = (2)(90)\sin 150° = (2)(90)\left(\frac{1}{2}\right) = 90 \text{ Nm}$$

예제 힘 벡터 $\vec{\mathbf{F}} = 4\hat{\mathbf{x}} - 3\hat{\mathbf{y}} + 2\hat{\mathbf{z}}$가 벡터 $\vec{\mathbf{r}} = 5\hat{\mathbf{x}} + 2\hat{\mathbf{y}} + \hat{\mathbf{z}}$에 힘을 가할 때 발생하는 토크 벡터를 구하라.

풀이 벡터 $\vec{\mathbf{r}} = 5\hat{\mathbf{x}} + 2\hat{\mathbf{y}} + \hat{\mathbf{z}}$을 $\vec{\mathbf{r}} = x\hat{\mathbf{x}} + y\hat{\mathbf{y}} + z\hat{\mathbf{z}}$와 비교하면 $x = 5$, $y = 2$, $z = 1$이다. 마찬가지로 $\vec{\mathbf{F}} = 4\hat{\mathbf{x}} - 3\hat{\mathbf{y}} + 2\hat{\mathbf{z}}$을 $\vec{\mathbf{F}} = F_x\hat{\mathbf{x}} + F_y\hat{\mathbf{y}} + F_z\hat{\mathbf{z}}$와 비교하면 $F_x = 4$, $F_y = -3$, $F_x = 2$이다. 이 값들을 벡터 곱을 계산하는 행렬식에 대입한다.

$$\vec{\boldsymbol{\tau}} = \vec{\mathbf{r}} \times \vec{\mathbf{F}} = \begin{vmatrix} \hat{\mathbf{x}} & \hat{\mathbf{y}} & \hat{\mathbf{z}} \\ x & y & z \\ F_x & F_y & F_z \end{vmatrix} = \begin{vmatrix} \hat{\mathbf{x}} & \hat{\mathbf{y}} & \hat{\mathbf{z}} \\ 5 & 2 & 1 \\ 4 & -3 & 2 \end{vmatrix}$$

$$\vec{\boldsymbol{\tau}} = \hat{\mathbf{x}}\begin{vmatrix} 2 & 1 \\ -3 & 2 \end{vmatrix} - \hat{\mathbf{y}}\begin{vmatrix} 5 & 1 \\ 4 & 2 \end{vmatrix} + \hat{\mathbf{z}}\begin{vmatrix} 5 & 2 \\ 4 & -3 \end{vmatrix}$$

$$\vec{\boldsymbol{\tau}} = \hat{\mathbf{x}}[(2)(2) - (1)(-3)] - \hat{\mathbf{y}}[(5)(2) - (1)(4)] + \hat{\mathbf{z}}[(5)(-3) - (2)(4)]$$

$$\vec{\boldsymbol{\tau}} = \hat{\mathbf{x}}(4 + 3) - \hat{\mathbf{y}}(10 - 4) + \hat{\mathbf{z}}(-15 - 8)$$

$$\vec{\boldsymbol{\tau}} = 7\hat{\mathbf{x}} - 6\hat{\mathbf{y}} - 23\hat{\mathbf{z}}$$

연습문제

180. 아래 그림을 보면 30 kg의 흰색 상자가 널빤지 위에 있다. 흰색 상자는 질량이 60 kg이고 길이가 20.0 m인 널빤지의 오른쪽 맨 끝에 놓여 있다. 받침점은 널빤지의 왼쪽 맨 끝에서 4.0 m 떨어진 곳에 위치해 있다.

(A) 흰색 상자의 무게가 시스템에 가하는 토크를 구하라.

(B) 널빤지의 무게가 시스템에 가하는 토크를 구하라.

답: 4800 Nm, 3600 Nm

181. 아래 그림과 같이 길이가 6.0 m이고 질량이 7.0 kg의 막대의 한쪽 끝이 힌지로 벽에 연결되어 있어 막대가 회전할 수 있다(따라서 막대는 그림에 표시된 위치에서 수직이 되는 위치인 벽에 닿을 때까지 회전한다). 아래 표시된 위치에서 막대의 무게로 인해 막대에 가해지는 순간 토크를 구하라.

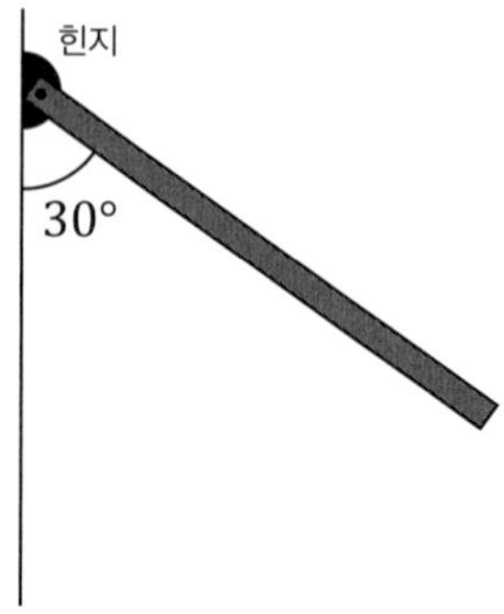

답: 105 Nm

182. 아래 그림과 같이 60 kg의 원숭이는 길이가 12 m인 막대의 오른쪽 맨 끝에 매달려 있고 80 kg의 원숭이는 막대의 왼쪽 맨 끝에서 4.0 m 떨어진 지점의 막대 위에 서 있다. 받침점은 막대의 중심에 놓여 있다.

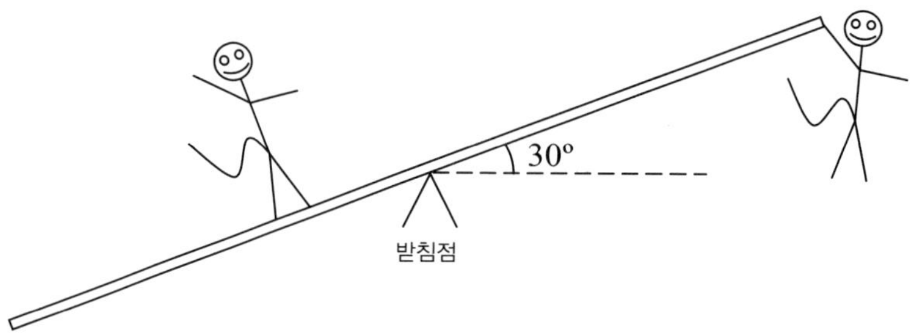

(A) 막대에 매달린 원숭이가 가하는 토크를 구하라.

(B) 막대 위에 서있는 원숭이가 가하는 토크를 구하라.

답: $1800\sqrt{3}$ Nm, $-800\sqrt{3}$ Nm

183. 높이가 200 cm, 너비가 50 cm인 문이 있다. 문의 한쪽 수직면은 힌지를 통해 출입구에 연결된다. 문손잡이는 힌지에서 45 cm 떨어진 문 반대쪽 끝에 달려 있다. 문은 현재 약간 열려 있다. 다음과 같이 여러 방법으로 원숭이가 문을 닫으려고 할 때 물음에 답하라.

(A) 원숭이가 두 개의 문손잡이(방 안쪽 문손잡이, 방 바깥쪽 문손잡이)를 양손으로 하나씩 잡고 힌지에서 바깥쪽으로 멀어지는 방향을 따라 90 N의 힘으로 당길 때, 원숭이가 문에 가하는 토크를 구하라.

(B) 원숭이가 문손잡이 하나를, 문의 평면에 수직인 방향을 따라 60 N의 힘으로 밀 때, 원숭이가 문에 가하는 토크를 구하라.

(C) 원숭이가 문의 기하학적 중심을, 문의 평면에 수직인 방향에 대해 30°만큼 기울어진 방향을 따라 80 N의 힘으로 밀 때, 원숭이가 문에 가하는 토크를 구하라.

답: 0, 27 Nm, $10\sqrt{3}$ Nm

184. 힘 벡터 $\vec{\mathbf{F}} = 3\hat{\mathbf{x}} + 2\hat{\mathbf{y}} + 4\hat{\mathbf{z}}$가 벡터 $\vec{\mathbf{r}} = 6\hat{\mathbf{x}} + \hat{\mathbf{y}} - 5\hat{\mathbf{z}}$에 힘을 가할 때 발생하는 토크 벡터를 구하라.

답: $\vec{\boldsymbol{\tau}} = 14\hat{\mathbf{x}} - 39\hat{\mathbf{y}} + 9\hat{\mathbf{z}}$

도움이 필요한가요? 책의 맨 뒤에 있는 "힌트"를 참고하세요.

31
정적 평형

필수 개념

정적 평형은 시스템이 변하지 않는 상태(정지 상태)를 뜻한다. 시스템이 움직이지 않으므로 가속도의 모든 성분은 0이 되고($a_x = 0$, $a_y = 0$), 각가속도도 0($\alpha = 0$)이 된다. 정적 평형 문제를 풀 때는 뉴턴의 제2법칙에서 가속도를 0으로 놓고(14장 참조) 토크의 합을 0으로 놓는다(토크는 30장에서 다루었다). 이렇게 하는 까닭을 개념적으로 설명하면 다음과 같다.

- 알짜 힘을 0으로 놓으면($\Sigma F_x = 0$, $\Sigma F_y = 0$) 시스템의 질량 중심은 가속되지 않는다.
- 알짜 토크를 0으로 놓으면($\Sigma \tau = 0$) 시스템은 각가속도를 갖지 않는다.

문제에 힌지(회전축)가 있는 경우, 힌지에 힘이 가해질 수 있다. 공학적 관점에서 볼 때, 물질(예: 줄, 또는 힌지 핀)이 이러한 힘을 견딜 수 있는지 확인하기 위해 줄에 가해지는 장력이나 힌지에 가해지는 힘을 계산하는 것은 중요하다. F_H와 θ_H를 힌지 핀에 작용하는 힘의 크기와 방향이라고 할 때 이를 수평 성분(H)과 수직 성분(V)을 사용하여 나타낼 수 있다. 문제를 풀 때 먼저 H와 V를 구하고 이어서 피타고라스 정리와 역탄젠트를 사용하여 F_H와 θ_H를 구하는 것이 더 쉽다(아래 설명 참조).

정적 평형 방정식

정적 평형 상태에 있는 시스템의 경우, 뉴턴의 제2법칙에서 가속도 성분의 합을 0으로 놓고 알짜 토크도 0으로 놓는다.

$$\sum F_x = 0 \quad , \quad \sum F_y = 0 \quad , \quad \sum \tau = 0$$

토크(τ)는 아래 방정식으로 정의된다는 것을 기억해두어야 한다. r, F, θ를 구하는 방법에 대해서는 30장의 설명을 참조하기 바란다.

$$\tau = r F \sin\theta$$

힌지 핀에 작용하는 힘의 수평 성분(H)과 수직 성분(V)을 알고 있다면, 피타고라스 정리를 사용하여 힌지 핀 힘의 크기 F_H를 구하고 역탄젠트를 사용하여 힌지 핀 힘의 방향 θ_H를 구할 수 있다.

$$F_H = \sqrt{H^2 + V^2} \quad , \quad \theta_H = \tan^{-1}\left(\frac{V}{H}\right)$$

F_H와 θ_H를 알고 있다면 삼각함수를 이용하여 H와 V를 구할 수 있다.

$$H = F_H \cos\theta_H \quad , \quad V = F_H \sin\theta_H$$

위의 두 쌍의 방정식은 10장에서 설명한 벡터 방정식이다.

기호와 SI 단위

기호	이름	SI 단위
r	회전축과 힘이 가해지는 점 사이의 거리	m
F	힘	N
θ	$\vec{r}$과 $\vec{F}$ 사이의 각도	° 또는 rad
τ	토크	Nm
F_H	힌지 핀 힘의 크기	N
θ_H	힌지 핀 힘의 방향	° 또는 rad
H	힌지 핀 힘의 수평 성분	N
V	힌지 핀 힘의 수직 성분	N

정적 평형 문제를 푸는 방법

정적 평형 문제를 풀 때는 다음 단계를 따른다.

1. **확장 자유물체도**(FBD)를 그린다. 14장에서 그린 자유물체도와 달리, 확장 자유물체도는 강체(예를 들어, 막대)의 형태를 보여주면서 동시에 각 힘이 물체에 작용하는 위치

를 함께 보여준다. 이렇게 하면 토크를 계산하는 데 유용하다. 14장에서 한 것처럼 힘을 그리고 기호를 표시하는데, 이때 각 힘이 물체에 작용하는 위치에 힘을 그려 넣도록 한다. 양(+)의 토크의 방향에 기호를 붙인다.

2. 힌지 핀이 있는 경우, 힌지 핀 힘의 수평 성분 H와 수직 성분 V를 그린다. 다음에 나오는 예제 하나에서 이렇게 하는 과정을 볼 수 있다.

3. 회전축을 확인한다. 이 회전 중심점은 토크를 구하는 데 필요하다. 실제로 물체는 회전하지 않으므로 여러분이 원하는 곳이 어디든 그곳을 축으로 선택할 수 있다.

4. 힘의 합과 토크의 합을 각각 0으로 놓는다.

$$\sum F_x = 0 \quad , \quad \sum F_y = 0 \quad , \quad \sum \tau = 0$$

5. 위 4번 단계 수식에서 좌변은 각 힘의 합(ΣF_x, ΣF_y)을 나타낸다. 따라서 14장에서와 마찬가지로 각 물체에 작용하는 힘들의 x 성분과 y 성분을 구하고 이들의 덧셈 식으로 쓴다.

6. 방정식 $\tau = r F \sin\theta$을 사용하여 위 4번 단계 수식에서 좌변의 토크의 합($\Sigma\tau$)을 토크들의 덧셈 식으로 다시 쓴다. 30장을 참조하라. 시계 방향으로 회전하게 만드는 토크는 시계 반대 방향으로 회전하게 만드는 토크와 부호가 반대이다.

7. 연산을 수행하여 미지수를 구한다.

예제 아래 그림을 보면 20 kg의 흰색 상자가 받침점에서 오른쪽으로 6.0 m 떨어진 널빤지 위에 놓여 있다. 받침점은 널빤지 중앙 아래에 놓여 있다. 시스템이 정적 평형을 이루기 위해 30 kg의 검은색 상자가 놓여야 할 위치를 구하라.

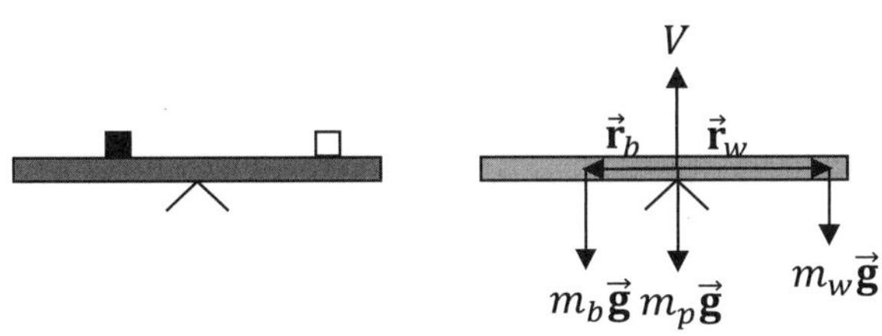

풀이 먼저 널빤지에 대해 확장 자유물체도를 그려보면 오른쪽 위에 있는 그림을 얻게 된다. 확장 자유물체도에는 널빤지에 작용하는 힘들(각 블록의 무게)을 그린다. 받침점은 위쪽으로 지지력 V를 가한다. 이 힘은 시스템이 아래로 떨어지는 것을 막는다. 시스템의 힘들을 모두 더하고 토크들을 모두 더한다. V와 $m_p g$(널빤지의 무게)는 회전축에 작용하므로(널빤지 무게의 경우 평균적으로 회전축에 작용), V와 $m_p g$는 시스템에 토크를 가하지 않는다. 따라서 $r_V = 0$, $r_p = 0$이다. 검은색 상자의 경우, $\vec{\mathbf{r}}$은 수평 방향이고 상자의 무게는 수직 방향이므로 $\theta = 90°$이다. 흰색 상자의 경우에도 마찬가지로 $\theta = 90°$이다. 시계 방향을 양(+)의 회전 방향으로 선택하면 $m_b g$에 가해지는 토크는 음수이다. 세 종류의 힘에 의해 가해지는 토크는 다음과 같다.

$$\tau_V = r_V F_V \sin\theta = (0)V \sin\theta = 0$$
$$\tau_p = r_p F_p \sin\theta = (0)m_p g \sin\theta = 0$$
$$\tau_b = -r_b F_b \sin\theta = -r_b m_b g \sin 90°$$
$$\tau_w = r_w F_w \sin\theta = r_w m_w g \sin 90°$$

이 예제에서는 x 성분 힘은 없다($\vec{\mathbf{r}}_b$와 $\vec{\mathbf{r}}_w$는 힘이 아니다).

$$\sum F_y = 0 \quad , \quad \sum \tau = 0$$
$$V - m_p g - m_b g - m_w g = 0 \quad , \quad r_w m_w g \sin 90° - r_b m_b g \sin 90° = 0$$

r_b를 풀면 이 문제의 답을 구한 것이다.

$$r_w m_w g = r_b m_b g$$
$$r_b = \frac{r_w m_w}{m_b} = \frac{(6)(20)}{30} = 4.0 \text{ m}$$

검은색 상자는 받침점에서 왼쪽으로 4.0 m 떨어진 곳에 올려놓아야 한다.

예제 아래 그림을 보면 망치가 정적 평형 상태에서 받침점 위에서 균형을 이루고 있다. 망치 손잡이 길이는 30.0 cm이고 망치 머리 지름은 6.0 cm이다. 손잡이와 머리의 밀도는 균일하다(하지만 두 부분의 밀도는 서로 다르다). 망치의 총 질량은 12.0 kg이다. 받침점은 손잡이의 오른쪽 맨 끝에서 3.0 cm 떨어져 있다. 원숭이가 받침점에서 망치를 두 조각으로 자를 때 각 조각의 질량을 구하라.

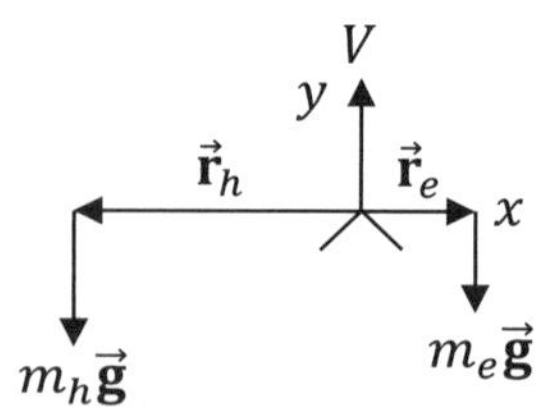

풀이 먼저 망치에 대해 확장 자유물체도를 그려보면 오른쪽 위에 있는 그림을 얻게 된다. 양쪽에 무게가 있기 때문에 이전 예제와 매우 유사하다. m_h와 r_h는 각각 손잡이의 질량과 지렛대 팔, m_e와 r_e는 머리의 질량과 지렛대 팔이다(여기서 주의할 것은 나중에 살펴보겠지만, m_h와 m_e는 문제에서 구하는 두 조각의 질량이 아니다). 시스템의 힘들을 모두 더하고 토크들을 모두 더한다. 두 무게가 가하는 토크의 경우, $\vec{\mathbf{r}}$은 수평 방향이고 무게는 수직 방향이므로 $\theta = 90°$이다. 시계 방향을 양(+)의 회전 방향으로 선택하면 $m_h g$에 의해 가해지는 토크는 음수이다. 세 종류의 힘에 의해 가해지는 토크는 다음과 같다.

$$\tau_V = r_V F_V \sin\theta = (0)V \sin\theta = 0$$
$$\tau_h = -r_h F_h \sin\theta = -r_h m_h g \sin 90°$$
$$\tau_e = r_e F_e \sin\theta = r_e m_e g \sin 90°$$

이 예제에서는 x 성분 힘은 없다($\vec{\mathbf{r}}_h$와 $\vec{\mathbf{r}}_e$는 힘이 아니다).

$$\sum F_y = 0 \quad , \quad \sum \tau = 0$$
$$V - m_h g - m_e g = 0 \quad , \quad r_h m_h g \sin 90° - r_e m_e g \sin 90° = 0$$

위 수식에서 맨 마지막 방정식을 정리해보자.

$$r_h m_h g = r_e m_e g$$
$$r_h m_h = r_e m_e$$

r_h는 받침점에서 망치 손잡이 중앙까지의 거리이다. 따라서 이 거리는 손잡이 길이의 절반에서 3.0 cm를 뺀 값이다. r_e는 받침점에서 망치 머리 중심까지의 거리이다. 따라서 망치 머리 지름의 절반에 3.0 cm를 더한 값이다.

$$r_h = \frac{L}{2} - 3 = \frac{30}{2} - 3 = 15 - 3 = 12 \text{ cm}$$
$$r_e = \frac{W}{2} + 3 = \frac{6}{2} + 3 = 3 + 3 = 6.0 \text{ cm}$$

이 값을 앞의 방정식에 대입한다.

$$12 m_h = 6 m_e$$
$$m_h = \frac{6 m_e}{12} = \frac{m_e}{2}$$

두 질량 m_h와 m_e를 더하면 망치의 총 질량 12.0 kg이 되므로

$$m_h + m_e = m = 12$$

이다. $m_h = \frac{m_e}{2}$를 위에서 구한 방정식에 대입하면 다음과 같다.

$$\frac{m_e}{2} + m_e = 12$$
$$\frac{m_e}{2} + \frac{2m_e}{2} = \frac{3m_e}{2} = 12$$
$$m_e = \frac{2}{3} 12 = 8.0 \text{ kg}$$

총 질량이 12.0 kg이므로 손잡이의 질량은 다음과 같다.

$$m_h = 12 - m_e = 12 - 8 = 4.0\ \text{kg}$$

그러나 m_h와 m_e는 문제에서 요구하는 두 조각의 질량이 아니다. m_h와 m_e는 각각 망치 손잡이와 망치 머리의 질량이고 손잡이의 일부는 받침점의 오른쪽에 있다. 원숭이가 받침점에서 망치를 두 조각으로 자르면, 손잡이보다 질량이 작은 왼쪽 조각의 질량 m_L과 손잡이보다 질량이 큰 오른쪽 조각의 질량 m_R이 만들어진다(오른쪽 조각에는 망치 끝에 손잡이의 일부가 부착되어 있기 때문이다). 받침점은 손잡이의 오른쪽 끝에서 3.0 cm 떨어져 있고 손잡이의 길이는 30.0 cm이다. 즉, 왼쪽 조각은 손잡이 질량의 90%(27.0 cm를 30.0 cm로 나누면 90%가 됨)이고, 오른쪽 조각은 손잡이 질량의 10%(3.0 cm를 30.0 cm로 나누면 10%가 됨)에 망치 머리의 질량을 더한 값이다. 수학에서 90%를 소수로 표현하면 0.9가 되고, 마찬가지로 10%는 0.1이 된다. 따라서 $m_L = 0.9m_h$는 손잡이 질량의 90%가 받침점의 왼쪽에 있음을 나타낸다. $m_R = 0.1m_h + m_e$는 손잡이 질량의 10%와 망치 머리 질량이 받침점의 오른쪽에 있음을 나타낸다.

$$m_L = 0.9\, m_h = (0.9)(4) = 3.6\ \text{kg}$$
$$m_R = 0.1\, m_h + m_e = (0.1)(4) + 8 = 0.4 + 8 = 8.4\ \text{kg}$$

답을 제대로 구했는지 확인하기 위해 두 조각의 질량을 더해보면 $m_L + m_R = 3.6 + 8.4 = 12.0$ kg와 같이 망치의 총 질량이 된다. 따라서 최종 답은 받침점 왼쪽 조각의 질량은 3.6 kg이고 오른쪽 조각의 질량은 8.4 kg이다. 두 조각의 질량이 같지 않다는 사실이 이상할 수도 있다. 두 조각의 질량이 '같아야 한다'는 생각은 물리를 공부하는 학생들이 흔히 오해하는 개념이다. 두 조각의 질량은 같지 않은 대신, 두 조각이 만들어내는 토크는 동일하다. 두 토크가 상쇄될 때 시스템은 균형을 이룬다. 각 토크를 나타내는 수식은 rmg 형태(토크마다 r과 m 값이 다르다)로 되어 있다. 왼쪽 조각은 r이 크고 오른쪽 조각은 r이 작기 때문에 토크가 같아지려면 질량이 달라야 한다. 왼쪽 조각은 더 큰 r을 보상하기 위해 더 작은 질량을 가져야 하고, 오른쪽 조각은 받침점에 (평균적으로) 더 가깝기 때문에 더 큰 질량을 가져야 한다.

예제 다음 그림에서 보듯이 20 kg의 바나나 상자가 정적 평형 상태에서 줄에 매달려 있다. 수직 줄은 천장에 매달린 다른 두 개의 줄에 연결되어 있다. 각 줄의 장력을 구하라.

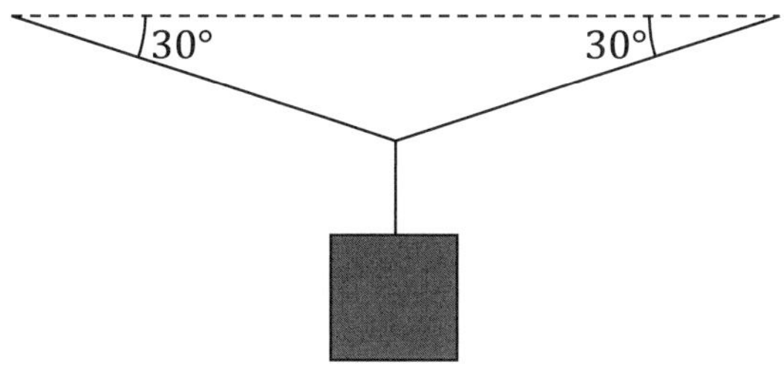

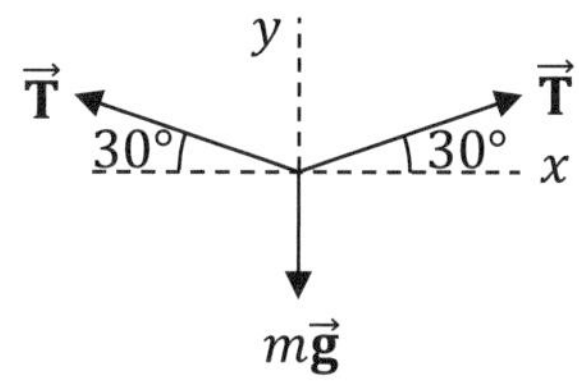

풀이 이 문제의 비법은 매듭(세 개의 줄이 만나는 위치)에 대한 자유 물체도를 그리는 것이다. 시스템이 정적 평형 상태이므로 매듭의 질량을 알 필요는 없다(가속도가 0이므로 뉴턴의 제2법칙의 우변은 0이 된다).

시스템은 정적 평형 상태이므로 회전하지 않는다. 따라서 회전축을 원하는 곳에 자유롭게 선택할 수 있다. 지면과 수직으로 매듭을 통과하는 축을 회전축으로 선택해본다. 이렇게 선택하면 각 힘은 매듭 위치를 직접 당기기 때문에 매듭에 작용하는 모든 토크가 0이 된다. 매듭에서 직접 당겨지므로 모든 토크는 0이 된다. 이 문제에서 토크의 덧셈 식은 결국 0은 0과 같다가 된다.

14장의 방법에 따라 각 힘을 구성 성분으로 분해한다. 이 문제에서는 자유물체도가 대칭이므로(두 각도가 모두 30° 동일) 두 장력은 동일하다.

$$\sum F_x = 0 \quad , \quad \sum F_y = 0$$
$$T\cos 30° - T\cos 30° = 0 \quad , \quad T\sin 30° + T\sin 30° - mg = 0$$

위 식에서 왼쪽 방정식은 항등식일 뿐이다($T = T$). 오른쪽 방정식을 사용하여 장력을 구한다.

$$T\sin 30° + T\sin 30° = mg$$
$$2\,T\sin 30° = mg$$
$$2\,T\frac{1}{2} = mg$$
$$T = mg = (20)(9.81) \approx (20)(10) = 200\ \text{N}$$

이 문제의 다음 답은 세 가지이다:

- 왼쪽 위 줄의 장력은 200 N이다.
- 오른쪽 위 줄의 장력도 대칭에 의해 200 N이다.
- 아래쪽 줄 장력도 200 N으로 바나나 상자의 무게와 같다:

$$mg = (20)(9.81) \approx (20)(10) = 200\ \text{N}$$

바나나 상자에 대해 자유물체도를 그리면 상자를 위쪽으로 당기는 장력 $\vec{\mathbf{T}}_b$와 상자를 아래쪽으로 당기는 무게(중력) $m\vec{\mathbf{g}}$가 존재한다. 상자가 정적 평형 상태에 있으려면 이 두 힘이 같아야 한다.

예제 아래 그림에서 보듯이 균일한 붐(boom, 막대나 기둥처럼 보이는 물체)이 벽에 연결된 수평 타이로프(tie rope)에 의해 지지되고 있다. 시스템은 정적 평형 상태이다. 붐의 질량은 50 kg이고 길이는 10 m이다. 붐의 아래쪽 끝은 힌지 핀에 연결되어 있다. 타이로프는 최대 $750\sqrt{3}$ N의 장력을 지탱할 수 있다.

(A) 타이로프가 끊어지지 않고 붐이 지탱할 수 있는 화물의 최대 질량을 구하라.

(B) 힌지 핀에 가해지는 최대 힘의 크기와 방향을 구하라.

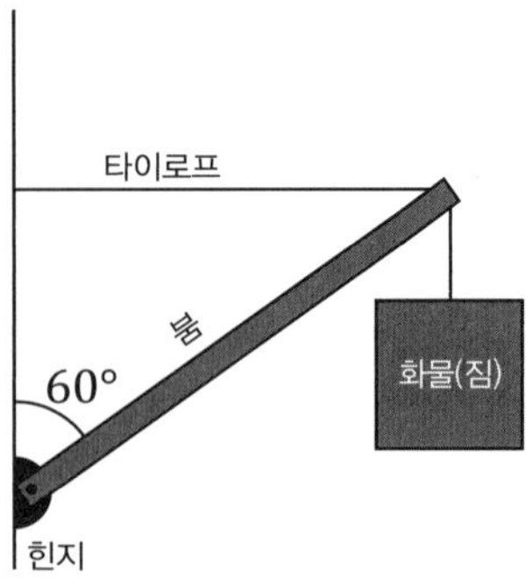

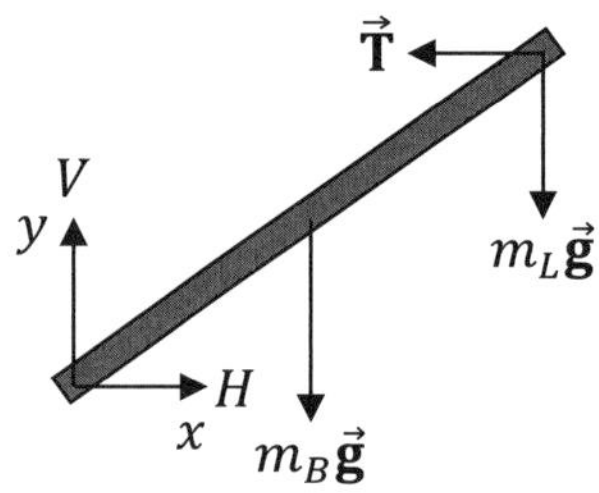

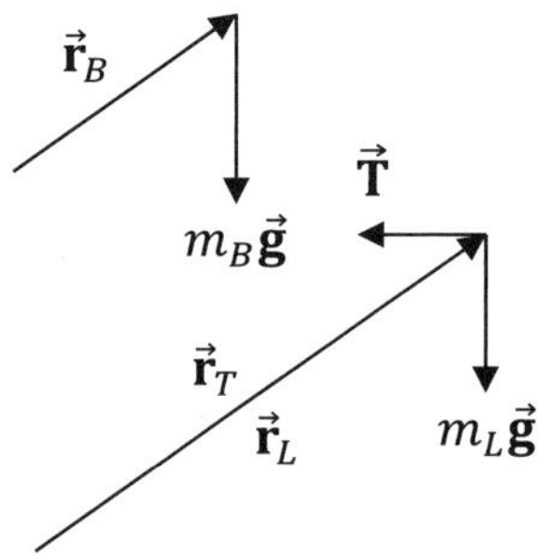

풀이

(A) 먼저 붐에 대해 확장 자유물체도를 그려보면 위에서 가운데에 있는 그림을 얻게 된다. 확장 자유물체도에 붐에 작용하는 힘을 그린다. 장력은 타이로프를 따라 붐을 왼쪽으로 당긴다. 중력은 붐을 아래쪽으로 당긴다. 붐의 무게는 (평균적으로) 붐의 중앙에 작용하는 것으로 다룰 수 있다. 자유물체도에서 H와 V는 힌지 핀에 가해지는 힘의 수평 성분과 수직 성분이다. 토크 방정식을 쓰는 데 필요한 r과 θ 값은 바로 다음 쪽에 적혀 있다(각 $\vec{\mathbf{r}}$ 벡터 화살표의 꼬리를 해당하는 힘을 나타내는 화살표의 꼬리에 연결하면 각도를 정확하게 알 수 있다).

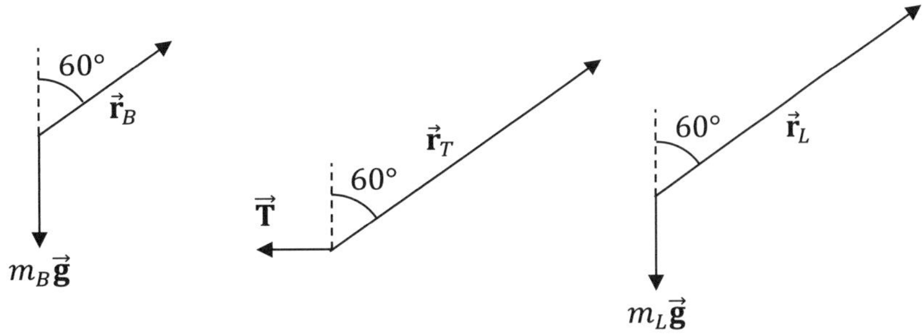

$$r_V = 0 \quad , \quad r_H = 0 \quad , \quad r_B = \frac{L}{2} = \frac{10}{2} = 5.0 \text{ m} \quad , \quad r_T = L = 10.0 \text{ m} \quad , \quad r_L = L = 10.0 \text{ m}$$
$$\theta_B = 180° - 60° = 120° \quad , \quad \theta_T = 90° + 60° = 150° \quad , \quad \theta_L = 180° - 60° = 120°$$

시스템에 대해 힘의 덧셈과 토크의 덧셈을 계산한다. 시계 방향을 양의 회전 방향으로 선택하면 장력에 의해 가해지는 토크는 음수이다.

$$\sum F_x = 0 \quad , \quad \sum F_y = 0 \quad , \quad \sum \tau = 0$$
$$H - T = 0 \;\; , \;\; V - m_B g - m_L g = 0 \;\; , \;\; r_B m_B g \sin 120° + r_L m_L g \sin 120° - r_T T \sin 150° = 0$$

토크 덧셈식을 풀어 m_L을 구하면 첫 번째 질문의 답이 된다.

$$r_B m_B g \sin 120° + r_L m_L g \sin 120° - r_T T \sin 150° = 0$$
$$r_L m_L g \sin 120° = r_T T \sin 150° - r_B m_B g \sin 120°$$

최대 장력($750\sqrt{3}$ N)을 사용하여 붐이 지탱할 수 있는 화물의 최대 질량을 구한다.

$$(10)m_L(9.81)\left(\frac{\sqrt{3}}{2}\right) = (10)(750\sqrt{3})\left(\frac{1}{2}\right) - (5)(50)(9.81)\left(\frac{\sqrt{3}}{2}\right)$$
$$(10)m_L(10)\left(\frac{\sqrt{3}}{2}\right) \approx (10)(750\sqrt{3})\left(\frac{1}{2}\right) - (5)(50)(10)\left(\frac{\sqrt{3}}{2}\right)$$
$$50\sqrt{3}\, m_L \approx 3750\sqrt{3} - 1250\sqrt{3} = 2500\sqrt{3}$$
$$m_L \approx \frac{2500\sqrt{3}}{50\sqrt{3}} = \frac{2500}{50} = 50 \text{ kg}$$

따라서 붐은 최대 50 kg의 질량을 지탱할 수 있다.

(B) 앞에서 구한 힘의 덧셈 식에서 힌지 핀에 가해지는 힘의 수평 성분과 수직 성분을 구한다.

$$H - T = 0 \quad , \quad V - m_B g - m_L g = 0$$

최대 장력과 최대 질량을 사용하여 힌지 핀 힘의 최대 성분을 구한다.

$$H = T = 750\sqrt{3}\ \mathrm{N}$$
$$V = m_B g + m_L g = (50)(9.81) + (50)(9.81)$$
$$V \approx (50)(10) + (50)(10) = 500 + 500 = 1000\ \mathrm{N}$$

피타고라스 정리를 사용하여 최대 힌지 핀 힘의 크기를 구한다.

$$F_H = \sqrt{H^2 + V^2} = \sqrt{50^2 + 50^2} = 50\sqrt{1^2 + 1^2} = 50\sqrt{2}\ \mathrm{N}$$

역탄젠트를 사용하여 최대 힌지 핀 힘의 방향을 구한다.

$$\theta_H = \tan^{-1}\left(\frac{V}{H}\right) = \tan^{-1}\left(\frac{50}{50}\right) = \tan^{-1}(1) = 45°$$

연습문제

185. 아래 그림을 보면 60 kg의 검은색 상자가 받침점에서 왼쪽으로 5.0 m 떨어진 널빤지 위에 놓여 있다. 받침점은 널빤지 중앙 아래에 놓여 있다. 시스템이 정적 평형을 이루기 위해 75 kg의 흰색 상자가 놓여야 할 위치를 구하라.

답: 받침점에서 오른쪽으로 4.0 m

186. 아래 그림을 보면 20 kg의 흰색 상자가 받침점에서 오른쪽으로 2.0 m 떨어진 널빤지 위에 놓여 있고 검은색 상자는 받침점에서 왼쪽으로 5.0 m 떨어진 곳에 놓여 있다. 받침점은 널빤지 중앙 아래에 놓여 있다. 시스템이 정적 평형을 이루기 위한 검은색 상자의 질량을 구하라.

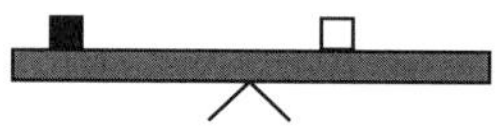

답: 8.0 kg

187. 다음 그림을 보면 100 kg의 검은색 상자가 받침점에서 왼쪽으로 4.0 m 떨어진 널빤지 위에 놓여 있고 50 kg 흰색 상자는 받침점에서 왼쪽으로 16.0 m 떨어진 곳에 놓여 있다. 받침점은 널빤지 중앙 아래에 놓여 있다. 시스템이 정적 평형을 이루기 위해 60 kg 회색 상자가 놓여야하는 위치를 구하라.

답: 받침점에서 오른쪽으로 20.0 m

188. 아래 그림을 보면 30 kg의 흰색 상자가 받침점에서 왼쪽으로 2.5 m 떨어진 널빤지 위에 놓여 있고 40 kg 검은색 상자는 받침점에서 오른쪽으로 7.5 m 떨어진 곳에 놓여 있다. 받침점은 널빤지 중앙 아래에 놓여 있다. 시스템이 정적 평형을 이루기 위해 25 kg 회색 상자가 놓여야하는 위치를 구하라.

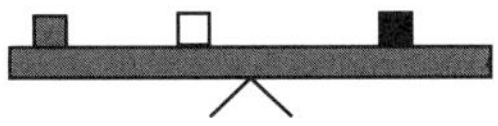

답: 받침점에서 왼쪽으로 9.0 m

189. 아래 그림과 같이, 40 kg의 원숭이가 정적 평형 상태에서 밧줄에 매달려 있다. 원숭이의 밧줄은 천장에 매달린 다른 두 개의 밧줄에 연결되어 있다. 각 줄의 장력을 구하라.

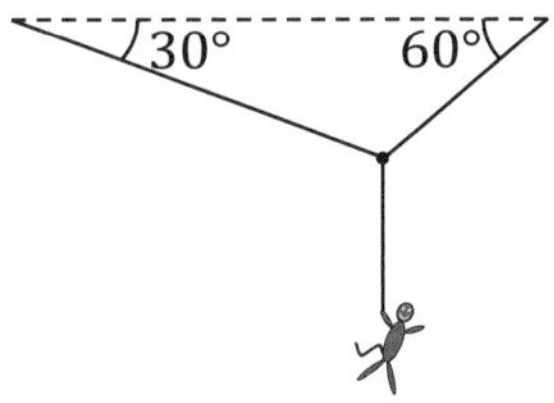

답: 200 N(위의 왼쪽 줄), $200\sqrt{3}$ N(위의 오른쪽 줄), 400 N(아래 줄)

190. 아래 그림에서 보듯이, 균일한 붐이 벽에 연결된 타이로프에 의해 지지되어 있다. 시스템은 정적 평형 상태이다. 붐의 질량은 50 kg이고 길이는 10 m이다. 붐의 아래쪽 끝은 힌지 핀에 연결되어 있다. 타이로프는 붐에 수직이며 최대 장력 600 N을 견딜 수 있다.

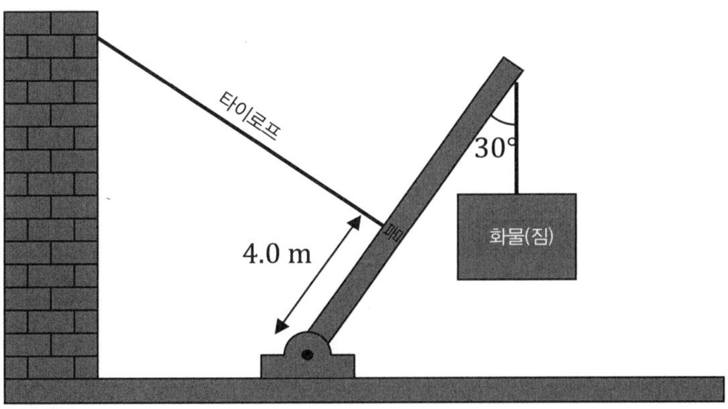

(A) 타이로프가 끊어지지 않고 붐이 지탱할 수 있는 화물의 최대 질량을 구하라.

(B) 힌지 핀에 가해지는 최대 힘의 수평 성분과 수직 성분을 구하라.

답: (A) 23 kg, (B) $300\sqrt{3}$ N, 430 N(위의 왼쪽 줄)

도움이 필요한가요? 책의 맨 뒤에 있는 "힌트"를 참고하세요.

32
관성 모멘트

관련 용어

- **운동량**(momentum) – 질량×속도
- **강체**(rigid body) – 회전하는 동안에 형태가 변하지 않는 물체
- **관성**(inertia) – 운동하고 있는 물체가 운동량을 일정하게 유지하려는 자연의 성질
- **관성 모멘트**(moment of inertia) – 강체가 각운동량을 일정하게 유지하려는 자연의 성질

필수 개념

강체의 관성 모멘트는 각운동량의 변화에 저항하는 정도를 나타내는 척도이다. 물체의 관성 모멘트는 질량이 회전축을 중심으로 어떻게 분포되어 있는지에 따라 달라진다.

- 다음에 나오는 개념 예에서 볼 수 있듯이 물체의 관성 모멘트는 물체가 회전축에서 멀리 떨어져 있을수록, 물체의 질량이 클수록 커진다.
- 물체의 관성 모멘트가 클수록 물체의 각운동량을 변화시키기가 더욱 어렵다.

개념 예

아래 그림과 같이 막대를 회전시키는 세 가지 방식을 생각해보자.

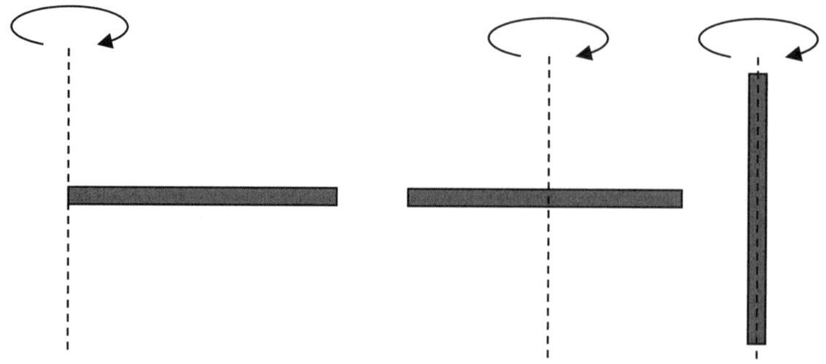

어떤 방식으로 막대를 회전시킬 때 막대의 각속력을 바꾸기가 더 쉬울까? 막대나 자를 그림과 같이 손으로 잡고 직접 시험해보자.

- 왼쪽 그림: 이 방식이 각속도를 변화시키기가 가장 어렵다. 한 바퀴 회전을 하는 데 걸리는 시간을 확인해보자. 이 방식에서는 더 많은 질량이 회전축에서 멀리 떨어져 있다. 이 방식이 회전축에 대한 관성 모멘트가 가장 크다.
- 오른쪽 그림: 이 방식이 막대의 각속도를 변경하는 것이 가장 쉽다. 막대를 두 손 사이에 끼고 손바닥으로 돌리면 초당 여러 바퀴를 돌릴 수 있을 정도로 막대가 쉽게 회전한다. 이 방식에서는 모든 질량이 회전축에 매우 가깝다. 이 방식이 회전축에 대한 관성 모멘트가 가장 작다.
- 가운데 그림: 이 방식은 다른 두 방식의 중간에 있다. 이 방식에서는 왼쪽 그림의 방식보다 막대가 더 빠르게 회전할 수 있지만 오른쪽 그림의 방식만큼은 빠르게 회전하지는 않는다.

평행축 정리

물체가, 관성 모멘트가 정리된 표에 수록된 축을 중심으로 회전하지 않는 경우도 있다. 이 경우에는 평행축 정리를 적용할 수 있다. 질량 중심을 통과하는 축에 대한 물체의 관성 모멘트를 알고 있다면 평행축 정리를 사용하여 질량 중심을 통과하는 축에 평행한 다른 축에 대한 관성 모멘트 I를 구할 수 있다.

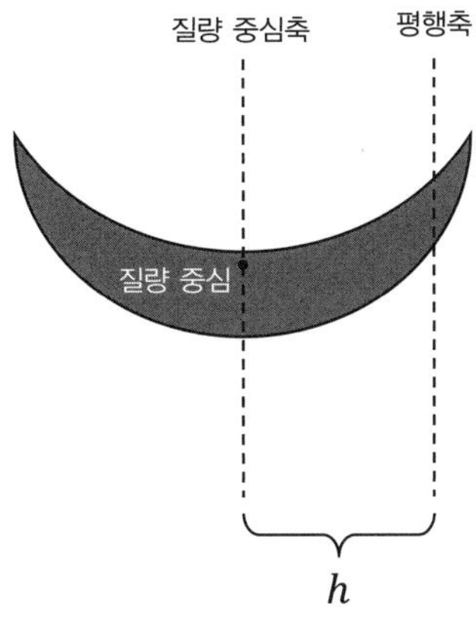

평행축 정리 방정식은 다음과 같다.

$$I_p = I_{CM} + mh^2$$

방정식을 구성하는 기호들의 의미는 다음과 같다.

- I_{CM}은 질량 중심을 통과하는 축에 대한 물체의 관성 모멘트이다. 관성 모멘트 표에서 이 값을 찾을 수 있다(336~339쪽 참조).
- I_p는 I_{CM}에 사용된 축과 평행한 축에 대한 물체의 관성 모멘트이다.
- m은 물체의 질량이다.
- h는 위 그림에서 보듯이 두 평행 축 사이의 거리이다.

관성 모멘트 방정식

관성 모멘트(I)를 나타내는 방정식은 다음에 따라 달라진다.

- 물체의 모양
- 물체가 회전하는 축

점(point)처럼 취급할 수 있는 물체가 원을 그리며 운동하는 경우, 다음 관성 모멘트 방정식을 사용한다. 여기서 R은 물체가 운동하며 그리는 원의 반지름이다.

$$I = mR^2$$

공통의 회전축을 공유하는 물체의 시스템에서 각 물체의 관성 모멘트를 구한 다음, 이들 관성 모멘트를 모두 더한다.

$$I = I_1 + I_2 + \cdots + I_N$$

다음에 나오는 표에는 회전축을 중심으로 회전하고 있는 다양한 기하학적 형태를 가진 물체들의 관성 모멘트 값이 정리되어 있다. **주의:** 물체의 질량 중심을 통과하는 축과 평행한 다른 축을 통과하는 경우의 관성 모멘트는 평행축 정리를 적용하여 구할 수 있다(이전 쪽 참조)

$$I_p = I_{CM} + mh^2$$

얇은 막대(막대 중앙을 중심으로 회전)	얇은 막대(막대 끝을 중심으로 회전)
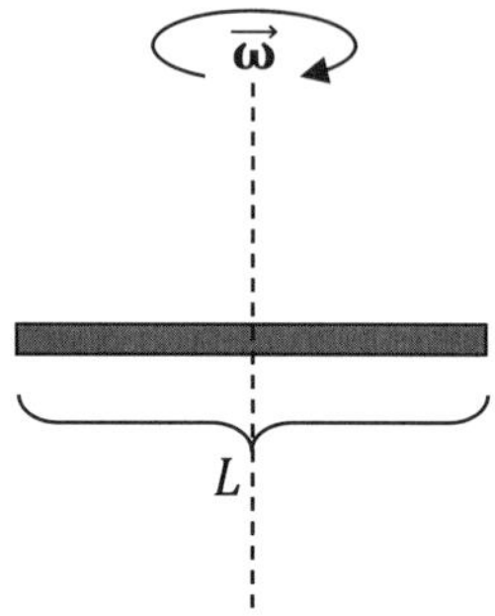 $I = \frac{mL^2}{12}$	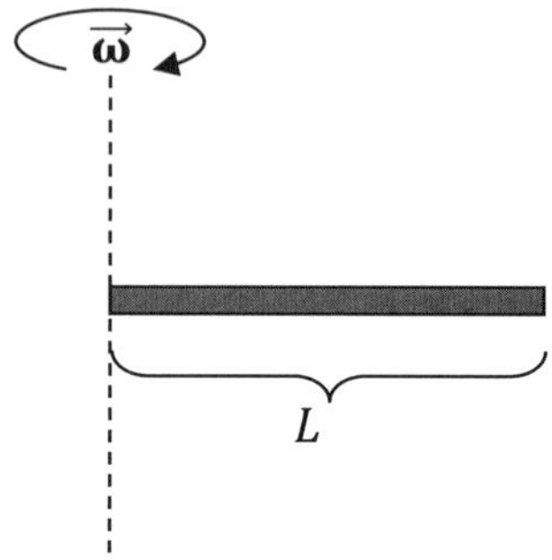 $I = \frac{mL^2}{3}$
속이 채워진 원반(굴림 회전)	속이 채워진 원반(제자리 회전)
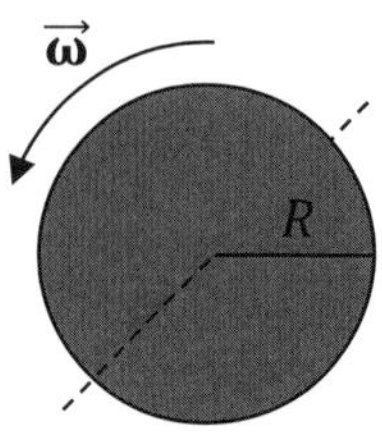 $I = \frac{mR^2}{2}$	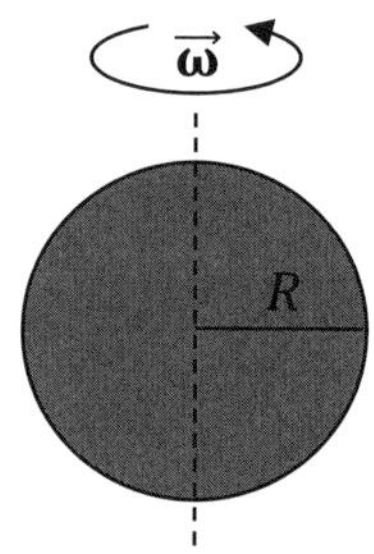 $I = \frac{mR^2}{4}$
얇은 원형 고리(굴림 회전)	얇은 원형 고리(제자리 회전)
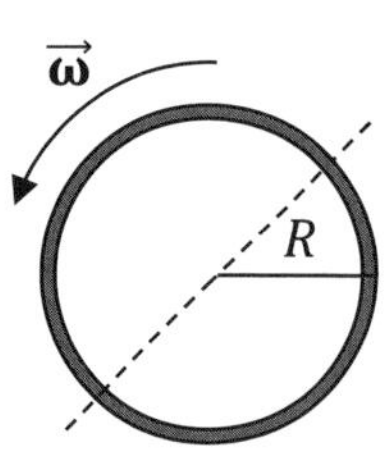 $I = mR^2$	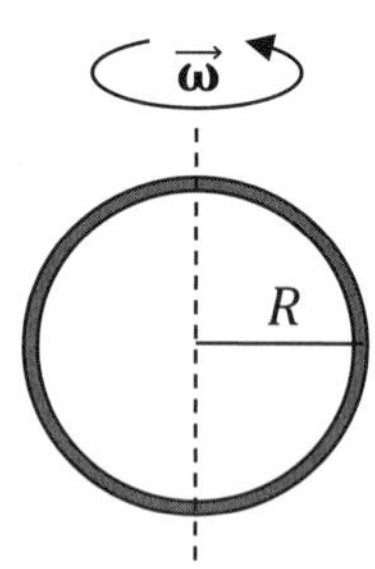 $I = \frac{mR^2}{2}$

두꺼운 고리(굴림 회전)

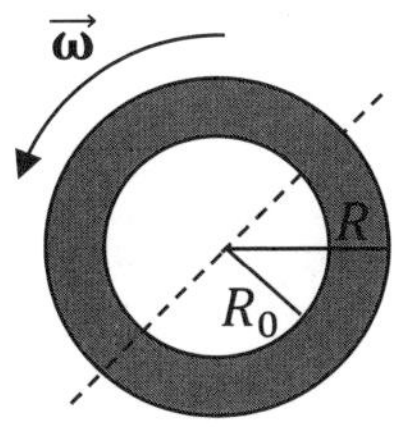

$$I = m\frac{R_0^2 + R^2}{2}$$

두꺼운 고리(제자리 회전)

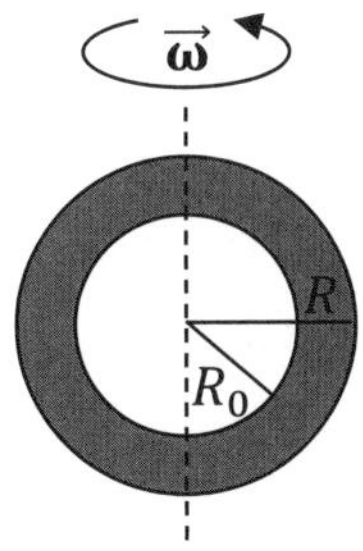

$$I = m\frac{R_0^2 + R^2}{4}$$

속이 채워진 원통(굴림 회전)

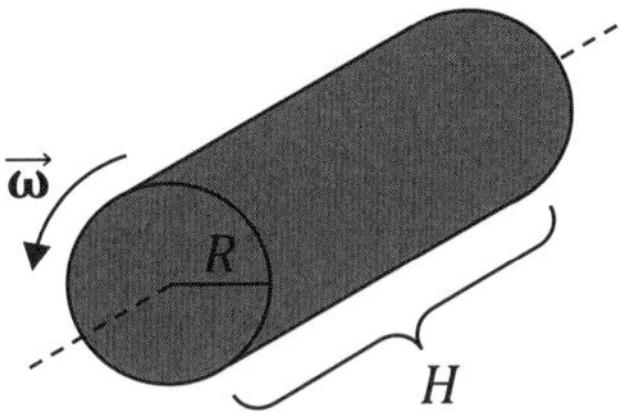

$$I = \frac{mR^2}{2}$$

속이 빈 얇은 원통(굴림 회전)

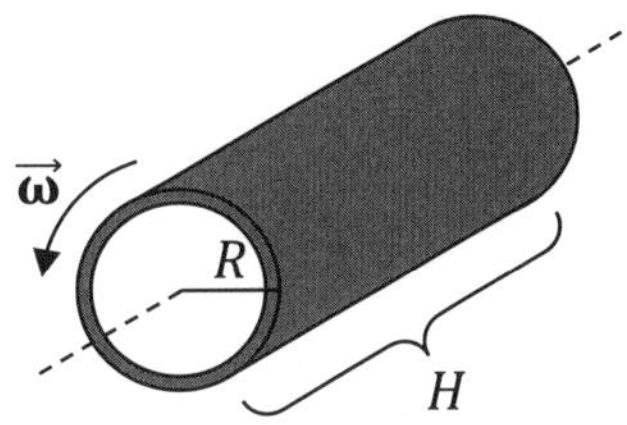

$$I = mR^2$$

속이 빈 두꺼운 원통(굴림 회전)

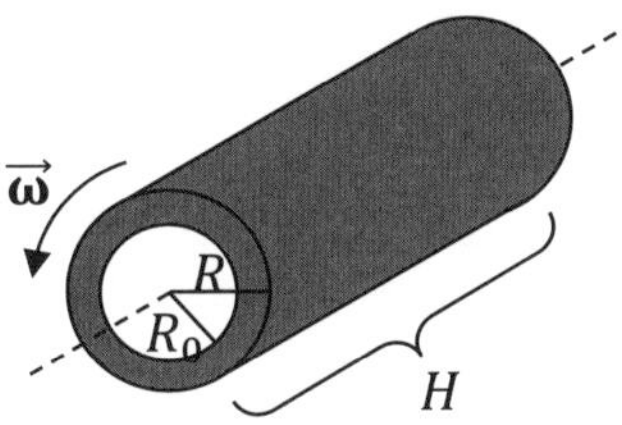

$$I = m\frac{R_0^2 + R^2}{2}$$

속이 채워진 구(굴림 회전)

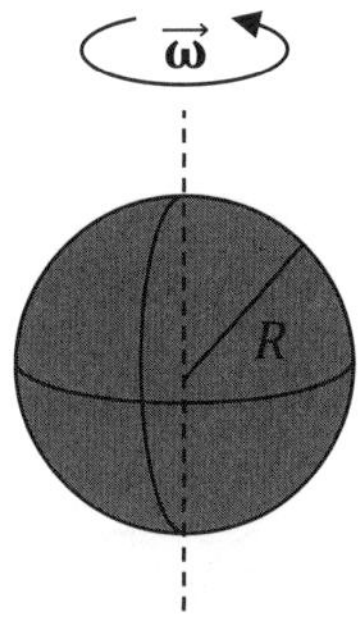

$$I = \frac{2mR^2}{5}$$

속이 빈 얇은 구(굴림 회전)

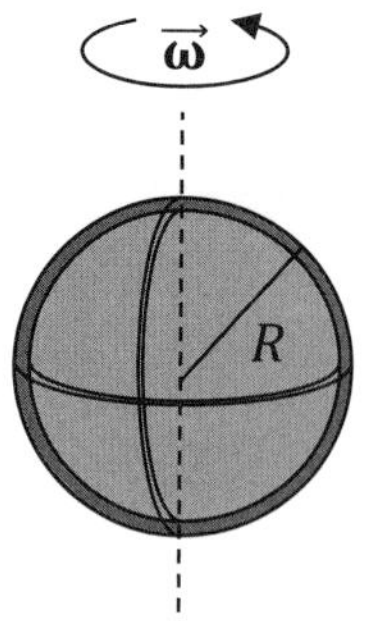

$$I = \frac{2mR^2}{3}$$

속이 빈 두꺼운 구(굴림 회전)

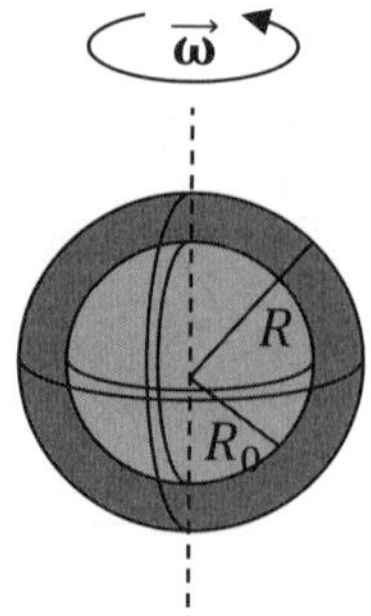

$$I = \frac{2m}{5}\frac{R^5 - R_0^5}{R^3 - R_0^3}$$

한 면의 중앙을 수직으로 통과하는 축을 중심으로 회전하는 속이 채워진 정육면체

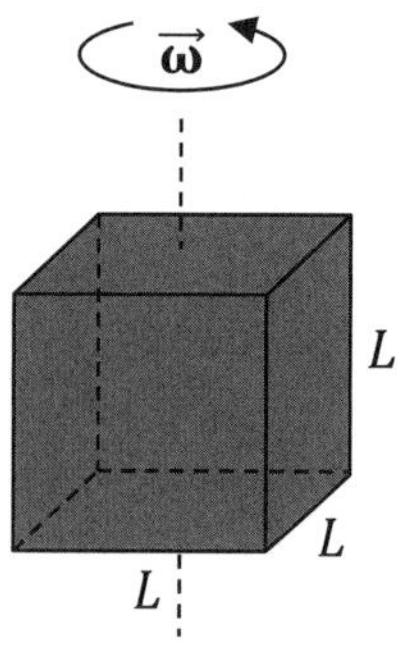

$$I = \frac{mL^2}{6}$$

면의 중앙을 수직으로 통과하는 축을 중심으로 회전하는 속이 채워진 직사각형

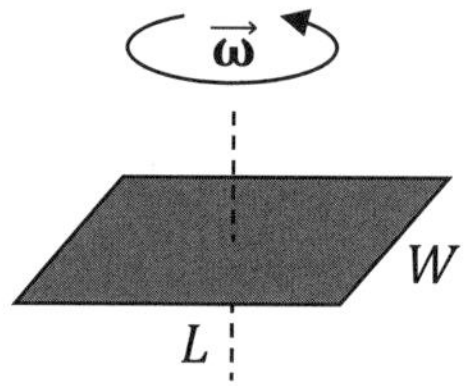

$$I = m\frac{L^2 + W^2}{12}$$

속이 채워진 직사각형(제자리 회전)

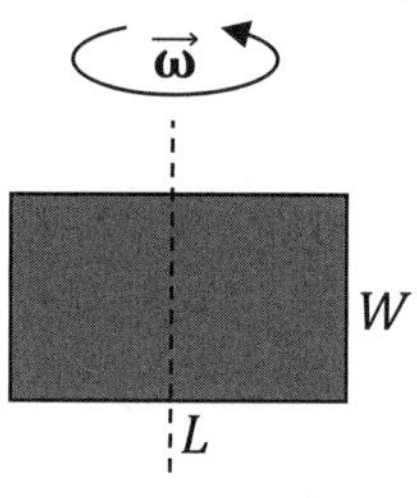

$$I = \frac{mL^2}{12}$$

대칭축을 중심으로 회전하는 속이 채워진 원뿔

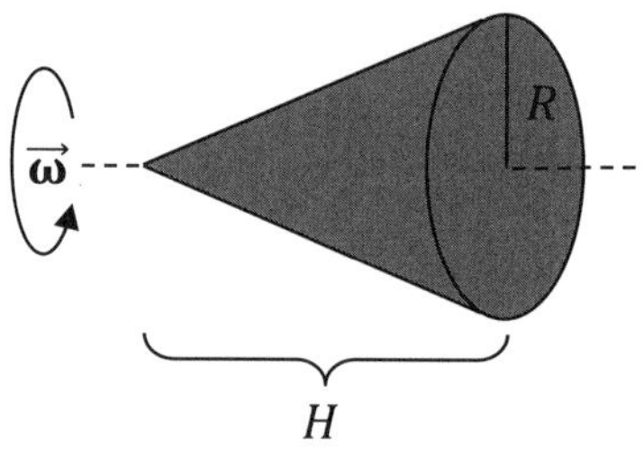

$$I = \frac{3mR^2}{10}$$

속이 채워진 도넛모양 물체(구멍면의 중앙을 수직으로 통과하는 축을 중심으로 회전)	속이 채워진 타원(타원을 대칭으로 양분하는 축을 중심으로 회전)
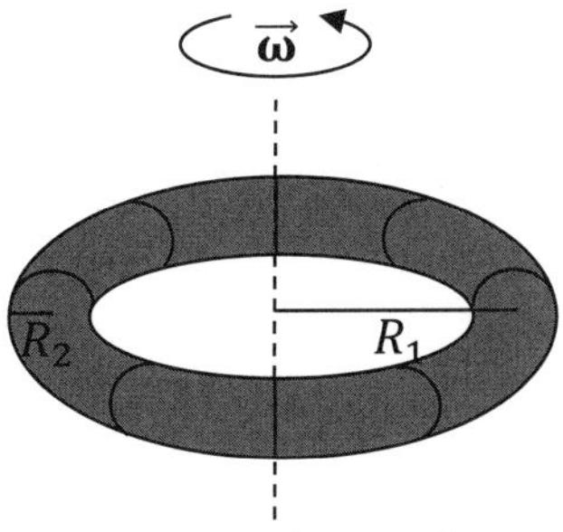 $I = m\dfrac{4R_1^2 + 3R_2^2}{4}$	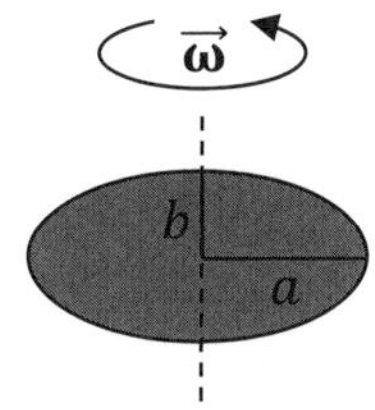 $I = \dfrac{ma^2}{4}$

표에서 찾을 수 없는 형태의 물체나 회전축의 경우, 적분을 이용하여 관성 모멘트 방정식을 유도할 수 있다.

$$I = \int r_{\perp}^2 \, dm$$

여기서 $r_{\perp}^2$은 dm에서 회전축까지 가장 짧은 거리이다. 345~353쪽을 참조하기 바란다.

단위 관련 유의 사항

관성 모멘트 I의 SI 단위는 관성 모멘트 방정식을 보면 알 수 있다. $I = mR^2$, $I = \frac{2}{5}mR^2$, $I = \frac{mL^2}{12}$의 수식에서 보듯이 모든 관성 모멘트 방정식에는 질량과 거리의 제곱이 들어있다. 질량의 SI 단위는 kg이고 거리의 SI 단위는 m이므로, 관성 모멘트의 SI 단위는 $kg \cdot m^2$이다(방정식을 보면 거리의 제곱이므로).

기호와 SI 단위

기호	이름	SI 단위
m	질량	kg
R	반지름	m
R_0	내부 반지름	m
L	길이	m
W	폭	m
I	관성 모멘트	$kg \cdot m^2$

I_{CM}	질량 중심을 통과하는 축에 대한 관성 모멘트	kg·m^2
I_p	I_{CM}에 사용되는 축에 평행한 축에 대한 관성 모멘트	kg·m^2
h	I_{CM}과 I_p에 사용되는 두 축 사이의 거리	m

물체 시스템의 관성 모멘트를 구하는 방법

관성 모멘트를 구하는 방법은 상황에 따라 다르다.

1. 한 점으로 취급할 수 있는 물체가 원을 그리며 이동하는 경우(또는 원을 그리며 이동하는 물체의 크기가 원의 반지름에 비해 작은 경우)에는 다음 공식을 사용한다.

$$I = mR^2$$

2. 원반, 막대 또는 구(공)와 같은 일반적인 기하학적 도형의 경우 표에서 공식을 찾을 수 있는지 확인한다(336~339쪽 참조). 찾을 수 없으면 345~353쪽을 참조한다.

3. 필요한 축이 물체의 질량 중심을 통과하는 축과 평행한 경우 평행축 정리를 적용할 수 있다(342~343쪽 참조).

$$I_p = I_{CM} + mh^2$$

4. 공통 회전축을 공유하는 두 개 이상의 물체가 있는 경우, 각 물체의 관성 모멘트를 구한 다음 이들 관성 모멘트를 모두 더한다.

$$I = I_1 + I_2 + \cdots + I_N$$

   모든 물체가 점으로 취급될 수 있고 공통 회전축을 공유하는 경우, 시스템의 관성 모멘트 공식은 다음과 같다.

$$I = m_1R_1^2 + m_2R_2^2 + \cdots + m_NR_N^2$$

예제 다음 그림에서 보듯이, 질량이 5.0 kg인 물체 4개가 질량이 거의 없는 막대를 통해 정사각형 형태로 결합되어 있다. 이 물체의 크기는 막대의 길이에 비해 작다. y축에 대한 시스템의 관성 모멘트를 구하라.

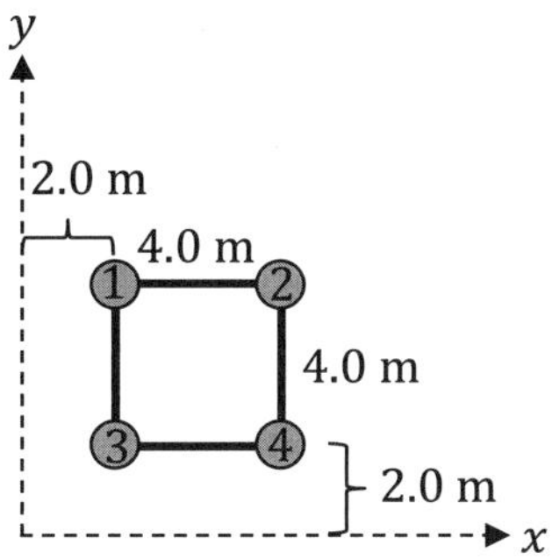

풀이 막대는 매우 가벼우므로(5.0 kg의 물체 질량에 비해 거의 질량이 없으므로) 무시할 수 있다. 또한 막대의 길이에 비해 물체의 크기가 작기 때문에 물체를 점처럼 취급할 수 있다. 네 개의 물체가 y축을 공통 회전축으로 공유하므로 점과 같은 물체의 관성 모멘트를 나타내는 공식을 사용한다.

$$I = m_1R_1^2 + m_2R_2^2 + m_3R_3^2 + m_4R_4^2$$

위 식에서 모든 물체의 질량은 5 kg으로 동일하다. 또한 각각의 거리 R은 회전축(y축)과 해당 질량 사이의 거리이다. 왼쪽에 있는 두 질량과 y축 사이의 거리는 2.0 m이고, 오른쪽에 있는 두 질량과 y축 사이의 거리는 2.0 m + 4.0 m = 6.0 m이다.

$$I = (5)(2)^2 + (5)(6)^2 + (5)(2)^2 + (5)(6)^2 = 20 + 180 + 20 + 180 = 400\ \text{kg·m}^2$$

예제 아래 그림에서 보듯이 속이 채워진 원반 두 개와 이들 사이에 질량이 50 g이고 반지름이 3.0 cm인 속이 빈 원통이 들어있는 요요가 있다. 두 원반의 질량은 25 g으로 서로 같고 반지름은 8.0 cm로 서로 같다. 요요의 회전축에 대한 요요의 관성 모멘트를 구하라.

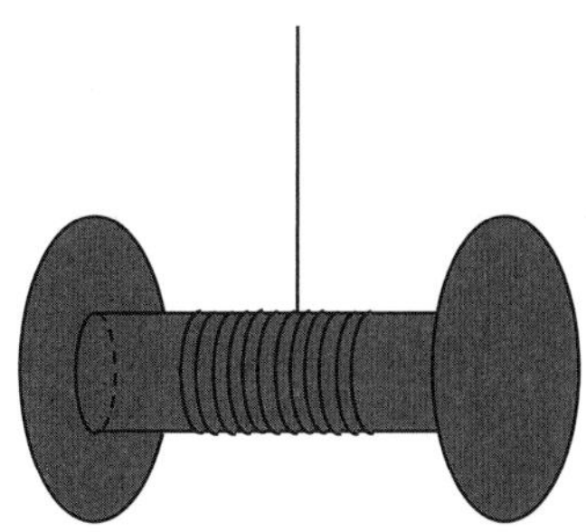

풀이 세 물체는 모두 같은 회전축(원통의 축)을 공유하고 있다. 336~339쪽의 표에서 속이 빈 원통과 속이 채워진 원반(모두 굴림 방식)의 원반의 관성 모멘트를 찾아보면

$I_c = m_c R_c^2$과 $I_d = \frac{1}{2} m_d R_d^2$이다. 이 두 관성 모멘트를 더한다.

$$I = m_c R_c^2 + \frac{1}{2} m_d R_d^2 + \frac{1}{2} m_d R_d^2 = (50)(3)^2 + \frac{1}{2}(25)(8)^2 + \frac{1}{2}(25)(8)^2 = 2050\ \text{g·cm}^2$$

주의: 계산할 때 질량의 단위를 g으로, 반지름을 cm로 하였으므로 관성 모멘트의 단위는 kg·m^{2}가 아니라 g·cm^{2}로 나왔다. SI 단위를 사용하려면 g을 kg으로, cm을 m으로 변환해야 한다.

예제 아래 그림을 보면 균일한 막대가 p축을 중심으로 회전한다. 막대의 질량은 $\frac{1}{2}$ kg이고 길이는 2.0 m이다. p축에 대한 관성 모멘트를 구하라.

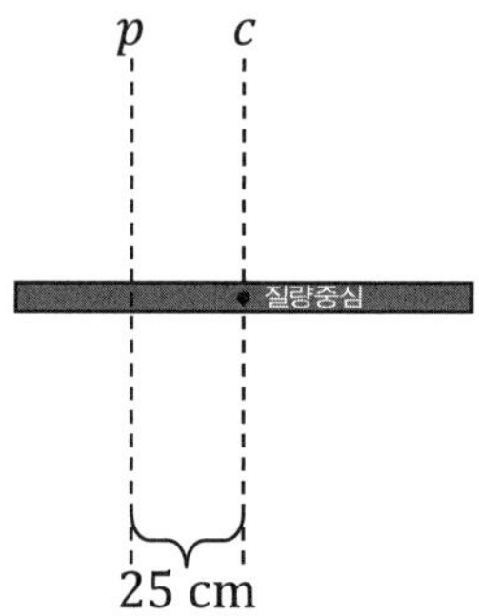

풀이 이 문제를 푸는 방법은 먼저 막대의 중심을 통과하는 축에 대한 관성 모멘트 공식을 찾은 다음, 이어서 평행축 정리를 적용하는 것이다. 표에 따르면 c축에 대한 관성 모멘트는 다음과 같다.

$$I_{CM} = \frac{mL^2}{12} = \frac{\left(\frac{1}{2}\right)(2)^2}{12} = \frac{1}{6}\ \text{kg·m}^2$$

이제 평행축 정리를 적용한다. $h = 25\ \text{cm} = 0.25\ \text{m} = \frac{1}{4}\ \text{m}$을 대입하면 다음과 같다.

$$I_p = I_{CM} + mh^2 = \frac{1}{6} + \left(\frac{1}{2}\right)\left(\frac{1}{4}\right)^2 = \frac{1}{6} + \frac{1}{32} = \frac{16}{96} + \frac{3}{96} = \frac{19}{96}\ \text{kg·m}^2$$

예제 다음 그림을 보면 속이 채워진 구에 균일한 막대가 용접되어 있다. 막대의 질량은 9.0 kg, 막대의 길이는 6.0 m이고, 구의 질량은 5.0 kg, 구의 반지름은 2.0 m이다. 표시된 축에 대한 관성 모멘트를 구하라.

풀이 막대가 끝을 중심으로 회전하고 있다. 이러한 막대의 관성 모멘트는 표에 수록되어 있다.

$$I_r = \frac{1}{3}m_r L^2 = \frac{1}{3}(9)(6)^2 = 108\ \text{kg·m}^2$$

다음으로 채워진 구의 관성 모멘트를 이 구의 중심을 통과하는 축에 대해 구해보자.

$$I_{CM} = \frac{2}{5}m_s R^2 = \frac{2}{5}(5)(2)^2 = 8.0\ \text{kg·m}^2$$

이제 평행축 정리를 적용한다. $h = L + R = 6.0 + 2.0 = 8.0$ m(원하는 축과 구의 중심 사이의 거리)을 대입하면 다음과 같다.

$$I_p = I_{CM} + m_s h^2 = 8 + (5)(8)^2 = 328\ \text{kg·m}^2$$

막대와 구의 관성 모멘트(둘 다 p축에 대한)를 더한다.

$$I = I_r + I_p = 108 + 328 = 436\ \text{kg·m}^2$$

연습문제

191. 아래 그림에서 보듯이 질량이 6.0 kg으로 동일한 물체 세 개가 길이가 $L = 4.0$ m이며 질량이 거의 없는 막대를 통해 정삼각형 형태로 결합되어 있다. 6.0 kg 물체의 크기는 막대의 길이에 비해 작다. 다음 축에 대한 시스템의 관성 모멘트를 구하라.

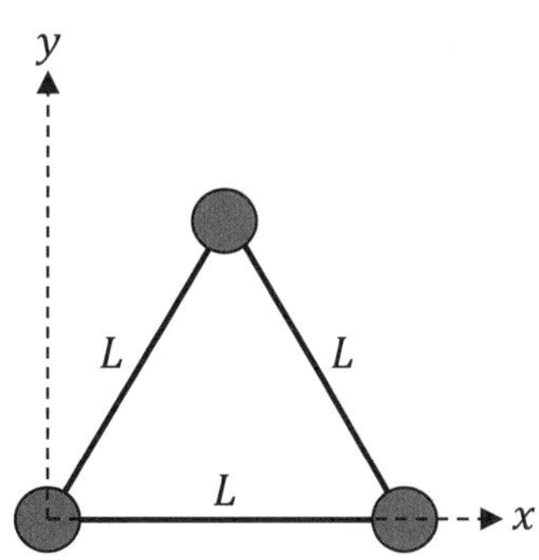

(A) x축

(B) y축

(C) z축(책의 지면에 수직이며 원점을 통과)

답: 72 kg · m^2, 120 kg · m^2, 192 kg · m^2

192. 바나나 세 개가 질량이 거의 없는 막대로 결합되어 있다. 바나나의 크기는 막대의 길이에 비해 작다. 바나나의 질량과 바나나가 위치한 (x, y) 좌표는 아래에 적혀있다. 다음 축에 대한 시스템의 관성 모멘트를 구하라.

- 400 g 바나나 좌표: (3.0 m, 0)
- 300 g 바나나 좌표: (0, 2.0 m)
- 500 g 바나나 좌표: (−4.0 m, 1.0 m)

(A) x축

(B) y축

(C) z축(책의 지면에 수직이며 원점을 통과)

답: $\frac{17}{10}$kg·m^2, $\frac{58}{5}$kg·m^2, $\frac{133}{10}$kg·m^2

193. 아래 그림을 보면 속이 빈 두 개의 구가 균일한 막대 양 끝에 각각 용접되어 있다. 막대의 질량은 6.0 kg, 길이는 8.0 m이고 왼쪽 구의 질량은 9.0 kg, 반지름은 2.0 m이며 오른쪽 구의 질량은 3.0 kg, 반지름은 1.0 m이다. 그림에 표시된 막대를 이등분하는 축에 대해 관성 모멘트를 구하라.

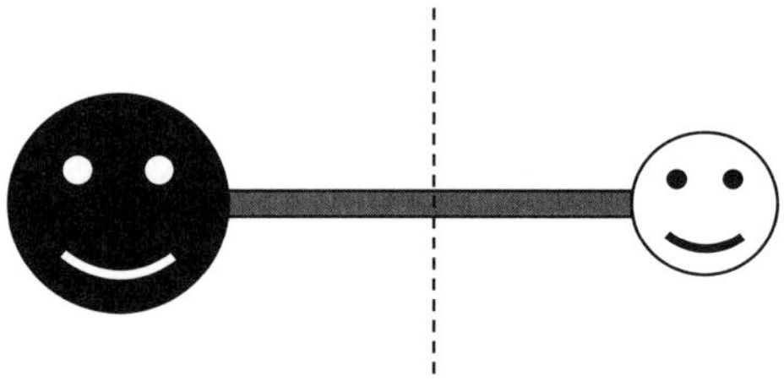

답: 457 kg · m^2

도움이 필요한가요? 책의 맨 뒤에 있는 “힌트”를 참고하세요.

관성 모멘트 적분을 수행하는 방법

막대나 원반과 같은 연속적인 물체의 관성 모멘트를 구할 때는 다음과 같은 단계를 밟는다.

1. 물체를 그린다. 물체 내부의 적당한 위치에 대표하는 미소질량을 하나 그려 넣고 dm이라고 표시한다. 원점 또는 축 위에는 dm을 그리지 않도록 한다(단, 물체가 막대이고 그 막대가 축을 따라 놓여 있어 막대의 모든 점이 축 위에 놓여 있는 경우에는 축 위에 그려 넣을 수밖에 없다).

2. 지정된 회전축을 그리고 이름(기호)을 써 넣는다.

3. dm에서 지정된 회전축에 연결하는 선들 중에서 가능한 가장 짧은 선을 그린다(그러면 이 선은 회전축에 수직이 된다). 이 선의 길이를 $r_\perp$로 표시한다. 다음에 나오는 예제를 참조한다.

4. 다음의 관성 모멘트 적분 공식을 사용한다.

$$I = \int r_\perp^2 \, dm$$

5. 구조에 따라 dm을 다음 중 하나로 바꾼다.
   - 막대 또는 원호와 같은 구조의 호 길이: $dm = \lambda ds$.
   - 삼각형, 원반(disk), 얇은 공(구) 껍질과 같은 구조의 면적: $dm = \sigma dA$.
   - 정육면체, 반구와 같은 구조의 3차원 입체: $dm = \rho dV$

6. 문제의 구조에 가장 적합한 좌표계를 선택하고 26장의 방법을 사용하여 위의 5번 단계에서 나타낸 ds, dA, dV를 다음 식으로 치환한다.
   - x축에 평행한 직선인 경우에는 $ds = dx$를 사용한다.
   - y축에 평행한 직선인 경우에는 $ds = dy$를 사용한다.
   - 반지름이 R인 원호인 경우에는 $ds = Rd\theta$를 사용한다.
   - 내부가 채워진 사각형 또는 삼각형과 같은 다각형인 경우에는 $dA = dxdy$을 사용한다.
   - 내부가 채워진 반원(반원 호는 **아님**)이나 파이조각 같은 모양의 표면인 경우에는 $dA = rdrd\theta$를 사용한다.
   - 반지름이 R인 공의 표면인 경우에는 $dA = R^2 \sin\theta \, d\theta d\phi$를 사용한다.
   - 육면체와 같은 다면체 입체인 경우에는 $dV = dxdydz$를 사용한다.
   - 원통 또는 원뿔 입체인 경우에는 $dV = r_c dr_c d\theta dz$를 사용한다.
   - 반구처럼 공 모양 입체의 일부분인 경우에는 $dV = r^2 \sin\theta \, drd\theta d\phi$를 사용한다.

7. 밀도가 균일한지, 불균일한지 파악한다.
   - 밀도가 균일하면 λ, σ, ρ를 적분기호 밖으로 꺼낼 수 있다.
   - 밀도가 불균일하면 λ, σ, ρ는 적분기호 안에 그대로 남겨 둔다.
8. 위의 3번 단계에서 그린 $r_\perp$를 살펴본다. 위의 6번 단계에서 선택한 좌표계의 좌표를 사용하여 $r_\perp$를 나타낸다. 다음에 나오는 예제를 풀어보면서 이 방정식을 나타내는 방법을 배운다.
9. 위의 6번 단계에서 선택한 좌표계에 따라 피적분함수의 모든 좌표를 다음 식을 사용하여 치환한다.
   - 직각 좌표계 : x, y, z를 그대로 사용한다.
   - 2차원 극 좌표계 : $x = r\cos\theta$, $y = r\sin\theta$
   - 원통 좌표계 : $x = r_c\cos\theta$, $y = r_c\sin\theta$
   - 구 좌표계 : $x = r\cos\theta\cos\phi$, $y = r\sin\theta\sin\phi$, $z = r\cos\theta$
10. 적분 중에서 ds에 대한 적분은 단일 적분이고 dA에 대한 적분은 이중 적분이며 dV에 대한 적분은 삼중 적분이다. 26장에서 자세히 설명하는 바와 같이 적분 영역 전체를 모두 포함하도록 적분 변수의 상한과 하한을 정한다. 2장, 9장, 26장에서 설명하는 방법을 사용하여 적분을 수행한다.
11. 다음 적분을 수행하여 물체의 총 질량 m을 구한다.

$$m = \int dm$$

    이때 위의 5번 단계~9번 단계에서 설명한 치환을 사용한다. 위의 10번 단계에서 사용한 것과 동일한 상한, 하한을 사용한다.
12. 위의 11번 단계가 끝나면 여기서 구한 m 값을 관성 모멘트 적분 수식(4번 단계)의 m 자리에 대입한다. 그 결과로 나오는 수식을 간단히 정리한다. 최종 답은 물체의 질량과 거리의 제곱을 사용해야 한다.

기호와 SI 단위

기호	이름	SI 단위
dm	미소 질량 요소	kg
m	물체의 총 질량	kg
$r_\perp$	dm과 회전축 사이의 최단 거리	m

x, y, z	dm의 직각 좌표	m, m, m
r, θ	dm의 2차원 극 좌표	m, rad
r_c, θ, z	dm의 원통 좌표	m, rad, m
r, θ, ϕ	dm의 구 좌표	m, rad, rad
λ	선 질량 밀도	kg/m
σ	면 질량 밀도	kg/m^2
ρ	부피 질량 밀도	kg/m^3
ds	미소 길이 요소	m
dA	미소 면적 요소	m^2
dV	미소 부피 요소	m^3
I	관성 모멘트	kg·m^2

주의: λ, σ, ρ 기호는 각각 그리스 소문자 람다(lambda), 시그마(sigma), 로(rho)이다.

예제 아래 그림의 막대는 균일하지 않은 선 질량 밀도 $\lambda(x) = \beta x$를 갖는다. 여기서 β는 양의 상수이다. 막대의 총 질량이 m, 막대의 길이가 L일 때, 회전축 $x = \frac{L}{3}$에 대한 막대의 관성 모멘트를 나타내는 방정식을 유도하라.

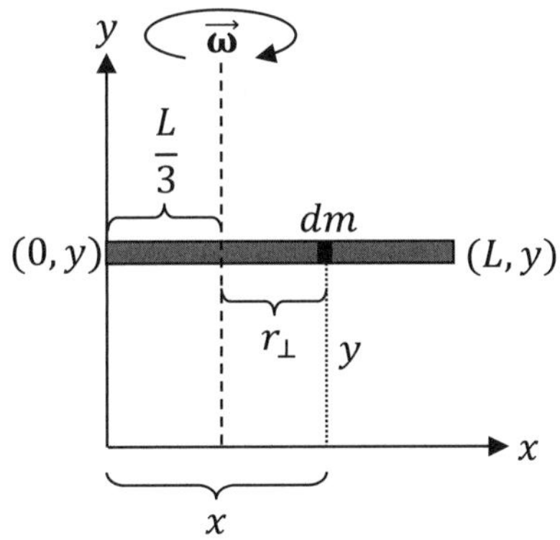

풀이 먼저 대표 미소 질량 하나를 그림의 막대 안에 그려 넣고 dm이라고 표시한다. 또한 dm과 회전축 사이의 최단 거리인 $r_\perp$를 표시한다. 적분을 한다는 것은 막대 전체를 구성하는 모든 dm에 대해 계산 결과를 전부 합하는 것이다. 관성 모멘트 적분을 수식으로 쓰면 다음과 같다.

$$I = \int r_\perp^2 \, dm$$

가느다란 막대의 경우 $dm = \lambda ds$이므로 적분식은

$$I = \int r_\perp^2 \lambda \, ds$$

가 된다. 막대의 밀도가 균일하지 않으므로 적분기호 밖으로 λ를 꺼낼 수 **없다**. 그 대신 문제에 주어진 λ에 $\lambda = \beta x$를 대입한다.

$$I = \int r_\perp^2 \beta x \, ds$$

β는 상수이므로 적분기호 밖으로 나올 수 있다. 막대가 x축을 따라 놓여 있으므로 직각좌표계를 사용하고 미소 호 길이는 $ds = dx$로 쓴다. 적분의 하한과 상한은 각각 막대의 길이 범위 $0 \leq x \leq L$의 양쪽 끝에 해당하므로 적분식은

$$I = \beta \int_{x=0}^{L} r_\perp^2 x \, dx$$

가 된다. 위의 그림을 보면 대표 dm에 대해 $r_\perp = x - \frac{L}{3}$이다. 만약 dm를 회전축의 왼쪽에 그렸다면 $r_\perp = \frac{L}{3} - x$이 되었을 것이다. 두 $r_\perp$ 값을 각각 제곱하면 $\left(x - \frac{L}{3}\right)^2 = \left(\frac{L}{3} - x\right)^2$에서 보듯이 서로 같아지므로 이러한 차이는 별문제가 아니다.

$$I = \beta \int_{x=0}^{L} \left(x - \frac{L}{3}\right)^2 x \, dx$$

이 적분을 수행하기 위해 피적분함수 중에서 $\left(x - \frac{L}{3}\right)^2$을 전개한다.

$$I = \beta \int_{x=0}^{L} \left(x^2 - \frac{2xL}{3} + \frac{L^2}{9}\right) x \, dx$$

여기에 x를 곱한 다음, 적분을 수행하면

$$I = \beta \int_{x=0}^{L} \left(x^3 - \frac{2x^2 L}{3} + \frac{xL^2}{9}\right) dx = \beta \left[\frac{x^4}{4} - \frac{2x^3 L}{9} + \frac{x^2 L^2}{18}\right]_{x=0}^{L}$$

$$I = \beta \left(\frac{L^4}{4} - \frac{2L^4}{9} + \frac{L^4}{18}\right) = \beta \left(\frac{9L^4}{36} - \frac{8L^4}{36} + \frac{2L^4}{36}\right) = \frac{3\beta L^4}{36} = \frac{\beta L^4}{12}$$

이 된다. 이제 막대의 총 질량을 구해보자. 앞에서와 마찬가지 방식으로 대입을 하면서 적분을 수행하면

$$m = \int dm = \int \lambda \, ds = \int_{x=0}^{L} (\beta x) dx = \beta \int_{x=0}^{L} (x) dx = \beta \left[\frac{x^2}{2}\right]_{x=0}^{L} = \beta \left(\frac{L^2}{2} - \frac{0^2}{2}\right) = \frac{\beta L^2}{2}$$

이 된다. 이 결과를 β에 대해 정리하면

$$\beta = \frac{2m}{L^2}$$

이 된다. 이렇게 구한 β의 수식을 위에서 구한 I의 수식에 대입한다.

$$I = \frac{\beta L^4}{12} = \left(\frac{2M}{L^2}\right)\frac{L^4}{12} = \frac{ML^2}{6}$$

예제 아래 그림의 직각삼각형은 밀도가 균일하다. y축에 대한 직각삼각형의 관성 모멘트를 나타내는 방정식을 b, h, m을 사용하여 유도하라.

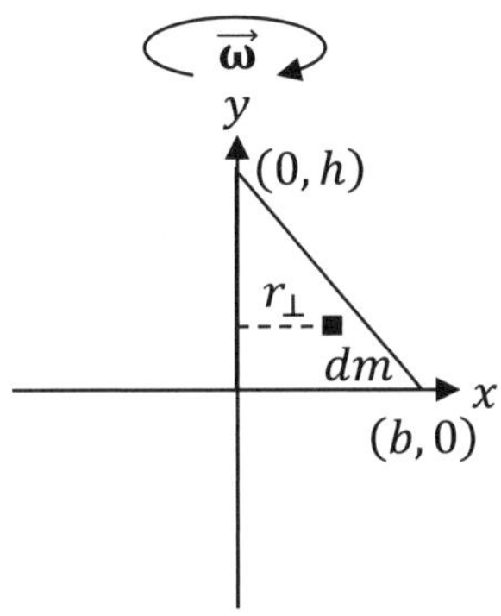

풀이 먼저 대표 미소 질량 하나를 그림의 삼각형 안에 그려 넣고 dm이라고 표시한다. 또한 dm과 회전축 사이의 최단 거리인 $r_\perp$를 표시한다. 관성 모멘트 적분을 수식으로 쓰면 다음과 같다.

$$I = \int r_\perp^2\, dm$$

내부가 채워진 삼각형의 경우(선을 구부려 만든 삼각형과는 달리) $dm = \sigma dA$이므로 적분식은

$$I = \int r_\perp^2 \sigma\, dA$$

가 된다. 삼각형의 밀도는 균일하므로 σ는 적분기호 밖으로 나올 수 있다.

$$I = \sigma \int r_\perp^2\, dA$$

삼각형의 경우에는 직각좌표계를 사용하고 미소 면적 요소는 $dA = dxdy$로 쓴다. 적분의 하한과 상한을 구하기 위해서는 26장에서 풀어본 삼각형 예제처럼 x 좌표 값이 0에서 b까지 변할 때, 이에 해당하는 y 좌표의 값이 따라가며 변하는 빗변의 직선 방정식을 구해야 한다. 이 직선의 기울기는 $\frac{y_2-y_1}{x_2-x_1} = \frac{0-h}{b-0} = -\frac{h}{b}$이며 절편은 h이다. 따라서 빗변을 나타내는 직선의 방정식은 $y = -\frac{h}{b}x + h$이다. 따라서 x값이 $x = 0$에서 $x = b$까지 변할 때, y값은 $y = 0$에서 $y = -\frac{hx}{b} + h$까지 변하므로 적분 식은

$$I = \sigma \int_{x=0}^{b} \int_{y=0}^{-\frac{hx}{b}+h} r_\perp^2 \, dxdy$$

이 된다. 앞 쪽의 그림에 표시된 것처럼 대표 dm과 회전축(y축) 사이의 거리는 $r_\perp = x$인데 이 관계는 모든 dm에 대해 성립하므로

$$I = \sigma \int_{x=0}^{b} \int_{y=0}^{-\frac{hx}{b}+h} x^2 \, dxdy$$

이 된다. y의 상한에 x가 들어있으므로 y에 대한 적분을 먼저 수행해야 한다. 이중적분 수식에 들어있는 x는 y에 대한 적분에서는 적분기호 밖으로 꺼낼 수 있지만 x에 대한 적분에서는 적분기호 밖으로 꺼낼 수 없다.

$$I = \sigma \int_{x=0}^{b} x^2 \left(\int_{y=0}^{-\frac{hx}{b}+h} dy \right) dx = \sigma \int_{x=0}^{b} x^2 \left(-\frac{hx}{b} + h \right) dx = \sigma \int_{x=0}^{b} \left(-\frac{hx^3}{b} + hx^2 \right) dx$$

$$I = \sigma \left[-\frac{hx^4}{4b} + \frac{hx^3}{3} \right]_{x=0}^{b} = \sigma \left(-\frac{hb^4}{4b} + \frac{hb^3}{3} \right) = \sigma hb^3 \left(-\frac{1}{4} + \frac{1}{3} \right) = \frac{\sigma hb^3}{12}$$

이제 삼각형의 총 질량을 구해보자. 앞에서와 마찬가지 방식으로 대입을 하면서 적분을 수행하면

$$m = \int dm = \int \sigma \, dA = \sigma \int_{x=0}^{b} \int_{y=0}^{-\frac{hx}{b}+h} dx\, dy = \sigma \int_{x=0}^{b} \left(\int_{y=0}^{-\frac{hx}{b}+h} dy \right) dx = \sigma \int_{x=0}^{b} \left(-\frac{hx}{b} + h \right) dx$$

$$m = \sigma \left[-\frac{hx^2}{2b} + hx \right]_{x=0}^{b} = \sigma \left(-\frac{hb^2}{2b} + hb \right) = \sigma \left(-\frac{hb}{2} + hb \right) = \frac{\sigma hb}{2}$$

이 된다. 이 결과를 σ에 대해 정리하면

$$\sigma = \frac{2m}{hb}$$

이 된다. 이렇게 구한 σ의 수식을 위에서 구한 I의 수식에 대입한다.

$$I = \frac{\sigma hb^3}{12} = \left(\frac{2m}{hb}\right)\frac{hb^3}{12} = \frac{mb^2}{6}$$

예제 아래 그림의 속이 채워진 구는 밀도가 균일하다. 구의 반지름이 R이고 총 질량이 m일 때, 구의 중심을 지나는 z축에 대한 구의 관성 모멘트를 나타내는 방정식을 유도하라.

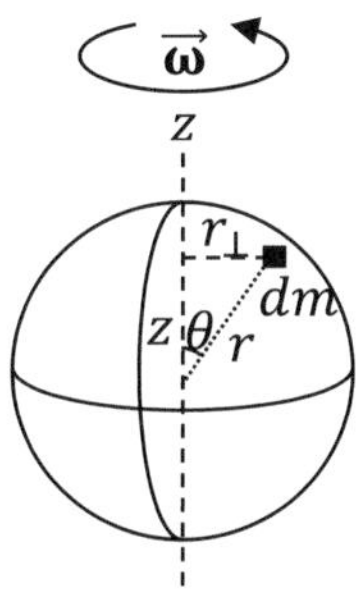

풀이 먼저 대표 미소 질량 하나를 구 안에 그려 넣고 dm이라고 표시한다. 또한 dm과 회전축 사이의 최단 거리인 $r_\perp$를 표시한다. 관성 모멘트 적분을 수식으로 쓰면 다음과 같다.

$$I = \int r_\perp^2\, dm$$

내부가 채워진 구의 경우(내부가 비어 있는 구와는 달리) $dm = \rho dV$이므로 적분식은

$$I = \int r_\perp^2 \rho\, dV$$

가 된다. 구의 밀도는 균일하므로 ρ는 적분기호 밖으로 나올 수 있다.

$$I = \rho \int r_\perp^2\, dV$$

속이 채워진 구의 경우에는 미소 부피 요소는 $dV = r^2 \sin\theta dr d\theta d\phi$이다(26장). 따라서 적분은 r, θ, ϕ에 대해 수행해야 한다. 구 전체에 대한 r, θ, ϕ의 적분 범위는 다음과 같은데 이전 예제와는 달리 하한과 상한은 모두 상수이다.

- $0 \le r \le R$

- $0 \leq \theta \leq \pi$
- $0 \leq \phi \leq 2\pi$

$dV = r^2 \sin\theta dr d\theta d\phi$을 위의 관성 모멘트 적분 수식에 대입하면

$$I = \rho \int_{r=0}^{R} \int_{\phi=0}^{2\pi} \int_{\theta=0}^{\pi} r_\perp^2 r^2 \sin\theta \, dr d\theta d\phi$$

이 된다. 앞 쪽의 그림에 표시된 것처럼 대표 dm과 회전축(z축) 사이의 거리를 구해보면 직각삼각형에서 r은 빗변이고 $r_\perp$는 θ와 마주보는 변이므로 $r_\perp = r\sin\theta$이다. 이 관계는 모든 dm에 대해 성립하므로

$$I = \rho \int_{r=0}^{R} \int_{\phi=0}^{2\pi} \int_{\theta=0}^{\pi} (r^2 \sin^2\theta) r^2 \sin\theta \, dr d\theta d\phi = \rho \int_{r=0}^{R} \int_{\phi=0}^{2\pi} \int_{\theta=0}^{\pi} r^4 \sin^3\theta \, dr d\theta d\phi$$

이 된다. 이 삼중적분의 하한과 상한은 모두 상수이므로 이 적분은 어떤 순서로든 할 수 있다. r은 각도에 대한 적분을 수행할 때는 적분기호 밖으로 꺼낼 수 있지만 r에 대한 적분에서는 적분기호 밖으로 꺼낼 수 없다. 또한 $\sin\theta$는 r 적분과 ϕ 적분을 수행할 때는 적분기호 밖으로 꺼낼 수 있지만 θ에 대한 적분을 수행할 때는 적분기호 밖으로 꺼낼 수 없다.

$$I = \rho \int_{r=0}^{R} r^4 dr \int_{\theta=0}^{\pi} \sin^3\theta \, d\theta \int_{\phi=0}^{2\pi} d\phi = \rho \left[\frac{r^5}{5}\right]_{r=0}^{R} [\phi]_{\phi=0}^{2\pi} \int_{\theta=0}^{\pi} \sin^3\theta \, d\theta = \frac{2\pi\rho R^5}{5} \int_{\theta=0}^{\pi} \sin^3\theta \, d\theta$$

θ 적분을 수행하는 '비법'은 다음과 같은 치환을 사용하는 것이다.

$$\sin^3\theta = \sin\theta \sin^2\theta = \sin\theta\,(1 - \cos^2\theta)$$

(위 식에서 $\sin^2\theta + \cos^2\theta = 1$의 관계를 이용하여 $\sin^2\theta = 1 - \cos^2\theta$이 된 것이다.) 위 식을 앞에서 구한 적분에 대입한 다음, 적분을 두 항으로 나누어 쓴다.

$$I = \frac{2\pi\rho R^5}{5} \int_{\theta=0}^{\pi} \sin^3\theta \, d\theta = \frac{2\pi\rho R^5}{5} \left(\int_{\theta=0}^{\pi} \sin\theta \, d\theta - \int_{\theta=0}^{\pi} \sin\theta \cos^2\theta \, d\theta \right)$$

26장에서 치환을 통해 적분을 더욱 간단하게 만들 수 있음을 배웠다. 두 번째 적분에서 $u = \cos\theta$로 치환하면 $du = -\sin\theta d\theta$가 된다. 치환된 적분의 하한과 상한을 구해보면 $\theta = 0$일 때 새로운 변수 u는 $\cos 0 = 1$이 되고, $\theta = \pi$일 때 변수 u는 $\cos\pi = -1$이 된다.

$$I = \frac{2\pi\rho R^5}{5}\left([-\cos\theta]_{\theta=0}^{\pi} + \int_{u=1}^{-1} u^2 du\right) = \frac{2\pi\rho R^5}{5}\left(-\cos\pi + \cos 0 + \left[\frac{u^3}{3}\right]_{u=1}^{-1}\right)$$

$$I = \frac{2\pi\rho R^5}{5}\left[-(-1) + 1 + \frac{(-1)^3}{3} - \frac{(1)^3}{3}\right] = \frac{2\pi\rho R^5}{5}\left(1 + 1 - \frac{1}{3} - \frac{1}{3}\right) = \frac{2\pi\rho R^5}{5}\frac{4}{3} = \frac{8\pi\rho R^5}{15}$$

이제 구의 총 질량을 구해보자. 앞에서와 마찬가지 방식으로 대입을 하면서 적분을 수행하면

$$m = \int dm = \rho \int_{r=0}^{R}\int_{\phi=0}^{2\pi}\int_{\theta=0}^{\pi} r^2 \sin\theta \, dr d\phi d\theta = \rho \int_{r=0}^{R} r^2 dr \int_{\theta=0}^{\pi} \sin\theta \, d\theta \int_{\phi=0}^{2\pi} d\phi$$

$$m = \rho\left[\frac{r^3}{3}\right]_{r=0}^{R} [-\cos\theta]_{\theta=0}^{\pi}[\phi]_{\phi=0}^{2\pi} = \frac{2\pi\rho R^3}{3}[-\cos\pi - (-\cos 0)] = \frac{2\pi\rho R^3}{3}(1+1)$$

$$m = \frac{4\pi\rho R^3}{3}$$

이 된다. 이 결과를 ρ에 대해 정리하면

$$\rho = \frac{3m}{4\pi R^3}$$

이 된다. 이렇게 구한 ρ의 수식을 위에서 구한 관성 모멘트 I의 수식에 대입한다.

$$I = \frac{8\pi\rho R^5}{15} = \left(\frac{3m}{4\pi R^3}\right)\frac{8\pi R^5}{15} = \frac{2mR^2}{5}$$

336~339쪽의 표에서 이 예제에서 구한 답과 동일한 $I = \frac{2mR^2}{5}$을 찾을 수 있다. 하지만 표에서 원하는 관성 모멘트 공식을 항상 찾을 수 있는 것은 아니므로 관성 모멘트 적분을 수행할 수 있는 것은 매우 중요한 기술이다.

연습문제

194. 막대의 양쪽 끝이 각각 원점과 (0, L)점에 놓여 있다. 이 막대의 선 질량 밀도는 $\lambda(y) = \beta\sqrt{y}$로 불균일하다. 여기서 β는 양의 상수이다. 막대의 총 질량이 m이고 막대의 길이가 L일 때 x축에 대한 막대의 관성 모멘트를 나타내는 방정식을 유도하라.

답: $I = \frac{3mL^2}{7}$

195. 다음 그림의 직각삼각형은 밀도가 균일하다. x축에 대한 직각삼각형의 관성 모멘트를 나타내는 방정식을 b, h, m을 사용하여 유도하라.

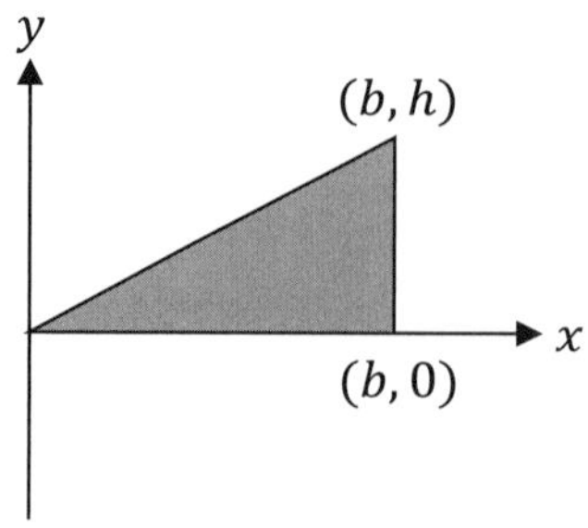

답: $I = \frac{mh^2}{6}$

196. 속이 채워진 균일한 원반이 xy 평면에 놓여 있다. 원반의 중심은 원점에 맞추어져 있다. 원반의 총 질량이 m이고 원반의 반지름이 R일 때 y축에 대한 원반의 관성 모멘트를 나타내는 방정식을 유도하라.

답: $I = \frac{mR^2}{4}$

197. 속이 채워진 구의 질량 밀도가 $\rho = \beta r$로 불균일하다. 여기서 β는 양의 상수이다. 구의 총 질량이 m이고 반지름이 R일 때 구의 중심을 지나는 축에 대한 구의 관성 모멘트를 나타내는 방정식을 유도하라.

답: $I = \frac{4mR^2}{9}$

198. 껍질이 매우 얇고 균일한 속이 비어 있는 구가 있다. 이 구의 총 질량이 m이고 반지름이 R일 때 구의 중심을 지나는 축에 대한 구의 관성 모멘트를 나타내는 방정식을 유도하라.

답: $I = \frac{2}{3}mR^2$

도움이 필요한가요? 책의 맨 뒤에 있는 "힌트"를 참고하세요.

33
미끄러짐 없이 회전하는 도르래

필수 개념

14장에서 처음 도르래 문제를 풀 때는 도르래의 회전 관성을 무시했다. 14장에서는 줄이 마찰 없이 도르래 위로 미끄러지는 것으로 가정하여 문제를 풀었는데, 현실에서는 그렇지 않다. 이번 33장에서는 줄이 미끄러지지 않고 도르래와 함께 회전하는 좀 더 현실적인 경우를 살펴본다. 줄이 미끄러지지 않고 도르래와 함께 회전하는 문제를 푸는 방법은 뉴턴의 제2법칙을 적용하고 토크의 합을 구하는 것이다. 토크의 합은 관성 모멘트에 각가속도를 곱한 값과 같다(아래 내용 참조).

관련 방정식

알짜 힘에 의해 가속도가 생긴다(이것이 14장에서 설명한 뉴턴의 제2법칙이다). 이와 마찬가지로 알짜 토크에 의해 각가속도가 생긴다. 시스템에 작용하는 알짜 토크($\Sigma\tau$)는 관성 모멘트(I)에 각가속도(α)를 곱한 값과 같다.

$$\sum F_x = ma_x \quad , \quad \sum F_y = ma_y \quad , \quad \sum \tau = I\alpha$$

30장의 토크(τ) 방정식을 다시 살펴보자. 여기서 $\vec{\mathbf{r}}$은 회전축에서 $\vec{\mathbf{F}}$가 가해지는 위치로 가는 벡터이고 θ은 $\vec{\mathbf{r}}$과 $\vec{\mathbf{F}}$ 사이의 각도이다.

$$\tau = r\,F\sin\theta$$

기호와 SI 단위

기호	이름	SI 단위
m	질량	kg
a	가속도	m/s^2
F	힘	N
I	관성 모멘트	$kg \cdot m^2$
α	각가속도	rad/s^2
τ	토크	$N \cdot m$
r	회전축과 힘이 가해지는 점 사이의 거리	m
θ	$\vec{r}$과 $\vec{F}$ 사이의 각도	° 또는 rad

미끄러짐 없이 회전하는 도르래 문제를 푸는 방법

줄이 미끄러지지 않고 도르래와 함께 회전하는 문제를 풀 때는 다음 단계를 밟는다.

1. 도르래에 대해 31장에서 한 것처럼 **확장 자유물체도**(FBD)를 그린다(31장 참조). 또한 문제에 들어 있는 다른 물체에 대해서는 14장에서 한 것처럼 자유물체도를 그린다. 일반적으로 자유물체도에서는 물체의 가속도 방향을 $+x$으로 하여 표시하고 $+x$에 수직인 방향을 $+y$로 하여 표시한다. 도르래의 확장 자유물체도인 경우, 다른 자유물체도에서 선택한 $+x$에 따라 그에 맞는 양(+)의 회전 방향을 그리고 기호를 표시한다(다음에 나오는 예제 참조).

2. 도르래의 토크를 모두 더하고 문제에 있는 다른 물체에 작용하는 힘의 성분도 모두 더한다.

$$\sum F_{1x} = m_1 a_x \quad , \quad \sum F_{1y} = m_1 a_y \quad , \quad \sum F_{2x} = m_2 a_x \quad , \quad \sum F_{2y} = m_2 a_y \quad , \quad \sum \tau = I\alpha$$

3. 위 2번 단계 수식에서 좌변은 각 힘의 합(ΣF_x, ΣF_y)을 나타낸다. 따라서 14장에서와 마찬가지로 각 물체에 작용하는 힘들의 x 성분과 y 성분을 구하고 이들의 덧셈 식으로 쓴다.

4. 방정식 $\tau = rF\sin\theta$을 사용하여 위 2번 단계 수식에서 좌변의 토크의 합($\Sigma\tau$)을 토크들의 덧셈 식으로 다시 쓴다. 31장을 참조하라. 시계 방향으로 회전하게 만드는 토크는 반시계 방향으로 회전하게 만드는 토크와 부호가 반대이다. 시계 방향 또는 반시계 방향이 양수인지 여부는 다른 자유물체도에서 선택한 $+x$에 따라 그에 맞게 정해져야

한다(다음에 나오는 예제 참조).

5. 32장에서 살펴본 관성 모멘트 수식 중에서 맞는 것을 골라 토크 덧셈 식의 I에 대입한다.

6. 방정식 $a_x = R_p\alpha$을 사용하여 토크 덧셈 식에서 $R_p\alpha$를 a_x로 대체한다(R_p는 도르래의 반지름이다). 줄은 줄에 연결된 물체와 동일한 가속도로 x축을 따라 이동하며(줄은 늘어나지 않는다고 가정) 그 이동 방향은 도르래의 접선 방향이므로 $a_T = a_x$이다. 따라서 $a_x = R_p\alpha$은 결국 28장에서 배운 방정식 $a_T = R_p\alpha$와 동일하다.

7. 문제를 푸는 데 필요한 경우, 14장에서 배운 힘들을 고려한다. 예를 들어, 마찰 문제의 경우 $f = \mu N$이다.

8. 연산을 수행하여 미지수를 구한다.

장력에 의해 발생하는 토크를 구하는 경우를 위한 도움말

토크 방정식($\tau = rF\sin\theta$)을 적용하여 장력에 의해 발생하는 토크를 구할 때, 장력은 항상 접선을 따라 도르래를 당기므로 각도 θ는 줄의 방향에 관계없이 항상 90°가 된다(아래 그림 참조).

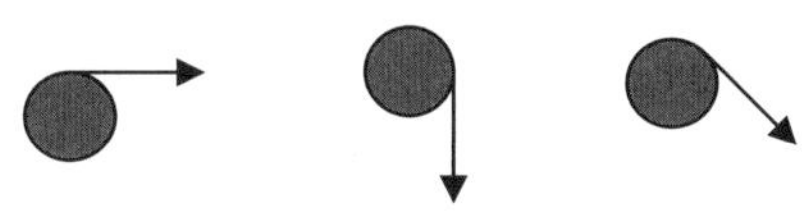

예제 아래 그림을 보면 도르래 양쪽에 60 g의 바나나(오른쪽)와 30 g 바나나(왼쪽)가 매달려있다. 줄은 미끄러지지 않고 도르래와 함께 회전한다. 도르래는 질량이 20 g인 속이 채워진 원반이다. 이 시스템의 가속도와 각 줄의 장력을 구하라.

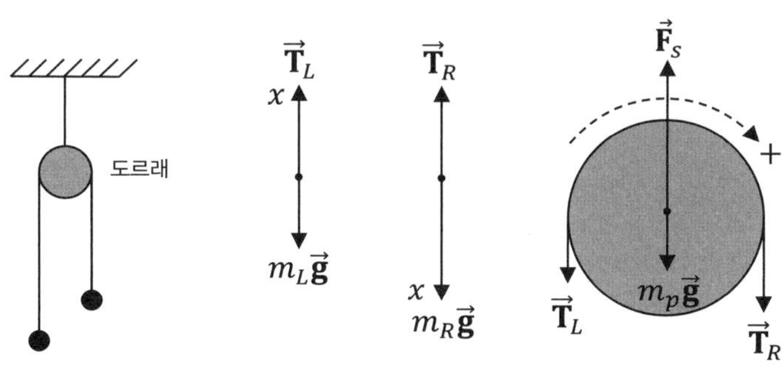

풀이 각 바나나에 대해 자유물체도를 그리고 힘을 표시한다. 각 바나나에는 아래쪽으로 당기는 중력과 위쪽으로 당기는 장력이 작용한다. 도르래와 줄 사이의 마찰로 인해 장력이 달라진다. 뉴턴의 제3법칙을 적용해보자.

- 왼쪽 줄에 매달린 바나나는 도르래에 장력 $\vec{\mathbf{T}}_L$을 가하고, 도르래는 이 바나나에 반대 방향으로 같은 힘을 가한다.
- 오른쪽 줄에 매달린 바나나는 도르래에 장력 $\vec{\mathbf{T}}_R$을 가하고, 도르래는 이 바나나에 반대 방향으로 같은 힘을 가한다.

이처럼 크기가 같고 방향이 반대인 힘과 함께 도르래의 무게와 지지력을 사용하여 도르래에 대한 확장 자유물체도를 그려본다. 오른쪽 바나나가 더 무겁기 때문에 오른쪽 바나나에 대해서는 $+x$를 아래 방향으로, 왼쪽 바나나에 대해서는 $+x$를 위 방향으로 선택한다. 일관성을 위해 도르래의 시계 방향 회전을 양(+)의 회전 방향으로 정한다. 각 바나나에 뉴턴의 제2법칙을 적용해보자.

$$\sum F_{Lx} = m_L a_x \quad , \quad \sum F_{Rx} = m_R a_x$$
$$T_L - m_L g = m_L a_x \quad , \quad m_R g - T_R = m_R a_x$$

도르래의 토크를 모두 더한다. 도르래의 무게와 지지력은 도르래의 회전에 영향을 미치지 않으므로 토크를 발생시키지 않는다. 오른쪽 장력은 양의 토크를 발생시키고 왼쪽 장력은 음의 토크(시계 반대 방향)를 발생시킨다. 장력은 도르래의 접선 방향으로 당기기 때문에 토크 방정식($\tau = r F \sin\theta$)에서 $\theta = 90°$가 된다. 도르래는 속이 채워진 원반이므로 관성 모멘트는 $I = \frac{1}{2} m_p R_p^2$ 이다(32장).

$$\sum \tau = I\alpha$$
$$R_p T_R \sin 90° - R_p T_L \sin 90° = \frac{1}{2} m_p R_p^2 \alpha$$
$$R_p T_R - R_p T_L = \frac{1}{2} m_p R_p^2 \alpha$$

양변을 R_p로 나누면

$$T_R - T_L = \frac{1}{2} m_p R_p \alpha$$

이 된다. $a_x = R_p \alpha$의 관계를 이용하면 다음과 같다.

$$T_R - T_L = \frac{1}{2} m_p a_x$$

이제 토크를 모두 더한 방정식과 힘의 구성 성분을 모두 더한 방정식을 결합해보자. 다음은 지금까지 얻은 세 가지 방정식이다.

$$T_L - m_L g = m_L a_x$$
$$m_R g - T_R = m_R a_x$$
$$T_R - T_L = \frac{1}{2} m_p a_x$$

이 세 방정식을 모두 더하면 장력은 상쇄되어 사라진다.

$$T_L - m_L g + m_R g - T_R + T_R - T_L = m_L a_x + m_R a_x + \frac{1}{2} m_p a_x$$
$$-m_L g + m_R g = m_L a_x + m_R a_x + \frac{1}{2} m_p a_x$$
$$(m_R - m_L) g = \left(m_L + m_R + \frac{m_p}{2}\right) a_x$$
$$a_x = \frac{m_R - m_L}{m_L + m_R + \frac{m_p}{2}} g = \frac{60 - 30}{60 + 30 + \frac{20}{2}} (9.81) \approx \frac{60 - 30}{60 + 30 + 10} (10) = \frac{30}{100} (10) = 3.0 \text{ m/s}^2$$

이렇게 구한 가속도를 앞서 구한 세 방정식에 대입하면 장력을 구할 수 있다.

$$T_L - m_L g = m_L a_x \quad , \quad m_R g - T_R = m_R a_x$$
$$T_L = m_L a_x + m_L g \quad , \quad m_R g - m_R a_x = T_R$$

N 단위로 힘을 구하기 위해 g 단위를 kg 단위로 변환한다.

$$60 \text{ g} = 60 \text{ g} \times \frac{1 \text{ kg}}{1000 \text{ g}} = 0.060 \text{ kg}$$
$$30 \text{ g} = 30 \text{ g} \times \frac{1 \text{ kg}}{1000 \text{ g}} = 0.030 \text{ kg}$$

위에서 구한 장력 방정식에 질량과 가속도를 대입하면

$$T_L = m_L a_x + m_L g = m_L (a_x + g) = (0.03)(3 + 9.81) \approx (0.03)(3 + 10) = 0.39 \text{ N}$$
$$T_R = m_R g - m_R a_x = m_R (g - a_x) = (0.06)(9.81 - 3) \approx (0.06)(10 - 3) = 0.42 \text{ N}$$

이 된다. 이 값들을 제대로 구한 것인지 확인하기 위해 이들을 도르래 방정식에 대입해 본다.

$$T_R - T_L = \frac{1}{2} m_p a_x$$

좌변은 $T_R - T_L = 0.42 \text{ N} - 0.39 \text{ N} = 0.03 \text{ N}$이다. 우변은 $\frac{1}{2} m_p a_x = \frac{1}{2}(0.02)(3) = 0.03 \text{ N}$이다(계산 과정에서 도르래의 질량의 단위를 변환하여 20 g은 0.02 kg으로 하였다). 좌변과 우변이 0.03 N으로 같으므로 검산이 완료되었다.

연습문제

199. 아래 그림에서 보듯이, 50 kg의 원숭이가 도르래 위로 지나가는 줄을 통해 40 kg의 바나나 상자와 연결되어 있다. 20 kg의 도르래는 속이 채워진 원반이다. 줄은 미끄러지지 않고 도르래와 함께 회전한다. 상자와 지면 사이의 마찰 계수는 1/2이다.

(A) 원숭이와 바나나 상자에 대해 자유물체도를 그리고 힘을 표시하라. 이어서 도르래에 대해 확장 자유물체도를 그려라. 또한 이 자유물체도에 x축, y축, 양의 회전 방향을 표시하라.

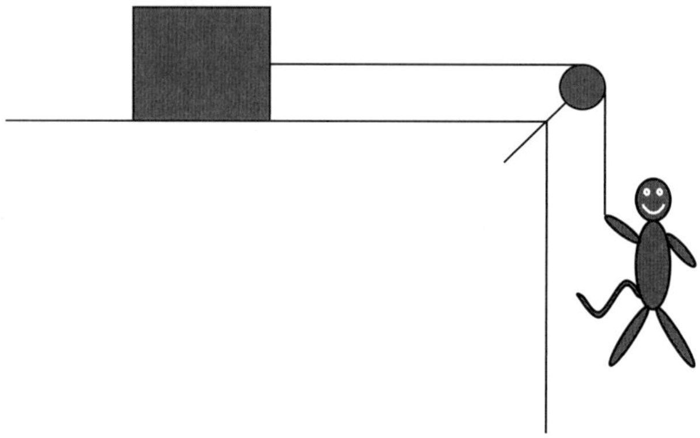

(B) 원숭이와 바나나 상자에 작용하는 힘의 x 성분의 덧셈과 y 성분의 덧셈을 각각 구하라. 자유물체도에 표시한 힘들을 나타내는 기호를 사용하여 각 덧셈 식을 다시 써라.

(C) 확장 자유 물체도에 표시한 힘을 나타내는 기호를 사용하여 도르래에 작용하는 토크의 덧셈 식을 다시 써라.

(D) 시스템의 가속도를 구하라.

답: $3.0\ m/s^2$

200. 다음 그림과 같이 원숭이 두 마리가 도르래 위로 지나가는 줄로 연결되어 있다. 20 kg의 도르래는 속이 채워진 원반이다. 줄은 미끄러지지 않고 회전한다. 표면은 마찰이 없다.

(A) 각 원숭이에 대한 자유물체도를 그리고 힘을 표시하라. 도르래에 대해 확장 자유물체도를 그려라. 또한 이 자유물체도에 x축, y축, 양의 회전 방향을 표시하라.

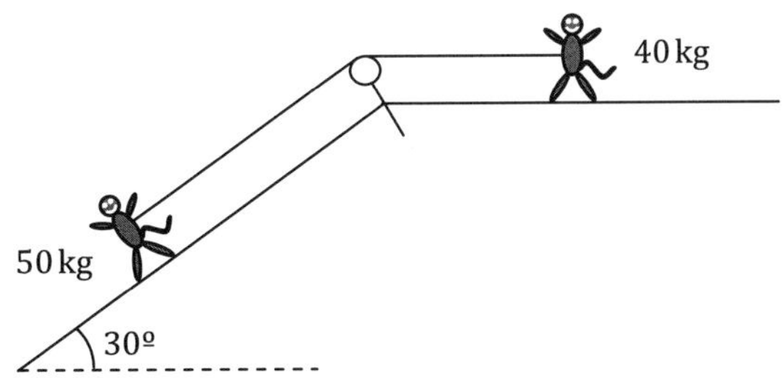

(B) 각 원숭이에 작용하는 힘의 x 성분의 덧셈과 y 성분의 덧셈을 각각 구하라. 자유물체도에 표시한 힘들을 나타내는 기호를 사용하여 각 덧셈 식을 다시 써라.

(C) 확장 자유물체도에 표시한 힘을 나타내는 기호를 사용하여 도르래에 작용하는 토크의 덧셈 식을 다시 써라.

(D) 시스템의 가속도를 구하라.

답: $\frac{5}{2}$ m/s^2

도움이 필요한가요? 책의 맨 뒤에 있는 "힌트"를 참고하세요.

34
미끄러짐 없는 굴림 운동

관련 용어

- **운동 에너지**(kinetic energy) – 속도를 변화시키기 위해 수행된 일. 운동하는 모든 물체는 에너지를 가지고 있으므로 운동 에너지라는 이름이 사용되는 것임
- **병진 운동 에너지**(translational kinetic energy) – 물체의 질량 중심이 움직일 때 발생하는 운동 에너지. 이것은 22장에서 다룬 운동 에너지 유형이다.
- **회전 운동 에너지**(rotational kinetic energy) – 회전으로 인해 발생하는 운동 에너지

필수 개념

회전하는 물체는 두 가지 종류의 운동 에너지를 가질 수 있다.

- 질량 중심이 움직여서 생기는 **병진** 운동 에너지(KE_t).
- 회전에 의해 발생하는 **회전** 운동 에너지(KE_r)

구르는(굴림 운동을 하는) 물체는 회전과 더불어 물체의 질량 중심이 움직이기 때문에 두 종류의 운동 에너지를 모두 갖는다.

운동 에너지 방정식

병진 운동 에너지 KE_t는 속도 v의 제곱에 비례한다.

$$KE_{t0} = \frac{1}{2}mv_0^2 \quad , \quad KE_t = \frac{1}{2}mv^2$$

회전 운동 에너지 KE_r은 각속도 ω의 제곱에 비례한다.

$$KE_{r0} = \frac{1}{2}I\omega_0^2 \quad , \quad KE_r = \frac{1}{2}I\omega^2$$

총 운동 에너지 KE에는 병진 운동 에너지와 회전 운동 에너지가 모두 포함된다.

$$KE_0 = KE_{t0} + KE_{r0} = \frac{1}{2}mv_0^2 + \frac{1}{2}I\omega_0^2 \quad , \quad KE = KE_t + KE_r = \frac{1}{2}mv^2 + \frac{1}{2}I\omega^2$$

에너지 보존 법칙의 관점에서 위의 방정식을 다음과 같이 사용한다(22장).

$$PE_0 + KE_0 + W_{nc} = PE + KE$$

에너지 보존과 관련된 다음 몇 가지 방정식을 잘 기억하고 있어야 한다.

- 중력 위치 에너지는 높이 h에 비례한다. 고도의 변화가 천문학적이지 않은 경우:

$$PE_{g0} = mgh_0 \quad , \quad PE_g = mgh$$

- 스프링의 위치 에너지는 스프링의 평형 위치로부터의 변위 x의 제곱에 비례한다. 여기서 k는 스프링 상수이다.

$$PE_{s0} = \frac{1}{2}kx_0^2 \quad , \quad PE_s = \frac{1}{2}kx^2$$

기호와 SI 단위

기호	이름	SI 단위
PE_0	초기 위치 에너지	J
PE	최종 위치 에너지	J
KE_0	초기 (총) 운동 에너지	J
KE	최종 (총) 운동 에너지	J
KE_{t0}	초기 병진 운동 에너지	J
KE_t	최종 병진 운동 에너지	J
KE_{r0}	초기 회전 운동 에너지	J
KE_r	최종 회전 운동 에너지	J
W_{nc}	비보존적 일	J
m	질량	kg
g	중력 가속도	m/s^2

h_0	(기준 높이에 대해 상대적인) 초기 높이	m
h	(기준 높이에 대해 상대적인) 최종 높이	m
v_0	초기 속력	m/s
v	최종 속력	m/s
I	관성 모멘트	$kg \cdot m^2$
ω_0	초기 각속력	rad/s
ω	최종 각속력	rad/s
k	스프링 상수	N/m 또는 kg/s^2
x_0	평형 위치에서 벗어난 스프링의 초기 변위	m
x	평형 위치에서 벗어난 스프링의 최종 변위	m

미끄러짐 없는 굴림 운동 문제를 푸는 방법

물체가 미끄러지지 않고 굴러가는 문제를 풀 때는 다음 단계를 따른다.

1. 문제에서 가속도를 구할 필요가 없거나 가속도를 알려주지 않은 경우에는 에너지 보존 법칙을 적용한다. (가속도를 구해야 하는 경우, 다음 10번 단계를 참조한다.) 22장의 **에너지 보존 문제 풀이 방법**을 복습하면 도움이 될 수 있다.
2. 경로를 그림으로 그린다. 그러고 나서 초기 위치 i, 최종 위치 f, 기준 높이 RH를 써넣는다.
3. 문제에 스프링이 들어있는 경우에는 그림에 평형 위치를 나타내는 EQ, 완전히 압축된 위치를 나타내는 FC, 완전히 늘어난 위치를 나타내는 FS를 함께 표시한다.
4. 에너지 보존 법칙을 기호를 사용하여 다음 수식으로 나타낸다.

$$PE_0 + KE_0 + W_{nc} = PE + KE$$

5. 에너지 보존 법칙 방정식의 각 항을 다음과 같이 기호로 다시 쓴다.
   - 초기 위치 에너지는 중력 위치 에너지와 스프링 위치 에너지를 모두 포함할 수 있으므로 다음과 같이 쓸 수 있다.

   $$PE_0 = mgh_0 + \frac{1}{2}kx_0^2$$

   - 초기 위치 i에서 물체가 움직이고 있는지 확인한다. 움직이고 있다면 KE_0는 $\frac{1}{2}mv_0^2 + \frac{1}{2}I\omega_0^2$가 되고 정지해 있으면 KE_0=0이다.

- 물체가 미끄러짐 없이 굴림 운동을 하는 경우에는 마찰이 존재한다(마찰이 없으면 물체는 미끄러진다). 하지만 물체가 미끄러짐 없이 구르는 경우에 마찰력이 시스템에서 에너지를 빼앗아 가는 것은 아니므로 $W_{nc} = 0$이다. 다음에 나오는 마찰 관련 주의 사항을 참조한다.
- 최종 위치 에너지는 중력 위치 에너지와 스프링 위치 에너지를 모두 포함할 수 있으므로 다음과 같이 쓸 수 있다.

$$PE = mgh + \frac{1}{2}kx^2$$

- 최종 위치 f에서 물체가 움직이고 있는지 확인한다. 움직이고 있다면 KE는 $\frac{1}{2}mv^2 + \frac{1}{2}I\omega^2$이고 정지해 있으면 $KE = 0$이다.

6. 에너지 보존 방정식을 다음과 같이 생각하면 도움이 될 수 있다.

$$mgh_0 + \frac{1}{2}kx_0^2 + \frac{1}{2}mv_0^2 + \frac{1}{2}I\omega_0^2 = mgh + \frac{1}{2}kx^2 + \frac{1}{2}mv^2 + \frac{1}{2}I\omega^2$$

위 수식에서 하나 또는 그 이상의 항이 위 5번 단계에서 언급한 것처럼 0이 되는 경우가 자주 나온다(22장 참조).

7. 32장에서 다룬 관성 모멘트 수식 중에서 알맞은 것을 골라 위 수식의 I에 대입한다.

8. 방정식 $\omega_0 = \frac{v_0}{R}$와 $\omega = \frac{v}{R}$을 이용하여 ω_0와 ω를 다시 쓴다(16장과 28장에서 이 식을 사용한 바 있다).

9. 대수 연산 규칙을 사용하여 원하는 미지수를 구한다.

10. 가속도를 구해야 하는 경우(또는 가속도가 주어진 경우), 33장의 방법을 사용하여 힘의 성분의 합과 토크의 합을 모두 구한다.

마찰 관련 주의 사항

물체가 미끄러지지 않고 구르기 위해서는 마찰이 있어야 한다. 하지만 마찰은 시스템에서 역학적 에너지를 빼앗지는 않으므로 $W_{nc} = 0$이다. 이를 확인하기 위해 아래 그림과 같이 바닥을 미끄러지며 운동하는 사각형 블록과 미끄러짐 없이 구르는 공을 비교해보자. 미끄러지는 블록의 경우, 마찰력은 블록의 속도를 감소시키며, 이 과정에서 역학적 에너지는 열과 내부 에너지로 변환된다. 반면에 구르는 공의 경우에는 속도와 반대방향으로 작용하는 마찰력이, 실제로 각속도와 같은 방향으로 순방향 토크를 발생시키므로 각속도는 감소하지 않을 것이다. 차이점은 미끄러지지 않고 완벽하게 굴러가는 공의 경우 $W_{nc} = 0$이지만, 마찰이 있으면서 미끄러지는 블록의 경우 W_{nc}는 0이 아니라는 사실이다.

하키 퍽이나 비슷한 모양의 다른 물체(잘 굴러가는 물체)로 직접 확인할 수 있다.

- 하키 퍽이 콘크리트나 마찰이 심한 표면을 따라 미끄러지면 하키 퍽은 빠르게 멈춘다.
- 하키 퍽을 세워 굴러가도록 하면 훨씬 더 멀리 이동한다.

이 간단한 실험은 마찰이 미끄러질 때만큼 구르는 데 큰 영향을 미치지 않는다는 것을 보여준다. 미끄러짐 없이 완벽하고 이상적인 굴림 운동을 하는 경우, $W_{nc}=0$인 반면, 미끄러짐이 있는 경우, W_{nc}는 0이 아닌 값을 가진다.

물체가 미끄러짐 없이 굴림 운동을 하는 데 있어서 마찰이 미치는 주요 영향은 실제로는 간접적이다. 마찰은 둥근 물체가 구르는 데 도움을 주며 이로 인해 물체의 관성이 커진다. 물체에는 병진 관성이 있어서 병진 가속도에 저항한다. 구르는 물체에는 회전 관성(관성 모멘트)도 있어 각가속도에 저항한다. 예를 들어, 둥근 물체가 경사면에서 굴러 내려가는 경우 중력은 두 가지 유형의 관성을 모두 극복해야 하는데, 마찰 없이 미끄러질 때보다 가속도가 작아지는 것은 본질적으로 이러한 추가 관성 때문이다.

미끄러지지 않고 경사면을 굴러 올라가는 둥근 물체는 이러한 원리를 훨씬 더 잘 보여준다. 미끄러지지 않고 굴러갈 수 있을 만큼 충분한 마찰이 있으면 물체는 실제로 마찰이 없을 때보다 경사면에서 더 멀리 굴러 올라간다. 이는 중력이 두 가지 관성을 극복해야 하기 때문이다.(병진 관성은 힘의 합에 의해 극복되고 관성 모멘트는 토크의 합에 의해 극복된다).

예제 속이 채워진 공이 정지한 상태에서 경사면을 따라 미끄러짐 없이 굴러 내려간다. 이 공은 경사면을 따라 56 m를 구른 후에 경사면의 바닥에 도달하였다. 경사면의 바닥에 도달하는 순간에 공의 속력을 구하라.

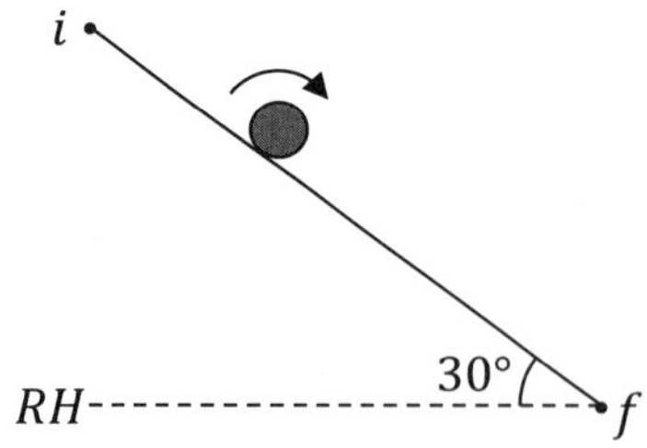

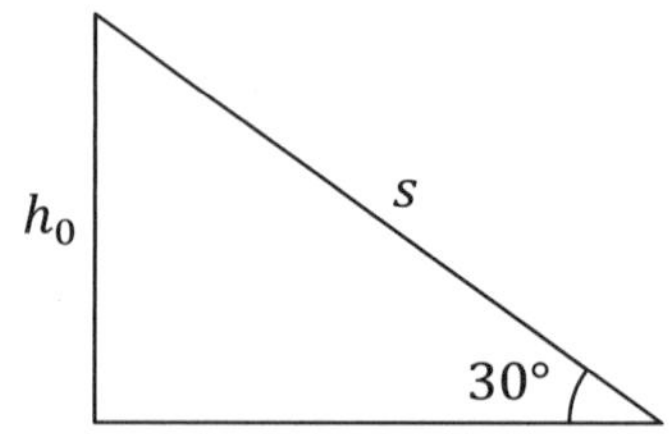

풀이 경로를 그린 다음, 위 그림과 같이 초기 위치 i, 최종 위치 f, 기준 높이 RH를 써 넣는다. 초기 위치 i는 공이 출발한 위치에 표시하고 최종 위치 f는 공이 바닥면에 도달하는 순간의 위치에 표시한다(최종 속력은 0이 **아니다**). 여기서는 기준 높이 RH를 경사면의 바닥으로 선택한다. 에너지 보존 법칙 방정식을 써보자.

$$PE_0 + KE_0 + W_{nc} = PE + KE$$

위 방정식의 각 항을 하나하나 분석해본다.

- i가 RH와 같은 높이가 아니므로 $PE_0 = mgh_0$이다.
- 공이 i에서 정지해 있으므로 $KE_0 = 0$이다.
- 공이 미끄러짐 없이(마찰은 있지만) 굴림 운동을 하고 있으므로 $W_{nc} = 0$이다(이전 쪽 주의 사항 참조)
- f가 RH와 같은 높이이므로 $PE = 0$이다.
- f에서 공이 회전 운동과 병진 운동을 함께 하면서 움직이고 있으므로 $KE = \frac{1}{2}mv^2 + \frac{1}{2}I\omega^2$이다.

위에서 분석한 결과들을 에너지 보존 법칙 방정식에 대입하면 다음 식을 얻는다.

$$mgh_0 = \frac{1}{2}mv^2 + \frac{1}{2}I\omega^2$$

속이 채워진 구의 관성 모멘트 방정식(32장)을 찾아 위 수식의 I에 대입한다.

$$mgh_0 = \frac{1}{2}mv^2 + \frac{1}{2}\left(\frac{2}{5}mR^2\right)\omega^2$$

양변을 질량 m으로 나눈 다음, $\omega = \frac{v}{R}$을 대입한다. 그러면 R^2이 약분되어 사라진다.

$$gh_0 = \frac{1}{2}v^2 + \frac{1}{2}\left(\frac{2}{5}R^2\right)\left(\frac{v}{R}\right)^2 = \frac{1}{2}v^2 + \frac{1}{5}v^2 = \left(\frac{1}{2} + \frac{1}{5}\right)v^2 = \left(\frac{5}{10} + \frac{2}{10}\right)v^2 = \frac{7}{10}v^2$$

문제에서 경사면을 따라 이동한 총 거리($s = 56$ m)는 알 수 있지만, 초기 높이(h_0)는 주어지지 않았다. 삼각함수를 이용하면 h_0을 구할 수 있다. 위의 그림을 다시 살펴보자.

$$\sin 30° = \frac{h_0}{s} \text{ 이므로 } \quad h_0 = s\sin 30° = \frac{s}{2} = \frac{56}{2} = 28\text{ m}$$

초기 높이를 h_0을 위에서 에너지 보존을 통해 얻은 방정식에 대입한다.

$$v = \sqrt{\frac{10}{7}gh_0} = \sqrt{\frac{10}{7}(9.81)(28)} \approx \sqrt{\frac{10}{7}(10)(28)} = \sqrt{400} = 20\text{ m/s}$$

예제 30° 경사면을 따라 미끄러짐 없이 굴러가는 속이 채워진 공의 가속도를 구하라.

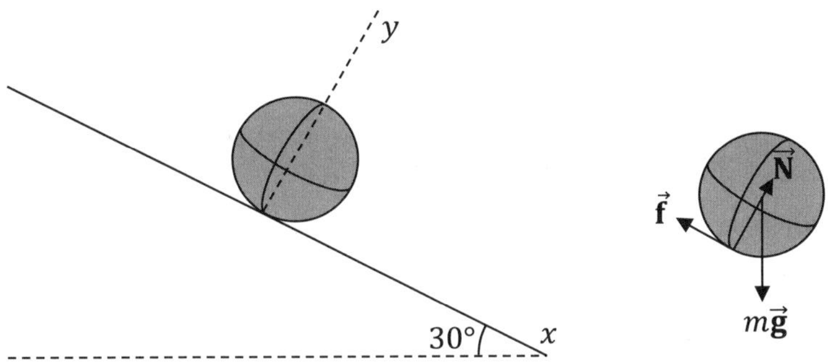

풀이 문제는 가속도를 구하는 문제이므로 힘과 합과 토크의 합을 사용해야 한다. 속이 채워진 공에 대해 확장 자유물체도를 그리고 힘을 표시한다. 다시 말해 물체의 모양을 그리고 각 힘이 물체에 실제 작용하는 위치를 그려 넣는다(33장). 중력은 물체를 아래로 당기고, 수직력은 물체를 표면에 수직으로 밀어 올린다. 마찰력은 경사면을 따라 물체를 비스듬하게 위로 밀어 올린다. (문제에서 마찰을 명시적으로 언급하지는 않았지만, 공이 "미끄러짐 없이 굴러간다"는 설명에 암시되어 있다.) 앞서 14장에서 다룬 비슷한 예제에서 배운 것처럼 중력의 x 성분은 30°와 마주보는 변이므로 sine이 되고 중력의 y 성분은 30°에 인접한 변이므로 cosine이 된다. 142쪽을 참조하기 바란다. 마찰력은 토크를 발생시키는 유일한 힘이다[다른 힘들은 회전축과 나란하기(같은 방향이거나 반대방향) 때문이다]. 속이 채워진 고체 구의 관성 모멘트는 $I = \frac{2}{5}mR^2$이다(32장).

$$\sum F_x = ma_x \quad , \quad \sum F_y = ma_y \quad , \quad \sum \tau = I\alpha$$

$$mg\sin 30° - f = ma_x \quad , \quad N - mg\cos 30° = 0 \quad , \quad Rf\sin 90° = \frac{2}{5}mR^2\alpha$$

$a_x = R\alpha$을 대입하면

$$Rf \sin 90° = \frac{2}{5} mRa_x$$
$$f = \frac{2}{5} ma_x$$

이 된다. 이 식을 위의 x 성분 덧셈 식에 대입한다.

$$mg \sin 30° - f = ma_x$$
$$mg \sin 30° - \frac{2}{5} ma_x = ma_x$$
$$g\left(\frac{1}{2}\right) = \frac{2}{5} a_x + a_x = \left(\frac{2}{5} + 1\right) a_x = \left(\frac{2}{5} + \frac{5}{5}\right) a_x = \frac{7}{5} a_x$$
$$a_x = \frac{5}{7} g \left(\frac{1}{2}\right) = \frac{5}{14} g = \frac{5(9.81)}{14} \approx \frac{5(10)}{14} = \frac{25}{7} \text{ m/s}^2$$

연습문제

201. 속이 비어 있는 공이 정지한 상태에서 경사면에서 미끄러짐 없이 굴러 내려간다. 이 공은 75 m의 높이를 내려간 다음에 경사면의 바닥에 도달하였다. 경사면의 바닥에 도달하는 순간에 공의 속력을 구하라.

 답: 30 m/s

202. 관성 모멘트가 $I = \frac{3mR^2}{4}$인 도넛이 40 m/s의 초기 속력으로 30° 경사면을 미끄러짐 없이 굴러 올라간다. 경사면을 도넛이 굴러올라간 거리를 구하라.

 답: 280 m

 도움이 필요한가요? 책의 맨 뒤에 있는 “힌트”를 참고하세요.

35
각운동량 보존

관련 용어

- **운동량**(momentum) – 질량×속도
- **각속도**(angular velocity) – 원운동을 하는 물체의 회전 각도의 순간 변화율. 어느 순간에 회전이 일어나는 정도를 그 순간에 원의 중심에 대한 회전 각도의 크기로 나타낸 것
- **관성**(inertia) – 운동하고 있는 물체가 운동량을 일정하게 유지하려는 자연의 성질
- **각운동량**(angular momentum) – 질량×각속도

필수 개념

물체는 일정한 운동량을 유지하려는 자연의 성질인 관성을 가지고 있다. 물체의 운동량을 변화시키려면 알짜 외력이 필요하다. 마찬가지로 강체(회전하는 동안 모양이 변하지 않는 물체)는 관성 모멘트(다른 말로, 회전 관성)를 가진다. 관성 모멘트는 각운동량을 일정하게 유지하려는 자연의 성질이다. 물체의 각운동량을 변화시키려면 알짜 외부 토크가 필요하다.

강체에서, 회전축에서 멀리 떨어진 질량이 많을수록(클수록) 강체의 관성 모멘트는 커지므로 강체는 각운동량 변화에 더욱 잘 저항한다.

시스템의 각운동량은 시스템에 작용하는 알짜 토크가 0이 될 때 보존된다. 실제로 시스템에 작용하는 알짜 토크가 0인지 아닌지 구분하는 것이 어려울 수 있다. 각운동량 보존과 관련된 다양한 예와 문제를 풀어보면 각운동량 보존 법칙을 적용하는 유형의 문제에 대한 감각을 좀 더 쉽게 기를 수 있다.

각운동량 방정식

각운동량 $\vec{L}$은 다음 식에서 보듯이 관성 모멘트 I와 각속도 $\vec{\omega}$의 곱으로 표시된다.

$$\vec{L} = I\vec{\omega}$$

각운동량 보존을 수식으로 표현하면 다음과 같다.

$$I_{10}\vec{\omega}_{10} + I_{20}\vec{\omega}_{20} = I_1\vec{\omega}_1 + I_2\vec{\omega}_2$$

시스템이 얼마나 많은 운동에너지를 얻거나 잃었는지 계산하려면 최종 총 운동에너지 $KE = \frac{1}{2}I_1\omega_1^2 + \frac{1}{2}I_2\omega_2^2$를 초기 총 운동에너지 $KE_0 = \frac{1}{2}I_{10}\omega_{10}^2 + \frac{1}{2}I_{20}\omega_{20}^2$와 비교한다.

$$\%\ 변화량 = \frac{|KE - KE_0|}{KE_0} \times 100\%$$

기호와 SI 단위

기호	이름	SI 단위
$\vec{L}$	각운동량	kg·m²/s
I	관성 모멘트	kg·m²
$\vec{\omega}$	각속도	rad/s
ω	각속력	rad/s
I_{10}	물체1의 초기 관성 모멘트	kg·m²
I_{20}	물체2의 초기 관성 모멘트	kg·m²
I_1	물체1의 최종 관성 모멘트	kg·m²
I_2	물체2의 최종 관성 모멘트	kg·m²
$\vec{\omega}_{10}$	물체1의 초기 각속도	rad/s
$\vec{\omega}_{20}$	물체2의 초기 각속도	rad/s
$\vec{\omega}_1$	물체1의 최종 각속도	rad/s
$\vec{\omega}_2$	물체2의 최종 각속도	rad/s
m_1	물체1의 질량	kg
m_2	물체2의 질량	kg
R_1	물체1의 반지름	m
R_2	물체2의 반지름	m

단위 관련 유의 사항

각운동량의 SI 단위는 kg·m^2/s이다. 이러한 단위는 다음의 각운동량 방정식으로부터 이끌어낼 수 있다.

$$\vec{L} = I\vec{\omega}$$

관성모멘트의 SI 단위 kg·m^{2}과 각속도의 SI 단위 rad/s를 곱하면 각운동량의 SI 단위인 kg·m^2/s가 나온다. (rad 단위는 반지름 길이에 대한 원 둘레 길이의 비율이므로 단위가 없는 것과 마찬가지다. 예를 들어 호 길이 방정식 $s = R\theta$을 보면 m 단위에 rad 단위를 곱하면 m가 됨을 알 수 있다.)

각 벡터

$\vec{\omega}$와 같이 기호 위에 화살표가 그려진 양은 벡터이다. 벡터에는 크기뿐만 아니라 방향도 포함된다. 원을 그리며 움직이는 물체의 경우 회전방향이 시계 방향인가 반시계 방향인가에 따라 $\vec{\omega}$ 앞에 붙는 부호가 반대가 된다.

평면에서 원을 그리며 회전하는 물체와 비교할 때 더욱 복잡한 형태로 회전하는 물체의 경우에는 벡터 곱을 사용한다.

$$\vec{v} = \vec{\omega} \times \vec{r} \quad , \quad \vec{L} = \vec{r} \times \vec{p} \quad , \quad \vec{\tau} = \vec{r} \times \vec{F}$$

$$\sum \vec{\tau} = \frac{d\vec{L}}{dt}$$

각운동량 보존 법칙을 적용하는 방법

각운동량 보존 법칙을 적용할 때는 다음 단계를 따른다.

1. 시스템에 작용하는 알짜 토크($\Sigma\tau$)가 0이면 시스템의 총 각운동량은 보존된다.
2. 양(+)의 회전 방향을 어느 하나로 정한다. 예를 들어 시계 방향 회전을 양(+)으로 선택하면 반시계 방향으로 회전하는 물체의 각속도 $\vec{\omega}$는 음(−)이 된다.
3. 시스템의 각운동량 보존을 다음 방정식으로 나타낸다.

$$I_{10}\vec{\omega}_{10} + I_{20}\vec{\omega}_{20} = I_1\vec{\omega}_1 + I_2\vec{\omega}_2$$

(제자리에서 회전하는 아이스 스케이팅 선수처럼 시스템에 물체가 하나만 있는 경우에는 방정식의 좌변과 우변에는 각각 두 항이 아닌 하나의 항만 들어가면 된다.)

4. 32장에서 다룬 관성 모멘트 중에서 알맞은 식을 찾아 I_{10}, I_{20}, I_1, I_2에 대입한다.

5. 문제에서 다루는 물체를 한 점으로 취급할 수 있고(원운동의 반지름에 비해 크기가 작은 물체는 "점"과 같은 물체이다.) 그 물체의 속력 v(각속력 ω가 아님)를 구해야 하는 경우, 방정식 $\omega = \frac{v}{R}$을 사용하면 물체의 속력과 각속력 사이의 관계를 구하는 데 도움이 된다(32장에서 점 같은 물체의 관성 모멘트는 $I = mR^2$임을 배웠다. 이 결과로부터 점 같은 물체의 각운동량은 $L = mR^2\omega$ 또는 $L = mvR$로 쓸 수 있다).

6. 문제에서 시스템이 운동 과정에서 잃거나 얻은 운동 에너지의 백분율을 구해야 하는 경우, 먼저 $KE = \frac{1}{2}I_1\omega_1^2 + \frac{1}{2}I_2\omega_2^2$과 $KE_0 = \frac{1}{2}I_{10}\omega_{10}^2 + \frac{1}{2}I_{20}\omega_{20}^2$을 구한 다음, 아래 수식을 이용한다.

$$\% \text{ 변화량} = \frac{|KE - KE_0|}{KE_0} \times 100\%$$

예제 한 원숭이가 동계 원숭이 올림픽의 아이스 스케이팅 대회에서 연습을 하고 있다. 연습 과정의 한 부분에서 원숭이는 두 팔을 공중에 똑바로 세우고 다리를 곧게 뻗은 채로 스케이트와 얼음 사이의 접촉점 위에 무게 중심을 위치시켜 뛰어난 균형을 유지하면서 회전하고 있다. 회전하는 동안에 원숭이의 각속도는 12.0 rev/s이다. 그런 다음 팔을 수평으로 바깥쪽으로 빠르게 뻗고, 한쪽 다리를 수평으로 뒤로 뻗은 다음 몸통과 머리를 수평으로 앞으로 기울여 관성 모멘트를 3배로 효과적으로 증가시키면서도 균형을 정교하게 유지하였다. 최종 각속력을 구하라.

풀이 이 문제에서는 아이스 스케이팅 선수에게 작용되는 알짜 토크는 없지만 선수의 질량이 재분배되고 있다. 알짜 토크가 0이므로 시스템의 각운동량은 보존된다. 시스템에는 원숭이라는 물체가 하나만 존재한다. 따라서 다음 식과 같이 각운동량 보존을 나타내는 수식 양변에 항이 하나씩만 있다.

$$I_0\vec{\boldsymbol{\omega}}_0 = I\vec{\boldsymbol{\omega}}$$

문제에서 관성 모멘트가 3배 증가한다는 것으로 주어졌으므로 알맞은 관성 모멘트 식을 찾을 필요가 없다. 다시 말해, $I = 3I_0$이다.

$$I_0\vec{\boldsymbol{\omega}}_0 = 3I_0\vec{\boldsymbol{\omega}}$$

$$\vec{\boldsymbol{\omega}} = \frac{\vec{\boldsymbol{\omega}}_0}{3}$$

$$\omega = \frac{12}{3} = 4.0 \text{ rev/s}$$

예제 반지름이 50 cm, 질량이 4.0 kg인 속이 채워진 원반이 수평으로 놓인 마찰 없는 얼음 위에서 초기 각속력 24 rev/s로 회전하고 있다. 이렇게 회전하는 원반 위에 반지름이 50 cm, 질량이 2.0 kg의 얇은 고리를 조심스럽게 내려놓았다. 고리와 원반 사이에 마찰이 있을 때 시스템의 최종 각속력을 구하라.

풀이 시스템에 알짜 토크가 작용하지 않으므로 시스템의 각운동량은 보존된다.

$$I_{10}\vec{\boldsymbol{\omega}}_{10} + I_{20}\vec{\boldsymbol{\omega}}_{20} = I_1\vec{\boldsymbol{\omega}}_1 + I_2\vec{\boldsymbol{\omega}}_2$$

32장에서 속이 채워진 원반의 관성 모멘트는 $\frac{1}{2}m_1R^2$ 이고 얇은 고리의 관성 모멘트는 m_2R^2이다. 얇은 고리는 처음에 회전하지 않았으므로 $\vec{\boldsymbol{\omega}}_{20} = 0$이다. 원반과 얇은 고리는 나중에 함께 회전하므로 $\vec{\boldsymbol{\omega}}_1 = \vec{\boldsymbol{\omega}}_2 = \vec{\boldsymbol{\omega}}$이다. 반지름의 단위를 cm에서 m로 변환하면 $R = 50\text{ cm} = 0.50\text{ m} = \frac{1}{2}\text{ m}$이다.

$$\frac{1}{2}m_1R^2\omega_{10} + m_2R^2(0) = \left(\frac{1}{2}m_1R^2 + m_2R^2\right)\omega = \left(\frac{1}{2}m_1 + m_2\right)R^2\omega$$

$$\frac{1}{2}(4)\left(\frac{1}{2}\right)^2(24) = \left[\frac{1}{2}(4) + 2\right]\left(\frac{1}{2}\right)^2\omega$$

$$12 = 4\left(\frac{1}{4}\right)\omega = \omega$$

$$\omega = 12\text{ rev/s}$$

예제 레코드판(속이 채워진 원반)이 중심에 있는 작은 수직 축에 의해 고정된 채 수평으로 놓여 있다. 햄스터가 레코드판 위로 올라간다. 시스템은 처음에 정지 상태이다. 레코드판과 햄스터 사이에는 마찰이 있지만 레코드판과 레코드판이 놓여 있는 표면 사이에는 마찰이 없다. (중심축과의 마찰도 무시한다.) 질량이 250 g인 햄스터는 축을 중심으로 반지름 6.0 cm의 원을 그리며 40 cm/s(테이블 기준)의 속력으로 달린다. 레코드판의 질량은 500 g이고 지름은 18 cm이다. 햄스터가 달리는 동안 레코드판의 각속력을 구하라.

풀이 시스템(레코드판과 햄스터)에 작용하는 알짜 토크는 0이므로, 각운동량 보존 법칙을 적용할 수 있다.

$$I_{10}\vec{\boldsymbol{\omega}}_{10} + I_{20}\vec{\boldsymbol{\omega}}_{20} = I_1\vec{\boldsymbol{\omega}}_1 + I_2\vec{\boldsymbol{\omega}}_2$$

32장에서 속이 채워진 원반의 관성 모멘트는 $\frac{1}{2}m_1R_1^2$ 이고, 점으로 취급할 수 있는 햄스터의 관성 모멘트는 $m_2R_2^2$이다. 레코드판과 햄스터는 모두 처음에 정지 상태이므로 $\vec{\boldsymbol{\omega}}_{10} = \vec{\boldsymbol{\omega}}_{20} = 0$이다. 반지름의 단위를 cm에서 m로 변환한다.

$$R_1 = \frac{D_1}{2} = \frac{18\text{ cm}}{2} = 9.0\text{ cm} = 0.09\text{ m} = \frac{9}{100}\text{m}$$
$$R_2 = 6.0\text{ cm} = 0.06\text{ m} = \frac{6}{100}\text{m} = \frac{3}{50}\text{m}$$

질량의 단위를 g에서 kg으로 변환한다.

$$m_1 = 500\text{ g} = 0.500\text{ kg} = \frac{1}{2}\text{ kg}$$
$$m_2 = 250\text{ g} = 0.250\text{ kg} = \frac{1}{4}\text{ kg}$$

속력의 단위를 cm/s에서 m/s로 변환한다.

$$v_2 = 40\text{ cm/s} = 0.40\text{ m/s} = \frac{2}{5}\text{ m/s}$$

방정식 $\omega = \frac{v}{R}$ 을 사용하여 햄스터의 최종 각속력을 구한다.

$$\omega_2 = \frac{v_2}{R_2} = \frac{\frac{2}{5}}{\frac{3}{50}} = \frac{2}{5} \div \frac{3}{50} = \frac{2}{5} \times \frac{50}{3} = \frac{20}{3}\text{ rad/s}$$

이제 각운동량 보존 법칙 수식에 대입하여 답을 구한다.

$$\frac{1}{2}m_1R^2(0) + m_2R^2(0) = \frac{1}{2}m_1R_1^2\omega_1 + m_2R_2^2\omega_2$$
$$0 = \frac{1}{2}\left(\frac{1}{2}\right)\left(\frac{9}{100}\right)^2\omega_1 + \left(\frac{1}{4}\right)\left(\frac{3}{50}\right)^2\left(\frac{20}{3}\right)$$
$$0 = \frac{81}{40{,}000}\omega_1 + \frac{3}{500}$$
$$\omega_1 = -\frac{3}{500}\frac{40{,}000}{81} = -\frac{80}{27}\text{ rad/s}$$

여기서 − 부호는 햄스터의 운동 방향이 레코드판의 회전 방향과는 반대임을 뜻한다.

연습문제

203. 회전목마 중앙에 30 kg의 원숭이가 위치해 있다. 회전목마는 질량 120 kg, 지름 16 m의 커다란 원반이다. 고릴라가 회전목마를 $\frac{1}{4}$ rev/s의 속력으로 돌리고 있다. 회전목마가 회전하는 동안 원숭이는 가장자리에 도달할 때까지 바깥쪽으로 걸어간다. 원숭이가 가장자리에 도달했을 때 회전목마의 각속력을 구하라. 축과의 마찰력과 같은 저항력은 무시한다.

답: $\frac{1}{6}$ rev/s

204 한 원숭이가 느린 인터넷 접속에 불만을 품고 노트북을 벽돌 벽에 집어 던지고 이어서 공중으로 높이 뛰어올라 밟아 버렸다. 바로 그 순간, 지구는 갑자기 수축하여 초기 반지름의 3분의 1이 되었다. 이제 '하루'는 몇 시간인지 구하라.

답: $\frac{8}{3}$ hr

205. 아래 그림을 보면 마찰이 없는 테이블 위에 있는 200 g의 물체(점으로 취급할 수 있는 크기임)가 테이블의 구멍을 통과하는 가볍고 늘어나지 않는 줄에 연결되어 있다. 테이블 아래에 있는 원숭이가 줄을 잡아당겨 장력을 만들고 있다. 원숭이는 처음에 줄을 당겨서 물체가 구멍을 중심으로 지름 50 cm의 원을 그리며 초기 속력 5.0 m/s로 미끄러지게 하였다. 원숭이는 장력을 점점 증가시켜 물체가 지름 20 cm의 원을 그리며 미끄러지게 하였다. 물체의 최종 속력을 구하라.

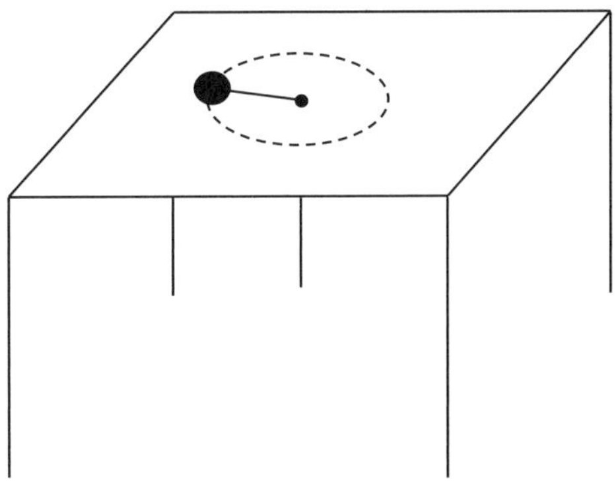

답: $\frac{25}{2}$ m/s

도움이 필요한가요? 책의 맨 뒤에 있는 "힌트"를 참고하세요.

힌트, 중간 해답, 설명

효과적인 이용 방법

힌트와 중간 해답을, 자전거를 처음 배울 때 사용하는 보조 바퀴로 생각하라. 이들은 문제를 풀어나가는 데 도움을 준다. 옳은 방향에서 벗어나면 힌트가 다시 제 자리로 돌아오는 데 도움을 준다. 해답은 자신감을 얻는 데 도움이 된다.

그렇지만 물리학 공부를 성공적으로 하려면 힌트와 중간 해답에 되도록 덜 의지해야한다. 힌트, 중간 해답, 설명을 살펴보기 전에 자신의 힘으로 문제를 풀도록 최선의 노력을 다해야 한다. 힌트가 필요하면 현재 막힌 부분을 해결하는 데 필요한 힌트만을 찾도록 해야 한다. 추가 힌트를 읽지 말고 최종 답을 향해 더 나아가야 한다.

실수를 했을 때는 어디서 틀렸는지 틀린 부분을 어떻게 다시 풀어야 하는지 생각하라. 실수를 거울삼아 다른 문제를 풀 때 똑같은 실수를 되풀이 하지 않도록 해야 한다.

학생들이 앞에서 배운 장들에서 힌트와 중간 해답을 계속해서 찾아보는 것은 당연하다. 그렇지만 어떤 단계가 되면 이러한 행동을 덜 하고 싶어 할 것이다. 도움 없이 더 많은 문제를 풀 수 있을 때 자신이 물리학을 마스터하는 길의 첫걸음을 걷는 것이다.

완전 해답이 더 좋은가?

완전 해답은 일종의 '부적'이라 할 수 있다. 완전 해답이 있으면 학생들은 안심을 한다. 하지만 완전 해답은 위험도 가진다. 너무나 많은 학생들이 지나치게 완전 해답에 의존을 하거나 자신의 힘으로 애써서 해답을 구하는 대신에 단순히 해답을 읽기만 한다. 문제를 풀려고 노력을 하고 필요한 만큼만 힌트와 해답의 도움을 받는 학생들은 물리학에서 좋은 학점을 받는 경향이 있다(문제를 푼 다음에 풀이를 해답과 비교하는 것 또한 도움이 된다.)

딱 필요한 만큼의 도움을 받는 것은 쉬운 일은 아니다. 이상적인 경우, 자신의 힘으로 자신의 방식으로 모든 해답을 생각하고 자신의 답을 향해 나가기 위해 필요한 도움을 찾고 완전 해답이나 모든 설명에 의지하기 전에 자신이 할 수 있는 최선을 다해 문제를 풀 때까지 기다려야 한다.

이상의 사항을 명심해야 한다. 모든 문제에 대한 완전 해답은 별도의 책으로 나와 있다. 이 워크북은 힌트, 중간 해답, 그리고 문제를 해결하는 데 필요한 각 단계들을 학생들이 밟도록 안내하는 몇 가지 방향들을 담고 있다. 이것들은 대부분의 학생들이 모든 문제들을 푸는 방법을 이해하는 데 도움이 되기에 충분하다. 모든 문제에 대한 완벽 해답을 보고 싶으면 다음 책 "100 Instructive Calculus-based Physics Examples"(ISBN 978-1-941691-17-5)을 찾아보면 된다. 이 책에 있는 모든 문제의 해답은 그 책에 있다.

미리 힌트를 보고 싶지 않을 때 힌트를 가리는 방법

미리 힌트를 보고 싶지 않은 경우에 힌트를 가리는 간단하면서도 효과적인 방법이 있다.

- 백지를 반으로 접어 힌트와 해답 절에 놓는다. 이렇게 하면 이 책에서 이 부분을 간편하게 찾는 데 도움이 된다.
- 접은 종이를 현재 읽고 있는 위치 지점의 바로 아래에 놓는다. 접은 종이는 아래쪽에 적혀있는 내용을 가릴 것이다.
- 다음 힌트나 해답을 보고 싶으면 접은 종이를 아래로 천천히 내려가면서 다음 줄을 읽는다.
- 이런 방식으로 하면 꼭 필요한 힌트나 해답만을 볼 수 있다.

혼자 힘으로 문제를 풀려고 노력할 때 더 많은 것을 배운다. 힌트와 해답은 꼭 필요할 때만 참고해야 한다. 처음에는 자신의 힘으로 해보아야 한다. 힌트를 읽고 나면 다음 힌트를 보기 전에 읽은 힌트를 시도해보고 할 수 있는 데까지 해봐야 한다. 마찬가지로 자신감을 얻기 위해 중간 해답을 살펴볼 때는 다음 답을 살펴보지 말고 자신의 힘으로 그 답을 구하려는 시도를 해야 한다.

1장: 필수 기본 연산

1. 연산 규칙 $x^m x^n = x^{m+n}$을 적용한다.

- 밑이 같은 두 거듭제곱 수의 곱셈은 지수끼리 서로 더한다.
- $x^2 x^3 x^4 = x^{2+3+4}$
- 정답은 x^9이다.

---

2. 연산 규칙 $x^m x^n = x^{m+n}$과 $\frac{x^m}{x^n} = x^{m-n}$을 적용한다.

- 밑이 같은 두 거듭제곱 수의 곱셈은 지수끼리 서로 더한다. 밑이 같은 두 거듭제곱 수의 나눗셈은 지수끼리 뺀다.
- $x^4 x^5 = x^{4+5}$이고 $\frac{x^9}{x^6} = x^{9-6}$이다.
- 정답은 x^3이다.

---

3. 연산 규칙 $\frac{x^m}{x^n} = x^{m-n}$을 적용한다.

- 밑이 같은 두 거듭제곱 수의 나눗셈은 지수끼리 뺀다.
- $\frac{x^{-7}}{x^{-8}} = x^{-7-(-8)} = x^{-7+8}$이다.
- 정답은 x이다(x는 x^1과 같다).

---

4. 연산 규칙 $x^m x^n = x^{m+n}$과 $\frac{x^m}{x^n} = x^{m-n}$을 적용한다.

- 밑이 같은 두 거듭제곱 수의 곱셈은 지수끼리 서로 더한다. 밑이 같은 두 거듭제곱 수의 나눗셈은 지수끼리 뺀다.
- $x^3 x^{-6} = x^{3-6}$, $x^{-2} x^5 = x^{-2+5}$, $\frac{x^{-3}}{x^3} = x^{-3-3}$이다.
- 정답은 x^{-6}이다.

---

5. 연산 규칙 $x^{1/2} = \sqrt{x}$, $x^1 = x$과 $\frac{x^m}{x^n} = x^{m-n}$을 적용한다.

- 밑이 같은 두 거듭제곱 수의 곱셈은 지수끼리 서로 더한다.
- $x\sqrt{x} = x^1 x^{1/2} = x^{1+1/2}$이다.
- 공통분모를 구해 분수 덧셈을 하면 $1 + \frac{1}{2} = \frac{2}{2} + \frac{1}{2} = \frac{2+1}{2} = \frac{3}{2}$이다.
- 정답은 $x^{3/2}$이다.

---

6. 연산 규칙과 $x^{1/2} = \sqrt{x}$, $\frac{x^m}{x^n} = x^{m-n}$을 적용한다.

- 밑이 같은 두 거듭제곱 수의 나눗셈은 지수끼리 뺀다.
- $\frac{x^{3/2}}{\sqrt{x}} = \frac{x^{3/2}}{x^{1/2}} = x^{3/2-1/2}$이다.

- $\frac{3}{2} - \frac{1}{2} = 1$이다.
- 정답은 x이다(x는 x^1과 같다).

---

7. 연산 규칙 $x^{-1/2} = \frac{1}{x^{1/2}} = \frac{1}{\sqrt{x}}$을 적용한다.

- $(4x)^{-1/2} = \frac{1}{\sqrt{4x}}$이다.
- 분모를 유리화한다. 이를 위해 분자와 분모에 각각 $\sqrt{4x}$을 곱한다.
- $\frac{1}{\sqrt{4x}} = \frac{1}{\sqrt{4x}}\frac{\sqrt{4x}}{\sqrt{4x}} = \frac{\sqrt{4x}}{4x}$이다.
- 연산 규칙 $\sqrt{ax} = \sqrt{a}\sqrt{x}$을 적용한다.
- $\sqrt{4x} = \sqrt{4}\sqrt{x}$이다. 따라서 $\frac{2\sqrt{x}}{4x} = \frac{2}{4}\frac{\sqrt{x}}{x} = \frac{\sqrt{x}}{2x}$이다.
- 정답은 $\frac{\sqrt{x}}{2x}$이다.

---

8. 공통분모를 구한다.

- $\frac{2}{x^2}$에 $\frac{x}{x}$를 곱한다.
- $\frac{2}{x^2} = \frac{2}{x^2}\frac{x}{x} = \frac{2x}{x^3}$이다. 이제 분수 뺄셈을 한다.
- 정답은 $\frac{2x-3}{x^3}$이다.

---

9. 공통분모를 구한다.

- $\sqrt{x}$에 $\frac{\sqrt{x}}{\sqrt{x}}$를 곱한다.
- $\sqrt{x} = \frac{\sqrt{x}}{1}\frac{\sqrt{x}}{\sqrt{x}} = \frac{x}{\sqrt{x}}$이다. 이제 분수 덧셈을 한다.
- 계산 결과는 $\frac{x+1}{\sqrt{x}}$이다. 이것은 $\frac{1+x}{\sqrt{x}}$로 다시 쓸 수 있다.
- 분모를 유리화한다. 이를 위해 분자와 분모에 각각 $\sqrt{x}$를 곱한다.
- $\frac{x+1}{\sqrt{x}} = \frac{x+1}{\sqrt{x}}\frac{\sqrt{x}}{\sqrt{x}} = \frac{(x+1)\sqrt{x}}{x}$이다.
- $\sqrt{x}$를 각 항에 분배한다(곱한다).
- 그러면 $(x+1)\sqrt{x} = x\sqrt{x} + \sqrt{x}$이 된다.
- 정답은 $\frac{x\sqrt{x}+\sqrt{x}}{x}$이다.

---

10. $6x$를 각 항에 분배한다(곱한다)

- $6x(x+9) = 6x(x) + 6x(9)$
- 정답은 $6x^2 + 54x$이다.

---

11. $-3x^2$을 각 항에 분배한다.

- − 부호 두 개가 연달아 나오면(− 부호끼리 곱하면) + 부호가 되므로 $-3x^2(-2x^4)$ $= 3x^2(2x^4)$이다.

- 연산 규칙 $x^m x^n = x^{m+n}$을 적용한다.
- 정답은 $-15x^8 + 6x^6$이다.

---

12. $\sqrt{x}$를 각 항에 분배한다.

- $\sqrt{x}(x + \sqrt{x}) = \sqrt{x}(x) + \sqrt{x}\sqrt{x}$이다.
- 연산 규칙 $x^{1/2} = \sqrt{x}$, $\sqrt{x}\sqrt{x} = \sqrt{x}$, $x^m x^n = x^{m+n}$과 $x^1 = x$를 적용한다.
- 정답은 $x^{3/2} + x$이다.

---

13. 이 문제는 $3x(x + 5) + 2(x + 5)$로 생각한다. 분배를 두 번 해야 한다.

- $(3x + 2)(x + 5) = 3x(x) + 3x(5) + 2(x) + 2(5)$이다.
- 위 식을 계산하면 $3x^2 + 15x + 2x + 10$이 된다.
- 동류항끼리 계산하면 $15x + 2x = 17x$이 된다.
- 정답은 $3x^2 + 17x + 10$이다.

---

14. $(6x - 4)^2$를 $(6x - 4)(6x - 4)$로 다시 쓴다.

- $(6x - 4)(6x - 4) = 6x(6x) + 6x(-4) - 4(6x) - 4(-4)$이다.
- − 부호 두 개가 연달아 나오면(− 부호끼리 곱하면) + 부호가 된다.
- 위 식을 계산하면 $36x^2 - 24x - 24x + 16$이 된다.
- 동류항끼리 계산하면 $-24x - 24x = -48x$이 된다.
- 정답은 $36x^2 - 48x + 16$이다.

---

15. 각 항에서 x를 뽑아낸다.

- $x^3 = x^2 x$이다.
- $x^3 - 4x = x^2 x - 4x$이다.
- 정답은 $x(x^2 - 4)$이다. 분배 법칙으로 전개하면 답이 맞는지 확인할 수 있다.

---

16. 각 항에서 $4x^6$을 뽑아낸다. 연산 규칙 $\frac{x^m}{x^n} = x^{m-n}$을 적용한다.

- $\frac{8x^9}{4x^6} = 2x^3$이고 $\frac{12x^6}{4x^6} = 3$이다($x^0 = 1$임을 기억할 것).
- $8x^9 + 12x^6 = 4x^6(2x^3) + 4x^6(3)$이다.
- 정답은 $4x^6(2x^3 + 3)$이다. 분배 법칙으로 전개하면 답이 맞는지 확인할 수 있다.

---

17. 각 항에서 $9x^3$을 뽑아낸다. 연산 규칙 $\frac{x^m}{x^n} = x^{m-n}$을 적용한다.

- $\frac{45x^7}{9x^3} = 5x^4$, $\frac{18x^5}{9x^3} = 2x^2$이고 $\frac{27x^3}{9x^3} = 3$이다.
- $45x^7 - 18x^5 + 27x^3 = 9x^3(5x^4) - 9x^3(2x^2) + 9x^3(3)$이다.
- 정답은 $9x^3(5x^4 - 2x^2 + 3)$이다. 분배 법칙으로 전개하면 답이 맞는지 확인할 수 있다.

---

18. $1^2 = 1$, $2^2 = 4$, $3^2 = 9$, $4^2 = 16$, $5^2 = 25$, $6^2 = 36$ 등과 같은 완전 제곱 수를 생각한다.

- 18의 약수 중에서 가장 큰 완전 제곱 수를 구해보면 9이다.
- $18 = (2)(9)$이다.
- 연산 규칙 $\sqrt{ax} = \sqrt{a}\sqrt{x}$을 적용한다.
- $\sqrt{18} = \sqrt{(2)(9)} = \sqrt{2}\sqrt{9}$
- 정답은 $3\sqrt{2}$이다($\sqrt{9} = 3$임을 알아둘 것).

---

19. $1^2 = 1$, $2^2 = 4$, $3^2 = 9$, $4^2 = 16$, $5^2 = 25$, $6^2 = 36$ 등과 같은 완전 제곱 수를 생각한다.

- 108의 약수 중에서 가장 큰 완전 제곱 수를 구해보면 36이다.
- $108 = (3)(36)$이다.
- 연산 규칙 $\sqrt{ax} = \sqrt{a}\sqrt{x}$을 적용한다.
- $\sqrt{108} = \sqrt{(3)(36)} = \sqrt{3}\sqrt{36}$
- 정답은 $6\sqrt{3}$이다.($\sqrt{36} = 6$임을 알아둘 것)

---

20. 이차 방정식은 이미 표준형으로 되어 있다.

- a, b, c에 해당하는 수를 구한다. 이때 − 부호가 있으면 이를 포함해야 한다.
- 그러면 $a = 2$, $b = -2$, $c = -40$이다.
- 방정식의 모든 항을 2로 나누어도 된다. 그러면 $a = 1$, $b = -1$, $c = -20$이 된다. 이렇게 하면 중간에 나오는 답은 아래와 달라질 수 있다. 하지만 최종 정답은 동일하다.
- 제곱근을 계산하면 $\sqrt{324} = 18$이다.
- 이차 방정식의 근은 두 개로 $\frac{2+18}{4}$과 $\frac{2-18}{4}$이다.
- 위 식을 계산하면 정답은 5, −4이다.

---

21. 이차 방정식의 각 항의 순서를 바꾸어 표준형이 되도록 만든다.

- 맨 앞에는 y^2 항을, 그 다음에는 y 항을, 맨 뒤에는 상수 항을 놓는다.
- a, b, c에 해당하는 수를 구한다. 이때 − 부호가 있으면 이를 포함해야 한다.

- 그러면 $a=2$, $b=3$, $c=-27$이 된다.
- 제곱근을 계산하면 $\sqrt{225}=15$이다.
- 이차 방정식의 근은 두 개로 $\frac{-3+15}{4}$과 $\frac{-3-15}{4}$이다.
- 위 식을 계산하면 정답은 3, $-\frac{9}{2}$이다.

22. 우변에 있는 두 개의 항을 좌변으로 옮겨 세 개의 항이 모두 좌변에 있도록 한다. 이때 이차 방정식이 표준형이 되도록 세 개의 항을 배치한다.

- 맨 앞에는 t^2 항을, 그 다음에는 t 항을, 맨 뒤에는 상수 항을 놓는다.
- a, b, c에 해당하는 수를 구해보면 $a=2$, $b=6$, $c=-8$이다.
- 제곱근을 계산하면 $\sqrt{100}=10$이다.
- 이차 방정식의 근은 두 개로 $\frac{-6+10}{4}$과 $\frac{-6-10}{4}$이다.
- 위 식을 계산하면 정답은 1, -4이다.

23. 우변에 있는 세 개의 항을 좌변으로 옮겨 여섯 개의 항이 모두 좌변에 있도록 한다.

- 동류항끼리 계산을 한다. 두 개의 x^2 항끼리 계산을 하고, 두 개의 x 항끼리 계산을 하고, 두 개의 상수 항끼리 계산을 한다.
- 이차 방정식이 표준형이 되도록 맨 앞에는 x^2 항을, 그 다음에는 x 항을, 맨 뒤에는 상수 항을 놓는다.
- 그러면 $-2x^2+17x-8=0$이 된다. 이때 모든 항을 우변으로 옮겨 $0=2x^2-17x+8$로 쓰거나 양변에 $-$ 부호를 곱해 $2x^2-17x+8=0$이 되도록 하면 x^2 항의 계수의 부호가 $+$가 되어 계산이 좀 더 간편하다.
- a, b, c에 해당하는 수를 구해보면 $a=2$, $b=-17$, $c=8$이다. $a=-2$, $b=17$, $c=-8$로 해도 된다.
- 제곱근을 계산하면 $\sqrt{225}=15$이다.
- 이차 방정식의 근은 두 개로 $\frac{17+15}{4}$과 $\frac{17-15}{4}$이다.
- 위 식을 계산하면 정답은 8, $\frac{1}{2}$이다.

24. 위에 있는 방정식을 y에 대해 풀면 $y=\frac{18-3x}{2}$이 된다.

- 이 식을 아래에 있는 방정식에 대입하면 $8x-5\left(\frac{18-3x}{2}\right)=17$이 된다.
- 5를 각 항에 분해하면 $8x-45+\frac{15x}{2}=17$이 된다. 계산 과정에서 $-$ 부호 두 개가 연달아 나오면 $+$ 부호가 된다. 또한 $(5)(18)/2=(5)(9)=45$이고 $(-5)(-3)/2=15/2$이다.
- 동류항끼리 계산을 한 다음 정리하면 $\frac{31x}{2}=62$이 된다. 계산 과정에서 x 항끼리 계산을 하기 위해서는 먼저 공통분모를 구해야 한다.
- 위 식을 풀면 $x=4$가 된다.
- 이 값을 $y=\frac{18-3x}{2}$에 대입하면 $y=3$이 된다.

25. 위에 있는 방정식을 y에 대해 풀면 $y = \frac{10-3z}{4}$이 된다.

- 이 식을 아래에 있는 방정식에 대입하면 $5\left(\frac{10-3z}{4}\right) - 2z = -22$이 된다.
- 5를 각 항에 분해하면 $\frac{25}{2} - \frac{15z}{4} - 2z = -22$이 된다. 계산 과정에서 $(5)(10)/4 = 25/2$이고 $5(-3)/4 = -15/4$이다.
- 동류항끼리 계산을 한 다음 정리하면 $-\frac{23z}{4} = -\frac{69}{2}$이 된다. 계산 과정에서 z 항끼리 계산을 하기 위해서는 먼저 공통분모를 구해야 한다. 또는 위 식의 모든 항에 4를 곱한 다음 계산을 해도 된다.
- 위 식을 풀면 $z = 6$이 된다(− 부호는 서로 상쇄된다).
- 이 값을 $y = \frac{10-3z}{4}$에 대입하면 $y = -2$가 된다.

---

26. 맨 아래에 있는 방정식을 z에 대해 풀면 $z = 13 - 2x$이 된다.

- 이 식을 맨 위와 중간에 있는 방정식에 대입하면 각각 다음 식을 얻는다.
- $-x - 4y = 18$
- $-12x + 5y = -49$
- 위의 두 식을 얻기 위해서는 계산 과정에서 항을 분배하고 동류항끼리 계산을 해야 한다.
- 이제 위의 두 식을 앞서 24번 문제와 25번 문제에서 사용한 방법을 적용한다.
- 위의 두 방정식 중에서 앞에 있는 방정식을 x에 대해 풀면 $x = -4y - 18$이다(양변에 x를 각각 더한 다음, 다시 양변에서 18을 각각 빼주면 된다. 또는 양변에 $4y$를 각각 더한 다음, 다시 양변에 −1을 각각 곱해줘도 된다).
- 위에서 구한 식 $x = -4y - 18$을 위의 두 방정식 중에서 아래에 있는 방정식 $-12x + 5y = -49$에 대입하면 $-12(-4y - 18) + 5y = -49$가 된다.
- 12를 각 항에 분배하면 $48y + 216 + 5y = -49$가 된다. 계산 과정에서 − 부호 두 개가 연달아 나오면 + 부호가 된다.
- 동류항끼리 계산을 한 다음 정리하면 $53y = -265$가 된다.
- 위 식을 풀면 $y = -5$가 된다.
- 이 값을 $x = -4y - 18$에 대입하면 $x = 2$가 된다.
- 이 값을 $z = 13 - 2x$에 대입하면 $z = 9$가 된다.

2장: 필수 미적분

27. 미분 공식 $\frac{d}{dx}(ax^b) = bax^{b-1}$을 사용하여 도함수를 구한다.

- $6x^5$을 일반형 ax^b와 비교한다.
- 그러면 $a = 6$, $b = 5$이다.
- 정답은 $30x^4$이다.

---

28. 미분 공식 $\frac{d}{dt}(at^b) = bat^{b-1}$을 사용하여 도함수를 구한다.

- t를 일반형 at^b와 비교한다.
- 그러면 $a = 1$, $b = 1$이다($1t^1 = t$이므로).
- 정답은 1이다($t^0 = 1$이므로).

---

29. 미분 공식 $\frac{d}{dx}(ax^b) = bax^{b-1}$을 사용하여 도함수를 구한다.

- $2x^{-3}$을 일반형 ax^b와 비교한다.
- 그러면 $a = 2$, $b = -3$이다.
- $b - 1 = -3 - 1 = -4$이다.
- 정답은 $-6x^{-4}$이다. 답을 $-\frac{6}{x^4}$으로 써도 된다.

---

30. 미분 공식 $\frac{d}{dt}(at^b) = bat^{b-1}$을 사용하여 도함수를 구한다.

- 연산 규칙 $t^{-m} = \frac{1}{t^m}$을 적용한다.
- $\frac{3}{t^6}$을 $3t^{-6}$으로 다시 쓴다.
- $3t^{-6}$를 일반형 at^b와 비교한다.
- 그러면 $a = 3$, $b = -6$이다.
- $b - 1 = -6 - 1 = -7$이다.
- 정답은 $-18t^{-7}$이다. 답을 $-\frac{18}{t^7}$으로 써도 된다.

---

31. 미분 규칙 $\frac{d}{dx}(y_1 + y_2 + y_3 + y_4) = \frac{dy_1}{dx} + \frac{dy_2}{dx} + \frac{dy_3}{dx} + \frac{dy_4}{dx}$을 적용한다.

- 미분 공식 $\frac{d}{dx}(ax^b) = bax^{b-1}$을 사용하여 각 항의 도함수를 구한다.
- 각 항의 도함수는 다음과 같다.

$$\frac{d}{dx}(3x^8) = 24x^7 \quad , \quad \frac{d}{dx}(-6x^5) = -30x^4 \quad , \quad \frac{d}{dx}(9x^2) = 18x \quad , \quad \frac{d}{dx}(-4) = 0$$

- 상수를 미분하면 0이 됨을 잘 기억해야 한다.
- 도함수들을 모두 더한다.

- 정답은 $24x^7 - 30x^4 + 18x$이다.

---

32. 미분 공식 $\frac{d}{du}(au^b) = bau^{b-1}$을 사용하여 도함수를 구한다.

- 연산 규칙 $\frac{1}{\sqrt{u}} = u^{-1/2}$을 적용한다.
- $u^{-1/2}$를 일반형 au^b와 비교한다.
- 그러면 $a = 1$, $b = -\frac{1}{2}$이다.
- $b - 1 = -\frac{1}{2} - 1 = -\frac{3}{2}$이다.
- 이렇게 해서 구한 답은 $-\frac{1}{2}u^{-3/2}$이다. 하지만 이 답은 표준형이 아니다.
- 답을 표준형으로 나타내기 위해 분모를 유리화한다.
- 연산 규칙 $u^{-m} = \frac{1}{u^m}$을 적용한다.
- $-\frac{1}{2}u^{-3/2}$을 $-\frac{1}{2u^{3/2}}$으로 다시 쓴다.
- 분자와 분모에 각각 $u^{1/2}$를 곱한다.
- 그러면 $-\frac{1}{2u^{3/2}} \frac{u^{1/2}}{u^{1/2}} = -\frac{u^{1/2}}{2u^2}$이 된다. 연산 규칙 $u^{1/2} = \sqrt{u}$을 적용한다.
- 정답은 $-\frac{\sqrt{u}}{2u^2}$이다. 답을 $-\frac{u^{1/2}}{2u^2}$으로 써도 된다. 이 답들은 앞서 구한 $-\frac{1}{2}u^{-3/2}$와 같은 것이다.

---

33. 적분 공식 $\int ax^b\,dx = \frac{ax^{b+1}}{b+1}$을 사용하여 역도함수를 구한다.

- $8x^3$을 일반형 ax^b와 비교한다.
- 그러면 $a = 8$, $b = 3$이다.
- 역도함수는 $2x^4$이다.
- 상한과 하한에 대해 $2x^4$를 계산한다.
- $[2x^4]_{x=0}^{2} = 2(2)^4 - 2(0)^4$이다.
- 정답은 32이다.

---

34. 적분 공식 $\int at^b\,dt = \frac{at^{b+1}}{b+1}$을 사용하여 역도함수를 구한다.

- t^4을 일반형 at^b와 비교한다.
- 그러면 $a = 1$, $b = 4$이다.
- 역도함수는 $\frac{t^5}{5}$이다.
- 상한과 하한에 대해 $\frac{t^5}{5}$를 계산한다.
- $\left[\frac{t^5}{5}\right]_{t=-5}^{5} = \frac{(5)^5}{5} - \frac{(-5)^5}{5}$이다.
- 계산 과정에서 $-(-5)^5 = -(-3125) = 3125$이다.
- 정답은 1250이다.

---

35. 적분 공식 $\int ax^b\, dx = \frac{ax^{b+1}}{b+1}$을 사용하여 역도함수를 구한다.

- $900x^{-3}$을 일반형 ax^b와 비교한다.
- 그러면 $a = 900$, $b = -3$이다.
- $b + 1 = -3 + 1 = -2$이다.
- 역도함수는 $-450x^{-2}$이다.
- 상한과 하한에 대해 $-450x^{-2}$를 계산한다.
- $[-450x^{-2}]_{x=3}^{5} = -450(5)^{-2} - [-450(3)^{-2}]$이다.
- − 부호 두 개가 연달아 나오면 + 부호가 되므로 $-450(5)^{-2} + 450(3)^{-2}$이다.
- $5^{-2} = \frac{1}{5^2} = \frac{1}{25}$이고 $3^{-2} = \frac{1}{3^2} = \frac{1}{9}$이다.
- 정답은 32이다.

---

36. 적분 공식 $\int au^b\, du = \frac{au^{b+1}}{b+1}$을 사용하여 역도함수를 구한다.

- 연산 규칙 $u^{-m} = \frac{1}{u^m}$을 적용한다.
- $\frac{1}{u^4}$을 u^{-4}으로 다시 쓴다.
- $81u^{-4}$를 일반형 au^b와 비교한다.
- 그러면 $a = 81$, $b = -4$이다.
- $b + 1 = -4 + 1 = -3$이다.
- 역도함수는 $-27u^{-3}$이다.
- 상한과 하한에 대해 $-27u^{-3}$를 계산한다.
- $[-27u^{-3}]_{u=1}^{3} = -27(3)^{-3} - [-27(1)^{-3}]$이다.
- − 부호 두 개가 연달아 나오면 + 부호가 되므로 $-27(3)^{-3} + 27(1)^{-3}$이다.
- $3^{-3} = \frac{1}{3^3} = \frac{1}{27}$이고 $1^{-3} = \frac{1}{1^3} = \frac{1}{1} = 1$이다.
- 정답은 26이다.

---

37. 적분 공식 $\int ax^b\, dx = \frac{ax^{b+1}}{b+1}$을 사용하여 역도함수를 구한다.

- 연산 규칙 $\frac{1}{\sqrt{x}} = x^{-1/2}$을 적용한다.
- $\frac{3}{\sqrt{x}}$을 $3x^{-1/2}$으로 다시 쓴다.
- $3x^{-1/2}$를 일반형 au^b와 비교한다.
- 그러면 $a = 3$, $b = -\frac{1}{2}$이다.
- $b + 1 = -\frac{1}{2} + 1 = \frac{1}{2}$이다.
- $\frac{a}{b+1} = \frac{3}{1/2} = 3(2) = 6$이다(분수로 나누는 것은 그 분수의 역수를 곱하는 것과 같다).
- 역도함수는 $6x^{1/2}$이다.

- 연산 규칙 $\sqrt{x} = x^{1/2}$을 사용하여 $6x^{1/2}$을 $6\sqrt{x}$로 다시 쓴다.
- 상한과 하한에 대해 $6\sqrt{x}$를 계산한다.
- $[6\sqrt{x}]_{x=4}^{9} = 6\sqrt{9} - 6\sqrt{4}$이다. 여기서 $\sqrt{9} = 3$, $\sqrt{4} = 2$이다.
- 정답은 6이다.

---

38. 적분 공식 $\int at^b\, dt = \frac{at^{b+1}}{b+1}$을 사용하여 역도함수를 구한다.

- $14t^{3/4}$을 일반형 at^b와 비교한다.
- 그러면 $a = 14$, $b = \frac{3}{4}$이다.
- $b+1 = \frac{3}{4} + 1 = \frac{3}{4} + \frac{4}{4} = \frac{7}{4}$(공통분모를 구한 다음, 분수 계산을 한다)
- $\frac{a}{b+1} = \frac{14}{7/4} = \frac{14(4)}{7} = 8$이다(분수로 나누는 것은 그 분수의 역수를 곱하는 것과 같다).
- 역도함수는 $8t^{7/4}$이다.
- 상한과 하한에 대해 $8t^{7/4}$를 계산한다.
- $[8t^{7/4}]_{t=1}^{16} = 8(16)^{7/4} - 8(1)^{7/4}$이다.
- 위 계산식에서 $(16)^{7/4} = (16^{1/4})^7 = (\sqrt[4]{16})^7 = 2^7 = 128$이다. 또한 $(1)^{7/4} = 1$이다.
- 계산기로 직접 16^(7/4)을 계산하여 $(16)^{7/4} = 128$가 됨을 확인해보기 바란다.
- 정답은 1016이다.

---

39. 적분 규칙 $\int (y_1 + y_2)dx = \int y_1 dx + \int y_2 dx$을 적용한다.

- 적분 공식 $\int ax^b\, dx = \frac{ax^{b+1}}{b+1}$을 사용하여 각 항의 역도함수를 구한다.
- 각 항의 역도함수는 다음과 같다.

$$\int 12x^3\, dx = 3x^4 \quad , \quad \int 9x^2\, dx = 3x^3$$

- 역함수들을 모두 더하면 $3x^4 - 3x^3$이 된다.
- 상한과 하한에 대해 $3x^4 - 3x^3$를 계산한다.
- $[3x^4 - 3x^3]_{x=2}^{4} = [3(4)^4 - 3(4)^3] - [3(2)^4 - 3(2)^3]$이다.
- − 부호를 분배한다. − 부호 두 개가 연달아 나오면(− 부호 두 개를 서로 곱하면) + 부호가 된다.
- 그러면 $3(4)^4 - 3(4)^3 - 3(2)^4 + 3(2)^3$을 얻는다.
- 정답은 552이다.

---

40. 적분 규칙 $\int (y_1 + y_2 + y_3)dx = \int y_1 dx + \int y_2 dx + \int y_3 dx$을 적용한다.

- 적분 공식 $\int ax^b\, dx = \frac{ax^{b+1}}{b+1}$을 사용하여 각 항의 역도함수를 구한다.

- 각 항의 역도함수는 다음과 같다.

$$\int 12x^5\,dx = 2x^6 \quad , \quad \int 24x^3\,dx = 6x^4 \quad , \quad \int 48x\,dx = 24x^2$$

- 역함수들을 모두 더하면 $2x^6+6x^4-24x^2$이 된다.
- 상한과 하한에 대해 $2x^6+6x^4-24x^2$를 계산한다.
- $[2x^6+6x^4-24x^2]_{x=-1}^{2}=[2(2)^6+6(2)^4-24(2)^2]-[2(-1)^6+6(-1)^4-24(-1)^2]$ 이다.
- − 부호를 분배한다. − 부호 두 개가 연달아 나오면(− 부호 두 개를 서로 곱하면) + 부호가 된다.
- 그러면 $2(2)^6+6(2)^4-24(2)^2-2(-1)^6-6(-1)^4+24(-1)^2$을 얻는다.
- 정답은 144이다.

3장: 일차원 등가속도 운동

41. 문제를 읽어보면 두 개의 양에 값이 주어졌다. 자동차가 처음에 "멈춰" 있었다는 문제의 설명에서 또 다른 양의 값을 추가로 알 수 있다.

- 값을 알고 있는 세 개의 양은 다음과 같다.

$$\Delta x = 90\text{ m},\ t = 6.0\text{ s},\ v_{x0} = 0$$

- 방정식 $\Delta x = v_{x0}t + \frac{1}{2}a_x t^2$을 사용한다.
- 세 개의 값을 방정식에 대입하여 정리하면 $90 = 18a_x$을 얻는다.
- 위 식을 풀면 정답은 $a_x = 5.0\text{ m/s}^2$이다.

---

42. 문제를 읽어보면 세 개의 양에 값이 주어졌다. 단위를 잘 살펴보면 어떤 양인지 구별하는 데 도움이 된다.

- 값을 알고 있는 세 개의 양은 다음과 같다.

$$v_{x0} = 15\text{ m/s},\ a_x = -4.0\text{ m/s}^2,\ t = 6.0\text{ s}$$

- 방정식 $v_x = v_{x0} + a_x t$을 사용한다.
- 세 개의 값을 방정식에 대입하여 정리한 다음, 계산을 하면 정답은 $v_x = -9.0\text{ m/s}$ 이다.

---

43. 문제를 읽어보면 세 개의 양에 값이 주어졌다. 단위를 잘 살펴보면 어떤 양인지 구별하는 데 도움이 된다.

- 값을 알고 있는 세 개의 양은 다음과 같다.

$$v_{x0} = 10 \text{ m/s}, \ v_x = 30 \text{ m/s}, \ a_x = 8.0 \text{ m/s}^2$$

- 방정식 $v_x^2 = v_{x0}^2 + 2a_x\Delta x$을 사용한다.
- 세 개의 값을 방정식에 대입하여 정리하면 $800 = 16\Delta x$을 얻는다.
- 위 식을 풀면 정답은 $\Delta x = 50$ m이다.

---

44. 500 g은 무시하라. 바나나의 질량은 답을 구하는데 이용되지 않는다.

- 문제를 읽어보면 두 개의 양에 값이 주어졌다. 바나나는 처음에 원숭이 손에 "멈춰" 있었다가 떨어졌으므로 또 다른 양의 값을 추가로 알 수 있다.
- 값을 알고 있는 세 개의 양은 다음과 같다.

$$\Delta y = -36 \text{ m}, \ t = 4.0 \text{ s}, \ v_{y0} = 0$$

- 바나나의 최종 위치는 초기 위치보다 아래에 있으므로 Δy의 부호는 $-$이다.
- 방정식 $\Delta y = v_{y0}t + \frac{1}{2}a_y t^2$을 사용한다.
- 세 개의 값을 방정식에 대입하여 정리하면 $-36 = 8a_y$을 얻는다.
- 위 식을 풀면 정답은 $a_y = -\frac{9}{2}$ m/s^{2}이다.

---

45. 문제를 읽어보면 두 개의 양에 값이 주어졌다. 바나나는 지면(지구 표면) 근처에서 떨어지고 있으므로 또 다른 양의 값을 추가로 알 수 있다.

- 값을 알고 있는 세 개의 양은 다음과 같다.

$$v_{y0} = 20 \text{ m/s}, \ \Delta y = -60 \text{ m}, \ a_y = -9.81 \text{ m/s}^2$$

- 바나나의 최종 위치는 초기 위치보다 아래에 있으므로 Δy의 부호는 $-$이다.
- 자유낙하 문제에서 a_y의 부호는 $-$이다($+y$를 위쪽으로 선택하므로).
- 방정식 $\Delta y = v_{y0}t + \frac{1}{2}a_y t^2$을 사용한다. 계산기를 사용하지 않는 경우에는 -9.81을 -10으로 반올림하여 사용하라.
- 세 개의 값을 방정식에 대입하여 정리하면 이차 방정식을 얻는다. 이차 방정식을 표준형으로 정리하면 $5t^2 - 20t - 60 \approx 0$가 된다. 계산기를 사용하는 경우에는 이차 방정식에서 $5t^2$ 대신 $4.905t^2$가 나온다.
- 그러면 $a \approx 5$, $b = -20$, $c = -60$이 된다(계산기를 사용하는 경우 $a = 4.905$).
- 세 개의 값을 모두 5로 나누어 $a \approx 1$, $b = -4$, $c = -12$로 해도 된다.
- 이차 방정식의 근은 두 개로 -2 s와 6 s이다.
- 최종 정답은 $t \approx 6.0$이다. 계산기를 사용하는 경우 $t = 6.1$ s이다.

---

46. 이 문제를 푸는 '비법'은 전체 운동 경로의 절반만 고려하면 된다는 데 있다.

- 위로 올라가는 운동 경로만 생각한다. 그러면 운동 시간은 0.5 s이다.
- 원숭이가 지면(지구 표면) 근처에 있으므로 중력 가속도 값을 알 수 있다.
- 위로 올라가는 운동 경로만 생각하면 최종 속력(맨 꼭대기 위치에서의 속력)은 0이다.
- 이제 값을 알고 있는 세 개의 양은 다음과 같다.

$$t = 0.5 \text{ s}, \ a_y = -9.81 \text{ m/s}^2, \ v_y = 0$$

- 방정식 $v_y = v_{y0} + a_y t$을 사용한다.
- 세 개의 값을 방정식에 대입하여 정리한 다음, 계산을 하면 정답은 $v_{y0} \approx 5.0$ m/s이다. 계산기를 사용하면 4.9 m/s가 나온다.

4장: 미적분을 사용하는 일차원 운동

47. 44~45쪽에서 적합한 방정식을 선택한다.

- 속도는 위치를 시간에 대해 미분한 것과 같다.
- 이 관계를 나타내는 방정식 $v_x = \frac{dx}{dt}$을 사용한다.
- 위 방정식에 위치 함수를 대입하여 미분하면 $v_x = 12t^2 - 16t$이 나온다.
- 위치 함수에서 세 번째 항은 0이 된다. 상수를 미분하면 0이 되기 때문이다.
- 위에서 구한 속도 함수에 시간 $t = 5.0$ s를 대입한다.
- 그러면 $t = 5.0$ s인 순간의 속도는 $v_x = 220$ m/s로 계산된다.
- 가속도는 속도를 시간에 대해 미분한 것과 같다.
- 방정식 $a_x = \frac{dv_x}{dt}$을 사용한다.
- 속도 함수 $v_x = 12t^2 - 16t$을 시간에 대해 미분한다.
- 그러면 가속도 $a_x = 24t - 16$이 나온다.
- 위에서 구한 가속도 함수에 시간 $t = 7.0$ s(5.0 s가 아니니 주의)를 대입한다.
- 그러면 $t = 7.0$ s인 순간의 가속도는 $a_x = 152$ m/s^{2}로 계산된다.

---

48. 44~45쪽에서 적합한 방정식을 선택한다.

- 알짜 변위는 속도를 시간에 대해 적분한 것과 같다.
- 이 관계를 나타내는 방정식 $\Delta x = \int_{t=t_0}^{t} v_x \, dt$을 사용한다.
- 정적분 $\int_{t=2}^{8} \sqrt{2t} \, dt$을 수행한다.
- 연산 규칙 $\sqrt{ax} = \sqrt{a}\sqrt{x}$과 $x^{1/2} = \sqrt{x}$을 적용한다.

- $\sqrt{2t}$를 $2^{1/2}t^{1/2}$로 다시 쓴다.
- 정적분 $\int_{t=2}^{8} 2^{1/2}t^{1/2}\,dt$을 수행한다.
- 먼저 적분을 수행하여 역도함수를 구해보면 $\frac{2^{3/2}t^{3/2}}{3}$이 된다.
- 계산 과정에서 $2^{1/2}\left(\frac{t^{3/2}}{3/2}\right)=2^{1/2}\left(\frac{2t^{3/2}}{3}\right)=\frac{2^{3/2}t^{3/2}}{3}$이다. 여기서 $2^{1/2}(2)=2^{1/2}(2^1)$ $=2^{3/2}$이다.
- 상한과 하한에 대해 $\frac{2^{3/2}t^{3/2}}{3}$를 계산한다.
- $\left[\frac{2^{3/2}t^{3/2}}{3}\right]_{t=2}^{8}=\frac{2^{3/2}(8)^{3/2}}{3}-\frac{2^{3/2}(2)^{3/2}}{3}$이다.
- 연산 규칙 $(x^m)^n=x^{mn}$을 적용하면 $(8)^{3/2}=(2^3)^{3/2}=2^{9/2}$이다.
- 연산 규칙 $x^m x^n=x^{m+n}$을 적용하면 $2^{3/2}(2)^{9/2}=2^6$과 $2^{3/2}(2)^{3/2}=2^3$이다.
- 명시된 시간 간격 동안의 알짜 변위는 $\Delta x=\frac{56}{3}$ m이다.
- 가속도는 속도를 시간에 대해 미분한 것과 같다.
- 방정식 $a_x=\frac{dv_x}{dt}$을 사용한다.
- 속도 함수 $v_x=2^{1/2}t^{1/2}$을 시간에 대해 미분한다($\sqrt{2t}=2^{1/2}t^{1/2}$를 잘 알고 있어야 한다).
- 그러면 가속도 $a_x=2^{-1/2}t^{-1/2}=\frac{1}{\sqrt{2t}}$이 나온다. 계산 과정에서 $\frac{2^{1/2}}{2}=2^{1/2-1}=2^{-1/2}$ 이다.
- 위에서 구한 가속도 함수에 시간 $t=8.0$ s를 대입한다.
- 그러면 $t=8.0$ s인 순간의 가속도는 $a_x=\frac{1}{4}$ m/s^{2}로 계산된다.

---

49. 44~45쪽에서 적합한 방정식을 선택한다.

- 속도는 가속도를 시간에 대해 적분한 것에 초기 속도를 더한 것과 같다.
- 이 관계를 나타내는 방정식 $v_x=v_{x0}+\int_{t=t_0}^{t} a_x\,dt$을 사용한다.
- 정적분 $18+\int_{t=0}^{3} 24t^2\,dt$을 수행한다.
- 먼저 적분을 수행하여 역도함수를 구해보면 $8t^3$이 된다.
- 상한과 하한에 대해 $8t^3$를 계산한다. 계산 결과에 18을 더해주어야 함을 기억하고 있어야 한다.
- $18+[8t^3]_{t=0}^{3}=18+8(3)^3-8(0)^3$이다.
- 명시된 시간에 속도는 $v_x=234$ m/s이다.
- 알짜 변위는 속도를 시간에 대해 적분한 것과 같다.
- 이 관계를 나타내는 방정식 $\Delta x=\int_{t=t_0}^{t} v_x\,dt$을 사용한다.
- 속도 함수는 $18+8t^3$이다. ($v_x=v_{x0}+\int_{t=t_0}^{t} a_x\,dt$이므로)
- 정적분 $\int_{t=0}^{3}(18+8t^3)\,dt$을 수행한다. 두 개의 항을 따로따로 적분한다.
- 먼저 적분을 수행하여 역도함수를 구해보면 $18+2t^4$이 된다.

- 상한과 하한에 대해 $18 + 2t^4$를 계산한다.
- $[18 + 2t^4]_{t=0}^{3} = 18(3) + 2(3)^4 - 18(0) - 2(0)^4$이다.
- 명시된 시간 간격 동안의 알짜 변위는 $\Delta x = 216$ m이다.

5장: 필수 기본 기하

50. 직사각형의 둘레 공식과 면적 공식을 사용한다.

- 기지수는 $L = 6$ m, $W = 4$ m이다.
- 방정식 $P = 2L + 2W$과 $A = LW$을 사용한다.
- 둘레는 $P = 20$ m이고 면적은 $A = 24$ m^2이다.

---

51. 삼각형의 둘레를 구하기 전에 먼저 빗변을 구해야 한다.

- 기지수는 $a = 3$ m, $b = 4$ m이다. [b를 밑변(base)이라고 하자.]
- 피타고라스 정리 $a^2 + b^2 = c^2$를 사용한다.
- 기지수를 피타고라스 정리에 대입하면 $c = 5$ m이다.
- 삼각형의 둘레는 세 변의 길이를 모두 더하면 된다.
- 방정식 $P = a + b + c$를 사용하면 $P = 12$ m이다.
- 밑변 $b = 4$ m이고 높이 $h = 3$ m이다.
- 방정식 $A = \frac{1}{2}bh$를 사용하면 $A = 6$ m^2이다.

---

52. 정사각형의 한 변의 길이를 구해야 한다.

- 기지수는 $A = 36$ m^2이다.
- 방정식 $A = L^2$을 사용하면 $L = 6$ m이다.
- 정사각형의 둘레 공식은 직사각형의 둘레 공식에 $W = L$을 대입하면 된다.
- 방정식 $P = 4L$을 사용하면 $P = 24$ m이다.

---

53. 피타고라스 정리를 사용한다.

- 기지수는 $a = 5$ m, $b = 12$ m이다. [b를 밑변(base)이라고 하자.]
- 피타고라스 정리 $a^2 + b^2 = c^2$를 사용한다.
- 기지수를 피타고라스 정리에 대입하면 $c = 13$ m이다.

---

54. 피타고라스 정리를 사용한다.

- 기지수는 $b=\sqrt{3}$, $c=2$ m이다. [b를 밑변(base)이라고 하자.]
- 피타고라스 정리 $a^2+b^2=c^2$를 사용한다.
- 연습문제 53과는 달리 이 문제에서는 빗변 c 값이 주어졌으므로 a를 구해야 한다.
- 기지수를 피타고라스 정리에 대입하면 $a=1$ m이다.

---

55. 직사각형을 두 개의 직각삼각형으로 나눈다. 이 가운데 하나의 직각삼각형에 대해 문제를 풀어보자.

- 기지수는 $a=6$ m, $b=8$ m이다. [b를 밑변(base)이라고 하자.]
- 피타고라스 정리 $a^2+b^2=c^2$를 사용한다.
- 기지수를 피타고라스 정리에 대입하면 $c=10$ m이다.

---

56. 문제에서는 지름의 값이 주어졌다.

- 기지수는 $D=6$ m이다.
- 방정식 $R=\frac{D}{2}$, $C=2\pi R$, $A=\pi R^2$을 사용한다.
- 기지수를 방정식에 대입하면 $R=3$ m, $C=6\pi$ m, $A=9\pi$ m^{2}이다.

---

57. 반지름을 구해보자.

- 기지수는 $A=16\pi$ m^{2}이다.
- 방정식 $A=\pi R^2$을 사용한다.
- 기지수를 방정식에 대입하여 반지름을 구하면 $R=4$ m이다.
- 방정식 $C=2\pi R$을 사용한다.
- 반지름 값을 방정식에 대입하여 둘레를 구하면 $C=8\pi$ m이다.

6장: 운동 그래프

58. (A) 그래프를 읽는다.

- 총 이동 거리를 구하기 위해 각 구간의 이동 거리를 구한다.
- 첫 구간에서는 뒤로 80 m, 다음 구간에서는 앞으로 40 m, 마지막 구간에서는 뒤로 20 m를 이동하였다.
- 각 구간의 이동 거리의 절댓값을 더한다. $TDT=|d_1|+|d_2|+|d_3|$.
- 총 이동 거리는 $TDT=140$ m이다.

- 초기 위치와 최종 위치를 읽는다. $x_i = 20$ m, $x_f = -40$ m
- $ND = x_f - x_i$ 공식을 사용한다.
- 알짜 변위는 $ND = -60$ m이다.

(B) 첫 구간에서 직선의 기울기를 구한다.

- 양쪽 끝점의 좌표를 읽는다. (0, 20 m), (20 s, −60 m)
- 기울기 공식을 사용한다. 기울기 $= \frac{x_2 - x_1}{t_2 - t_1}$
- 속도는 처음 20초 동안 $v_x = -4.0$ m/s이다.

---

59. (A) 두 번째 구간에서 직선의 기울기를 구한다.

- 양쪽 끝점의 좌표를 읽는다. (20 s, 0), (30 s, −60 m/s)
- 기울기 공식을 사용한다. 기울기 $= \frac{x_{2x} - x_{1x}}{t_2 - t_1}$
- 두 번째 구간에서 가속도는 $a_x = -6.0$ m/s^{2}이다.

(B) 각 구간에서 실선으로 표시된 직선과 점선으로 표시된 t축 사이의 영역을 구한다.

- 처음 20 s 동안의 구간에서는 삼각형이 만들어지고, 다음 10 s 동안의 구간에서도 삼각형이 만들어지며, 다음 20 s 구간 동안에서는 직사각형이 만들어진다.
- 각 삼각형과 직사각형의 면적을 공식 $A = \frac{1}{2}bh$과 $A = LW$을 사용하여 구한다.
- 그러면 각 도형의 면적은 $A_1 = 200$ m, $A_2 = -300$ m, $A_3 = -1200$ m가 된다("면적"이라는 용어를 사용하고 있지만 여기서는 속도(m/s)와 시간(s)을 곱하여 구한 면적이므로 단위는 m^{2}이 아니라 m로 나온 것이다)
- 이들 면적을 모두 더하면 알짜 변위가 된다.
- 알짜 변위는 $ND = -1300$ m이다. −1300 m = −1.3 km이다.

---

60. (A) 각 구간에서 실선으로 표시된 직선과 점선으로 표시된 t축 사이의 영역을 구한다.

- 처음 20 s 동안의 구간에서는 직사각형이 만들어지고, 그 다음 20 s에서 약 26.5 s까지의 구간에서는 삼각형이 만들어지며, 그 다음 약 26.5 s에서 50 s까지의 구간에서도 삼각형이 만들어진다.
- 각 삼각형과 직사각형의 면적을 공식 $A = \frac{1}{2}bh$과 $A = LW$을 사용하여 구한다.
- 그러면 각 도형의 면적은 $A_1 = -800$ m/s, $A_2 = -130$ m/s, $A_3 = 235$ m/s가 된다("면적"이라는 용어를 사용하고 있지만 여기서는 가속도(m/s^2)와 시간(s)을 곱하여 구한 면적이므로 단위는 m^{2}이 아니라 m/s로 나온 것이다)
- 이들 면적을 모두 더하면 −695 m/s가 된다. 하지만 이렇게 구한 면적이 답은 **아니다.**
- 방정식 $v_x = v_{x0} +$ 면적을 사용한다. (초기 속도는 문제에서 주어졌다.)

- 정답은 $v_x = -545$ m/s이다.
- 위에서 사용한 시간값 26.5 s는 근삿값이므로 여러분이 구한 답이 −500에서 −600 사이에 있으면 정답이라고 할 수 있다.

(B) 그래프를 읽는다.

- 그래프에서 직선이 t축과 만나는 시간값을 구한다.
- 직선은 26.7 s에서 첫 번째로 만나고 맨 끝인 50.0 s에서 또 한 번 만난다.
- 첫 번째 만나는 시간값이 26.0 s와 27.0 s 사이에 있으면 정답이라고 할 수 있다. 위에서 26.7 s이 나온 과정은 다음과 같다. 먼저 직선의 방정식을 구하면 $x = 6t - 160$이다. 이 방정식에 $x = 0$을 대입한 다음, t를 구하면 이 값이 나온다.

7장: 두 물체의 운동

61. 구속 방정식을 맞게 썼는지 확인한다. $\Delta x_1 - \Delta x_2 = d$. 여기서, 거리는 실제로 서로 "더해"지지만 방향이 서로 반대이므로 "더해"지려면 − 기호가 필요하다.

- 두 번째 원숭이는 속도가 일정하므로 가속도가 0이다.
- 값이 주어진 양은 $v_{10} = 0$, $a_1 = \frac{1}{8}$ m/s^2, $v_{20} = -15$ m/s, $a_2 = 0$, $d = 1600$ m이다.
- 방정식 $\Delta x_1 = v_{10}t + \frac{1}{2}a_1t^2$과 $\Delta x_2 = v_{20}t + \frac{1}{2}a_2t^2$을 사용한다.
- 방정식에 값들을 대입하여 정리하면 $\Delta x_1 = \frac{1}{16}t^2$과 $\Delta x_1 = -15t$을 얻는다.
- 위에서 구한 두 식을 $\Delta x_1 - \Delta x_2 = d$에 대입한다.
- 그러면 이차 방정식이 얻는다. 이차 방정식을 표준형으로 정리하면 $\frac{1}{16}t^2 + 15t - 1600 = 0$이다.
- 그러면 $a = \frac{1}{16}$, $b = 15$, $c = -1600$이다.
- 이차 방정식의 근의 공식을 사용하면 $t = 80$ s가 나온다.
- 정답은 $\Delta x_1 = 400$ m, $\Delta x_2 = -1200$ m이다.

---

62. 구속 방정식을 맞게 썼는지 확인한다. $t_1 = t_2 + \Delta t$. 도둑 고릴라가 침팬지보다 2.0 s 더 많이 뛰므로 t_1(도둑 고릴라)은 t_2(침팬지)보다 2.0 s만큼 더 크다.

- 고릴라는 속도가 일정하므로 가속도가 0이다.
- 값이 주어진 양은 $v_{10} = 9.0$ m/s, $a_1 = 0$, $v_{20} = 0$, $a_2 = 4.0$ m/s^2, $\Delta t = 2.0$ s이다.
- 방정식 $\Delta x = v_{10}t_1 + \frac{1}{2}a_1t_1^2$과 $\Delta x = v_{20}t_2 + \frac{1}{2}a_2t_2^2$을 사용한다.
- 방정식에 값들을 대입하여 정리하면 $\Delta x = 9t_1$과 $\Delta x = 2t_2^2$을 얻는다.
- $t_1 = t_2 + \Delta t$를 $\Delta x = 9t_1$에 대입한다.

- 두 Δx를 서로 같게 놓는다.
- 그러면 이차 방정식이 얻는다. 이차 방정식을 표준형으로 정리하면 $2t_2^2 - 9t_2 - 18 = 0$이다.
- 그러면 $a = 2$, $b = -9$, $c = -18$이다.
- 이차 방정식의 근의 공식을 사용하면 $t_2 = 6.0$ s가 나온다. 따라서 $t_1 = 8.0$ s가 나온다.
- 정답은 $\Delta x = 72$ m이다.

---

63. 구속 방정식을 맞게 썼는지 확인한다. $-\Delta y_1 + \Delta y_2 = d$. 거리는 실제로 서로 "더해"지지만 알짜 변위는 방향이 서로 반대이므로(하나는 초기 위치보다 아래쪽에서 끝나고 다른 하나는 초기 위치보다 위에서 끝나므로), "더해"지려면 − 기호가 필요하다.

- 원숭이는 속도가 일정하므로 가속도가 0이다.
- 값이 주어진 양은 $v_{10} = -5.0$ m/s, $a_1 = 0$, $v_{20} = 40$ m/s, $a_2 = -9.81$ m/s^2, $d = 90$ m이다. 원숭이가 아래쪽으로 움직이므로 v_{10}의 부호는 −이다. 바나나는 위쪽($+y$)으로 자유낙하하고 있으므로 a_2의 부호는 +이다.
- 방정식 $\Delta y_1 = v_{10}t + \frac{1}{2}a_1t^2$과 $\Delta y_2 = v_{20}t + \frac{1}{2}a_2t^2$을 사용한다.
- 방정식에 값들을 대입하여 정리하면 $\Delta y_1 = -5t$과 $\Delta y_2 \approx 40t - 5t^2$을 얻는다.
- 위에서 구한 두 식을 $-\Delta y_1 + \Delta y_2 = d$에 대입한다.
- 그러면 이차 방정식이 얻는다. 이차 방정식을 표준형으로 정리하면 $5t^2 - 45t + 90 \approx 0$이다. $-5t^2 + 45t - 90 \approx 0$으로 나타내어도 된다. 방정식의 모든 항을 각각 5로 나누어도 된다.
- 그러면 $a \approx 5$, $b = -45$, $c = 90$이다(또는 $a \approx -5$, $b = 45$, $c = -90$이라고 해도 된다). 세 상수의 값을 각각 5로 나누어도 된다.
- 이차 방정식의 근의 공식을 사용하면 $t \approx 3.0$ s가 나온다($a_y \approx -10$ m/s^{2}으로 반올림한 경우).
- 정답은 $\Delta y_1 \approx -15$ m, $\Delta y_2 \approx 75$ m이다.
- 계산기를 사용하는 경우, 이차 방정식에서 $a = -4.905$가 되어 $t = 2.95$ s, $\Delta y_2 = 75.3$ m로 나온다.

8장: 알짜값과 평균값

64. 서쪽과 동쪽이 반대라는 점에 유의하라. 아래 답에서 동쪽이 양수(+)이다.

- 총 이동 거리를 구하기 위해 주어진 거리를 더한다. $TDT = |d_1| + |d_2| + |d_3|$.
- 알짜 변위의 경우, 두 번째 변위는 음수(−)이다. $ND = d_1 - d_2 + d_3$.
- 정답은 $TDT = 120$ m, $ND = -20$ m이다(동쪽을 + 방향으로 선택한 경우). − 부호는 알짜 변위가 서쪽으로 20 m라는 것을 의미한다.

---

65. 서쪽과 동쪽이 반대라는 점에 유의하라. 아래 답에서 동쪽이 양수(+)이다.

- 시간을 서로 더한다. $TT = t_1 + t_2$.
- 총 시간은 $TT = 10.0$ s이다.
- 총 이동 거리를 구하기 위해 주어진 거리를 더한다. $TDT = |d_1| + |d_2|$.
- 알짜 변위의 경우, 첫 번째 변위는 음수(−)이다. $ND = -d_1 + d_2$.
- 정답은 $TDT = 300$ m, $ND = 60$ m이다(동쪽 방향으로).
- 공식, 평균 속력 $= \frac{TDT}{TT}$과 평균 속도 $= \frac{ND}{TT}$를 사용한다.
- 정답은 평균 속력 = 30 m/s, 평균 속도 = 6.0 m/s(동쪽 방향)이다.

---

66. 동쪽과 남쪽이 서로 수직이라는 점에 유의하라. 알짜 변위를 구할 때 이를 고려해야 한다.

- 시간을 서로 더한다. $TT = t_1 + t_2$.
- 총 시간은 $TT = 20.0$ s이다.
- 총 이동 거리를 구하기 위해 주어진 거리를 더한다. $TDT = |d_1| + |d_2|$.
- 알짜 변위를 구하기 위해 피타고라스 정리를 사용한다. $ND = \sqrt{d_1^2 + d_2^2}$
- 정답은 $TDT = 140$ m, $ND = 100$ m이다.
- 공식, 평균 속력 $= \frac{TDT}{TT}$과 평균 속도 $= \frac{ND}{TT}$를 사용한다.
- 정답은 평균 속력 = 7.0 m/s, 평균 속도 = 5.0 m/s이다.

---

67. 평균 가속도의 정의를 잘 살펴본다. 풀이는 생각보다 간단한다.

- 시간을 서로 더한다. $TT = t_1 + t_2 + t_3$.
- 총 시간은 $TT = 20.0$ s이다.
- 초기 속도와 최종 속도는 얼마인가?
- 이 두 값은 문제에서 주어졌다. $v_i = 5.0$ m/s 동쪽 방향, $v_f = 0$(고릴라는 멈추므로)
- 공식, 평균 가속도 $= \frac{v_f - v_i}{TT}$을 사용한다.

- 정답은 평균 가속도 $= -\frac{1}{4}\text{m/s}^2$이다. 여기서 − 부호는 "서쪽" 방향을 뜻한다. 고릴라가 감속하였으므로 평균 가속도의 방향은 운동 방향과 반대이다.

9장: 필수 삼각함수

68. 먼저 피타고라스 정리를 사용하여 빗변을 구한다.

- 주어진 값은 $a = 10$, $b = 24$이다. [b를 밑변(base)이라고 생각한다.]
- 피타고라스 정리를 사용한다. $a^2 + b^2 = c^2$
- 주어진 값을 위 수식에 대입하면 $c = 26$이 나온다.
- θ와 마주보는 변(높이), θ에 인접한 변(밑변), 빗변을 각각 찾는다.
- θ에 대해 높이 $= 10$, 밑변 $= 24$, 빗변 $= 26$이다.
- 공식 $\sin\theta = \frac{\text{높이}}{\text{빗변}}$, $\cos\theta = \frac{\text{밑변}}{\text{빗변}}$, $\tan\theta = \frac{\text{높이}}{\text{밑변}}$을 사용한다.
- 정답은 $\sin\theta = \frac{\text{높이}}{\text{빗변}} = \frac{5}{13}$, $\cos\theta = \frac{\text{밑변}}{\text{빗변}} = \frac{12}{13}$, $\tan\theta = \frac{\text{높이}}{\text{밑변}} = \frac{5}{12}$이다.

---

69. 먼저 피타고라스 정리를 사용하여 빗변을 구한다.

- 주어진 값은 $c = 8$, $b = 4$이다. [b를 밑변(base)이라고 생각한다.]
- 피타고라스 정리를 사용한다. $a^2 + b^2 = c^2$
- 주어진 값을 위 수식에 대입하면 $a = 4\sqrt{3}$이 나온다.
- θ와 마주보는 변(높이), θ에 인접한 변(밑변), 빗변을 각각 찾는다.
- θ에 대해 높이 $= 4$, 밑변 $= 4\sqrt{3}$, 빗변 $= 8$이다.
- 공식 $\sin\theta = \frac{\text{높이}}{\text{빗변}}$, $\cos\theta = \frac{\text{밑변}}{\text{빗변}}$, $\tan\theta = \frac{\text{높이}}{\text{밑변}}$을 사용한다.
- 정답은 $\sin\theta = \frac{\text{높이}}{\text{빗변}} = \frac{1}{2}$, $\cos\theta = \frac{\text{밑변}}{\text{빗변}} = \frac{\sqrt{3}}{2}$, $\tan\theta = \frac{\text{높이}}{\text{밑변}} = \frac{\sqrt{3}}{3}$($\frac{1}{\sqrt{3}} = \frac{1}{\sqrt{3}}\frac{\sqrt{3}}{\sqrt{3}} = \frac{\sqrt{3}}{3}$이므로 이라고 써도 된다)이다.

---

70. 83쪽의 표를 참조한다. 문제를 많이 풀다보면 능숙해지게 된다.

(A) $\sin 60° = \frac{\sqrt{3}}{2}$ (B) $\cos 45° = \frac{\sqrt{2}}{2}$ (C) $\tan 30° = \frac{\sqrt{3}}{3}$ (D) $\sin 45° = \frac{\sqrt{2}}{2}$

(E) $\cos 30° = \frac{\sqrt{3}}{2}$ (F) $\tan 60° = \sqrt{3}$ (G) $\sin 90° = 1$ (H) $\cos 90° = 0$

(I) $\tan 45° = 1$ (J) $\sin 30° = \frac{1}{2}$ (K) $\cos 60° = \frac{1}{2}$ (L) $\tan 90° =$ 부정

(M) $\sin 0° = 0$ (N) $\cos 0° = 1$ (O) $\tan 0° = 0$ (P) $\sin 60° = \frac{\sqrt{3}}{2}$

(Q) $\cos 30° = \frac{\sqrt{3}}{2}$ (R) $\tan 45° = 1$

---

71. 먼저 기준 각도를 구한다. **기준 각도**에서 삼각함수를 구한다. 다음으로 주어진 사분면에서 삼각 함수의 부호를 결정한다. 이 부호를 앞서 구한 삼각함수 값에 붙인다.

주의: 계산기를 사용하는 경우, 모드는 반드시 **degree**(radian이 **아님**)로 설정되어 있어야 한다. radian으로 되어 있으면 degree로 바꾸어주어야 한다.

(A) 기준 각도는 30°이다. 부호는 양수이다. 정답은 $\sin 150° = \frac{1}{2}$이다.

(B) 기준 각도는 60°이다. 부호는 음수이다. 정답은 $\cos 240° = -\frac{1}{2}$이다.

(C) 기준 각도는 60°이다. 부호는 음수이다. 정답은 $\tan 300° = -\sqrt{3}$이다.

(D) 기준 각도는 45°이다. 부호는 음수이다. 정답은 $\sin 315° = -\frac{\sqrt{2}}{2}$이다.

(E) 기준 각도는 45°이다. 부호는 음수이다. 정답은 $\cos 135° = -\frac{\sqrt{2}}{2}$이다.

(F) 기준 각도는 30°이다. 부호는 양수이다. 정답은 $\tan 210° = \frac{\sqrt{3}}{3}$이다.

(G) 기준 각도는 60°이다. 부호는 음수이다. 정답은 $\sin 240° = -\frac{\sqrt{3}}{2}$이다.

(H) 기준 각도는 0°이다. 부호는 음수이다. 정답은 $\cos 180° = -1$이다.

(I) 기준 각도는 45°이다. 부호는 양수이다. 정답은 $\tan 225° = 1$이다.

(J) 기준 각도는 0°이다. 정답은 $\sin 180° = 0$이다.

(K) 기준 각도는 90°이다. 정답은 $\cos 270° = 0$이다.

(L) 기준 각도는 60°이다. 부호는 음수이다. 정답은 $\tan 300° = -\sqrt{3}$이다.

(M) 기준 각도는 60°이다. 부호는 음수이다. 정답은 $\sin 300° = -\frac{\sqrt{3}}{2}$이다.

(N) 기준 각도는 30°이다. 부호는 양수이다. 정답은 $\cos 330° = \frac{\sqrt{3}}{2}$이다.

(O) 기준 각도는 0°이다. 정답은 $\tan 180° = 0$이다.

(P) 기준 각도는 90°이다. 부호는 음수이다. 정답은 $\sin 270° = -1$이다.

(Q) 기준 각도는 45°이다. 부호는 음수이다. 정답은 $\cos 225° = -\frac{\sqrt{2}}{2}$이다.

(R) 기준 각도는 30°이다. 부호는 음수이다. 정답은 $\tan 150° = -\frac{\sqrt{3}}{3}$이다.

---

72. 86쪽의 그림을 참조하여 기준 각도를 구한다. 다음으로 인수의 부호를 잘 보고 정답이 위치한 사분면을 구한다. 87쪽의 4번 단계에 있는 방정식을 사용하여 최종 답을 구한다.

주의: 계산기를 사용하는 경우, 모드는 반드시 **degree**(radian이 **아님**)로 설정되어 있어야 한다. radian으로 되어 있으면 degree로 바꾸어주어야 한다. (대부분의 계산기는 두 가지의 답 중에서 하나만 제공하기 때문에, 나머지 답을 구하려면 삼각함수 기법을 적용해야 한다. 또한 경우에 따라서는

답이 맞는지 검사하기 위해 계산기의 답에 360°를 더해야 하기도 한다. 예를 들어 여러분이 구한 답은 300°이고 계산기의 답은 −60°로 서로 다른 경우, −60°에 360°를 더해보면 300°가 된다. 실제로 −60°와 300°는 같은 각도이므로 모두 정답이다.)

(A) 기준 각도는 60°이다. 각도는 III사분면과 IV사분면 에 있다.

정답은 다음과 같다. $\sin^{-1}\left(-\frac{\sqrt{3}}{2}\right)=240°$ 또는 300°

(B) 기준 각도는 45°이다. 각도는 I사분면과 IV사분면에 있다.

정답은 다음과 같다. $\cos^{-1}\left(\frac{\sqrt{2}}{2}\right)=45°$ 또는 315°

(C) 기준 각도는 45°이다. 각도는 II사분면과 IV사분면에 있다.

정답은 다음과 같다. $\tan^{-1}(-1)=135°$ 또는 315°

(D) 기준 각도는 30°이다. 각도는 I사분면과 II사분면에 있다.

정답은 다음과 같다. $\sin^{-1}\left(\frac{1}{2}\right)=30°$ 또는 150°

(E) 기준 각도는 30°이다. 각도는 II사분면과 III사분면에 있다.

정답은 다음과 같다. $\cos^{-1}\left(-\frac{\sqrt{3}}{2}\right)=150°$ 또는 210°

(F) 기준 각도는 60°이다. 각도는 II사분면과 IV사분면에 있다.

정답은 다음과 같다. $\tan^{-1}(-\sqrt{3})=120°$ 또는 300°

(G) 기준 각도는 45°이다. 각도는 I사분면과 II사분면에 있다.

정답은 다음과 같다. $\sin^{-1}\left(\frac{\sqrt{2}}{2}\right)=45°$ 또는 135°

(H) 기준 각도는 60°이다. 각도는 I사분면과 IV사분면에 있다.

정답은 다음과 같다. $\cos^{-1}\left(\frac{1}{2}\right)=60°$ 또는 300°

(I) 기준 각도는 60°이다. 각도는 I사분면과 III사분면에 있다.

정답은 다음과 같다. $\tan^{-1}(\sqrt{3})=60°$ 또는 240°

(J) 이것은 특수 각도 중 하나이다. 정답은 다음과 같다. $\sin^{-1}(1)=90°$

(K) 기준 각도는 30°이다. 각도는 I사분면과 IV사분면에 있다.

정답은 다음과 같다. $\cos^{-1}\left(\frac{\sqrt{3}}{2}\right)=30°$ 또는 330°

(L) 기준 각도는 45°이다. 각은 I사분면과 III사분면에 있다.

정답은 다음과 같다. $\tan^{-1}(1)=45°$ 또는 225°

(M) 기준 각도는 60°이다. 각도는 I사분면과 II사분면에 있다.

정답은 다음과 같다. $\sin^{-1}\left(\frac{\sqrt{3}}{2}\right)=60°$ 또는 120°

(N) 이것은 특수 각도 중 하나이다. 정답은 다음과 같다. $\cos^{-1}(-1) = 180°$

(O) 이것은 특수 각도 중 하나이다. 정답은 다음과 같다. $\tan^{-1}(0) = 0°$ 또는 $180°$

(P) 이것은 특수 각도 중 하나이다. 정답은 다음과 같다. $\sin^{-1}(0) = 0°$ 또는 $180°$

---

73. 먼저 적분을 수행하여 역도함수를 구한다.

- 역도함수는 $-\cos\theta$이다.
- 상한과 하한에 대해 $-\cos\theta$를 계산한다.
- $[-\cos\theta]_{\theta=180°}^{360°} = -\cos(360°) - [-\cos(180°)] = -\cos(360°) + \cos(180°)$
- 정답은 -2이다.

---

74. 먼저 적분을 수행하여 역도함수를 구한다.

- 역도함수는 $\sin\theta$이다.
- 상한과 하한에 대해 $\sin\theta$를 계산한다.
- $[\sin\theta]_{\theta=120°}^{240°} = \sin(240°) - \sin(120°)$
- 정답은 $-\sqrt{3}$이다. 계산 과정에서 $-\frac{\sqrt{3}}{2} - \frac{\sqrt{3}}{2} = -\sqrt{3}$이다.

10장: 벡터 덧셈

75. 벡터 성분의 부호를 확인한다. M_x, M_y, B_x는 $-$ 부호이다.

(A) $M_x = M\cos\theta_M$으로 표시되는 성분 방정식을 사용한다. 나머지 성분에 대해서도 마찬가지로 각각의 성분 방정식을 사용한다.

정답: $M_x = -18$☺, $M_y = -18\sqrt{3}$☺, $B_x = -9$☺, $B_y = 9\sqrt{3}$☺

(B) 같은 성분들끼리 서로 더한다. 예: $R_x = M_x + B_x$

정답: $R_x = -27$☺, $R_y = -9\sqrt{3}$☺(또는 -15.6☺)

(C) 피타고라스의 정리 $R = \sqrt{R_x^2 + R_y^2}$와 역탄젠트 $\theta_R = \tan^{-1}\left(\frac{R_y}{R_x}\right)$를 사용한다. 여기서 $(\sqrt{3})^2 = 3$이므로 $(9\sqrt{3}) = 9^2(3) = 243$이다. 또한 $\sqrt{972} = 18\sqrt{3}$이다. 기준 각도는 $30°$이다. $R_x < 0$이고 $R_y < 0$이므로 답은 제3사분면에 놓여 있다.

정답: $R = 18\sqrt{3}$☺(또는 31.2☺), $\theta_R = 210°$. $(\theta_{III} = 180° + \theta_{ref})$

---

76. 벡터 성분의 부호를 확인한다. Ψ_x, Φ_x, Φ_y는 − 부호이다.

(A) $\Psi_x = \Psi \cos\theta_\Psi$으로 표시되는 성분 방정식을 사용한다. 나머지 다섯 가지 성분에 대해서도 마찬가지로 각각의 성분 방정식을 사용한다.

정답: $\Psi_x = -3$ N, $\Psi_y = 3$ N, $\Phi_x = -6$ N, $\Phi_y = -6$ N, $\Omega_x = 12$ N, $\Omega_y = 0$

(B) 같은 성분들끼리 서로 더한다. 예: $R_x = \Psi_x + \Phi_x + \Omega_x$

정답: $R_x = 3$ N, $R_y = -3$ N

(C) 피타고라스의 정리 $R = \sqrt{R_x^2 + R_y^2}$와 역탄젠트 $\theta_R = \tan^{-1}\left(\frac{R_y}{R_x}\right)$를 사용한다. 여기서 $(-3)^2 = +9$이고 $\sqrt{18} = \sqrt{(9)(2)} = \sqrt{9}\sqrt{2} = 3\sqrt{2}$이다. 기준 각도는 45°이다. $R_x > 0$이고 $R_y < 0$이므로 답은 제4사분면에 놓여 있다.

정답: $R = 3\sqrt{2}$ N(또는 4.24 N), $\theta_R = 315°$. $(\theta_{IV} = 360° - \theta_{ref})$

---

77. 벡터 성분의 부호를 확인한다. T_x, T_y, F_y는 − 부호이다.

(A) $T_x = T \cos\theta_T$으로 표시되는 성분 방정식을 사용한다. 나머지 성분에 대해서도 마찬가지로 성분 방정식을 사용한다.

정답: $F_x = 0$, $F_y = -16$ m, $T_x = -8$ m, $T_y = -8$ m

(B) 같은 성분들끼리 서로 뺀다. 예: $B_x = F_x - T_x$. $\vec{\mathbf{F}}$가 앞에 오는 것에 주의하라.

정답: $B_x = 8$ m, $B_y = -8$ m

(C) 피타고라스의 정리 $B = \sqrt{B_x^2 + B_y^2}$와 역탄젠트 $\theta_B = \tan^{-1}\left(\frac{B_y}{B_x}\right)$를 사용한다. 여기서 $(-8)^2 = +64$이고 $\sqrt{128} = \sqrt{(64)(2)} = \sqrt{64}\sqrt{2} = 8\sqrt{2}$이다. 기준 각도는 45°이다. $B_x > 0$이고 $B_y < 0$이므로 답은 제4사분면에 놓여 있다.

정답: $B = 8\sqrt{2}$ m(또는 11.3 m), $\theta_B = 315°$. $(\theta_{IV} = 360° - \theta_{ref})$

---

78. 벡터 성분의 부호를 확인한다. M_x, M_y, S_x는 − 부호이다.

(A) $M_x = M \cos\theta_M$으로 표시되는 성분 방정식을 사용한다. 나머지 성분에 대해서도 마찬가지로 성분 방정식을 사용한다.

정답: $M_x = -2\sqrt{3}$ N, $M_y = -2$ N, $S_x = -\frac{3\sqrt{3}}{2}$ N, $S_y = \frac{3}{2}$ N

(B) 방정식 $P_x = 3M_x - 2S_x$와 $P_y = 3M_y - 2S_y$을 사용한다.

정답: $P_x = -3\sqrt{3}$ N(또는 −5.20 N), $P_y = -9$ N

(C) 피타고라스의 정리 $P=\sqrt{P_x^2+P_y^2}$와 역탄젠트 $\theta_P=\tan^{-1}\left(\frac{P_y}{P_x}\right)$를 사용한다. 여기서 $(\sqrt{3})^2=3$이므로 $(3\sqrt{3})^2=3^2(3)=27$이다. 또한 $\sqrt{108}=6\sqrt{3}$이다. 기준 각도는 60°이다. $P_x<0$이고 $P_y<0$이므로 답은 제3사분면에 놓여 있다.

정답: $P=6\sqrt{3}$ N(또는 10.4 N), $P=240°$. $(\theta_{III}=180°+\theta_{ref})$

---

79. 벡터 성분의 부호를 확인한다.

- $\vec{\mathbf{J}}=\sqrt{3}\hat{\mathbf{x}}-\hat{\mathbf{y}}$을 $\vec{\mathbf{J}}=J_x\hat{\mathbf{x}}+J_y\hat{\mathbf{y}}$과 비교하여 성분을 구한다.
- 성분은 $J_x=\sqrt{3}$, $J_y=-1$이다.
- 여기서 $-\hat{\mathbf{y}}$는 $-1\hat{\mathbf{y}}$와 같음을 잘 알고 있어야 한다.
- 방정식 $J=\sqrt{J_x^2+J_y^2}$을 사용한다.
- 벡터의 크기는 $J=2$이다.
- 방정식 $\theta_J=\tan^{-1}\left(\frac{J_y}{J_x}\right)$을 사용한다.
- 기준 각도는 30°이다. $J_x>0$이고 $J_y<0$이므로 답은 제4사분면에 놓여 있다.
- 벡터의 방향은 $\theta_J=330°$이다. $(\theta_{IV}=360°-\theta_{ref})$

---

80. 주어진 값을 찾는다.

- 주어진 값은 $K=4$, $\theta_K=120°$이다.
- 삼각함수를 사용하여 벡터의 성분을 구한다. $K_x=K\cos\theta_K$, $K_y=K\sin\theta_K$.
- 벡터의 성분은 $K_x=-2$, $K_y=2\sqrt{3}$이다.
- 이 값들을 방정식 $\vec{\mathbf{K}}=K_x\hat{\mathbf{x}}+K_y\hat{\mathbf{y}}$에 대입한다.
- 정답은 $\vec{\mathbf{K}}=-2\hat{\mathbf{x}}+2\sqrt{3}\hat{\mathbf{y}}$이다.

---

81. 동류항끼리 서로 더한다.

- $\hat{\mathbf{x}}$항끼리 서로 더하면 $8\sqrt{3}\hat{\mathbf{x}}$이다.
- $\hat{\mathbf{y}}$항끼리 서로 더하면 $-24\hat{\mathbf{y}}$이다.
- 합성 벡터는 $\vec{\mathbf{R}}=8\sqrt{3}\hat{\mathbf{x}}-24\hat{\mathbf{y}}$이다.
- 방정식 $R=\sqrt{R_x^2+R_y^2}$을 사용한다.
- 합성 벡터 R의 크기는 $R=16\sqrt{3}$이다.
- 방정식 $\theta_R=\tan^{-1}\left(\frac{R_y}{R_x}\right)$을 사용한다.
- 기준 각도는 60°이다. $R_x>0$이고 $R_y<0$이므로 답은 제4사분면에 놓여 있다.
- 합성 벡터 R의 방향은 $\theta_R=300°$이다. $(\theta_{IV}=360°-\theta_{ref})$

---

82. 동류항끼리 서로 더한다.

- 먼저 $\vec{\mathbf{L}}$에 3을 곱하여 $3\vec{\mathbf{L}} = 21\sqrt{2}\hat{\mathbf{x}} + 9\sqrt{2}\hat{\mathbf{y}}$로 만든다.
- 다음으로 $\vec{\mathbf{R}}$에 4를 곱하여 $4\vec{\mathbf{R}} = 8\sqrt{2}\hat{\mathbf{x}} - 4\sqrt{2}\hat{\mathbf{y}}$로 만든다.
- 위의 두 결과를 $\vec{\mathbf{Q}} = 3\vec{\mathbf{L}} - 4\vec{\mathbf{R}}$에 대입한다. 먼저 − 부호를 $4\vec{\mathbf{R}}$의 각 항에 분배한다(곱한다).
- 그러면 $-4\vec{\mathbf{R}} = -(8\sqrt{2}\hat{\mathbf{x}} - 4\sqrt{2}\hat{\mathbf{y}}) = -8\sqrt{2}\hat{\mathbf{x}} + 4\sqrt{2}\hat{\mathbf{y}}$이 된다.
- $\hat{\mathbf{x}}$항끼리 서로 더하면 $13\sqrt{2}\hat{\mathbf{x}}$이다.
- $\hat{\mathbf{y}}$항끼리 서로 더하면 $13\sqrt{2}\hat{\mathbf{y}}$이다.
- 합성 벡터 $\vec{\mathbf{Q}}$는 $\vec{\mathbf{Q}} = 13\sqrt{2}\hat{\mathbf{x}} + 13\sqrt{2}\hat{\mathbf{y}}$이 된다.
- 방정식 $Q = \sqrt{Q_x^2 + Q_y^2}$을 사용한다.
- 합성 벡터 $\vec{\mathbf{Q}}$의 크기는 $Q = 26$이다.
- 방정식 $\theta_Q = \tan^{-1}\left(\frac{Q_y}{Q_x}\right)$을 사용한다.
- 기준 각도는 45°이다. $Q_x > 0$이고 $Q_y > 0$이므로 답은 제1사분면에 놓여 있다.
- 합성 벡터 $\vec{\mathbf{Q}}$의 방향은 $\theta_Q = 45°$이다. ($\theta_I = \theta_{ref}$)

11장: 발사체 운동

83. 부호를 확인한다. Δy, a_y는 − 부호이다.

- $v_{x0} = v_0\cos\theta_0$으로 표시되는 삼각함수 방정식을 사용한다. 나머지 성분에 대해서도 마찬가지 형태의 삼각함수 방정식을 사용한다.
- 초기 속도의 성분은 각각 $v_{x0} = 20\sqrt{3}$ m/s, $v_{y0} = 20$ m/s이다.
- 값이 주어진 양은 모두 네 개로 v_{x0}, v_{y0}, Δy, a_y이다.
- 바나나의 운동이 시작점 아래에서 끝나므로 $\Delta y < 0$이다. 또한 자유낙하이므로 $a_y < 0$이다.
- 주어진 값: $v_{x0} = 20\sqrt{3}$ m/s, $v_{y0} = 20$ m/s, $\Delta y = -60$ m, $a_y = -9.81$ m/s^2
- 방정식 $\Delta y = v_{y0}t + \frac{1}{2}a_y t^2$을 사용하여 시간을 구한다. 주어진 값을 방정식에 대입하면 이차 방정식 $5t^2 - 20t - 60 = 0$을 얻는다. 이제 $a \approx 5$, $b = -20$, $c = -60$일 때 이차 방정식의 근의 공식을 사용하여 시간을 구한다.
- 시간은 $t \approx 6.0$ s이다. ($a_y \approx -10$ m/s^{2}로 반올림하지 않고 계산기를 사용한 경우에는 6.1 s가 나온다.)
- 방정식 $\Delta x = v_{x0}t$을 사용한다. $a_y \approx -10$ m/s^{2}로 반올림한 경우, 정답은 $\Delta x \approx 120\sqrt{3}$ m이다. (반올림하지 않고 계산기를 사용한 경우, $\Delta x = 211$ m.)

---

84. 부호를 확인한다. Δy, a_y는 − 부호이다.

- $v_{x0} = v_0\cos\theta_0$으로 표시되는 삼각함수 방정식을 사용한다. 나머지 성분에 대해서도 마찬가지 형태의 삼각함수 방정식을 사용한다.
- 발사각도는 $\theta_0 = 0°$이다(θ_0은 초기속도가 수평과 이루는 각도이기 때문이다).
- 초기 속도의 성분은 각각 $v_{x0} = 40$ m/s, $v_{y0} = 0$ m/s이다.
- 값이 주어진 양은 모두 네 개로 v_{x0}, v_{y0}, Δy, a_y이다.
- 바나나의 운동이 시작점 아래에서 끝나므로 $\Delta y < 0$이다. 또한 자유낙하이므로 $a_y < 0$이다.
- 주어진 값: $v_{x0} = 40$ m/s, $v_{y0} = 0$, $\Delta y = -80$ m, $a_y = -9.81$ m/s^2
- 방정식 $v_y^2 = v_{y0}^2 + 2a_y\Delta y$을 사용하여 v_y을 구한다. 단 v_y는 문제에서 요구하는 답은 아니다.
- 중간 답을 구해보면 $v_y \approx -40$ m/s이다. ($a_y \approx -10$ m/s^{2}로 반올림한 경우)
- 계산 과정에서 $\sqrt{1600} = \pm 40$ m/s이다. $(-40)^2 = 1600$이므로 $+40$뿐만 아니라 -40도 근에 포함된다. 둘 중에서 − 부호를 갖는 -40을 선택한다.
- 바나나가 아래쪽 방향으로 움직이므로 v_y의 부호는 − 이다.
- 방정식 $v = \sqrt{v_{x0}^2 + v_y^2}$을 사용한다. 이 식에서 v_{y0}가 아니라 v_y인 것에 주의해야 한다.
- 최종 속력은 $v \approx 40\sqrt{2}$ m/s이다(a_y를 반올림하지 않은 경우에는 56 m/s).
- 방정식 $\theta_v = \tan^{-1}\left(\frac{v_y}{v_{x0}}\right)$을 사용한다. $v_y < 0$이므로 답은 제4사분면에 놓여 있다.
- 최종 속도의 방향은 $\theta_v = 315°$이다. (기준 각도는 45°이다.)

---

85. 부호를 확인한다. Δy, v_{y0}, a_y는 − 부호이다.

- $v_{x0} = v_0\cos\theta_0$으로 표시되는 삼각함수 방정식을 사용한다. 나머지 성분에 대해서도 마찬가지 형태의 삼각함수 방정식을 사용한다.
- 문제에서 책을 아래쪽 방향으로 던졌으므로 발사각도 θ_0는 제4사분면에 놓여 있다.
- 발사각도는 $\theta_0 = 330°$이다. (− 부호를 사용하여 −30°라고 해도 된다.)
- 초기 속도의 성분은 각각 $v_{x0} = 10\sqrt{3}$ m/s, $v_{y0} = -10$ m/s이다.
- 책이 초기에 아래로 이동하므로 $v_{y0} < 0$이다.
- 값이 주어진 양은 모두 네 개로 v_{x0}, v_{y0}, Δy, a_y이다.
- 책의 운동이 시작점 아래에서 끝나므로 $\Delta y < 0$이다. 또한 자유낙하이므로 $a_y < 0$이다.
- 주어진 값: $v_{x0} = 10\sqrt{3}$ m/s, $v_{y0} = -10$ m/s, $\Delta y = -75$ m, $a_y = -9.81$ m/s^2

- 방정식 $\Delta y = v_{y0}t + \frac{1}{2}a_y t^2$을 사용하여 시간을 구한다.
- 주어진 값을 방정식에 대입하면 이차 방정식을 얻는다.
- 이차 방정식의 계수는 $a \approx 5$, $b = 10$, $c = -75$(또는 $a \approx -5$, $b = -10$, $c = 75$)이다. 모든 계수를 각각 5로 나누어도 된다.
- 시간은 $t \approx 3.0$ s이다.
- 방정식 $\Delta x = v_{x0}t$을 사용한다.
- 정답은 $\Delta x \approx 30\sqrt{3}$ m이다. (반올림하지 않고 계산기를 사용한 경우, $\Delta x = 52$ m.)

12장: 미적분으로 해석하는 이차원 운동

86. 121~122쪽에서 적합한 방정식을 선택한다.

- 속도는 위치를 시간에 대해 미분한 것과 같다.
- 이 관계를 나타내는 방정식 $\vec{v} = \frac{d\vec{r}}{dt}$을 사용한다.
- 위 방정식에 위치 함수를 대입하여 미분하면 $\vec{v} = 8t^3\,\hat{\mathbf{x}} - 12t^2\,\hat{\mathbf{y}}$이 나온다.
- 위에서 구한 속도 함수에 시간 $t = 3.0$ s를 대입한다.
- 그러면 $t = 3.0$ s인 순간의 속도는 $\vec{v} = 216\,\hat{\mathbf{x}} - 108\,\hat{\mathbf{y}}$로 계산된다.
- 가속도는 속도를 시간에 대해 미분한 것과 같다.
- 방정식 $\vec{a} = \frac{d\vec{v}}{dt}$을 사용한다.
- 속도 함수 $\vec{v} = 8t^3\,\hat{\mathbf{x}} - 12t^2\,\hat{\mathbf{y}}$을 시간에 대해 미분한다.
- 그러면 가속도 $\vec{a} = 24t^2\,\hat{\mathbf{x}} - 24t\,\hat{\mathbf{y}}$이 나온다.
- 위에서 구한 가속도 함수에 시간 $t = 5.0$ s를 대입한다.
- 그러면 $t = 5.0$ s인 순간의 가속도는 $\vec{a} = 600\,\hat{\mathbf{x}} - 120\,\hat{\mathbf{y}}$로 계산된다.

---

87. 121~122쪽에서 적합한 방정식을 선택한다.

- 알짜 변위는 속도를 시간에 대해 적분한 것과 같다.
- 이 관계를 나타내는 방정식 $\Delta\vec{r} = \int_{t=t_0}^{t} \vec{v}\,dt$을 사용한다.
- 정적분 $\int_{t=0}^{3} (8t^3\,\hat{\mathbf{x}} - 9t^2\,\hat{\mathbf{y}})\,dt$을 수행한다.
- 먼저 적분을 수행하여 역도함수를 구해보면 $2t^4\,\hat{\mathbf{x}} - 3t^3\,\hat{\mathbf{y}}$이 된다.
- 상한과 하한에 대해 $2t^4\,\hat{\mathbf{x}} - 3t^3\,\hat{\mathbf{y}}$를 계산한다.
- $[2t^4\,\hat{\mathbf{x}} - 3t^3\,\hat{\mathbf{y}}]_{t=0}^{3} = [2(3)^4\,\hat{\mathbf{x}} - 3(3)^3\,\hat{\mathbf{y}}] - [2(0)^4\,\hat{\mathbf{x}} - 3(0)^3\,\hat{\mathbf{y}}]$이다.
- 주어진 시간 동안의 알짜 변위는 $\Delta\vec{r} = 162\,\hat{\mathbf{x}} - 81\,\hat{\mathbf{y}}$이다.
- 가속도는 속도를 시간에 대해 미분한 것과 같다.

- 방정식 $\vec{\mathbf{a}} = \frac{d\vec{v}}{dt}$을 사용한다.
- 속도 함수 $\vec{v} = 8t^3\,\hat{\mathbf{x}} - 9t^2\,\hat{\mathbf{y}}$을 시간에 대해 미분한다.
- 그러면 가속도 $\vec{a} = 24t^2\,\hat{\mathbf{x}} - 18t\,\hat{\mathbf{y}}$이 나온다.
- 위에서 구한 가속도 함수에 시간 $t = 6.0$ s를 대입한다.
- 그러면 $t = 6.0$ s인 순간의 가속도는 $\vec{a} = 864\,\hat{\mathbf{x}} - 108\,\hat{\mathbf{y}}$로 계산된다.

13장: 뉴턴의 운동 법칙

88. 뉴턴의 세 가지 운동 법칙과 관련 용어를 복습한다.

(A) 가속도의 정의를 알아야 한다.

- 가속도는 속도의 순간 변화율이다.
- 정답은 "속력이 변한다는"이다.

(B) 뉴턴의 제1법칙을 알아야 한다.

- 관성의 개념을 사용하여 이 질문에 답한다.
- 바나나는 처음에 수평으로 움직인다. 바나나는 관성을 가지고 있으므로 속도의 수평 성분을 그대로 유지한다.
- 정답은 "X 표시"이다. 바나나의 수평 속도는 기차의 속도와 같다. 따라서 바나나와 기차는 같은 시간에 같은 수평 거리를 이동한다.

(C) 뉴턴의 제1법칙을 알아야 한다

- 관성의 개념을 사용하여 이 질문에 답한다.
- 바나나는 처음에 수평으로 움직인다. 바나나는 관성을 가지고 있으므로 속도의 수평 성분을 그대로 유지한다.
- 바나나의 속도의 수평 성분은 일정한 반면 기차는 감속하기 때문에 기차의 속도는 감소한다.
- 정답은 "X 표시에서 더 동쪽"이다. 바나나의 수평 속도는 기차의 속도보다 크다(빠르다). (기차의 속도는 느려지고 있지만 바나나의 속도는 일정하다.)

(D) 뉴턴의 제3법칙을 알아야 한다.

- 뉴턴의 제3법칙에 따라 두 힘의 크기는 같다.
- 정답은 "같다"이다. ("크기는 같고 방향은 반대이다"라고 답해도 된다.)

(E) 뉴턴의 제2법칙을 알아야 한다.

- 위의 (D)에서 힘이 같다고 답했다.
- 두 사람에게 각각 작용하는 알짜 힘은 질량 곱하기 가속도이다(뉴턴의 제2법칙).

- 힘이 같기 때문에 질량이 클수록 가속도는 작아진다.
- 축구 선수는 질량이 더 크기 때문에 충돌하는 동안 덜 가속된다.
- 정답은 "작다"이다.

(F) 뉴턴의 제1법칙을 알아야 한다.

- 물체는 일정한 속도를 유지하려는 자연의 성질인 관성을 가지고 있다.
- 속도가 일정하면 가속도는 0이다.
- 따라서 물체는 가속도가 0이 되는 자연의 성질을 가지고 있다.
- 정답은 "0으로"이다.

(G) 뒤로 밀려나는 반동과 관련된 뉴턴의 법칙을 알아야 한다.

- 총이 총알에 힘을 가하면 총알은 크기가 같고 방향이 반대인 힘을 총에 다시 가한다.
- 총을 쏘는 사람은 뉴턴의 제3법칙으로 인해 뒤로 밀리는 반대 방향의 힘을 경험한다.
- 정답은 "제3법칙"이다.

(H) 뉴턴의 제1법칙을 알아야 한다.

- 관성의 개념을 사용하여 이 질문에 답한다.
- 이 문제는 위의 (B)와 같은 방식으로 따져보면 된다. (B)와 (H)의 질문을 서로 비교해보라.
- 포탄은 처음에 배와 같은 속도로 수평으로 움직인다. 관성이 있으므로 속도의 수평 성분은 그대로 유지한다.
- 정답은 "대포"이다. 포탄의 수평 속도는 배의 속도와 같다. 따라서 포탄과 배는 같은 수평 거리를 이동한다.

(I) 뉴턴의 제3법칙을 알아야 한다.

- 뉴턴의 제3법칙에 따라 두 힘의 크기는 같다.
- 정답은 "25 N"이다.

---

89. 뉴턴의 세 가지 운동 법칙과 관련 용어를 복습한다.

(A) 원숭이가 달에 가면 질량과 무게는 어떻게 달라질까?

- 질량은 동일하게 유지되지만 무게는 1/6배로 감소한다.
- 24 kg은 어떤 양인가? 이를 알아내려면 단위를 살펴보면 된다.
- 질량의 SI 단위는 킬로그램(kg)이다. 무게의 SI 단위는 뉴턴(N)이다.
- 단위를 살펴보면 원숭이의 "질량"은 24 kg이다.

- 원숭이는 달에서 같은 질량을 가진다.
- 무게(중력) 방정식을 살펴본다.
- 방정식 $W_e = mg_e$을 사용하여 지구에서 원숭이의 무게를 구한다.
- 지구에서 원숭이의 무게는 $W_e \approx 240$ N(또는 지구의 중력 가속도 값을 반올림하지 않으면 235 N)이다.
- 원숭이는 달에서 1/6배로 가벼워진다.
- W_e를 6으로 나누어 달에서 원숭이의 무게를 구한다.
- 정답은 $W_m \approx 40$ N(또는 지구의 중력 가속도 값을 반올림하지 않으면 39 N)이다.
- 정답은 "24 kg"과 "40 N"이다. (질량은 24 kg, 무게는 ≈ 40 N이다.)

(B) 뉴턴의 제1법칙을 알아야 한다.

- 물체는 일정한 속도를 유지하려는 자연의 성질인 관성을 가지고 있다.
- 이것은 물체가 운동량의 변화에 저항한다는 것을 의미한다.
- 정답은 "운동량"이다. ("속도"라고 해도 정답이다.)

(C) 뉴턴의 제3법칙과 제2법칙을 알아야 한다.

- 뉴턴의 제3법칙에 따라 두 힘의 크기는 같다.
- 고릴라와 원숭이에 작용하는 알짜 힘은 각각 질량 곱하기 가속도이다(뉴턴의 제2법칙).
- 힘이 같기 때문에 질량이 클수록 가속도는 작아진다.
- 고릴라는 질량이 더 크기 때문에 충돌하는 동안 덜 가속된다.
- 대답은 "같고"와 "작다"이다.

(D) 질량(m) 곱하기 속도($\vec{\mathbf{v}}$)로 정의되는 양을 알아야 한다.

- 방정식 $\vec{\mathbf{p}} = m\vec{\mathbf{v}}$에서 $\vec{\mathbf{p}}$가 무엇인지 알아야 한다.
- $\vec{\mathbf{p}}$는 운동량을 나타낸다. 운동량은 질량 곱하기 속도와 같다.
- 정답은 "운동량"이다.

(E) 질량(m) 곱하기 가속도($\vec{\mathbf{a}}$)로 정의되는 양을 알아야 한다.

- 방정식 $\Sigma\vec{F} = m\vec{\mathbf{a}}$에서 $\Sigma\vec{F}$가 무엇인지 알아야 한다.
- $\Sigma\vec{F}$는 알짜힘을 나타낸다. 알짜힘은 질량 곱하기 가속도와 같다.
- 정답은 "알짜힘"이다.

(F) 뉴턴의 제3법칙을 알아야 한다.

- 뉴턴의 제3법칙에 따라 두 힘의 크기는 같다.
- 정답은 "같다"이다. ("크기는 같고 방향은 반대이다"라고 답하면 더 정확하다.)

(G) 가속도의 정의를 알아야 한다.

- 가속도는 속도의 순간 변화율이다.
- 원숭이의 속력이 일정한 경우에 원숭이는 어떻게 속도를 바꿀 수 있을까?
- 속도는 속력과 방향을 함께 가진다.
- 원숭이는 속도의 크기인 속력이 일정하므로 속도의 방향을 바꿔야 한다.
- 정답은 "달리는 방향을 바꾸어야"이다. ("원을 그리며 달려야"라고 답해도 된다.)

(H) 뉴턴의 제2법칙을 알아야 한다.

- 뉴턴의 두 번째 법칙에 따라 알짜힘은 질량 곱하기 가속도와 같다.
- 알짜힘이 0이면 가속도도 0이어야 한다.
- 가속도의 정의를 알아야 한다.
- 가속도는 속도의 순간 변화율이다.
- 가속도가 0이라는 것은 속도가 일정함을 의미한다(즉, 속도가 변하지 않음).
- 정답은 "가속도"와 "속도"이다.

(I) 자유낙하 방정식에 물체의 질량이 포함되어 있는가?

- 질량은 포함되어있지 않다. 3장에서 배운 자유낙하 방정식을 다시 살펴보면 질량은 그 방정식에 들어있지 않다.
- 완벽한 진공 상태에서 모든 물체는 **질량에 관계없이** 동일한 가속도로 낙하한다.
- 바나나의 가속도와 깃털의 가속도는 $a_y = -9.81\ \text{m/s}^2$으로 서로 같다.
- 바나나와 깃털이 모두 같은 높이에서 같은 가속도로 하강하기 때문에 동시에 떨어뜨리기만 하면 동시에 지면에 도달한다.
- 정답은 "같다"이다.

(J) 뉴턴의 제3법칙을 알아야 한다.

- 뉴턴의 제3법칙을 바나나에 적용한다.
- 원숭이가 바나나에 힘을 가해 던지면 어떻게 될까?
- 뉴턴의 제3법칙에 따라 바나나는 원숭이가 바나나에 가하는 힘과 크기는 같고 방향은 반대인 힘을 원숭이에게 다시 가한다.
- 원숭이가 바나나에 힘을 가해 집이 있는 곳과 정반대 방향으로 던지면 바나나는 원숭이를 집이 있는 방향으로 미는 힘을 원숭이에게 가한다.
- 대답은 "집이 있는 곳과 정반대 방향으로 바나나를 던지"면 이다.

---

90. 뉴턴의 세 가지 운동 법칙과 관련 용어를 복습한다.

(A) 뉴턴의 제1법칙을 알아야 한다.

- 물체는 일정한 속도를 유지하려는 자연의 성질인 관성을 가지고 있다.

- 이것은 물체가 일정한 속력으로 직선으로 운동하는 것을 의미한다.
- 금속으로 된 원호를 벗어나면 더 이상 골프공이 직선 운동이 아닌 원운동을 할 수 있도록 골프공에 가해지는 하는 힘이 없다. 따라서 금속 원호를 벗어난 다음 골프공의 운동경로는 관성에 의해 결정된다.
- 골프공은 금속 원호의 맨 끝에 접하는 직선 방향으로 계속 이동한다(경로 C).
- 정답은 "C"이다.

(B) 뉴턴의 제1법칙을 알아야 한다.

- 바나나 상자는 일정한 속도를 유지하려는 자연의 성질인 관성을 가지고 있다.
- 처음에 바나나 상자의 수평 속도는 비행기의 속도와 같다.
- 바나나 상자를 떨어뜨리면 바나나는 초기 수평 속도와 함께, 수직 성분의 속도를 가진다.
- 공기 저항에 대해 특별한 언급이 없으므로 공기 저항은 무시한다. 그러면 상자의 관성으로 인해 상자 속도의 수평 성분은 일정하게 유지된다. 상자 속도의 수직 성분은 중력으로 인해 증가한다.
- A~E 경로 중에서 (상자의 관성으로 인해) 처음에는 수평이며 시간이 지남에 따라 점점 더 수직 방향을 향해 기울어지는 것은 어떤 것인가? 그것은 D 경로이다.
- 고릴라가 높은 건물 옥상에서 바나나 상자를 수평으로 던지는 문제인 경우, 답은 같을 것이다. 상자를 비행기에서 떨어뜨리든 고릴라가 던지든 상자는 발사체의 운동 경로(11장)를 따르는 일종의 발사체이다.
- 정답은 "D"이다.

(C) 자유낙하 방정식에 물체의 질량이 포함되어 있는가?

- 질량은 포함되어있지 않다. 3장에서 배운 자유낙하 방정식을 다시 살펴보면 질량은 그 방정식에 들어있지 않다.
- 공기 저항을 무시하면 모든 물체는 질량에 관계없이 동일한 가속도로 낙하한다. (공기 저항을 고려하더라도 지상 2 m 높이에서 바나나와 바나나 상자를 떨어뜨리면 거의 동시에 땅에 떨어진다.)
- 바나나의 가속도와 바나나가 담긴 상자의 가속도는 $a_y = -9.81$ m/s^{2}으로 서로 같다.
- 바나나와 상자 모두 같은 높이에서 같은 가속도로 하강하기 때문에 동시에 떨어뜨리기만 하면 동시에 지면에 도달한다.
- 정답은 "바나나와 상자가 동시에 도달"이다.

(D) 두 총알이 각각 공중에서 날아가는 시간을 결정하는 것이 무엇인지 생각해보자.

- 중력이다! 중력은 두 탄환에 동일한 방식으로 영향을 미친다. 두 탄환 모두 자유

낙하를 하므로 두 탄환의 가속도는 $a_y = -9.81 \text{ m/s}^2$이다.

- 두 총알 모두 초기 수직 성분 속도는 $v_{y0} = 0$이다(수평으로 발사된 총알은 v_{x0}는 0이 아니지만 v_{y0}는 0이다).
- 발사체 운동의 y 성분 방정식(11장)은 1차원 등가속도 방정식(3장)과 동일하다. 따라서 두 총알의 y 성분 방정식은 서로 같으므로 t도 서로 동일하다.
- 정답은 "두 총알이 동시에 도달"이다.

(E) 뉴턴의 제1법칙을 알아야 한다.

- 물체는 일정한 속도를 유지하려는 자연의 성질인 관성을 가지고 있다.
- 목걸이는 속도 변화에 저항한다. 다시 말해 목걸이는 가속도에 저항한다.
- 자동차가 속도를 높이면 목걸이는 이러한 속도 증가에 저항한다. 따라서 자동차가 속도를 높이면 목걸이는 "뒤쪽"으로 기울어진다(자동차가 후진하지 않는다고 가정).
- 자동차의 속도가 느려지면 목걸이는 이러한 속도 감소에 저항한다. 따라서 자동차가 속도를 늦추면 목걸이는 "앞쪽"으로 기울어진다(자동차가 후진하지 않는다고 가정).
- 자동차가 평탄한 도로를 따라 일정한 속도로 주행할 때 목걸이는 저항할 것이 없기 때문에 기울어지지 않고 "똑바로 아래쪽"으로 매달려 있다.
- 자동차가 일정한 속도로 왼쪽으로 회전할 때 목걸이는 관성으로 인해 계속 직진하려고 하므로 운전자의 "오른쪽"으로 기울어진다.

14장: 뉴턴의 제2법칙 응용

91. 세 개의 물체에 대해 물체마다 하나씩 모두 세 개의 자유물체도를 그린다. 자유물체도는 다음과 같다.

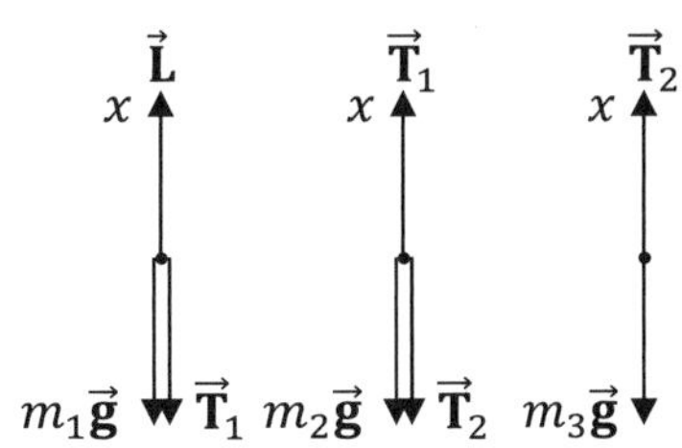

- 세 물체에는 물체를 수직으로 아래로 잡아당기는 중력 $m_1\vec{\mathbf{g}}$, $m_2\vec{\mathbf{g}}$, $m_3\vec{\mathbf{g}}$이 각각 가해진다.
- 양력 $\vec{\mathbf{L}}$은 헬리콥터를 위로 끌어당긴다.

- 위에 있는 밧줄은 연결된 두 물체에 장력 $\vec{\mathbf{T}}_1$을 각각 가하고 아래에 있는 밧줄은 연결된 두 물체에 장력 $\vec{\mathbf{T}}_2$를 각각 가한다.
- 각 물체에 대해 $+x$축을 표시한다(각 물체가 위쪽으로 가속하고 있으므로 위쪽을 $+x$축으로 선택한다).
- 뉴턴의 제2법칙을 다음과 같이 세 가지 덧셈 방정식으로 적는다(예: $\Sigma F_{1x} = m_1 a_x$).

$$L - m_1 g - T_1 = m_1 a_x \quad , \quad T_1 - m_2 g - T_2 = m_2 a_x \quad , \quad T_2 - m_3 g = m_3 a_x$$

- 세 개의 방정식을 모두 더하면 장력이 상쇄된다.

$$L - m_1 g - m_2 g - m_3 g = m_1 a_x + m_2 a_x + m_3 a_x$$

- 위의 방정식에 값을 대입하여 가속도를 구한다.
- 정답은 $a_x \approx 5.0\ \text{m/s}^2$이다. (중력 가속도를 반올림하지 않은 경우에는 $a_x = 5.2\ \text{m/s}^2$)
- 위에 적은 뉴턴의 제2법칙 덧셈 방정식을 장력에 대해 정리한다.

$$T_1 = L - m_1 g - m_1 a_x \quad , \quad T_2 = m_3 a_x + m_3 g$$

- 이 방정식에 값을 대입한다.
- 장력은 $T_1 = 3000\ \text{N}$, $T_2 = 750\ \text{N}$이다.

---

92. 두 개의 물체에 대해 물체마다 하나씩 모두 두 개의 자유물체도를 그린다. 자유물체도는 다음과 같다.

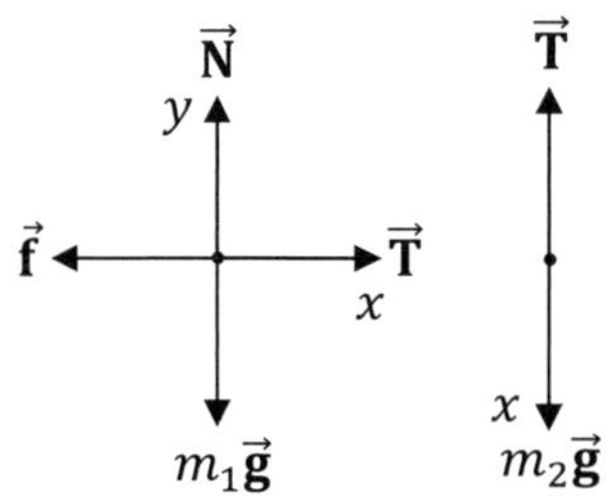

- 두 물체에는 물체를 수직으로 아래로 잡아당기는 중력 $m_1\vec{\mathbf{g}}$, $m_2\vec{\mathbf{g}}$이 각각 가해진다.
- 수직력 $\vec{\mathbf{N}}$은 상자를 위쪽(표면에 수직) 방향으로 민다.
- 마찰력 $\vec{\mathbf{f}}$은 상자의 속도 방향과 반대 방향으로 상자에 가해진다.
- 줄은 연결된 두 물체에 장력 $\vec{\mathbf{T}}$을 각각 가한다.
- 각 물체에 대해 $+x$축을 표시한다(물체가 가속하고 있는 방향을 $+x$축으로 선택한다. x축을 도르래 주위로 감아서 돌린 것으로 생각해도 된다). $+x$축에 수직인 위쪽 방향을 $+y$축으로 선택한다.

- x 성분과 y 성분으로 구분하여 뉴턴의 제2법칙을 적용하면 세 개의 방정식 $\Sigma F_{1x} = m_1 a_x$, $\Sigma F_{1y} = m_1 a_y$, $\Sigma F_{2x} = m_2 a_x$이 나온다. 방정식의 좌변에 실제 가해지는 힘들을 대입하여 다음과 같이 세 가지 덧셈 방정식으로 적는다.

$$T - f = m_1 a_x \quad , \quad N - m_1 g = 0 \quad , \quad m_2 g - T = m_2 a_x$$

- 상자는 수직으로 가속되지 않으므로 $a_y = 0$이다. 상자는 a_y는 가지지 않지만 a_x는 가지고 있다.
- 위의 덧셈 방정식 중에서 y 성분 방정식을 수직력 N에 대해 정리한 다음에 값을 대입한다.
- 수직력은 $N \approx 200$ N(중력가속도 g를 10 m/s^{2}로 반올림하지 않은 경우에는 196 N)이다.
- 마찰 방정식 $f = \mu N$을 사용한다. 여기에 값을 대입한다.
- 그러면 마찰력 $f \approx 100$ N(또는 g를 10 m/s^{2}로 반올림하지 않은 경우에는 98 N)이다.
- 두 개의 x 성분 방정식을 서로 더하면 장력이 상쇄된다.

$$m_2 g - f = m_1 a_x + m_2 a_x$$

- 위의 방정식에 값을 대입하여 가속도를 구한다.
- 정답은 $a_x \approx 4.0$ m/s^{2}이다. (중력 가속도를 반올림하지 않은 경우에는 $a_x = 3.9$ m/s^2)
- 위에 적은 뉴턴의 제2법칙 덧셈 방정식 중 하나를 장력에 대해 정리한다. 여기서는 x 성분 방정식을 사용한다.

$$T = f + m_1 a_x$$

- 이 방정식에 값을 대입한다.
- 장력은 $T \approx 180$ N이다. (중력 가속도를 반올림하지 않은 경우에는 $T = 177$ N)

---

93. 두 개의 물체에 대해 물체마다 하나씩 모두 두 개의 자유물체도를 그린다. 자유물체도는 다음과 같다.

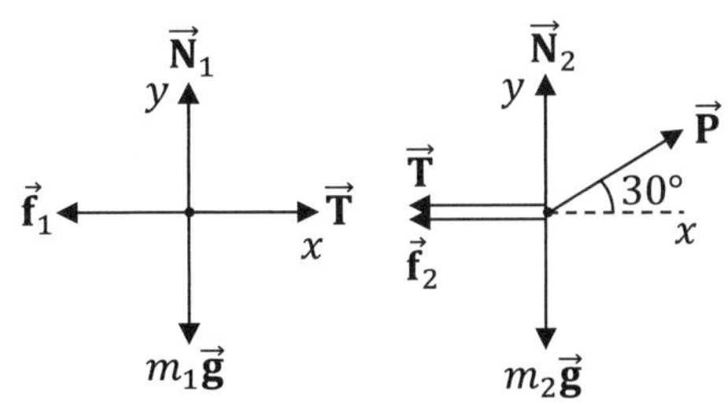

- 두 물체에는 물체를 수직으로 아래로 잡아당기는 중력 $m_1\vec{\mathbf{g}}$, $m_2\vec{\mathbf{g}}$이 각각 가해진다.
- 수직력 $\vec{\mathbf{N}}_1$, $\vec{\mathbf{N}}_2$는 두 상자를 각각 위쪽(표면에 수직) 방향으로 민다.
- 마찰력 $\vec{\mathbf{f}}_1$, $\vec{\mathbf{f}}_2$은 두 상자의 속도 방향과 반대 방향으로 상자에 가해진다.
- 줄은 연결된 두 물체에 장력 $\vec{\mathbf{T}}$을 각각 가한다.
- 오른쪽 상자에는 원숭이가 당기는 힘 $\vec{\mathbf{P}}$가 가해진다.
- x 성분과 y 성분으로 구분하여 뉴턴의 제2법칙을 적용하면 네 개의 방정식 $\Sigma F_{1x} = m_1 a_x$, $\Sigma F_{1y} = m_1 a_y$, $\Sigma F_{2x} = m_2 a_x$, $\Sigma F_{2y} = m_2 a_y$이 나온다. 방정식의 좌변에 실제 가해지는 힘들을 대입하여 다음과 같이 네 가지 덧셈 방정식으로 적는다.

$$T - f_1 = m_1 a_x \ , \ N_1 - m_1 g = 0 \ , \ P\cos 30° - T - f_2 = m_2 a_x \ , \ N_2 + P\sin 30° - m_2 g = 0$$

- $\vec{\mathbf{P}}$는 축 위에 놓여 있지 않으므로 삼각함수를 사용하여 x 성분과 y 성분을 나타낸다.
- $\vec{\mathbf{P}}$의 x 성분과 y 성분은 각각 $P_x = P\cos 30°$과 $P_y = P\sin 30°$이다.
- y 성분 덧셈 방정식을 수직력 N에 대해 정리한 다음에 값을 대입한다.
- 수직력은 $N_1 \approx 100\sqrt{3}$ N, $N_2 \approx 150\sqrt{3}$ N이다(중력가속도 g를 10 m/s^{2}로 반올림한 경우).
- 마찰 방정식 $f = \mu N$을 사용한다. 여기에 값을 대입한다
- 그러면 마찰력 $f_1 \approx 60$ N, $f_2 \approx 90$ N이다(중력가속도 g를 10 m/s^{2}로 반올림한 경우).
- 두 개의 x 성분 방정식을 서로 더하면 장력이 상쇄된다.

$$P\cos 30° - f_1 - f_2 = m_1 a_x + m_2 a_x$$

- 위의 방정식에 값을 대입하여 가속도를 구한다.
- 정답은 $a_x \approx \frac{5\sqrt{3}}{2}$ m/s^{2}이다. (중력 가속도를 반올림하지 않은 경우에는 $a_x = 4.4$ m/s^2)
- 위에 적은 뉴턴의 제2법칙 덧셈 방정식 중 하나를 장력에 대해 정리한다. 여기서는 x 성분 방정식을 사용한다.

$$T = f_1 + m_1 a_x$$

- 이 방정식에 값을 대입하면 장력은 $T = 135$ N이다.

94. 바나나에 대해 자유물체도를 그리면 다음과 같다. 이 문제에서는 하나만 그리면 된다.

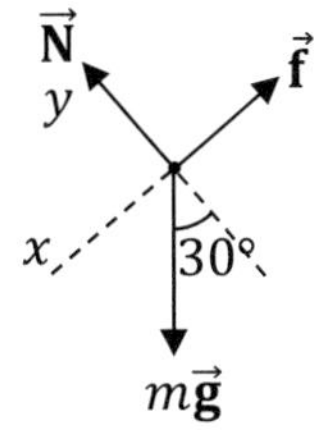

- 바나나 상자에는 바나나 상자를 수직으로 아래로 잡아당기는 중력 $m\vec{\mathbf{g}}$가 가해진다.
- 수직력 $\vec{\mathbf{N}}$은 바나나 상자를 위쪽(표면에 수직) 방향으로 민다.
- 마찰력 $\vec{\mathbf{f}}$은 상자의 속도 방향과 반대 방향으로 상자에 가해진다.
- 상자가 가속하고 있는 방향을 $+x$축으로 선택하면 $+x$ 방향은 경사면을 따라 내려가는 방향이 된다. $+x$축에 수직인 방향(수직력이 가해지는 방향)을 $+y$축으로 선택한다.
- x 성분과 y 성분으로 구분하여 뉴턴의 제2법칙을 적용하면 두 개의 방정식 $\Sigma F_x = ma_x$, $\Sigma F_y = ma_y$이 나온다. 방정식의 좌변에 실제 가해지는 힘들을 대입하여 다음과 같이 두 가지 덧셈 방정식으로 적는다.

$$mg\sin 30° - f = ma_x \quad , \quad N - mg\cos 30° = 0$$

- 141~142쪽의 예제를 살펴보면 위의 덧셈 방정식에서 $mg\sin30°$과 $mg\cos30°$이 각각 어느 방정식에 들어가는지 이해하는 데 도움이 된다.
- 상자는 경사면에 수직인 방향으로 가속되지 않으므로 $a_y = 0$이다.
- y 성분 덧셈 방정식에서 수직력을 구하면 $N = \frac{mg\sqrt{3}}{2}$이다.
- 마찰 방정식 $f = \mu N$을 사용한다. 여기에 값을 대입한다.
- 그러면 마찰력은 $f = \frac{3mg}{10}$이다.
- 이 마찰력 수식을 x 성분 방정식에 대입한다.

$$\frac{mg}{2} - \frac{3mg}{10} = ma_x$$

- 방정식의 모든 항을 질량 m으로 나누어 방정식에서 m을 없앤다. 그러고 나서 값을 대입하여 가속도를 구한다.
- 정답은 $a_x = 2.0 \text{ m/s}^2$이다.

95. 두 개의 물체에 대해 물체마다 하나씩 모두 두 개의 자유물체도를 그린다. 자유물체도는 다음과 같다.

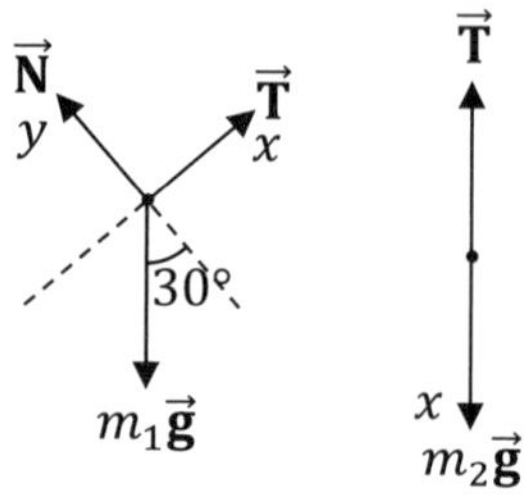

- 두 물체에는 물체를 수직으로 아래로 잡아당기는 중력 $m_1\vec{\mathbf{g}}$, $m_2\vec{\mathbf{g}}$이 각각 가해진다.
- 수직력 $\vec{\mathbf{N}}$은 바나나 상자를 위쪽(표면에 수직) 방향으로 민다.
- 줄은 연결된 두 물체에 장력 $\vec{\mathbf{T}}$을 각각 가한다.
- 각 물체에 대해 $+x$축을 표시한다. 물체가 가속하고 있는 방향을 $+x$축으로 선택하면 상자의 경우에는 경사면을 따라 올라가는 방향이 $+x$ 방향이 되고 원숭이의 경우에는 아래로 곧장 내려가는 방향이 $+x$ 방향이 된다. 상자에 대해서는 $+x$축에 수직인 방향(수직력이 가해지는 방향)을 $+y$축으로 선택한다.
- x 성분과 y 성분으로 구분하여 뉴턴의 제2법칙을 적용하면 세 개의 방정식 $\Sigma F_{1x} = m_1 a_x$, $\Sigma F_{1y} = m_1 a_y$, $\Sigma F_{2x} = m_2 a_x$이 나온다. 방정식의 좌변에 실제 가해지는 힘들을 대입하여 다음과 같이 세 가지 덧셈 방정식으로 적는다.

$$T - m_1 g \sin 30° = m_1 a_x \quad , \quad N - m_1 g \cos 30° = 0 \quad , \quad m_2 g - T = m_2 a_x$$

- 141~142쪽의 예제를 살펴보면 위의 덧셈 방정식에서 $m_1 g\sin 30°$과 $m_1 g\cos 30°$이 각각 어느 방정식에 들어가는지 이해하는 데 도움이 된다.
- x 성분 방정식 두 개를 서로 더하면 장력이 상쇄된다.

$$m_2 g - m_1 g \sin 30° = m_1 a_x + m_2 a_x$$

- 값을 대입하여 가속도를 구한다.
- 정답은 $a_x \approx 4.0 \text{ m/s}^2$이다. (중력 가속도를 반올림하지 않은 경우에는 $a_x = 3.9 \text{ m/s}^2$)

96. 두 개의 상자에 대해 상자마다 하나씩 모두 두 개의 자유물체도를 그린다. 자유물체도는 다음과 같다.

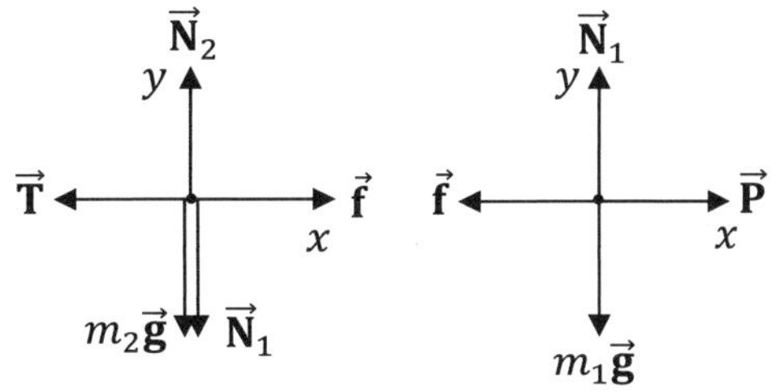

- 위쪽 상자를 물체1(오른쪽 그림), 아래쪽 상자를 물체2(왼쪽 그림)라고 하자.
- 두 물체에는 물체를 수직으로 아래로 잡아당기는 중력 $m_1\vec{\mathbf{g}}$, $m_2\vec{\mathbf{g}}$이 각각 가해진다.
- 위쪽 상자에는 원숭이가 당기는 힘 $\vec{\mathbf{P}}$가 오른쪽 방향으로 가해진다.
- 줄은 아래쪽 상자에 왼쪽 방향으로 장력 $\vec{\mathbf{T}}$을 가한다.
- 마찰력 $\vec{\mathbf{f}}$은 위쪽 상자에 왼쪽 방향으로 가해진다(200 N의 당기는 힘에 대해 저항)
- **뉴턴의 제3법칙**에 따라 아래쪽 상자에는 위쪽 상자에 가해지는 마찰력과 크기는 같고 방향이 반대인 마찰력 $\vec{\mathbf{f}}$가 오른쪽으로 가해진다. 이 마찰력이 줄에 장력을 생기게 한다(줄이 상자를 왼쪽으로 당기는 힘이 바로 이 마찰력이다).
- 두 개의 서로 다른 수직력 $\vec{\mathbf{N}}_1$, $\vec{\mathbf{N}}_2$가 두 상자를 각각 위쪽(표면에 수직) 방향으로 민다.
- 아래쪽 바닥 상자를 아래로 밀어내는 또 하나의 수직력 $\vec{\mathbf{N}}_1$이 있다. 이 수직력은 **뉴턴의 제3법칙**에 따라 생기는 것이다. 아래쪽 상자가 $\vec{\mathbf{N}}_1$의 힘으로 위쪽 상자를 위로 밀어 올리므로 위쪽 상자는 크기는 같고 방향인 반대인 힘으로 아래쪽 상자에 가하므로 아래쪽 상자에는 수직력 $\vec{\mathbf{N}}_1$이 아래 방향으로 가해진다.
- x 성분과 y 성분으로 구분하여 뉴턴의 제2법칙을 적용하면 네 개의 방정식 $\Sigma F_{1x} = m_1 a_{1x}$, $\Sigma F_{1y} = m_1 a_y$, $\Sigma F_{2x} = m_2 a_{2x}$, $\Sigma F_{2y} = m_2 a_y$이 나온다. 방정식의 좌변에 실제 가해지는 힘들을 대입하여 다음과 같이 네 가지 덧셈 방정식으로 적는다.

$$P - f = m_1 a_{1x} \quad , \quad N_1 - m_1 g = 0 \quad , \quad f - T = 0 \quad , \quad N_2 - N_1 - m_2 g = 0$$

- ΣF_{1y}(물체1의 y 성분 덧셈 방정식)을 N_1에 대해 정리한 다음, 값을 대입한다.
- 그러면 수직력은 $N_1 \approx 400$ N이다. (중력 가속도를 반올림하지 않으면 392 N이다.)
- 방정식 $f = \mu N$을 사용한다. 여기에 값을 대입한다.
- 그러면 마찰력은 $f \approx 100$ N이다. (중력 가속도를 반올림하지 않으면 98 N이다.)

- 이번에는 ΣF_{1x}(물체1의 x 성분 덧셈 방정식)을 가속도 a_{1x}에 대해 정리한 다음, 값을 대입한다.
- 정답은 $a_{1x} \approx \frac{5}{2}$ m/s^{2}이다. (중력 가속도를 반올림하지 않으면 $a_{1x} = 2.6$ m/s^2)
- ΣF_{2x}(물체2의 x 성분 덧셈 방정식)을 T에 대해 정리한 다음, 값을 대입한다. 여기서 $a_{2x} = 0$이다.
- 장력은 $T = 100$ N이다. (중력 가속도를 반올림하지 않으면 98 N이다.)

15장: 후크 법칙

97. 바나나 상자에 대해 자유물체도를 그리면 다음과 같다. 이 문제에서는 하나만 그리면 된다.

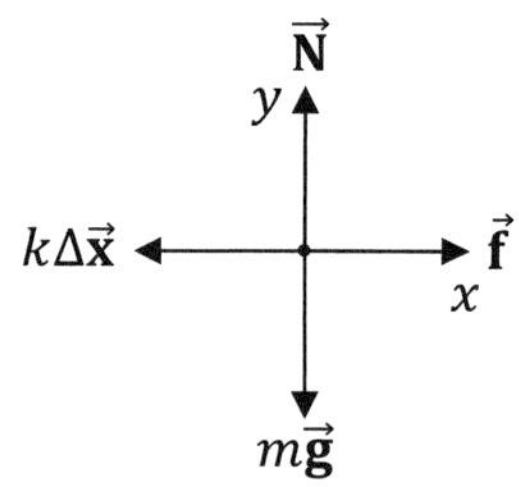

- 바나나 상자에는 바나나 상자를 수직으로 아래로 잡아당기는 중력 $m\vec{\mathbf{g}}$가 가해진다.
- 수직력 $\vec{\mathbf{N}}$은 바나나 상자를 위쪽(표면에 수직) 방향으로 민다.
- 스프링의 복원력 $k\Delta\vec{\mathbf{x}}$은 바나나 상자를 평형위치로 가는 방향인 왼쪽 방향으로 당긴다.
- 마찰력 $\vec{\mathbf{f}}$은 상자의 속도 방향과 반대인 오른쪽 방향으로 상자에 가해진다.
- 뉴턴의 제2법칙을 적용하면 두 개의 방정식 $\Sigma F_x = ma_x$, $\Sigma F_y = ma_y$이 나온다. 방정식의 좌변에 실제 가해지는 힘들을 대입하여 다음과 같이 두 가지 덧셈 방정식으로 적는다.

$$-k\Delta x + f = ma_x \quad , \quad N - mg = 0$$

- y 성분 덧셈 방정식에서 수직력을 구한다.
- 수직력은 $N \approx 30$ N이다. (중력 가속도를 반올림하지 않으면 29 N이다.)
- 마찰 방정식 $f = \mu N$을 사용한다. 여기에 값을 대입한다.
- 그러면 마찰력은 $f \approx \frac{15}{2}$ N이다. (중력 가속도를 반올림하지 않으면 7.4 N이다.)
- x 성분 덧셈 방정식에 값을 대입하여 가속도를 구한다.

- 정답은 $a_x \approx -5.0\ \text{m/s}^2$이다. (중력 가속도를 반올림하지 않는 경우 $-5.1\ \text{m/s}^2$). $-$ 부호는 상자가 왼쪽으로 가속되고 있음을 의미한다($+x$를 오른쪽 방향으로 선택했으므로).

---

98. 바나나 상자에 대해 자유물체도를 그리면 다음과 같다. 이 문제에서는 하나만 그리면 된다.

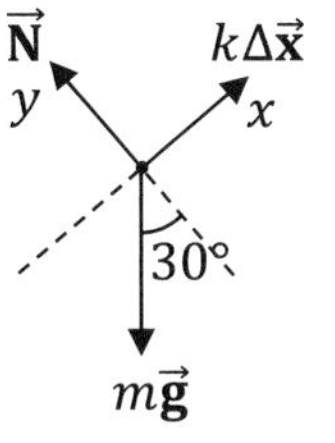

- 바나나 상자에는 바나나 상자를 수직으로 아래로 잡아당기는 중력 $m\vec{\mathbf{g}}$가 가해진다.
- 수직력 $\vec{\mathbf{N}}$은 바나나 상자를 위쪽(표면에 수직) 방향으로 민다.
- 스프링의 복원력 $k\Delta\vec{\mathbf{x}}$은 바나나 상자를 평형위치로 가는 방향(경사면을 따라 올라가는 방향)으로 당긴다.
- $+x$ 방향을 경사면을 따라 올라가는 방향으로 선택한다. $+x$축에 수직인 방향(수직력이 가해지는 방향)을 $+y$축으로 선택한다.
- x 성분과 y 성분으로 구분하여 뉴턴의 제2법칙을 적용하면 두 개의 방정식 $\Sigma F_x = ma_x$, $\Sigma F_y = ma_y$이 나온다. 방정식의 좌변에 실제 가해지는 힘들을 대입하여 다음과 같이 두 가지 덧셈 방정식으로 적는다.

$$k\Delta x - mg\sin 30° = 0 \quad , \quad N - mg\cos 30° = 0$$

- 141~142쪽의 예제를 살펴보면 위의 덧셈 방정식에서 $mg\sin 30°$과 $mg\cos 30°$이 각각 어느 방정식에 들어가는지 이해하는 데 도움이 된다.
- 상자는 가속되지 않으므로(아예 움직이지 않고 있으므로) 가속도는 0이다.
- x 성분 덧셈 방정식을 스프링 상수에 대해 정리한 다음, 값을 대입한다.
- 정답은 $k \approx 45\ \text{N/m}$이다. (중력 가속도를 반올림 하지 않으면 $k = 44\ \text{N/m}$.)

16장: 등속 원운동

99. 문제에서 주어진 값을 확인한다.

- 주어진 값은 $D = 12$ m, $\omega = \frac{1}{2}$ rad/s, $t = 4.0$ min이다.
- 맨 먼저, 반지름을 구하고 시간을 s 단위로 변환한다.
- 반지름은 $R = 6.0$ m이고 시간은 $t = 240$ s이다.

(A) 방정식 $v = R\omega$를 사용한다.

- 속력은 $v = 3.0$ m/s이다.

(B) 방정식 $a_c = \frac{v^2}{R}$을 사용한다.

- 가속도는 $a_c = \frac{3}{2}$ m/s^{2}이다.

(C) 방정식 $s = vt$을 사용한다.

- 시간은 s 단위여야 한다[분(min) 단위를 사용하면 안 된다].
- 총 이동 거리는 $s = 720$ m이다.

(D) 방정식 $\omega = \frac{2\pi}{T}$을 사용한다.

- 주기에 대해 정리한다. 이를 위해 양변에 T을 곱한다. 이어서 양변을 ω로 나눈다.
- 주기는 $T = 4\pi$ s이다. 계산기를 사용하면 약 $T \approx 13$ s이다.

(E) 방정식 $s = R\theta$을 사용한다.

- θ에 대해 정리한다. 2π rad $= 1$ rev의 관계를 이용하여 rad 단위를 rev 단위로 변환한다.
- 원숭이는 $\theta = \frac{60}{\pi}$ 회전(rev)을 한다.

---

100. 문제에서 주어진 값을 확인한다.

- 주어진 값은 $v = 4.0$ m/s, $T = 8\pi$ s, $\theta = \frac{20}{\pi}$ rev이다.
- 맨 먼저, θ을 rev 단위에서 rad 단위로 변환한다.
- 각도는 $\theta = 40$ rad이다.

(A) 방정식 $\omega = \frac{2\pi}{T}$을 사용한다.

- 각속력은 $\omega = \frac{1}{4}$ rad/s이다.

(B) 방정식 $v = R\omega$를 사용한다.

- 반지름에 대해 식을 정리한다.
- 반지름은 $R = 16$ m이다.

(C) 방정식 $a_c = \frac{v^2}{R}$을 사용한다.

- 가속도는 $a_c = 1.0$ m/s^{2}이다.

(D) 방정식 $s = R\theta$을 사용한다.

- 각도 θ는 rad 단위여야 한다(rev 단위를 사용하면 안 된다).
- 원숭이는 $s = 640$ m를 이동한다.

(E) 방정식 $f = \frac{1}{T}$을 사용한다.

- 주파수(진동수)는 $f = \frac{1}{8\pi}$ Hz이다.

17장: 등속 원운동과 뉴턴의 제2법칙의 적용

101. 원숭이에 대해 자유물체도를 그리면 다음과 같다. 이 문제에서는 하나만 그리면 된다.

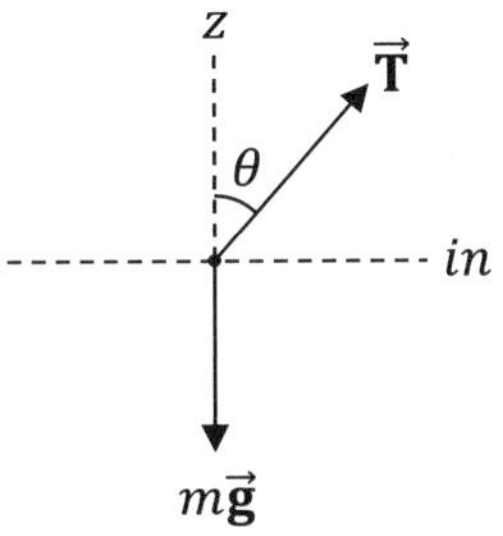

옆에서 본 그림

- 원숭이에는 원숭이를 수직으로 아래로 잡아당기는 중력 $m\vec{\mathbf{g}}$가 가해진다.
- 줄은 원숭이에게 줄을 따라가는 방향으로 장력 $\vec{\mathbf{T}}$을 가한다.
- 안쪽(in) 방향은 수평원의 중심을 가리키는 방향이다. 따라서 오른쪽이다. z 방향은 수평원이 놓인 평면에 수직인 방향이다. 따라서 똑바로 위쪽이다.
- 뉴턴의 제2법칙을 적용하면 두 개의 방정식 $\Sigma F_{in} = ma_c$, $\Sigma F_z = 0$이 나온다. 방정식의 좌변에 실제 가해지는 힘들을 대입하여 다음과 같이 두 가지 덧셈 방정식으로 적는다.

$$T \sin 30° = ma_c \quad , \quad T \cos 30° - mg = 0$$

- $\vec{\mathbf{T}}$의 안쪽(in) 성분은 각도 30°와 마주보는 변이므로 sin을 취해 구한다. $\vec{\mathbf{T}}$의 z 성분은 각도 30°와 인접한 성분이므로 cos을 취해 구한다.
- z 성분 덧셈 방정식을 장력에 대해 정리한다.
- 질량 m은 원숭이의 질량과 그네의 질량을 더한 것과 같다. 따라서 $m = 25$ kg + 5 kg = 30 kg이다.
- 장력은 $T \approx 200\sqrt{3}$ N이다. (중력 가속도를 반올림하지 않으면 340 N이다.)
- 안쪽(in) 성분 덧셈 방정식을 가속도에 대해 정리한다.

- 원의 반지름은 원반 반지름에 줄의 안쪽(*in*) 방향 성분의 길이를 더한 것과 같다. 아래 그림을 살펴보면 이를 이해할 수 있다.
- 반지름은 $R = R_{disc} + L\sin 30° = \frac{D_{disc}}{2} + \frac{L}{2} = \frac{48\sqrt{3}}{2} + \frac{32\sqrt{3}}{2} = 40\sqrt{3}$ m이다.

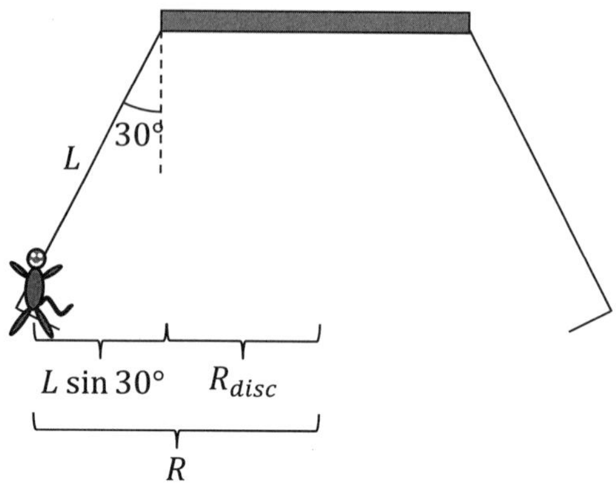

- 위에서 정리한 가속도 수식에 값을 대입하면 가속도는 $a_c \approx \frac{10\sqrt{3}}{3}$ m/s^2이다. (중력 가속도를 반올림하지 않으면 5.67 m/s^2이다.)
- 방정식 $a_c = \frac{v^2}{R}$를 사용한다. 이 식을 속력에 대해 정리한다. 이를 위해 양변에 R를 곱한다. 이어서 양변을 a_c로 나눈다.
- 속력은 $v = 20$ m/s이다.

---

102. 쥐에 대해 자유물체도를 그리면 다음과 같다. 이 문제에서는 하나만 그리면 된다.

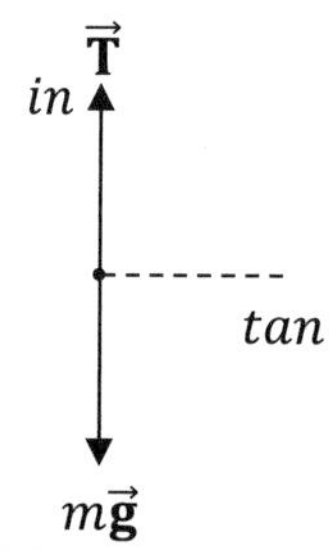

옆에서 본 그림

- 앞서 [연습문제 101]에서는 수평으로 원을 그리며 운동을 했지만 여기서는 수직으로 원을 그리며 운동을 한다.
- 문제 (D)에서 쥐가 원의 맨 아래 위치에 있을 경우를 다루고 있으므로 쥐가 원의 맨 아래 위치에 있을 때의 자유물체도를 그린다.
- 쥐에는 쥐를 수직으로 아래로 잡아당기는 중력 $m\vec{\mathbf{g}}$가 가해진다.
- 쥐의 꼬리는 쥐에게 꼬리를 따라 원의 안쪽(쥐가 맨 아래에 있을 때 똑바로 위쪽) 방향으로 가는 장력 $\vec{\mathbf{T}}$을 가한다.
- 안쪽(*in*) 방향은 수직원의 중심을 가리키는 방향이다. 따라서 똑바로 위쪽이다.

- 뉴턴의 제2법칙을 적용하면 방정식 $\Sigma F_{in} = ma_c$이 나온다. 방정식의 좌변에 실제 가해지는 힘들을 대입하여 다음과 같이 덧셈 방정식으로 적는다.

$$T - mg = ma_c$$

- 장력은 안쪽(위쪽)을 향하므로 + 부호이다. 중력은 바깥쪽(아래쪽)을 향하므로 − 부호이다.
- 100 cm = 1 m의 관계를 이용하여 반지름의 단위를 cm에서 m로 변환한다.
- 반지름은 $R = 2.00$ m이다.
- 방정식 $a_c = \frac{v^2}{R}$를 사용한다. R은 m 단위여야 한다. (cm 단위로 하면 안 된다)
- 가속도는 $a_c = 8.0\ \text{m/s}^2$이다.
- 질량의 단위를 g에서 kg으로 변환한다.
- 질량은 $m = \frac{1}{2}$ kg(= 0.500 kg)이다.
- 위의 덧셈 방정식을 장력 T에 대해 정리한 다음, 가속도 값을 대입한다.
- 장력은 $T \approx 9.0$ N이다. (중력 가속도를 반올림하지 않으면 8.9 N이다.)

---

103. 원숭이에 대해 자유물체도를 그리면 다음과 같다. 이 문제에서는 하나만 그리면 된다.

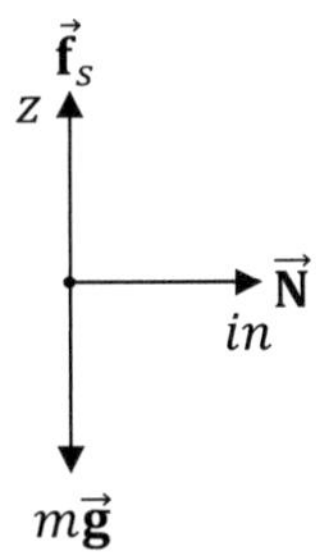

옆에서 본 그림

- 원숭이에는 원숭이를 수직으로 아래로 잡아당기는 중력 $m\vec{g}$가 가해진다.
- 수직력 $\vec{N}$은 원숭이를 벽의 표면에 수직인 방향으로 민다. 따라서 수직력은 오른쪽 수평방향으로 가해진다.
- 마찰력 $\vec{f}$은 벽의 표면을 따라가는 방향으로 원숭이에 가해진다. 따라서 똑바로 위쪽 방향이다. 마찰력은 원숭이가 아래로 떨어지지 않게 해준다.
- 안쪽(in) 방향은 수평 원리 중심을 가리키는 방향이다. 따라서 오른쪽이다. z 방향은 수평원이 놓인 평면에 수직인 방향이다. 따라서 똑바로 위쪽이다.
- 뉴턴의 제2법칙을 적용하면 두 개의 방정식 $\Sigma F_{in} = ma_c$, $\Sigma F_z = 0$이 나온다. 방정식의 좌변에 실제 가해지는 힘들을 대입하여 다음과 같이 두 가지 덧셈 방정식으로 적는다.

$$N = ma_c \quad , \quad f_s - mg = 0$$

- 수직력 $\vec{\mathbf{N}}$은 안쪽(in) 방향이므로 안쪽(in) 성분 덧셈 방정식에 들어간다.
- z 성분 덧셈 방정식을 마찰력에 대해 정리한다.
- 마찰력은 $f_s \approx 500$ N이다. (중력 가속도를 반올림하지 않으면 491 N이다.)
- 정지마찰력 f_s은 정지마찰 계수 μ_s와 수직력 N의 곱보다 작다는 것을 잘 기억하고 있어야 한다. 즉 $f_s \leq \mu_s N$이다.
- 안쪽(in) 성분 덧셈 방정식에서 얻은 수직력을 마찰력 부등식에 대입한다.

$$f_s \leq \mu_s m a_c$$

- 이렇게 얻은 방정식에 값을 대입하여 최소 가속도를 구한다.
- 가속도는 $a_c \geq 40$ m/s^{2}이다. (중력 가속도를 반올림하지 않으면 39 m/s^{2}이다.)
- 방정식 $a_c = \frac{v^2}{R}$를 사용한다. 이 식을 속력에 대해 정리한다. 이를 위해 양변에 R를 곱한다. 이어서 양변을 a_c로 나눈다.
- 속력은 $v \geq 20$ m/s이다. 따라서 필요한 최소 속도는 20 m/s이다.

---

104. 자동차에 대해 자유물체도를 그리면 다음과 같다. 이 문제에서는 하나만 그리면 된다.

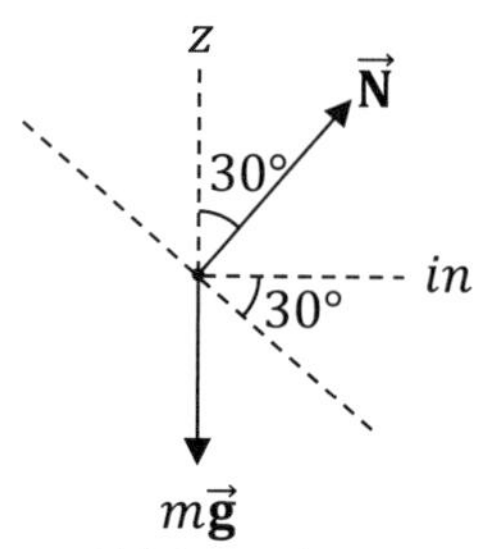

옆에서 본 그림

- 자동차에는 자동차를 수직으로 아래로 잡아당기는 중력 $m\vec{\mathbf{g}}$가 가해진다.
- 수직력 $\vec{\mathbf{N}}$은 자동차를 위쪽(경사면에 수직) 방향으로 민다.
- 안쪽(in) 방향은 수평원의 중심을 가리키는 방향이다. 따라서 오른쪽이다. z 방향은 수평원이 놓인 평면에 수직인 방향이다. 따라서 똑바로 위쪽이다. 자유물체도를 잘 살펴보기 바란다.
- 앞서 14장에서 다룬 경사면 관련 연습문제에서 설정한 좌표 표시와 여기서 다루는 경사면 문제에서 설정한 좌표 표시 사이의 차이점을 비교해보자. 14장에서는 물체가 경사면을 따라 내려가는 방향을 $+x$축으로 선택했다. 이 문제에서는 경주용 자동차가 경사면을 따라 위쪽이나 아래쪽으로 미끄러지지 않는다. 경주용 자동차는 **수평으로** 원을 그리며 운동을 한다. 원운동 문제에서 가속도는 안쪽방향이므로 원의 중심을 향하는 방향을 안쪽(in)이라고 표시한다. 따라서 안쪽(in) 방향은 수평 방향(그림에서 오른쪽으로 표시한 방향)이다.

- 뉴턴의 제2법칙을 적용하면 두 개의 방정식 $\Sigma F_{in} = ma_c$, $\Sigma F_z = 0$이 나온다. 방정식의 좌변에 실제 가해지는 힘들을 대입하여 다음과 같이 두 가지 덧셈 방정식으로 적는다.

$$N \sin 30° = ma_c \quad , \quad N \cos 30° - mg = 0$$

- $\vec{\mathbf{N}}$의 안쪽(in) 성분은 각도 30°와 마주보는 변이므로 sin을 취해 구한다. $\vec{\mathbf{N}}$의 z 성분은 각도 30°와 인접한 성분이므로 cos을 취해 구한다.
- z 성분 덧셈 방정식에서 mg를 우변으로 옮긴다.
- mg를 우변으로 옮긴 식을 안쪽(in) 성분 덧셈 방정식으로 나눈다.
- 그러면 $\tan 30° = \frac{a_c}{g}$을 얻는다.
- 이 식을 가속도에 대해 정리한 다음, 값을 대입한다.
- 반지름을 구하기 위해 주어진 지름 값을 2로 나눈다.
- 반지름은 $R = 90\sqrt{3}$ m가 된다.
- 가속도는 $a_c \approx \frac{10\sqrt{3}}{3}$ m/s^{2}이다. (중력 가속도를 반올림하지 않으면 5.77 m/s^{2}이다.)
- 방정식 $a_c = \frac{v^2}{R}$를 사용한다. 이 식을 속력에 대해 정리한다. 이를 위해 양변에 R를 곱한다. 이어서 양변을 a_c로 나눈다.
- 속력은 $v = 30$ m/s이다.

18장: 뉴턴의 중력 법칙

105. 값이 주어진 양(기지수)과 값을 구해야 할 양(미지수)을 파악한다.

- 주어진 값은 $R = 6.0 \times 10^7$ m, $g = 20$ m/s^{2}이다.
- 또한 다음의 중력상수 값을 알고 있어야 한다.

$$G = 6.67 \times 10^{-11} \ \frac{\text{N} \cdot \text{m}^2}{\text{kg}^2} \approx \frac{2}{3} \times 10^{-10} \ \frac{\text{N} \cdot \text{m}^2}{\text{kg}^2}$$

- 문제 (A)에 답하려면 m_p를 구해야 한다.
- 방정식 $g = G\frac{m_p}{R^2}$을 사용한다.
- 위 방정식을 m_p에 대해 정리해야 한다. 이를 위해 양변에 R^2를 곱한다. 이어서 양변을 G로 나눈다.
- 그러면 $m_p = \frac{gR^2}{G}$을 얻는다.
- 위 식에 값을 대입한다. 여기서 $(6.0 \times 10^7)^2 = 36 \times 10^{14}$이다. 또한 $\frac{10^{14}}{10^{-10}} = 10^{24}$이다.
- 행성의 질량은 $m_p = 1.08 \times 10^{27}$ kg이다. (1080×10^{24} kg로 나타내어도 된다.)
- 문제 (B)에 답하려면 F_g를 구해야 한다.

- 방정식 $F_g = G\frac{m_1 m_2}{R^2}$에 값을 대입한다.
- 힘은 $F_g = 9.0 \times 10^{19}$ N이다. (0.090×10^{21} N로 나타내어도 된다.)

---

106. 여기서 푸는 문제에서는 양들 사이의 비를 활용한다. 177쪽에 있는 비(ratio)를 다루는 예제를 복습하기 바란다.

(A) 주어진 값들을 비로 나타낸다.

$$\frac{R_p}{R_e} = 5 \quad , \quad \frac{g_p}{g_e} = 3$$

- 방정식에서 행성(planet)의 표면에서의 중력 가속도를 나타낼 때는 g_p와 같이 아래첨자 p를 사용한다. 또한 지구(earth)의 표면에서의 중력 가속도를 나타낼 때는 g_e와 같이 아래첨자 e를 사용한다. 마찬가지로 행성의 질량 m과 반지름 R을 나타낼 때는 아래첨자 p를, 지구의 질량 m과 반지름 R을 나타낼 때는 아래첨자 e를 사용한다. 단 중력 상수 G에는 아래첨자를 붙이지 않는다.
- 행성의 중력 가속도 방정식과 지구의 중력 가속도 방정식을 아래첨자를 사용하여 표시하고 서로 나눈다.

$$\frac{g_p}{g_e} = \frac{\frac{Gm_p}{R_p^2}}{\frac{Gm_e}{R_e^2}}$$

- 분수로 나누는 것은 그 분수의 역수를 곱하는 것과 같다.

$$\frac{g_p}{g_e} = \frac{m_p}{m_e}\frac{R_e^2}{R_p^2}$$

- 두 질량비에 대해 정리한다.

$$\frac{m_p}{m_e} = \frac{g_p}{g_e}\left(\frac{R_p}{R_e}\right)^2$$

- 맨 처음 구한 두 양의 비 $\frac{R_p}{R_e}$와 $\frac{g_p}{g_e}$의 값을 대입한다.
- 정답은 $m_p = 75m_e$이다. 따라서 행성의 질량은 지구보다 75배 더 크다.

(B) 주어진 값들을 비로 나타낸다.

$$\frac{m_p}{m_e} = 6 \quad , \quad \frac{g_p}{g_e} = 96$$

- 행성과 지구 표면에서의 중력에 대한 방정식을 각각 작성한 다음, 위의 문제 (A)에서 했던 것처럼 두 방정식을 서로 나눈다(분수로 나눌 때 그 분수의 역수를 곱하는 방법을 사용한다).

$$\frac{g_p}{g_e} = \frac{\frac{Gm_p}{R_p^2}}{\frac{Gm_e}{R_e^2}} = \frac{m_p}{m_e}\frac{R_e^2}{R_p^2}$$

- 반지름비 $\frac{R_p}{R_e}$을 구해야 한다. 이를 위해 먼저 위 식을 $\frac{R_p^2}{R_e^2}$에 정리한 다음, 양변에 제곱근을 취한다.

$$\frac{R_p}{R_e} = \sqrt{\frac{m_p}{m_e}\frac{g_e}{g_p}}$$

- 맨 처음 구한 두 양의 비 $\frac{m_p}{m_e}$와 $\frac{g_p}{g_e}$의 값을 대입한다.
- $\frac{g_p}{g_e} = 96$이므로 $\frac{g_p}{g_e} = \frac{1}{96}$이다. 이 값을 위 식에 대입한다.
- 정답은 $R_p = \frac{R_e}{4}$이다. 따라서 행성의 반지름은 지구 반지름의 1/4배이다.

---

107. 이 문제를 푸는 방법은 178쪽에 있는 예제와 동일하므로 예제를 복습하기 바란다.

- $g_m = g_k$로 놓는다.
- 방정식에서 '원' 행성의 표면에서의 중력 가속도를 나타낼 때는 g_m와 같이 아래첨자 m을 사용한다. 또한 '숭이' 위성의 표면에서의 중력 가속도를 나타낼 때는 g_k와 같이 아래첨자 k를 사용한다. 마찬가지로 원 행성의 질량 m과 반지름 R을 나타낼 때는 아래첨자 m를, 숭이 위성의 질량 m과 반지름 R을 나타낼 때는 아래첨자 k를 사용한다. 단 중력 상수 G에는 아래첨자를 붙이지 않는다.
- 원 행성의 중력 가속도 방정식과 숭이 위성의 중력 가속도 방정식을 $g_m = g_k$에 대입한 다음 간단히 한다.

$$\frac{m_m}{R_m^2} = \frac{m_k}{R_k^2}$$

- 양변에 있는 항끼리 X자 형태로 곱한다. 이어서 양변에 제곱근을 취한다. 여기서 $\sqrt{x^2} = \pm x$이다. 또한 $(-3)^2$와 3^2은 모두 9와 같으므로 $\sqrt{9}$는 -3 또는 $+3$과 같다.

$$\sqrt{m_m}\,R_k = \pm\sqrt{m_k}\,R_m$$

- 위 식에서 ±는 두 개의 부호를 모두 고려해야 함을 나타낸다.
- R_m과 R_k(각각 행성과 위성 중심에서 알짜 중력장이 0이 되는 위치까지의 거리로 행성과 위성의 반지름이 아님에 주의할 것)와 행성과 위성 사이의 거리 관계를 식으로 나타내면 다음과 같다.

$$R_m + R_k = d$$

- 거리 d는 문제에서 $d = 9.0 \times 10^8$ m로 주어졌다.
- 위의 관계식을 R_k에 대해 정리한 다음, 그 결과를 앞서 구한 제곱근이 포함된 방정식에 대입한다. 계산 과정에서 $\sqrt{m_m}$을 각 항에 분배한다(곱한다).

$$\sqrt{m_m}\, d - \sqrt{m_m}\, R_m = \pm \sqrt{m_k}\, R_m$$

- $\sqrt{m_m} R_m$을 우변으로 옮긴다. 이어서 공통인수 R_m으로 묶어 인수분해한 다음, R_m에 대해 푼다.

$$R_m = \frac{d\sqrt{m_m}}{\sqrt{m_m} \pm \sqrt{m_k}}$$

- 값을 대입한다. 이때 ± 중에서 + 부호만이 정답을 제공한다.
- 정답은 원 행성에서 $R_m = 8.0 \times 10^8$ m 떨어진 위치이다.
- (R_k에 대해 풀면 정답은 숭이 위성에서 $R_k = 1.0 \times 10^8$ m 떨어진 위치이다.)

---

108. 이 문제에서는 행성 표면의 중력 방정식에 들어가는 R 값이 무엇을 나타내는지 정확하게 알아야 한다.

- 방정식 $g = G\frac{m_p}{R^2}$을 코코 행성과 넛 행성에 모두 적용한다.
- 두 방정식에 각각 들어있는 R은 코코 행성과 넛 행성 사이 거리의 절반이다.
- 따라서 R의 값은 $R = 2.0 \times 10^8$ m이다.
- 값을 대입한다. R를 제곱하는 것을 잊어서는 안 된다.
- $(2.0 \times 10^8)^2 = 4.0 \times 10^{16}$이다.
- 코코 행성과 넛 행성의 중력 가속도는 각각 $g_c = \frac{1}{200}$ m/s^{2}과 $g_n = \frac{1}{100}$ m/s^{2}이다.
- 두 행성 사이의 중간 지점에서 각 행성이 만들어내는 중력장의 방향은 서로 반대이다. 중간 지점에서 알짜 중력장을 구하기 위해 두 중력 가속도를 빼면 정답은 $g_{net} = \frac{1}{200}$ m/s$^2 = 0.0050$ m/s^{2}이다.

19장: 위성 운동

109. 값이 주어진 양(기지수)과 값을 구해야 할 양(미지수)을 파악한다.

- 주어진 값은 $R = 2.0 \times 10^7$ m, $m_p = 1.2 \times 10^{24}$ kg이다.
- 또한 다음의 중력상수 값을 알고 있어야 한다.

$$G = 6.67 \times 10^{-11}\ \frac{\text{N}\cdot\text{m}^2}{\text{kg}^2} \approx \frac{2}{3} \times 10^{-10}\ \frac{\text{N}\cdot\text{m}^2}{\text{kg}^2}$$

- 문제 (A)에 답하려면 v를 구해야 한다.

- 방정식 $v = \sqrt{G\frac{m_p}{R}}$을 사용한다.
- 위 방정식에 값을 대입한다. 여기서 $\sqrt{\frac{1.2\times10^7}{3}} = \sqrt{\frac{12\times10^6}{3}} = \sqrt{4\times10^6} = \sqrt{4}\sqrt{10^6}$이다.
- 궤도 속력은 $v = 2.0$ km/s이다. (2000 m/s 또는 2.0×10^3 m/s로 나타내어도 된다.)
- 문제 (B)에 답하려면 T를 구해야 한다.
- 방정식 $v = \frac{2\pi R}{T}$를 T에 대해 정리해야 한다. 이를 위해 양변에 T를 곱한다. 이어서 양변을 v로 나눈다.
- 그러면 $T = \frac{2\pi R}{v}$를 얻는다. 이 식에 값을 대입한다.
- 공전 주기는 $T = 2\pi\times10^4$ s이다. (6.3×10^4 s로 나타내어도 된다.)

---

110. 값이 주어진 양(기지수)과 값을 구해야 할 양(미지수)을 파악한다.

- 주어진 값은 $m_p \approx 6.0\times10^{24}$ kg이다.
- 또한 다음의 중력상수 값을 알고 있어야 한다.

$$G = 6.67\times10^{-11}\ \frac{\text{N}\cdot\text{m}^2}{\text{kg}^2} \approx \frac{2}{3}\times10^{-10}\ \frac{\text{N}\cdot\text{m}^2}{\text{kg}^2}$$

- 문제의 지시문에는 "지구 정지 궤도"라는 단어가 나온다. 이 단어로부터 한 가지 양이 더 주어진다.
- 지구 정지 궤도를 따라 도는 위성의 주기는 지구의 자전 주기와 동일하다.
- 지축을 중심으로 한 지구의 자전 주기는 얼마일까?
- 지구의 자전주기는 24시간이다. 이것을 s 단위로 환산한다.
- 24시간을 SI 단위로 나타내면 86,400 s이다. (1시간 = 60분 = 3600 s)
- 문제에서 구해야 할 양은 R이다.
- 방정식 $T = 2\pi\sqrt{\frac{R^3}{Gm_p}}$을 사용한다.
- 이 방정식을 R에 대해 정리해야 한다. 이를 위해 양변을 제곱한다. 이어서 양변에 Gm_p를 곱한다.
- 그러면 $R = \sqrt[3]{\frac{Gm_pT^2}{4\pi^2}}$을 얻는다. 여기서 $\sqrt[3]{\ }$은 세제곱근을 취하는 것을 뜻한다.
- 위 식에 값을 대입한다. 그러면 $\sqrt[3]{\frac{746496}{\pi^2}\times10^{18}}$이 된다.
- **참고**: 계산기에 세제곱근을 계산해주는 기능이 없으면 $\left(\frac{Gm_pT^2}{4\pi^2}\right)^{1/3}$에서 알 수 있듯이 세제곱근 안에 있는 항을 1/3 제곱을 해주면 된다. 계산기에서 1/3 제곱은 ^(1/3)와 같이 입력하면 된다. 이때 반드시 1/3을 괄호로 감싸주어야 한다.
- 궤도 반지름은 $R = 72\times\sqrt[3]{\frac{2}{\pi^2}}\times10^6$ m이다. $R = 4.23\times10^7$ m로 나타내어도 된다.

20장: 스칼라 곱

111. 주어진 벡터의 성분을 구한다.

- 성분은 다음과 같다.

$$A_x = 6,\ A_y = 1,\ A_z = 3,\ B_x = 2,\ B_y = 8,\ B_z = 4$$

- 성분으로 이루어진 형태의 스칼라 곱셈 공식을 사용한다.

$$\vec{\mathbf{A}} \cdot \vec{\mathbf{B}} = A_x B_x + A_y B_y + A_z B_z$$

- 스칼라 곱은 $\vec{\mathbf{A}} \cdot \vec{\mathbf{B}} = 32$이다.

---

112. 주어진 벡터의 성분을 구한다.

- 성분은 다음과 같다.

$$A_x = 2,\ A_y = -1,\ A_z = 6,\ B_x = -3,\ B_y = 2,\ B_z = 5$$

- 성분으로 이루어진 형태의 스칼라 곱셈 공식을 사용한다.

$$\vec{\mathbf{A}} \cdot \vec{\mathbf{B}} = A_x B_x + A_y B_y + A_z B_z$$

- 스칼라 곱은 $\vec{\mathbf{A}} \cdot \vec{\mathbf{B}} = 22$이다.

---

113. 주어진 벡터의 성분을 구한다.

- 성분은 다음과 같다.

$$A_x = 0,\ A_y = 3,\ A_z = 4,\ B_x = 9,\ B_y = -3,\ B_z = -1$$

- ($\vec{\mathbf{A}}$는 $\hat{\mathbf{x}}$ 항이 없다. 이 때문에 $A_x = 0$이다.)
- 성분으로 이루어진 형태의 스칼라 곱셈 공식을 사용한다.

$$\vec{\mathbf{A}} \cdot \vec{\mathbf{B}} = A_x B_x + A_y B_y + A_z B_z$$

- 스칼라 곱은 $\vec{\mathbf{A}} \cdot \vec{\mathbf{B}} = -13$이다.

---

114. 주어진 벡터의 성분을 구한다.

- 성분은 다음과 같다.

$$A_x = 12,\ A_y = 4,\ A_z = -16,\ B_x = 2,\ B_y = -24,\ B_z = -6$$

- 성분으로 이루어진 형태의 스칼라 곱셈 공식을 사용한다.

$$\vec{\mathbf{A}} \cdot \vec{\mathbf{B}} = A_x B_x + A_y B_y + A_z B_z$$

- 스칼라 곱은 $\vec{\mathbf{A}} \cdot \vec{\mathbf{B}} = 24$이다.

---

115. 두 가지 형태의 스칼라 곱셈 공식을 모두 사용한다.

- 주어진 벡터의 성분을 구한다.
- 성분은 다음과 같다.

$$A_x = 0,\ A_y = 3,\ A_z = -3,\ B_x = 0,\ B_y = -6,\ B_z = 6$$

- 방정식 $A = \sqrt{A_x^2 + A_y^2 + A_z^2}$과 $B = \sqrt{B_x^2 + B_y^2 + B_z^2}$를 사용한다. 여기에 값을 대입한다.
- 주어진 벡터의 크기는 $A = 3\sqrt{2}$와 $B = 6\sqrt{2}$이다.
- 두 가지 형태의 스칼라 곱이 서로 같다고 놓는다.

$$A_x B_x + A_y B_y + A_z B_z = AB\cos\theta$$

- 위의 방정식에 값을 대입한다.
- 좌변은 -36이다.
- 따라서 각도는 $180°$이다. 여기서 $\cos^{-1}(-1) = 180°$인 것을 잘 알고 있어야 한다.

---

116. 두 가지 형태의 스칼라 곱셈 공식을 모두 사용한다.

- 주어진 벡터의 성분을 구한다.
- 성분은 다음과 같다.

$$A_x = 3,\ A_y = -\sqrt{3},\ A_z = 2,\ B_x = \sqrt{3},\ B_y = -1,\ B_z = 2\sqrt{3}$$

- 방정식 $A = \sqrt{A_x^2 + A_y^2 + A_z^2}$과 $B = \sqrt{B_x^2 + B_y^2 + B_z^2}$를 사용한다. 여기에 값을 대입한다.
- 주어진 벡터의 크기는 $A = 4$와 $B = 4$이다.
- 두 가지 형태의 스칼라 곱이 서로 같다고 놓는다.

$$A_x B_x + A_y B_y + A_z B_z = AB\cos\theta$$

- 위의 방정식에 값을 대입한다.
- 좌변은 $8\sqrt{3}$이다.
- 따라서 각도는 $30°$이다. 여기서 $\cos^{-1}\left(\frac{\sqrt{3}}{2}\right) = 30°$인 것을 잘 알고 있어야 한다.

21장: 일과 일률

117. 이 문제를 푸는 데 적합한 일 방정식을 선택한다.

- 방정식 $W_g = -mg\Delta h$을 사용하여 "중력에 의해" 수행된 일을 구한다.
- 상자가 아래로 떨어지므로 Δh의 부호는 $-$이다. $\Delta h = -1.5$ m.

- − 부호 두 개가 연달아 나오면(− 부호끼리 곱하면) + 부호가 된다.
- 중력이 수행한 일은 $W_g \approx 750$ J이다. (중력 가속도를 반올림하지 않으면 736 J이다.)

---

118. 이 문제를 푸는 데 적합한 일 방정식을 선택한다.

- 방정식 $W_s = \pm\frac{1}{2}kx^2$을 사용하여 "스프링에 의해" 수행된 일을 구한다.
- 스프링이 평형 위치에서 멀어졌으므로 스프링에 의해 수행된 일의 부호는 −이다.
- 스프링이 한 일은 $W_s = -64$ J이다.

---

119. 이 문제를 푸는 데 적합한 일 방정식을 선택한다.

- 방정식 $W_g = Gm_pm\left(\frac{1}{R} - \frac{1}{R_0}\right)$을 사용하여 물체의 고도 변화가 **천문학적 규모**일 때 "중력에 의해" 수행된 일을 구한다.
- 로켓은 $R_0 = 4.0 \times 10^6$ m에서 출발한다.
- 19장의 고도 방정식을 사용하여 R을 구한다.
- 고도 방정식은 $R = R_0 + h$이다.
- 문제에서 주어진 고도는 $h = 4.0 \times 10^6$ m이다.
- 따라서 R은 $R = 8.0 \times 10^6$ m이다.
- 일 방정식에 숫자를 대입한다.
- 중력이 한 일은 $W_g = -1.25 \times 10^{10}$ J이다.

---

120. 이 문제를 푸는 데 적합한 일 방정식을 선택한다.

- 방정식 $W_{net} = ma_x\Delta x$을 사용하여 알짜 일을 구한다.
- 3장의 등가속도 방정식을 사용하여 a_x와 Δx를 구한다.
- 등가속도 운동에서 주어진 세 양의 값은 $v_{x0} = 0$, $v_x = 60$ m/s, $t = 5.0$ s이다.
- 방정식 $v_x = v_{x0} + a_xt$를 사용하여 가속도를 구한다.
- 가속도는 $a_x = 12$ m/s^{2}이다.
- 방정식 $\Delta x = v_{x0}t + \frac{1}{2}a_xt^2$을 사용하여 알짜 변위를 구한다.
- 알짜 변위는 $\Delta x = 150$ m이다.
- 방정식에 값을 대입하여 알짜 일을 구한다.
- 알짜 일은 $W_{net} = 360$ kJ이다. (360,000 J로 나타내어도 된다.)

---

121. 이 문제를 푸는 데 적합한 일 방정식을 선택한다.

(A) 여기서는 방정식 $W_g = -mg\Delta h$을 사용하여 “중력에 의해” 수행된 일을 구한다.

- 상자가 경사면을 따라 내려가므로 Δh의 부호는 $-$이다.
- s와 Δh로 이루어진 직각삼각형을 그려보면 $\sin 30° = -\frac{\Delta h}{s}$가 된다. 여기서 $s = 8.0$ m. $\Delta h = -4.0$ m이다.
- $-$ 부호 두 개가 연달아 나오면($-$ 부호끼리 곱하면) $+$ 부호가 된다.
- 중력이 수행한 일은 $W_g \approx 800$ J이다. (중력 가속도를 반올림하지 않으면 785 J이다.)

(B) 방정식 $W_{nc} = -\mu N$을 사용하여 “마찰에 의해” 수행된 일을 구한다.

- 마찰계수는 $\mu = \frac{\sqrt{3}}{4}$이다.
- 자유물체도를 그리면 아래와 같다. 이 그림을 보고 수직력을 구해보자. [수직력은 무게(중력)와 같지 않다.]

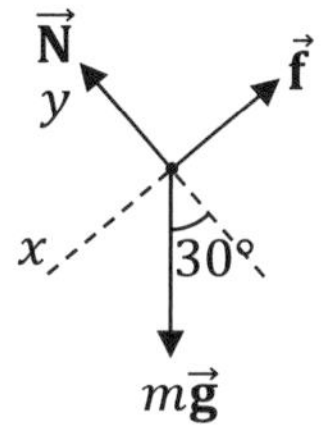

- 수직력을 구하기 위해 힘의 y 성분에 대해 뉴턴의 제2법칙을 적용하면 $\Sigma F_y = ma_y$로 표시되는 방정식이 나온다. 좌변에 실제 가해지는 힘들을 대입하여 정리하면 다음 덧셈 방정식을 얻는다.

$$N - mg\cos 30° = 0$$

- **주의:** $a_y = 0$이 된 것은 원숭이가 경사면에 수직인 방향으로 가속되지 않기 때문이다.
- 위 방정식에서 값을 대입하여 수직력을 구한다.
- 수직력은 $N \approx 100\sqrt{3}$ N이다. (중력 가속도를 반올림하지 않으면 170 N이다.)
- 비보존적 일 방정식에 값을 대입한다.
- 이때 변위 s를 포함하는 것을 잊어서는 안 된다. $s = 8.0$ m.
- 마찰력이 수행한 일은 $W_{nc} = -600$ J(중력 가속도를 반올림하지 않으면 -589 J)이다.

(C) 방정식 $W = Fs\cos\theta$를 사용하여 “수직력에 의해” 수행된 일을 구한다.

- 위 방정식에서 θ를 알아야 한다.
- 수직력은 경사면에 수직이기 때문에 $\theta = 90°$이다.
- $\cos 90° = 0$이므로 수직력이 수행하는 일은 없다(따라서 $W_N = 0$이다).

(D) 방정식 $W_{net} = (\Sigma F_x)s$를 사용하여 알짜 일을 구한다.

- 힘의 x 성분들을 모두 더한다.

$$\sum F_x = mg\sin 30° - f$$

- 방정식 $f = \mu N$을 사용한다. 여기에 값을 대입하여 마찰력을 구한다.
- 마찰력은 $f = 75$ N이다.
- 값을 대입하여 ΣF_x를 구한다.
- 알짜 힘은 $\Sigma F_x = 25$ N이다.
- ΣF_x를 방정식 $W_{net} = (\Sigma F_x)s$에 대입한다.
- 알짜 일은 200 J이다. (중력 가속도를 반올림하지 않으면 196 J이다.)

---

122. 힘과 변위 사이의 스칼라 곱을 구한다.

- $\vec{\mathbf{F}}$와 $\vec{\mathbf{s}}$의 성분을 구한다.
- 성분은 다음과 같다.

$$F_x = 2,\ F_y = 6,\ F_z = 0,\ \Delta x = 3,\ \Delta y = -8,\ \Delta z = 0$$

- 성분으로 이루어진 형태의 스칼라 곱셈 공식을 사용한다.

$$W = \vec{\mathbf{F}} \cdot \vec{\mathbf{s}} = F_x\Delta x + F_y\Delta y + F_z\Delta z$$

- 수행한 일은 $W = -42$ J이다.

---

123. 힘과 변위 사이의 스칼라 곱을 구한다.

- $\vec{\mathbf{F}}$와 $\vec{\mathbf{s}}$의 성분을 구한다.
- 성분은 다음과 같다.

$$F_x = 7,\ F_y = -9,\ F_z = 5,\ \Delta x = 6,\ \Delta y = 0,\ \Delta z = -1$$

- ($\vec{\mathbf{s}}$는 $\hat{\mathbf{y}}$ 항이 없다. 이 때문에 $\Delta y = 0$이다.)
- 성분으로 이루어진 형태의 스칼라 곱셈 공식을 사용한다.

$$W = \vec{\mathbf{F}} \cdot \vec{\mathbf{s}} = F_x\Delta x + F_y\Delta y + F_z\Delta z$$

- 수행한 일은 $W = 37$ J이다.

---

124. 이 문제를 푸는 데 적합한 일 방정식을 선택한다.

- 방정식 $W = Fs\cos\theta$를 사용하여 "원숭이의 당김"에 의해 수행된 일을 구한다.
- 여기서 사용할 힘은 원숭이가 당기는 힘이다: $F = 300$ N.

- 원숭이가 당기는 힘의 방향과 변위 방향 사이의 각도가 60°이므로 각도는 $\theta = 60°$이다.
- 원숭이가 당기는 동안 수행한 일은 $W = 1.8$ kJ이다. (1800 J로 나타내어도 된다.)

---

125. 이 문제를 푸는 데 적합한 일 방정식을 선택한다.

(A) 방정식 $W = Fs\cos\theta$를 사용하여 "원숭이의 당김"에 의해 수행된 일을 구한다.

- 여기서 사용할 힘은 원숭이가 당기는 힘이다: $F = 160$ N.
- 원숭이가 당기는 힘의 방향과 변위 방향 사이의 각도가 30°이므로 각도는 $\theta = 30°$이다.
- 원숭이가 당기는 동안 수행한 일은 $W = 560\sqrt{3}$ J(또는 970 J)이다.

(B) 방정식 $W_{nc} = -\mu Ns$을 사용하여 "마찰에 의해" 수행된 일을 구한다.

- 마찰계수는 $\mu = \frac{\sqrt{3}}{6}$이다.
- 자유물체도를 그리면 아래와 같다. 이 그림을 보고 수직력을 구해보자. [수직력은 무게(중력)와 같지 않다.]

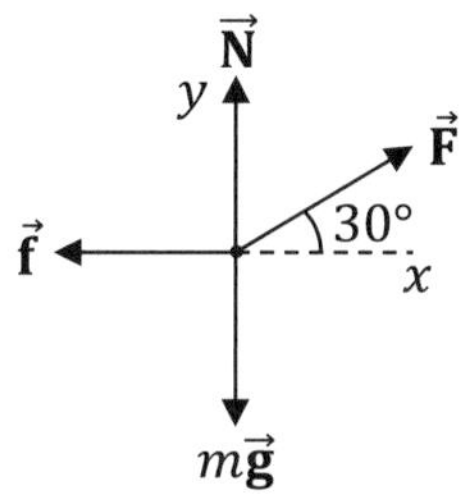

- 수직력을 구하기 위해 힘의 y 성분에 대해 뉴턴의 제2법칙을 적용하면 $\Sigma F_y = ma_y$로 표시되는 방정식이 나온다. 좌변에 실제 가해지는 힘들을 대입하여 정리하면 다음 덧셈 방정식을 얻는다.

$$N + F\sin 30° - mg = 0$$

- **주의:** $a_y = 0$이 된 것은 상자가 수평면에 대해 수직인 방향으로 가속되지 않기 때문이다.
- 위 방정식에서 값을 대입하여 수직력을 구한다. 여기서 $F = 160$ N이다.
- 수직력은 $N \approx 120$ N이다. (중력 가속도를 반올림하지 않으면 116 N이다.)
- 비보존적 일 방정식에 값을 대입한다.
- 이때 변위 s를 포함하는 것을 잊어서는 안 된다. $s = 7.0$ m.
- 마찰력이 수행한 일은 $W_{nc} \approx -140\sqrt{3}$ J(중력 가속도를 반올림하지 않으면 −235 J)이다.

(C) 방정식 $W = Fs\cos\theta$를 사용하여 "수직력에 의해" 수행된 일을 구한다.

- 위 방정식에서 θ를 알아야 한다.
- 수직력은 경사면에 수직이기 때문에 $\theta = 90°$이다.
- $\cos 90° = 0$이므로 수직력이 수행하는 일은 없다. 따라서 $W_N = 0$이다.

---

126. 일 적분을 수행한다. $W = \int_{x=x_0}^{x} F_x\,dx + \int_{y=y_0}^{y} F_y\,dy$.

- 이 문제에는 힘이 y 성분만을 가지므로 $W = \int_{y=y_0}^{y} F_y\,dy$이다.
- 초기 위치와 최종 위치의 y 좌표가 각각 적분의 하한과 상한이다.
- 적분 $\int_{y=-1}^{2} 15y^4\,dy$을 수행한다.
- 역도함수는 $3y^5$이다. 상한과 하한에 대해 $3y^5$를 계산한다.
- $[3y^5]_{y=-1}^{2} = 3(2)^5 - 3(-1)^5$이다. 여기서 $(-1)^5 = -1$이고 $-3(-1) = +3$이다.
- 정답은 $W = 99$ J이다.

---

127. 일 적분을 수행한다. $W = \int_{x=x_0}^{x} F_x\,dx + \int_{y=y_0}^{y} F_y\,dy$.

- 초기 위치와 최종 위치의 (x, y) 좌표가 각각 적분의 하한과 상한이다.
- 적분 $\int_{x=2}^{4} x\,dx + \int_{y=3}^{6} y^2\,dy$을 수행한다.
- 역도함수는 $\frac{x^2}{2}$과 $\frac{y^3}{3}$이다. 상한과 하한에 대해 역도함수를 각각 계산한다.
- $\left[\frac{x^2}{2}\right]_{x=2}^{4} = \frac{(4)^2}{2} - \frac{(2)^2}{2}$과 $\left[\frac{y^3}{3}\right]_{y=3}^{6} = \frac{(6)^3}{3} - \frac{(3)^3}{3}$이다.
- 정답은 $W = 69$ J이다.

---

128. 일 적분을 수행한다. $W = \int_{x=x_0}^{x} F_x\,dx + \int_{y=y_0}^{y} F_y\,dy$.

- 초기 위치와 최종 위치의 (x, y) 좌표가 각각 적분의 하한과 상한이다.
- 적분 $\int_{x=0}^{4} xy\,dx + \int_{y=0}^{16} x^2\,dy$을 수행한다.
- 첫 번째 적분의 피적분 함수에 x만 포함되도록 y 자리에 $y = x^2$을 대입한다.
- 두 번째 적분의 피적분 함수에는 y만 포함되도록 x 자리에 $x = \sqrt{y}$을 대입한다.
- (참고로 방정식 $y = x^2$을 x에 대해 풀면 $x = \sqrt{y}$가 된다.)
- 적분 $\int_{x=0}^{4} x^3\,dx + \int_{y=0}^{16} y\,dy$을 수행한다. (이것은 위의 적분 식에서 $y = x^2$와 $x = \sqrt{y}$를 대입한 후에 얻게 되는 적분 식이다.)
- 역도함수는 $\frac{x^4}{4}$과 $\frac{y^2}{2}$이다. 상한과 하한에 대해 역도함수를 각각 계산한다.
- $\left[\frac{x^4}{4}\right]_{x=0}^{4} = \frac{(4)^4}{4} - \frac{(0)^4}{4}$과 $\left[\frac{y^2}{2}\right]_{y=0}^{16} = \frac{(16)^2}{2} - \frac{(0)^2}{2}$이다.
- 정답은 $W = 192$ J이다.

---

129. (A) 순간 전력의 공식을 알아야 한다.

- 순간 전력은 일을 시간에 대해 미분한 것과 같다. $P=\frac{dW}{dt}$
- 먼저 연산 규칙 $\sqrt{t}=t^{1/2}$을 적용한다.
- 미분을 수행하면 $P=36t^{-1/2}=\frac{36}{\sqrt{t}}$이다.
- 지정된 시간을 대입한다.
- 지정된 시간에서 순간 전력은 $P=12$ W이다.

(B) 평균 전력 공식을 알아야 한다.

- 방정식 $\bar{P}=\frac{W}{t}$을 알아야 한다.
- 주어진 함수 $W=72\sqrt{t}$에 최종 시간을 대입하여 최종 일을 구한다. (초기 일은 $t=0$을 대입하면 $W=0$이다.)
- 일을 시간으로 나눈다.
- 지정된 시간 간격 동안의 평균 전력은 $\bar{P}=24$ W이다.

---

130. 힘과 평균 속도 사이의 스칼라 곱을 구한다.

- $\vec{\mathbf{F}}$와 $\bar{\vec{v}}$의 성분을 구한다.
- 성분은 다음과 같다.

$$F_x=8,\ F_y=-2,\ F_z=0,\ \bar{v}_x=6,\ \bar{v}_y=-1,\ \bar{v}_z=0$$

- 성분으로 이루어진 형태의 스칼라 곱셈 공식을 사용한다.

$$W=\vec{\mathbf{F}}\cdot\bar{\vec{v}}=F_x\bar{v}_x+F_y\bar{v}_y+F_z\bar{v}_z$$

- 원숭이가 전달하는 평균 전력은 $\bar{P}=50$ W이다.

---

131. 이 문제를 풀기 위해서는 일 방정식과 전력 방정식을 알아야 한다.

- 먼저 방정식 $W_{net}=ma_x\Delta x$을 사용하여 알짜 일을 구한다.
- 3장의 등가속도 방정식을 사용하여 a_x와 Δx를 구한다.
- 균일 가속도 운동에서 주어진 세 양의 값은 $v_{x0}=0$, $v_x=60$ m/s, $t=5.0$ s이다.
- 방정식 $v_x=v_{x0}+a_xt$를 사용하여 가속도를 구한다.
- 가속도는 $a_x=12$ m/s^{2}이다.
- 방정식 $\Delta x=v_{x0}t+\frac{1}{2}a_xt^2$을 사용하여 알짜 변위를 구한다.
- 알짜 변위는 $\Delta x=150$ m이다.
- 방정식에 값을 대입하여 알짜 일을 구한다.
- 알짜 일은 $W_{net}=360{,}000$ J이다.
- 평균 전력 방정식 $\bar{P}=\frac{W}{t}$을 사용한다.

- 평균 전력은 $\bar{P} = 72$ kW이다. (72,000 W로 나타내어도 된다.)

22장: 에너지 보존

132. 경로를 그림으로 그린 다음, 교과서를 던진 직후의 위치에 초기 위치를 나타내는 i, 충돌 직전의 위치에 최종 위치를 나타내는 f를 써넣는다. 지면을 기준 높이 RH로 선택하여 표시한다.

- i가 RH와 같은 높이가 **아니므로** $PE_{g0} = mgh_0$이다.
- i에서 스프링이 평형 위치에서 압축되거나 늘어나지 않았으므로 $PE_{s0} = 0$이다.
- $PE_0 = PE_{g0} + PE_{s0} = mgh_0$
- 교과서가 i에서 움직이고 있으므로 $KE_0 = \frac{1}{2}mv_0^2$이다.
- 마찰력이 없으므로 $W_{nc} = 0$이다.
- f가 RH와 같은 높이이므로 $PE_g = 0$이다.
- f에서 스프링이 평형 위치에 있으므로 $PE_s = 0$이다(스프링이 평형 위치에서 압축되거나 늘어나지 않았으므로).
- $PE = PE_g + PE_s = 0$
- f에서 교과서가 움직이고 있으므로 $KE = \frac{1}{2}mv^2$이다.
- 에너지 보존 법칙 방정식을 적는다.

$$PE_0 + KE_0 + W_{nc} = PE + KE$$

- 위의 방정식의 각 항에 앞서 구한 값을 대입한다.

$$mgh_0 + \frac{1}{2}mv_0^2 = \frac{1}{2}mv^2$$

- 양변의 각 항을 질량 m으로 나누어 식에서 질량 m을 없앤다. 그러고 나서 최종 속력을 구한다.

$$v = \sqrt{v_0^2 + 2gh_0}$$

- 충돌 직전의 최종 속력은 $v = 50$ m/s이다.

---

133. 경로를 그림으로 그린 다음, 바닥 위치에 초기 위치를 나타내는 i, 상자가 도달하는 가장 높은 위치에 최종 위치를 나타내는 f를 써넣는다. 바닥면을 기준 높이 RH로 선택하여 표시한다.

- i가 RH와 같은 높이이므로 $PE_{g0} = 0$이다.

- i에서 스프링이 평형 위치에서 압축되거나 늘어나지 않았으므로 $PE_{s0} = 0$이다.
- $PE_0 = PE_{g0} + PE_{s0} = 0$
- 상자가 i에서 움직이고 있으므로 $KE_0 = \frac{1}{2}mv_0^2$이다.
- 마찰력이 없으므로 $W_{nc} = 0$이다.
- f가 RH와 같은 높이가 아니므로 $PE_g = mgh$이다.
- f에서 스프링이 평형 위치에서 압축되거나 늘어나지 않았으므로 $PE_s = 0$이다.
- $PE = PE_g + PE_s = mgh$
- f에서 상자의 속력은 0이 되므로(그렇지 않으면 상자는 더 높이 올라가므로) $KE = 0$이다.
- 에너지 보존 법칙 방정식을 적는다.

$$PE_0 + KE_0 + W_{nc} = PE + KE$$

- 위의 방정식의 각 항에 앞서 구한 값을 대입한다.

$$\frac{1}{2}mv_0^2 = mgh$$

- 양변의 각 항을 질량 m으로 나누어 식에서 질량 m을 없앤다. 그러고 나서 최종 높이를 구한다.

$$h = \frac{v_0^2}{2g}$$

- 최고 높이는 $h \approx 80$ m이다. (중력 가속도를 반올림하지 않으면 82 m이다.)

---

134. 경로를 그림으로 그린 다음, 맨 왼쪽 위의 위치에 초기 위치를 나타내는 i, 맨 아래 위치인 A점에 f_A, 오른쪽의 B점에 f_B를 써넣는다. 맨 아래 위치를 기준 높이 RH로 선택하여 표시한다.

- i가 RH와 같은 높이가 **아니므로** $PE_{g0} = mgh_0$이다.
- i에서 스프링이 평형 위치에서 압축되거나 늘어나지 않았으므로 $PE_{s0} = 0$이다.
- $PE_0 = PE_{g0} + PE_{s0} = mgh_0$
- 바나나가 i에서 **정지해** 있으므로 $KE_0 = 0$이다.
- 마찰력이 없으므로 $W_{nc} = 0$이다.

(A) 여기에서는 최종 위치 f_A는 원호의 맨 아래 위치인 A점이다.

- f_A가 RH와 같은 높이이므로 $PE_g = 0$이다.
- f_A에서 스프링이 평형 위치에서 압축되거나 늘어나지 않았으므로 $PE_s = 0$이다.
- $PE = PE_g + PE_s = 0$

- f_A(바나나의 속력이 가장 빠른 위치)에서 바나나가 움직이고 있으므로 $KE = \frac{1}{2}mv_A^2$이다.
- 에너지 보존 법칙 방정식을 적는다.

$$PE_0 + KE_0 + W_{nc} = PE_A + KE_A$$

- 위의 방정식의 각 항에 앞서 구한 값을 대입한다.

$$mgh_0 = \frac{1}{2}mv_A^2$$

- 양변의 각 항을 질량 m으로 나누어 식에서 질량 m을 없앤다. 그러고 나서 A점에서의 속력을 구한다.

$$v_A = \sqrt{2gh_0}$$

- 221~222쪽에 있는 예제와 이 문제가 비슷하므로 예제를 복습하기 바란다.
- 위에서 구한 수식에는 h_0(초기 높이)가 들어 있는데 문제에서 주어진 값은 진자의 길이 L이다. h_0을 구하기 위해 아래와 같이 h_0와 L의 관계를 보여주는 직각삼각형을 그린다(222쪽에서 한 것처럼).

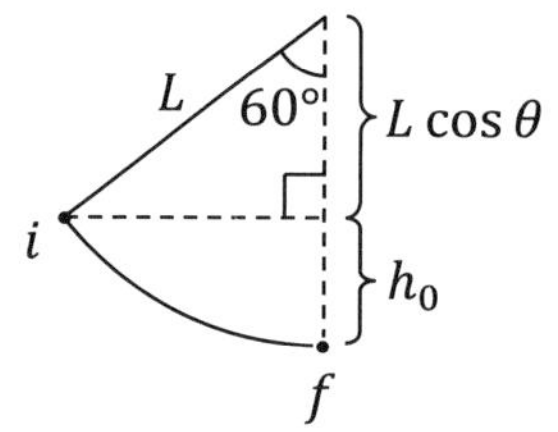

- 222쪽에서 한 것처럼 위의 그림에 삼각함수와 기하학을 적용한다.

$$h_0 = L - L\cos 60°$$

- 문제에서 진자의 길이는 $L = 10$ m로 주어졌으므로 초기 높이를 구할 수 있다.
- 초기 높이는 $h_0 = 5.0$ m이다.
- 초기 높이 값을 앞서 구한 v_A에 대한 수식에 대입한다.
- A점에서의 속력은 $v_A \approx 10$ m/s이다. (중력 가속도를 반올림하지 않으면 9.9 m/s이다.)

(B) 여기에서는 최종 위치 f_B는 원호의 B점이다.(A점과 B점에 대한 초깃값은 모두 동일하다.)

- f_B가 RH와 같은 높이가 **아니므로** $PE_g = mgh_B$이다.
- f_B에서 스프링이 평형 위치에서 압축되거나 늘어나지 않았으므로 $PE_s = 0$이다.
- $PE = PE_g + PE_s = mgh_B$

- f_B에서 바나나가 움직이고 있으므로 $KE = \frac{1}{2}mv_B^2$이다. (**참고:** B의 높이는 i의 높이보다 낮다.)
- 에너지 보존 법칙 방정식을 적는다.

$$PE_0 + KE_0 + W_{nc} = PE_B + KE_B$$

- 위의 방정식의 각 항에 앞서 구한 값을 대입한다.

$$mgh_0 = mgh_B + \frac{1}{2}mv_B^2$$

- 양변의 각 항을 질량 m으로 나누어 식에서 질량 m을 없앤다. 그러고 나서 B점에서의 속력을 구한다.

$$v_B = \sqrt{2g(h_0 - h_B)}$$

- h_B를 구하기 위의 문제 (A)에서 했던 것과 마찬가지 방식으로 직각삼각형을 그린 다음, 여기에 삼각함수와 기하학을 적용한다.

$$h_B = L - L\cos 30°$$

- B점의 높이는 $h_B = 10 - 5\sqrt{3}$ m이다.
- B점의 높이 값을 앞서 구한 v_B에 대한 수식에 대입한다.
- B점에서의 속력은 $v_B \approx 10\sqrt{\sqrt{3} - 1}$ m/s이다. 반올림하지 않고 소수점을 사용하여 나타내면 8.5 m/s이다.

---

135. 경로를 그림으로 그린 다음, 맨 왼쪽 위의 위치에 초기 위치를 나타내는 i, 언덕 아래의 A점에 f_A, 그 오른쪽의 B점에 f_B를 써넣는다. 맨 아래 바닥의 위치를 기준 높이 RH로 선택하여 표시한다.

(A) 여기에서는 최종 위치 f_A는 언덕 아래의 A점이다.

- i가 RH와 같은 높이가 **아니므로** $PE_{g0} = mgh_0$이다.
- i에서 스프링이 평형 위치에서 압축되거나 늘어나지 않았으므로 $PE_{s0} = 0$이다.
- $PE_0 = PE_{g0} + PE_{s0} = mgh_0$
- 상자가 i에서 **정지해** 있으므로 $KE_0 = 0$이다.
- i에서 f_A로 움직이는 동안 마찰력이 없으므로 $W_{nc} = 0$이다.
- f_A가 RH와 같은 높이이므로 $PE_g = 0$이다.
- f_A에서 스프링이 평형 위치에서 압축되거나 늘어나지 않았으므로 $PE_s = 0$이다.
- $PE = PE_g + PE_s = 0$
- f_A(상자의 속력이 가장 빠른 위치)에서 상자가 움직이고 있으므로 $KE = \frac{1}{2}mv_A^2$이다.
- 에너지 보존 법칙 방정식을 적는다.

$$PE_0 + KE_0 + W_{nc} = PE_A + KE_A$$

- 위의 방정식의 각 항에 앞서 구한 값을 대입한다.

$$mgh_0 = \frac{1}{2}mv_A^2$$

- 양변의 각 항을 질량 m으로 나누어 식에서 질량 m을 없앤다. 그러고 나서 A점에서의 속력을 구한다.

$$v_A = \sqrt{2gh_0}$$

- A점에서의 속력은 $v_A = 20$ m/s이다.

(B) 여기에서는 최종 위치 f_B는 언덕 아래의 B점이다.

- i가 RH와 같은 높이가 **아니므로** $PE_{g0} = mgh_0$이다.
- i에서 스프링이 평형 위치에서 압축되거나 늘어나지 않았으므로 $PE_{s0} = 0$이다.
- $PE_0 = PE_{g0} + PE_{s0} = mgh_0$
- i에서 상자가 **정지해** 있으므로 $KE_0 = 0$이다.
- f_A에서 f_B로 움직이는 동안 **마찰력이 있으므로** $W_{nc} = -\mu Ns$이다.
- f_B가 RH와 같은 높이이므로 $PE_g = 0$이다.
- f_B에서 스프링이 평형 위치에서 압축되거나 늘어나지 않았으므로 $PE_s = 0$이다.
- $PE = PE_g + PE_s = 0$
- f_B에서 상자가 **정지해** 있으므로 $KE = 0$이다.
- 에너지 보존 법칙 방정식을 적는다.

$$PE_0 + KE_0 + W_{nc} = PE_B + KE_B$$

- 위의 방정식의 각 항에 앞서 구한 값을 대입한다.

$$mgh_0 - \mu Ns = 0$$

- 자유물체도를 그리면 아래와 같다. 이 그림을 보고 수직력을 구해보자.

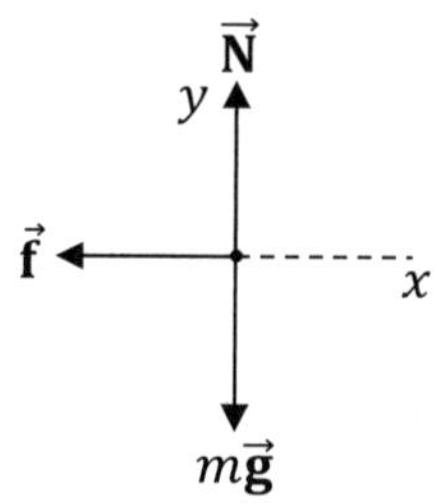

- 수직력을 구하기 위해 힘의 y 성분에 대해 뉴턴의 제2법칙을 적용하면 $\Sigma F_y = ma_y$로 표시되는 방정식이 나온다. 좌변에 실제 가해지는 힘들을 대입하여 정리하면 다음 덧셈 방정식을 얻는다.

$$N - mg = 0$$

- **주의:** $a_y = 0$이 된 것은 상자가 수직인 방향으로 가속되지 않기 때문이다.
- 위 방정식을 수직력에 대해 풀면 $N = mg$이다.
- 위에서 구한 수직력을 앞서 에너지 보존 법칙 방정식을 풀어서 얻은 수식에 대입한다.
- 양변의 각 항을 질량 m으로 나누어 식에서 질량 m을 없앤다. 그러고 나서 s를 구한다.

$$s = \frac{h_0}{\mu}$$

- 점 A와 B 사이의 거리는 $s = 100$ m이다.

---

136. 경로를 그림으로 그린 다음, 상자가 출발하는 위치에 초기 위치를 나타내는 i, 상자가 바닥에 도달하가 직전의 위치에 최종 위치를 나타내는 f를 써넣는다. 바닥면을 기준 높이 RH로 선택하여 표시한다.

- i가 RH와 같은 높이가 **아니므로** $PE_{g0} = mgh_0$이다.
- i에서 스프링이 평형 위치에서 압축되거나 늘어나지 않았으므로 $PE_{s0} = 0$이다.
- $PE_0 = PE_{g0} + PE_{s0} = mgh_0$
- 상자가 i에서 **정지해** 있으므로 $KE_0 = 0$이다.
- i에서 f로 움직이는 동안 **마찰력이 있으므로** $W_{nc} = -\mu Ns$이다.
- f가 RH와 같은 높이이므로 $PE_g = 0$이다.
- f에서 스프링이 평형 위치에서 압축되거나 늘어나지 않았으므로 $PE_s = 0$이다.
- $PE = PE_g + PE_s = 0$
- f에서 상자가 움직이고 있으므로 $KE = \frac{1}{2}mv^2$이다.
- 에너지 보존 법칙 방정식을 적는다.

$$PE_0 + KE_0 + W_{nc} = PE + KE$$

- 위의 방정식의 각 항에 앞서 구한 값을 대입한다.

$$mgh_0 - \mu Ns = \frac{1}{2}mv^2$$

- 자유물체도를 그리면 아래와 같다. 이 그림을 보고 수직력을 구해보자.

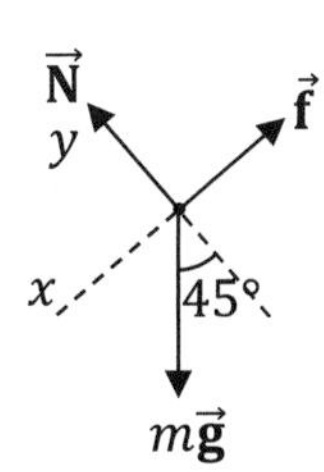

- 수직력을 구하기 위해 힘의 y 성분에 대해 뉴턴의 제2법칙을 적용하면 $\Sigma F_y = ma_y$로 표시되는 방정식이 나온다. 좌변에 실제 가해지는 힘들을 대입하여 정리하면 다음 덧셈 방정식을 얻는다.

$$\mathrm{N} - mg\cos 45° = 0$$

- **주의:** $a_y = 0$이 된 것은 상자가 경사면에 수직인 방향으로 가속되지 않기 때문이다.
- 위 방정식을 수직력에 대해 푼다.
- 위에서 구한 수직력을 앞서 에너지 보존 법칙 방정식을 풀어서 얻은 수식에 대입한다.
- 양변의 각 항을 질량 m으로 나누어 식에서 질량 m을 없앤다. 그러고 나서 최종 속력을 구한다.

$$v = \sqrt{2gh_0 - \frac{gs\cos 45°}{2}}$$

- 문제에서는 상자의 총 이동거리가 $s = 240\sqrt{2}$ m로 주어졌다.
- 초기 높이 h_0을 구하기 위해 h_0와 s의 관계를 보여주는 직각삼각형을 그린 다음 삼각함수와 기하학을 적용한다.

$$\sin 45° = \frac{h_0}{s}$$

- 초기 높이를 h_0을 구한 다음, 값을 대입한다.
- 초기 높이는 $h_0 = 240$ m이다.
- 초기 높이 값을 앞서 구한 v에 대한 수식에 대입한다.
- 최종 속력은 $v \approx 60$ m/s이다. (중력 가속도를 반올림하지 않으면 59 m/s이다.)

---

137. (A) 경로를 그림으로 그린 다음, 50 m/s로 움직이는 위치에 초기 위치를 나타내는 i, A점에 최종 위치를 나타내는 f를 써넣는다. 맨 아래 위치를 기준 높이 RH로 선택하여 표시한다.

- i가 RH와 같은 높이이므로 $PE_{g0} = 0$이다.
- i에서 스프링이 평형 위치에서 압축되거나 늘어나지 않았으므로 $PE_{s0} = 0$이다.
- $PE_0 = PE_{g0} + PE_{s0} = 0$
- 롤러코스터가 i에서 움직이고 있으므로 $KE_0 = \frac{1}{2}mv_0^2$이다.
- 움직이는 동안 마찰력이 없으므로 $W_{nc} = 0$이다.
- f가 RH와 같은 높이가 아니므로 $PE_g = mgh$이다.
- f에서 스프링이 평형 위치에서 압축되거나 늘어나지 않았으므로 $PE_s = 0$이다.

- $PE = PE_g + PE_s = mgh$
- f에서 롤러코스터가 움직이고 있으므로 $KE = \frac{1}{2}mv^2$이다.
- 에너지 보존 법칙 방정식을 적는다.

$$PE_0 + KE_0 + W_{nc} = PE + KE$$

- 위의 방정식의 각 항에 앞서 구한 값을 대입한다.

$$\frac{1}{2}mv_0^2 = mgh + \frac{1}{2}mv^2$$

- 양변의 각 항을 질량 m으로 나누어 식에서 질량 m을 없앤다. 그러고 나서 최종 속력을 구한다.

$$v = \sqrt{v_0^2 - 2gh}$$

- A점에서 속력은 $v = 30\sqrt{2}$ m/s이다. (중력 가속도를 반올림하지 않으면 43 m/s 이다.)

(B) 222~225쪽에 있는 예제를 복습하기 바란다.

- 롤러코스터 원형 궤도 맨 위의 A점에서 자유물체도를 그리면 아래와 같다. 이 그림을 보고 A점에서의 수직력을 구해보자.

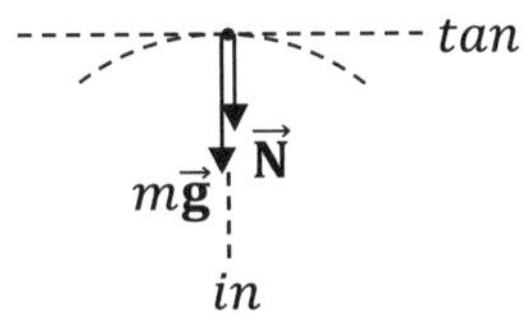

- 롤러코스터가 A점에서 원운동을 하고 있으므로 17장에서 했던 방식대로 힘의 안쪽(in) 성분에 대해 뉴턴의 제2법칙을 적용하면 $\Sigma F_{in} = ma_c$로 표시되는 방정식이 나온다. 좌변에 실제 가해지는 힘들을 대입하여 정리하면 다음 덧셈 방정식을 얻는다.

$$N + mg = ma_c$$

- 방정식 $a_c = \frac{v^2}{R}$를 사용한다. 이 식을 위의 덧셈 방정식에 대입한 다음, 수직력에 대해 푼다.

$$N = m\left(\frac{v^2}{R} - g\right)$$

- 위 수식에 값을 대입한다.
- 원형 궤도 맨 위의 A점에서 수직력은 $N = 19.5$ kN(또는 19,500 N)이다.

138. 경로를 그림으로 그린 다음, 완전히 압축된 위치(FC)에 초기 위치를 나타내는 i, 맨 위의 위치에 최종 위치를 나타내는 f를 써넣는다. i 위치를 기준 높이 RH로 선택하여 표시한다.

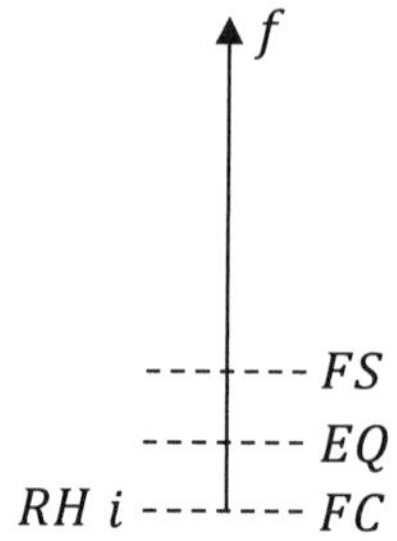

- i가 RH와 같은 높이이므로 $PE_{g0} = 0$이다.
- i에서 스프링이 평형 위치에서 압축되었으므로 $PE_{s0} = \frac{1}{2}kx_0^2$이다.
- $PE_0 = PE_{g0} + PE_{s0} = \frac{1}{2}kx_0^2$
- 조각이 i에서 **정지해** 있으므로 $KE_0 = 0$이다.
- 마찰력이 없으므로 $W_{nc} = 0$이다.
- f가 RH와 같은 높이가 아니므로 $PE_g = mgh$이다.
- f에서 조각은 스프링에 부착되어 있지 않으므로 $PE_s = 0$이다.
- $PE = PE_g + PE_s = 0$
- f에서 조각은 **정지해** 있으므로(그렇지 않으면 조각은 더 위로 올라갈 수 있으므로) $KE = 0$이다.
- 에너지 보존 법칙 방정식을 적는다.

$$PE_0 + KE_0 + W_{nc} = PE + KE$$

- 위의 방정식의 각 항에 앞서 구한 값을 대입한다.

$$\frac{1}{2}kx_0^2 = mgh$$

- 위 식을 스프링 상수에 대해 푼다.

$$k = \frac{2mgh}{x_0^2}$$

- 스프링 상수는 $k \approx 288$ N/m이다(중력 가속도를 반올림하지 않으면 283 N/m이다).

---

139. 경로를 그림으로 그린 다음, 완전히 압축된 위치(FC)에 초기 위치를 나타내는 i, 평형 위치(EQ)에 f_A, 평형 위치(EQ)와 완전히 늘어난 위치(FS) 사이에 f_B를 써넣는다. 바닥면의 위치를 기준 높이 RH로 선택하여 표시한다.

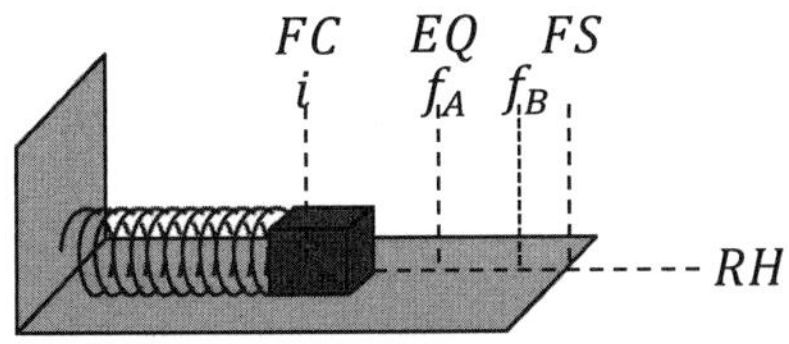

- i가 RH와 같은 높이이므로 $PE_{g0} = 0$이다.
- i에서 스프링이 **평형 위치에서 압축**되었으므로 $PE_{s0} = \frac{1}{2}kx_0^2$이다.
- $PE_0 = PE_{g0} + PE_{s0} = \frac{1}{2}kx_0^2$
- 조각이 i에서 정지해 있으므로 $KE_0 = 0$이다.
- 마찰력이 없으므로 $W_{nc} = 0$이다.

(A) 여기에서는 최종 위치 f_A는 평형 위치(EQ)이다.

- f_A가 RH와 같은 높이이므로 $PE_g = 0$이다.
- f_A에서 스프링이 평형 위치에 있으므로 $PE_s = 0$이다.
- $PE = PE_g + PE_s = 0$
- f_A에서 상자가 움직이고 있으므로 $KE = \frac{1}{2}mv_A^2$이다. (f_A에서 상자의 속력이 가장 빠르다.)
- 에너지 보존 법칙 방정식을 적는다.

$$PE_0 + KE_0 + W_{nc} = PE_A + KE_A$$

- 위의 방정식의 각 항에 앞서 구한 값을 대입한다.

$$\frac{1}{2}kx_0^2 = \frac{1}{2}mv_A^2$$

- 위 식을 최종 속력에 대해 푼다.

$$v_A = x_0\sqrt{\frac{k}{m}}$$

- 평형 위치에서 최종 속력은 $v_A = 25\text{m/s}$이다.

(B) 여기에서는 최종 위치 f_B는 평형 위치(EQ)와 완전히 늘어난 위치(FS) 사이에 있다.

- f_B가 RH와 같은 높이이므로 $PE_g = 0$이다.
- f_B에서 스프링이 평형 위치에 늘어나 있으므로 $PE_s = \frac{1}{2}kx_B^2$이다.
- $PE = PE_g + PE_s = 0$
- f_B에서 상자가 움직이고 있으므로 $KE = \frac{1}{2}mv_B^2$이다. (f_B에서 상자의 속력은 f_A에서 보다 느리다.)
- 에너지 보존 법칙 방정식을 적는다.

$$PE_0 + KE_0 + W_{nc} = PE_B + KE_B$$

- 위의 방정식의 각 항에 앞서 구한 값을 대입한다.

$$\frac{1}{2}kx_0^2 = \frac{1}{2}kx_B^2 + \frac{1}{2}mv_B^2$$

- 위 식을 최종 속력에 대해 푼다.

$$v_B = \sqrt{\frac{k}{m}(x_0^2 - x_B^2)}$$

- B점에서 속력은 $v_B = 15\text{m/s}$이다.

---

140. 226~227쪽에 있는 예제와 이 문제가 거의 동일하므로 예제를 복습하기 바란다.

- 경로를 그림으로 그린 다음, 행성 표면에 초기 위치를 나타내는 i, $R \to \infty$ 위치에 최종 위치를 나타내는 f를 써넣는다. $R \to \infty$ 위치를 기준 높이 RH로 선택하여 표시한다.
- (기준 높이는 위치 에너지가 0이 되는 점이다. R이 무한대에 가까워질수록 PE_g는 0에 가까워진다.)
- i가 RH와 같은 높이가 **아니므로** $PE_{g0} = -\frac{Gm_pm}{R_0}$이다.
- (고도 변화가 천문학적 규모인 경우에 적용되는 공식을 사용해야 한다. mgh_0를 사용하면 안 된다.)
- i에서 스프링이 평형 위치에서 압축되거나 늘어나지 않았으므로 $PE_{s0} = 0$이다.
- $PE_0 = PE_{g0} + PE_{s0} = -\frac{Gm_pm}{R_0}$
- 발사체가 행성을 벗어나기 위해서는 i에서 움직여야 하므로 $KE_0 = \frac{1}{2}mv_0^2$이다.
- 별도로 언급이 없으므로 공기 저항을 무시하면 $W_{nc} = 0$이다.
- f가 RH와 같은 높이이므로(또한 R이 무한대에 가까워질수록 $-\frac{Gm_pm}{R_0}$는 0에 가까워지므로) $PE_g = 0$이다.
- f에서 스프링이 평형 위치에서 압축되거나 늘어나지 않았으므로 $PE_s = 0$이다.
- $PE = PE_g + PE_s = 0$
- 탈출속력은 f에 도달하는 데 필요한 최소 속력이므로 $KE = 0$이다.
- 에너지 보존 법칙 방정식을 적는다.

$$PE_0 + KE_0 + W_{nc} = PE + KE$$

- 위의 방정식의 각 항에 앞서 구한 값을 대입한다.

$$-\frac{Gm_pm}{R_0} + \frac{1}{2}mv_0^2 = 0$$

- 양변의 각 항을 발사체의 질량 m으로 나누어 식에서 질량 m을 없앤다. 그러고 나서 초기 속력을 구한다.

$$v_0 = \sqrt{\frac{2Gm_p}{R_0}}$$

- 탈출 속력은 $v = 100$ km/s이다. (10^5 m/s로 써도 된다.)

---

141. 경로를 그림으로 그린 다음, $R_0 = 8.0 \times 10^7$ m인 위치에 초기 위치를 나타내는 i, $R = 4.0 \times 10^7$ m인 위치에 최종 위치를 나타내는 f를 써넣는다. $R \to \infty$ 위치를 기준 높이 RH로 선택하여 표시한다.

- i가 RH와 같은 높이가 **아니므로** $PE_{g0} = -\frac{Gm_pm}{R_0}$이다.
- (고도 변화가 천문학적 규모인 경우에 적용되는 공식을 사용해야 한다. mgh_0를 사용하면 안 된다.)
- i에서 스프링이 평형 위치에서 압축되거나 늘어나지 않았으므로 $PE_{s0} = 0$이다.
- $PE_0 = PE_{g0} + PE_{s0} = -\frac{Gm_pm}{R_0}$
- i에서 로켓이 움직이고 있으므로 $KE_0 = \frac{1}{2}mv_0^2$이다.
- 저항력이 없으므로 $W_{nc} = 0$이다.
- f가 RH와 같은 높이가 **아니므로** $PE_g = -\frac{Gm_pm}{R}$이다.
- f에서 스프링이 평형 위치에서 압축되거나 늘어나지 않았으므로 $PE_s = 0$이다.
- $PE = PE_g + PE_s = 0$
- f에서 로켓이 움직이고 있으므로 $KE = \frac{1}{2}mv^2$이다.
- 에너지 보존 법칙 방정식을 적는다.

$$PE_0 + KE_0 + W_{nc} = PE + KE$$

- 위의 방정식의 각 항에 앞서 구한 값을 대입한다.

$$-\frac{Gm_pm}{R_0} + \frac{1}{2}mv_0^2 = -\frac{Gm_pm}{R} + \frac{1}{2}mv^2$$

- 양변의 각 항을 로켓의 질량 m으로 나누어 식에서 질량 m을 없앤다. 그러고 나서 최종 속력을 구한 다음, 값을 대입힌다.
- 수식에서 제곱근 안에 들어가는 값이 − 부호를 가지면(음수가 되면) 수식 연산을 잘못 했거나 값을 잘못 대입했거나 계산 실수를 한 것이다.
- 최종 속력은 $v = 9.0$ km/s이다. (9000 m/s로 써도 된다.)

23장: 일차원 충돌

142. g 단위를 kg 단위로 변환할 필요는 없다. 그 대신, 단위의 일관성은 유지해야 한다.

- **완전 비탄성** 충돌 방정식을 사용한다.

$$m_1\vec{\boldsymbol{v}}_{10} + m_2\vec{\boldsymbol{v}}_{20} = (m_1 + m_2)\vec{\boldsymbol{v}}$$

- 바나나의 초기 속도는 0이다. 따라서 $\vec{\boldsymbol{v}}_{10} = 0$이다. 값을 대입한다.
- $\vec{\boldsymbol{v}}$에 대해 푼다. 바나나와 화살의 최종 속력은 $v = 15$ m/s이다.

---

143. 북쪽 방향을 +로 선택한다. 그러면 남쪽 방향은 −가 된다.

- 역 완전 비탄성 충돌 방정식을 사용한다.

$$(m_1 + m_2)\vec{\boldsymbol{v}}_0 = m_1\vec{\boldsymbol{v}}_1 + m_2\vec{\boldsymbol{v}}_2$$

- 시스템의 초기 속도는 0이다. 따라서 $\vec{\boldsymbol{v}}_0 = 0$이다.
- 원숭이가 남쪽 방향으로 걸어가므로 속도는 $\vec{\boldsymbol{v}}_1 = -3\hat{\mathbf{y}}$ m/s와 같이 − 부호를 가진다.
- $\vec{\boldsymbol{v}}_2$에 대해 푼다. 카누의 최종 속도는 (북쪽 방향으로) $\vec{\boldsymbol{v}}_2 = \frac{3}{5}\hat{\mathbf{y}}$ m/s이다.

---

144. 동쪽 방향을 +로 선택한다. 그러면 서쪽 방향은 −가 된다.

- 한 상자는 동쪽 방향으로 이동하고 다른 상자는 서쪽 방향으로 이동하므로 두 상자의 초기 속도 중 하나는 − 부호를 가진다. $\vec{\boldsymbol{v}}_{10} = 5.0\hat{\mathbf{x}}$ m/s, $\vec{\boldsymbol{v}}_{20} = -4.0\hat{\mathbf{x}}$ m/s.

(A) **완전 비탄성** 충돌 방정식을 사용합니다.

$$m_1\vec{\boldsymbol{v}}_{10} + m_2\vec{\boldsymbol{v}}_{20} = (m_1 + m_2)\vec{\boldsymbol{v}}$$

- 숫자를 대입한다. $\vec{\boldsymbol{v}}$에 대해 푼다.
- 두 상자의 속도는 $\vec{\boldsymbol{v}} = -1.0\hat{\mathbf{x}}$ m/s이다. 두 상자 모두 서쪽 방향으로 이동한다.

(B) **탄성** 충돌 방정식을 사용한다. ($\hat{\mathbf{x}}$가 무엇을 의미하는지 정확하게 알고 싶으면 10장을 참조하라.)

$$m_1\vec{\boldsymbol{v}}_{10} + m_2\vec{\boldsymbol{v}}_{20} = m_1\vec{\boldsymbol{v}}_1 + m_2\vec{\boldsymbol{v}}_2$$
$$\vec{\boldsymbol{v}}_{10} + \vec{\boldsymbol{v}}_1 = \vec{\boldsymbol{v}}_{20} + \vec{\boldsymbol{v}}_2$$

- 질량과 초기 속도를 위의 두 방정식에 대입한 다음, 간단히 정리한다.

$$-18\hat{\boldsymbol{x}} = 6\vec{\boldsymbol{v}}_1 + 12\vec{\boldsymbol{v}}_2$$
$$5\hat{\boldsymbol{x}} + \vec{\boldsymbol{v}}_1 = -4\hat{\boldsymbol{x}} + \vec{\boldsymbol{v}}_2$$

- 위의 두 방정식 중 아래에 있는 방정식을 $\vec{v}_2$에 대해 정리한다.

$$\vec{v}_2 = 9\hat{x} + \vec{v}_1$$

- 위에서 정리한 $\vec{v}_2$ 값을 앞서 구한 두 방정식 중 위에 있는 방정식에 대입한다. 이렇게 구한 식을 $\vec{v}_1$에 대해 정리한다(이 과정은 1장에서 설명한 치환법을 적용한 것이다.)
- 바나나 상자의 최종 속도는 $\vec{v}_1 = -7.0\hat{x}$ m/s이다.
- 위에서 얻은 방정식에 $\vec{v}_1$을 대입한다.
- 사과 상자의 최종 속도는 $\vec{v}_2 = 2.0\hat{x}$ m/s이다.
- 동쪽 방향을 +로 선택했으므로 바나나 상자는 충돌 후 **서쪽 방향으로** 7.0 m/s의 속력으로 이동하고 사과 상자는 **동쪽 방향으로** 2.0 m/s의 속력으로 이동한다.

---

145. **탄성** 충돌 방정식을 사용한다.

$$m_1\vec{v}_{10} + m_2\vec{v}_{20} = m_1\vec{v}_1 + m_2\vec{v}_2$$
$$\vec{v}_{10} + \vec{v}_1 = \vec{v}_{20} + \vec{v}_2$$

- 북쪽 방향을 +로 선택한다. 그러면 남쪽 방향은 −가 된다.
- 한 상자는 북쪽 방향으로 이동하고 다른 상자는 남쪽 방향으로 이동하므로 두 상자의 초기 속도 중 하나는 − 부호를 가진다. $\vec{v}_{10} = 16.0\hat{y}$ m/s, $\vec{v}_{20} = -6.0\hat{y}$ m/s
- 질량과 초기 속도를 위의 두 방정식에 대입한 다음, 간단히 정리한다.

$$-6\hat{y} = 3\vec{v}_1 + 9\vec{v}_2$$
$$16\hat{y} + \vec{v}_1 = -6\hat{y} + \vec{v}_2$$

- 위의 두 방정식 중 아래에 있는 방정식을 $\vec{v}_2$에 대해 정리한다.

$$\vec{v}_2 = 22\hat{y} + \vec{v}_1$$

- 위에서 정리한 $\vec{v}_2$ 값을 앞서 구한 두 방정식 중 위에 있는 방정식에 대입한다. 이렇게 구한 식을 $\vec{v}_1$에 대해 정리한다(이 과정은 1장에서 설명한 치환법을 적용한 것이다.)
- 코코넛 상자의 최종 속도는 $\vec{v}_1 = -17.0\hat{y}$ m/s이다.
- 위에서 얻은 방정식에 $\vec{v}_1$을 대입한다.
- 자몽 상자의 최종 속도는 $\vec{v}_2 = 5.0\hat{y}$ m/s이다.
- 북쪽 방향을 +로 선택했으므로 코코넛 상자는 충돌 후 **남쪽 방향으로** 17.0 m/s의 속력으로 이동하고 자몽 상자는 **북쪽 방향으로** 5.0 m/s의 속력으로 이동한다.

(B) 충돌 방정식 중에서 평균 충돌력을 포함하는 방정식을 사용한다.

$$\vec{J} = \Delta\vec{p} = \vec{p} - \vec{p}_0 = m(\vec{v} - \vec{v}_0) = \vec{F}_c\Delta t$$

- 충돌 방정식을 하나의 물체(하나의 상자)에 적용한다.
- 물체1에 가해지는 평균 충돌력을 구한다. 물체2에 가해지는 평균 충돌력은 뉴턴의 제3법칙에 따라 물체1에 가해지는 충돌력과 크기는 같고 방향은 반대이다.

$$F_c = \frac{m_1|v_1 - v_{10}|}{\Delta t}$$

- (벡터의 "크기"는 양수이므로 위 식에서 절댓값을 구한 것이다.)
- 값을 대입한다. 시간을 ms 단위에서 s 단위로 변환하면 $\Delta t = 0.25\ \text{s} = \frac{1}{4}\ \text{s}$이다.
- 평균 충돌력은 $F_c = 396$ N이다.

---

146. 이 문제는 두 단계로 나누어 풀기로 한다. **1단계**: 에너지 보존 법칙을 적용하여 충돌 직전 위치인 A점에서 바나나 상자의 속도를 구한다. **2단계**: 운동량 보존 법칙을 충돌에 적용한다.

1단계: 에너지 보존 법칙을 적용하여 충돌 직전에 바나나 상자의 속도를 구한다.

- 초기 위치 i는 언덕 꼭대기에, 최종 위치 f_{bc}는 충돌 직전 위치인 A점에 써넣는다. RH는 수평면으로 선택하여 표시한다.
- **표기법**: 아래첨자 "bc"는 "충돌 직전(before crash)"를 의미한다.
- i가 RH와 같은 높이가 **아니므로** $PE_{g0} = mgh_0$이다.
- i에서 스프링이 평형 위치에서 압축되거나 늘어나지 않았으므로 $PE_{s0} = 0$이다.
- $PE_0 = PE_{g0} + PE_{s0} = mgh_0$
- 상자가 i에서 **정지해** 있으므로 $KE_0 = 0$이다.
- 마찰력이 없으므로 $W_{nc} = 0$이다.
- f_{bc}가 RH와 같은 높이이므로 $PE_g = 0$이다.
- f_{bc}에서 스프링이 평형 위치에서 압축되거나 늘어나지 않았으므로 $PE_s = 0$이다.
- $PE = PE_g + PE_s = 0$
- f_{bc}에서 상자가 움직이고 있으므로 $KE = \frac{1}{2}mv_{bc}^2$이다.
- 에너지 보존 법칙 방정식을 적는다.

$$PE_0 + KE_0 + W_{nc} = PE + KE$$

- 위의 방정식의 각 항에 앞서 구한 값을 대입한다.

$$mgh_0 = \frac{1}{2}mv_{bc}^2$$

- 양변을 질량 m으로 나누어 식에서 질량 m을 없앤다. 그리고 나서 충돌 직전의 속력을 구한다.

$$v_{bc} = \sqrt{2gh_0}$$

- 초기 높이는 원의 반지름과 같다. $h_0 = R = 5.0$ m.
- 충돌 직전 상자의 속력은 $v_{bc} \approx 10$ m/s(중력 가속도를 반올림하지 않으면 9.9 m/s)이다.

2단계: 운동량 보존 법칙을 충돌에 적용한다.

- **완전 비탄성** 충돌 방정식을 사용한다.

$$m_1\vec{\boldsymbol{v}}_{bc} + m_2\vec{\boldsymbol{v}}_{20} = (m_1 + m_2)\vec{\boldsymbol{v}}$$

- 아래첨자 "bc"는 "충돌 직전(before crash)"를 의미한다.
- 파인애플 30 kg 상자의 초기 속도는 0이다. 따라서 $\vec{\boldsymbol{v}}_{20} = 0$이다.
- 상자의 최종 속력은 $v = 4.0$ m/s이다.

24장: 이차원 충돌

147. $+x$를 동쪽 방향으로, $+y$를 북쪽 방향으로 선택한다.

- 값이 주어진 양은 다음과 같다. $v_{10} = 20$ m/s, $v_{20} = 40$ m/s, $\theta_{10} = 90°$, $\theta_{20} = 0°$.
- $\vec{\boldsymbol{v}}_{10}$가 북쪽 방향($+y$)을 가리키므로 $\theta_{10} = 90°$이다. $\vec{\boldsymbol{v}}_{20}$가 동쪽 방향($+x$)을 가리키므로 $\theta_{20} = 0°$이다.
- 초기 속도의 x 성분과 y 성분을 구한다.

$$v_{10x} = v_{10}\cos\theta_{10} \quad , \quad v_{20x} = v_{20}\cos\theta_{20}$$
$$v_{10y} = v_{10}\sin\theta_{10} \quad , \quad v_{20y} = v_{20}\sin\theta_{20}$$

- 초기 속도 성분은 $v_{10x} = 0$, $v_{10y} = 20$ m/s, $v_{20x} = 40$ m/s, $v_{20y} = 0$이다.
- 2차원 **완전 비탄성** 충돌 방정식을 사용한다.

$$m_1v_{10x} + m_2v_{20x} = (m_1 + m_2)v_x$$
$$m_1v_{10y} + m_2v_{20y} = (m_1 + m_2)v_y$$

- 최종 속도의 x 성분과 y 성분을 구한다. $v_x = 12$ m/s, $v_y = 16$ m/s.
- 피타고라스의 정리를 적용하여 최종 속력을 구한다.

$$v = \sqrt{v_x^2 + v_y^2}$$

- 바나나 자동차의 최종 속력은 20 m/s이다.

---

148. 이 문제에서는 최종 속도가 주어진 상태에서 초기 속도 중 하나를 구해야 한다. 이 때문에 앞서 다른 문제를 풀 때와는 약간 다른 방식을 사용한다.

- $+x$를 동쪽 방향으로, $+y$를 북쪽 방향으로 선택한다.
- 값이 주어진 양은 $v_{10} = 20$ m/s, $v = 10\sqrt{2}$ m/s, $\theta_{10} = 270°$, $\theta = 225°$.
- $\vec{v}_0$가 남쪽 방향($-y$)을 가리키므로 $\theta_{10} = 270°$이다. $\vec{v}$가 남서쪽 방향($+x$)을 가리키므로 $\theta = 225°$이다.
- 이 문제에서는 v_{20}과 θ_{20}을 구해야 한다.
- 물체 1의 초기 속도의 x 성분과 y 성분을 구한다.

$$v_{10x} = v_{10}\cos\theta_{10} \quad , \quad v_{10y} = v_{10}\sin\theta_{10}$$

- 물체 1의 초기 속도 성분은 $v_{10x} = 0$, $v_{10y} = -20$ m/s이다.
- 최종 속도의 x 성분과 y 성분을 구한다.

$$v_x = v\cos\theta \quad , \quad v_y = v\sin\theta$$

- 최종 속도의 성분은 $v_x = -10$ m/s, $v_y = -10$ m/s이다.
- 2차원 **완전 비탄성** 충돌 방정식을 사용한다.

$$m_1 v_{10x} + m_2 v_{20x} = (m_1 + m_2)v_x$$
$$m_1 v_{10y} + m_2 v_{20y} = (m_1 + m_2)v_y$$

- 물체2의 초기 속도의 성분을 구한다. $v_{20x} = -20$ m/s, $v_{20y} = 0$.
- 물체2의 초기 속력을 구하기 위해 피타고라스의 정리를 적용한다.

$$v_{20} = \sqrt{v_{20x}^2 + v_{20y}^2}$$

- 물체2의 초기 속력은 20 m/s이다.
- 삼각함수를 이용하여 물체2의 초기 속도 방향을 구한다.

$$\theta_{20} = \tan^{-1}\left(\frac{v_{20y}}{v_{20x}}\right)$$

- 물체2의 초기 속도 방향은 180°(서쪽 방향)이다.

---

149. 먼저 주어진 양(기호)의 목록을 작성한다.

- 초기에 당구공이 움직이는 경로의 방향을 $+x$로 선택한다.
- 값이 주어진 양은 다음과 같다.

$$v_{10} = 6\sqrt{3}\text{ m/s},\ \theta_{10} = 0°,\ v_{20} = 0,\ v_1 = 3\sqrt{3}\text{ m/s},\ \theta_1 = 60°$$

- 초기 속도의 x 성분과 y 성분을 구한다.

$$v_{10x} = v_{10}\cos\theta_{10} \quad , \quad v_{20x} = v_{20}\cos\theta_{20}$$
$$v_{10y} = v_{10}\sin\theta_{10} \quad , \quad v_{20y} = v_{20}\sin\theta_{20}$$

- 초기 속도 성분은 $v_{10x} = 6\sqrt{3}$ m/s, $v_{10y} = 0$, $v_{20x} = 0$, $v_{20y} = 0$이다.
- 물체1의 최종 속도의 x 성분과 y 성분을 구한다.

$$v_{1x} = v_1\cos\theta_1 \quad , \quad v_{1y} = v_1\sin\theta_1$$

- 물체1의 최종 속도 성분은 $v_{1x} = \frac{3\sqrt{3}}{2}$ m/s, $v_{1y} = \frac{9}{2}$ m/s입니다.
- 동일한 질량을 갖는 물체 사이의 2차원 **탄성** 충돌 방정식을 사용한다.

$$v_{10x} + v_{20x} = v_{1x} + v_{2x}$$
$$v_{10y} + v_{20y} = v_{1y} + v_{2y}$$
$$\theta_{1ref} + \theta_{2ref} = 90°$$

- 물체2의 최종 속도의 성분을 구한다. $v_{2x} = \frac{9\sqrt{3}}{2}$ m/s, $v_{2y} = -\frac{9}{2}$ m/s.
- 물체2의 최종 속력을 구하기 위해 피타고라스의 정리를 적용한다.

$$v_2 = \sqrt{v_{2x}^2 + v_{2y}^2}$$

- 물체2의 최종 속력은 9.0 m/s입니다.
- 삼각함수를 적용하여 물체2의 최종 속도의 방향을 구한다.

$$\theta_2 = \tan^{-1}\left(\frac{v_{2y}}{v_{2x}}\right)$$

- 물체2의 최종 속력의 방향은 330°이다.
- ($v_{2x} > 0$이고 $v_{2y} < 0$이므로 방향을 나타내는 각도는 제4사분면에 놓여 있다.)

25장: 로켓 추진

150. 먼저 값이 주어진 양(기호)의 목록을 만든다.

$$m_p = 2000 \text{ kg}, r_p = 25\% = \frac{1}{4}, v_{y0} = 200 \text{ m/s}, u = 1500 \text{ m/s}, v_y = 600 \text{ m/s}, R_b = 50 \text{ kg/s}$$

(A) 여기서는 로켓에 남아 있는 연료의 최종 질량인 m_f를 구해야 한다.

- 방정식 $r_p = \frac{m_p}{m_0}$을 사용하여 연료를 포함한 로켓의 초기 질량 m_0을 구한다.
- 그러면 로켓의 초기 질량은 $m_0 = 8000$ kg으로 나온다.
- 무중력 방정식 $v_y = v_{y0} + u\ln\left(\frac{m_0}{m}\right)$을 사용하여 연소되지 않고 남은 연료를 포함한 로켓의 질량 m을 구한다.

- 그러면 중간 답으로 질량은 $m = 8000\ e^{-4/15} = 6127$ kg로 나온다.
- 이제 연료의 초기 질량과 최종 질량을 구해야 한다.
- 방정식 $m_0 = m_p + m_{f0}$을 사용하여 연료의 초기 질량 m_{f0}을 구한다.
- 그러면 연료의 초기 질량은 $m_{f0} = 6000$ kg으로 나온다.
- 방정식 $m = m_p + m_f$을 사용하여 연료의 최종 질량 m_f을 구한다.
- 그러면 연료의 최종 질량은 $m_f = 4127$ kg으로 나온다.
- 사용한 연료의 백분율은 다음과 같다.

$$\frac{m_{f0} - m_f}{m_{f0}} 100\%$$

- 정답은 "연료의 31%가 소비된다"이다.

(B) 연소 시간과 연소율을 포함하는 방정식을 사용한다.

- 방정식 $m - m_0 = -R_b t_b$을 사용한다.
- 연소 시간은 $t_b = 37$ s이다.

---

151. 먼저 값이 주어진 양(기호)의 목록을 만든다.

$$m_p = 3000 \text{ kg}, m_{f0} = 6000 \text{ kg}, v_{y0} = 100 \text{ m/s}, u = 2000 \text{ m/s}$$
$$v_y = 500 \text{ m/s}, t_b = 12 \text{ s}, g = 9.81 \text{ m/s}^2 \approx 10 \text{ m/s}^2$$

(A) 여기서는 로켓에 남아 있는 연료의 최종 질량인 m_f를 구해야 한다.

- 방정식 $m_0 = m_p + m_{f0}$을 사용하여 연료를 포함한 로켓의 초기 질량 m_0을 구한다.
- 그러면 로켓의 초기 질량은 $m_0 = 9000$ kg으로 나온다.
- 중력 등가속도 방정식 $v_y = v_{y0} - gt_b + u \ln\left(\frac{m_0}{m}\right)$을 사용하여 연소되지 않고 남은 연료를 포함한 로켓의 질량 m을 구한다.
- 그러면 중간 답으로 $m \approx 9000\ e^{-13/50}$ kg(또는 중력 가속도 g의 값으로 9.81 m/s^{2}을 사용하면 6947 kg)이 나온다.
- 방정식 $m = m_p + m_f$을 사용하여 연료의 최종 질량 m_f을 구한다.
- 그러면 연료의 최종 질량은 $m_f = 3947$ kg으로 나온다.
- 사용한 연료의 백분율은 다음과 같다.

$$\frac{m_{f0} - m_f}{m_{f0}} 100\%$$

- 정답은 "연료의 34%가 소비된다"이다.

(B) 연소 시간과 연소율을 포함하는 방정식을 사용한다.

- 방정식 $m - m_0 = -R_b t_b$을 사용한다.

- 연소율은 $R_b = 171$ kg/s이다.

(C) 추력 방정식을 사용한다.

- 방정식 $F_t = -u\frac{dm}{dt}$를 사용한다. 여기서 $\frac{dm}{dt} = -R_b$이다.
- 로켓의 질량은 시간에 따라 크기가 감소하는 함수이므로 $\frac{dm}{dt}$의 부호는 −이다. [따라서 추력의 부호는 +이다. 두 개의 − 부호가 연달아 나오면(곱해지면) + 부호가 된다.]
- 추력은 $F_t = 342$ kN이다. (342,000 N으로 나타내도 된다.)

(D) 방정식 $F_t - m_0 g = m_0 a_{y0}$을 사용한다.

- 초기 질량을 사용하여 초기 가속도를 구한다.
- 초기 가속도는 $a_{y0} = 28$ m/s^{2}이다.

(E) 방정식 $F_t - mg = ma_y$을 사용한다.

- 최종 질량을 사용하여 최종 가속도를 구한다.
- 최종 가속도는 $a_y = 39$ m/s^{2}이다.

26장: 적분 기법과 좌표계

152. $u = \frac{x}{5} - 1$의 치환을 사용한다.

- 양변을 미분하면 $du = \frac{dx}{5}$가 된다.
- dx에 대해 풀면 $dx = 5du$가 된다.
- x에 대한 적분의 하한과 상한을 치환식 $u = \frac{x}{5} - 1$에 대입한다.
- 새로운 적분 하한과 상한은 각각 $u = -1$과 $u = 2$이다.
- 따라서 u에 대한 새로운 적분은 $\int_{u=-1}^{2} 5u^4\, du$가 된다.
- 위 적분 식에서 피적분함수의 역도함수는 u^5이다.
- 상한과 하한에 대해 u^5를 계산한다.
- $[u^5]_{u=-1}^{2} = (2)^5 - (-1)^5$이다. 여기서 $(-1)^5 = -1$이고 $-(-1) = +1$이다.
- 정답은 33이다.

---

153. $u = \frac{\pi}{2} - \frac{x}{6}$의 치환을 사용한다.

- 양변을 미분하면 $du = -\frac{dx}{6}$가 된다.
- dx에 대해 풀면 $dx = -6du$가 된다.
- x에 대한 적분의 하한과 상한을 치환식 $u = \frac{\pi}{2} - \frac{x}{6}$에 대입한다.
- 새로운 적분 하한과 상한은 각각 $u = \frac{\pi}{2}$과 $u = \frac{\pi}{6}$이다.

- 따라서 u에 대한 새로운 적분은 $\int_{u=\pi/2}^{\pi/6}(-6\cos u)\,du$가 된다.
- 위 적분 식에서 피적분함수의 역도함수는 $-6\sin u$이다.
- 상한과 하한에 대해 $-6\sin u$를 계산한다.
- $[-6\sin u]_{u=-\pi/2}^{\pi/6} = -6\sin\left(\frac{\pi}{6}\right) + 6\sin\left(\frac{\pi}{2}\right)$이다. 여기서 사인 함수의 인수인 각도의 단위는 rad이다.
- 정답은 3이다.

---

154. $x = \tan u$의 치환을 사용한다.

- 양변을 미분하면 $dx = \sec^2 u\,du$가 된다.
- x에 대한 적분의 하한과 상한을 치환식 $u = \tan^{-1}x$에 대입한다.
- 새로운 적분 하한과 상한은 각각 $u = 0°$와 $u = 60°$이다.
- 따라서 u에 대한 새로운 적분은 $\int_{u=0°}^{60°}\frac{\sec^2 u}{\sqrt{1+\tan^2 u}}\,du$가 된다.
- 삼각함수 항등식 $1 + \tan^2 u = \sec^2 u$를 위 적분 식에 대입한 다음, 간단히 한다.
- 그러면 적분은 $\int_{u=0°}^{60°}\sec u\,du$가 된다.
- 9장에서 secant 함수의 역도함수를 찾아본다.
- secant 함수의 역도함수는 $\ln|\sec u + \tan u|$이다.
- 상한과 하한에 대해 $\ln|\sec u + \tan u|$를 계산한다.
- $[\ln|\sec u + \tan u|]_{u=0°}^{60°} = \ln|\sec 60° + \tan 60°| - \ln|\sec 0° + \tan 0°|$.
- $\ln|1| = 0$이므로 마지막 항은 사라진다.
- 정답은 $\ln|2+\sqrt{3}|$이다.

---

155. $x = 2\sin u$의 치환을 사용한다.

- 양변을 미분하면 $dx = 2\cos u\,du$가 된다.
- x에 대한 적분의 하한과 상한을 치환식 $u = \sin^{-1}\left(\frac{x}{2}\right)$에 대입한다.
- 새로운 적분 하한과 상한은 각각 $u = 0°$와 $u = 90°$이다.
- 따라서 u에 대한 새로운 적분은 $\int_{u=0°}^{90°}\sqrt{4-4\sin^2 u}\;2\cos u\,du$가 된다.
- 삼각함수 항등식 $1 - \sin^2 u = \cos^2 u$를 위 적분 식에 대입한 다음, 간단히 한다.
- 그러면 적분은 $4\int_{u=0°}^{90°}\cos^2 u\,du$가 된다.
- 삼각함수 항등식 $\cos^2 u = \frac{1+\cos 2u}{2}$을 적용한다.
- 위 항등식을 적분 식에 대입하면 두 개의 적분항이 나온다. 이를 두 개의 적분 식으로 나누어 쓴다.
- 그러면 적분은 $4\int_{u=0°}^{90°}\frac{1}{2}\,du + 4\int_{u=0°}^{90°}\frac{\cos 2u}{2}\,du = 2\int_{u=0°}^{90°}du + 2\int_{u=0°}^{90°}\cos 2u\,du$이 된다.

- 위 적분 식에서 피적분함수의 역도함수는 각각 $2u$와 $\sin 2u$이다(적분 기호 앞의 계수를 포함시킨 결과이다).
- 하한과 상한의 각도 단위를 rad 단위로 변환하면 각각 $u = 0$과 $u = \frac{\pi}{2}$이다.
- 상한과 하한에 대해 $2u$와 $\sin 2u$를 각각 계산한다.
- 정답은 π이다.

---

156. 먼저 y에 대해 적분을 수행한다(y의 상한 x^3은 x의 함수이므로).

- y에 대한 적분에서 적분기호 바깥으로 인수 x를 꺼내면 $\int_{x=0}^{2} x \left(\int_{y=0}^{x^3} y\,dy \right) dx$이 된다.
- 위의 적분에서 y에 대한 적분을 수행하면 역도함수 $\frac{y^2}{2}$를 얻는다. 상한과 하한에 대해 $\frac{y^2}{2}$을 계산한다.
- 그러면 y에 대한 정적분을 수행한 결과는 $\frac{x^6}{2}$이 된다.
- 이제 남은 적분은 $\int_{x=0}^{2} \frac{x^7}{2} dx$이다.
- x에 대한 적분을 수행하면 역도함수 $\frac{x^8}{16}$을 얻는다. 상한과 하한에 대해 $\frac{x^8}{16}$을 계산한다.
- 이중 적분의 최종 답은 16이다.

---

157. 이 적분은 어떤 순서로 해도 된다. 여기서는 먼저 y에 대한 적분을 수행한다.

- y에 대한 적분에서 인수 x^3을 적분기호 바깥으로 꺼내면 $\int_{x=0}^{5} x^3 \left(\int_{y=0}^{4} y^4\,dy \right) dx$이 된다.
- 위의 적분에서 y에 대한 적분을 수행하면 역도함수 $\frac{y^5}{5}$를 얻는다. 상한과 하한에 대해 $\frac{y^5}{5}$을 계산한다.
- 그러면 y에 대한 정적분을 수행한 결과는 $\frac{4^5}{5}$이 된다.
- 이제 남은 적분은 $\int_{x=0}^{5} \frac{4^5 x^3}{5} dx$이다.
- x에 대한 적분을 수행하면 역도함수 $\frac{4^5}{5}\frac{x^4}{4} = \frac{4^4 x^4}{5}$을 얻는다. 상한과 하한에 대해 $\frac{4^4 x^4}{5}$을 계산한다.
- 이중 적분의 최종 답은 32,000이다. $5^3 4^4$으로 써도 된다.

---

158. 이 적분은 어떤 순서로 해도 된다. 여기서는 먼저 y에 대한 적분을 수행한다.

- 연산 규칙을 $\sqrt{xy} = x^{1/2} y^{1/2}$ 적용한다.
- y에 대한 적분에서 인수 $x^{1/2}$을 적분기호 바깥으로 꺼내면 $\int_{x=0}^{4} x^{1/2} \left(\int_{y=0}^{9} y^{1/2}\,dy \right) dx$이 된다.

- 위의 적분에서 y에 대한 적분을 수행하면 역도함수 $\frac{2y^{3/2}}{3}$를 얻는다. 상한과 하한에 대해 $\frac{2y^{3/2}}{3}$을 계산한다.
- 그러면 y에 대한 정적분을 수행한 결과는 18이 된다. 여기서 $9^{3/2} = (\sqrt{9})^3 = 27$이다.
- 이제 남은 적분은 $\int_{x=0}^{4} 18x^{1/2} dx$이다.
- x에 대한 적분을 수행하면 역도함수 $12x^{3/2}$을 얻는다. 상한과 하한에 대해 $12x^{3/2}$을 계산한다.
- 이중 적분의 최종 답은 96이다. 여기서 $4^{3/2} = (\sqrt{4})^3 = 8$이다.

---

159. 먼저 y에 대해 적분을 수행한다(y의 상한 x는 x의 함수이므로).

- $6(x-y) = 6x - 6y$을 사용하여 이중 적분을 두 개의 이중 적분으로 나눈다.

$$\int_{x=0}^{3}\int_{y=0}^{x} 6(x-y)\,dxdy = \int_{x=0}^{3}\int_{y=0}^{x} 6x\,dxdy - \int_{x=0}^{3}\int_{y=0}^{x} 6y\,dxdy$$

- y에 대한 적분에서 적분기호 바깥으로 인수 x를 꺼내면 $\int_{x=0}^{3} 6x\left(\int_{y=0}^{x} dy\right)dx - \int_{x=0}^{3} 6\left(\int_{y=0}^{x} y\,dy\right)dx$이 된다.
- 위의 적분에서 y에 대한 적분을 수행하면 역도함수 $\frac{y^2}{2}$를 얻는다. 상한과 하한에 대해 $\frac{y^2}{2}$을 계산한다.
- 그러면 y에 대한 정적분을 수행한 결과는 x와 $\frac{x^2}{2}$이 된다.
- 이제 남은 적분은 $\int_{x=0}^{3} 6x^2\,dx - \int_{x=0}^{3} 3x^2\,dx$이다.
- x에 대한 적분을 수행하면 역도함수 $2x^3$와 x^3을 얻는다. 상한과 하한에 대해 두 역도함수를 계산한다.
- 이중 적분의 최종 답은 27이다.

---

160. 먼저 z에 대해 적분을 수행한다. $\int_{x=0}^{2}\int_{y=0}^{x^2} 27\left(\int_{z=0}^{y} z^2\,dz\right)dy\,dx$

- 위의 적분에서 z에 대한 적분을 수행하면 역도함수 $\frac{z^3}{2}$를 얻는다. 상한과 하한에 대해 $\frac{z^3}{2}$을 계산한다.
- 그러면 z에 대한 정적분을 수행한 결과는 $\frac{y^3}{3}$이 된다.
- 이제 남은 적분은 $\int_{x=0}^{2}\left(\int_{y=0}^{x^2} 9y^3\,dy\right)dx$이다. y에 대해 적분을 수행한다.
- y에 대한 적분을 수행하면 역도함수 $\frac{9y^4}{4}$을 얻는다. 상한과 하한에 대해 $\frac{9y^4}{4}$을 계산한다.
- 그러면 y에 대한 정적분을 수행한 결과는 $\frac{9x^8}{4}$이 된다.
- 이제 남은 적분은 $\int_{x=0}^{2} \frac{9x^8}{4}\,dx$이다. x에 대해 적분을 수행한다.

- x에 대한 적분을 수행하면 역도함수 $\frac{x^9}{4}$을 얻는다. 상한과 하한에 대해 $\frac{x^9}{4}$을 계산한다.
- 삼중 적분의 최종 답은 128이다.

---

161. 먼저 y에 대한 적분을 수행한다. $\int_{z=0}^{9}\int_{x=0}^{z} 14x\left(\int_{y=0}^{\sqrt{x}} y^2\,dy\right)dx\,dz.$
- 위의 적분에서 y에 대한 적분을 수행하면 역도함수 $\frac{y^3}{3}$를 얻는다. 상한과 하한에 대해 $\frac{y^3}{3}$을 계산한다.
- 그러면 y에 대한 정적분을 수행한 결과는 $\frac{x^{3/2}}{3}$이 된다.
- 이제 남은 적분은 $\int_{z=0}^{9}\left(\int_{x=0}^{z}\frac{14x^{5/2}}{3}dx\right)dz$이다. 여기서 $xx^{3/2}=x^{5/2}$이다.
- x에 대한 적분을 수행한다.
- x에 대한 적분을 수행하면 역도함수 $\frac{4x^{7/2}}{3}$을 얻는다. 상한과 하한에 대해 $\frac{4x^{7/2}}{3}$을 계산한다.
- 그러면 x에 대한 적분을 수행한 결과는 $\frac{4z^{7/2}}{3}$이다.
- 이제 남은 적분은 $\int_{z=0}^{9}\frac{4z^{7/2}}{3}dz$이다. z에 대한 적분을 수행한다.
- z에 대한 적분을 수행하면 역도함수 $\frac{8z^{9/2}}{27}$을 얻는다. 상한과 하한에 대해 $\frac{8z^{9/2}}{27}$을 계산한다.
- 계산 과정에서 $9^{9/2}=(\sqrt{9})^9=3^9=19{,}683$이다.
- 삼중 적분의 최종 답은 5832이다.

---

162. 면적에 대해 적분을 수행한다. $A=\int dA$. 280쪽에 있는 예제를 복습하라.
- 직각좌표계를 사용하여 미소 면적 요소를 나타내면 $dA=dxdy$이다.
- 빗변을 나타내는 직선의 방정식을 구한다.
- 빗변을 나타내는 직선의 기울기는 $-\frac{1}{2}$이고 y 절편은 3이다.
- 따라서 직선의 방정식은 $y=-\frac{x}{2}+3$이다.
- x가 0에서 6까지 변하면 y는 0에서 $-\frac{x}{2}+3$까지 변한다.
- 이중 적분은 다음과 같다.

$$A=\int_{x=0}^{6}\int_{y=0}^{-\frac{x}{2}+3} dydx$$

- 먼저 y에 대해 적분을 수행한다(y의 상한 $-\frac{x}{2}+3$은 x의 함수이므로).
- 위의 적분에서 y에 대한 적분을 수행하면 역도함수 y를 얻는다. 상한과 하한에 대해 y를 계산한다.
- 그러면 y에 대한 정적분을 수행한 결과는 $-\frac{x}{2}+3$이 된다.

- 이제 남은 적분은 $\int_{x=0}^{6}\left(-\frac{x}{2}+3\right)dx$이다.
- x에 대한 적분을 수행하면 역도함수 $-\frac{x^2}{4}+3x$을 얻는다. 상한과 하한에 대해 역도함수를 계산한다.
- 이중 적분의 최종 답은 $A=9$이다.

---

163. 면적에 대해 적분을 수행한다. $A=\int dA$. 281쪽에 있는 예제를 복습하라.

- 2차원 극좌표계를 사용하여 미소 면적 요소를 나타내면 $dA=rdrd\theta$이다.
- 이중 적분은 다음과 같다.

$$A=\int_{r=R_1}^{R_2}\int_{\theta=0}^{2\pi} rdrd\theta$$

- 이 적분은 어떤 순서로 해도 된다. 여기서는 먼저 θ에 대한 적분을 수행한다.
- θ에 대한 적분에서 인수 r을 적분기호 바깥으로 꺼내면 $\int_{r=R_1}^{R_2} r\left(\int_{\theta=0}^{2\pi} d\theta\right)dr$이 된다.
- 위의 적분에서 θ에 대한 적분을 수행하면 θ를 얻는다. 상한과 하한에 대해 θ를 계산한다.
- 그러면 θ에 대한 정적분을 수행한 결과는 2π가 된다.
- 이제 남은 적분은 $\int_{r=R_1}^{R_2} 2\pi r\,dr$이다.
- r에 대한 적분을 수행하면 역도함수 πr^2을 얻는다. 상한과 하한에 대해 πr^2을 계산한다.
- 이중 적분의 최종 답은 $A=\pi(R_2^2-R_1^2)$이다.

27장: 질량 중심

164. 바나나 한 개의 위치를 원점으로 선택한다. 또한 바나나 다발을 가리키는 방향을 $+x$로 선택한다.

- 주어진 값은 $m_1=150$ g, $x_1=0$, $m_2=350$ g, $x_2=250$ cm이다.
- $N=2$(물체가 2개)인 경우의 질량 중심 방정식을 사용한다.

$$x_{cm}=\frac{m_1x_1+m_2x_2}{m_1+m_2}$$

- 질량 중심의 x 좌표는 $x_{cm}=175$ cm이다.
- 이는 질량 중심이 150 g 바나나에서 175 cm 떨어져 있음을 뜻한다.

---

165. 값이 주어진 양(기호)의 목록을 만든다.

- 질량은 $m_1 = 200$ g, $m_2 = 500$ g, $m_3 = 800$ g이다.
- x 좌표는 $x_1 = 7.0$ m, $x_2 = 6.0$ m, $x_3 = 2.0$ m이다.
- y 좌표는 $y_1 = 1.0$ m, $y_2 = 3.0$ m, $y_3 = -4.0$ m이다.
- $N = 3$(물체가 3개)인 경우의 질량 중심 방정식을 사용한다.

$$x_{cm} = \frac{m_1 x_1 + m_2 x_2 + m_3 x_3}{m_1 + m_2 + m_3}$$

$$y_{cm} = \frac{m_1 y_1 + m_2 y_2 + m_3 y_3}{m_1 + m_2 + m_3}$$

- 무게 중심의 좌표는 $x_{cm} = 4.0$ m, $y_{cm} = -1.0$ m이다.

---

166. 왼쪽 끝을 원점으로 선택한다. 또한 오른쪽을 가리키는 방향을 $+x$로 선택한다.

- T자 형태의 물체를 두 조각으로 나눈다.
- 왼쪽 조각은 20.0 cm 길이의 직사각형 망치 손잡이 모양이다. 오른쪽 조각은 폭이 4.0 cm인 직사각형 망치머리 모양이다.
- 주어진 질량은 $m_1 = 6.0$ kg, $m_2 = 18.0$ kg이다.
- 각 조각의 중심을 구한다.
- 각 조각의 중심의 x 좌표는 $x_1 = 10.0$ cm, $x_2 = 22.0$ cm이다.
- (**주의:** 왼쪽에 있는 망치 손잡이 중심은 왼쪽 끝에서 전체 길이의 절반 위치에 있으므로 $x_1 = \frac{L}{2} = \frac{20}{2} = 10.0$ cm이다. 따라서 $x_1 = 10.0$ cm이다. 오른쪽 조각의 중심은 손잡이 끝에서 오른쪽으로 2.0 cm만큼 떨어진 곳에 있으므로 $x_2 = L + \frac{W}{2} = 20 + \frac{4}{2} = 20 + 2 = 22.0$ cm이다. 따라서 $x_2 = 22.0$ cm이다.)
- $N = 2$(물체가 2개)인 경우의 질량 중심 방정식을 사용한다.

$$x_{cm} = \frac{m_1 x_1 + m_2 x_2}{m_1 + m_2}$$

- 질량 중심의 x 좌표는 $x_{cm} = 19.0$ cm이다.
- 이는 질량 중심이 망치 손잡이와 망치 머리가 만나는 지점에서 왼쪽으로 1.0 cm만큼 떨어진 위치에 있음을 뜻한다($20 - 19 = 1$이므로).

---

167. 물체를 5개의 정사각형으로 나눈다. 값이 주어진 양(기호)의 목록을 만든다.

- 모든 질량이 동일하다. 각각의 질량을 m_s라고 하자.
- x 좌표는 $x_1 = 10$ m, $x_2 = 30$ m, $x_3 = 30$ m, $x_4 = 30$ m, $x_5 = 10$ m이다.
- y 좌표는 $y_1 = 10$ m, $y_2 = 10$ m, $y_3 = 30$ m, $y_4 = 50$ m, $y_5 = 50$ m이다.

- $N = 5$(물체가 5개)인 경우의 질량 중심 방정식을 사용한다.

$$x_{cm} = \frac{m_s x_1 + m_s x_2 + m_s x_3 + m_s x_4 + m_s x_5}{m_s + m_s + m_s + m_s + m_s}$$
$$y_{cm} = \frac{m_s y_1 + m_s y_2 + m_s y_3 + m_s y_4 + m_s y_5}{m_s + m_s + m_s + m_s + m_s}$$

- **주의:** 두 식의 분모는 $5m_s$로 서로 같다. 분모의 m_s는 나중에 분자의 m_s와 약분되어 사라진다.
- 질량 중심의 좌표는 $x_{cm} = 22$ m, $y_{cm} = 30$ m이다.

---

168. 288~289쪽에 있는 예제와 이 문제가 거의 동일하므로 예제를 복습하기 바란다.

- 다음 그림을 보면 원형 구멍이 뚫려있는 조각과 그 원형 구멍과 동일한 형태의 원(작은 원)을 더하면 완전한 원(큰 원)이 됨을 알 수 있다.

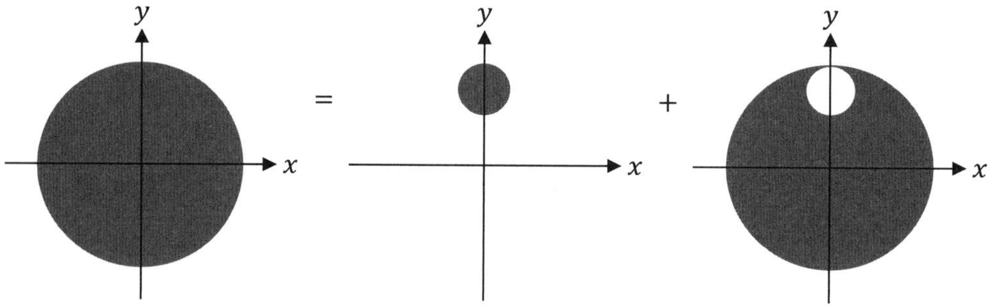

- 큰 원의 질량 중심에 대한 방정식은 다음과 같다.

$$y_{cm} = \frac{m_1 y_1 + m_2 y_2}{m_1 + m_2}$$

- 큰 원의 중심이 원점에 놓여 있으므로 $y_{cm} = 0$이다.
- 위의 질량 중심 방정식의 양변에 $m_1 + m_2$를 곱한다. 여기서 $0(m_1 + m_2) = 0$이다.

$$0 = m_1 y_1 + m_2 y_2$$

- 작은 원의 중심은 큰 원의 가장자리에서 2.0 m 떨어져 있으므로 $y_1 = R_L - R_S = 8 - 2 = 6.0$ m이다. 따라서 $y_1 = 6.0$ m이다. (**표기법:** 아래 첨자 L은 "크다(large)", S는 "작다(small)"을 뜻한다.)
- 각 물체의 질량은 면적에 비례한다.

$$m_1 = \sigma \pi R_S^2$$
$$m_L = \sigma \pi R_L^2$$
$$m_2 = m_L - m_1$$

- 질량은 $m_1 = 4\sigma\pi$, $m_L = 64\sigma\pi$, $m_2 = 60\sigma\pi$이다.

* 이 모든 질량 값을 y_1과 y_2를 포함하고 있는 방정식에 대입한다.
* σ와 π는 상쇄된다.
* 주어진 도형의 질량 중심의 y 좌표는 $y_2 = -\frac{2}{5}$ m이다.

---

169. 질량 중심 적분을 수행한다.

* 적분 $y_{cm} = \frac{1}{m}\int y\,dm$을 수행한다. 막대 전체가 y축에 놓여 있으므로 $x_{cm} = 0$이다.
* 막대의 경우 $dm = \lambda ds$이다. 적분기호 바깥으로 λ를 꺼내면 안 된다. $\lambda = \beta y^{1/2}$을 대입한다.
* 여기서 $\sqrt{y} = y^{1/2}$이고 $yy^{1/2} = y^{3/2}$이다.
* 선의 경우, 직각좌표계를 사용하여 문제를 푼다. 미소 호 길이는 $ds = dy$이다.
* 적분 범위는 $y = 0$에서 $y = 5$ m까지이다.
* 이상의 내용들을 적분 식에 대입하면 다음 적분을 얻는다.

$$y_{cm} = \frac{\beta}{m}\int_{y=0}^{5} y^{3/2}\,dx$$

* x에 대한 적분을 수행하면 역도함수 $\frac{2y^{5/2}}{5}$을 얻는다. 상한과 하한에 대해 $\frac{2y^{5/2}}{5}$을 계산한다.
* 그러면 x에 대한 정적분을 수행한 결과는 $y_{cm} = \frac{2\beta 5^{3/2}}{m}$이 된다. 여기서 $\frac{5^{5/2}}{5} = 5^{3/2}$이다.
* $dm = \lambda ds$에서 시작하여 앞에서와 마찬가지 방식으로 대입하여 적분 $m = \int dm$을 수행한다.
* 그러면 다음 적분을 얻는다.

$$m = \beta\int_{y=0}^{5} y^{1/2}\,dy$$

* y에 대한 적분을 수행하면 역도함수 $\frac{2y^{3/2}}{3}$를 얻는다. 상한과 하한에 대해 역도함수를 계산한다.
* 적분을 수행한 결과, $m = \frac{2\beta 5^{3/2}}{3}$을 얻는다.
* 위 식을 β에 대해 정리하면 $\beta = \frac{3m}{2(5)^{3/2}}$이 된다.
* 여기서 구한 β를 앞서 구한 y_{cm} 식에 대입힌다.
* 최종 답은 $y_{cm} = 3.0$ m이다. [**주의:** 이탤릭체 m은 질량을 나타내는 기호이고 정자체 m은 길이를 나타내는 단위인 미터(meter)이다.]

---

170. 질량 중심 적분을 수행한다. $x_{cm} = \frac{1}{m}\int x\,dm$, $y_{cm} = \frac{1}{m}\int y\,dm$

- 삼각형의 경우 $dm = \sigma dA$이다. 직각좌표계를 사용하여 문제를 푼다. 미소 면적 요소는 $dA = dxdy$이다.
- 삼각형이 균일하므로 σ는 상수이다. 따라서 적분기호 바깥으로 σ를 꺼낼 수 있다.
- 빗변을 나타내는 직선의 방정식을 구한다.
- 빗변을 나타내는 직선의 기울기는 $-\frac{1}{2}$이고 y 절편은 3이다.
- 따라서 직선의 방정식은 $y = -\frac{x}{2} + 3$이다.
- x가 0에서 6까지 변하면 y는 0에서 $-\frac{x}{2} + 3$까지 변한다.
- 위에서 구한 값들을 질량 적분 식에 대입하면 다음 적분을 얻는다.

$$x_{cm} = \frac{\sigma}{m} \int_{x=0}^{6} \int_{y=0}^{-\frac{x}{2}+3} x\, dy\, dx \quad , \quad y_{cm} = \frac{\sigma}{m} \int_{x=0}^{6} \int_{y=0}^{-\frac{x}{2}+3} y\, dy\, dx$$

- 먼저 y에 대해 적분을 수행한다(y의 상한 $-\frac{x}{2} + 3$은 x의 함수이므로).
- y에 대한 적분에서 인수 x를 적분기호 바깥으로 꺼낸다(x에 대한 적분에서 꺼내면 안 된다).

$$x_{cm} = \frac{\sigma}{m} \int_{x=0}^{6} x \left(\int_{y=0}^{-\frac{x}{2}+3} dy \right) dx \quad , \quad y_{cm} = \frac{\sigma}{m} \int_{x=0}^{6} \left(\int_{y=0}^{-\frac{x}{2}+3} y\, dy \right) dx$$

- 위의 적분에서 y에 대한 적분을 수행하면 역도함수 y와 $\frac{y^2}{2}$를 얻는다. 상한과 하한에 대해 두 역도함수를 계산한다.
- y에 대한 계산 결과는 $-\frac{x}{2} + 3$이다.
- $\frac{y^2}{2}$에 대한 계산 결과는 $\left[\frac{y^2}{2}\right]_{y=0}^{-\frac{x}{2}+3} = \frac{\left(-\frac{x}{2}+3\right)^2}{2} = \frac{1}{2}\left(\frac{x^2}{4} - 3x + 9\right)$이다.
- 여기서 $x\left(-\frac{x}{2} + 3\right) = -\frac{x^2}{2} + 3x$이다.
- 이제 질량 적분 식은 다음과 같아진다.

$$x_{cm} = \frac{\sigma}{m} \int_{x=0}^{6} \left(-\frac{x^2}{2} + 3x\right) dx$$

$$y_{cm} = \frac{\sigma}{2m} \int_{x=0}^{6} \left(\frac{x^2}{4} - 3x + 9\right) dx$$

- 위의 두 x에 대한 적분을 수행하면 역도함수 $-\frac{x^3}{6} + \frac{3x^2}{2}$와 $\frac{x^3}{12} - \frac{3x^2}{2} + 9x$를 얻는다. 상한과 하한에 대해 두 역도함수를 계산한다.
- 계산 결과는 각각 $x_{cm} = \frac{18\sigma}{m}$와 $y_{cm} = \frac{9\sigma}{m}$이다.
- $dm = \sigma dA$에서 시작하여 앞에서와 마찬가지 방식으로 대입하여 적분 $m = \int dm$을 수행한다.
- 그러면 다음 적분을 얻는다.

$$m = \sigma \int_{x=0}^{6} \int_{y=0}^{-\frac{x}{2}+3} dy\,dx$$

- [연습문제 162]에서 위의 적분과 동일한 적분을 수행하였다. [연습문제 162]를 복습하면 위의 적분을 푸는 데 도움이 된다.
- 적분 결과는 $m = 9\sigma$가 된다.
- σ에 대해 정리하면 $\sigma = \frac{m}{9}$가 된다.
- 이 σ 값을 앞서 구한 x_{cm}과 y_{cm} 수식에 대입한다.
- 최종 답은 $x_{cm} = 2.0$ m, $y_{cm} = 1.0$ m이다.

---

171. 질량 중심 적분을 수행한다.

- 적분 $y_{cm} = \frac{1}{m}\int y\,dm$을 수행한다. 물체의 구조가 y축에 대해 대칭이므로 $x_{cm} = 0$이다.
- 가느다란 호의 경우 $dm = \lambda ds$이다. 2차원 극좌표계를 사용하여 문제를 푼다. 미소 호 길이는 $ds = Rd\theta$이다. 호가 균일하므로 λ는 상수이다.
- 매우 가는 반원 고리(속이 균일하게 채워진 반원이 아님)이므로 R을 적분기호 바깥으로 빼낼 수 있다.
- 적분 범위는 $\theta = 0$에서 $\theta = \pi$ rad까지이다. (deg 단위를 사용하지 말 것.)
- 이상의 내용들을 적분 식에 대입하면 다음 적분을 얻는다.

$$y_{cm} = \frac{\lambda R^2}{m} \int_{\theta=0}^{\pi} \sin\theta\, d\theta$$

- θ에 대한 적분을 수행하면 역도함수 $-\cos\theta$를 얻는다. 상한과 하한에 대해 $-\cos\theta$를 계산한다.
- 그러면 θ에 대한 정적분을 수행한 결과는 $y_{cm} = \frac{2\lambda R^2}{m}$이 된다.
- $dm = \lambda ds$에서 시작하여 앞에서와 마찬가지 방식으로 대입하여 적분 $m = \int dm$을 수행한다.
- 그러면 다음 적분을 얻는다.

$$m = \lambda R \int_{\theta=0}^{\pi} d\theta$$

- θ에 대한 적분을 수행하면 역도함수 θ를 얻는다. 상한과 하한에 대해 θ를 계산한다.
- 그러면 θ에 대한 정적분을 수행한 결과는 $m = \pi\lambda R$이 된다.
- 위 식을 λ에 대해 정리하면 $\lambda = \frac{m}{\pi R}$이 된다.

- 여기서 구한 λ를 앞서 구한 y_{cm} 식에 대입힌다.
- 최종 답은 $y_{cm} = \frac{12}{\pi}$ cm이다.

---

172. 질량 중심 적분을 수행한다.

- 적분 $y_{cm} = \frac{1}{m}\int y\,dm$을 수행한다. 물체의 구조가 y축에 대해 대칭이므로 $x_{cm} = 0$이다.
- 직선과 포물선으로 둘러싸인 영역이므로 $dm = \sigma dA$이다. 직각좌표계를 사용하여 문제를 푼다. 미소 면적 요소는 $ds = dxdy$이다.
- 영역이 균일하므로 σ는 상수이다. 따라서 적분기호 바깥으로 σ를 꺼낼 수 있다.
- 직선과 포물선이 교차하는 점을 구하기 위해 x^2을 4와 같게 놓는다.
- $x^2 = 4$를 풀면 $x = \pm 2$이다.
- x의 범위를 -2에서 2까지로 한다. 그러면 이 범위의 각각의 x 값에 대해 y는 x^2에서 4로 변한다. 이렇게 하면 포물선과 직선(수평선) 사이의 모든 점을 전부 나타낼 수 있다.
- 위에서 구한 값들을 질량 적분 식에 대입하면 다음 적분을 얻는다.

$$y_{cm} = \frac{\sigma}{m}\int_{x=-2}^{2}\int_{y=x^2}^{4} y\,dy\,dx$$

- 먼저 y에 대해 적분을 수행한다(y의 하한 x^2은 x의 함수이므로).

$$y_{cm} = \frac{\sigma}{m}\int_{x=-2}^{2}\left(\int_{y=x^2}^{4} y\,dy\right)dx$$

- 위의 적분에서 y에 대한 적분을 수행하면 역도함수 $\frac{y^2}{2}$를 얻는다. 상한과 하한에 대해 $\frac{y^2}{2}$을 계산한다.
- $\frac{y^2}{2}$에 대한 계산 결과는 $\left[\frac{y^2}{2}\right]_{y=x^2}^{4} = \frac{4^2}{2} - \frac{x^4}{2} = 8 - \frac{x^4}{2}$이다.
- 그러면 다음 적분을 얻는다.

$$y_{cm} = \frac{\sigma}{m}\int_{x=-2}^{2}\left(8 - \frac{x^4}{2}\right)dx$$

- x에 대한 적분을 수행하면 역도함수 $8x - \frac{x^5}{10}$를 얻는다. 상한과 하한에 대해 역도함수를 계산한다.
- 계산 결과는 각각 $y_{cm} = \frac{128\sigma}{5m}$이다.($\sigma = 2$를 대입하면 $\frac{256}{5m}$이 된다.)
- $dm = \sigma dA$에서 시작하여 앞에서와 마찬가지 방식으로 대입하여 적분 $m = \int dm$을 수행한다.

- 그러면 다음 적분을 얻는다.

$$m = \sigma \int_{x=-2}^{2} \int_{y=x^2}^{4} dy\, dx$$

- 적분 결과는 $m = \frac{32\sigma}{3}$가 된다. ($\sigma = 2$를 대입하면 $\frac{64}{3}$이 된다.)
- 이 m 값을 앞서 구한 y_{cm} 수식에 대입한다.
- 최종 답은 $y_{cm} = \frac{12}{5}$ m이다.

---

173. 질량 중심 적분을 수행한다.

- 적분 $x_{cm} = \frac{1}{m}\int x\, dm$을 수행한다. 물체의 구조가 x축에 대해 대칭이므로 $y_{cm} = 0$이다.
- 두꺼운 호의 경우 $dm = \sigma dA$이다. 2차원 극좌표계를 사용하여 문제를 푼다. 미소 면적 요소는 $dA = rdrd\theta$이다.
- σ을 적분기호 바깥으로 빼내면 안 된다. $\sigma = \beta r$이다.
- 적분 범위는 $r = 7$ cm에서 $r = 14$ cm까지, $\theta = -\pi/2$에서 $\theta = \pi/2$ rad까지이다. (deg 단위를 사용하지 말 것.)
- 이상의 내용들을 적분 식에 대입하면 다음 적분을 얻는다.

$$x_{cm} = \frac{\beta}{m} \int_{r=7}^{14} \int_{\theta=-\frac{\pi}{2}}^{\frac{\pi}{2}} x\, r^2 dr\, d\theta$$

- (위 적분 식의 r^2에서 r 하나는 $dA = rdrd\theta$에서 온 것이고 또 다른 r 하나는 $\sigma = \beta r$에서 온 것이다.)
- 2차원 극좌표계의 방정식 $x = r\cos\theta$를 적분 식에 대입한다(26장 참조).

$$x_{cm} = \frac{\beta}{m} \int_{r=7}^{14} \int_{\theta=-\frac{\pi}{2}}^{\frac{\pi}{2}} r^3 \cos\theta\, dr\, d\theta$$

- 적분의 상한과 하한이 모두 상수이므로 어떤 순서로 적분을 해도 상관이 없다. 여기서는 먼저 θ에 대한 적분을 수행한다. 인수 r을 θ에 대한 적분기호 바깥으로 꺼낸다(r에 대한 적분에서 꺼내면 안 된다).

$$x_{cm} = \frac{\beta}{m} \int_{r=7}^{14} r^3 \left(\int_{\theta=-\frac{\pi}{2}}^{\frac{\pi}{2}} \cos\theta\, d\theta \right) dr$$

- θ에 대한 적분을 수행하면 역도함수 $\sin\theta$를 얻는다. 상한과 하한에 대해 $\sin\theta$를 계산한다.
- 그러면 θ에 대한 정적분을 수행한 결과는 2가 나온다.
- 그러면 다음 적분을 얻는다.

$$x_{cm} = \frac{\beta}{m}\int_{r=7}^{14} 2r^3\,dr$$

- r에 대한 적분을 수행하면 역도함수 $\frac{r^4}{2}$를 얻는다. 상한과 하한에 대해 $\frac{r^4}{2}$를 계산한다.
- 계산 결과는 $x_{cm} = \frac{36015\beta}{2m}$이다. (분자에 있는 숫자는 36,015이다.)
- $dm = \sigma dA$에서 시작하여 앞에서와 마찬가지 방식으로 대입하여 적분 $m = \int dm$을 수행한다.
- 그러면 다음 적분을 얻는다.

$$m = \beta \int_{r=7}^{14} \int_{\theta=-\frac{\pi}{2}}^{\frac{\pi}{2}} r^2\,dr\,d\theta$$

- (위 적분 식의 r^2에서 r 하나는 $dA = rdrd\theta$에서 온 것이고 또 다른 r 하나는 $\sigma = \beta r$에서 온 것이다.)
- 적분 결과는 $m = \frac{2401\pi\beta}{3}$이다.
- 위 식을 β에 대해 정리하면 $\beta = \frac{3m}{2401\pi}$이 된다.
- 여기서 구한 β를 앞서 구한 y_{cm} 식에 대입한다.
- 최종 답은 $y_{cm} = \frac{45}{2\pi}$ cm이다.

28장: 등각가속도 운동

174. 세 가지 양의 값이 모두 숫자로 주어졌다. 단위를 살펴보면 어떤 양인지 알아내는 데 도움이 된다.

- 주어진 값은 $\omega_0 = 8.0$ rev/s, $\alpha = 16.0$ rev/s^2, $\Delta\theta = 6$ rev이다.

(A) 방정식 $\Delta\theta = \omega_0 t + \frac{1}{2}\alpha t^2$를 사용한다.

- 값을 대입한 다음, 간단히 하면 $8t^2 + 8t - 6 = 0$이 나온다.
- 계수는 $a = 8,\ b = 8,\ c = -6$이다. ($a = -8,\ b = -8,\ c = 6$으로 해도 된다. 모든 계수를 각각 2로 나누어도 된다.)
- 2차 방정식의 두 근은 $\frac{1}{2}$ s와 $-\frac{3}{2}$ s이다. 이 가운데 정답은 $t = \frac{1}{2}$ s이다.

(B) 방정식 $\omega = \omega_0 + \alpha t$를 사용한다.

- 최종 각속력은 16 rev/s이다.

---

175. 세 가지 양의 값이 모두 숫자로 주어졌다. 단위를 살펴보면 어떤 양인지 알아내는 데 도움이 된다.

- 주어진 값은 $\omega_0 = \frac{1}{5}$ rev/s, $\alpha = \frac{1}{20}$ rev/s^2, $t = 1$ min(분)이다.
- 시간 값을 min 단위에서 s 단위로 변환하면 $t = 60$ s이다.

(A) 1분 동안의 회전수를 구하기 위해 $\Delta\theta$에 대해 푼다.

- 방정식 $\Delta\theta = \omega_0 t + \frac{1}{2}\alpha t^2$를 사용한다.
- 회전수는 $\Delta\theta = 102$ rev이다.

(B) 먼저 최종 각속력을 구한다. 방정식 $\omega = \omega_0 + \alpha t$를 사용한다.

- 최종 각속력은 $\frac{16}{5}$ rev/s(또는 3.2 rev/s)이다. 단위를 변환하면 $\frac{32\pi}{5}$ rad/s가 된다.
- 방정식 $v = R\omega$를 사용한다. (이때 단위는 rev/s가 아닌 rad/s를 사용해야 한다.)
- 최종 속력은 $v = 96\pi$ m/s(또는 302 m/s)이다.

29장: 벡터 곱

176. 주어진 벡터의 성분을 구한다.

- 성분은 다음과 같다. $A_x = 5$, $A_y = 2$, $A_z = 4$, $B_x = 3$, $B_y = 4$, $B_z = 6$.
- 행렬식 형태로 된 벡터 곱의 공식을 사용한다.

$$\vec{\mathbf{A}} \times \vec{\mathbf{B}} = \begin{vmatrix} \hat{\mathbf{x}} & \hat{\mathbf{y}} & \hat{\mathbf{z}} \\ A_x & A_y & A_z \\ B_x & B_y & B_z \end{vmatrix} = \hat{\mathbf{x}} \begin{vmatrix} A_y & A_z \\ B_y & B_z \end{vmatrix} - \hat{\mathbf{y}} \begin{vmatrix} A_x & A_z \\ B_x & B_z \end{vmatrix} + \hat{\mathbf{z}} \begin{vmatrix} A_x & A_y \\ B_x & B_y \end{vmatrix}$$

- 위에서 세 개의 2×2 행렬식을 구하면 각각 $12 - 16 = -4$, $30 - 12 = 18$, $20 - 6 = 14$가 된다.
- 위에서 두 번째 항 앞에는 − 부호가 있으므로 결국 $-18\hat{\mathbf{y}}$가 된다.
- 벡터의 곱은 $\vec{\mathbf{A}} \times \vec{\mathbf{B}} = -4\hat{\mathbf{x}} - 18\hat{\mathbf{y}} + 14\hat{\mathbf{z}}$이다.

---

177. 주어진 벡터의 성분을 구한다.

- 성분은 다음과 같다. $A_x = 3$, $A_y = 0$, $A_z = -2$, $B_x = 8$, $B_y = -1$, $B_z = -4$.
- ($\vec{\mathbf{A}}$는 $\hat{\mathbf{y}}$를 가지지 않으므로 $A_y = 0$이다.)
- 행렬식 형태로 된 벡터 곱의 공식을 사용한다.

$$\vec{\mathbf{A}} \times \vec{\mathbf{B}} = \begin{vmatrix} \hat{\mathbf{x}} & \hat{\mathbf{y}} & \hat{\mathbf{z}} \\ A_x & A_y & A_z \\ B_x & B_y & B_z \end{vmatrix} = \hat{\mathbf{x}} \begin{vmatrix} A_y & A_z \\ B_y & B_z \end{vmatrix} - \hat{\mathbf{y}} \begin{vmatrix} A_x & A_z \\ B_x & B_z \end{vmatrix} + \hat{\mathbf{z}} \begin{vmatrix} A_x & A_y \\ B_x & B_y \end{vmatrix}$$

- 위에서 세 개의 2×2 행렬식을 구하면 각각 $0-2=-2$, $-12+16=4$, $-3-0=-3$이 된다.
- 위에서 두 번째 항 앞에는 − 부호가 있으므로 결국 $-4\hat{\mathbf{y}}$가 된다.
- 벡터의 곱은 $\vec{\mathbf{A}} \times \vec{\mathbf{B}} = -2\hat{\mathbf{x}} - 4\hat{\mathbf{y}} - 3\hat{\mathbf{z}}$이다.

---

178. 주어진 벡터의 성분을 구한다.

- 성분은 다음과 같다. $A_x = 0$, $A_y = -1$, $A_z = 1$, $B_x = 1$, $B_y = 0$, $B_z = -1$.
- ($\vec{\mathbf{A}}$는 $\hat{\mathbf{x}}$를 가지지 않으므로 $A_x = 0$이고 $\vec{\mathbf{B}}$는 $\hat{\mathbf{y}}$를 가지지 않으므로 $B_y = 0$이다.)
- 행렬식 형태로 된 벡터 곱의 공식을 사용한다.

$$\vec{\mathbf{A}} \times \vec{\mathbf{B}} = \begin{vmatrix} \hat{\mathbf{x}} & \hat{\mathbf{y}} & \hat{\mathbf{z}} \\ A_x & A_y & A_z \\ B_x & B_y & B_z \end{vmatrix} = \hat{\mathbf{x}} \begin{vmatrix} A_y & A_z \\ B_y & B_z \end{vmatrix} - \hat{\mathbf{y}} \begin{vmatrix} A_x & A_z \\ B_x & B_z \end{vmatrix} + \hat{\mathbf{z}} \begin{vmatrix} A_x & A_y \\ B_x & B_y \end{vmatrix}$$

- 위에서 세 개의 2×2 행렬식을 구하면 각각 $1-0=1$, $0-1=-1$, $0+1=1$이 된다.
- 위에서 두 번째 항 앞에는 − 부호가 있으므로 결국 $+\hat{\mathbf{y}}$가 된다.
- 벡터의 곱은 $\vec{\mathbf{A}} \times \vec{\mathbf{B}} = \hat{\mathbf{x}} + \hat{\mathbf{y}} + \hat{\mathbf{z}}$이다.

---

179. 방정식 $C = |\vec{\mathbf{A}} \times \vec{\mathbf{B}}| = AB\sin\theta$을 사용한다.

- A, B, θ는 모두 문제에서 값이 주어졌다.
- 정답은 $C = 6$이다.

30장: 토크

180. 값이 주어진 양을 파악한다.

(A) $\vec{\mathbf{r}}_1$은 받침점에서 흰색 상자로 가는 화살표이다.

- 따라서 $r_1 = L - 4 = 20 - 4 = 16.0$ m이고 $m_1 = 30$ kg이다.
- 힘은 $F_1 = m_1 g$이다.
- 따라서 힘은 $F_1 \approx 300$ N이 된다. (중력 가속도를 반올림하지 않으면 294 N이다.)
- $\vec{\mathbf{r}}_1$의 방향이 수평이고 $\vec{\mathbf{F}}_1$의 방향이 수직이므로 $\theta_1 = 90°$이다.

- 토크 방정식 $\tau_1 = r_1 F_1 \sin\theta_1$을 사용한다.
- 토크는 $\tau_1 \approx 4800$ Nm이다. (중력 가속도를 반올림하지 않으면 4.71×10^3 Nm이다.)

(B) $\vec{\mathbf{r}}_2$은 받침점에서 널빤지 중심(중력이 평균적으로 작용하는 점)으로 가는 화살표이다.

- 따라서 $r_2 = \frac{L}{2} - 4 = \frac{20}{2} - 4 = 10 - 4 = 6.0$ m이고 $m_2 = 60$ kg이다.
- 힘은 $F_2 = m_2 g$이다.
- 따라서 힘은 $F_2 \approx 600$ N이 된다. (중력 가속도를 반올림하지 않으면 589 N이다.)
- $\vec{\mathbf{r}}_2$의 방향이 수평이고 $\vec{\mathbf{F}}_2$의 방향이 수직이므로 $\theta_2 = 90°$이다.
- 토크 방정식 $\tau_2 = r_2 F_2 \sin\theta_2$을 사용한다.
- 토크는 $\tau_2 \approx 3600$ Nm이다. (중력 가속도를 반올림하지 않으면 3.53×10^3 Nm이다.)

---

181. $\vec{\mathbf{r}}$은 힌지에서 막대의 중심(중력이 평균적으로 작용하는 점)으로 가는 화살표이다.

- 따라서 $r = \frac{L}{2} = \frac{6}{2} = 3.0$ m이고 $m = 7.0$ kg이다.
- 힘은 $F = mg$이다.
- 따라서 힘은 $F \approx 70$ N이 된다. (중력 가속도를 반올림하지 않으면 69 N이다.)
- $\vec{\mathbf{r}}$의 방향(막대를 따라가는 방향)과 $\vec{\mathbf{F}}$의 방향(똑바로 아래 방향)사이의 각도가 θ이므로 $\theta = 30°$이다.
- 토크 방정식 $\tau = rF\sin\theta$을 사용한다.
- 토크는 $\tau \approx 105$ Nm이다. (중력 가속도를 반올림하지 않으면 103 Nm이다.)

---

182. 값이 주어진 양을 파악한다.

(A) $\vec{\mathbf{r}}_1$은 받침점에서 매달린 원숭이로 가는 화살표이다.

- 따라서 $r_1 = \frac{L}{2} = \frac{12}{2} = 6.0$ m이고 $m_1 = 60$ kg이다.
- 힘은 $F_1 = m_1 g$이다.
- 따라서 힘은 $F_1 \approx 600$ N이 된다. (중력 가속도를 반올림하지 않으면 589 N이다.)
- $\vec{\mathbf{r}}_1$의 방향이 막대를 따라가는 방향(오른쪽 위로 비스듬한 방향)이고 $\vec{\mathbf{F}}_1$의 방향이 똑바로 아래 방향이므로 $\theta_1 = 120°$이다.
- 토크 방정식 $\tau_1 = r_1 F_1 \sin\theta_1$을 사용한다.
- 토크는 $\tau_1 \approx 1800\sqrt{3}$ Nm이다. (중력 가속도를 반올림하지 않으면 3.06×10^3 Nm이다.)

(B) $\vec{\mathbf{r}}_2$은 받침점에서 서 있는 원숭이로 가는 화살표이다.

- 따라서 $r_2 = \frac{L}{2} - 4 = \frac{12}{2} - 4 = 6 - 4 = 2.0$ m이고 $m_2 = 80$ kg이다.
- 힘은 $F_2 = m_2 g$이다.
- 따라서 힘은 $F_2 \approx 800$ N이 된다. (중력 가속도를 반올림하지 않으면 785 N이다.)
- $\vec{\mathbf{r}}_2$의 방향이 막대를 따라가는 방향(왼쪽 아래로 비스듬한 방향)이고 $\vec{\mathbf{F}}_2$의 방향이 똑바로 아래 방향이므로 $\theta_2 = 60°$이다.
- 토크 방정식 $\tau_2 = -r_2 F_2 \sin\theta_2$을 사용한다.
- 토크는 $\tau_2 \approx -800\sqrt{3}$ Nm이다. (중력 가속도를 반올림하지 않으면 -1.36×10^3 Nm이다.)
- − 부호는 τ_2가 반시계 방향이고 τ_1이 시계 방향임을 나타낸다.

---

183. 값이 주어진 양을 파악한다.

(A) $\vec{\mathbf{r}}_1$은 문 모서리의 힌지에서 문손잡이로 가는 화살표이다.

- 따라서 $r_1 = 45$ cm $= 0.45$ m $= \frac{45}{100}$ m $= \frac{9}{20}$ m이고 $F_1 = 90$ N이다.
- $\vec{\mathbf{r}}_1$의 방향과 $\vec{\mathbf{F}}_1$의 방향은 모두 힌지에서 바깥쪽으로 멀어지는 방향이므로 $\theta_1 = 0°$이다.
- 토크 방정식 $\tau_1 = r_1 F_1 \sin\theta_1$을 사용한다.
- 토크는 $\tau_1 = 0$ Nm이다. ($\sin 0° = 0$이므로)

(B) $\vec{\mathbf{r}}_2$은 문 모서리 힌지에서 문의 기하중심으로 가는 화살표이다.

- 따라서 $r_2 = 45$ cm $= 0.45$ m $= \frac{45}{100}$ m $= \frac{9}{20}$ m이고 $F_2 = 60$ N이다.
- $\vec{\mathbf{r}}_2$의 방향은 문의 폭 방향이고 $\vec{\mathbf{F}}_2$의 방향은 문의 평면에 수직인 방향이므로 $\theta_2 = 90°$이다.
- 토크 방정식 $\tau_2 = r_2 F_2 \sin\theta_2$을 사용한다.
- 토크는 $\tau_2 = 27$ Nm이다.

(C) $\vec{\mathbf{r}}_3$은 문 모서리 힌지에서 문의 기하중심으로 가는 화살표이다.

- 따라서 $r_3 = \frac{W}{2} = \frac{50}{2}$ cm $= 25$ cm $= \frac{1}{4}$ m이고 $F_3 = 80$ N이다.
- $\vec{\mathbf{r}}_3$의 방향은 문의 폭 방향이고 $\vec{\mathbf{F}}_3$의 방향은 문의 평면에 수직인 방향과 30°를 이루고 있으므로 $\theta_3 = 60°$ 또는 120°이다. $\sin 60° = \sin 120°$이므로 60°든 120°든 상관없다.
- 토크 방정식 $\tau_3 = r_3 F_3 \sin\theta_3$을 사용한다.
- 토크는 $\tau_3 = 10\sqrt{3}$ Nm이다.

---

184. $\vec{\mathbf{r}}$과 $\vec{\mathbf{F}}$ 사이의 벡터 곱을 구한다.

- 주어진 벡터의 성분을 파악한다.
- 성분은 $x=6$, $y=1$, $z=-5$, $F_x=3$, $F_y=2$, $F_z=4$이다.
- 행렬식 형태로 된 벡터 곱의 공식을 사용한다.

$$\vec{\mathbf{r}}\times\vec{\mathbf{F}}=\begin{vmatrix}\hat{\mathbf{x}} & \hat{\mathbf{y}} & \hat{\mathbf{z}}\\ x & y & z\\ F_x & F_y & F_z\end{vmatrix}=\hat{\mathbf{x}}\begin{vmatrix}y & z\\ F_y & F_z\end{vmatrix}-\hat{\mathbf{y}}\begin{vmatrix}x & z\\ F_x & F_z\end{vmatrix}+\hat{\mathbf{z}}\begin{vmatrix}x & y\\ F_x & F_y\end{vmatrix}$$

- 위에서 세 개의 2×2 행렬식을 구하면 각각 $4+10=14$, $24+15=39$, $12-3=9$가 된다.
- 위에서 두 번째 항 앞에는 − 부호가 있으므로 결국 $-39\hat{\mathbf{y}}$가 된다.
- 벡터의 곱은 $\vec{\mathbf{r}}\times\vec{\mathbf{F}}=14\hat{\mathbf{x}}-39\hat{\mathbf{y}}+9\hat{\mathbf{z}}$이다.

31장: 정적 평형

185. 널빤지에 작용하는 각각의 힘을 보여주는 확장 자유물체도를 그린다.

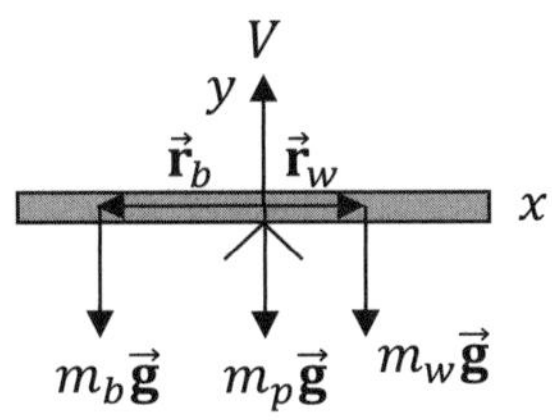

- 거리는 $r_b=5.0$ m이다. 각도는 $\theta_b=90°$와 $\theta_w=90°$이다.
- 토크는 $\tau_b=-r_bm_bg\sin\theta_b$와 $\tau_w=r_wm_wg\sin\theta_w$이다.
- 알짜 토크를 0으로 놓는다. $\Sigma\tau=0$
- 위 식을 간단히 하면 $r_bm_b=r_wm_w$를 얻는다. 이 식을 r_w에 대해 푼다.
- 정답은 $r_w=4.0$ m이다.

---

186. 널빤지에 작용하는 각각의 힘을 보여주는 확장 자유물체도를 그린다.

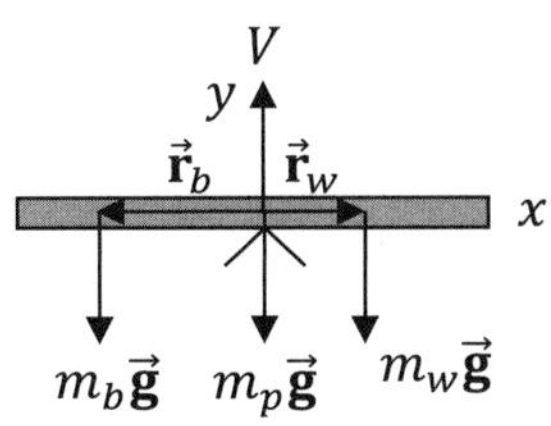

- 거리는 $r_b = 5.0$ m와 $r_w = 2.0$ m이다. 각도는 $\theta_b = 90°$와 $\theta_w = 90°$이다.
- 토크는 $\tau_b = -r_b m_b g \sin\theta_b$와 $\tau_w = r_w m_w g \sin\theta_w$이다.
- 알짜 토크를 0으로 놓는다. $\Sigma\tau = 0$
- 위 식을 간단히 하면 $r_b m_b = r_w m_w$를 얻는다. 이 식을 m_b에 대해 푼다.
- 정답은 $m_b = 8.0$ kg이다.

---

187. 널빤지에 작용하는 각각의 힘을 보여주는 확장 자유물체도를 그린다.

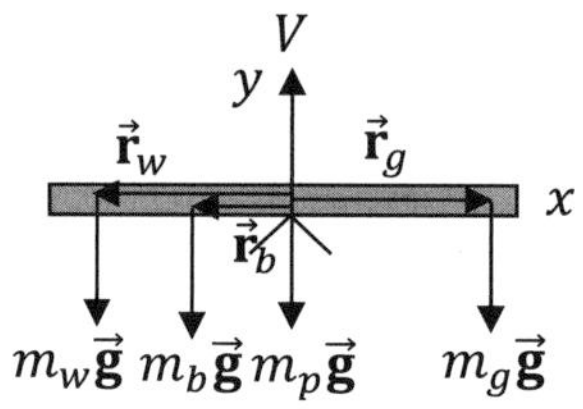

- 거리는 $r_b = 4.0$ m와 $r_w = 16.0$ m이다. 각도는 $\theta_b = 90°$와 $\theta_w = 90°$이다.
- 토크는 $\tau_b = -r_b m_b g \sin\theta_b$와 $\tau_w = -r_w m_w g \sin\theta_w$, $\tau_g = r_g m_g g \sin\theta_g$이다.
- 알짜 토크를 0으로 놓는다. $\Sigma\tau = 0$
- 위 식을 간단히 하면 $r_b m_b + r_w m_w = r_g m_g$를 얻는다. 이 식을 r_g에 대해 푼다.
- 정답은 $r_g = 20.0$ m이다.

---

188. 널빤지에 작용하는 각각의 힘을 보여주는 확장 자유물체도를 그린다.

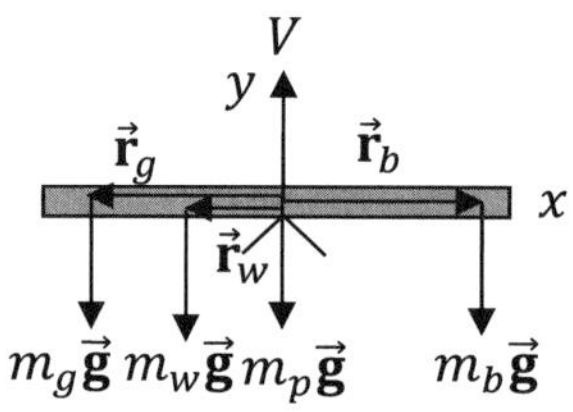

- 거리는 $r_b = 7.5$ m와 $r_w = 2.5$ m이다. 각도는 $\theta_b = 90°$와 $\theta_w = 90°$이다.
- 토크는 $\tau_b = r_b m_b g \sin\theta_b$와 $\tau_w = -r_w m_w g \sin\theta_w$, $\tau_g = -r_g m_g g \sin\theta_g$이다.
- 알짜 토크를 0으로 놓는다. $\Sigma\tau = 0$
- 위 식을 간단히 하면 $r_w m_w + r_g m_g = r_b m_b$를 얻는다. 이 식을 r_g에 대해 푼다.
- 정답은 $r_g = 9.0$ m이다.

---

189. 세 밧줄이 서로 만나는 매듭에 대해 확장 자유물체도를 그린다(이 문제는 327쪽에 있는 예제와 비슷하므로 복습하기 바란다).

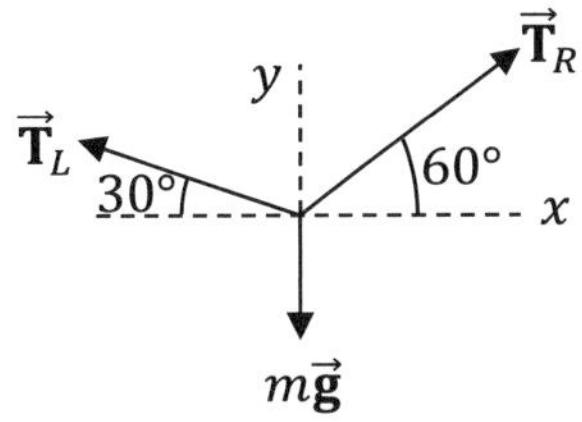

- 327쪽에 있는 예제와 각도는 다르므로 장력은 달라진다.
- 힘의 x 성분과 y 성분의 합을 각각 0으로 놓는다. $\Sigma F_x = 0$, $\Sigma F_y = 0$.
- 그러면 다음 방정식을 얻는다.

$$T_R \cos 60° - T_L \cos 30° = 0, \ T_R \sin 60° + T_L \sin 30° - mg = 0$$

- x 성분 덧셈 식에서 T_R에 대해 푼다.
- 그러면 $T_R = T_L\sqrt{3}$이다.
- 위 식을 y 성분 덧셈 식의 T_R에 대입한다. 여기서 $\sqrt{3}\sqrt{3} = 3$이다.
- T_L에 대해 풀면 답은 $T_L \approx 200$ N이 나온다. (중력 가속도를 반올림하지 않으면 196 N이다.)
- 이 답을 사용하여 T_R을 구한다. 그러면 $T_R \approx 200\sqrt{3}$ N(또는 340 N)이 나온다.
- 아래 밧줄의 장력은 원숭이의 무게와 같다: $T_B = mg$.
- 아래 밧줄의 장력은 $T_B \approx 400$ N이다. (중력 가속도를 반올림하지 않으면 392 N이다.)

---

190. 328~330쪽에 있는 예제를 복습하기 바란다.

- 타이로프에 장력 $\vec{\mathbf{T}}$이 작용한다. 붐의 끝부분에는 짐의 무게(즉 중력) $m_L\vec{\mathbf{g}}$이 작용한다. 붐의 무게 $m_B\vec{\mathbf{g}}$는 붐의 중심에서 평균적으로 작용한다. 힌지 핀에 작용하는 힘은 수평(H) 성분과 수직(V) 성분을 가진다.

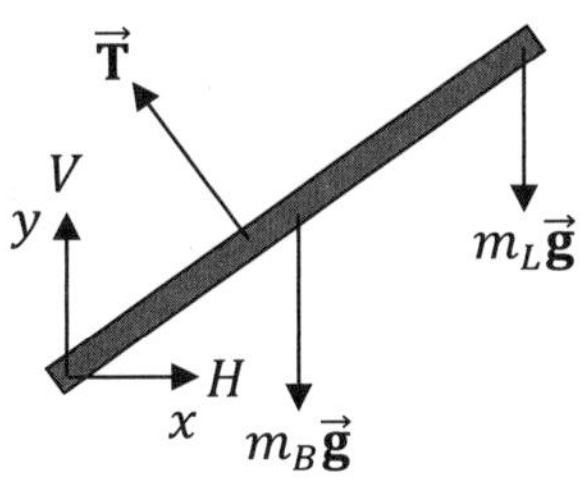

- 타이로프가 붐에 연결된 위치는 붐의 중심보다 힌지에 1.0 m 더 가깝다. 따라서 로프 장력에 의한 토크가 가해지는 거리 r_T는 붐의 무게에 의한 토크가 가해지는 거리 r_B보다 작다.
- 거리는 $r_T = 4.0$ m, $r_B = \frac{L}{2} = \frac{10}{2} = 5.0$ m, $r_L = L = 10.0$ m이다.

- 각도는 $\theta_T = 90°$, $\theta_B = 150°$, $\theta_L = 150°$이다.
- **참고:** 붐의 무게가 똑바로 아래 방향으로 작용하고 $\vec{\mathbf{r}}_B$는 붐의 길이 방향을 따라가는 방향(오른쪽 위, 즉 수평을 기준으로 위쪽으로 60°)이므로 $\theta_B = 60° + 90° = 150°$가 된 것이다,
- 힘의 x 성분과 y 성분의 합을 각각 0으로 놓는다. 또한 알짜 토크를 0으로 놓는다. $\Sigma F_x = 0$, $\Sigma F_y = 0$, $\Sigma\tau = 0$.

$$H - T\cos 30° = 0$$
$$V + T\sin 30° - m_B g - m_L g = 0$$
$$r_B m_B g \sin 150° + r_L m_L g \sin 150° - r_T T \sin 90° = 0$$

- **참고:** 장력 $\vec{\mathbf{T}}$는 x축을 기준으로 위로 30°이므로 장력의 수평성분(H)으로 $T\cos 30°$, 수직성분(V)으로 $T\sin 30°$가 힘의 덧셈 식에 나타난다. 토크의 합에서 $\theta_T = 90°$가 된 것은 타이로프가 붐에 수직이기 때문이다.
- 위의 토크 덧셈 식을 m_L에 대해 푼다. 최대 장력을 사용하여 짐의 최대 질량을 구한다.
- 최대 질량은 $m_L = 23$ kg이다.
- 위의 힘 성분의 덧셈 식을 H와 V에 대해 푼다.
- 힌지 핀에 가해지는 최대 힘의 수평성분과 수직성분은 각각 $H = 300\sqrt{3}$ N(또는 520 N)과 $V \approx 430$ N(중력을 반올림하지 않는 경우 425 N)이다.

32장: 관성 모멘트

191. 문제마다 거리 R을 정확하게 알아야 한다.

(A) 각각의 R은 질량에서 x축까지의 거리이다.

- 거리는 $R_1 = 0$, $R_2 = 2\sqrt{3}$ m, $R_3 = 0$이다.
- $R_2 = 2\sqrt{3}$ m인지 확인해보자. 주어진 삼각형을 두 개의 직각 삼각형으로 나눈다. 주어진 삼각형은 정삼각형이므로 두 직각삼각형의 밑변은 2.0 m, 빗변 4.0 m로 서로 동일하다. 피타고라스의 정리를 사용하여 높이 R_2를 구하면 $2\sqrt{3}$ m이 된다.
- 관성 모멘트 공식 $I = m_1R_1^2 + m_2R_2^2 + m_3R_3^2$을 사용한다.
- x축에 대한 관성 모멘트는 $I = 72\ \text{kg}\cdot\text{m}^2$이다.

(B) 각각의 R은 질량에서 y축까지의 거리이다.

- 거리는 $R_1 = 0$, $R_2 = \frac{L}{2} = \frac{4}{2} = 2.0$ m, $R_3 = L = 4.0$ m이다.
- 맨 위에 있는 질량2와 y축 사이의 거리는 한 변의 절반과 같다.

- 관성 모멘트 공식 $I = m_1R_1^2 + m_2R_2^2 + m_3R_3^2$을 사용한다.
- y축에 대한 관성 모멘트는 $I = 120\ \text{kg}\cdot\text{m}^2$이다.

(C) 각각의 R은 질량에서 원점까지의 거리이다.

- 거리는 $R_1 = 0$, $R_2 = L = 4.0\ \text{m}$, $R_3 = L = 4.0\ \text{m}$이다.
- 원점이 아닌 곳에 있는 질량2와 질량3은 모두 원점에서 정확히 한 변의 길이만큼 떨어져 있다.
- 관성 모멘트 공식 $I = m_1R_1^2 + m_2R_2^2 + m_3R_3^2$을 사용한다.
- z축에 대한 관성 모멘트는 $I = 192\ \text{kg}\cdot\text{m}^2$이다.

---

192. 문제마다 질량 m과 거리 R을 정확하게 알아야 한다.

- 단위가 $\text{kg}\cdot\text{m}^2$인 관성 모멘트를 구해야 하므로 질량의 단위를 g에서 kg으로 변환한다.
- 질량은 $m_1 = 0.4\ \text{kg} = \frac{2}{5}\ \text{kg}$, $m_2 = 0.3\ \text{kg} = \frac{3}{10}\ \text{kg}$, $m_3 = 0.5\ \text{kg} = \frac{1}{2}\ \text{kg}$이다.

(A) 각각의 R은 질량에서 x축까지의 거리이다.

- 거리는 $R_1 = 0$, $R_2 = 2.0\ \text{m}$, $R_3 = 1.0\ \text{m}$이다. 이 값들은 모두 y 좌표이다. y 좌표는 x축까지의 거리를 알려준다.
- 관성 모멘트 공식 $I = m_1R_1^2 + m_2R_2^2 + m_3R_3^2$을 사용한다.
- x축에 대한 관성 모멘트는 $I = \frac{17}{10}\ \text{kg}\cdot\text{m}^2$이다.

(B) 각각의 R은 질량에서 y축까지의 거리이다.

- 거리는 $R_1 = 3.0\ \text{m}$, $R_2 = 0$, $R_3 = 4.0\ \text{m}$이다. 이 값들은 x 좌표의 절댓값이다. x 좌표는 y축까지의 거리를 알려준다.
- 관성 모멘트 공식 $I = m_1R_1^2 + m_2R_2^2 + m_3R_3^2$을 사용한다.
- y축에 대한 관성 모멘트는 $I = \frac{58}{5}\ \text{kg}\cdot\text{m}^2$이다.

(C) 각각의 R은 질량에서 원점까지의 거리이다.

- 각 질량의 좌표가 (x, y)로 주어질 때 피타고라스의 정리 $R = \sqrt{x^2 + y^2}$를 사용하여 각 질량에서 원점까지의 거리 R을 구한다.
- 거리는 $R_1 = 3.0\text{m}$, $R_2 = 2.0\ \text{m}$, $R_3 = \sqrt{17}\ \text{m}$이다.
- 관성 모멘트 공식 $I = m_1R_1^2 + m_2R_2^2 + m_3R_3^2$을 사용한다.
- z축에 대한 관성 모멘트는 $I = \frac{133}{10}\ \text{kg}\cdot\text{m}^2$이다.

---

193. 343쪽에 있는 예제를 복습한다.

- 먼저 중심을 통과하는 축에 대해 각 부분의 관성 모멘트를 구한 다음, 평행축 정

리를 적용한다.

- 중심을 통과하는 축에 대해 회전하는 막대와 속이 빈 구(공)의 관성 모멘트 공식을 찾는다.
- 관성 모멘트 공식은 각각 $I_{rod}^{cm} = \frac{1}{12}m_r L^2$와 $I_{hs}^{cm} = \frac{2}{3}m_{hs}R^2$이다.
- 주어진 값들을 이 공식에 대입한다.
- 그러면 다음을 얻는다. $I_{middle}^{cm} = 32\ \text{kg}\cdot\text{m}^2$, $I_{left}^{cm} = 24\ \text{kg}\cdot\text{m}^2$, $I_{right}^{cm} = 2\ \text{kg}\cdot\text{m}^2$.
- 속이 빈 구는 실제로 중심을 통과하는 축에 대해 회전하지 않으므로 평행축 정리를 적용해야 한다.

$$I_{left} = I_{left}^{cm} + m_L R_L^2 \quad , \quad I_{right} = I_{right}^{cm} + m_R R_R^2$$

- 위 식에 값을 대입하면 $I_{left} = 348\ \text{kg}\cdot\text{m}^2$, $I_{right} = 77\ \text{kg}\cdot\text{m}^2$이다.
- 3개의 관성 모멘트를 모두 더한다.

$$I = I_{middle}^{cm} + I_{left} + I_{right}$$

- 물체의 관성 모멘트는 $I = 457\ \text{kg}\cdot\text{m}^2$이다.

---

194. 관성 모멘트 적분을 수행한다. $I = \int r_\perp^2 \, dm$

- 막대의 경우 $dm = \lambda ds$이다. 적분기호 밖으로 λ를 꺼내면 안 된다. λ에 $\lambda = \beta y^{1/2}$을 대입한다.
- 선 모양의 구조인 경우, 직각 좌표계를 사용하여 문제를 푼다. 미소 호 길이는 $ds = dy$이다.
- 적분 범위는 $y = 0$에서 $y = L$까지이다.
- 대표하는 dm을 그린다. 그 dm에 대해 $r_\perp$을 표시한다(여기서 $r_\perp$는 dm과 회전축 사이의 최단 거리이다). 이 문제의 경우 $r_\perp = y$이다.
- 여기서 $\sqrt{y} = y^{1/2}$이고 $y^2 y^{1/2} = y^{5/2}$이다.
- 위에서 구한 값들을 관성 모멘트 적분 식에 대입하면 다음 적분을 얻는다.

$$I = \beta \int_{y=0}^{L} y^{5/2} \, dy$$

- 위 적분을 수행하면 $I = \frac{2\beta L^{7/2}}{7}$이 된다.
- $dm = \lambda ds$에서 시작하여 앞에서와 마찬가지 방식으로 대입하여 적분 $m = \int dm$을 수행한다.
- 그러면 다음 적분을 얻는다.

$$m = \beta \int_{y=0}^{L} y^{1/2} \, dy$$

- 적분을 수행하면 $m = \frac{2\beta L^{3/2}}{3}$을 얻는다.
- 위 식을 β에 대해 정리하면 $\beta = \frac{3m}{2L^{3/2}}$이 된다.
- 여기서 구한 β를 앞서 구한 I 식에 대입한다.
- 최종 답은 $I = \frac{3}{7}mL^2$이다. 계산 과정에서 $\frac{L^{7/2}}{L^{3/2}} = L^2$이다.

---

195. 관성 모멘트 적분을 수행한다. $I = \int r_\perp^2\, dm$

- 삼각형의 경우 $dm = \sigma dA$이다. 직각좌표계를 사용하여 문제를 푼다. 미소 면적 요소는 $dA = dxdy$이다.
- 삼각형이 균일하므로 σ는 상수이다. 따라서 적분기호 바깥으로 σ를 꺼낼 수 있다.
- 빗변을 나타내는 직선의 방정식을 구한다.
- 빗변을 나타내는 직선의 기울기는 $\frac{h}{b}$이고 y 절편은 0이다.
- 따라서 직선의 방정식은 $y = \frac{hx}{b}$이다.
- x가 0에서 b까지 변하면 y는 0에서 $\frac{hx}{b}$까지 변한다.
- 대표하는 dm을 그린다. 그 dm에 대해 $r_\perp$을 표시한다(여기서 $r_\perp$는 dm과 회전축 사이의 최단 거리이다). 이 문제의 경우 $r_\perp = y$이다.
- 위에서 구한 값들을 관성 모멘트 적분 식에 대입하면 다음 적분을 얻는다.

$$I = \sigma \int_{x=0}^{b} \int_{y=0}^{\frac{hx}{b}} y^2\, dxdy$$

- 먼저 y에 대해 적분을 수행한다(y의 상한 $\frac{hx}{b}$은 x의 함수이므로).
- 위의 적분에서 y에 대한 적분을 수행하면 $\frac{h^3x^3}{3b^3}$를 얻는다.
- 다음으로 x에 대한 적분을 수행한다.
- 그러면 중간 답 $I = \frac{\sigma bh^3}{12}$을 얻는다.
- $dm = \sigma dA$에서 시작하여 앞에서와 마찬가지 방식으로 대입하여 적분 $m = \int dm$을 수행한다.
- 그러면 다음 적분을 얻는다.

$$m = \sigma \int_{x=0}^{\mathrm{b}} \int_{y=0}^{\frac{hx}{b}} dy\, dx$$

- 적분을 수행하면 $m = \frac{\sigma bh}{2}$을 얻는다(이 적분을 푸는 방법이 280~281쪽에 있는 예제와 매우 비슷하니 참고하기 바란다).
- 위 식을 σ에 대해 정리하면 $\sigma = \frac{2m}{bh}$가 된다.

- 이 σ 값을 앞서 구한 I 식에 대입힌다.
- 최종 답은 $I = \frac{mh^2}{6}$이다.

---

196. 관성 모멘트 적분을 수행한다. $I = \int r_{\perp}^2 dm$

- 속이 채워진 원반의 경우(가느다란 원형 고리와는 달리) $dm = \sigma dA$이다. 2차원 극 좌표계를 사용하여 문제를 푼다. 미소 면적 요소는 $dA = rdrd\theta$이다.
- 원반이 균일하므로 σ는 상수이다. 따라서 적분기호 바깥으로 σ를 꺼낼 수 있다.
- 적분 범위는 $r = 0$에서 $r = R$까지, $\theta = 0$에서 $\theta = 2\pi$ rad까지이다. (deg 단위를 사용하지 말 것.) 여기서 R은 상수이고 r은 변수이므로 주의해야 한다.
- 대표하는 dm을 그린다. 그 dm에 대해 $r_{\perp}$을 표시한다(여기서 $r_{\perp}$는 dm과 회전축 사이의 최단 거리이다). 이 문제의 경우 $r_{\perp} = x$이다.
- 2차원 극좌표계의 방정식 $x = r\cos\theta$를 적분 식에 대입한다(26장 참조).
- 그러면 $r_{\perp}^2 = x^2 = r^2\cos^2\theta$이다.
- 위에서 구한 값들을 관성 모멘트 적분 식에 대입하면 다음 적분을 얻는다.

$$I = \sigma \int_{r=0}^{R} \int_{\theta=0}^{2\pi} r^3 \cos^2\theta \, dr \, d\theta$$

- (위 적분 식의 r^3에서 r 하나는 $dA = rdrd\theta$에서 온 것이고 나머지 r^2은 $r_{\perp}^2 = r^2\cos^2\theta$에서 온 것이다.)
- 적분의 상한과 하한이 모두 상수이므로 어떤 순서로 적분을 해도 상관이 없다. 여기서는 먼저 θ에 대한 적분을 수행한다. 인수 r^3을 θ에 대한 적분기호 바깥으로 꺼낸다(r에 대한 적분에서 꺼내면 안 된다).

$$I = \sigma \int_{r=0}^{R} r^3 \left(\int_{\theta=0}^{2\pi} \cos^2\theta \, d\theta \right) dr$$

- 삼각함수 항등식 $\cos^2\theta = \frac{1+\cos 2\theta}{2}$을 적용한다.
- 위의 항등식을 대입하여 θ에 대한 적분을 두 개의 적분으로 나눈다.

$$\int_{\theta=0}^{2\pi} \frac{1}{2} d\theta + \int_{\theta=0}^{2\pi} \frac{\cos 2\theta}{2} d\theta$$

- θ에 대해 적분을 수행하면 역도함수 $\frac{\theta}{2}$와 $\frac{\sin 2\theta}{4}$을 얻는다. 상한과 하한에 대해 두 역도함수를 계산한다.
- 그러면 θ에 대해 적분을 수행한 결과는 π이다.
- 이 결과를 대입하면 남은 적분은 $I = \frac{\sigma}{m} \int_{r=0}^{R} \pi r^3 \, dr$이다.

- r에 대한 적분을 수행하면 역도함수 $\frac{r^4}{2}$을 얻는다. 상한과 하한에 대해 역도함수를 계산한다.
- 그러면 중간 답 $I = \frac{\pi\sigma R^4}{4}$을 얻는다.
- $dm = \sigma dA$에서 시작하여 앞에서와 마찬가지 방식으로 대입하여 적분 $m = \int dm$을 수행한다.
- 그러면 다음 적분을 얻는다.

$$m = \sigma \int_{r=0}^{R} \int_{\theta=0}^{2\pi} r\, dr\, d\theta$$

- 적분을 수행하면 $m = \pi\sigma R^2$을 얻는다.
- 위 식을 σ에 대해 정리하면 $\sigma = \frac{m}{\pi R^2}$가 된다.
- 이 σ 값을 앞서 구한 I 식에 대입힌다.
- 최종 답은 $I = \frac{mR^2}{4}$이다.(이 결과는 굴림 회전 방식이 아닌 제자리 회전 방식일 때의 관성 모멘트이다.)

---

197. 관성 모멘트 적분을 수행한다. $I = \int r_\perp^2\, dm$

- 351~353쪽에 있는 예제를 복습하기 바란다.
- 속이 채워진 구의 경우 $dm = \rho dV$이다. 구 좌표계를 사용하여 문제를 푼다. 미소 부피 요소는 $dV = r^2 \sin\theta\, dr d\theta d\phi$이다.
- 구가 균일하지 않으므로 ρ를 적분기호 바깥으로 꺼낼 수 없다. $\rho = \beta r$을 대입한다.
- 적분 범위는 $r = 0$에서 $r = R$까지, $\theta = 0$에서 $\theta = \pi$ rad까지, $\phi = 0$에서 $\theta = 2\pi$ rad까지이다(351~353쪽에 있는 예제의 설명 참조).
- 회전축을 z축으로 선택한다(351~353쪽에 있는 예제의 설명 참조).
- 대표하는 dm을 그린다. 그 dm에 대해 $r_\perp$을 표시한다(여기서 $r_\perp$는 dm과 회전축 사이의 최단 거리이다). 이 문제의 경우 $r_\perp = r\sin\theta$(어떤 한 dm에서 z축까지의 거리)이다. 351쪽의 그림을 참조한다.
- 위에서 구한 값들을 관성 모멘트 적분 식에 대입하면 다음 적분을 얻는다.

$$I = \beta \int_{r=0}^{R} \int_{\phi=0}^{2\pi} \int_{\theta=0}^{\pi} r^5 \sin^3\theta\, dr d\theta d\phi$$

- (위 적분 식의 r^5에서 r^2은 $dV = r^2 \sin\theta\, dr\, d\theta\, d\phi$에서 온 것이고, 또 다른 r^2은 $r_\perp^2 = r^2 \sin^2\theta$에서 온 것이고 나머지 r은 $\rho = \beta r$에서 온 것이다. 또한 위 적분 식의 $\sin^3\theta$에서 $\sin^2\theta$는 $r_\perp^2 = r^2\sin^2\theta$에서 온 것이고 나머지 $\sin\theta$는 r^2은 $dV = r^2 \sin\theta\, dr d\theta d\phi$에서 온 것이다.)

- 이 삼중적분의 하한과 상한은 모두 상수이므로 이 적분은 어떤 순서로든 할 수 있다. 여기서는 먼저 ϕ에 대한 적분을 수행하고 이어서 θ에 대한 적분을 수행하고 마지막으로 r에 대한 적분을 수행하기로 한다. r은 각도에 대한 적분을 수행할 때는 적분기호 밖으로 꺼낼 수 있지만 r에 대한 적분에서는 적분기호 밖으로 꺼낼 수 없다. 또한 $\sin\theta$는 r 적분과 적분을 수행할 때는 적분기호 밖으로 꺼낼 수 있지만 θ에 대한 적분을 수행할 때는 적분기호 밖으로 꺼낼 수 없다.
- 위의 적분 식은 다음과 같이 다시 쓸 수 있다.

$$I = \beta \int_{r=0}^{R} r^5 dr \int_{\theta=0}^{\pi} \sin^3\theta\, d\theta \int_{\phi=0}^{2\pi} d\phi$$

- 그러면 ϕ에 대해 적분을 수행한 결과는 2π이다.
- 이 결과를 대입하면 남은 적분은 다음과 같다.

$$I = 2\pi\beta \int_{r=0}^{R} r^5 dr \int_{\theta=0}^{\pi} \sin^3\theta\, d\theta$$

- 351~353쪽에 있는 예제와 마찬가지 방식으로 삼각함수 항등식 $\sin^3\theta = \sin\theta\sin^2\theta = \sin(1-\cos^2\theta)$을 적용한다. 이 항등식을 대입하면 두 개의 적분으로 나뉜다. 두 번째 적분에서 $u = \cos\theta$로 치환하면 $du = -\sin\theta du$가 된다.(예제에서 이러한 방식을 사용하였다).
- 그러면 θ에 대해 적분을 수행한 결과는 $\frac{4}{3}$이다.
- 이 결과를 대입하면 남은 적분은 $I = \frac{8\pi\beta}{3}\int_{r=0}^{R} r^5 dr$이다.
- r에 대한 적분을 수행하면 역도함수 $\frac{r^6}{6}$을 얻는다. 상한과 하한에 대해 역도함수를 계산한다.
- 그러면 중간 답 $I = \frac{4\pi\beta R^6}{9}$을 얻는다.
- $dm = \rho dV$에서 시작하여 앞에서와 마찬가지 방식으로 대입하여 적분 $m = \int dm$을 수행한다.
- 그러면 다음 적분을 얻는다.

$$m = \beta \int_{r=0}^{R} \int_{\phi=0}^{2\pi} \int_{\theta=0}^{\pi} r^3 \sin\theta\, dr d\phi d\theta$$

- (위 적분 식의 r^3에서 r^2은 $dV = r^2\sin\theta dr d\theta d\phi$에서 온 것이고, 나머지 r은 $\rho = \beta r$에서 온 것이다.)
- 적분을 수행하면 $m = \pi\beta R^4$을 얻는다. (이 적분을 푸는 방법은 353쪽에 있는 예제와 매우 비슷하다. r의 지수만 다르다.)

- 위 식을 β에 대해 정리하면 $\beta = \frac{m}{\pi R^4}$가 된다.
- 이 β 값을 앞서 구한 I 식에 대입힌다.
- 최종 답은 $I = \frac{4mR^2}{9}$이다.

---

198. 관성 모멘트 적분을 수행한다. $I = \int r_\perp^2 dm$

- 351~353쪽에 있는 예제를 복습하기 바란다.
- 속이 빈 아주 얇은 구 껍질의 경우(속이 채워진 구 또는 속이 빈 두꺼운 구 껍질과는 달리) $dm = \sigma dV$이다. 구 좌표계를 사용하여 문제를 푼다. 미소 면적 요소는 $dA = R^2 \sin\theta \, d\theta \, d\phi$이다. (26장을 복습할 것.)
- 이 문제에서는 구 껍질이 매우 얇으므로 구 껍질 표면의 모든 점과 원점 사이의 거리가 R로 동일하다. 따라서 바로 전에 풀어본 문제와는 달리 R은 **상수**이며 변수인 r을 사용할 필요가 없다(R과 r은 $r_\perp$와는 다른 양이다).
- 구가 균일하므로 σ는 상수이다. 따라서 적분기호 바깥으로 σ를 꺼낼 수 있다.
- 적분 범위는 $\theta = 0$에서 $\theta = \pi$ rad까지, $\phi = 0$에서 $\theta = 2\pi$ rad까지이다(351~353쪽에 있는 예제의 설명 참조).
- 회전축을 z축으로 선택한다(351~353쪽에 있는 예제의 설명 참조).
- 대표하는 dm을 그린다. 그 dm에 대해 $r_\perp$을 표시한다(여기서 $r_\perp$는 dm과 회전축 사이의 최단 거리이다). 이 문제의 경우 $r_\perp = R\sin\theta$(어떤 한 dm에서 z축까지의 거리)이다. 351쪽의 그림을 참조한다.
- 위에서 구한 값들을 관성 모멘트 적분 식에 대입하면 다음 적분을 얻는다.

$$I = \sigma R^4 \int_{\theta=0}^{\pi} \int_{\phi=0}^{2\pi} \sin^3\theta \, d\theta d\phi$$

- (위 적분 식의 $\sin^3\theta$에서 $\sin\theta$은 $dA = R^2 \sin\theta \, d\theta \, d\phi$에서 온 것이고, 또 다른 $\sin^2\theta$은 $r_\perp^2 = R^2\sin^2\theta$에서 온 것이다. 또한 위 적분 식의 R^4에서 R^2은 $dA = R^2 \sin\theta \, d\theta \, d\phi$에서 온 것이고, 또 다른 R^2은 $r_\perp^2 = R^2\sin^2\theta$에서 온 것이다.)
- 이 이중적분의 하한과 상한은 모두 상수이므로 이 적분은 어떤 순서로든 할 수 있다. 여기서는 먼저 ϕ에 대한 적분을 수행한다. $\sin\theta$는 ϕ 적분을 수행할 때 적분기호 밖으로 꺼낼 수 있다.
- 위의 적분 식은 다음과 같이 다시 쓸 수 있다.

$$I = \sigma R^4 \int_{\theta=0}^{\pi} \sin^3\theta \, d\theta \int_{\phi=0}^{2\pi} d\phi$$

- 그러면 ϕ에 대해 적분을 수행한 결과는 2π이다.
- 이 결과를 대입하면 남은 적분은 다음과 같다.

$$I = 2\pi\sigma R^4 \int_{\theta=0}^{\pi} \sin^3\theta \, d\theta$$

- (351~353쪽에 있는 예제와 마찬가지 방식으로 삼각함수 항등식 $\sin^2\theta = \sin\theta\sin^2\theta$ $= \sin\theta(1-\cos^2\theta)$을 적용한다. 이 항등식을 대입하면 두 개의 적분으로 나뉜다. 두 번째 적분에서 $u = \cos\theta$로 치환하면 $du = -\sin\theta du$가 된다.(예제에서 이러한 방식을 사용하였다).
- 그러면 θ에 대해 적분을 수행한 결과는 $\frac{4}{3}$이다.
- 그러면 중간 답 $I = \frac{8\pi\sigma R^4}{3}$을 얻는다.
- $dm = \sigma dA$에서 시작하여 앞에서와 마찬가지 방식으로 대입하여 적분 $m = \int dm$을 수행한다.
- 그러면 다음 적분을 얻는다.

$$m = \sigma R^2 \int_{\theta=0}^{\pi} \int_{\phi=0}^{2\pi} \sin\theta \, d\theta d\phi$$

- 적분을 수행하면 $m = 4\pi\sigma R^2$을 얻는다.
- 위 식을 σ에 대해 정리하면 $\sigma = \frac{m}{4\pi R^2}$가 된다.
- 이 σ 값을 앞서 구한 I 식에 대입한다.
- 최종 답은 $I = \frac{2mR^2}{3}$이다.

33장: 미끄러짐 없이 회전하는 도르래

199. 원숭이와 바나나 상자에 대해 각각 자유물체도를 그리고 도르래에 대해 확장 자유물체도를 그리면 다음과 같다.

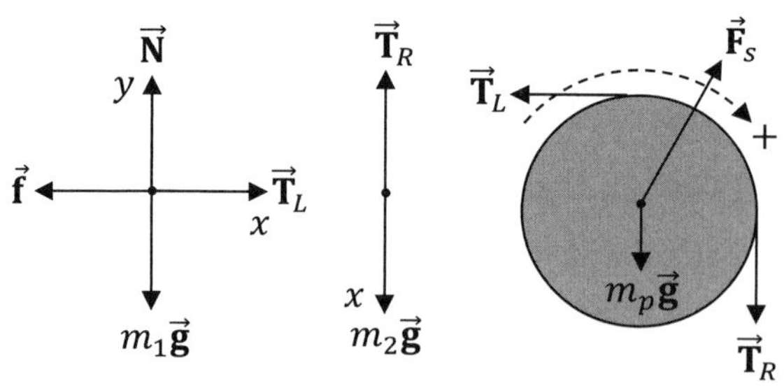

- 357~359쪽에 있는 예제가 이 문제와 비슷하므로 이 예제를 복습하기 바란다.
- 세 물체에는 물체를 수직으로 아래로 잡아당기는 중력 $m_1\vec{\mathbf{g}}$, $m_2\vec{\mathbf{g}}$, $m_p\vec{\mathbf{g}}$이 각각 가해진다.
- 수직력 $\vec{\mathbf{N}}$은 상자를 위쪽(표면에 수직) 방향으로 민다.
- 마찰력 $\vec{\mathbf{f}}$은 바나나 상자의 속도 방향과 반대 방향으로 상자에 가해진다.
- 왼쪽 줄은 양쪽에 연결된 물체에 장력 $\vec{\mathbf{T}}_L$을 각각 가하고 오른쪽 줄은 양쪽에 연결된 물체에 장력 $\vec{\mathbf{T}}_R$을 각각 가한다. 33장에서 설명한 바와 같이 줄이 미끄러지지 않고 도르래와 함께 회전하기 위해서는 도르래에 가해지는 두 장력이 서로 달라야 한다(그래야 도르래의 가속도가 줄의 가속도와 같아진다.).
- 각 물체에 대해 $+x$축을 표시한다(물체가 가속하고 있는 방향을 $+x$축으로 선택한다. x축을 도르래 주위로 감아서 돌린 것으로 생각해도 된다). $+x$축에 수직인 위쪽 방향을 $+y$축으로 선택한다.
- 도르래의 시계 방향 회전을 양(+)의 회전 방향으로 정한다.
- x 성분과 y 성분으로 구분하여 뉴턴의 제2법칙을 적용하면 세 개의 방정식 $\Sigma F_{1x} = m_1 a_x$, $\Sigma F_{1y} = m_1 a_y$, $\Sigma F_{2x} = m_2 a_x$이 나온다. 방정식의 좌변에 실제 가해지는 힘들을 대입하여 다음과 같이 세 가지 덧셈 방정식으로 적는다.

$$T_L - f = m_1 a_x \quad , \quad N - m_1 g = 0 \quad , \quad m_2 g - T_R = m_2 a_x$$

- 도르래에 작용하는 토크의 합($\Sigma\tau$)은 관성 모멘트(I)에 각가속도(α)를 곱한 값과 같으므로 $\Sigma\tau = I\alpha$이 나온다. 방정식의 양변에 실제 토크들을 대입하면 다음 방정식이 나온다.

$$R_p T_R \sin 90° - R_p T_L \sin 90° = \frac{1}{2} m_p R_p^2 \alpha$$

- 장력의 방향은 도르래의 접선 방향(반지름에 수직)이므로 각도는 90°이다. 32장에서 속이 채워진 원반의 관성 모멘트를 찾아보면 $I_p = \frac{1}{2} m_p R_p^2$이다.
- $R_p \alpha = a_x$를 대입한다(줄이 미끄러지지 않고 도르래와 함께 회전하려면 도르래의 각가속도가 질량과 줄의 가속도와 일치해야 하므로). 앞에서 얻은 토크 방정식의 양변을 R_p로 각각 나누고 간단히 하면 다음 방정식을 얻는다.

$$T_R - T_L = \frac{m_p a_x}{2}$$

- 위에서 얻은 y 성분 방정식을 수직력에 대해 푼다. 그러고 나서 값을 대입한다.
- 그러면 수직력은 $N \approx 400$ N(또는 g를 10 m/s^{2}으로 반올림하지 않으면 392 N)이다.
- 마찰 방정식을 알아야 한다.

- 여기서는 방정식 $f=\mu N$을 사용한다. 이 식에 값을 대입한다.
- 마찰력은 $f\approx 200$ N(또는 g를 10 m/s^{2}으로 반올림하지 않으면 196 N)이다.
- 두 개의 x 성분 방정식을 서로 더하면 장력은 상쇄되어 다음 수식을 얻는다.

$$m_2g - f = m_1a_x + m_2a_x + \frac{m_pa_x}{2}$$

- 위 식에 값을 대입한 다음, 가속도를 구한다.
- 정답은 $a_x\approx 3.0$ m/s^{2}이다. (중력 가속도를 반올림하지 않으면 $a_x=2.94$ m/s^2.)

---

200. 두 원숭이에 대해 각각 자유물체도를 그리고 도르래에 대해 확장 자유물체도를 그리면 다음과 같다.

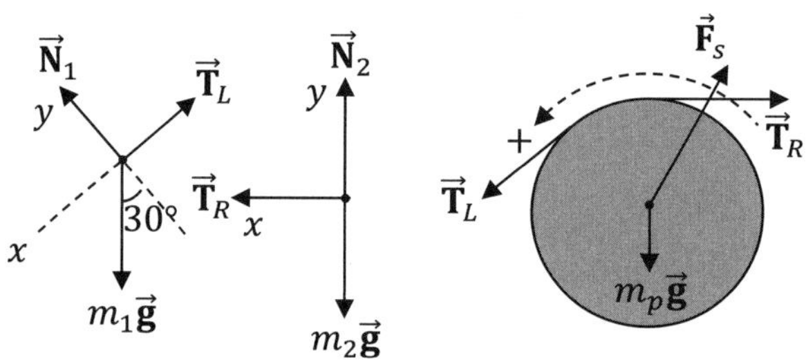

- 357~359쪽에 있는 예제가 이 문제와 비슷하므로 이 예제를 복습하기 바란다.
- 세 물체에는 물체를 수직으로 아래로 잡아당기는 중력 $m_1\vec{\mathbf{g}}$, $m_2\vec{\mathbf{g}}$, $m_p\vec{\mathbf{g}}$이 각각 가해진다.
- 수직력 $\vec{\mathbf{N}}_1$, $\vec{\mathbf{N}}_2$는 두 원숭이를 각각 표면에 수직인 방향으로 민다.
- 왼쪽 줄은 양쪽에 연결된 물체에 장력 $\vec{\mathbf{T}}_L$을 각각 가하고 오른쪽 줄은 양쪽에 연결된 물체에 장력 $\vec{\mathbf{T}}_R$을 각각 가한다. 33장에서 설명한 바와 같이 줄이 미끄러지지 않고 도르래와 함께 회전하기 위해서는 도르래에 가해지는 두 장력이 서로 달라야 한다(그래야 도르래의 가속도가 줄의 가속도와 같아진다.).
- 두 원숭이에 대해 각각 $+x$축을 표시한다(왼쪽 원숭이에 대해서는 비스듬히 아래쪽으로 가는 방향을 $+x$축으로, 오른쪽 원숭이에 대해서는 왼쪽 방향을 $+x$축으로 선택한다.(x축을 도르래 주위로 감아서 구부린 것으로 생각해도 된다). $+x$축에 수직인 위쪽 방향을 $+y$축으로 선택한다.
- 도르래의 시계 방향 회전을 양(+)의 회전 방향으로 정한다.
- x 성분과 y 성분으로 구분하여 뉴턴의 제2법칙을 적용하면 네 개의 방정식 $\Sigma F_{1x}=m_1a_x$, $\Sigma F_{1y}=m_1a_y$, $\Sigma F_{2x}=m_2a_x$, $\Sigma F_{2y}=m_2a_y$이 나온다. 방정식의 좌변에 실제 가해지는 힘들을 대입하여 다음과 같이 네 가지 덧셈 방정식으로 적는다.

$$m_1 g \sin 30° - T_L = m_1 a_x \quad , \quad N_1 - m_1 g \cos 30° = 0 \quad , \quad T_R = m_2 a_x \quad , \quad N_2 - m_{2g} = 0$$

- 142쪽의 설명을 읽어보면 위 식에서 $m_1 g \sin 30°$, $m_1 g \cos 30°$가 된 까닭을 알 수 있다.
- 도르래에 작용하는 토크의 합($\Sigma\tau$)은 관성 모멘트(I)에 각가속도(α)를 곱한 값과 같으므로 $\Sigma\tau = I\alpha$이 나온다. 방정식의 양변에 실제 토크들을 대입하면 다음 방정식이 나온다.

$$R_p T_L \sin 90° - R_p T_R \sin 90° = \frac{1}{2} m_p R_p^2 \alpha$$

- 장력의 방향은 도르래의 접선 방향(반지름에 수직)이므로 각도는 90°이다. 32장에서 속이 채워진 원반의 관성 모멘트를 찾아보면 $I_p = \frac{1}{2} m_p R_p^2$이다.
- $R_p \alpha = a_x$를 대입한다(줄이 미끄러지지 않고 도르래와 함께 회전하려면 도르래의 각가속도가 질량과 줄의 가속도와 일치해야 하므로) 앞에서 얻은 토크 방정식의 양변을 R_p로 각각 나누고 간단히 하면 다음 방정식을 얻는다.

$$T_L - T_R = \frac{m_p a_x}{2}$$

- 두 개의 x 성분 방정식을 서로 더하면 장력은 상쇄되어 다음 수식을 얻는다.

$$m_1 g \sin 30° = m_1 a_x + m_2 a_x + \frac{m_p a_x}{2}$$

- 위 식에 값을 대입한 다음, 가속도를 구한다.
- 정답은 $a_x = \frac{5}{2}$ m/s^{2}이다.

34장: 미끄러짐 없는 굴림 운동

201. 공이 출발한 위치에 i를, 바닥면에 도달하는 순간의 위치에 f를 표시한다. 기준 높이 RH를 경사면의 바닥으로 선택한다.

- 368쪽에 있는 예제가 이 문제와 비슷하므로 이 예제를 복습하기 바란다.
- 에너지 보존 법칙 방정식을 적용한다.
- i가 RH와 같은 높이가 아니므로 $PE_{g0} = mgh_0$이다.
- i에서 스프링이 평형 위치에서 압축되거나 늘어나지 않았으므로 $PE_{s0} = 0$이다.
- $PE_0 = PE_{g0} + PE_{s0} = mgh_0$
- 속이 빈 공이 i에서 정지해 있으므로 $KE_0 = 0$이다.

- 미끄러짐 없이 구르는 경우, 마찰이 시스템에서 기계적 에너지를 빼앗지 않기 때문에 마찰이 있는 경우에도 $W_{nc} = 0$이다(366~367쪽 참조).
- f가 RH와 같은 높이이므로 $PE_g = 0$이다.
- f에서 스프링이 평형 위치에서 압축되거나 늘어나지 않았으므로 $PE_s = 0$이다.
- $PE = PE_g + PE_s = 0$
- f에서 속이 빈 공이 구르고 있으므로 $KE = \frac{1}{2}mv^2 + \frac{1}{2}I\omega^2$이다. (공의 질량 중심이 움직이고 있으므로 $\frac{1}{2}mv^2$항이 들어가고 공이 구르고 있으므로 $\frac{1}{2}I\omega^2$항이 들어간다.)
- 에너지 보존 법칙 방정식을 적는다.

$$PE_0 + KE_0 + W_{nc} = PE + KE$$

- 위의 방정식의 각 항에 앞서 구한 값을 대입한다.

$$mgh_0 = \frac{1}{2}mv^2 + \frac{1}{2}I\omega^2$$

- 32장에서 속이 빈 구의 관성 모멘트 방정식을 찾아 위 수식의 I에 대입한다.
- 속이 빈 구의 관성 모멘트는 $I = \frac{2}{3}mR^2$이다.
- $R^2\omega^2 = v^2$를 대입하여 R과 ω를 제거한다.
- 질량 m을 상쇄시킨 다음 최종 속력에 대해 풀면 다음을 얻는다.

$$v = \sqrt{\frac{6gh_0}{5}}$$

- 계산 과정에서 $\frac{v^2}{2} + \frac{v^2}{3} = \left(\frac{1}{2} + \frac{1}{3}\right)v^2 = \left(\frac{3}{6} + \frac{2}{6}\right)v^2 = \frac{5}{6}v^2$이다.
- 위에서 구한 v 식에 값을 대입한다.
- 최종 속력은 $v = 30$ m/s이다.

---

202. 도넛이 출발한 바닥면의 위치에 i를, 도달한 최고점의 위치에 f를 표시한다. 기준 높이 RH를 경사면의 바닥으로 선택한다.

- 이 문제를 바로 이전 문제와 비교해보자. 이전 문제에서는 공이 경사면을 따라 굴러 내려가는 반면에 이 문제에서는 도넛이 경사면을 따라 굴러 올라간다.
- 에너지 보존 법칙 방정식을 적용한다.
- i가 RH와 같은 높이와 같으므로 $PE_{g0} = 0$이다.
- i에서 스프링이 평형 위치에서 압축되거나 늘어나지 않았으므로 $PE_{s0} = 0$이다.
- $PE_0 = PE_{g0} + PE_{s0} = 0$
- i에서 도넛이 구르고 있으므로 $KE_0 = \frac{1}{2}mv_0^2 + \frac{1}{2}I\omega_0^2$이다. (도넛의 질량 중심이 움직이고 있으므로 $\frac{1}{2}mv_0^2$항이 들어가고 도넛이 구르고 있으므로 $\frac{1}{2}I\omega_0^2$항이 들어간다.)

- 미끄러짐 없이 구르는 경우, 마찰이 시스템에서 기계적 에너지를 빼앗지 않기 때문에 마찰이 있는 경우에도 $W_{nc} = 0$이다(366~377쪽 참조).
- f가 RH와 같은 높이가 아니므로 $PE_g = mgh$이다.
- f에서 스프링이 평형 위치에서 압축되거나 늘어나지 않았으므로 $PE_s = 0$이다.
- $PE = PE_g + PE_s = mgh$
- 도넛이 f에서 정지해 있으므로(그렇지 않으면 도넛은 f에서 더 높이 올라간다) $KE = 0$이다.
- 에너지 보존 법칙 방정식을 적는다.

$$PE_0 + KE_0 + W_{nc} = PE + KE$$

- 위의 방정식의 각 항에 앞서 구한 값을 대입한다.

$$\frac{1}{2}mv_0^2 + \frac{1}{2}I\omega_0^2 = mgh$$

- 문제에서 주어진 도넛의 관성 모멘트 수식을 위 수식의 I에 대입한다.
- $R^2\omega^2 = v^2$를 대입하여 R과 ω를 제거한다.
- 질량 m을 상쇄시킨 다음 최종 속력에 대해 풀면 다음을 얻는다.

$$h = \frac{7v_0^2}{8g}$$

- 계산 과정에서 $\frac{v_0^2}{2} + \frac{3v_0^2}{8} = \left(\frac{1}{2} + \frac{3}{8}\right)v_0^2 = \left(\frac{4}{8} + \frac{3}{8}\right)v_0^2 = \frac{7}{8}v_0^2$이다.
- 최대 높이는 $h \approx 140$ m이다. (중력 가속도를 반올림하지 않으면 143 m이다.)
- 그러나 높이는 최종 답이 아니다. 문제에서 요구한 것은 이동 거리이다.
- 직각 삼각형을 그린 다음, 삼각함수를 이용하여 경사면을 따라 이동한 거리(s)와 최종 높이(h)의 관계를 구해보면 다음과 같다.

$$\sin 30° = \frac{h}{s}$$

- 경사면을 따라 위로 올라가며 이동한 거리는 $s = 280$ m(또는 반올림하지 않는 경우 285 m)이다.

35장: 각운동량 보존

203. 각운동량 보존 법칙을 적용한다.

$$I_{d0}\vec{\boldsymbol{\omega}}_{d0} + I_{m0}\vec{\boldsymbol{\omega}}_{m0} = I_d\vec{\boldsymbol{\omega}}_d + I_m\vec{\boldsymbol{\omega}}_m$$

- 한 물체는 회전목마(원반)이고 또 한 물체는 원숭이이다.
- 회전목마는 속이 채워진 원반으로 취급하고 원숭이는 한 점으로 취급한다.
- 속이 채워진 원반의 관성 모멘트(굴림 방식)와 점으로 취급할 수 있는 물체의 관성 모멘트에 공식을 찾는다(32장).

$$I_{d0} = I_d = \frac{m_d R_d^2}{2} \quad , \quad I_{m0} = 0 \quad , \quad I_m = m_m R_m^2$$

- $R_{m0} = 0$이므로(초기에 원숭이가 중앙에 서 있으므로) $I_{20} = 0$이다.
- 거리를 구해보면 $R_{d0} = R_d = R_m = 8.0$ m(원반 지름의 절반)이다.
- 회전목마(원반)의 초기 각속력은 $\omega_{d0} = \frac{1}{4}$ rev/s이다.
- 회전목마의 최종 각속력과 원숭이는 최종 각속력은 같다. $\omega_d = \omega_m = \omega$.
- 각운동량 보존방정식에서 $\vec{\boldsymbol{\omega}}_d$와 $\vec{\boldsymbol{\omega}}_m$을 $\vec{\boldsymbol{\omega}}$로 대체한다.
- 최종 각속력에 대해 푼다.

$$\omega = \frac{\frac{m_d}{2}}{\frac{m_d}{2} + m_m} \omega_{d0}$$

- 최종 각속력은 $\omega = \frac{1}{6}$ rev/s이다.

---

204. 각운동량 보존 법칙을 적용한다.

$$I_0 \vec{\boldsymbol{\omega}}_0 = I \vec{\boldsymbol{\omega}}$$

- (시스템에는 지구라는 물체 하나만 있다.)
- 지구를 속이 채워진 구(공)로 취급하면 $I_0 = \frac{2}{5} m R_0^2$과 $I = \frac{2}{5} m R^2$이다(32장).
- 이 두 공식을 각운동량 보존 방정식에 대입한다.
- 지구의 질량은 상쇄된다. 방정식을 최종 각속력에 대해 푼다.

$$\omega = \left(\frac{R_0}{R}\right)^2 \omega_0$$

- 여기서 $R = \frac{R_0}{3}$이다. 따라서 $\frac{R_0}{R}$=3이고 $\left(\frac{R_0}{R}\right)^2 = 9$이다. ω에 대해 푼다.
- 최종 각속력은 초기 각속력보다 9배 더 크다, $\omega = 9_{\omega 0}$.
- 그러나 문제에서 요구한 것은 각속력이 아니다.
- 문제에서 요구한 것은 주기이다. 방정식 $\omega = \frac{2\pi}{T}$와 $\omega_0 = \frac{2\pi}{T_0}$를 사용한다(16장).
- 이 공식을 앞서 구한 방정식에 대입한 다음, 최종 주기를 구한다.

$$T = \frac{T_0}{9}$$

- 지구의 초기 주기를 알아야 한다.

- 지구가 자전축을 중심으로 한 바퀴 도는 데 걸리는 시간이 주기는 $T_0 = 24$ hr(시간)이다. (hr을 s 단위로 변환할 필요는 없다.)
- 최종 주기는 $T = \frac{8}{3}$ hr(또는 2.67 hr)이다.

---

205. 각운동량 보존 법칙을 적용한다.

$$I_0\vec{\boldsymbol{\omega}}_0 = I\vec{\boldsymbol{\omega}}$$

- (시스템에는 200 g의 점과 같은 물체 하나만 있다.)
- 점과 같은 물체의 관성 모멘트 공식을 사용한다(32장).

$$I_0 = mR_0^2 \quad , \quad I = mR^2$$

- 공식 $v = R\omega$와 $v_0 = R_0\omega_0$를 사용한다. 지금까지 구한 모든 공식을 각운동량 보존 방정식에 대입한다.

$$mv_0R_0 = mvR$$

- 질량을 상쇄시킨 다음, 방정식을 최종 속력에 대해 푼다.

$$v = \frac{R_0}{R}v_0$$

- 최종 속력은 $v = \frac{25}{2}$ m/s(또는 12.5 m/s)이다.

이 책이 도움이 되었나요?

많은 고려와 노력을 바탕으로 만들어진 이 책의 특징은 다음과 같습니다.

- 내용을 이해하기 쉽도록 전체 풀이 과정이 단계별로 나뉘어 정리되어 있습니다.
- 교육적으로 가치가 있는 예제들과 문제들을 신중하게 선택하여 수록하였습니다.
- 교정, 편집, 구성 작업을 여러 번 거쳐 완성도를 높였습니다.
- 두 명의 물리학 강사가 모든 문제를 직접 풀어보고 최종 답을 점검하는 데 도움을 주었습니다.
- 실제로 수십 명의 물리학과 학생들이 귀중한 피드백을 제공하였습니다.

이 책으로 공부하는 여러분이 이 책에 고마움을 느낀다면 이를 표현하는 간단한 방법이 있습니다.

잠시 시간을 내어 솔직한 리뷰를 작성해서 올려주세요.

예를 들어, 아마존(Amazon.com) 또는 반스앤노블(BN.com)의 인터넷 사이트에서 이 책의 리뷰를 작성할 수 있습니다.

짧은 리뷰도 도움이 될 수 있으므로 환영합니다. 리뷰에 무엇을 써야 할지 잘 모르겠다면, 다음 몇 가지 사항을 참고해보세요. 물론 여러분이 중요하다고 생각하는 점을 쓰는 것이 가장 좋습니다.

- 여러분은 이 책의 설명을 이해할 수 있었나요?
- 기호와 단위 목록들이 도움이 되었나요?
- 필요한 방정식들을 쉽게 찾을 수 있었나요?
- 예제를 읽으면서 얼마만큼 배웠나요?
- 힌트와 중간 해답이 문제를 푸는 데 도움이 되었나요?
- 이 책을 다른 사람들에게 추천할 의향이 있나요? 그렇다면 그 까닭은 무엇인가요?

찾아보기

ㅈ

ㅊ

ㅋ

ㅌ

문제풀이로 배우는 운동 법칙
: 미적분으로 이해하는 물리학 학습 가이드 I

발행일 | 2023년 7월 25일
저　자 | Chris McMullen
역　자 | 유태훈
발행인 | 문정임
발행처 | 학산미디어
기　획 | 이덕선
표　지 | 김연아
편　집 | 장진희
주　소 | 서울특별시 노원구 동일로245가길 41
전　화 | 02-935-0670 / 010-3223-7340
팩　스 | 02-932-0670
이메일 | sorgento2000@hanmail.net
등록번호 | 제 25100-2011-000001호
ISBN | 979-11-85294-41-4 (93420)
정　가 | 35,000원